线性与非线性有限元原理与方法

Introdunction to Linear and Nonlinear Finite Element Analysis

刘　波　刘翠云　编著

北京航空航天大学出版社

内 容 简 介

本书是作者结合多年计算固体力学的教学、科研以及软件开发工作，撰写的一本既全面涵盖计算固体力学主要基础知识和理论，又具有一定的深度、实用性和创新性的著作。全书内容分为八个部分：固体力学中的一般问题及非线性；伽辽金逼近：不可约形式和混合形式；桁架和梁的有限元分析；二维和三维实体的有限元分析；板和实体壳的有限元分析；笛卡尔张量；弹塑性问题的有限元分析；几何非线性问题的有限元分析。

本书可作为高等院校计算固体力学及相关专业的研究生的教材，也可以作为计算固体力学及相关领域的学者和工程技术人员的参考书。

图书在版编目(CIP)数据

线性与非线性有限元原理与方法 / 刘波，刘翠云编著. -- 北京 ：北京航空航天大学出版社，2023.12

ISBN 978-7-5124-4259-7

Ⅰ. ①线… Ⅱ. ①刘… ②刘… Ⅲ. ①有限元法 Ⅳ. ①O241.82

中国国家版本馆 CIP 数据核字(2023)第 256182 号

线性与非线性有限元原理与方法

刘 波 刘翠云 编著

策划编辑 刘 扬 责任编辑 杨国龙

*

北京航空航天大学出版社出版发行

北京市海淀区学院路 37 号(邮编 100191) http://www.buaapress.com.cn

发行部电话：(010)82317024 传真：(010)82328026

读者信箱：qdpress@buaacm.com 邮购电话：(010)82316936

北京建宏印刷有限公司印装 各地书店经销

*

开本：787×1 092 1/16 印张：20.25 字数：518 千字

2024 年 3 月第 1 版 2024 年 3 月第 1 次印刷

ISBN 978-7-5124-4259-7 定价：89.00 元

前　言

计算固体力学贯穿固体力学学科的各个分支领域，根据固体力学中的具体理论，利用现代电子计算机和各种数值方法，解决固体力学中的实际问题，在现代制造工业、国防科技和武器装备研发的结构强度分析中扮演着重要角色。计算固体力学的基础是有限元方法，具体又分为线性有限元和非线性有限元。目前计算固体力学领域的教材偏基础，主要讲线性有限元；而非线性有限元方面的著作则基础知识讲解不多。因此，作者结合多年的教学、科研和软件开发工作，尝试撰写一本既基础又实用、全面的计算固体力学著作。本书包含了许多国际上近 20 多年的最新研究成果，以及作者近 10 多年的相关研究成果。

计算力学软件是研发设计类工业软件的重要组成部分，开发计算力学软件的理论基础便是有限元方法。与国际计算力学软件相比，我国计算力学软件的发展规模及水平有很大的差距，在整体功能与性能上还无法与国外同类先进产品竞争。不但重大工业项目中的工程力学计算几乎全靠国外软件，甚至一般中小设计院的工程力学计算也被国外程序所垄断。作者近 10 多年来一直致力于自主知识产权计算力学软件开发，本书正是作者在这方面探索的部分总结。

本书共分为 8 章，包括：

第 1 章是固体力学中的一般问题及非线性，详细总结了建立固体和结构力学问题的有限元方程的主要原则，以及求解一般小应变固体力学问题所需的基本步骤。公式以偏微分方程的强形式和积分表示的弱形式呈现，还对变分原理作了较详细的介绍，指出了一些问题如何变成非线性的。本章内容概括性比较强，建议初学者只理解其中的基本概念，而不必对方程进行太多深究；在阅读后续章节后再次回顾本章，这样就能充分理解本章内容。

第 2 章是伽辽金逼近：不可约形式和混合形式，介绍了如何使用弱形式来构造基于有限元方法的近似解，由此会得到众所周知的伽辽金方法。假设读者不熟悉小变形线性问题的有限元方法，因此介绍了求解瞬态问题的基本步骤的完整过程、非线性代数方程组的求解，考虑了不可约形式和混合形式两种近似方法。在本章结束时，给出了基于非线性拟调和方程的热分析算例。

第 3 章是桁架和梁的有限元分析，首先介绍了桁架（杆）单元、扭轴单元、梁弯曲单元和剪切梁弯曲单元的能量泛函，然后介绍了用于桁架和梁的 h 和 p 型有限元。桁架或梁是两个最简单和最广泛使用的结构元件或组件，二者对应的有限元公式是两个典型的一维有限元，因此介绍较为详细并给出了多个例子。

第 4 章是二维和三维实体的有限元分析，二者都是 C^0 单元，因此具有一定程度的相似性。本章详细讨论了线性和高阶三角形单元，因为这些流程是构建其他二维和三维单元的基础。在此基础上介绍了线性和高阶四边形、四面体、三棱柱、六面体、金字塔单元。四边形和六面体单元简单、精确、高效，但几何表示能力不如三角形和四面体等单元。

第 5 章是板和实体壳的有限元分析，包括薄板单元、厚板单元和三维退化壳单元。本章给出了基于升阶谱有限元法的薄板协调单元，低阶单元是其特殊形式。厚板单元与平面问题非常相似，因此主要讨论了减缩积分、混合方法和升阶谱求积元法。三维退化壳单元在板问题中与厚板单元几乎完全相同，对于一般曲壳仍然存在类似的类比。

第 6 章是笛卡尔张量，包括坐标轴的旋转、笛卡尔张量、伪张量、张量代数、二阶和高阶笛卡尔张量在物理和工程中的应用。

第 7 章是弹塑性问题的有限元分析，包括一维和多维弹塑性，并基于 J_2 流动理论和升阶谱求积元法分析了二维和三维弹塑性问题。

第 8 章是几何非线性问题的有限元分析，首先介绍了有限变形固体力学中使用的基本运动学关系，然后介绍了有限变形的变分描述、民德林(Mindlin)板壳的升阶谱求积元分析，最后给出了基于升阶谱求积元法的二维、三维问题及板壳问题的算例。

为了使本书既全面涵盖主要基础知识和理论，又具有一定的深度、实用性和创新性，在本书撰写过程中参阅了大量经典教材、专著和最新研究成果，并包含了许多自研成果，具体如下：

第 1 章“固体力学中的一般问题及非线性”主要参阅了 Zienkiewicz 等于 2014 年出版的 *The Finite Element Method for Solid and Structural Mechanics*；GR Liu 和 SS Quek 于 2003 年出版的 *The Finite Element Method：A Practical Course*。

第 2 章“伽辽金逼近：不可约形式和混合形式”主要参阅了 Zienkiewicz 等于 2014 年出版的 *The Finite Element Method for Solid and Structural Mechanics*。

第 3 章“桁架和梁的有限元分析”主要参阅了 GR Liu 和 SS Quek 于 2003 年出版的 *The Finite Element Method：A Practical Course*；M Petyt 于 2010 年出版的 *Introduction to Finite Element Vibration Analysis*。

第 4 章“二维和三维固体的有限元分析”主要参阅了刘波等于 2019 年出版的《微分求积升阶谱有限元方法》；刘波等于 2021 年出版的 *A Differential Quadrature Hierarchical Finite Element Method*；GR Liu 和 SS Quek 于 2003 年出版的 *The Finite Element Method：A Practical Course*。

第 5 章“板和实体壳的有限元分析”主要参阅了 Zienkiewicz 等于 2013 年出版的 *The Finite Element Method：Its Basis and Fundamentals*；刘波等于 2021 年出版的 *A Differential Quadrature Hierarchical Finite Element Method*。

第 6 章“笛卡尔张量”主要参阅了 H Shima 和 T Nakayama 于 2010 年出版的 *Higher Mathematics for Physics and Engineering*。

第 7 章“弹塑性问题的有限元分析”主要参考了 NH Kim 于 2015 年出版的 *Introduction to Nonlinear Finite Element Analysis*；作者的研究生宋佳佳的学位论文。

第 8 章“几何非线性问题的有限元分析”主要参阅了 R Borst 等于 2012 年出版的 *Nonlinear Finite Element Analysis of Solids and Structures*；作者的研究生石涛的学位论文。

本书前 5 章内容是计算固体力学中最基本的基础知识，涵盖了线性有限元法的主要基础知识，与大多数相关著作相比增加了升阶谱求积元法、金字塔单元、三维退化壳单元等内容；第 7、8 章内容是作者近些年一直从事的相关研究工作基础知识的一个比较系统的总结。全书除第 1～3 章、第 6 章的基础知识外，贯穿了作者近些年在升阶谱求积元法方面的自研成果。本书可作为计算固体力学及相关领域的学者和工程技术人员的参考书，也可作为计算固体力学领域的研究生教材使用。由于作者多年来一直从事计算力学软件开发的工作，本书也是这方面理论知识的比较系统的总结，因此对相关学者也有重要参考价值。

本书的最终完成需要特别感谢邢誉峰教授的推动。研究生蓝迎莹、谢盼、许派、石涛、宋佳佳、郭茂等参与了本书初稿的准备等工作，作者对本书作了多遍增删、校正和修改。在此也特别感谢国家自然科学基金(项目批准号：11972004，12002018，11772031，11402015)的经费资助。

本书从开始撰写到最终完稿历时 5 年多，并作为研究生课程讲义已讲授多遍，全书不断修改完善、力求内容正确无误，限于作者的水平和时间，书中难免有不妥之处，恳请读者指正。

刘　波

2023 年 8 月 15 日

目　　录

第 1 章　固体力学中的一般问题及非线性

人类思维具有一定的局限性，无法在一次操作中掌握复杂事物的多种行为。因此，将所有系统细分为其行为易于理解的单个组件或“单元”，然后通过这些组件重建初始系统以自然地研究其行为过程，这是工程师、科学家甚至经济学家的研究方式。

在许多情况下，我们用有限数量的“单元”来明确定义模型，这个过程称为离散化。而在其他情况下，细分无限地继续，问题只能使用无穷小的数学假设来定义，这会导致微分方程或与其等价定义有无限数量的单元，我们将这样的系统看作是连续的。

随着电子计算机的出现，即使单元的数量非常大，离散问题通常也可以很容易地求解。但由于所有计算机的容量都是有限的，因此连续问题只能通过数学运算来精确求解，但精确解一般只适用于非常简单的几何模型。

为了克服连续问题在现实中难以求解的特性，工程师和数学家提出了各种离散化方法，所有这些方法都涉及一个近似化过程。随着离散变量数量的增加，该近似值有望在极限情况下接近真实的连续解。

数学家与工程师处理连续问题的离散化方式是有区别的。数学家已经研究出直接适用于控制微分方程的通用技术，例如有限差分逼近、各种加权残差方法或通过“泛函”驻值定义的近似技术。另一方面，工程师常常通过实际离散单元和连续体有限部分之间创建类比来更直观地处理问题。例如，特纳(M. J. Turner)等人证明，通过属性替换将连续体简化为一系列小部分或“单元”，可以有效获得其整体行为。

“有限元”一词正是从工程“直接类比”的角度诞生的。克拉夫(R. W. Clough)是第一个使用这个术语的人，这个词的使用代表着适用于离散系统的标准化方法的诞生。无论是从概念上还是从计算的角度来看，这都是最重要的：首先是易于理解，其次为各种问题和标准计算程序的开发提供了统一的流程。

自 20 世纪 60 年代初以来，有限元法已经取得了很大的进展。如今，纯数学方法和“直接类比”方法已实现统一。有限元法现在被认为是离散化由数学定义的连续介质力学问题的通用流程。

在分析离散问题时，多年来已经开发了一套标准方法。土木结构工程师首先计算结构中每个单元的力-位移关系，然后通过每个“结点”或连接点的局部平衡关系对结构进行组装，获得整体结构的方程，最后通过该方程求解未知位移。

“标准离散问题”的统一处理方法的存在，使我们可以将有限元过程初步定义为一种近似求解连续问题的方法，具体流程如下：

① 将问题域离散为很多小单元，然后采用简单多项式来表示每个单元位移，并获得单元方程。

② 将每个单元的方程与相邻单元的方程组装在一起，形成整个问题的全局有限元方程。然后通过求解该全局问题的方程获得整个位移场。

我们会发现，许多经典的数学或工程逼近流程都具有这个特点。因此，关于有限元思想的起源及其发明的准确时间是很难确定的。

上述有限元过程似乎并不困难。然而，当人们仔细研究上述过程时，自然会提出一系列问题：如何假设位移函数并以何种简单的形式出现？如何确保假设的位移函数满足控制微分方程？如何通过假定的位移函数来获得最终的位移场？是的，我们可以简单地假设位移函数，但必须遵循一些原则，从而可以获得离散化的系统方程，并通过求解该方程获得最终的位移场。使用这些原则，可以保证控制方程的最佳(但非精确)满足。本章将详细介绍建立固体和结构力学问题有限元方程的主要原则。

许多关于有限元方法的介绍性文章，都讨论了线性弹性力学和场方程的求解方法。但在实际应用中，由于存在"非线性"效应和几何形状在一个或多个维度上具有"薄"维度，线性弹性或更一般的线性行为受到限制，通常不利于问题的求解。在本书中，我们将介绍这两类问题求解的方法。

固体的非线性行为有两种形式：材料非线性和几何非线性。材料非线性行为的最简单形式是弹性行为，其中应力与应变不再线性成比例，并且是可逆的。更一般的情况是材料在加载和卸载时响应可能不同，其中典型的是弹塑性行为。

当固体的变形达到与未变形形状有根本区别的状态时，就会出现有限变形状态。在这种情况下，不能在未变形的几何体上应用线性应变-位移关系或平衡方程。即使在有限变形存在之前，也可以观察到固体中的屈曲或载荷分叉，因此需要考虑非线性平衡效应。经典欧拉梁的屈曲平衡方程包含了轴向载荷的影响，就是这类问题的一个典型例子。当变形很大时，边界条件也可能变为非线性的。例如，压力载荷保持垂直于变形体，以及变形边界与另一个体相互作用的情况。后者定义了我们通常所述的接触问题，这也是一个被广泛关注的领域。

使用常规的二维或三维有限元公式，通常无法有效地求解有一个(或多个)小尺寸的固体力学问题，其主要原因是所得代数方程组在数值上是病态的。因此，需要采用不同的传统结构力学理论来求解这类问题。例如，板是一种扁平结构，有一个薄(小)尺寸，称为厚度；壳是一种空间弯曲结构，具有一个类似的小厚度方向；梁、框架或杆具有两个小尺寸的结构。在本书中，我们将传统的结构力学方法与三维固体力学理论更紧密地结合，从而获得易于求解的标准有限元格式。

如今利用计算固体力学和结构力学问题求解的应用范围很广，从无线控制玩具赛车到全尺寸航空飞行器。在这类求解问题中，则需要同时使用结构(梁、壳)单元以及实体单元来实现模型的准确表示与求解。

航空航天工程问题在有限元方法早期的研究活动中起到了重要的推动作用。例如，在20世纪60年代，载人航天计划是美国的国家优先事项，许多世界各地的研究人员都在积极地开展与空间结构相关的研究。在这类结构中，常常使用薄壳和柔性杆来建模。

本书考虑了固体力学和结构力学问题，以及求解这类问题实用、有效的有限元格式。本章内容概括性比较强，对于初学者来说，完全理解本章中方程的细节可能有挑战性。因此，建议初学者只理解其中的基本概念，而不必对方程进行太多深究；在阅读后续章节内容后再次回顾本章，这样就能充分理解本章内容。本章还将介绍我们在本书中所采用的符号和方法。

1.1 小变形固体力学问题

1.1.1 强形式方程:指标表示形式

在本节中,我们将介绍固体力学中的各种方程在某些情况下是如何变成非线性的,特别是当使用非线性应力-应变关系的情况下。通过本节的介绍,读者会注意到线性和非线性问题在形式上的相互转换其实非常简单。

固体力学的场方程由应变-位移关系、平衡方程(动量平衡)、边界条件、初始条件和本构方程给出。

在本书中表示各种方程和关系时,我们将使用两种符号形式:第一种是笛卡尔张量的指标形式,第二种是矩阵形式。一般来说,我们会发现两者都有助于描述公式的特定方面。例如,当我们描述大应变问题时,推导所谓的"几何"或"初始应力"刚度最容易的方式是采用指标形式;在其他的大部分内容中,我们会发现使用矩阵形式更方便。我们还将给出两者之间的相互转换要求。

当我们使用指标符号时,在任何方程中只出现一次的指标称为自由指标,重复出现的指标称为哑标。哑标在任何方程中只能出现两次,并且意味着在索引范围内求和。例如,如果两个向量 $\boldsymbol{a}_i$ 和 $\boldsymbol{b}_i$ 各有三个项($i=1,2,3$),则形式 $\boldsymbol{a}_i\boldsymbol{b}_i$ 表示如下关系

$$\boldsymbol{a}_i\boldsymbol{b}_i=\boldsymbol{a}_1\boldsymbol{b}_1+\boldsymbol{a}_2\boldsymbol{b}_2+\boldsymbol{a}_3\boldsymbol{b}_3$$

请注意,哑标可以被任何其他指标替换而不改变其含义,即

$$\boldsymbol{a}_i\boldsymbol{b}_i\equiv\boldsymbol{a}_j\boldsymbol{b}_j$$

1.1.1.1 坐标和位移

对于固定的笛卡尔坐标系,我们将坐标表示为 x、y、z 或以指标形式表示为 x_1、x_2、x_3。因此,坐标向量由

$$\boldsymbol{x}=x_1\boldsymbol{e}_1+x_2\boldsymbol{e}_2+x_3\boldsymbol{e}_3=x_i\boldsymbol{e}_i$$

给出。其中,$\boldsymbol{e}_i$ 为笛卡尔坐标系的单位基向量,并且使用了求和约定。

类似地,位移可表示为 u_1、u_2、u_3(或也可表示为 u、v、w),位移向量

$$\boldsymbol{u}=u_1\boldsymbol{e}_1+u_2\boldsymbol{e}_2+u_3\boldsymbol{e}_3=u_i\boldsymbol{e}_i$$

通常,我们用分量来表示各种物理量。在一般情况下,坐标和位移分别以 x_i 和 u_i 表示,其中,指标 i 在三维情况下的范围为 1、2、3(在二维情况下为 1、2)。

1.1.1.2 应变-位移关系

应变可以用笛卡尔张量表示为

$$\varepsilon_{ij}=\frac{1}{2}\left(\frac{\partial u_i}{\partial x_j}+\frac{\partial u_j}{\partial x_i}\right)$$

只要变形很小,这种表示形式就是有效的。我们所说的小变形问题是指

$$\begin{cases}|\varepsilon_{ij}|\ll 1\\|\omega_{ij}|\ll\|\varepsilon_{ij}\|\end{cases}$$

其中，$|\cdot|$表示绝对值，$\|\cdot\|$表示某种范数，ω_{ij} 表示一个微小转动，即

$$\omega_{ij}=\frac{1}{2}\left(\frac{\partial u_i}{\partial x_j}-\frac{\partial u_j}{\partial x_i}\right)$$

因此位移梯度可以表示为

$$\frac{\partial u_i}{\partial x_j}=\varepsilon_{ij}+\omega_{ij}$$

1.1.1.3 平衡方程(动量平衡)

平衡方程(线动量平衡)的指标形式表示为

$$\sigma_{ji,j}+b_i=\rho\ddot{u}_i\quad(i,j=1,2,3)\tag{1-1}$$

其中，σ_{ij} 为柯西(Cauchy)应力的分量，ρ 为质量密度，b_i 为内力分量。将对坐标和时间的偏导数分别表示为

$$\begin{cases}f_{,i}=\dfrac{\partial f}{\partial x_i}\\ \dot{f}=\dfrac{\partial f}{\partial t}\end{cases}$$

则式(1-1)中，$\ddot{u}_i$ 表示加速度，而式(1-1)的右侧为惯性力。

类似地，由力矩平衡(角动量平衡)产生的应力对称性以指标形式表示为

$$\sigma_{ij}=\sigma_{ji}\tag{1-2}$$

式(1-1)和式(1-2)在计算域 Ω 中的所有点 x_i 上都成立(见图 1-1)。

1.1.1.4 边界条件

应力边界条件由牵引条件给出，即

$$t_i=\sigma_{ji}n_j=\bar{t}_i$$

注：变量上方的横杠“-”表示给定的函数。

用 Γ_t 表示该边界的所有点的集合。

类似地，位移边界条件由

$$u_i=\bar{u}_i$$

给出。同理，用 Γ_u 来表示该边界条件所有点的集合。

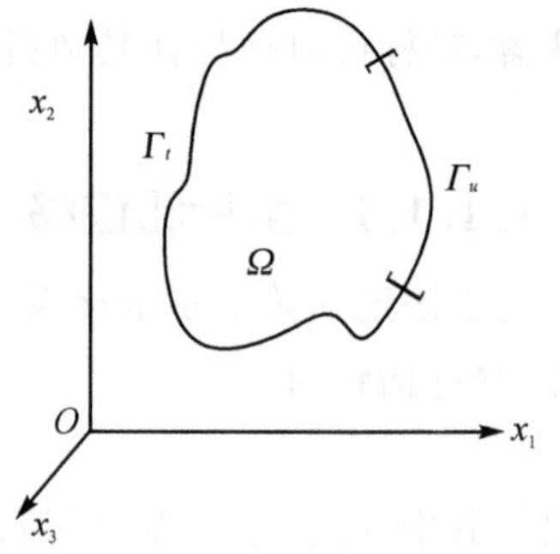

图 1-1 计算域(Ω)和牵引力边界(Γ_t)、位移边界(Γ_u)

一种特殊类型的位移边界条件是周期性响应条件。在这种情况下，边界条件按

$$u_i(x_j+\Delta x_j)=u_i(x_j)+\bar{g}_i$$

方式施加。其中，Δx_j 为周期长度，$\bar{g}_i$ 为两点之间的位移变化。这种类型的边界条件常用于代表性体积单元(Representative Volume Element，RVE)中，用于推导复合材料和其他类型结构化材料的近似本构模型。

1.1.1.5 初始条件

对于式(1-1)中惯性项 $\rho\ddot{u}_i$ 不可忽略的瞬态问题，需要用到位移和速度的初始条件。这些条件可用“0”表示的初始时间在域 Ω 中表示为

$$\begin{cases} u_i(x_j,0)=\bar{d}_i(x_j) \\ \dot{u}_i(x_j,0)=\dot{v}_i(x_j) \end{cases}$$

在某些问题中，还需要给定初始时刻的应力状态。

1.1.1.6 本构关系

只要变形保持很小，上述所有方程均适用于任何材料。材料的特定行为用本构方程来描述，该方程将应力与施加的应变历史以及导致变形的其他因素(例如温度等)联系起来。

最简单的材料本构模型是线弹性模型，根据该模型在任何时间 t 有

$$\sigma_{ij}(t)=C_{ijkl}\left[\varepsilon_{kl}(t)-\varepsilon_{kl}^{(0)}(t)\right] \tag{1-3}$$

其中，C_{ijkl} 为弹性模量，$\varepsilon_{kl}^{(0)}$ 表示由位移以外因素产生的应变。例如，在热弹性问题中，应变是由温度变化引起的，该应变可由

$$\varepsilon_{kl}^{(0)}(t)=\alpha_{kl}\left[T(t)-T_0\right] \tag{1-4}$$

给出。其中，α_{kl} 为线性热膨胀系数，T 表示 t 时刻的温度，T_0 表示热应变为零的参考温度。在随后的介绍中，将不再显式包含时间项(即时刻 t)，并默认材料的弹性属性仅与应变项的当前值有关。

对于线性各向同性材料，式(1-3)和式(1-4)可简化为

$$\sigma_{ij}=\lambda\delta_{ij}(\varepsilon_{kk}-\varepsilon_{kk}^{(0)})+2\mu(\varepsilon_{ij}-\varepsilon_{ij}^{(0)})$$

$$\varepsilon_{kl}^{(0)}=\delta_{ij}\alpha(T-T_0)$$

其中，λ 和 μ 为拉梅(Lamé)弹性常数，α 为线性热膨胀系数。此外，δ_{ij} 是由

$$\delta_{ij}=\begin{cases} 1 & (i=j) \\ 0 & (i\neq j) \end{cases}$$

给出的克罗内克(Kronecker)函数。

许多材料不是线性的，也不是弹性的。因此，构建适当的本构模型来表示实验观察到的材料力学行为非常复杂。在本书中，我们将介绍一些经典的力学行为模型，并说明如何将其包含在通用求解框架中。而在此处只指出非线性材料力学行为是如何影响方程的。为此，我们采用应变能密度函数 W 来表示非线性弹性行为，则应力可表示为

$$\sigma_{ij}=\frac{\partial W}{\partial\varepsilon_{ij}}$$

满足上式关系的材料称为超弹性材料。当应变能由二次型

$$W=\frac{1}{2}\varepsilon_{ij}C_{ijkl}\varepsilon_{kl}-\varepsilon_{ij}C_{ijkl}\varepsilon_{kl}^{(0)} \tag{1-5}$$

给出时，可得到由方程(1-3)给出的线弹性模型。对于超弹性材料，模量必须满足对称条件

$$C_{ijkl}=C_{klij}$$

此外，由于应力和应变都是对称的，因此还有额外的对称性

$$C_{ijkl}=C_{jikl}=C_{ijlk}=C_{jilk}$$

更一般的形式也是允许的，但这会导致非线性弹性行为的产生。

1.1.2 矩阵表示形式

在本书中，我们将经常使用矩阵形式来给出方程。在这种情况下，我们将坐标表示为

$$\boldsymbol{x}=\begin{bmatrix}x\\y\\z\end{bmatrix}=\begin{bmatrix}x_1\\x_2\\x_3\end{bmatrix}$$

将位移表示为

$$\boldsymbol{u}=\begin{bmatrix}u\\v\\w\end{bmatrix}=\begin{bmatrix}u_1\\u_2\\u_3\end{bmatrix}$$

对于二维问题，通常会忽略其中的第三项。

应力的矩阵表示形式按

$$\boldsymbol{\sigma}=[\sigma_{11}\quad\sigma_{22}\quad\sigma_{33}\quad\tau_{12}\quad\tau_{23}\quad\tau_{31}]^{\mathrm{T}}=[\sigma_{xx}\quad\sigma_{yy}\quad\sigma_{zz}\quad\tau_{xy}\quad\tau_{yz}\quad\tau_{zx}]^{\mathrm{T}}$$

顺序给出各分量，其中，剪应力表示为 $\tau_{12}=\tau_{21}$，等等。

应变的矩阵表示形式为

$$\boldsymbol{\varepsilon}=[\varepsilon_{11}\quad\varepsilon_{22}\quad\varepsilon_{33}\quad\gamma_{12}\quad\gamma_{23}\quad\gamma_{31}]^{\mathrm{T}}=[\varepsilon_{xx}\quad\varepsilon_{yy}\quad\varepsilon_{zz}\quad\gamma_{xy}\quad\gamma_{yz}\quad\gamma_{zx}]^{\mathrm{T}}$$

其中，默认张量是对称的，并引入“工程”剪切应变

$$\gamma_{ij}=\varepsilon_{ij}+\varepsilon_{ji}=2\varepsilon_{ij},\quad i\neq j$$

该变量的引入会使后续矩阵关系的写法更简洁。

应力和应变的六个独立分量的张量形式与矩阵形式之间的转换关系，按如表 1-1 所列索引顺序进行。这种排序也适用于许多后续推导。通过仅删除最后两项并将第三项视为适用于平面或轴对称的情况，则上述指标关系退化为二维情形。

表 1-1　张量形式与矩阵形式之间的指标关系

形　式	指标值					
矩阵	1	2	3	4	5	6
张量(1, 2, 3)	11	22	33	12	23	31
				21	32	13
笛卡尔(x, y, z)	xx	yy	zz	xy	yz	zx
				yx	zy	xz
柱坐标(r, z, θ)	rr	zz	$\theta\theta$	rz	$z\theta$	θr
				zr	θz	$r\theta$

应变-位移关系可以用矩阵形式表示为

$$\boldsymbol{\varepsilon}=\boldsymbol{B}\boldsymbol{u}$$

其中，三维应变微分算子矩阵为

$$\boldsymbol{B}^{\mathrm{T}}=\begin{bmatrix}\dfrac{\partial}{\partial x_1} & 0 & 0 & \dfrac{\partial}{\partial x_2} & 0 & \dfrac{\partial}{\partial x_3}\\ 0 & \dfrac{\partial}{\partial x_2} & 0 & \dfrac{\partial}{\partial x_1} & \dfrac{\partial}{\partial x_3} & 0\\ 0 & 0 & \dfrac{\partial}{\partial x_3} & 0 & \dfrac{\partial}{\partial x_2} & \dfrac{\partial}{\partial x_1}\end{bmatrix}$$

在笛卡尔坐标中,可以使用相同的微分算子来写出平衡方程(1-1),即

$$\boldsymbol{B}^{\mathrm{T}}\boldsymbol{\sigma}+\boldsymbol{b}=\rho\ddot{\boldsymbol{u}}$$

位移边界条件和牵引边界条件为在 $\boldsymbol{\Gamma}_u$ 上:$\boldsymbol{u}=\bar{\boldsymbol{u}}$;在 $\boldsymbol{\Gamma}_t$ 上:$\boldsymbol{t}=\boldsymbol{G}^{\mathrm{T}}\boldsymbol{\sigma}=\bar{\boldsymbol{t}}$,其中

$$\boldsymbol{G}^{\mathrm{T}}=\begin{bmatrix} n_1 & 0 & 0 & n_2 & 0 & n_3 \\ 0 & n_2 & 0 & n_1 & n_3 & 0 \\ 0 & 0 & n_3 & 0 & n_2 & n_1 \end{bmatrix}$$

这里 $\boldsymbol{n}=(n_1,\ n_2,\ n_3)$是边界 Γ 外法向量的方向余弦。进一步观察可发现,$\boldsymbol{B}$ 和 $\boldsymbol{G}$ 的非零结构是相同的。

对于瞬态问题,初始条件可表示为

$$\text{在 } \Omega \text{ 中}:u(x,0)=\bar{d}(x) \text{ 并且 } \dot{u}(x,0)=\bar{v}(x)$$

线弹性材料本构方程的矩阵表示形式为

$$\boldsymbol{\sigma}=\boldsymbol{D}(\boldsymbol{\varepsilon}-\boldsymbol{\varepsilon}_0) \tag{1-6}$$

其中,式(1-3)中索引 ij 和 kl 已使用表 1-1 将 C_{ijkl} 转换为 6×6 的对称矩阵 $\boldsymbol{D}$。对于一般超弹性材料有

$$\boldsymbol{\sigma}=\frac{\partial \boldsymbol{W}}{\partial \boldsymbol{\varepsilon}}$$

1.1.3 二维问题

最简单的二维问题是平面应力和平面应变问题,前者假定变形平面(例如 x_1-x_2 面)很薄,应力 $\sigma_{33}=\tau_{13}=\tau_{23}=0$;后者假定变形平面(例如 x_1-x_2 面)上 $\varepsilon_{33}=\gamma_{13}=\gamma_{23}=0$。另一类二维问题是轴对称问题,其分析域是用柱坐标$(r,\ \theta,\ z)$定义的三维旋转体,但变形和应力只是 r、z 的二维函数。

1.1.3.1 平面应力和平面应变问题

对于以 x_1-x_2 面作为变形平面的平面应力和平面应变问题,假定位移为

$$\boldsymbol{u}=\begin{bmatrix} u_1(x_1,x_2,t) \\ u_2(x_1,x_2,t) \end{bmatrix}$$

则应变可以定义为

$$\boldsymbol{\varepsilon}=\begin{bmatrix} \varepsilon_{11} \\ \varepsilon_{22} \\ \varepsilon_{33} \\ \gamma_{12} \end{bmatrix}=\boldsymbol{B}^{\mathrm{T}}\boldsymbol{u}+\boldsymbol{\varepsilon}_3=\begin{bmatrix} \dfrac{\partial}{\partial x_1} & 0 \\ 0 & \dfrac{\partial}{\partial x_2} \\ 0 & 0 \\ \dfrac{\partial}{\partial x_2} & \dfrac{\partial}{\partial x_1} \end{bmatrix}\begin{bmatrix} u_1 \\ u_2 \end{bmatrix}+\begin{bmatrix} 0 \\ 0 \\ \varepsilon_{33} \\ 0 \end{bmatrix} \tag{1-7}$$

式(1-7)中,要么 ε_{33} 为 0(平面应变),要么通过假设 σ_{33} 为 0(平面应力)由材料本构确定。应力分量采用矩阵形式表示为

$$\boldsymbol{\sigma}^{\mathrm{T}}=[\sigma_{11}\quad \sigma_{22}\quad \sigma_{33}\quad \tau_{12}] \tag{1-8}$$

其中,σ_{33} 由材料本构(平面应变)确定或取为 0(平面应力)。

注意:无论平面应力还是平面应变问题,虽然局部“能量”

$$\boldsymbol{E}=\boldsymbol{\sigma}^{\mathrm{T}}\boldsymbol{\varepsilon}$$

都不包含 ε_{33},但是用于计算能量的应力状态必须正确考虑对应的二维行为。

平面问题的牵引力向量

$$\boldsymbol{t}=\boldsymbol{G}^{\mathrm{T}}\boldsymbol{\sigma} \tag{1-9}$$

其中,$\boldsymbol{G}^{\mathrm{T}}=\begin{bmatrix} n_1 & 0 & 0 & n_2 \\ 0 & n_2 & 0 & n_1 \end{bmatrix}$。

由此,我们再次看到 $\boldsymbol{B}$ 与 $\boldsymbol{G}$ 具有相同非零元素结构的特点。

1.1.3.2 轴对称问题

在轴对称问题中,我们使用(曲线)柱坐标系

$$\boldsymbol{x}=\begin{bmatrix} x_1 \\ x_2 \\ x_3 \end{bmatrix}=\begin{bmatrix} r \\ z \\ \theta \end{bmatrix}$$

这种排序允许以非常相似的方式书写二维轴对称和平面问题的方程。物体是三维的,但由于旋转表面的定义,所以属性和边界独立于 θ 坐标。因此在这种情况下,位移场可以写作

$$\boldsymbol{u}=\begin{bmatrix} u_1(x_1,x_2,t) \\ u_2(x_1,x_2,t) \\ u_3(x_1,x_2,t) \end{bmatrix}=\begin{bmatrix} u_r(r,z,t) \\ u_z(r,z,t) \\ u_\theta(r,z,t) \end{bmatrix}$$

也可以视作与 θ 无关。

轴对称情况下的应变可表示为($x_1=r$ 和 $x_2=z$)

$$\boldsymbol{\varepsilon}=\begin{bmatrix} \varepsilon_{rr} \\ \varepsilon_{zz} \\ \varepsilon_{\theta\theta} \\ \gamma_{rz} \\ \gamma_{z\theta} \\ \gamma_{\theta r} \end{bmatrix}=\begin{bmatrix} \varepsilon_{11} \\ \varepsilon_{22} \\ \varepsilon_{33} \\ \gamma_{12} \\ \gamma_{23} \\ \gamma_{31} \end{bmatrix}=\boldsymbol{B}^{\mathrm{T}}\boldsymbol{u}=\begin{bmatrix} \dfrac{\partial}{\partial x_1} & 0 & 0 \\ 0 & \dfrac{\partial}{\partial x_2} & 0 \\ \dfrac{1}{x_1} & 0 & 0 \\ \dfrac{\partial}{\partial x_2} & \dfrac{\partial}{\partial x_1} & 0 \\ 0 & 0 & \dfrac{\partial}{\partial x_2} \\ 0 & 0 & \dfrac{\partial}{\partial x_1}-\dfrac{1}{x_1} \end{bmatrix}\begin{bmatrix} u_1 \\ u_2 \\ u_3 \end{bmatrix}$$

应力的分量可以表示为

$$\begin{aligned}\boldsymbol{\sigma}&=\begin{bmatrix}\sigma_{11} & \sigma_{22} & \sigma_{33} & \tau_{12} & \tau_{23} & \tau_{31}\end{bmatrix}^{\mathrm{T}}\\&=\begin{bmatrix}\sigma_{rr} & \sigma_{zz} & \sigma_{\theta\theta} & \tau_{rz} & \tau_{z\theta} & \tau_{\theta r}\end{bmatrix}^{\mathrm{T}}\end{aligned}$$

与三维问题类似,牵引力向量

$$\boldsymbol{t}=\boldsymbol{G}^{\mathrm{T}}\boldsymbol{\sigma}$$

其中，$\boldsymbol{G}^{\mathrm{T}}=\begin{bmatrix} n_1 & 0 & 0 & n_2 & 0 & 0 \\ 0 & n_2 & 0 & n_1 & 0 & 0 \\ 0 & 0 & 0 & 0 & n_2 & n_1 \end{bmatrix}$。

注意：对于一个完整的旋转体，n_3 不可能存在；$\boldsymbol{B}$ 和 $\boldsymbol{G}$ 具有相同的非零结构，除 σ_{33} 分量由于使用了曲线坐标系而出现差异以外。

我们注意到 u_1、u_2 和 u_3 分量之间的应变-位移关系是解耦的。如果用柱坐标表示的材料本构关系中应变的前 4 个和后 2 个分量之间也是解耦的(即前 4 个应力仅与前 4 个应变有关)，则可以将轴对称问题分为两类问题：第一类问题仅取决于前 4 个应变的部分，用 u_1、u_2 表示，有时称为无扭轴对称问题；第二类问题仅取决于最后 2 个剪切应变和 u_3 的部分，称为扭转问题。然而，当本构关系中二者耦合时，如在经典的拉伸和扭曲杆的弹塑性求解中，有必要考虑更一般的情况。

无扭轴对称问题的应变可表示为

$$\boldsymbol{\varepsilon}=\begin{bmatrix}\varepsilon_{rr}\\ \varepsilon_{zz}\\ \varepsilon_{\theta\theta}\\ \varepsilon_{rz}\end{bmatrix}=\begin{bmatrix}\varepsilon_{11}\\ \varepsilon_{22}\\ \varepsilon_{33}\\ \varepsilon_{12}\end{bmatrix}=\boldsymbol{B}^{\mathrm{T}}\boldsymbol{u}=\begin{bmatrix}\dfrac{\partial}{\partial x_1} & 0\\ 0 & \dfrac{\partial}{\partial x_2}\\ \dfrac{1}{x_1} & 0\\ \dfrac{\partial}{\partial x_2} & \dfrac{\partial}{\partial x_1}\end{bmatrix}\begin{bmatrix}u_1\\ u_2\end{bmatrix}$$

应力由式(1-8)给出，牵引力由式(1-9)给出。

因此，这两类问题的唯一区别是轴对称情况下第三应变中 u_1/x_1 的存在(当然两者在问题求解域描述方面也有所不同)。

1.2 变分法及非线性弹性问题的变分形式

1.2.1 高斯-格林(Gauss-Green)定理

高斯-格林(Gauss-Green)定理(简称格林定理)是一个基本恒等式，它将一个函数在域 Ω 上导数的积分与该函数在边界 Γ 上的积分联系起来。求解域可以是二维或三维的。为简单起见，下面给出该关系在二维情况的推导过程。

以曲线 Γ 为界的平面域 Ω，首先考虑函数 $f=f(x,y)$ 关于 x 的导数。将 Ω 上的积分写成双重积分，首先对 x 进行积分，然后对 y 进行积分，即

$$\int_{\Omega}\frac{\partial f}{\partial x}\mathrm{d}\Omega=\int_{y_1}^{y_2}\left(\int_{x_1}^{x_2}\frac{\partial f}{\partial x}\mathrm{d}x\right)\mathrm{d}y=\int_{y_1}^{y_2}\left[f(x_2,y)-f(x_1,y)\right]\mathrm{d}y \tag{1-10}$$

其中，$x_1=x_1(y)$，$x_2=x_2(y)$。如图 1-2 所示，有

$$\frac{\mathrm{d}y}{\mathrm{d}s}=\cos\alpha=n_x \quad\Rightarrow\quad \mathrm{d}y=n_x\mathrm{d}s \tag{1-11}$$

$$-\frac{\mathrm{d}x}{\mathrm{d}s}=\sin\alpha=n_y \quad\Rightarrow\quad \mathrm{d}x=-n_y\mathrm{d}s \tag{1-12}$$

其中，n_x 和 n_y 是单位向量 $\boldsymbol{n}$ 的分量，且 $\boldsymbol{n}$ 垂直于边界 Γ。式(1-12)中的负号是因为当角 α 相对于 x 正方向逆时针测量时 $\mathrm{d}x$ 和 $\sin\alpha$ 的符号是相反的(见图 1-2)。

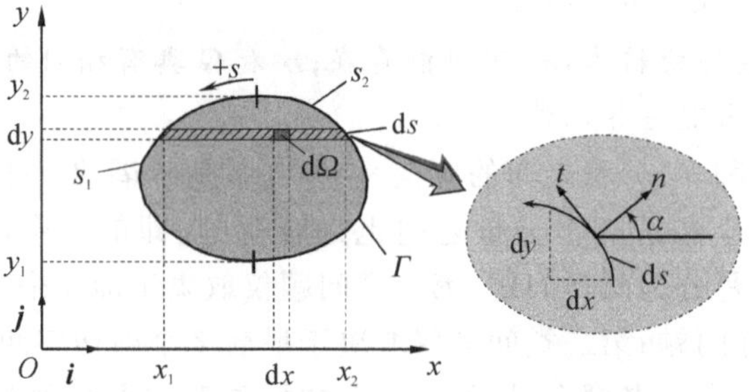

图 1-2　以曲线 Γ 为界的平面域 Ω 上的积分

因此，方程式(1-10)变为

$$\int_{y_1}^{y_2}[f(x_2,y)-f(x_1,y)]\,\mathrm{d}y=\int_{s_2}f(x_2,y)n_x\,\mathrm{d}s-\int_{s_1}f(x_1,y)n_x\,\mathrm{d}s \tag{1-13}$$

在表达式(1-13)中，当 y 从 y_1 变化到 y_2 时，对 s_1 的积分是在负方向(顺时针)上进行的。对 s 上的积分使用统一方向，则方程式(1-13)中等号右侧的两项可以组合成一个表达式，即

$$\int_\Omega \frac{\partial f}{\partial x}\mathrm{d}\Omega=\int_\Gamma f n_x\,\mathrm{d}s \tag{1-14}$$

将式(1-14)中的 x 与 y 互换，得到

$$\int_\Omega \frac{\partial f}{\partial y}\mathrm{d}\Omega=\int_\Gamma f n_y\,\mathrm{d}s \tag{1-15}$$

如果 g 是另一个关于 x、y 的函数，则式(1-14)和式(1-15)的结果为

$$\int_\Omega \frac{\partial(fg)}{\partial x}\mathrm{d}\Omega=\int_\Gamma fgn_x\,\mathrm{d}s=\int_\Omega g\frac{\partial f}{\partial x}\mathrm{d}\Omega+\int_\Omega f\frac{\partial g}{\partial x}\mathrm{d}\Omega \quad\Rightarrow$$

$$\int_\Omega g\frac{\partial f}{\partial x}\mathrm{d}\Omega=-\int_\Omega f\frac{\partial g}{\partial x}\mathrm{d}\Omega+\int_\Gamma fgn_x\,\mathrm{d}s \tag{1-16}$$

$$\int_\Omega \frac{\partial(fg)}{\partial y}\mathrm{d}\Omega=\int_\Gamma fgn_y\,\mathrm{d}s=\int_\Omega g\frac{\partial f}{\partial y}\mathrm{d}\Omega+\int_\Omega f\frac{\partial g}{\partial y}\mathrm{d}\Omega \quad\Rightarrow$$

$$\int_\Omega g\frac{\partial f}{\partial y}\mathrm{d}\Omega=-\int_\Omega f\frac{\partial g}{\partial y}\mathrm{d}\Omega+\int_\Gamma fgn_y\,\mathrm{d}s \tag{1-17}$$

方程(1-16)和方程(1-17)即为二维情况下的分部积分，也被称为高斯-格林(Gauss-Green)定理。

1.2.2　高斯(Gauss)散度定理

高斯(Gauss)散度定理(简称散度定理)可以通过高斯-格林(Gauss-Green)定理得到。考虑向量场 $\boldsymbol{u}=u\boldsymbol{i}+v\boldsymbol{j}$，其中 $\boldsymbol{i}$,$\boldsymbol{j}$ 表示沿 x 和 y 轴的单位向量，$u=u(x,\ y)$和 $v=v(x,\ y)$是对应的分量。取 $f=u$ 并代入式(1-14)，取 $f=v$ 并代入式(1-15)，然后将两式结果相加，得

$$\int_\Omega\left(\frac{\partial u}{\partial x}+\frac{\partial v}{\partial y}\right)\mathrm{d}\Omega=\int_\Gamma(un_x+vn_y)\,\mathrm{d}s \tag{1-18}$$

如果坐标 x 和 y 分别用 x_1 和 x_2 来表示，$u_i(i=1,\ 2)$是向量场 $\boldsymbol{u}$ 的分量，$n_i(i=1,\ 2)$是法线

向量 $\boldsymbol{n}$ 的分量。则式(1-18)可以写成

$$\int_{\Omega}\left(\frac{\partial u_1}{\partial x_1}+\frac{\partial u_2}{\partial x_2}\right)\mathrm{d}\Omega=\int_{\Gamma}(u_1 n_1+u_2 n_2)\,\mathrm{d}s \tag{1-19}$$

或使用求和约定式(1-19)可表示为

$$\int_{\Omega}\frac{\partial u_i}{\partial x_i}\mathrm{d}\Omega=\int_{\Gamma}u_i n_i\,\mathrm{d}s\quad(i=1,2) \tag{1-20}$$

方程(1-18)和方程(1-20)也可以使用向量表示法写成

$$\int_{\Omega}\nabla\cdot\boldsymbol{u}\,\mathrm{d}\Omega=\int_{\Gamma}\boldsymbol{u}\cdot\boldsymbol{n}\,\mathrm{d}s \tag{1-21}$$

其中,向量符号∇定义为

$$\nabla\equiv\boldsymbol{i}\frac{\partial}{\partial x}+\boldsymbol{j}\frac{\partial}{\partial y}=\boldsymbol{i}_1\frac{\partial}{\partial x_1}+\boldsymbol{i}_2\frac{\partial}{\partial x_2}$$

表示产生标量场梯度的微分算子。

$\nabla\cdot\boldsymbol{u}$ 表示向量∇与 $\boldsymbol{u}$ 的点积,称为在域 Ω 内一点的向量场 $\boldsymbol{u}$ 的散度,而量 $\boldsymbol{u}\cdot\boldsymbol{n}$ 被称为边界 Γ 上一点的矢量场的通量。$\boldsymbol{u}\cdot\boldsymbol{n}$ 在几何上表示 $\boldsymbol{u}$ 在 $\boldsymbol{n}$ 方向上的投影。式(1-21)将矢量场的总散度与总通量联系起来,称为高斯(Gauss)散度定理。它是积分学中最重要的定理之一。

1.2.3 格林(Green)第二恒等式

考虑函数 $u=u(x,y)$ 和 $v=v(x,y)$,它们在域 Ω 中二次连续可微,在边界 Γ 上一次连续可微。将 $g=v$ 和 $f=\partial u/\partial x$ 代入式(1-16),将 $g=v$ 和 $f=\partial u/\partial y$ 代入式(1-17),并将两式结果相加,得

$$\int_{\Omega}v\left(\frac{\partial^2 u}{\partial x^2}+\frac{\partial^2 u}{\partial y^2}\right)\mathrm{d}\Omega=-\int_{\Omega}\left(\frac{\partial u}{\partial x}\frac{\partial v}{\partial x}+\frac{\partial u}{\partial y}\frac{\partial v}{\partial y}\right)\mathrm{d}\Omega+\int_{\Gamma}v\left(\frac{\partial u}{\partial x}n_x+\frac{\partial u}{\partial y}n_y\right)\mathrm{d}s \tag{1-22}$$

同样,将 $g=u$ 和 $f=\partial v/\partial x$ 代入式(1-16),将 $g=u$ 和 $f=\partial v/\partial y$ 代入式(1-17),并将两式结果相加,得

$$\int_{\Omega}u\left(\frac{\partial^2 v}{\partial x^2}+\frac{\partial^2 v}{\partial y^2}\right)\mathrm{d}\Omega=-\int_{\Omega}\left(\frac{\partial u}{\partial x}\frac{\partial v}{\partial x}+\frac{\partial u}{\partial y}\frac{\partial v}{\partial y}\right)\mathrm{d}\Omega+\int_{\Gamma}u\left(\frac{\partial v}{\partial x}n_x+\frac{\partial v}{\partial y}n_y\right)\mathrm{d}s \tag{1-23}$$

从式(1-22)中减去式(1-23)得

$$\int_{\Omega}(v\nabla^2 u-u\nabla^2 v)\,\mathrm{d}\Omega=\int_{\Gamma}\left(v\frac{\partial u}{\partial n}-u\frac{\partial v}{\partial n}\right)\mathrm{d}s \tag{1-24}$$

其中,∇^2称为拉普拉斯(Laplace)算子或调和算子,定义为

$$\nabla^2\equiv\nabla\cdot\nabla=\left(\boldsymbol{i}\frac{\partial}{\partial x}+\boldsymbol{j}\frac{\partial}{\partial y}\right)\cdot\left(\boldsymbol{i}\frac{\partial}{\partial x}+\boldsymbol{j}\frac{\partial}{\partial y}\right)=\frac{\partial^2}{\partial x^2}+\frac{\partial^2}{\partial y^2}$$

而

$$\frac{\partial}{\partial n}\equiv\boldsymbol{n}\cdot\nabla=(n_x\boldsymbol{i}+n_y\boldsymbol{j})\cdot\left(\boldsymbol{i}\frac{\partial}{\partial x}+\boldsymbol{j}\frac{\partial}{\partial y}\right)=n_x\frac{\partial}{\partial x}+n_y\frac{\partial}{\partial y}$$

为标量函数在 $\boldsymbol{n}$ 方向上的导数的算子。式(1-24)被称为调和算子的格林(Green)第二恒等

式或格林(Green)互易恒等式。

1.2.4 积分定理

固体力学中的许多方程都是用微分方程表示的。例如,一个无穷小分量的力平衡可以用偏微分方程表示。由于这些微分方程在结构域中的每个点都满足,因此对它们在整个区域上积分,结果就是一个积分方程。在本节中,将介绍几个可用于推导固体力学积分方程的定理。在推导过程中,尽管中间变换是在笛卡尔坐标系中完成的,但推导出来这些积分方程在曲线坐标中也有效,因为最终方程将以非坐标相关形式给出。

散度定理:散度定理是张量场格林定理的一个特例。散度定理将域积分与域周围的边界积分联系起来。设 Ω 为以 Γ 为界的区域,如果张量 $\boldsymbol{A}$ 在域中具有连续的偏导数,则 $\boldsymbol{A}$ 在域中的散度积分可以转换为边界上的积分,即

$$\iint_{\Omega} \nabla \cdot \boldsymbol{A} \mathrm{d}\Omega = \int_{\Gamma} \boldsymbol{n} \cdot \boldsymbol{A} \mathrm{d}\Gamma \tag{1-25}$$

其中,$\boldsymbol{n}$ 是边界 Γ 的外向单位法向量。散度定理的一个变体是梯度定理,其中内积被二元(或张量)积代替,即

$$\iint_{\Omega} \nabla \boldsymbol{A} \mathrm{d}\Omega = \int_{\Gamma} \boldsymbol{n} \otimes \boldsymbol{A} \mathrm{d}\Gamma$$

雷诺输运定理:雷诺输运定理与积分方程在域上的时间导数有关,在该域中,被积函数以及区域随时间变化。考虑在时间相关域 $\Omega(t)$ 上的积分 $f=f(\boldsymbol{x}, t)$,该域以 $\Gamma(t)$ 为界。则 $f(\boldsymbol{x}, t)$ 在域上的积分的时间导数 $\Omega(t)$ 可以表示为

$$\frac{\mathrm{d}}{\mathrm{d}t}\iint_{\Omega} f \mathrm{d}\Omega = \iint_{\Omega} \frac{\partial f}{\partial t} \mathrm{d}\Omega + \int_{\Gamma} (\boldsymbol{n} \cdot \boldsymbol{v}) f \mathrm{d}\Gamma \tag{1-26}$$

其中,$\boldsymbol{n}(\boldsymbol{x}, t)$是边界的外向单位法向量,$\boldsymbol{v}(\boldsymbol{x}, t)$是边界的速度。式(1-26)等号右侧的第一项称为偏导数,第二项称为对流项。

注意:等号左侧的积分仅是时间的函数,因此使用全导数。

分部积分定理:分部积分将函数乘积的积分与其导数和反导数的积分联系起来。在一维情况下,如果 $u(x)$和 $v(x)$是区间域(a, b)中的两个连续可微函数,则分部积分可以表示为

$$\int_a^b u(x) v'(x) \mathrm{d}x = [u(x) v(x)]_a^b - \int_a^b u'(x) v(x) \mathrm{d}x \tag{1-27}$$

式(1-27)关系可以推广到二维或三维情况。设 Ω 是以 Γ 为边界的积分域,按分部积分可以写为

$$\iint_{\Omega} \frac{\partial u}{\partial x_i} v \mathrm{d}\Omega = \int_{\Gamma} u v n_i \mathrm{d}\Gamma - \iint_{\Omega} u \frac{\partial v}{\partial x_i} \mathrm{d}\Omega \tag{1-28}$$

其中,n_i 是指向边界 Γ 的单位法向量的分量。用向量 v_i 替换式(1-28)中的标量函数 v,并对 i 求和,得到向量公式

$$\iint_{\Omega} \nabla u \cdot \nabla \boldsymbol{v} \mathrm{d}\Omega = \int_{\Gamma} u (\boldsymbol{v} \cdot \boldsymbol{n}) \mathrm{d}\Gamma - \iint_{\Omega} u \nabla \cdot \boldsymbol{v} \mathrm{d}\Omega \tag{1-29}$$

通过将式(1-29)中的 u 替换为常数 1,可以获得方程(1-25)中的散度定理。出于连续介质力学的目的,可以将式(1-29)中的 $\boldsymbol{v}$ 替换为∇v 来获得以下格林恒等式

$$\iint_{\Omega} \nabla u \cdot \nabla v \mathrm{d}\Omega = \int_{\Gamma} u (\nabla v \cdot \boldsymbol{n}) \mathrm{d}\Gamma - \iint_{\Omega} u \nabla^2 v \mathrm{d}\Omega \tag{1-30}$$

使用分部积分的重要原因之一是放宽对可微性的要求。例如，在式(1－30)中，等式右侧要求 $v(x)$ 必须是二次可微函数，而等式左侧则通过 $v(x)$ 的一阶偏导数得到很好的定义，可微性的附加要求已转移到 $u(x)$。

例：(散度定理)计算积分 $\int_S \boldsymbol{F}\cdot\boldsymbol{n}\mathrm{d}S$，其中，$\boldsymbol{F}$ 为给定的向量场 $\boldsymbol{F}=2x\boldsymbol{e}_1+y^2\boldsymbol{e}_2+z^2\boldsymbol{e}_3$；$S$ 为单位球面的面积($x^2+y^2+z^2=1$)，其单位法向量为 $\boldsymbol{n}$。

应用散度定理，得

$$\begin{aligned}\int_S \boldsymbol{F}\cdot\boldsymbol{n}\mathrm{d}S &= \iint_\Omega \nabla\cdot\boldsymbol{F}\mathrm{d}\Omega = 2\iint_\Omega (1+y+z)\,\mathrm{d}\Omega \\ &= 2\iint_\Omega \mathrm{d}\Omega = \frac{8\pi}{3}\end{aligned} \tag{1-31}$$

在式(1－31)求解中，奇函数的积分为零，因为该区域是对称的。

1.2.5 伴随算子

考虑具有可变系数的完整二阶微分方程

$$L(u)=A\frac{\partial^2 u}{\partial x^2}+2B\frac{\partial^2 u}{\partial x\partial y}+C\frac{\partial^2 u}{\partial y^2}+D\frac{\partial u}{\partial x}+E\frac{\partial u}{\partial y}+Fu=0 \tag{1-32}$$

其中，A，B，…，F 为定义在域 Ω 上关于 x 和 y 的函数。将方程(1－32)乘以函数 $v=v(x,y)$ 然后在定义域上积分，可以得到

$$\int_\Omega vL(u)\,\mathrm{d}\Omega=0 \tag{1-33}$$

假设 v 在域 Ω 中两次连续可微，在边界 Γ 上一次连续可微。对式(1－33)重复进行分部积分，直到消去所有 u 的导数并结合式(1－16)和式(1－17)，可得到互易恒等式

$$\int_\Omega [vL(u)-uL^*(v)]\,\mathrm{d}\Omega=\int_\Gamma (Xn_x+Yn_y)\,\mathrm{d}s \tag{1-34}$$

其中

$$L^*(v)=\frac{\partial^2(Av)}{\partial x^2}+2\frac{\partial^2(Bv)}{\partial x\partial y}+\frac{\partial^2(Cv)}{\partial y^2}-\frac{\partial(Dv)}{\partial x}-\frac{\partial(Ev)}{\partial y}+Fv=0 \tag{1-35}$$

$$X=A\left(v\frac{\partial u}{\partial x}-u\frac{\partial v}{\partial x}\right)+B\left(v\frac{\partial u}{\partial y}-u\frac{\partial v}{\partial y}\right)+\left(D-\frac{\partial A}{\partial x}-\frac{\partial B}{\partial y}\right)uv \tag{1-36}$$

$$Y=B\left(v\frac{\partial u}{\partial x}-u\frac{\partial v}{\partial x}\right)+C\left(v\frac{\partial u}{\partial y}-u\frac{\partial v}{\partial y}\right)+\left(E-\frac{\partial B}{\partial x}-\frac{\partial C}{\partial y}\right)uv \tag{1-37}$$

式(1－35)定义的微分算子 $L^*()$ 称为 $L()$ 的伴随算子；式(1－34)是格林(Green)第二恒等式的一般形式，当 $A=C=1$ 和 $B=D=E=0$ 时，可知式(1－24)是式(1－34)的特例；$F\neq 0$ 的情况不影响式(1－24)，因为它等价于在方程左边的积分中加上或减去 Fuv 项。

可以证明，如果式(1－32)算子的系数满足条件

$$\begin{cases}\dfrac{\partial A}{\partial x}+\dfrac{\partial B}{\partial y}=D \\ \dfrac{\partial B}{\partial x}+\dfrac{\partial C}{\partial y}=E\end{cases} \tag{1-38}$$

则方程(1－35)变成

$$L^*(v)=A\frac{\partial^2 v}{\partial x^2}+2B\frac{\partial^2 v}{\partial x\partial y}+C\frac{\partial^2 v}{\partial y^2}+Fv$$

即微分算子 $L^*()$与 $L()$相同。在这种情况下，$L()$被称为自共轭；关系式(1-38)称为自伴随条件。

式(1-32)的性质以及要求解的问题类型，取决于 $\Delta=B^2-AC$。根据 Δ 的取值可分为如下三种类型的方程：

① 椭圆型($\Delta<0$)。

② 抛物线型($\Delta=0$)。

③ 双曲线型($\Delta>0$)。

1.2.6 变分法与欧拉-拉格朗日方程

1.2.6.1 变分法

变分法在力学中的一个重要应用是推导控制复杂结构系统响应的微分方程和相关的边界条件，特别是当其他方法不可行时。本节将介绍变分法的一些基础知识。变分法是数学分析的一个分支领域，用于处理泛函的极大值或极小值问题。泛函是从一组函数到实数的映射，通常表示为定积分形式，其被积函数取决于一个或多个未知函数及它们的导数。变分法的基本问题是求极值函数，即使泛函达到驻值(极大值或极小值)的函数，也就是使泛函变化率为零的函数。该理论最基本的部分是函数必须满足的必要条件：通常是带有边界条件的微分方程，即欧拉-拉格朗日(Euler-Lagrange)方程，求解该方程即可得到所需函数。

这类问题的一个简单例子是寻找曲线 $u(x)$，它通过点 $A(x_1, u_1)$和$B(x_2, u_2)$，并产生一个面积最小的绕 x 轴旋转曲面，如图 1-3 所示。因此，函数 $u(x)$可以通过使表面面积的积分取极小值来确定，即

$$I=2\pi\int_{x_1}^{x_2}u(1+u'^2)^{1/2}\mathrm{d}x \tag{1-39}$$

其中，$u(x_1)=u_1$，$u(x_2)=u_2$，且假设 u_1 和 u_2 是非负的。我们考虑所有满足几何或本质边界条件(即通过点 A 和点 B)的连续可导函数。这些函数构成了容许函数的集合，在其中寻找使式(1-39)取极小值的函数 $u(x)$。假设 $u(x)$是实际的最小函数，选取任意连续可微函数 $\eta(x)$，其中 $\eta(x_1)=\eta(x_2)=0$(见图 1-3)，那么对于任意常数 ε，函数 $\tilde{u}(x)=u(x)+\varepsilon\eta(x)$是一个容许函数。变分 $\varepsilon\eta(x)$称为 $u(x)$的变分，通常用 δu 表示，即

$$\delta u=\varepsilon\eta(x)$$

1.2.6.2 欧拉-拉格朗日方程

考虑积分

$$I(u)=\int_{x_1}^{x_2}F(x,u,u')\,\mathrm{d}x \tag{1-40}$$

其中，假设被积函数 $F=F(x, u, u')$关于其三个参数具有连续的二阶导数。积分

$$I(\varepsilon)=\int_{x_1}^{x_2}\tilde{F}(x,u+\varepsilon\eta,u'+\varepsilon\eta')\,\mathrm{d}x \tag{1-41}$$

通过将式(1-40)中 $u(x)$替换为 $u(x)+\varepsilon\eta(x)$得到，$I(\varepsilon)$是 ε 的函数。一旦给定函数 $u(x)$和 $\eta(x)$，并且当 $\varepsilon=0$ 时，则 $I(\varepsilon)$取得最小值。也就是要求

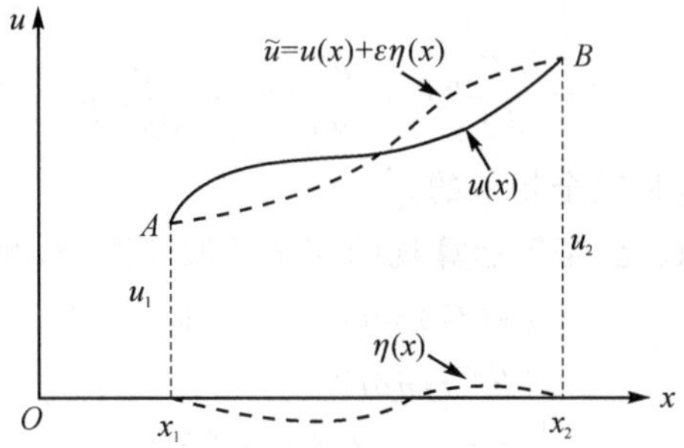

图 1-3 函数 $u(x)$ 和其容许函数 $\tilde{u}(x)$

$$\left.\frac{\mathrm{d}I(\varepsilon)}{\mathrm{d}\varepsilon}\right|_{\varepsilon=0}=0 \tag{1-42}$$

式(1-41)对 ε 微分,考虑到积分号外的微分可以挪到内部,得

$$\frac{\mathrm{d}I(\varepsilon)}{\mathrm{d}\varepsilon}=\int_{x_1}^{x_2}\left(\frac{\partial \tilde{F}}{\partial u}\eta+\frac{\partial \tilde{F}}{\partial u'}\eta'\right)\mathrm{d}x \tag{1-43}$$

对式(1-43)第二项分部积分后,得

$$\frac{\mathrm{d}I(\varepsilon)}{\mathrm{d}\varepsilon}=\int_{x_1}^{x_2}\left(\frac{\partial \tilde{F}}{\partial u}-\frac{\mathrm{d}}{\mathrm{d}x}\frac{\partial \tilde{F}}{\partial u'}\right)\eta\mathrm{d}x+\left[\frac{\partial \tilde{F}}{\partial u'}\eta'\right]_{x_1}^{x_2}$$

需要注意的是,当 $\varepsilon\to 0$ 时,$\eta(x_1)=\eta(x_2)=0$ 且 $\tilde{F}\to F$,于是必要条件式(1-42)变成

$$\int_{x_1}^{x_2}\left(\frac{\partial F}{\partial u}-\frac{\mathrm{d}}{\mathrm{d}x}\frac{\partial F}{\partial u'}\right)\eta\mathrm{d}x=0 \tag{1-44}$$

由于 $\eta(x)$ 是任意的,则它在式(1-44)中的系数在区间$(x_1,\ x_2)$中必须为 0,即

$$\frac{\partial F}{\partial u}-\frac{\mathrm{d}}{\mathrm{d}x}\frac{\partial F}{\partial u'}=0 \tag{1-45}$$

因此,如果 $u(x)$ 要使积分最小化(或最大化),则它必须满足式(1-45)定义的条件,即称为泛函的欧拉-拉格朗日方程。当给定 F 时,条件式(1-45)所给微分方程在区间$(x_1,\ x_2)$的解即是极值函数。

由 δu 引起的 F 的变化为

$$\Delta F=F(x,u+\delta u,u'+\delta u')-F(x,u,u') \tag{1-46}$$

用泰勒(Taylor)级数展开式(1-46)等号右侧,得

$$\Delta F=\frac{\partial F}{\partial u}\delta u+\frac{\partial F}{\partial u'}\delta u'+(\delta u\ 和\ \delta u'\ 的高阶项) \tag{1-47}$$

与微分类似,式(1-47)等号右侧的前两项被定义为 F 的变分,即

$$\delta F=\frac{\partial F}{\partial u}\delta u+\frac{\partial F}{\partial u'}\delta u' \tag{1-48}$$

变分算子 δ 相当于微分算子 d,对于有两个自变量的函数 $F(x,\ y)$,有

$$\mathrm{d}F=\frac{\partial F}{\partial u}\mathrm{d}u+\frac{\partial F}{\partial y}\mathrm{d}y \tag{1-49}$$

然而,式(1-48)和式(1-49)两个算子的区别是:函数的微分表示函数沿特定曲线变化的一阶近似,而函数的变分是函数从一条曲线到另一条曲线变化的一阶近似。需要注意的是,变分与

微分完全相似的是

$$\delta F=\frac{\partial F}{\partial x}\delta x+\frac{\partial F}{\partial u}\delta u+\frac{\partial F}{\partial u'}\delta u'$$

但由于 x 不变，则 $\delta x=0$，这是完全相似的。

容易证明，变分的和、积、比、幂等运算规则完全类似于微分，例如，

$$\begin{cases}\delta(FG)=G\delta F+F\delta G\\ \delta F^n=n\delta F^{n-1}\\ \delta\left(\dfrac{F}{G}\right)=\dfrac{G\delta F-F\delta G}{G^2}\end{cases}$$

此外，由 $\delta u=\varepsilon\eta(x)$ 有

$$\frac{\mathrm{d}}{\mathrm{d}x}(\delta u)=\varepsilon\frac{\mathrm{d}\eta}{\mathrm{d}x}=\delta\frac{\mathrm{d}u}{\mathrm{d}x} \tag{1-50}$$

式(1-50)表明：如果 x 是自变量，则算子 $\dfrac{\mathrm{d}}{\mathrm{d}x}$ 和 δ 是可以交换的。

根据式(1-48)，积分式(1-40)的变分可写成

$$\delta I=\int_{x_1}^{x_2}\delta F(x,u,u')\,\mathrm{d}x=\int_{x_1}^{x_2}\left(\frac{\partial F}{\partial u}\delta u+\frac{\partial F}{\partial u'}\delta u'\right)\mathrm{d}x \tag{1-51}$$

从式(1-50)可以得到 $\delta u'=(\delta u)'$。则对式(1-51)中被积函数的第二项分部积分得

$$\delta I=\int_{x_1}^{x_2}\left(\frac{\partial F}{\partial u}-\frac{\mathrm{d}}{\mathrm{d}x}\frac{\partial F}{\partial u'}\right)\delta u\,\mathrm{d}x+\left[\frac{\partial F}{\partial u'}\delta u\right]_{x_1}^{x_2} \tag{1-52}$$

考虑到 $\delta u(x_1)=\delta u(x_2)=0$，即

$$\delta I=\int_{x_1}^{x_2}\left(\frac{\partial F}{\partial u}-\frac{\mathrm{d}}{\mathrm{d}x}\frac{\partial F}{\partial u'}\right)\delta u\,\mathrm{d}x$$

由式(1-45)知 $\delta I=0$。因此，泛函达到最小值(或最大值)的必要条件是其变分为 0。

1.2.6.3 自然边界条件

当未知函数 $u(x)$ 在端点 $x=x_1$，x_2 一端或两端处的值没有给定时，变量 $\delta u(x)$ 不一定为 0。但当 $u(x)$ 是所有容许变分 $\delta u(x)$ 的最小(或最大)函数时，则式(1-52)等号右侧必须为 0。因此，式(1-52)等号右侧的第二项必然为 0，即

$$\left[\frac{\partial F}{\partial u'}\delta u(x)\right]_{x_1}^{x_2}=\left[\frac{\partial F}{\partial u'}\delta u(x)\right]_{x=x_2}-\left[\frac{\partial F}{\partial u'}\delta u(x)\right]_{x=x_1}=0 \tag{1-53}$$

如果 $u(x)$ 在任意端点都没有给定，则 $\delta u(x_1)\neq 0$ 或 $\delta u(x_2)\neq 0$，因此要使式(1-53)成立，则有

$$\left[\frac{\partial F}{\partial u'}\right]_{x=x_1}=0 \tag{1-54}$$

$$\left[\frac{\partial F}{\partial u'}\right]_{x=x_2}=0 \tag{1-55}$$

当 $u(x_1)$ 未给定时，要求式(1-54)成立；当 $u(x_2)$ 未给定时，要求式(1-55)成立，二者都称为自然边界条件。

通过上述分析，使函数最小化(或最大化)的函数 $u(x)$，可通过求解以下边值问题得到

$$\frac{\partial F}{\partial u}-\frac{\mathrm{d}}{\mathrm{d}x}\frac{\partial F}{\partial u'}=0 \quad (x_1 \leqslant x \leqslant x_2) \tag{1-56}$$

$$\begin{cases} u(x_1)=u_1 \quad 或 \quad \left[\dfrac{\partial F}{\partial u'}\right]_{x=x_1}=0 \\ u(x_2)=u_2 \quad 或 \quad \left[\dfrac{\partial F}{\partial u'}\right]_{x=x_2}=0 \end{cases} \tag{1-57}$$

1.2.6.4 双变量泛函

考虑泛函

$$I=\int_\Omega F(x,y,u,u_{,x},u_{,y})\,\mathrm{d}x\,\mathrm{d}y \tag{1-58}$$

其中，$u=u(x,y)$是关于泛函驻值的待定连续可微函数，Ω 是 $x-y$ 平面上的一个边界为 Γ 的二维域(见图 1-4)。推导式(1-58)极值函数必要条件的过程更为复杂。但是，如果通过变分 $\delta I=0$ 所需的必要条件，则变得简单。因此，由式(1-58)得

$$\delta I=\int_\Omega \delta F(x,y,u,u_{,x},u_{,y})\,\mathrm{d}x\,\mathrm{d}y=\int_\Omega\left(\frac{\partial F}{\partial u}\delta u+\frac{\partial F}{\partial u_{,x}}\delta u_{,x}+\frac{\partial F}{\partial u_{,y}}\delta u_{,y}\right)\mathrm{d}x\,\mathrm{d}y \tag{1-59}$$

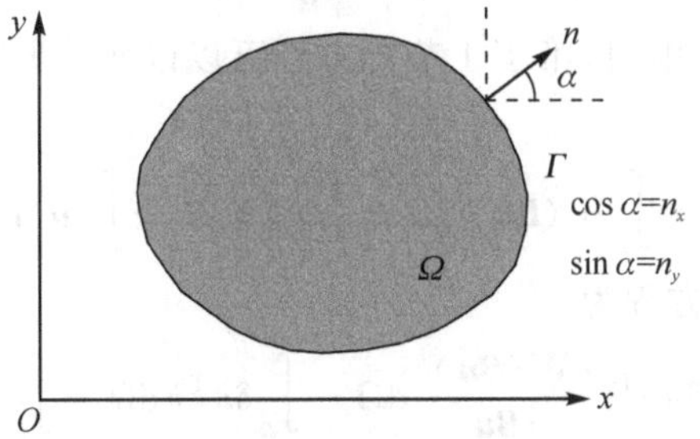

图 1-4 以曲线 Γ 为边界的域 Ω

通过分部积分可以把 $\delta u_{,x}$ 和 $\delta u_{,y}$ 两项从被积函数中去掉。因此，应用高斯-格林(Gauss-Green)定理以及式(1-16)和式(1-17)，得

$$\begin{cases} \displaystyle\int_\Omega\left(\frac{\partial F}{\partial u_{,x}}\delta u_{,x}\right)\mathrm{d}x\,\mathrm{d}y=\int_\Omega\frac{\partial F}{\partial u_{,x}}(\delta u)_{,x}\,\mathrm{d}x\,\mathrm{d}y=-\int_\Omega\frac{\partial}{\partial x}\frac{\partial F}{\partial u_{,x}}\delta u\,\mathrm{d}x\,\mathrm{d}y+\int_\Gamma\frac{\partial F}{\partial u_{,x}}n_x\delta u\,\mathrm{d}s \\ \displaystyle\int_\Omega\left(\frac{\partial F}{\partial u_{,y}}\delta u_{,y}\right)\mathrm{d}x\,\mathrm{d}y=\int_\Omega\frac{\partial F}{\partial u_{,y}}(\delta u)_{,y}\,\mathrm{d}x\,\mathrm{d}y=-\int_\Omega\frac{\partial}{\partial x}\frac{\partial F}{\partial u_{,y}}\delta u\,\mathrm{d}x\,\mathrm{d}y+\int_\Gamma\frac{\partial F}{\partial u_{,y}}n_y\delta u\,\mathrm{d}s \end{cases} \tag{1-60}$$

将式(1-60)代入式(1-59)，得

$$\begin{aligned}\delta I&=\int_\Omega \delta F(x,y,u,u_{,x},u_{,y})\,\mathrm{d}x\,\mathrm{d}y\\ &=\int_\Omega\left(\frac{\partial F}{\partial u}-\frac{\partial}{\partial x}\frac{\partial F}{\partial u_{,x}}-\frac{\partial}{\partial y}\frac{\partial F}{\partial u_{,y}}\right)\delta u\,\mathrm{d}x\,\mathrm{d}y+\int_\Gamma\left(\frac{\partial F}{\partial u_{,x}}n_x+\frac{\partial F}{\partial u_{,y}}n_y\right)\delta u\,\mathrm{d}s\end{aligned} \tag{1-61}$$

当函数 $u(x,y)$在边界 Γ 上被给定，则 $\delta u=0$，于是式(1-61)中的边界积分为 0。又由于 δu 在域 Ω 中是任意的，则它在被积函数中的系数必然为 0。由此可得

$$\frac{\partial F}{\partial u}-\frac{\partial}{\partial x}\frac{\partial F}{\partial u_{,x}}-\frac{\partial}{\partial y}\frac{\partial F}{\partial u_{,y}}=0 \tag{1-62}$$

式(1－62)是泛函(1－58)的欧拉-拉格朗日(Euler－Lagrange)方程。

当函数 $u(x,\ y)$在边界 Γ 上没有给定时，则 $\delta u\neq 0$，只有在满足自然边界条件时，边界积分才为 0，即

$$\frac{\partial F}{\partial u_{,x}}n_x+\frac{\partial F}{\partial u_{,y}}n_y=0\quad(\text{在边界 }\Gamma\text{ 上}) \tag{1-63}$$

因此，在 $\Gamma_1\subseteq\Gamma$ 部分的边界条件为

$$u=\bar{u}\quad \text{或}\quad \frac{\partial F}{\partial u_{,x}}n_x+\frac{\partial F}{\partial u_{,y}}n_y=0 \tag{1-64}$$

其中，u 的上划线表示一个给定的量。

1.2.7 非线性弹性问题的变分形式

对于应变能满足

$$\boldsymbol{\sigma}=\frac{\partial \boldsymbol{W}}{\partial \boldsymbol{\varepsilon}}$$

的弹性材料，当不考虑惯性影响时，第 1.1 节的方程可以以变分形式给出。最简单的形式是势能原理，可以表示为

$$\Pi_{\mathrm{PE}}=\int_{\Omega}W(\boldsymbol{Bu})\,\mathrm{d}\Omega-\int_{\Omega}\boldsymbol{u}^{\mathrm{T}}\boldsymbol{b}\,\mathrm{d}\Omega-\int_{\Gamma_t}\boldsymbol{u}^{\mathrm{T}}\bar{\boldsymbol{t}}\,\mathrm{d}\Gamma \tag{1-65}$$

则一阶变分得到泛函的控制方程为

$$\delta\Pi_{\mathrm{PE}}=\int_{\Omega}\delta(\boldsymbol{Bu})^{\mathrm{T}}\frac{\partial W(\boldsymbol{Bu})}{\partial \boldsymbol{Bu}}\mathrm{d}\Omega-\int_{\Omega}\delta\boldsymbol{u}^{\mathrm{T}}\boldsymbol{b}\,\mathrm{d}\Omega-\int_{\Gamma_t}\delta\boldsymbol{u}^{\mathrm{T}}\bar{\boldsymbol{t}}\,\mathrm{d}\Gamma=0 \tag{1-66}$$

对式(1－66)分部积分并整理后可得

$$\delta\Pi_{\mathrm{PE}}=-\int_{\Omega}\delta\boldsymbol{u}^{\mathrm{T}}(\boldsymbol{B}^{\mathrm{T}}\boldsymbol{\sigma}+\boldsymbol{b})\,\mathrm{d}\Omega+\int_{\Gamma_t}\delta\boldsymbol{u}^{\mathrm{T}}(\boldsymbol{G}^{\mathrm{T}}\boldsymbol{\sigma}-\bar{\boldsymbol{t}})\,\mathrm{d}\Gamma=0 \tag{1-67}$$

其中

$$\boldsymbol{\sigma}=\frac{\partial W(\boldsymbol{Bu})}{\partial \boldsymbol{Bu}}=\frac{\partial \boldsymbol{W}}{\partial \boldsymbol{\varepsilon}}$$

当应变能 W 由二次形式给出时，则会得到由式(1－6)给出的线性问题。在这种情况下，该式成为最小势能原理，而使 W 成为绝对最小值的位移场是该问题的精确解。

注意：势能原理包括应变-位移方程和以位移为基础的用应变表示的弹性模型。因此除该定理外，还需要给出位移边界条件。该定理是最简单的变分形式，只需要知道位移场即可。该形式是不可约(或位移)近似求解方法的基础。

胡-鹫津(Hu－Washizu)变分原理给出了包含所有方程和边界条件的一般变分定理。其原理由下式给出

$$\begin{aligned}\Pi_{\mathrm{HW}}(\boldsymbol{u},\boldsymbol{\varepsilon},\boldsymbol{\sigma})=&\int_{\Omega}[W(\boldsymbol{\varepsilon})+\boldsymbol{\sigma}^{\mathrm{T}}(\boldsymbol{Bu}-\boldsymbol{\varepsilon})]\,\mathrm{d}\Omega\\&-\int_{\Omega}\boldsymbol{u}^{\mathrm{T}}\boldsymbol{b}\,\mathrm{d}\Omega-\int_{\Gamma_t}\boldsymbol{u}^{\mathrm{T}}\bar{\boldsymbol{t}}\,\mathrm{d}\Gamma-\int_{\Gamma_u}\boldsymbol{t}^{\mathrm{T}}(\boldsymbol{u}-\bar{\boldsymbol{u}})\,\mathrm{d}\Gamma\end{aligned} \tag{1-68}$$

其中，$\boldsymbol{t}=\boldsymbol{G}^{\mathrm{T}}\boldsymbol{\sigma}$。通过取式(1－68)对 $\boldsymbol{u}$、$\boldsymbol{\varepsilon}$ 和 $\boldsymbol{\sigma}$ 的导数，可以证明该原理包含着所有的控制方

程。具体来说，对式(1-68)取变分，并对 $\delta(\boldsymbol{Bu})$ 进行分部积分，可以得到

$$\delta\Pi_{\mathrm{HW}}(\boldsymbol{u},\boldsymbol{\varepsilon},\boldsymbol{\sigma})=\int_{\Omega}\delta\boldsymbol{\varepsilon}^{\mathrm{T}}\left[\frac{\partial W(\boldsymbol{\varepsilon})}{\partial\boldsymbol{\varepsilon}}-\boldsymbol{\sigma}\right]\mathrm{d}\Omega+\int_{\Omega}\delta\boldsymbol{\sigma}^{\mathrm{T}}[\boldsymbol{Bu}-\boldsymbol{\varepsilon}]\,\mathrm{d}\Omega-\int_{\Omega}\delta\boldsymbol{u}^{\mathrm{T}}[\boldsymbol{B}^{\mathrm{T}}\boldsymbol{\sigma}+\boldsymbol{b}]\,\mathrm{d}\Omega-$$

$$\int_{\Gamma_u}\delta\boldsymbol{\sigma}^{\mathrm{T}}\boldsymbol{G}(\boldsymbol{u}-\bar{\boldsymbol{u}})\,\mathrm{d}\Gamma+\int_{\Gamma_t}\delta\boldsymbol{u}^{\mathrm{T}}(\boldsymbol{G}^{\mathrm{T}}\boldsymbol{\sigma}-\bar{\boldsymbol{t}})\,\mathrm{d}\Gamma=0 \tag{1-69}$$

很明显，胡-鹫津(Hu - Washizu)变分原理给出了非线性弹性静力学问题的所有方程。

我们还可以在胡-鹫津(Hu - Washizu)原理和其他变分原理之间建立直接联系。如果我们使用洛朗(Laurant)变换，将应变 $\boldsymbol{\varepsilon}$ 用应力来表示，可得

$$U(\boldsymbol{\sigma})+W(\boldsymbol{\varepsilon})=\boldsymbol{\sigma}^{\mathrm{T}}\boldsymbol{\varepsilon} \tag{1-70}$$

于是可得由下式给出的海林格-赖斯纳(Hellinger - Reissner)变分原理

$$\Pi_{\mathrm{HR}}(\boldsymbol{u},\boldsymbol{\sigma})=\int_{\Omega}[\boldsymbol{\sigma}^{\mathrm{T}}\boldsymbol{Bu}-U(\boldsymbol{\sigma})]\,\mathrm{d}\Omega-\int_{\Omega}\boldsymbol{u}^{\mathrm{T}}\boldsymbol{b}\,\mathrm{d}\Omega-\int_{\Gamma_t}\boldsymbol{u}^{\mathrm{T}}\bar{\boldsymbol{t}}\,\mathrm{d}\Gamma-\int_{\Gamma_u}\boldsymbol{t}^{\mathrm{T}}(\boldsymbol{u}-\bar{\boldsymbol{u}})\,\mathrm{d}\Gamma=0 \tag{1-71}$$

在线性弹性情况下，忽略初始应变和应力效应，可得

$$U(\boldsymbol{\sigma})=\frac{1}{2}\sigma_{ij}S_{ijkl}\sigma_{kl} \tag{1-72}$$

其中，S_{ijkl} 为弹性柔量。虽然这种形式对一般弹性问题也适用，但在非线性情况下，并不总是可以根据应力形式找到本构行为的唯一关系。因此，我们将经常使用胡-鹫津(Hu - Washizu)泛函作为混合格式的基础。

我们还可以建立最小势能原理与胡-鹫津(Hu - Washizu)原理的直接联系。如果已知位移边界条件满足，可以消除式中关于 Γ_{u} 的积分项。通常在基于胡-鹫津(Hu - Washizu)原理(或其等价形式)的有限元逼近中，一般位移边界条件是显式满足的，这样就避免了逼近 Γ_{u} 项。

如果进一步假定应变-位移关系是已知的，则胡-鹫津(Hu - Washizu)原理与势能原理就等价了。在构建有限元格式时，势能原理是推导位移格式(也称为不可约格式)的基础，而胡-鹫津(Hu - Washizu)原理是推导混合格式的基础。混合格式在构建鲁棒的有限元格式方面有明显的优势。然而，以位移形式表示全局问题的有限元格式也是有优势的。

注意：胡-鹫津(Hu - Washizu)原理可以简化为势能原理，由此可得到二者近似形式之间的对应关系。

变分定理的优点是可以自动获得对称性条件，明显的缺点是只能考虑弹性行为和静力学问题。在下一节中介绍的弱形式方法对弹性或非弹性材料都有效，并且可以直接考虑惯性效应。我们将观察到，对于弹性静力学问题，弱形式与势能原理是等价的。

1.3 控制方程的弱形式

任何控制方程的变分(弱)形式都是一种标量关系，可以通过将控制方程乘以适当的任意函数来构造。该任意函数具有与控制方程组相同的自由指标，于是成为哑标并在其范围内求和，最后在问题定义域上积分，并将结果设置为零。

1.3.1 平衡方程的弱形式

在平衡方程(1-1)的指标表示形式中含有自由指标 i,要构造一个弱形式,可以对其乘以指标为 i 的任意向量,并在域 Ω 上对结果进行积分。虚功是一种弱形式,其中任意函数为虚位移 δu_i。因此使用虚位移函数可得到下面的弱形式

$$\delta\Pi_{\text{eq}}=\int_{\Omega}\delta u_i\left[\rho\ddot{u}_i-\sigma_{ji,j}-b_i\right]\mathrm{d}\Omega=0 \tag{1-73}$$

注意:虚功是一种伽辽金(Galerkin)方法,定义

$$\delta\Pi=G=0 \tag{1-74}$$

其中,G 便是伽辽金(Galerkin)表达式。在下一章中,将使用有限元近似来求解变分方法和伽辽金方法。

通常应力取决于由位移导数定义的应变。因此,式(1-73)需要计算位移的二阶导数以得到被积函数。为了减少(即"弱化")计算二阶导数的需要,可以使用分部积分方法,并且考虑应力的对称性,得

$$G_{\text{eq}}=\int_{\Omega}\delta u_i\rho\ddot{u}_i\,\mathrm{d}\Omega+\int_{\Omega}\delta\varepsilon_{ij}\sigma_{ij}\,\mathrm{d}\Omega-\int_{\Omega}\delta u_i b_i\,\mathrm{d}\Omega-\int_{\Gamma}\delta u_i t_i\,\mathrm{d}\Omega=0 \tag{1-75}$$

其中,虚应变与虚位移的关系为

$$\delta\varepsilon_{ij}=\frac{1}{2}(\delta u_{i,j}+\delta u_{j,i}) \tag{1-76}$$

通过将边界分成指定外力的部分 Γ_{t} 和指定位移的部分 Γ_{u},可以进一步简化式(1-75)。如果逐点强制执行所有位移边界条件并施加 δu_i 在 Γ_{u} 上为零的约束,可获得最终结果

$$G_{\text{eq}}=\int_{\Omega}\delta u_i\rho\ddot{u}_i\,\mathrm{d}\Omega+\int_{\Omega}\delta\varepsilon_{ij}\sigma_{ij}\,\mathrm{d}\Omega-\int_{\Omega}\delta u_i b_i\,\mathrm{d}\Omega-\int_{\Gamma_t}\delta u_i\bar{t}_i\,\mathrm{d}\Gamma=0 \tag{1-77}$$

可以用矩阵形式将式(1-77)表示为

$$G_{\text{eq}}=\int_{\Omega}\delta\boldsymbol{u}^{\mathrm{T}}\rho\ddot{\boldsymbol{u}}\,\mathrm{d}\Omega+\int_{\Omega}\delta(\boldsymbol{Bu})^{\mathrm{T}}\boldsymbol{\sigma}\,\mathrm{d}\Omega-\int_{\Omega}\delta\boldsymbol{u}^{\mathrm{T}}\boldsymbol{b}\,\mathrm{d}\Omega-\int_{\Gamma_t}\delta\boldsymbol{u}^{\mathrm{T}}\bar{\boldsymbol{t}}\,\mathrm{d}\Gamma=0 \tag{1-78}$$

其中,第一项是内部惯性力的虚功;第二项是内应力的虚功;最后两项分别是体力和牵引力的虚功。在后面的章节中,将惯性力虚功表示为

$$G_{\text{dyn}}=\int_{\Omega}\delta\boldsymbol{u}^{\mathrm{T}}\rho\ddot{\boldsymbol{u}}\,\mathrm{d}\Omega \tag{1-79}$$

内力虚功表示为

$$G_{\text{int}}=\int_{\Omega}\delta(\boldsymbol{Bu})^{\mathrm{T}}\boldsymbol{\sigma}\,\mathrm{d}\Omega \tag{1-80}$$

外力虚功表示为

$$G_{\text{ext}}=\int_{\Omega}\delta\boldsymbol{u}^{\mathrm{T}}\boldsymbol{b}\,\mathrm{d}\Omega+\int_{\Gamma_t}\delta\boldsymbol{u}^{\mathrm{T}}\bar{\boldsymbol{t}}\,\mathrm{d}\Gamma \tag{1-81}$$

因此,总的弱形式或伽辽金(Galerkin)形式表示为

$$G_{\text{eq}}=G_{\text{dyn}}+G_{\text{int}}-G_{\text{ext}} \tag{1-82}$$

上述弱形式为各种应用提供了推导有限元平衡方程的基础。为了完成问题的表述,需要补充适当的应变-位移方程和本构方程。上述弱形式也可以根据式(1-69)给出的胡-鹫津(Hu-Washizu)原理通过变分得到。

注意:采用用于定义应力和应变的矩阵形式可以将应力和应变的内功表示为

$$\varepsilon_{ij}\sigma_{ij}=\boldsymbol{\varepsilon}^{\mathrm{T}}\boldsymbol{\sigma}=\boldsymbol{\sigma}^{\mathrm{T}}\boldsymbol{\varepsilon} \tag{1-83}$$

类似地,单位体积的内虚功可以表示为

$$\delta W=\delta\varepsilon_{ij}\sigma_{ij}=\delta\boldsymbol{\varepsilon}^{\mathrm{T}}\boldsymbol{\sigma} \tag{1-84}$$

后面会对其进行更详细的讨论。退化形式中根据六个应力和应变分量构造的本构方程,必须在原始九个张量分量的基础上进行适当的处理。

1.3.2 强弱形式的关系

偏微分方程组是固体力学控制方程组的强形式。与弱形式相比,强形式要求相关场变量(这里指位移 u、v 和 w)具有强连续性。定义这些场变量的任何函数都必须是可微的,而且可微的阶次为强形式偏微分方程组的最高阶次。对于实际工程问题,求强形式微分方程组的精确解通常非常困难。有限差分法可用于求解强形式方程组的近似解,通常适用于具有简单规则几何和边界条件的问题。弱形式方程组通常广泛使用以下两种方法创建:

- 能量原理。
- 加权残差法。

能量原理可以归类为变分原理的一种特殊形式,该方法特别适用于固体力学和结构力学问题。加权残差法是一个更通用的数学工具,原则上适用于求解各种偏微分方程组。这两种方法都容易理解并应用。本书将介绍用两种方法创建有限元方程组。能量原理用于解决固体和结构的力学问题,而加权残差法用于处理传热问题。能量原理也同样适用于处理传热问题,加权残差法也可用于解决固体力学问题,其过程大同小异。

弱形式通常是积分形式,要求场变量具有较弱的连续性。由于对场变量和积分运算的要求较低,基于弱形式的公式通常会生成一组离散化方程组,从而给出精度更高的结果,尤其是对于几何模型较复杂的问题。因此,许多人倾向于使用弱形式来获得近似解。如果问题域适当地离散为单元,使用弱形式通常会得到一组性能良好的代数方程组。有限元法是成功使用弱形式的典型例子。由于问题域可以离散成不同类型的单元,有限元法可应用于大多数具有复杂几何形状和边界条件的实际工程问题。

1.4 有限元流程

本节将概要性地介绍标准有限元流程,包括域的离散、位移插值、构造形函数的标准流程、形函数的性质、局部坐标系下的有限元方程、坐标变换、全局有限元方程的组装、位移约束的施加和求解全局有限元方程。

1.4.1 域的离散化

固体被分割成 N_e 个单元,该过程被称为网格划分,通常使用前处理器来完成。对于复杂的几何形状尤其需要。如图 1-5 所示是一个二维固体带有单元和结点编号的网格示例。

前处理器以适当的方式生成实体或结构所有单元和结点的唯一编号。单元是通过预定义的一致方式连接结点而形成的,并通过结点来实现单元之间的连续性。所有单元一起构成问

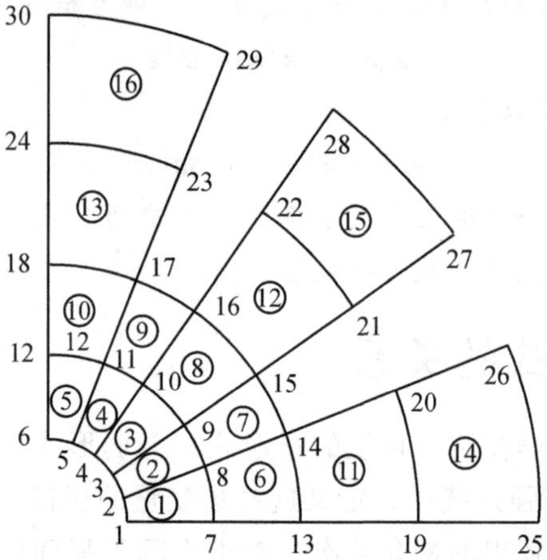

图 1-5　二维固体带有单元和结点编号的网格示例

题的整个区域，单元之间没有任何间隙或重叠。区域可以由具有不同结点数目的不同类型的单元所组成，只要相邻单元在边界上兼容(没有间隙和重叠)即可。网格的密度取决于对分析的精度要求和可用的计算资源。通常情况下，细化网格会得到精度更高的结果，但会增加计算成本。因此，网格通常不均匀，在位移梯度较大或对分析精度要求高的区域使用精细网格。区域离散化后，单元的位移场模式更容易给定。

1.4.2　位移插值

有限元公式必须基于某一坐标系。在建立单元的有限元方程时，通常为了计算方便会使用局部坐标系，局部坐标系是参照全局坐标系定义的，而全局坐标系通常是为整个结构定义的。基于定义在单元上的局部坐标系，单元内的位移可以仅使用其结点处的位移，通过多项式插值得到，即

$$\boldsymbol{U}^h(x,y,z)=\sum_{i=1}^{n_d}\boldsymbol{N}_i(x,y,z)\boldsymbol{d}_i=\boldsymbol{N}(x,y,z)\boldsymbol{d}_e \tag{1-85}$$

其中，$\boldsymbol{U}$ 的上标 h 代表近似值；n_d 是构成单元的结点数；$\boldsymbol{d}_i$ 是第 i 个结点处的结点位移，是要求解的未知数，可以用一般形式表示为

$$\boldsymbol{d}_i=\begin{bmatrix} d_1 \\ d_2 \\ \vdots \\ d_{n_f} \end{bmatrix}\begin{matrix} \rightarrow \text{位移分量 } 1 \\ \rightarrow \text{位移分量 } 2 \\ \vdots \\ \rightarrow \text{位移分量 } n_f \end{matrix}$$

其中，n_f 是结点处的自由度(DOF)。对于三维实体，$n_f=3$，并且

$$\boldsymbol{d}_i=\begin{bmatrix} u_i \\ v_i \\ w_i \end{bmatrix}\begin{matrix} \rightarrow x \text{ 方向上的位移} \\ \rightarrow y \text{ 方向上的位移} \\ \rightarrow z \text{ 方向上的位移} \end{matrix}$$

注意：位移分量也可以包括梁和板结构的旋转。式(1-85)中的向量 $\boldsymbol{d}_e$ 是整个单元的位移向量，形式为

$$\boldsymbol{d}_e=\begin{bmatrix}\boldsymbol{d}_1\\\boldsymbol{d}_2\\\vdots\\\boldsymbol{d}_{n_d}\end{bmatrix}\begin{matrix}\rightarrow \text{节点 1 的位移}\\\rightarrow \text{节点 2 的位移}\\\vdots\\\rightarrow \text{节点 } n_d \text{ 的位移}\end{matrix}$$

因此,整个单元的总自由度为 $n_d \times n_f$。

在式(1-85)中,$\boldsymbol{N}$ 是单元的结点形函数矩阵,这些函数为预先定义的位移相对于坐标变化的形状,其一般形式为

$$\begin{matrix}\boldsymbol{N}(x,y,z)=[\boldsymbol{N}_1(x,y,z) & \boldsymbol{N}_2(x,y,z) & \cdots & \boldsymbol{N}_{n_d}(x,y,z)]\\ \downarrow & \downarrow & \cdots & \downarrow\\ \text{节点 1} & \text{节点 2} & \cdots & \text{节点 } n_d\end{matrix}$$

其中,$\boldsymbol{N}_i$ 是位移分量形函数的子矩阵,其排列为

$$\boldsymbol{N}_i=\begin{bmatrix}N_{i1} & 0 & 0 & 0\\0 & N_{i2} & 0 & 0\\0 & 0 & \ddots & 0\\0 & 0 & 0 & N_{in_f}\end{bmatrix}$$

其中,N_{ik} 是第 i 个结点处第 k 个位移分量的形函数。对于三维实体,$n_f=3$,通常为 $N_{i1}=N_{i2}=N_{i3}=N_i$。需要注意的是,一个结点上的所有位移分量不必使用相同的形函数。例如,经常对平移和旋转位移使用不同的形函数。

注意:这种假设位移的方法通常称为位移法。但也有一些有限元方法中假设应力为未知量,第 2 章中便有这样的例子。

1.4.3 构造形函数的标准流程

考虑一个具有 n_d 个结点的单元,其结点坐标为 $\boldsymbol{x}_i(i=1,2,\cdots,n_d)$,其中当 $\boldsymbol{x}^{\mathrm{T}}=\{x\}$ 时表示一维问题,当 $\boldsymbol{x}^{\mathrm{T}}=\{x, y\}$ 时表示二维问题,当 $\boldsymbol{x}^{\mathrm{T}}=\{x,y,z\}$ 时表示三维问题。对于一个单元的每个位移分量,应该有 n_d 个形函数。在下面介绍构造形函数的标准流程时,只考虑一个位移分量。该标准流程适用于任何位移分量。

首先,将位移分量近似为 n_d 个线性无关的基函数 $p_i(\boldsymbol{x})$ 的线性组合,即

$$u^h(\boldsymbol{x})=\sum_{i=1}^{n_d} p_i(\boldsymbol{x})\alpha_i=\boldsymbol{p}^{\mathrm{T}}(\boldsymbol{x})\boldsymbol{\alpha} \tag{1-86}$$

其中,u^h 是位移分量的近似值;$p_i(\boldsymbol{x})$ 是关于空间坐标 $\boldsymbol{x}$ 的单项式基函数;α_i 是单项式 $p_i(\boldsymbol{x})$ 的系数;向量 $\boldsymbol{\alpha}$ 定义为

$$\boldsymbol{\alpha}^{\mathrm{T}}=(\alpha_1,\alpha_2,\alpha_3,\cdots,\alpha_{n_d})$$

注意:式(1-86)中 $p_i(\boldsymbol{x})$ 由 n_d 个一维单项式构成(一维问题);对于二维问题,可以基于如图 1-6 所示的帕斯卡(Pascal)三角形选取单项式;对于三维问题,可以基于如图 1-7 所示的帕斯卡(Pascal)金字塔选取单项式。一维域中的 p 阶完备基函数为

$$\boldsymbol{p}^{\mathrm{T}}(\boldsymbol{x})=(1,\ x,\ x^2,\ x^3,\ x^4,\ \cdots,\ x^p)$$

二维域中的 p 阶完备基函数为

$$\boldsymbol{p}^{\mathrm{T}}(\boldsymbol{x})=\boldsymbol{p}^{\mathrm{T}}(x,y)=(1,\ x,\ y,\ xy,\ x^2,\ y^2,\ \cdots,\ x^p,\ y^p)$$

三维域中的 p 阶完备基函数为

$$\boldsymbol{p}^{\mathrm{T}}(\boldsymbol{x})=\boldsymbol{p}^{\mathrm{T}}(x,y,z)=(1,\ x,\ y,\ z,\ xy,\ yz,\ zx,\ x^2,\ y^2,\ z^2,\ \cdots,\ x^p,\ y^p,\ z^p)$$

通常 $p_i(\boldsymbol{x})$ 中的 n_d 项应该从如图 1-6 或 1-7 所示的单项式帕斯卡三角形或金字塔中选取，且遵循对称地从常数项到高阶项选择的方式。但在特定情况下，可以根据需要只选择部分高阶项包含在多项式基中。

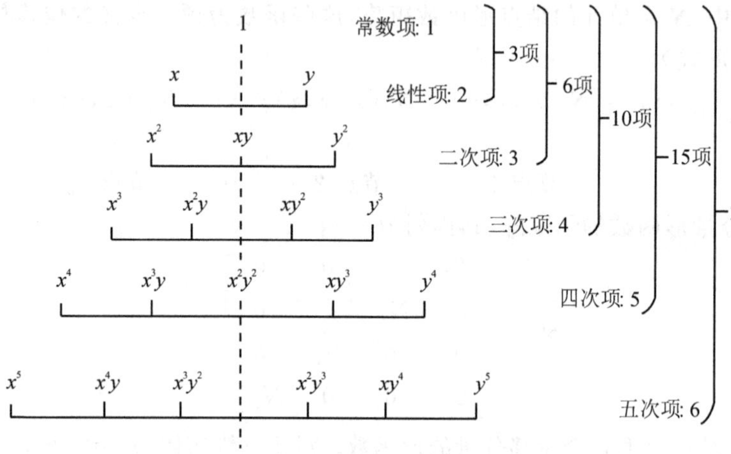

图 1-6　单项式帕斯卡(Pascal)三角形(二维情况)

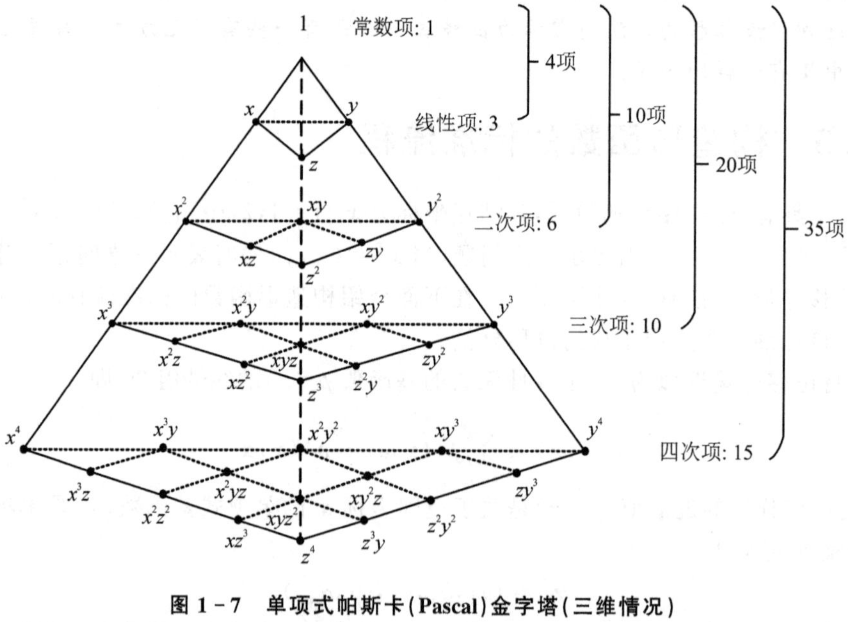

图 1-7　单项式帕斯卡(Pascal)金字塔(三维情况)

式(1-86)中的系数 α_i 可以通过强制令用式(1-86)计算的位移等于单元的 n_d 个结点处的结点位移来确定。在结点 i 处可以得到

$$\boldsymbol{d}_i=\boldsymbol{p}^{\mathrm{T}}(\boldsymbol{x})\boldsymbol{\alpha}\quad (i=1,2,3,\cdots,n_d) \tag{1-87}$$

其中，$\boldsymbol{d}_i$ 是 u^h 在 $\boldsymbol{x}=\boldsymbol{x}_i$ 处的结点值。式(1-87)可以用矩阵形式表示为

$$\boldsymbol{d}_e=\boldsymbol{P}\boldsymbol{\alpha} \tag{1-88}$$

其中，$\boldsymbol{d}_e$ 为包含单元中所有 n_d 个结点处位移分量值的向量，即

$$\boldsymbol{d}_e=\begin{bmatrix}\boldsymbol{d}_1\\ \boldsymbol{d}_2\\ \vdots\\ \boldsymbol{d}_{n_d}\end{bmatrix}$$

并且 $\boldsymbol{P}$ 由下式给出

$$\boldsymbol{P}=\begin{bmatrix}\boldsymbol{p}^{\mathrm{T}}(\boldsymbol{x}_1)\\ \boldsymbol{p}^{\mathrm{T}}(\boldsymbol{x}_2)\\ \vdots\\ \boldsymbol{p}^{\mathrm{T}}(\boldsymbol{x}_{n_d})\end{bmatrix}$$

称 $\boldsymbol{P}$ 为矩矩阵。$\boldsymbol{P}$ 的展开形式为

$$\boldsymbol{P}=\begin{bmatrix}p_1(\boldsymbol{x}_1) & p_2(\boldsymbol{x}_1) & \cdots & p_{n_d}(\boldsymbol{x}_1)\\ p_1(\boldsymbol{x}_2) & p_2(\boldsymbol{x}_2) & \cdots & p_{n_d}(\boldsymbol{x}_2)\\ \vdots & \vdots & \ddots & \vdots\\ p_1(\boldsymbol{x}_{n_d}) & p_2(\boldsymbol{x}_{n_d}) & \cdots & p_1(\boldsymbol{x}_{n_d})\end{bmatrix}\tag{1-89}$$

对于二维多项式基函数，$\boldsymbol{P}$ 的展开形式为

$$\boldsymbol{P}=\begin{bmatrix}1 & x_1 & y_1 & x_1y_1 & x_1^2 & y_1^2 & x_1^2y_1 & x_1y_1^2 & x_1^3 & \cdots\\ 1 & x_2 & y_2 & x_2y_2 & x_2^2 & y_2^2 & x_2^2y_2 & x_2y_2^2 & x_2^3 & \cdots\\ \vdots & \vdots & \vdots & \vdots & \vdots & \vdots & \vdots & \vdots & \vdots & \vdots\\ 1 & x_{n_d} & y_{n_d} & x_{n_d}y_{n_d} & x_{n_d}^2 & y_{n_d}^2 & x_{n_d}^2y_{n_d} & x_{n_d}y_{n_d}^2 & x_{n_d}^3 & \cdots\end{bmatrix}$$

根据式(1-88)并假设矩矩阵 $\boldsymbol{P}$ 的逆存在，可得

$$\boldsymbol{\alpha}=\boldsymbol{P}^{-1}\boldsymbol{d}_e\tag{1-90}$$

将式(1-90)代入式(1-86)，得

$$\boldsymbol{u}^h(\boldsymbol{x})=\sum_{i=1}^{n_d}N_i(\boldsymbol{x})\boldsymbol{d}_i\tag{1-91}$$

或以矩阵形式表示为

$$\boldsymbol{u}^h(\boldsymbol{x})=\boldsymbol{N}(\boldsymbol{x})\boldsymbol{d}_e\tag{1-92}$$

其中，$\boldsymbol{N}(\boldsymbol{x})$为形函数 $N_i(\boldsymbol{x})$的矩阵，由下式定义

$$\begin{aligned}\boldsymbol{N}(\boldsymbol{x})=\boldsymbol{p}^{\mathrm{T}}(\boldsymbol{x})\boldsymbol{P}^{-1}&=\Big[\underbrace{\boldsymbol{p}^{\mathrm{T}}(\boldsymbol{x})\boldsymbol{P}_1^{-1}}_{N_1(\boldsymbol{x})}\quad\underbrace{\boldsymbol{p}^{\mathrm{T}}(\boldsymbol{x})\boldsymbol{P}_2^{-1}}_{N_2(\boldsymbol{x})}\quad\cdots\quad\underbrace{\boldsymbol{p}^{\mathrm{T}}(\boldsymbol{x})\boldsymbol{P}_n^{-1}}_{N_n(\boldsymbol{x})}\Big]\\ &=[N_1(\boldsymbol{x})\quad N_2(\boldsymbol{x})\quad\cdots\quad N_n(\boldsymbol{x})]\end{aligned}\tag{1-93}$$

其中，$\boldsymbol{P}_i^{-1}$ 是矩矩阵 $\boldsymbol{P}^{-1}$ 的第 i 列，且

$$N_i(\boldsymbol{x})=\boldsymbol{p}^{\mathrm{T}}(\boldsymbol{x})\boldsymbol{P}_i^{-1}$$

在获得式(1-90)时，我们假设 $\boldsymbol{P}$ 的逆存在。如果出现 $\boldsymbol{P}^{-1}$ 不存在的情况，那么形函数就构造失败。$\boldsymbol{P}^{-1}$ 的存在取决于所使用的基函数和单元的结点分布。基函数必须首先从一组线性独立的基中选择，然后根据结点数目决定基函数的数目。关于该问题的细节讨论比较复杂，在本

书中，将只讨论矩矩阵可逆的单元。

形函数的导数可以很容易地获得，因为所涉及的所有基函数都是多项式。形函数的 l 次导数可简单地表示为

$$N_i^{(l)}(\boldsymbol{x}) = [\boldsymbol{p}^{(l)}(\boldsymbol{x})]^{\mathrm{T}} \boldsymbol{P}_i^{-1} \tag{1-94}$$

注意：还有许多其他创建形函数的方法，这些方法不一定遵循上述标准流程，将在后面的章节中讨论在创建不同类型单元形函数时的一些常用快捷方法。这些快捷方法需要用到下节中形函数的性质。

1.4.4 形函数的性质

1.4.1.1 性质 1：一致性和再现性

单元内形函数的一致性取决于式(1-86)中使用的单项式 $p_i(\boldsymbol{x})$ 的完整阶数。因此，也取决于单元的结点数。如果单项式的最高阶次为 k，则称形函数具有 C^k 阶一致性。例如，考虑下式

$$f(\boldsymbol{x}) = \sum_{j=1}^{k} p_j(\boldsymbol{x})\beta_j \quad (k \leqslant n_d) \tag{1-95}$$

其中，$p_j(\boldsymbol{x})$ 为包含在式(1-86)中的单项式。这样的物理场可以使用式(1-86)中所有的基函数项来表示，包括式(1-95)中的基函数项，即

$$f(\boldsymbol{x}) = \sum_{j=1}^{n_d} p_j(\boldsymbol{x})\beta_j = \boldsymbol{p}^{\mathrm{T}}(\boldsymbol{x})\boldsymbol{\alpha} \tag{1-96}$$

其中

$$\boldsymbol{\alpha}^{\mathrm{T}} = [\beta_1, \beta_2, \cdots, \beta_k, 0, \cdots, 0]$$

使用 $\boldsymbol{x}$ 的计算域中的 n 个结点，则可以得到结点函数值 $\boldsymbol{d}_e$ 的向量，即

$$\boldsymbol{d}_e = \begin{bmatrix} f_1 \\ f_2 \\ \vdots \\ f_k \\ f_{k+1} \\ \vdots \\ f_n \end{bmatrix} = \begin{bmatrix} p_1(\boldsymbol{x}_1) & p_2(\boldsymbol{x}_1) & \cdots & p_k(\boldsymbol{x}_1) & p_{k+1}(\boldsymbol{x}_1) & \cdots p_{n_d}(\boldsymbol{x}_1) \\ p_1(\boldsymbol{x}_2) & p_2(\boldsymbol{x}_2) & \cdots & p_k(\boldsymbol{x}_2) & p_{k+1}(\boldsymbol{x}_2) & \cdots p_{n_d}(\boldsymbol{x}_2) \\ \vdots & \vdots & \cdots & \vdots & \vdots & \vdots \\ p_1(\boldsymbol{x}_k) & p_2(\boldsymbol{x}_k) & \cdots & p_k(\boldsymbol{x}_k) & p_{k+1}(\boldsymbol{x}_k) & \cdots p_{n_d}(\boldsymbol{x}_k) \\ p_1(\boldsymbol{x}_{k+1}) & p_2(\boldsymbol{x}_{k+1}) & \cdots & p_k(\boldsymbol{x}_{k+1}) & p_{k+1}(\boldsymbol{x}_{k+1}) & \cdots p_{n_d}(\boldsymbol{x}_{k+1}) \\ \vdots & \vdots & \cdots & \vdots & \vdots & \vdots \\ p_1(\boldsymbol{x}_{n_d}) & p_2(\boldsymbol{x}_{n_d}) & \cdots & p_k(\boldsymbol{x}_{n_d}) & p_{k+1}(\boldsymbol{x}_{n_d}) & \cdots p_{n_d}(\boldsymbol{x}_{n_d}) \end{bmatrix} \begin{bmatrix} \beta_1 \\ \beta_2 \\ \vdots \\ \beta_k \\ 0 \\ \vdots \\ 0 \end{bmatrix}$$

$$= \boldsymbol{P\alpha} \tag{1-97}$$

将式(1-97)代入式(1-92)，可得到以下近似表达

$$\boldsymbol{u}^h(\boldsymbol{x}) = \boldsymbol{p}^{\mathrm{T}}(x)\boldsymbol{P}^{-1}\boldsymbol{d}_e = \boldsymbol{p}^{\mathrm{T}}(\boldsymbol{x})\boldsymbol{P}^{-1}\boldsymbol{P\alpha} = \boldsymbol{p}^{\mathrm{T}}(\boldsymbol{x})\boldsymbol{\alpha} = \sum_{j=1}^{k} p_j(\boldsymbol{x})\alpha_j = f(\boldsymbol{x}) \tag{1-98}$$

这正是式(1-96)给出的结果。这证明对于式(1-95)给出的任何物理场，只要给定的场函数包含在用于构造形函数的基函数中，则可以通过所给形函数在单元中精确再现该场函数。形函数的这个特性实际上也很容易通过直觉来理解：任何满足 $f(\boldsymbol{x}) = \sum_{j=1}^{k} p_j(\boldsymbol{x})\beta_j$ 形式的函数，

都可以通过设定 $\alpha_j=\beta_j(j=1,2,\cdots,k)$ 和 $\alpha_j=0\ (j=k+1,\cdots,n_d)$，从而得到精确。只要矩阵 $\boldsymbol{P}$ 是可逆的(确保 $\boldsymbol{\alpha}$ 解的唯一性)，这总是可以做到的。

形函数一致性的证明暗示了形函数的另一个重要特征：再现性，即任何出现在基中的函数都可以被精确再现。这个重要的特征可用于创建特殊特征的物理场。为确保形函数具有线性一致性，只需将常数(单位)和线性单项式包含在基函数中即可。这样就可以利用形函数的特性来求得问题的高精度解，方法是在基函数中包含能很好地近似待求问题精确解的项。一致性和再现性之间的区别是：

- 一致性取决于基函数的完整阶次。
- 再现性取决于基函数中包含的具体内容。

1.4.4.2 性质 2：线性独立性

形函数是线性无关的，因为基函数是线性独立的并且假定存在 $\boldsymbol{P}^{-1}$。$\boldsymbol{P}^{-1}$ 的存在意味着形函数等价于函数空间中的基函数，例如在式(1-93)中，因为基函数是线性无关的，所以形函数是线性无关的。这种线性独立性往往容易被忽视，然而它是形函数具有德尔塔(δ)函数属性的基础。

1.4.4.3 性质 3：德尔塔(δ)函数属性

$$N_i(\boldsymbol{x}_j)=\delta_{ij}=\begin{cases}1 & (i=j,\ j=1,2,\cdots,n_d)\\ 0 & (i\neq j,\ j=1,2,\cdots,n_d)\end{cases} \tag{1-99}$$

其中，δ_{ij} 为 δ 函数。δ 函数属性意味着形函数 N_i 在其主结点 i 处应为单位值，并在该单元的其他结点(即 $j\neq i$)处为 0。

形函数的 δ 函数属性很容易证明，具体如下：因为形函数 $N_i(\boldsymbol{x})$ 是线性无关的，所以任何长度为 n_d 的向量都应该由这 n_d 个形函数的线性组合唯一确定。假设结点 i 处的位移为 $\boldsymbol{d}_i$，其他结点处的位移为零，即

$$\boldsymbol{d}_e=(0,\ 0,\ \cdots,\ \boldsymbol{d}_i,\ \cdots,\ 0)^{\mathrm{T}}$$

并将上式代入式(1-91)，则在 $\boldsymbol{x}=\boldsymbol{x}_j$ 处有

$$\boldsymbol{u}^h(\boldsymbol{x}_j)=\sum_{k=1}^{n_d}N_k(\boldsymbol{x}_j)\boldsymbol{d}_k=N_i(\boldsymbol{x}_j)d_i$$

当 $i=j$ 时，必须满足

$$u_i=d_i=N_i(\boldsymbol{x}_i)d_i$$

这意味着

$$N_i(\boldsymbol{x}_i)=1$$

即证明了式(1-99)中 $i=j$ 的情况。

当 $i\neq j$，则必须有

$$u_j=0=N_i(\boldsymbol{x}_j)d_i$$

这需要

$$N_i(\boldsymbol{x}_j)=0$$

即证明了式(1-99)中 $i\neq j$ 的情况。因此，可以得出结论：形函数具有式(1-99)所表达的 δ 函数属性。

注意:有些单元(例如细梁单元和薄板单元)的形函数可能不具有 δ 函数属性。

1.4.4.4 性质 4:单位分解性

如果常数包含在基函数中,形函数具有单位分解特性,即

$$\sum_{i=1}^{n} N_i(\boldsymbol{x}) = 1 \tag{1-100}$$

这个特性很容易通过形函数的再现性得到证明。设 $u(\boldsymbol{x})=c$,其中,c 为常数,则

$$\boldsymbol{d}_e = \begin{bmatrix} d_1 \\ d_2 \\ \vdots \\ d_{nd} \end{bmatrix} = \begin{bmatrix} c \\ c \\ \vdots \\ c \end{bmatrix} \tag{1-101}$$

这意味着所有结点的位移恒相等。将式(1-101)代入式(1-90),得

$$u(\boldsymbol{x}) = c \underset{\text{再现}}{=\!=\!=} u^h(\boldsymbol{x}) \underset{\text{近似}}{=\!=\!=} \sum_{i=1}^{n_d} N_i(\boldsymbol{x}) d_i = \sum_{i=1}^{n_d} N_i(\boldsymbol{x}) c = c\sum_{i=1}^{n_d} N_i(\boldsymbol{x})$$

即式(1-100)得证。这表明单元中形函数的单位分解特性允许再现恒定场或刚体运动。

注意:式(1-100)不要求 $0 \leqslant N_i(\boldsymbol{x}) \leqslant 1$。

1.4.4.5 性质 5:线性场再现性

如果基函数中包含一阶单项式,则构造的形函数可以再现线性场,即

$$\sum_{i=1}^{n_d} N_i(\boldsymbol{x}) x_i = x \tag{1-102}$$

其中,x_i 是线性场的结点值。这可以很容易地通过形函数的再现性证明,具体证明过程与性质 4 的过程类似。令 $u(\boldsymbol{x})=x$,则

$$\boldsymbol{d}_e = (x_1, x_2, \cdots, x_{n_d})^{\mathrm{T}} \tag{1-103}$$

将式(1-103)代入式(1-91)得

$$u^h(\boldsymbol{x}) = x = \sum_{i=1}^{n_d} N_i(\boldsymbol{x}) x_i$$

即式(1-102)得证。

引理 1　形函数可单位分解的条件

对于一般形式的一组形函数

$$N_i(\boldsymbol{x}) = c_{1i} + c_{2i} p_2(\boldsymbol{x}) + c_{3i} p_3(\boldsymbol{x}) + \cdots + c_{n_d i} p_{n_d}(\boldsymbol{x}) \tag{1-104}$$

其中,$p_i(\boldsymbol{x})$($p_1(\boldsymbol{x})=1$, $i=2,\cdots,n_d$)是一组独立的基函数,这组形函数可单位分解的充分必要条件是

$$\begin{cases} C_1 = 1 \\ C_2 = C_3 = \cdots = C_{n_d} = 0 \end{cases} \tag{1-105}$$

其中

$$C_k = \sum_{i=1}^{n_d} c_{ki}$$

证明:(充分条件)根据式(1-104),形函数的总和为

$$\sum_{i=1}^{n_d} N_i(\boldsymbol{x}) = \sum_{i=1}^{n_d} c_{1i} + p_2(\boldsymbol{x})\sum_{i=1}^{n_d} c_{2i} + p_3(\boldsymbol{x})\sum_{i=1}^{n_d} c_{3i} + \cdots + p_{n_d}(\boldsymbol{x})\sum_{i=1}^{n_d} c_{n_d i}$$
$$= \underbrace{C_1}_{1} + \underbrace{C_2}_{0} p_2(\boldsymbol{x}) + \underbrace{C_3}_{0} p_3(\boldsymbol{x}) + \cdots + \underbrace{C_{n_d}}_{0} p_{n_d}(\boldsymbol{x}) = 1$$

则充分条件得证。

(必要条件)为了实现单位分解,定义

$$\sum_{i=1}^{n_d} N_i(\boldsymbol{x}) = C_1 + C_2 p_2(\boldsymbol{x}) + C_3 p_3(\boldsymbol{x}) + \cdots + C_{n_d} p_{n_d}(\boldsymbol{x}) = 1 \tag{1-106}$$

或

$$(C_1 - 1) + C_2 p_2(\boldsymbol{x}) + C_3 p_3(\boldsymbol{x}) + \cdots + C_{n_d} p_{n_d}(\boldsymbol{x}) = 0 \tag{1-107}$$

因为 $p_i(\boldsymbol{x})(p_1(\boldsymbol{x})=1, i=2,\cdots,n_d)$ 是一组独立的基函数,则式(1-106)或式(1-107)成立的必要条件就是要满足式(1-105)。

引理 2　形函数为单位分解的条件

任何一组 n_d 个形函数如果满足以下条件,将自动满足单位分解特性。

条件 1:它是由相同的线性独立的 n_d 个基函数的线性组合给出,且这些基函数包含常数项以及由式(1-89)定义的矩矩阵是满秩的。

条件 2:具有 δ 函数属性。

证明: 从式(1-93)可以看出,所有 n_d 个形函数都是通过相同的基函数 $p_i(\boldsymbol{x})$ $(i=1,2,\cdots,n_d)$的组合形成的。此特性与 δ 函数属性一起,可以确保单位分解特性。因为对于一组一般形式的形函数

$$N_i(\boldsymbol{x}) = c_{1i} + c_{2i} p_2(\boldsymbol{x}) + c_{3i} p_3(\boldsymbol{x}) + \cdots + c_{n_d i} p_{n_d}(\boldsymbol{x}) \tag{1-108}$$

其中,确保包含 $p_1(\boldsymbol{x})=1$ 的常数项;其他基函数 $p_i(\boldsymbol{x})(i=2,\cdots,n_d)$可以是单项式或任何其他类型的基函数,只要所有基函数(包括 $p_1(\boldsymbol{x})$)都是线性无关的。

由条件 2 知,形函数具有 δ 函数属性,即

$$\sum_{i=1}^{n_d} N_i(\boldsymbol{x}_j) = 1 \quad (j=1,2,\cdots,n_d) \tag{1-109}$$

将式(1-108)代入式(1-109)中,得

$$\sum_{i=1}^{n_d} c_{1i} + p_2(\boldsymbol{x}_j)\sum_{i=1}^{n_d} c_{2i} + p_3(\boldsymbol{x}_j)\sum_{i=1}^{n_d} c_{3i} + \cdots + p_{n_d}(\boldsymbol{x}_j)\sum_{i=1}^{n_d} c_{n_d i} = 1 \quad (j=1,2,\cdots,n_d) \tag{1-110}$$

或

$$C_1 + p_2(\boldsymbol{x}_j)C_2 + p_3(\boldsymbol{x}_j)C_3 + \cdots + p_{n_d}(\boldsymbol{x}_j)C_{n_d} = 1, \quad (j=1,2,\cdots,n_d) \tag{1-111}$$

可将式(1-111)扩展为

$$\begin{cases} C_1 + p_2(\boldsymbol{x}_1)C_2 + p_3(\boldsymbol{x}_1)C_3 + \cdots + p_{n_d}(\boldsymbol{x}_1)C_{n_d} = 1 \\ C_1 + p_2(\boldsymbol{x}_2)C_2 + p_3(\boldsymbol{x}_2)C_3 + \cdots + p_{n_d}(x_2)C_{n_d} = 1 \\ \vdots \\ C_1 + p_2(\boldsymbol{x}_{n_d})C_2 + p_3(\boldsymbol{x}_{n_d})C_3 + \cdots + p_{n_d}(\boldsymbol{x}_{n_d})C_{n_d} = 1 \end{cases} \tag{1-112}$$

或以矩阵形式表示为

$$\begin{bmatrix} 1 & p_2(\boldsymbol{x}_2) & p_3(\boldsymbol{x}_2) & \cdots & p_{n_d}(\boldsymbol{x}_2) \\ 1 & p_2(\boldsymbol{x}_3) & p_3(\boldsymbol{x}_3) & \cdots & p_{n_d}(\boldsymbol{x}_3) \\ \vdots & \vdots & \vdots & \ddots & \vdots \\ 1 & p_2(\boldsymbol{x}_{n_d}) & p_3(\boldsymbol{x}_{n_d}) & \cdots & p_{n_d}(\boldsymbol{x}_{n_d}) \end{bmatrix} \begin{bmatrix} C_1-1 \\ C_2 \\ C_3 \\ \vdots \\ C_{n_d} \end{bmatrix} = 0 \tag{1-113}$$

注意：式(1－113)的系数矩阵是满秩的矩矩阵(条件1)。因此可以得到

$$\begin{cases} C_1=1 \\ C_2=C_3=\cdots=C_{n_d}=0 \end{cases} \tag{1-114}$$

根据引理1，形函数的单位分解特性得证。

引理3　形函数具有线性场再现性的条件

任何一组 n_d 个形函数都将自动满足线性场再现性，如果它满足以下条件：

条件1：它是包含线性基函数的 n_d 个线性无关基函数的线性组合，且由式(1－89)定义的矩矩阵为满秩。

条件2：它具有 δ 函数属性。

证明：对于一般形式的形函数

$$N_i(\boldsymbol{x})=c_{1i}p_1(\boldsymbol{x})+c_{2i}x+c_{3i}p_3(\boldsymbol{x})+\cdots+c_{ni}p_{n_d}(\boldsymbol{x}) \tag{1-115}$$

其中，确保包含线性基函数 $p_2(\boldsymbol{x})=x$，式(1－115)中的其他基函数 $p_i(\boldsymbol{x})(i=1,3,\cdots,n_d)$ 可以是单项式或任何其他类型，只要所有的基函数都是线性无关的即可。

考虑 $u(\boldsymbol{x})=x$ 的线性场，有结点向量

$$\boldsymbol{d}_e=(x_1,\ x_2,\ \cdots,\ x_{n_d})^{\mathrm{T}}$$

将上式代入式(1－91)，得

$$\begin{aligned} u^h(\boldsymbol{x}) &= \sum_{i=1}^{n_d} N_i(\boldsymbol{x})x_i \\ &= \sum_{i=1}^{n_d}[c_{1i}p_1(\boldsymbol{x})+c_{2i}x+c_{3i}p_3(\boldsymbol{x})+\cdots+c_{n_d i}p_{n_d}(\boldsymbol{x})]x_i \\ &= \sum_{i=1}^{n_d}c_{1i}p_1(\boldsymbol{x})x_i+\sum_{i=1}^{n_d}c_{2i}xx_i+\sum_{i=1}^{n_d}c_{3i}p_3(\boldsymbol{x})x_i+\cdots+\sum_{i=1}^{n_d}c_{n_d i}p_{n_d}(\boldsymbol{x})x_i \\ &= p_1(\boldsymbol{x})\sum_{i=1}^{n_d}c_{1i}x_i+x\sum_{i=1}^{n_d}c_{2i}x_i+p_3(\boldsymbol{x})\sum_{i=1}^{n_d}c_{3i}x_i+\cdots+p_{n_d}(\boldsymbol{x})\sum_{i=1}^{n_d}c_{n_d i}x_i \\ &= p_1(\boldsymbol{x})C_{x1}+xC_{x2}+p_3(\boldsymbol{x})C_{x3}+\cdots+p_{n_d}(\boldsymbol{x})C_{xn_d} \end{aligned} \tag{1-116}$$

在单元的 n_d 个结点处，由式(1－116)可得 n_d 个方程

$$\begin{cases} u^h(\boldsymbol{x}_1)=p_1(\boldsymbol{x}_1)C_{x1}+x_1C_{x2}+p_3(\boldsymbol{x}_1)C_{x3}+\cdots+p_{n_d}(\boldsymbol{x}_1)C_{xn_d} \\ u^h(\boldsymbol{x}_2)=p_1(\boldsymbol{x}_2)C_{x1}+x_2C_{x2}+p_3(\boldsymbol{x}_2)C_{x3}+\cdots+p_{n_d}(\boldsymbol{x}_2)C_{xn_d} \\ \qquad\vdots \\ u^h(\boldsymbol{x}_{n_d})=p_1(\boldsymbol{x}_{n_d})C_{x1}+x_{n_d}C_{x2}+p_3(\boldsymbol{x}_{n_d})C_{x3}+\cdots+p_{n_d}(\boldsymbol{x}_{n_d})C_{xn_d} \end{cases} \tag{1-117}$$

由形函数的 δ 函数属性，可得

$$
\begin{aligned}
u^h(\boldsymbol{x}_j) &= \sum_{i=1}^{n_d} N_i(\boldsymbol{x}_j) x_i \\
&= \underbrace{N_1(\boldsymbol{x}_j)x_1}_{0} + \underbrace{N_1(\boldsymbol{x}_j)x_2}_{0} + \cdots + \underbrace{N_1(\boldsymbol{x}_j)x_j}_{1} + \cdots + \underbrace{N_1(\boldsymbol{x}_j)x_{n_d}}_{0} \\
&= x_j
\end{aligned} \tag{1-118}
$$

因此，根据式(1-118)可以将式(1-117)表示为

$$
\begin{cases}
0 = p_1(\boldsymbol{x}_1)C_{x1} + x_1(C_{x2}-1) + p_3(\boldsymbol{x}_1)C_{x3} + \cdots + p_{n_d}(\boldsymbol{x}_1)C_{xn_d} \\
0 = p_1(\boldsymbol{x}_2)C_{x1} + x_2(C_{x2}-1) + p_3(\boldsymbol{x}_2)C_{x3} + \cdots + p_{n_d}(\boldsymbol{x}_2)C_{xn_d} \\
\qquad \vdots \\
0 = p_1(\boldsymbol{x}_{n_d})C_{x1} + x_{n_d}(C_{x2}-1) + p_3(\boldsymbol{x}_{n_d})C_{x3} + \cdots + p_{n_d}(\boldsymbol{x}_{n_d})C_{xn_d}
\end{cases} \tag{1-119}
$$

或以矩阵形式表示为

$$
\begin{bmatrix}
p_1(\boldsymbol{x}_1) & x_1 & p_3(\boldsymbol{x}_1) & \cdots & p_{n_d}(\boldsymbol{x}_1) \\
p_1(\boldsymbol{x}_1) & x_2 & p_3(\boldsymbol{x}_2) & \cdots & p_{n_d}(\boldsymbol{x}_2) \\
\vdots & \vdots & \vdots & \ddots & \vdots \\
p_1(\boldsymbol{x}_1) & \boldsymbol{x}_{n_d} & p_3(\boldsymbol{x}_{n_d}) & \cdots & p_{n_d}(\boldsymbol{x}_{n_d})
\end{bmatrix}
\begin{bmatrix}
C_{x1} \\ C_{x2}-1 \\ C_{x3} \\ \vdots \\ C_{xn_d}
\end{bmatrix} = 0 \tag{1-120}
$$

注意：式(1-120)的系数矩阵是满秩的矩阵。因此可以得到

$$
\begin{cases}
C_{x1} = 0 \\
(C_{x2} - 1) = 0 \\
C_{x3} = \cdots = C_{n_d} = 0
\end{cases} \tag{1-121}
$$

将式(1-121)代回式(1-116)，得

$$
u^h(\boldsymbol{x}) = \sum_{i=1}^{n_d} N_i(\boldsymbol{x}) x_i = x \tag{1-122}
$$

形函数的线性场再现性得证。

性质 3(δ 函数属性)确保了本质边界条件方便施加，因为一个结点的结点位移独立于任何其他结点的位移。也就是说，约束常常可以写成所谓的单点约束形式。如果某个结点处的位移是固定的，那么只需要删除相应的行和列而不会影响其他行和列。

性质 4 的证明提供了一种方便的方法来验证形函数的单位分解特性。只要基函数中包含常数(单位)基，构造的形函数就是单位分解的。性质 4 和性质 5 对于有限元通过标准分片测试至关重要，几十年来分片测试一直是验证有限元法单元特性的常用方法。在标准分片测试中，首先面片被划分为多个单元，其中至少有一个内部结点；然后在面片的边界(边)上施加线性位移。成功的分片测试要求有限元结果在任何内部结点产生线性位移(或恒定应变)场。因此，形函数的线性场再现性为通过标准分片测试提供了基础。注意：形函数的线性场的再现性并不能保证分片测试的成功，因为可能存在其他数值误差源，如数值积分等，也会导致失败。

引理 1 似乎是多余的，因为已经有性质 4。但是，引理 1 是一个非常方便的属性，可以用于检查使用其他快捷方法，而不是第 1.4.3 节中描述的标准流程构造的形函数的单位分解特性。使用引理 1，只需确认形函数是否满足式(1-105)。

引理 2 是另一个非常方便的属性，可用于检查形函数单位分解特性。使用引理 2，只需要

确保构造的 n_d 个形函数具有 δ 函数属性,且都是相同线性无关并包含常数基函数的 n_d 个基函数的线性组合。因为基函数矩矩阵是否满秩有时很难确定,所以在本书中,只要基函数是线性无关的,通常假定常规的单元是满秩的。在通常情况下,如果矩矩阵不是满秩的,就无法得到形函数;如果以某种方式成功地获得了形函数,则通常可以确定相应的矩矩阵是满秩的。

引理 3 也是一个非常方便的属性,可用于检查形函数的线性场再现性。使用引理 3,只需要确保构造的 n_d 个形函数具有 δ 函数属性,并且都是相同线性无关并包含线性基函数的 n_d 个基函数的线性组合。

1.4.5 局部坐标系下的有限元方程

在构造形函数后,可以使用以下过程构造单元有限元方程。将结点的插值位移场(式(1-85))和应变-位移方程($\boldsymbol{\varepsilon}=\boldsymbol{Bu}$),代入到应变能方程(1-6)中,得

$$\Pi=\frac{1}{2}\int_{V_e}\boldsymbol{\varepsilon}^{\mathrm{T}}\boldsymbol{c}\boldsymbol{\varepsilon}\,\mathrm{d}V=\frac{1}{2}\int_{V_e}\boldsymbol{d}_e^{\mathrm{T}}\boldsymbol{B}^{\mathrm{T}}\boldsymbol{c}\boldsymbol{B}\boldsymbol{d}_e\,\mathrm{d}V=\frac{1}{2}\boldsymbol{d}_e^{\mathrm{T}}\left(\int_{V_e}\boldsymbol{B}^{\mathrm{T}}\boldsymbol{c}\boldsymbol{B}\,\mathrm{d}V\right)\boldsymbol{d}_e \tag{1-123}$$

其中,下标 e 代表单元。

注意:全局域上的体积积分已更改为单元上的体积积分,因为假设假定的位移场在单元之间的所有边上都满足相容条件。

在式(1-123)中,$\boldsymbol{B}$ 通常称为应变矩阵,定义为

$$\boldsymbol{B}=\boldsymbol{LN} \tag{1-124}$$

其中,$\boldsymbol{L}$ 是为不同问题定义的微分算子(其中使用了第 1.1.2 节中的矩阵 $\boldsymbol{B}$)。对于三维实体,它由 $\boldsymbol{\varepsilon}=\boldsymbol{Bu}$ 给出。定义

$$\boldsymbol{k}_e=\int_{V_e}\boldsymbol{B}^{\mathrm{T}}\boldsymbol{c}\boldsymbol{B}\,\mathrm{d}V \tag{1-125}$$

称为单元的刚度矩阵,则式(1-123)可以改写为

$$\Pi=\frac{1}{2}\boldsymbol{d}_e^{\mathrm{T}}\boldsymbol{k}_e\boldsymbol{d}_e \tag{1-126}$$

注意:单元的刚度矩阵 $\boldsymbol{k}_e$ 是对称的,因为

$$[\boldsymbol{k}_e]^{\mathrm{T}}=\int_{V_e}[\boldsymbol{B}^{\mathrm{T}}\boldsymbol{c}\boldsymbol{B}]^{\mathrm{T}}\mathrm{d}V=\int_{V_e}\boldsymbol{B}^{\mathrm{T}}\boldsymbol{c}^{\mathrm{T}}[\boldsymbol{B}^{\mathrm{T}}]^{\mathrm{T}}\mathrm{d}V=\int_{V_e}\boldsymbol{B}^{\mathrm{T}}\boldsymbol{c}\boldsymbol{B}\,\mathrm{d}V=\boldsymbol{k}_e \tag{1-127}$$

这表明矩阵 $\boldsymbol{k}_e$ 的转置是它本身。在推导式(1-127)时用到关系 $\boldsymbol{c}=\boldsymbol{c}^{\mathrm{T}}$。由刚度矩阵的对称性可知,矩阵中只有一半的项需要被计算和存储。

使用式(1-85),动能可表示为

$$T=\frac{1}{2}\int_{V_e}\rho\dot{\boldsymbol{U}}^{\mathrm{T}}\dot{\boldsymbol{U}}\,\mathrm{d}V=\frac{1}{2}\int_{V_e}\rho\dot{\boldsymbol{d}}_e^{\mathrm{T}}\boldsymbol{N}^{\mathrm{T}}\boldsymbol{N}\dot{\boldsymbol{d}}_e\,\mathrm{d}V=\frac{1}{2}\dot{\boldsymbol{d}}_e^{\mathrm{T}}\left(\int_{V_e}\rho\boldsymbol{N}^{\mathrm{T}}\boldsymbol{N}\,\mathrm{d}V\right)\dot{\boldsymbol{d}}_e \tag{1-128}$$

定义

$$\boldsymbol{m}_e=\int_{V_e}\rho\boldsymbol{N}^{\mathrm{T}}\boldsymbol{N}\,\mathrm{d}V \tag{1-129}$$

称为单元的质量矩阵,则式(1-128)可以改写为

$$T=\frac{1}{2}\dot{\boldsymbol{d}}_e^{\mathrm{T}}\boldsymbol{m}_e\dot{\boldsymbol{d}}_e \tag{1-130}$$

显然,单元的质量矩阵也是对称的。

为了获得外力所做的功,将式(1-85)代入式(1-81),得

$$W_{\mathrm{f}}=\int_{V_{\mathrm{e}}}\boldsymbol{d}_{\mathrm{e}}^{\mathrm{T}}\boldsymbol{N}^{\mathrm{T}}\boldsymbol{f}_{\mathrm{b}}\mathrm{d}V+\int_{S_{\mathrm{e}}}\boldsymbol{d}_{\mathrm{e}}^{\mathrm{T}}\boldsymbol{N}^{\mathrm{T}}\boldsymbol{f}_{\mathrm{s}}\mathrm{d}S=\boldsymbol{d}_{\mathrm{e}}^{\mathrm{T}}\left(\int_{V_{\mathrm{e}}}\boldsymbol{N}^{\mathrm{T}}\boldsymbol{f}_{\mathrm{b}}\mathrm{d}V\right)+\boldsymbol{d}_{\mathrm{e}}^{\mathrm{T}}\left(\int_{S_{\mathrm{e}}}\boldsymbol{N}^{\mathrm{T}}\boldsymbol{f}_{\mathrm{s}}\mathrm{d}S\right)\tag{1-131}$$

上式中的面力仅需对问题域的受力边界上的单元进行表面积分。定义

$$\boldsymbol{F}_{\mathrm{b}}=\int_{V_{\mathrm{e}}}\boldsymbol{N}^{\mathrm{T}}\boldsymbol{f}_{\mathrm{b}}\mathrm{d}V\tag{1-132}$$

和

$$\boldsymbol{F}_{\mathrm{s}}=\int_{S_{\mathrm{e}}}\boldsymbol{N}^{\mathrm{T}}\boldsymbol{f}_{\mathrm{s}}\mathrm{d}S\tag{1-133}$$

则可以将式(1-131)改写为

$$W_{\mathrm{f}}=\boldsymbol{d}_{\mathrm{e}}^{\mathrm{T}}\boldsymbol{F}_{\mathrm{b}}+\boldsymbol{d}_{\mathrm{e}}^{\mathrm{T}}\boldsymbol{F}_{\mathrm{s}}=\boldsymbol{d}_{\mathrm{e}}^{\mathrm{T}}\boldsymbol{f}_{\mathrm{e}}\tag{1-134}$$

其中,$\boldsymbol{F}_{\mathrm{b}}$ 和 $\boldsymbol{F}_{\mathrm{s}}$ 是作用在单元结点上的结点力,它们等价于施加在单元上的体力和面力对虚位移所做的功,将这两个结点力矢量相加以形成总的结点力矢量,表示为

$$\boldsymbol{f}_{\mathrm{e}}=\boldsymbol{F}_{\mathrm{b}}+\boldsymbol{F}_{\mathrm{s}}\tag{1-135}$$

使用单元矩阵和向量,单元的有限元方程可以表示为

$$\boldsymbol{m}_{\mathrm{e}}\ddot{\boldsymbol{d}}_{\mathrm{e}}+\boldsymbol{k}_{\mathrm{e}}\boldsymbol{d}_{\mathrm{e}}=\boldsymbol{f}_{\mathrm{e}}\tag{1-136}$$

其中,$\boldsymbol{k}_{\mathrm{e}}$ 和 $\boldsymbol{m}_{\mathrm{e}}$ 是单元的刚度和质量矩阵,$\boldsymbol{f}_{\mathrm{e}}$ 是作用在单元结点上的总外力向量。所有这些单元矩阵和向量都可以通过对给定的位移形函数进行积分得到。

1.4.6 坐标变换

由式(1-136)给出的单元方程是基于单元上定义的局部坐标系推导的。一般来说,结构分为许多不同方向的单元(见图1-5)。为了将所有单元的方程组装起来形成全局方程组,必须对每个单元进行坐标变换,以便得到全局坐标系下的单元方程。

坐标变换给出了基于局部坐标系的位移向量 $\boldsymbol{d}_{\mathrm{e}}$ 与基于全局坐标系的同一单元的位移向量 $\boldsymbol{D}_{\mathrm{e}}$ 之间的关系

$$\boldsymbol{d}_{\mathrm{e}}=\boldsymbol{T}\boldsymbol{D}_{\mathrm{e}}\tag{1-137}$$

其中,$\boldsymbol{T}$ 为变换矩阵,根据单元的类型有不同的形式,在后面章节会详细讨论。变换矩阵也适用于局部坐标系和全局坐标系之间的力矢量

$$\boldsymbol{f}_{\mathrm{e}}=\boldsymbol{T}\boldsymbol{F}_{\mathrm{e}}\tag{1-138}$$

其中,$\boldsymbol{F}_{\mathrm{e}}$ 为全局坐标系上结点 i 处的力矢量。将式(1-137)和式(1-138)代入式(1-136),可导出基于全局坐标系的单元有限元方程

$$\boldsymbol{K}_{\mathrm{e}}\boldsymbol{D}_{\mathrm{e}}+\boldsymbol{M}_{\mathrm{e}}\ddot{\boldsymbol{D}}_{\mathrm{e}}=\boldsymbol{F}_{\mathrm{e}}\tag{1-139}$$

其中

$$\begin{cases}\boldsymbol{K}_{\mathrm{e}}=\boldsymbol{T}^{\mathrm{T}}\boldsymbol{k}_{\mathrm{e}}\boldsymbol{T}\\\boldsymbol{M}_{\mathrm{e}}=\boldsymbol{T}^{\mathrm{T}}\boldsymbol{m}_{\mathrm{e}}\boldsymbol{T}\\\boldsymbol{F}_{\mathrm{e}}=\boldsymbol{T}^{\mathrm{T}}\boldsymbol{f}_{\mathrm{e}}\end{cases}\tag{1-140}$$

1.4.7 全局有限元方程的组装

所有单个单元的有限元方程可以组合在一起形成全局有限元方程组

$$\boldsymbol{K}\boldsymbol{D}+\boldsymbol{M}\ddot{\boldsymbol{D}}=\boldsymbol{F} \tag{1-141}$$

其中,$\boldsymbol{K}$ 和 $\boldsymbol{M}$ 为全局刚度和质量矩阵;$\boldsymbol{D}$ 为整个问题域中所有结点的位移向量;$\boldsymbol{F}$ 为所有等效结点力的向量。组装的过程就是简单地将结点上连接的所有单元的贡献相加。需要注意的是,如果将组装过程与方程组求解相结合,组装过程是可以跳过的。这意味着只有当方程组求解器对全局矩阵的某一项进行运算时,才在全局矩阵中组装该项。

1.4.8 位移约束施加

式(1-141)中的全局刚度矩阵 $\boldsymbol{K}$ 通常不是满秩的,因为尚未施加位移约束(支撑),它是非负定或半正定的。在物理学中,一个无约束的固体或结构能够进行刚性运动。因此,如果固体或结构没有支撑并且受到动态载荷作用,则式(1-141)给出了包括刚体运动的力学行为。如果施加的外力是静态的,那么对于任何给定的力矢量,位移不能通过式(1-141)唯一确定。试图求解可以自由移动的无约束固体或结构的静态位移是毫无意义的。

对于受约束的固体和结构,可以通过第 2.4 节所述流程施加约束。

1.4.9 求解全局有限元方程

通过求解全局有限元方程,可以得到所有结点的位移,从而可以获得任何单元中的应变和应力。

1.5 本章小结

本章总结了建立固体和结构力学问题的有限元方程的主要原则,以及求解一般小应变固体力学问题所需的基本步骤;涉及的公式以偏微分方程的强形式和积分表示的弱形式呈现;还指出了一些问题如何变成非线性的。在下一章中,将介绍如何使用有限元方法来构造非线性瞬态固体力学问题的弱形式及其近似求解。

在有限元法中,位移场 $\boldsymbol{U}$ 用单元上定义的形函数表示为结点处的位移。一旦定义了形函数,就可以得到力矢量、刚度矩阵和质量矩阵。因此,为了建立各种类型结构单元的有限元方程,首先需要构造形函数 $\boldsymbol{N}$,然后求得应变矩阵 $\boldsymbol{B}$,其他步骤基本相同。在后续关于有限元法的章节中,将重点介绍如何推导和计算各种固体和结构单元的形函数和应变矩阵。

第 2 章　伽辽金逼近:不可约形式和混合形式

第 1 章介绍了应变很小的非线性固体力学问题的基本方程,这些方程可以以强形式表示为一组偏微分方程,或者以变分原理、弱形式表示为计算域上的积分。在本章中,将介绍通过弱形式来构造基于有限元方法的近似解,由此得到伽辽金(Galerkin)方法。

这里假设读者不熟悉小变形线性问题的有限元方法,因此本章会详细介绍求解瞬态问题的基本步骤。需要注意线性和非线性响应之间的差异,并重视用于建立方程的最终离散形式的数值流程,这是计算机分析中使用的形式。本章会介绍不可约形式和混合形式两种近似方法。引入混合形式是为了克服由于使用基于不可约形式的低阶单元而产生的缺陷,本章会特别介绍一种适用于近乎不可压缩行为问题的混合形式。在本书的第 5 章中,还会介绍在板弯曲中可能发生的“剪切闭锁”问题。

本章最后将会介绍求解固体力学方程的方法应用于基于非线性拟调和方程的热分析。

2.1　有限元逼近:伽辽金(Galerkin)方法

一个问题的有限元逼近首先需要将计算域 Ω 划分为一组子域 Ω_e(称为单元),即

$$\Omega \approx \hat{\Omega} = \sum_{e} \Omega_e \tag{2-1}$$

类似地,边界也被划分为一组子域,即

$$\Gamma \approx \hat{\Gamma} = \sum_{e} \Gamma_e = \sum_{et} \Gamma_{t_e} + \sum_{eu} \Gamma_{u_e} \tag{2-2}$$

其中,Γ_{t_e} 为给定牵引力的边界段;Γ_{u_e} 是给定位移的边界段。

注意:通常有限元分析的域 $\hat{\Omega}$ 和边界 $\hat{\Gamma}$ 都是对真实域的近似,二者取决于单元边界的形状。

控制方程的弱形式是计算域 $\hat{\Omega}$ 中各单元的弱形式之和。因此,式(1-78)给出的平衡方程的弱形式可以表示为

$$\begin{aligned} G_{\mathrm{eq}} \approx \hat{G}_{\mathrm{eq}} &= \sum_{e} \left[\int_{\Omega_e} \delta \boldsymbol{u}^{\mathrm{T}} \rho \ddot{\boldsymbol{u}} \, \mathrm{d}\Omega + \int_{\Omega_e} \delta (\boldsymbol{B}\boldsymbol{u})^{\mathrm{T}} \boldsymbol{\sigma} \, \mathrm{d}\Omega - \int_{\Omega_e} \delta \boldsymbol{u}^{\mathrm{T}} \boldsymbol{b} \, \mathrm{d}\Omega \right] - \sum_{et} \left[\int_{\Gamma_{t_e}} \delta \boldsymbol{u}^{\mathrm{T}} \bar{\boldsymbol{t}} \, \mathrm{d}\Gamma \right] \\ &= \sum_{e} \hat{G}^{e} + \sum_{et} \hat{G}_{t}^{e} = 0 \end{aligned} \tag{2-3}$$

其中,$\hat{G}^e$ 为每个单元域 Ω_e 内的项,$\hat{G}_t{}^e$ 为牵引力边界表面 Γ_{t_e} 的项。伽辽金(Galerkin)近似求解方法是用因变量及其虚功形式实现的。对于不可约(或位移)有限元法,只需对 $\boldsymbol{u}$ 和 $\delta\boldsymbol{u}$ 近似求解。

为了将变分式或弱形式拆分为式(2-3)所示的求和形式,出现在泛函中的最高导数必须至少是分段连续的,这样所有积分都存在,但是不会跨过单元边界影响其他单元。对于包含最高导数阶次为 $m+1$ 的变量的函数,用于逼近该变量的函数必须在整个域 $\hat{\Omega}$ 中 m 阶连续可导,这样的函数称为 C^m 连续。对于实体问题的弱形式,我们只会遇到含一阶导数的泛函,因

此只需使用 C^0 函数进行逼近。实际上，一些混合形式的函数没有导数，这些函数可以用域 $\hat{\Omega}$ 内不连续函数来近似。通常需要注意近似的阶次（即 C^m），其精确解可能具有不连续行为。固体力学中在材料界面和由于某些奇异载荷形式（例如点载荷或线载荷），使得可能存在位移或应力不连续。材料界面是真实存在的，然而点或线载荷只是对真实载荷的近似。在精确解光滑的情况下，使用 C^m 以上连续的函数可能是有益的，因此，在最近的文献中有一些增加连续性（光滑度）的插值方法。本书中将主要介绍 C^0 连续性问题。

有些公式违反了连续性条件，导致所谓的非协调近似；相应的近似被称为变分不相容（variational crime），但只要满足某些要求，仍然可以实现收敛。大多数表现良好的不相容格式最终被证明属于混合格式。

除了连续性要求之外，C^m 函数还必须拥有 $m+1$ 阶的完整多项式，以确保 $m+1$ 阶的导数可以是常值。上述两个要求在有限元方法的标准教材中都有介绍，其同样适用于非线性问题（既适用于材料非线性问题，也适用于大变形且运动学条件为非线性的问题）。分片测试在评估任何近似方法的连续性和可导阶次方面仍然有效。

2.1.1 位移近似

位移的有限元近似由下式给出

$$\boldsymbol{u}(x,t) \approx \hat{\boldsymbol{u}} = \sum_b N_b(x)\tilde{u}_b(t) = \boldsymbol{N}(x)\tilde{\boldsymbol{u}}(t) \tag{2-4}$$

其中，N_b 为单元形函数，$\tilde{u}_b(t)$ 为与时间相关的结点位移，求和的范围为与单元关联的结点。在等参数单元中，式(2-4)由下式给出（以图 2-1 所示四结点二维四边形等参映射为例）

$$\begin{cases} \boldsymbol{u}(\boldsymbol{\xi},t) \approx \hat{\boldsymbol{u}}(\boldsymbol{\xi},t) = \sum_b N_b(\boldsymbol{\xi})\tilde{u}_b(t) = \boldsymbol{N}(\boldsymbol{\xi})\tilde{\boldsymbol{u}}(t) \\ \boldsymbol{x}(\boldsymbol{\xi}) = \sum_b N_b(\boldsymbol{\xi})\tilde{x}_b = \boldsymbol{N}(\boldsymbol{\xi})\tilde{\boldsymbol{x}} \end{cases} \tag{2-5}$$

其中，$\tilde{\boldsymbol{x}}$ 为单元结点的空间坐标，$\boldsymbol{\xi}$ 为单元的参数坐标。

虚位移的近似表达式由下式给出

$$\delta\boldsymbol{u}(\boldsymbol{\xi}) \approx \delta\hat{\boldsymbol{u}}(\boldsymbol{\xi}) = \sum_a N_a(\boldsymbol{\xi})\delta\tilde{u}_a = \boldsymbol{N}(\boldsymbol{\xi})\delta\tilde{\boldsymbol{u}} \tag{2-6}$$

第 4 章将会介绍用于构造某些等参单元形函数的标准流程。

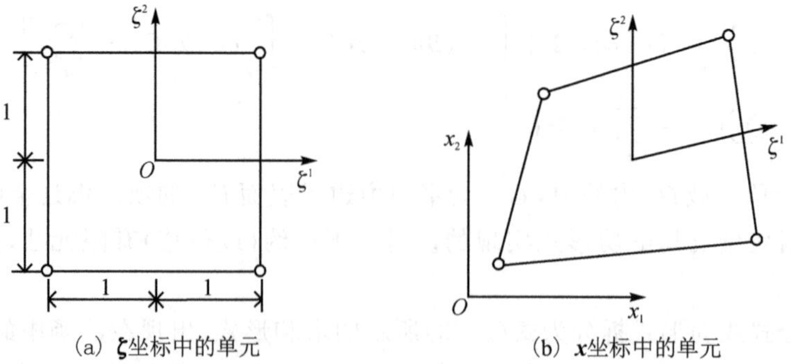

图 2-1　四结点二维四边形等参映射

2.1.2 导　数

第 1 章中介绍的弱形式都包含位移的一阶导数。对于式(2－5)给出的等参数近似，则需要形函数关于 x_j 的一阶导数，可使用链式法则计算得

$$\frac{\partial N_a}{\partial \xi^i}=\frac{\partial x_j}{\partial \xi^i}\frac{\partial N_a}{\partial x_j} \tag{2-7}$$

或以矩阵形式表示为

$$\frac{\partial N_a}{\partial \boldsymbol{\xi}}=\boldsymbol{J}\frac{\partial N_a}{\partial \boldsymbol{x}} \tag{2-8}$$

其中

$$\frac{\partial N_a}{\partial \boldsymbol{\xi}}=\begin{bmatrix}\dfrac{\partial N_a}{\partial \xi^1}\\ \dfrac{\partial N_a}{\partial \xi^2}\\ \dfrac{\partial N_a}{\partial \xi^3}\end{bmatrix},\quad \frac{\partial N_a}{\partial \boldsymbol{x}}=\begin{bmatrix}\dfrac{\partial N_a}{\partial x_1}\\ \dfrac{\partial N_a}{\partial x_2}\\ \dfrac{\partial N_a}{\partial x_3}\end{bmatrix},\quad \boldsymbol{J}=\begin{bmatrix}\dfrac{\partial x_1}{\partial \xi^1} & \dfrac{\partial x_2}{\partial \xi^1} & \dfrac{\partial x_3}{\partial \xi^1}\\ \dfrac{\partial x_1}{\partial \xi^2} & \dfrac{\partial x_2}{\partial \xi^2} & \dfrac{\partial x_3}{\partial \xi^2}\\ \dfrac{\partial x_1}{\partial \xi^3} & \dfrac{\partial x_2}{\partial \xi^3} & \dfrac{\partial x_3}{\partial \xi^3}\end{bmatrix} \tag{2-9}$$

其中，$\boldsymbol{J}$ 是 $\boldsymbol{x}$ 和 $\boldsymbol{\xi}$ 之间的雅可比变换。于是，形函数关于空间坐标的导数为

$$\frac{\partial N_a}{\partial \boldsymbol{x}}=\boldsymbol{J}^{-1}\frac{\partial N_a}{\partial \boldsymbol{\xi}} \tag{2-10}$$

在二维问题中，仅涉及前两个坐标，因此 $\boldsymbol{J}$ 减小为一个 2×2 的矩阵。我们经常将求导用如下符号表示

$$\begin{cases}\dfrac{\partial N_a}{\partial x_j}=N_{a,x_j}\equiv N_{a,j}\\ \dfrac{\partial N_a}{\partial \xi^i}=N_{a,\xi^i}\end{cases} \tag{2-11}$$

2.1.3 应变–位移方程

应变–位移方程的近似表达式由下式给出

$$\boldsymbol{\varepsilon}=\boldsymbol{B}\boldsymbol{u}\approx\sum_b(\boldsymbol{B}N_b)\tilde{u}_b=\sum_b\boldsymbol{B}_b\tilde{u}_b=\boldsymbol{B}\tilde{\boldsymbol{u}} \tag{2-12}$$

在一般的三维问题中，单元每个结点处的应变矩阵定义为

$$\boldsymbol{B}_b^{\mathrm{T}}=\begin{bmatrix}N_{b,x_1} & 0 & 0 & N_{b,x_2} & 0 & N_{b,x_3}\\ 0 & N_{b,x_2} & 0 & N_{b,x_1} & N_{b,x_3} & 0\\ 0 & 0 & N_{b,x_3} & 0 & N_{b,x_2} & N_{b,x_1}\end{bmatrix} \tag{2-13}$$

对于二维平面应力、应变和无扭转轴对称问题，单元每个结点处的应变矩阵定义为

$$\boldsymbol{B}_b^{\mathrm{T}}=\begin{bmatrix}N_{b,x_1} & 0 & cN_b/x_1 & N_{b,x_2}\\ 0 & N_{b,x_2} & 0 & N_{b,x_1}\end{bmatrix} \tag{2-14}$$

其中，对于平面应力、应变问题，$c=0$；对于无扭转轴对称情况，$c=1$。

对于有扭转的轴对称问题，单元每个结点处的应变矩阵定义为

$$\boldsymbol{B}_b^{\mathrm{T}}=\begin{bmatrix} N_{b,x_1} & 0 & N_b/x_1 & N_{b,x_2} & 0 & 1 \\ 0 & N_{b,x_2} & 0 & N_{b,x_1} & 0 & 0 \\ 0 & 0 & 0 & 0 & N_{b,x_2} & N_{b,x_1}-N_b/x_1 \end{bmatrix} \tag{2-15}$$

2.1.4 弱形式

将上述位移和应变的近似表达式代入式(2-3)中，可得一个单元的弱形式平衡方程，即

$$\hat{G}_{\mathrm{eq}}^{\mathrm{e}}=\delta\tilde{\boldsymbol{u}}^{\mathrm{T}}\left[\int_{\Omega_{\mathrm{e}}}\boldsymbol{N}^{\mathrm{T}}\rho\boldsymbol{N}\,\mathrm{d}\Omega\ddot{\tilde{\boldsymbol{u}}}+\int_{\Omega_{\mathrm{e}}}\boldsymbol{B}^{\mathrm{T}}\boldsymbol{\sigma}\,\mathrm{d}\Omega-\int_{\Omega_{\mathrm{e}}}\boldsymbol{N}^{\mathrm{T}}\boldsymbol{b}\,\mathrm{d}\Omega-\int_{\Gamma_{t_{\mathrm{e}}}}\boldsymbol{N}^{\mathrm{T}}\bar{\boldsymbol{t}}\,\mathrm{d}\Gamma\right] \tag{2-16}$$

对所有单元进行求和，并注意到虚位移 $\delta\tilde{u}$ 是任意的，可得到一个由常微分方程组给出的半离散问题

$$\boldsymbol{M}\ddot{\tilde{\boldsymbol{u}}}+\boldsymbol{P}(\boldsymbol{\sigma})=\boldsymbol{f} \tag{2-17}$$

其中

$$\boldsymbol{M}=\sum_e\boldsymbol{M}^{(e)},\quad \boldsymbol{P}=\sum_e\boldsymbol{P}^{(e)},\quad \boldsymbol{f}=\sum_e\boldsymbol{f}^{(e)} \tag{2-18}$$

对应的单元矩阵

$$\begin{cases}\boldsymbol{M}^{(e)}=\int_{\Omega_{\mathrm{e}}}\boldsymbol{N}^{\mathrm{T}}\rho\boldsymbol{N}\,\mathrm{d}\Omega \\ \boldsymbol{P}^{(e)}(\boldsymbol{\sigma})=\int_{\Omega_{\mathrm{e}}}\boldsymbol{B}^{\mathrm{T}}\boldsymbol{\sigma}\,\mathrm{d}\Omega \\ \boldsymbol{f}^{(e)}(\boldsymbol{\sigma})=\int_{\Omega_{\mathrm{e}}}\boldsymbol{N}^{\mathrm{T}}\boldsymbol{b}\,\mathrm{d}\Omega+\int_{\Gamma_{t_{\mathrm{e}}}}\boldsymbol{N}^{\mathrm{T}}\bar{\boldsymbol{t}}\,\mathrm{d}\Gamma\end{cases} \tag{2-19}$$

其中，$\boldsymbol{P}$ 通常被称为内力项。

虽然上述给出的数组形式对各种类型的问题都有效，但对于不同类型问题的体积微元是不同的，具体如表 2-1 所列。

表 2-1　不同类型问题的体积微元

问题类型	体积微元
一般三维问题	$\mathrm{d}\Omega=\mathrm{d}x_1\mathrm{d}x_2\mathrm{d}x_3$
平面应变问题	$\mathrm{d}\Omega=\mathrm{d}x_1\mathrm{d}x_2$
平面应力问题	$\mathrm{d}\Omega=h_3\mathrm{d}x_1\mathrm{d}x_2$
轴对称问题	$\mathrm{d}\Omega=2\pi x_1\mathrm{d}x_1\mathrm{d}x_2$

对于表 2-1 中的体积微元，假设 x_3 方向是平面应变问题的厚度方向，h_3 是平面应力问题中板的厚度，轴对称问题中的因子 2π 是 $\int\mathrm{d}x_3=\mathrm{d}\theta$ 的积分结果。

在后文中，将使用坐标 x_i、位移 u_i 等讨论实体的有限元格式。除非特别说明，否则就默认以上的 $\boldsymbol{B}$、Ω_e、$\mathrm{d}\Omega$ 等形式，并将其简化为已经讨论的问题类别(即平面应力、平面应变、轴对称或一般三维问题)。

2.1.5 不可约位移法

在线性弹性的情况下，本构方程由式(1-6)给出。根据式(2-12)，不可约位移法的结果可表示为

$$\boldsymbol{P}^{(e)}(\boldsymbol{\sigma})=\left(\int_{\Omega_e}\boldsymbol{B}^{\mathrm{T}}\boldsymbol{D}\boldsymbol{B}\,\mathrm{d}\Omega\right)\tilde{\boldsymbol{u}}=\boldsymbol{K}^{(e)}\tilde{\boldsymbol{u}} \tag{2-20}$$

其中，$\boldsymbol{K}^{(e)}$为线性刚度矩阵。然而，在许多情况下有必要使用非线性或时间相关的应力-应变(本构)关系，这时需要直接从式(2-17)～(2-19)出发，推导求解方法。这将在后续章节针对具体的本构行为详细讨论。此处只需要注意

$$\boldsymbol{\sigma}=\boldsymbol{\sigma}(\boldsymbol{\varepsilon}) \tag{2-21}$$

该函数关系可能是非线性的，有时还是不唯一的。此外，如果遇到特殊约束，例如近似不可压缩性，则有必要使用混合方法，这将在第 2.5 节中讨论。在讨论这个方法之前，先介绍用于瞬态方程数值求解的有限元格式。

2.2 数值积分

计算有限元列式所需的积分最方便的是数值积分。在多种形式的求积公式中，精度最高的是基于多项式插值的高斯-勒让德(Gauss-Legendre)求积法。通常把高斯-勒让德(Gauss-Legendre)求积法制成坐标范围在$-1\leqslant\xi\leqslant 1$的表格(这也是常常在这个区间上选择形函数的主要原因)。

高斯-勒让德(Gauss-Legendre)求积法在一维情况下的积分公式为

$$\int_{-1}^{1}f(\xi)\mathrm{d}\xi=\sum_{j=1}^{n}f(\xi_j)w_j+O\left(\frac{\mathrm{d}^{2n}f}{\mathrm{d}\xi_{2n}}\right) \tag{2-22}$$

其中，ξ_j为函数的计算点，w_j为权系数。一个n点高斯-勒让德积分公式可以精确积分$2n-1$阶的多项式。该方法前 5 阶的积分点位置和权系数如表 2-2 所列。

表 2-2 高斯-勒让德积分的前 5 个积分点及其权系数

阶 次	j	ξ_j	w_j	说 明
n=1	1	0	2	
n=2	1	$+1/\sqrt{3}$	1	
	2	$-1/\sqrt{3}$	1	
n=3	1	$+\sqrt{0.6}$	5/9	
	2	0	8/9	
	3	$-\sqrt{0.6}$	5/9	
n=4	1	$+\sqrt{(3+a)/7}$	$0.5-1/(3a)$	其中： $a=\sqrt{4.8}$
	2	$+\sqrt{(3-a)/7}$	$0.5+1/(3a)$	
	3	$-\sqrt{(3-a)/7}$	$0.5+1/(3a)$	
	4	$-\sqrt{(3+a)/7}$	$0.5-1/(3a)$	

续表 2-2

阶　次	j	ξ_j	w_j	说　明
n=5	1	$+\sqrt{b}$	(5c−3)d/b	其中： $a=\sqrt{1120}$ b=(70+a)/126 c=(70−a)/126 d=1/(15(c−b))
	2	$+\sqrt{c}$	(3−5b)d/c	
	3	0	$2-2(w_1+w_2)$	
	4	$+\sqrt{c}$	(3−5b)d/c	
	5	$+\sqrt{b}$	(5c−3)d/b	

多维域上的积分可以通过一维公式的张量积来实现。因此，二维情况下的积分公式为

$$\int_{-1}^{1}\int_{-1}^{1} f(\xi^1,\xi^2)\,d\xi^1 d\xi^2 = \sum_{j=1}^{n}\sum_{k=1}^{n} f(\xi_j^1,\xi_k^2)\,w_j w_k \tag{2-23}$$

三维情况下的积分公式为

$$\int_{-1}^{1}\int_{-1}^{1}\int_{-1}^{1} f(\xi^1,\xi^2,\xi^3)\,d\xi^1 d\xi^2 d\xi^3 = \sum_{j=1}^{n}\sum_{k=1}^{n}\sum_{l=1}^{n} f(\xi_j^1,\xi_k^2,\xi_l^2)\,w_j w_k w_l \tag{2-24}$$

当任何方向的多项式小于 $2n$ 阶时，都是精确的。

上述形式对于四边形和六面体单元很方便，但对于三角形和四面体单元，需要经变换后才可以使用。

2.2.1　体积积分

体积积分问题仍然需要将单元区域 Ω_e 转换在高斯-勒让德积分公式的积分区间 $-1\leqslant\xi\leqslant1$ 上进行。对式(2-8)中的行列式 $\boldsymbol{J}$，需要将体积单元从笛卡尔坐标转换到自然坐标下，即

$$dx_1 dx_2 dx_3 = \det\boldsymbol{J}\,d\xi^1 d\xi^2 d\xi^3 = j(\xi^1,\xi^2,\xi^3)\,d\xi^1 d\xi^2 d\xi^3 \tag{2-25}$$

其中，$\det\boldsymbol{J}=j$ 必须为正，才可得到正确的体积。

使用式(2-25)的变换，给定区域上的积分可表示为

$$\int_{\Omega_e} f(x)\,d\Omega = \int_{\square}\hat{f}(\boldsymbol{\xi})\,j(\boldsymbol{\xi})\,d\square \tag{2-26}$$

其中，$\hat{f}$ 为函数 f 在坐标 $\boldsymbol{\xi}$ 下的表示，□表示所考虑问题维度的参数坐标范围，$j(\boldsymbol{\xi})$ 为所考虑坐标系对应的雅可比变换。对于不同类型问题对应的维度区域和雅可比变换如表 2-3 所列。

表 2-3　不同类型问题的维度区域和雅可比变换

问题类型	□—维度区域	j—雅克比变换
一般三维问题	$d\xi^1 d\xi^2 d\xi^3$	$j(\xi^1,\xi^2,\xi^3)$
平面应变问题	$d\xi^1 d\xi^2$	$j(\xi^1,\xi^2)$
平面应力问题	$d\xi^1 d\xi^2$	$h_3 j(\xi^1,\xi^2)$
轴对称问题	$d\xi^1 d\xi^2$	$2\pi x_1 j(\xi^1,\xi^2)$

对于二维问题

$$j(\xi^1,\xi^2)=\det\begin{bmatrix}\dfrac{\partial x_1}{\partial \xi^1} & \dfrac{\partial x_2}{\partial \xi^1}\\ \dfrac{\partial x_1}{\partial \xi^2} & \dfrac{\partial x_2}{\partial \xi^2}\end{bmatrix}>0 \tag{2-27}$$

在满足下面标准的前提下，可选择最少数目的积分点：

① 在雅可比行列式 j 为常数的情况下单元上的积分是精确的。

② 得到的单元刚度矩阵是满秩的。

在任何一种情况下，必须满足分片测试。第①个标准仅适用于小应变情况下的线性材料（如本章所讨论的）。第②个标准适用于线性和非线性问题。应用比满足上述标准低一阶的数值积分称为减缩积分，通常应避免使用。当某些项应用“完全”积分而某些项应用“减缩”积分时，该方法称为选择性减缩积分；但是，对于非线性问题，通常不建议使用这种方法。

在上述形式的自然坐标 ξ 中，假设每个有限单元是一条线、一个四边形或一个六面体。对于其他形状，例如三角形或四面体，需要对自然坐标和积分公式进行适当的变换。

2.2.2 曲面积分

计算单元表面上的积分也是必要的，可以通过将 $\mathrm{d}\Gamma$ 假设为与曲面外法向量同向的向量来实现。对于三维问题，通过向量积可得

$$\boldsymbol{n}\,\mathrm{d}\Gamma=\mathrm{d}\boldsymbol{\Gamma}=\frac{\partial \boldsymbol{x}}{\partial \xi^1}\times\frac{\partial \boldsymbol{x}}{\partial \xi^2}\mathrm{d}\xi^1\,\mathrm{d}\xi^2=(\boldsymbol{v}_1\times\boldsymbol{v}_2)\,\mathrm{d}\xi^1\,\mathrm{d}\xi^2=\boldsymbol{v}_n\,\mathrm{d}\xi^1\,\mathrm{d}\xi^2 \tag{2-28}$$

其中，ξ^1 和 ξ^2 为表面单元的参数坐标，×表示向量叉积。

于是可得，表面微分的计算公式如下

$$\mathrm{d}\Gamma=(\boldsymbol{v}_n^{\mathrm{T}}\boldsymbol{v}_n)^{1/2}\,\mathrm{d}\xi^1\,\mathrm{d}\xi^2 \tag{2-29}$$

二维问题的曲面可以仅用 ξ^1 来描述，可将 $\dfrac{\partial \boldsymbol{x}}{\partial \xi^2}$ 替换为 $\boldsymbol{e}^3$（垂直于变形平面的单位向量）。

2.3 非线性瞬态和稳态问题

为了获得瞬态问题的离散代数方程组，首先引入了时间上的近似离散方法，近似解可表示为

$$\tilde{\boldsymbol{u}}(t_{n+1})\approx\boldsymbol{u}_{n+1},\quad \dot{\tilde{\boldsymbol{u}}}(t_{n+1})\approx\boldsymbol{v}_{n+1},\quad \ddot{\tilde{\boldsymbol{u}}}(t_{n+1})\approx\boldsymbol{a}_{n+1}$$

为简单起见，省略了离散变量上的波浪号。因此，每个离散时间 t_{n+1} 处的平衡方程(2-17)可以表示为如下残差形式

$$\boldsymbol{\Psi}_{n+1}=\boldsymbol{f}_{n+1}-\boldsymbol{M}\boldsymbol{a}_{n+1}-\boldsymbol{P}_{n+1} \tag{2-30}$$

其中

$$\boldsymbol{P}_{n+1}=\int_{\Omega}\boldsymbol{B}^{\mathrm{T}}\boldsymbol{\sigma}_{n+1}\,\mathrm{d}\Omega=\boldsymbol{P}(\boldsymbol{u}_{n+1}) \tag{2-31}$$

在前面已经指出，$\boldsymbol{P}$ 可以仅用位移来表示。对于弹性材料这是正确的，但对于非弹性行为，材料模型的一般形式取决于待定变量。然而，大多数本构模型可以根据 $\boldsymbol{u}$ 的增量形式给出。因此，只需对上述假定形式稍作修改，不会对下面的介绍产生较大影响。

对于瞬态问题，可采用纽马克(Newmark)方法求解其关于时间二阶导数的方程。纽马克(Newmark)方法通过将 t_{n+1} 处的离散位移、速度和加速度与 t_n 处的对应离散值联系起来，即

$$\begin{cases} \boldsymbol{u}_{n+1}=\boldsymbol{u}_n+\Delta t\boldsymbol{v}_n+\left(\dfrac{1}{2}-\beta\right)\Delta t^2\boldsymbol{a}_n+\beta\Delta t^2\boldsymbol{a}_{n+1}=\breve{\boldsymbol{u}}_{n+1}+\beta\Delta t^2\boldsymbol{a}_{n+1} \\ \boldsymbol{v}_{n+1}=\boldsymbol{v}_n+(1-\gamma)\Delta t\boldsymbol{a}_n+\gamma\Delta t\boldsymbol{a}_{n+1}=\breve{\boldsymbol{v}}_{n+1}+\gamma\Delta t\boldsymbol{a}_{n+1} \end{cases} \tag{2-32}$$

其中，$\Delta t=t_{n+1}-t_n$ 是时间增量，$\breve{\boldsymbol{u}}_{n+1}$ 和 $\breve{\boldsymbol{v}}_{n+1}$ 仅取决于 t_n 处的已知值。这种单步法是非常可取的，因为它允许 Δt 从一步更改到下一步而不会引入任何复杂性(尽管始终应该避免时间步 Δt 太大)。参数 γ 和 β 是用来控制精度和稳定性的。

于是，通过非线性方程组(2-30)以及具有标量系数的线性方程组(2-32)，可以求得瞬态问题在每个时间 t_{n+1} 的结果。可以将时间 t_{n+1} 的三个变量中的任何一个(即 $\boldsymbol{u}_{n+1}$、$\boldsymbol{v}_{n+1}$ 或 $\boldsymbol{a}_{n+1}$)作为基本未知数，然后应用式(2-32)，即可得到根据该单个未知数的非线性方程。

2.3.1 显式纽马克(Newmark)方法

一个非常方便的选择是取 $\beta=0$，并选择 $\boldsymbol{a}_{n+1}$ 作为主要未知数，则由式(2-32)，得

$$\boldsymbol{u}_{n+1}=\breve{\boldsymbol{u}}_{n+1}$$

于是根据式(2-30)有

$$\boldsymbol{M}\boldsymbol{a}_{n+1}=\boldsymbol{f}_{n+1}-\boldsymbol{P}(\breve{\boldsymbol{u}})$$

可以直接求解 $\boldsymbol{a}_{n+1}$，然后通过式(2-32)获得速度 $\boldsymbol{v}_{n+1}$。这就是所谓的显式方法，因为只需求解线性方程。

如果矩阵 $\boldsymbol{M}$ 是对角矩阵(或堆聚质量矩阵)，那么 $\boldsymbol{a}_{n+1}$ 的求解是不重要的，并且可以认为该问题已解决，因为

$$\boldsymbol{M}^{-1}=\begin{bmatrix} 1/M_{11} & & \\ & \ddots & \\ & & 1/M_{mm} \end{bmatrix}$$

其中，m 是问题中方程的总数。然而，显式方法仅在 $\Delta t\leqslant\Delta t_{\text{crit}}$ 条件下是条件稳定的，其中 t_{crit} 与“波传播”穿过任何单元所需最小时间有关，或者与有限元网格中的最高“频率”有关。因此，显式方法的求解过程可能需要数千个时间步才能算完特定的时间间隔。实际上对于许多瞬态问题和大多数静态(稳态)问题，通常使用隐式方法处理更有效，该方法允许时间步长较大。

2.3.2 隐式纽马克(Newmark)方法

在隐式方法中，一般使用 $\boldsymbol{u}_{n+1}$ 作为基本变量，并应用式(2-32)来计算 $\boldsymbol{v}_{n+1}$ 和 $\boldsymbol{a}_{n+1}$。只需令 $\boldsymbol{v}_{n+1}=\boldsymbol{a}_{n+1}=0$ 来考虑准静态(惯性力可以忽略)问题，则方程组(2-30)可表示为

$$\boldsymbol{\Psi}(\boldsymbol{u}_{n+1})\equiv\boldsymbol{f}_{n+1}-\frac{c}{\beta\Delta t^2}\boldsymbol{M}\left[\boldsymbol{u}_{n+1}-\breve{\boldsymbol{u}}_{n+1}\right]-\boldsymbol{P}_{n+1}=\boldsymbol{0} \tag{2-33}$$

其中，$c=1$ 用于瞬态问题，$c=0$ 用于准静态问题。当任何项为非线性时，方程组(2-33)需要迭代求解。牛顿法是大多数实用非线性求解方法的基础。在该方法中，单步迭代表示为

$$\boldsymbol{\Psi}_{n+1}^{k+1}\approx\boldsymbol{\Psi}_{n+1}^{k}+\mathrm{d}\boldsymbol{\Psi}_{n+1}^{k}=\boldsymbol{0} \tag{2-34}$$

其中，对于与变形无关的 $\boldsymbol{f}_{n+1}$，式(2-33)的增量可表示为

$$\mathrm{d}\boldsymbol{\Psi}(u_{n+1}) \equiv -\left[\frac{c}{\beta\Delta t^2}\boldsymbol{M} + \left.\frac{\partial \boldsymbol{P}_{n+1}}{\partial \boldsymbol{u}_{n+1}}\right|_{n+1}^{k}\right]\mathrm{d}\boldsymbol{u}_{n+1}^{k} = -\boldsymbol{A}_{n+1}^{k}\mathrm{d}\boldsymbol{u}_{n+1}^{k} \tag{2-35}$$

位移增量由下式计算

$$\boldsymbol{A}_{n+1}^{k}\mathrm{d}\boldsymbol{u}_{n+1}^{k} = \boldsymbol{\Psi}_{n+1}^{k} \tag{2-36}$$

并且由下式进行更新

$$\begin{cases} \boldsymbol{u}_{n+1}^{k+1} = \boldsymbol{u}_{n+1}^{k} + \mathrm{d}\boldsymbol{u}_{n+1}^{k} \\ \boldsymbol{a}_{n+1}^{k+1} = \dfrac{1}{\beta\Delta t^2}\left[\boldsymbol{u}_{n+1}^{k+1} - \breve{\boldsymbol{u}}_{n+1}\right] \\ \boldsymbol{v}_{n+1}^{k+1} = \breve{\boldsymbol{v}}_{n+1} + \gamma\Delta t\boldsymbol{a}_{n+1}^{k+1} \end{cases} \tag{2-37}$$

初始迭代可以取为零，或者更恰当地说，可以取为上一个时间步的收敛解。因此，

$$\boldsymbol{u}_{n+1}^{1} = \boldsymbol{u}_{n} \tag{2-38}$$

其中，不带上标的量表示收敛值。对于瞬态问题，初始速度和加速度由下式给出

$$\begin{cases} \boldsymbol{a}_{n+1}^{1} = \dfrac{1}{\beta\Delta t^2}\left[\boldsymbol{u}_{n} - \breve{\boldsymbol{u}}_{n+1}\right] \\ \boldsymbol{v}_{n+1}^{1} = \breve{\boldsymbol{v}}_{n+1} + \gamma\Delta t\boldsymbol{a}_{n+1}^{1} \end{cases} \tag{2-39}$$

不断迭代，直到满足如下收敛准则

$$\|\boldsymbol{\Psi}_{n+1}^{k}\| \leqslant \varepsilon\|\boldsymbol{\Psi}_{n+1}^{1}\| \tag{2-40}$$

或关于误差容限 ε 的其他类似准则。当可以精确计算牛顿法的所有项时，一个好的做法是假设误差容限为计算机精度的一半。因此，如果计算机可以精确表示 16 位数字时，则可以选择 $\varepsilon=10^{-8}$。纽马克参数的常见选择是 $\gamma=2\beta=1/2$，这也称为“梯形积分法则”；有时也会选择 $\gamma=\beta=1/2$。

当计算式(2-19)中的每个单元时，都需要求式(2-35)中关于 $\boldsymbol{P}$ 的导数，即

$$\left.\frac{\partial \boldsymbol{P}^{(e)}}{\partial \boldsymbol{u}_{n+1}}\right|_{n+1}^{k} = \int_{\Omega_e}\boldsymbol{B}^{\mathrm{T}}\boldsymbol{D}_{\mathrm{T}}^{k}\boldsymbol{B}\,\mathrm{d}\Omega \equiv \boldsymbol{K}_{\mathrm{T}}^{k} \tag{2-41}$$

注意：上述关系对于线性和非线性问题是相似的，但不完全相同。式(2-41)中 $\boldsymbol{D}_{\mathrm{T}}^{k}$ 为应力-应变关系的切线模量矩阵(它可能是唯一的，也可能不是唯一的，但通常与非线性变形模式有关)；$\boldsymbol{K}_{\mathrm{T}}$ 为切线刚度矩阵。

本书中会用到一些非线性弹性形式，在此给出一个简单的方法：将应变能密度 W 定义为 $\boldsymbol{\varepsilon}$ 的函数，即

$$W = W(\boldsymbol{\varepsilon}) = W(\varepsilon_{ij})$$

由此可得

$$\boldsymbol{\sigma} = \frac{\partial W}{\partial \boldsymbol{\varepsilon}} \tag{2-42}$$

如果函数 W 的性质已知，则切线模量 $\boldsymbol{D}_{\mathrm{T}}^{k}$ 可表示为

$$\boldsymbol{D}_{\mathrm{T}}^{k} = \left.\frac{\partial \boldsymbol{\sigma}}{\partial \boldsymbol{\varepsilon}}\right|_{n+1}^{k} = \left.\frac{\partial^2 W}{\partial \boldsymbol{\varepsilon}\partial \boldsymbol{\varepsilon}}\right|_{n+1}^{k}$$

如果计算 $\boldsymbol{\sigma}_{n+1}$ 时涉及路径依赖问题，有必要跟踪从 t_n 到 t_{n+1} 时刻求解步骤总的增量，即

$$\boldsymbol{u}_{n+1}^{k+1} = \boldsymbol{u}_{n} + \Delta\boldsymbol{u}_{n+1}^{k+1}, \quad \Delta\boldsymbol{u}_{n+1}^{1} = \boldsymbol{0} \tag{2-43}$$

总增量可以通过累加各增量来求得，即

$$\Delta \boldsymbol{u}_{n+1}^{k+1}=\boldsymbol{u}_{n+1}^{k+1}-\boldsymbol{u}_{n}=\Delta \boldsymbol{u}_{n+1}^{k}+\mathrm{d}\boldsymbol{u}_{n+1}^{k} \tag{2-44}$$

在隐式方法中，最好使用最后一次迭代的位移来计算 $\boldsymbol{A}$ 和 $\boldsymbol{\Psi}$，特别是在考虑非弹性材料行为或大应变时。但是，有时可以使用前一步迭代中的 $\boldsymbol{A}$ 以节省计算成本。

2.3.3 广义中点隐式纽马克(Newmark)方法

广义中点隐式纽马克(Newmark)方法可以在 t_n 和 t_{n+1} 的中点满足动量平衡方程。该方法将变量内插为

$$\begin{cases}\boldsymbol{u}_{n+\alpha}=(1-\alpha)\boldsymbol{u}_{n}+\alpha\boldsymbol{u}_{n+1}\\ \boldsymbol{v}_{n+\alpha}=(1-\alpha)\boldsymbol{v}_{n}+\alpha\boldsymbol{v}_{n+1}\\ \boldsymbol{a}_{n+\alpha}=(1-\alpha)\boldsymbol{a}_{n}+\alpha\boldsymbol{a}_{n+1}\end{cases} \tag{2-45}$$

并将动量平衡方程表示为

$$\boldsymbol{\Psi}_{n+\alpha}=\boldsymbol{f}_{n+\alpha}-\boldsymbol{M}a_{n+\alpha}-\boldsymbol{P}_{n+\alpha}=\boldsymbol{0} \tag{2-46}$$

在上式中有两种方法可以用来计算 $\boldsymbol{P}_{n+\alpha}$。

方法一为

$$\boldsymbol{P}_{n+\alpha}=\boldsymbol{P}(\boldsymbol{u}_{n+\alpha})=\int_{\Omega}\boldsymbol{B}^{\mathrm{T}}\boldsymbol{\sigma}(\boldsymbol{u}_{n+\alpha})\,\mathrm{d}\Omega \tag{2-47}$$

而方法二是将 $\boldsymbol{P}$ 内插为

$$\boldsymbol{P}_{n+\alpha}=(1-\alpha)\boldsymbol{P}_{n}+\alpha\boldsymbol{P}_{n+1}=\int_{\Omega}\boldsymbol{B}^{\mathrm{T}}\left[(1-\alpha)\boldsymbol{\sigma}_{n}+\alpha\boldsymbol{\sigma}_{n+1}\right]\mathrm{d}\Omega \tag{2-48}$$

其中，$\boldsymbol{P}_n=\boldsymbol{P}(n)$。

选择纽马克参数为 $\gamma=\beta$，于是可得到如下简单形式

$$\begin{cases}\boldsymbol{u}_{n+1}=\boldsymbol{u}_{n}+\Delta t(\boldsymbol{v}_{n}+\boldsymbol{v}_{n+1})\\ \dfrac{1}{\Delta t}(\boldsymbol{v}_{n+1}-\boldsymbol{v}_{n})=(1-\gamma)\boldsymbol{a}_{n}+\gamma\boldsymbol{a}_{n+1}\end{cases} \tag{2-49}$$

令 $\alpha=\gamma$，可得动量平衡方程为

$$\boldsymbol{\Psi}_{n+\alpha}=\boldsymbol{f}_{n+\alpha}-\frac{1}{\Delta t}\boldsymbol{M}(\boldsymbol{v}_{n+1}-\boldsymbol{v}_{n})-\boldsymbol{P}_{n+\alpha}=\boldsymbol{0} \tag{2-50}$$

这是西蒙(Simo)等人的能量-动量守恒方法的一部分。对于线性弹性问题，很容易证明选择 $\alpha=\gamma=\dfrac{1}{2}$，在自由运动(即 $\boldsymbol{f}=0$)情况下可以实现能量守恒。但对于非线性弹性问题，在使用这些值时有必要修改计算 $\boldsymbol{\sigma}_{n+\frac{1}{2}}$ 的方式，以便保持其能量守恒特性。

上述形式的动量平衡方程的解仍然可以使用 $\boldsymbol{u}_{n+1}$ 作为主要变量。但由于参数 α 的出现，线性化 $\boldsymbol{P}_{n+\alpha}$ 需要作相应的调整。

2.4 非线性代数方程组的求解

通过有限元法求解线性问题时，总是需要求解一组联立代数方程组，其形式为

$$\boldsymbol{K}\boldsymbol{u}=\boldsymbol{f} \tag{2-51}$$

如果系数矩阵是非奇异的，则这些方程的解是唯一的。在求解非线性问题时，同样会得到一组

代数方程组，但是它们通常是非线性的。例如，本章前面讨论中在每个离散时间点 t_{n+1} 得到了如式(2-33)所示的方程组。在这里，我们考虑一个一般问题，将其表示为①

$$\boldsymbol{\Psi}_{n+1}=\boldsymbol{\Psi}(\boldsymbol{u}_{n+1})=\boldsymbol{f}_{n+1}-\boldsymbol{P}(\boldsymbol{u}_{n+1}) \tag{2-52}$$

其中，$\boldsymbol{u}_{n+1}$ 为离散化变量的集合，$\boldsymbol{f}_{n+1}$ 为与未知量无关的向量，$\boldsymbol{P}$ 为取决于未知量的向量。这些方程组可能有多个解(即可能有不止一组 $\boldsymbol{u}_{n+1}$ 满足方程(2-52))。因此，如果求得了一组解，它可能不一定是我们所期望的。深入观察问题的物理本质，一般从已知解出发采用增量方法求解，对于获得有意义的解至关重要。如果问题是瞬态的，或者如果关联应力和应变的本构关系是路径相关的，又或者如果载荷-位移路径在某些载荷水平上有分叉或多个分支，则必须采用增量法。

一般来说，非线性问题的求解应始终从已知解附近开始。例如，已知

$$\boldsymbol{u}=\boldsymbol{u}_{n+1},\quad \boldsymbol{\Psi}_n=\boldsymbol{0},\quad \boldsymbol{f}=\boldsymbol{f}_{n+1} \tag{2-53}$$

然后由载荷 $\boldsymbol{f}_n$ 的变化开始计算

$$\boldsymbol{f}_{n+1}=\boldsymbol{f}_n+\Delta\boldsymbol{f}_{n+1} \tag{2-54}$$

并由此确定增量 $\Delta\boldsymbol{u}_{n+1}$，求得

$$\boldsymbol{u}_{n+1}=\boldsymbol{u}_n+\Delta\boldsymbol{u}_{n+1} \tag{2-55}$$

这便是求解的目标。通常 $\Delta\boldsymbol{f}_{n+1}$ 的增量将保持较小，以便可以遵循路径依赖性。此外，这样的增量过程将有助于避免过多的迭代次数并遵循物理上正确的路径。图2-2所示为一个典型的非唯一问题(多解的可能性)，如果函数 $\boldsymbol{\Psi}_{n+1}$ 随着参数 $\boldsymbol{u}_{n+1}$ 均匀增加而先减小后增加，则可能会出现这种不唯一性。很明显，在完整的计算过程中，遵循 $\Delta\boldsymbol{f}_{n+1}$ 的路径将同时具有正负号。

只有在轻度非线性(并且没有路径依赖性)的情况下，才有可能在单个增量中获得解，即

$$\boldsymbol{f}_n=\boldsymbol{0},\quad \Delta\boldsymbol{f}_{n+1}=\boldsymbol{f}_{n+1} \tag{2-56}$$

关于通用求解方法和特定应用的文献非常多，在本章中不可能完全涵盖所有方法，下节通过概述一般的求解流程给出一个完整的轮廓。在本书最后两章中，将主要关注与速率无关的材料非线性(塑性)和几何非线性(大位移)。

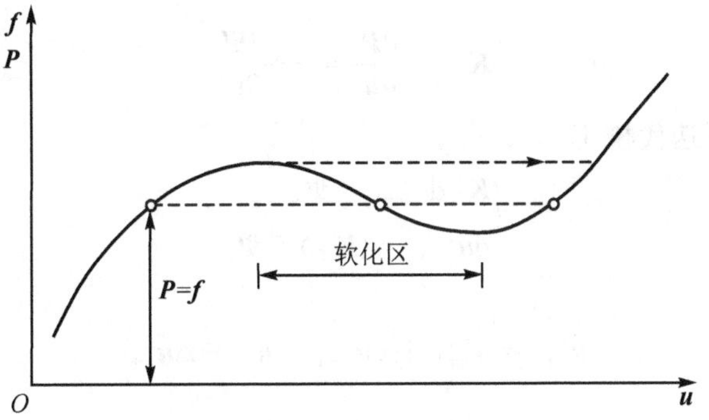

图2-2 多解的可能性

① 此处省略了瞬态项，因为使用时间步长算法只会增加需要相同求解策略的代数项。

2.4.1 概 述

式(2-52)～(2-55)所给问题的解无法直接求得，总是需要某种迭代算法。这里将重点介绍需要反复求解如下形式线性方程组(即迭代)的算法

$$\boldsymbol{K}^i \mathrm{d}\boldsymbol{u}_{n+1}^i = \boldsymbol{r}_{n+1}^i \tag{2-57}$$

其中，$\boldsymbol{r}$ 与 $\boldsymbol{\Psi}$ 有关，上标 i 表示迭代次数。在这个过程中需要计算解增量 $\mathrm{d}\boldsymbol{u}_{n+1}^i$。直接(高斯)消元技术或迭代方法可用于求解与每个非线性迭代相关的线性方程。迭代求解方法已被证明是最经济的，但其潜力还没有被充分发掘。

当前用于求解非线性问题的许多迭代技术源于直观的物理推理。然而，这些技术常常与数值分析中的方法直接相关，在下文中将使用该问题普遍采用的命名法。

尽管每个算法针对的是一组非线性代数方程组，但本书将使用单个标量方程来说明该过程。这虽然从教学的角度来看很有用，但也存在缺陷，因为多自由度问题的收敛性可能不会像单个方程那样简单。

2.4.2 牛顿法

牛顿法是求解非线性问题收敛最快的方法，该方法每次迭代只需计算一次 $\boldsymbol{\Psi}$。当然，这是假设初始解在收敛区域内，因此不会发生发散。牛顿法是唯一一个渐近收敛速度是二次的算法，该方法通常被称为牛顿-拉富生(Newton-Raphson)方法。

在这个迭代方法中，对于一阶问题，式(2-52)可以近似为

$$\boldsymbol{\Psi}(\boldsymbol{u}_{n+1}^{i+1}) \approx \boldsymbol{\Psi}(\boldsymbol{u}_{n+1}^i) + \left(\frac{\partial \boldsymbol{\Psi}}{\partial \boldsymbol{u}}\right)_{n+1}^i \mathrm{d}\boldsymbol{u}_{n+1}^i = \boldsymbol{0} \tag{2-58}$$

式(2-58)中迭代次数 i 通常从下式开始计数，假设

$$\boldsymbol{u}_{n+1}^1 = \boldsymbol{u}_n \tag{2-59}$$

其中，$\boldsymbol{u}_n$ 为先前载荷水平或时间步的收敛解。对应于切线方向的雅可比矩阵(或结构力学术语中的刚度矩阵)可表示为

$$\boldsymbol{K}_{\mathrm{T}} = \frac{\partial \boldsymbol{P}}{\partial \boldsymbol{u}} = -\frac{\partial \boldsymbol{\Psi}}{\partial \boldsymbol{u}} \tag{2-60}$$

则式(2-58)可作如下迭代校正

$$\begin{cases} \boldsymbol{K}_{\mathrm{T}}^i \mathrm{d}\boldsymbol{u}_{n+1}^i = \boldsymbol{\Psi}_{n+1}^i \\ \mathrm{d}\boldsymbol{u}_{n+1}^i = (\boldsymbol{K}_{\mathrm{T}}^i)^{-1} \boldsymbol{\Psi}_{n+1}^i \end{cases} \tag{2-61}$$

一系列逐次逼近得到

$$\boldsymbol{u}_{n+1}^{i+1} = \boldsymbol{u}_{n+1}^i + \mathrm{d}\boldsymbol{u}_{n+1}^i = \boldsymbol{u}_n + \Delta \boldsymbol{u}_{n+1}^i \tag{2-62}$$

其中

$$\Delta \boldsymbol{u}_{n+1}^i = \sum_{k=1}^{i} \mathrm{d}\boldsymbol{u}_{n+1}^k \tag{2-63}$$

该过程如图 2-3 所示，可见该方法可以非常快速的收敛。

引入总增量 $\Delta \boldsymbol{u}_{n+1}^i$ 的必要性在此处可能并不明显，但如果求解过程是路径相关的，则它是必不可少的，例如第 7 章中的一些非线性固体本构方程。

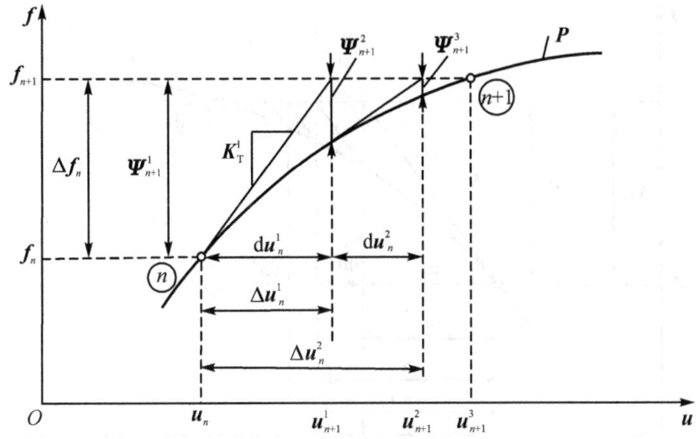

图 2-3 牛顿法收敛过程

牛顿法尽管收敛迅速，但也有一些缺点：

- 每次迭代都要计算一个新的 $\boldsymbol{K}_T$ 矩阵。
- 如果使用式(2-61)的直接求解方法，则每次迭代中都需要分解 $\boldsymbol{K}_T$ 矩阵。
- 在某些情况下，切线刚度矩阵在解状态下是对称的，但在其他情况下是不对称的（例如，在一些用于计算大转动或非关联塑性的算法中）。在这些情况下，通常需要非对称求解器。

一些替代算法不存在其中的某些缺点，但通常会失去二次渐近的收敛速度。

2.4.3 修正牛顿法

该方法与牛顿法使用基本相同的算法，但通过一个常矩阵近似替代了变化的雅可比矩阵 $\boldsymbol{K}_T^i$，即取

$$\boldsymbol{K}_T^i = \bar{\boldsymbol{K}}_T \tag{2-64}$$

则式(2-61)可表示为

$$\mathrm{d}\boldsymbol{u}_{n+1}^i = \bar{\boldsymbol{K}}_T^{-1}\boldsymbol{\Psi}_{n+1}^i \tag{2-65}$$

式中有许多可能的选择。例如，$\bar{\boldsymbol{K}}_T$ 可以选择对应于第一次迭代的 $\boldsymbol{K}_T^1$ 矩阵（见图 2-4(*a*)），或者选择对应于某个先前时间步长或载荷增量的矩阵 $\boldsymbol{K}^0$（见图 2-4(*b*)）。在求解固体力学问题时，该方法也称为应力传递法或初始应力法。又或者，可以选择每迭代几次更新一下近似值，即取 $\bar{\boldsymbol{K}}_T = \boldsymbol{K}_T^j$，其中 $j \leqslant i$。

显然，该过程通常会以较慢的速度收敛（通常残差 $\boldsymbol{\Psi}$ 的范数具有线性渐近收敛性，而不是原牛顿法中的二次），但是克服了 2.4.2 节提到的牛顿法中出现的一些缺点。然而，当所使用的切线与当前解的“斜率”相反时（如图 2-2 所示具有不同斜率的区域），这种方法也可能出现一些新的缺点。修改后的算法的“收敛区域”通常会扩大，并且可以使以前发散的算法收敛，尽管收敛速度很慢。该算法有许多变体，并且如果 $\bar{\boldsymbol{K}}_T$ 是对称的则可以采用对称求解器。

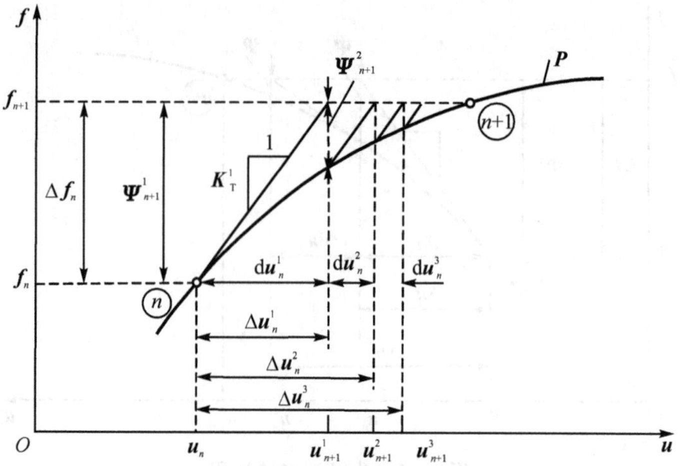

(a) 采用迭代步的初始切线刚度

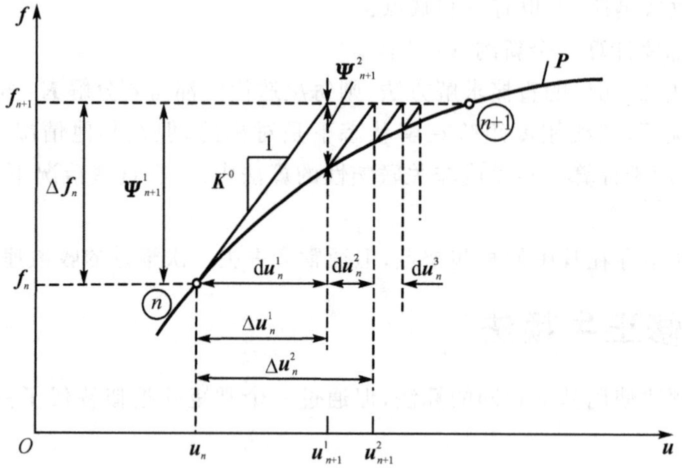

(b) 采用先前步的切线刚度

图 2-4　修正的牛顿法收敛过程

2.4.4　增量割线法或拟牛顿法

一旦建立了第 2.4.3 节中的第一次迭代，即

$$d\boldsymbol{u}^1_{n+1} = \bar{\boldsymbol{K}}_T^{-1} \boldsymbol{\Psi}^1_{n+1} \tag{2-66}$$

则可以找到一个正割"斜率"，如图 2-5 所示，使得

$$d\boldsymbol{u}^1_{n+1} = (\bar{\boldsymbol{K}}^2_T)^{-1} (\boldsymbol{\Psi}^1_{n+1} - \boldsymbol{\Psi}^2_{n+1}) \tag{2-67}$$

根据式(2-67)所给"斜率"可以用来求 $\boldsymbol{u}^2_n$，即

$$d\boldsymbol{u}^2_{n+1} = (\bar{\boldsymbol{K}}^2_s)^{-1} \boldsymbol{\Psi}^2_{n+1} \tag{2-68}$$

更一般地，当 $i>1$ 时，可以用

$$d\boldsymbol{u}^i = (\bar{\boldsymbol{K}}^i_s)^{-1} \boldsymbol{\Psi}^i \tag{2-69}$$

来代替式(2-68)，式(2-69)删除了下标，其中 $(\boldsymbol{K}^i_s)^{-1}$ 是确定的，并且

$$\mathrm{d}\boldsymbol{u}^{i-1}=(\bar{\boldsymbol{K}}_s^i)^{-1}(\boldsymbol{\Psi}^{i-1}-\boldsymbol{\Psi}^i)=(\bar{\boldsymbol{K}}_s^i)^{-1}\boldsymbol{\gamma}^{i-1} \tag{2-70}$$

对于如图 2-5 所示的标量系统，$\boldsymbol{K}_s^i$ 很容易确定，其收敛速度比修正的牛顿法快得多(通常残差范数可实现超线性渐近收敛速度)。

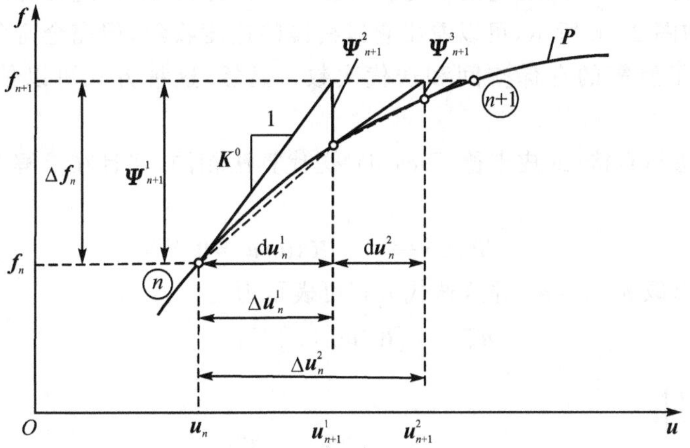

图 2-5 从 K^0 开始的割线法

对于多自由度系统，$\boldsymbol{K}_s^i$ 或其逆矩阵的确定更加困难并且不是唯一的。许多不同形式的矩阵 $\boldsymbol{K}_s^i$ 都可以满足式(2-70)，因此在实际使用中有许多替代方案。所有这些方法都使用了先前确定的矩阵或其逆矩阵的某种形式，在此基础上进行更新，并使其满足式(2-70)。其中一些更新方法可保持矩阵的对称性，而另外一些则不能。任何以对称切线开始的方法都可以避免牛顿法收敛过程中出现非对称矩阵的缺点，收敛速度可以比修正牛顿法更快。

BFGS 更新算法(以 Broyden、Fletcher、Goldfarb 和 Shanno 命名)和 DFP 更新算法(以 Davidon、Fletcher 和 Powell 命名)保持了矩阵的对称性和正定性，两者都被广泛使用。BFGS 更新算法的逆矩阵可以表示为

$$(\boldsymbol{K}^i)^{-1}=(\boldsymbol{I}+\boldsymbol{w}_i\boldsymbol{v}_i^{\mathrm{T}})(\boldsymbol{K}^{i-1})^{-1}(\boldsymbol{I}+\boldsymbol{v}_i\boldsymbol{w}_i^{\mathrm{T}}) \tag{2-71}$$

其中，$\boldsymbol{I}$ 为一个单位矩阵，并且

$$\begin{cases}\boldsymbol{v}_i=\left[1-\dfrac{(\mathrm{d}\boldsymbol{u}^{i-1})^{\mathrm{T}}\boldsymbol{\gamma}^{i-1}}{(\mathrm{d}\boldsymbol{u}^i)^{\mathrm{T}}\boldsymbol{\Psi}^{i-1}}\right]\boldsymbol{\Psi}^{i-1}-\boldsymbol{\Psi}^i\\ \boldsymbol{w}_i=\dfrac{1}{(\mathrm{d}\boldsymbol{u}^{i-1})^{\mathrm{T}}\boldsymbol{\gamma}^{i-1}}\mathrm{d}\boldsymbol{u}^{i-1}\end{cases} \tag{2-72}$$

其中，$\boldsymbol{\gamma}$ 由式(2-70)定义。容易验证将式(2-71)和(2-72)代入式(2-70)会得到一个恒等式。此外，式(2-71)的形式可以保证原始矩阵的对称性。

更新算法不能保留原始矩阵的任何稀疏性。因此，在每次迭代中返回原始(稀疏)矩阵 $\boldsymbol{K}_s^1$ (在第一次迭代中使用)并重新应用式(2-71)的乘法是很方便的。由此可得算法如下

$$\begin{cases}\boldsymbol{b}_1=\prod\limits_{j=2}^{i}(\boldsymbol{I}+\boldsymbol{v}_i\boldsymbol{w}_i^{\mathrm{T}})\boldsymbol{\Psi}^i\\ \boldsymbol{b}_2=(\boldsymbol{K}_s^1)^{-1}\boldsymbol{b}_1\\ \mathrm{d}\boldsymbol{u}^i=\prod\limits_{j=0}^{i-2}(\boldsymbol{I}+\boldsymbol{w}_{i-j}\boldsymbol{v}_{i-j}^{\mathrm{T}})\boldsymbol{b}_2\end{cases} \tag{2-73}$$

这需要存储所有先前迭代及后续乘法需要用到的向量 $\boldsymbol{v}_j$ 和 $\boldsymbol{w}_j$。

当迭代次数很大($i>15$)时,由于初期的不稳定性,更新的效率会降低。处理该问题的方法很多,其中最有效的方法是在当前步重新计算和分解切线矩阵并重新启动该算法。

另一种可能选择是忽略所有先前的更新并返回原始矩阵 $\boldsymbol{K}_s^1$。这种算法由克里斯菲尔德(Crisfield)提出,如图 2-6 所示,可以看出它以稍慢的速度收敛,但完全避免了之前遇到的稳定性问题,并减少了所需的存储空间和迭代次数。显然,这种方式可以使用任何割线更新方法。

图 2-6 的算法与直接(或皮卡德(Picard))迭代算法相同,并且在求解非线性问题时特别有效,可以表示为

$$\boldsymbol{\Psi}(\boldsymbol{u}) \equiv \boldsymbol{f} - \boldsymbol{K}(\boldsymbol{u})\boldsymbol{u} = \boldsymbol{0} \tag{2-74}$$

在这种情况下,可以取 $\boldsymbol{u}_{n+1}^1 = \boldsymbol{u}_n$ 并且迭代方程可表示为

$$\boldsymbol{u}_{n+1}^{i+1} = [\boldsymbol{K}(\boldsymbol{u}_{n+1}^i)]^{-1}\boldsymbol{f}_{n+1} \tag{2-75}$$

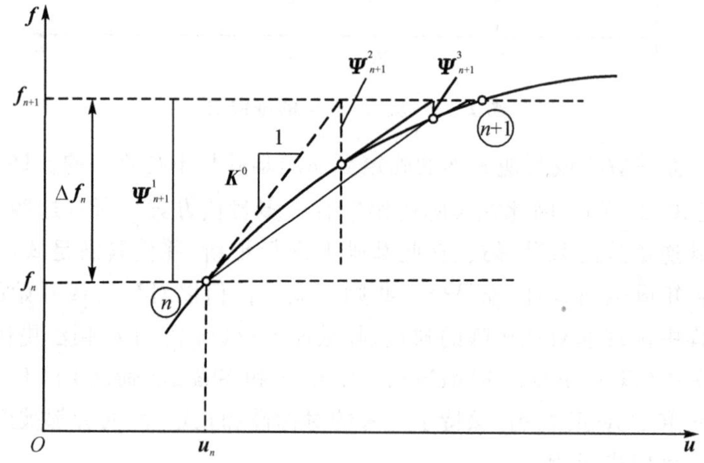

图 2-6 直接(或皮卡德(Picard))迭代

2.4.5 线搜索算法:加速收敛

第 2.4.4 节的所有迭代方法都具有与式(2-61)~(2-63)描述的相同的结构,其中对牛顿矩阵 $\boldsymbol{K}_T^i$ 进行了各种近似。对于所有这些方法都确定了一个迭代向量,并由此求得未知量的新值

$$\boldsymbol{u}_{n+1}^{i+1} = \boldsymbol{u}_{n+1}^i + \mathrm{d}\boldsymbol{u}_{n+1}^i \tag{2-76}$$

迭代从

$$\boldsymbol{u}_{n+1}^1 = \boldsymbol{u}_n$$

开始,其中 $\boldsymbol{u}_n$ 为前一个时间步或载荷步的已知(收敛)解。目标是实现将 $\boldsymbol{\Psi}_{n+1}^{i+1}$ 减少到零,但采用前述任何算法都不容易实现,即使对于前面所给标量方程的例子来说也是如此。如果采用各种 $\boldsymbol{u}_{n+1}$ 值来计算 $\boldsymbol{\Psi}_{n+1}^{i+1}$ 的值,然后再进行适当的插值,这样去求近似满足非线性方程组的解也许更容易些。对于多自由度系统,除非采用残差的某些标量范数,否则这种算法显然是不可能的。一种可能的算法是

$$\boldsymbol{u}_{n+1}^{i+1,j}=\boldsymbol{u}_{n+1}^{i}+\boldsymbol{\eta}_{i,j}\,\mathrm{d}\boldsymbol{u}_{n+1}^{i} \tag{2-77}$$

并确定步长 $\boldsymbol{\eta}_{i,j}$ 以便使残差在搜索方向 $\mathrm{d}\boldsymbol{u}_{in+1}$ 上的投影为零。可以将此投影定义为

$$\boldsymbol{G}_{i,j}\equiv(\mathrm{d}\boldsymbol{u}_{n+1}^{i})^{\mathrm{T}}\boldsymbol{\Psi}_{n+1}^{i+1,j} \tag{2-78}$$

其中

$$\boldsymbol{\Psi}_{n+1}^{i+1,j}\equiv\boldsymbol{\Psi}(\boldsymbol{u}_{n+1}^{i}+\boldsymbol{\eta}_{i,j}\,\mathrm{d}\boldsymbol{u}_{n+1}^{i}),\quad \boldsymbol{\eta}_{i,0}=1$$

当然，还可以使用残差的其他范数。

这种算法被称为线搜索，并且 $\boldsymbol{\eta}_{i,j}$ 可以通过割线法方便地求得，如图 2-7 所示。线搜索的一个明显缺点是需要对 $\boldsymbol{\Psi}$ 进行多次计算。然而，当应用于修正或拟牛顿法时，可以显著加速整体的收敛性。实际上，线搜索在完全牛顿法中也很有用，因为它可以使收敛半径扩大。经常使用的折衷方案是仅在以下情况下进行搜索

$$\boldsymbol{G}_{i,0}>\varepsilon(\mathrm{d}\boldsymbol{u}_{n+1}^{i})^{\mathrm{T}}\boldsymbol{\Psi}_{n+1}^{i+1,j} \tag{2-79}$$

其中，公差 ε 设置为 0.5～0.8。这意味着如果迭代过程使得残差减少量为其原始值的 ε 或更小，则不再进行线搜索。

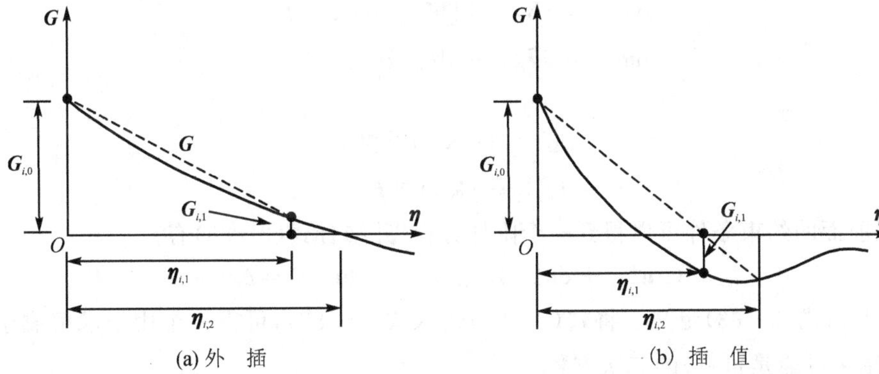

图 2-7　线性搜索中的割线法

2.4.6 “软化”行为和位移控制

在将上述算法应用于载荷控制问题时，隐含地假设迭代算法与式(2-54)中的载荷向量 $\boldsymbol{f}$ 的正增量相关联。在某些结构问题中，这是一组可以假设为彼此成比例的载荷，可表示为

$$\Delta\boldsymbol{f}_{n+1}=\Delta\lambda_{n+1}\boldsymbol{f}_0 \tag{2-80}$$

在许多问题中，会出现在 $\boldsymbol{f}$ 的某个最大值之上不存在解的情况，这时的真正解是“软化”分支，如图 2-2 所示。在这种情况下，要么所求解的问题可以重新定义为通过位移控制施加力的问题，否则 $\Delta\lambda_{n+1}$ 应该为负数。在单个载荷的简单情况下，很容易将方程重写为关于单个指定位移的增量，并且已经有不少这方面的研究。

在所有增加 $\Delta\lambda_{n+1}$ 的成功方法中，式(2-52)所给原始问题被重写为下式的解

$$\boldsymbol{\Psi}_{n+1}=\lambda_{n+1}\boldsymbol{f}_0-\boldsymbol{P}(\boldsymbol{u}_{n+1})=\boldsymbol{0}$$

其中

$$\begin{cases}\boldsymbol{u}_{n+1}=\boldsymbol{u}_n+\Delta\boldsymbol{u}_{n+1}\\ \lambda_{n+1}=\lambda_n+\Delta\lambda_{n+1}\end{cases} \tag{2-81}$$

其在增量步中作为变量包含在内。现在需要一个额外的约束方程来求解额外变量 $\Delta\lambda_{n+1}$。

这类额外的约束方程有多种形式。瑞克斯(Riks)假设在每个增量中

$$\Delta \boldsymbol{u}_{n+1}^{\mathrm{T}} \Delta \boldsymbol{u}_{n+1} + \Delta\lambda^2 \boldsymbol{f}_0^{\mathrm{T}} \boldsymbol{f}_0 = \Delta l^2 \tag{2-82}$$

其中，Δl 是 $n+1$ 维空间中的规定“长度”。克里斯菲尔德(Crisfield)给出了控制位移更自然的方式，要求

$$\Delta \boldsymbol{u}_{n+1}^{\mathrm{T}} \Delta \boldsymbol{u}_{n+1} = \Delta l^2 \tag{2-83}$$

除上述弧长和球面路径控制之外还有多种方法。

现在直接在式(2-81)的系统中添加约束方程(2-82)或(2-83)，并且可以继续使用前面介绍的迭代方法。然而，“切线”方程组总是会失去对称性，因此通常会使用一下替代方案。

对于给定的 i 步迭代，可以将解表示成如下一般形式

$$\begin{aligned} \boldsymbol{\Psi}_{n+1}^{i} &= \lambda_{n+1}^{i} \boldsymbol{f}_0 - \boldsymbol{P}(\boldsymbol{u}_{n+1}^{i}) \\ \boldsymbol{\Psi}_{n+1}^{i+1} &\approx \boldsymbol{\Psi}_{n+1}^{i} + \mathrm{d}\lambda_{n+1}^{i} \boldsymbol{f}_0 - \boldsymbol{K}_{\mathrm{T}}^{i} \mathrm{d}\boldsymbol{u}_{n+1}^{i} \end{aligned} \tag{2-84}$$

由此可以求得 $\boldsymbol{u}$ 的增量

$$\begin{aligned} \mathrm{d}\boldsymbol{u}_{n+1}^{i} &= (\boldsymbol{K}_{\mathrm{T}}^{i})^{-1} [\boldsymbol{\Psi}_{n+1}^{i} + \mathrm{d}\lambda_{n+1}^{i} \boldsymbol{f}_0] \\ \mathrm{d}\boldsymbol{u}_{n+1}^{i} &= \mathrm{d}\breve{\boldsymbol{u}}_{n+1}^{i} + \mathrm{d}\lambda_{n+1}^{i} \hat{\boldsymbol{u}}_{n+1}^{i} \end{aligned} \tag{2-85}$$

其中

$$\begin{aligned} \mathrm{d}\breve{\boldsymbol{u}}_{n+1}^{i} &= (\boldsymbol{K}_{\mathrm{T}}^{i})^{-1} \boldsymbol{\Psi}_{n+1}^{i} \\ \mathrm{d}\hat{\boldsymbol{u}}_{n+1}^{i} &= (\boldsymbol{K}_{\mathrm{T}}^{i})^{-1} \boldsymbol{f}_0 \end{aligned} \tag{2-86}$$

因此，根据前面的约束条件可以得到一个附加方程，并结合式(2-83)有

$$(\Delta \boldsymbol{u}_{n+1}^{i-1} + \mathrm{d}\boldsymbol{u}_{n+1}^{i})^{\mathrm{T}} (\Delta \boldsymbol{u}_{n+1}^{i-1} + \mathrm{d}\boldsymbol{u}_{n+1}^{i}) = \Delta l^2 \tag{2-87}$$

其中，$\Delta \boldsymbol{u}_{n+1}^{i-1}$ 由式(2-63)定义。将式(2-85)代入式(2-87)，可得一个用于求解剩余的未知数 $\mathrm{d}\lambda_{n+1}^{i}$(结果可能是负数)的二次方程。

贝甘(Bergan)建议的流程与上述有些不同。该方法首先假设一个固定的载荷增量 $\Delta\lambda_{n+1}$，并使用前面介绍的任何迭代算法计算增量 $\mathrm{d}\boldsymbol{u}_{n+1}^{i}$。然后计算一个新的增量 $\Delta\lambda_{n+1}^{*}$，以便用它来使如下残差的范数达到最小

$$[(\Delta\lambda_{n+1}^{*} \boldsymbol{f}_0 - \boldsymbol{P}_{n+1}^{i+1})^{\mathrm{T}} (\Delta\lambda_{n+1}^{*} \boldsymbol{f}_0 - \boldsymbol{P}_{n+1}^{i+1})] = \Delta l^2 \tag{2-88}$$

因此，结果应由

$$\frac{\mathrm{d}\Delta l^2}{\mathrm{d}\Delta\lambda_{n+1}^{*}} = 0$$

来计算，并得到如下解

$$\Delta\lambda_{n+1}^{*} = \frac{\boldsymbol{f}_0^{\mathrm{T}} \boldsymbol{P}_{n+1}^{i+1}}{\boldsymbol{f}_0^{\mathrm{T}} \boldsymbol{f}_0} \tag{2-89}$$

这个量可能为负，这意味着需要减少负载，并且一般来说确实会使残差快速减少，但精确控制位移幅度变得更加困难。图 2-8 所示通过一维示例解释了贝甘(Bergan)方法，该方法使用位移控制，其中，$\Delta\lambda_{n+1}$ 的大小通过第一次迭代中使用的 $\boldsymbol{K}_{\mathrm{T}}$ 的斜率来确定。

2.4.7 收敛准则

在前面介绍的所有迭代算法中，数值解只能是近似解，因此必须设置一个误差容限以终止

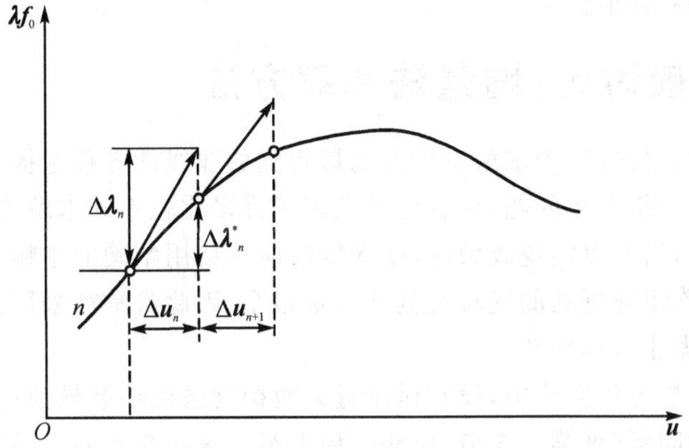

图 2-8 贝甘(Bergan)方法的一维解释

迭代。由于在所有计算机计算中都使用有限精度的计算，因此永远无法获得比计算的舍入误差限制更好的解。

通常，使用的误差准则是位移参数的范数 $\| \mathrm{d}\boldsymbol{u}_{n+1}^{i} \|$，或者，更合乎逻辑的是，残差范数 $\| \boldsymbol{\Psi}_{n+1}^{i} \|$。在后一种情况下，极限通常可以表示为载荷范数 $\| \boldsymbol{f}_{n+1} \|$ 的某种容差。因此，可以要求

$$\| \boldsymbol{\Psi}_{n+1}^{i} \| \leqslant \varepsilon \| \boldsymbol{f}_{n+1} \| \tag{2-90}$$

其中，ε 是一个小数，并且

$$\| \boldsymbol{\Psi} \| = (\boldsymbol{\Psi}^{\mathrm{T}} \boldsymbol{\Psi})^{1/2} \tag{2-91}$$

还存在其他范数的选择。例如，使用第一次迭代的残差作为基础，即

$$\| \boldsymbol{\Psi}_{n+1}^{i} \| \leqslant \varepsilon \| \boldsymbol{\Psi}_{n+1}^{1} \| \tag{2-92}$$

由于离散非线性方程组的不完全解而引起的误差，可能叠加到离散化的能量范数中，因此可以使用相同的范数来限制迭代过程。作为第三种选择，可以要求能量范数误差满足

$$\mathrm{d}\boldsymbol{E}^{i} = (\mathrm{d}\boldsymbol{u}_{n+1}^{i,\mathrm{T}} \boldsymbol{\Psi}_{n+1}^{i})^{1/2} \leqslant \varepsilon (\mathrm{d}\boldsymbol{u}_{n+1}^{1,\mathrm{T}} \boldsymbol{\Psi}_{n+1}^{1})^{1/2} \leqslant \varepsilon \mathrm{d}\boldsymbol{E}^{1} \tag{2-93}$$

在上述每种形式中，存在右侧范数为零的情况。因此，比较通用的第四种形式是计算单元残差的范数。如果问题的残差是各单元的总和，即

$$\boldsymbol{\Psi}_{n+1} = \sum_{e} \boldsymbol{\psi}_{n+1}^{e} \tag{2-94}$$

其中，e 表示单个单元，$\boldsymbol{\psi}^{e}$ 表示每个单元的残差，于是可以将收敛准则表示为

$$\| \boldsymbol{\Psi}_{n+1}^{i} \| \leqslant \varepsilon \| \boldsymbol{\psi}_{n+1}^{e} \| \tag{2-95}$$

其中

$$\| \boldsymbol{\psi}_{n+1}^{e} \| = \sum_{e} \| (\boldsymbol{\psi}_{n+1}^{e})^{i} \| \tag{2-96}$$

确定了准则后，问题是如何为 ε 选择一个合适的值。在使用完全牛顿法的情况下(此时应该出现二次渐近收敛)，误差容限 ε 可以选为机器精度的一半。因此，如果机器的精度为 16 位，则可以选择 $\varepsilon = 10^{-8}$，二次收敛速度可以确保下一步的残差(在没有舍入的情况下)达到完全精度。对于修正牛顿法或拟牛顿法，其渐近收敛速度是不确定的，需要更多次的迭代来实现高精度。在这些情况下，通常会使用更大的容许值(例如 0.01 到 0.001)。但是，对于需要大量迭代步数的问题，如果收敛容差过大，可能会出现解的不稳定。因此，建议在实际可行的情况下

使用一半机器精度的容许值。

2.4.8 一般讨论:增量法和率方法

前文介绍的各种迭代方法为求解有限元离散得到的非线性方程组提供了必要的工具。最佳求解方法的选择取决于具体问题,尽管已经发表了许多比较不同求解方法计算量的论文,但差异通常很小。然而,当难以实现收敛时,毫无疑问应该使用精确的牛顿法(结合线搜索)。此外,拟牛顿法中的对称矩阵更新的优势使其计算量很小,因此常常被采用。当存在非对称切向刚度矩阵时,最好考虑非对称更新。

在前面介绍的直接迭代方法中,没有讨论过共轭梯度法或动态松弛法等,这些方法常用于求解显式瞬态动力学问题(见第 2.3 节)以获得稳态解。这些算法通常具有以下特点:

- 用于计算试验增量 d$\boldsymbol{u}$ 的矩阵具有对角线或非常稀疏的形式(因此迭代成本非常低)。
- 总迭代次数和对计算残差 $\boldsymbol{\Psi}$ 的次数较多。

上述特点使得这些方法在求解大规模问题方面有很大的潜力。然而,迄今为止,这些方法通常仅对某些问题有效。感兴趣的读者可以查阅实现上述算法的程序包。

关于增量 Δf 或 $\Delta\lambda$ 大小的选取:首先,很明显,小增量减少了每个计算步所需的总迭代次数,并且在许多应用中,需要自动指定增量大小以保持(几乎)恒定的迭代次数。此时使用贝甘(Bergan)引入的“当前刚度”等方法可能是有效的。其次,如果系统的行为是路径相关的(例如,在塑性本构关系中),则建议使用小增量来确保结果的精度。在这种情况下,建议使用累积增量 $\Delta\boldsymbol{u}_{n+1}^{i}$,而不是使用迭代步增量 $\mathrm{d}\boldsymbol{u}_{n+1}^{i}$。第三,如果在 $\Delta\lambda$ 的每个增量中仅使用单个牛顿迭代,则该过程等效于通过直接前向积分增量求解标准速率问题。此时需要注意,如果式(2-52)被表示为

$$\boldsymbol{P}(\boldsymbol{u})=\lambda\boldsymbol{f}_0 \tag{2-97}$$

对 $\boldsymbol{\lambda}$ 进行微分,可以得到

$$\frac{\mathrm{d}\boldsymbol{P}}{\mathrm{d}\boldsymbol{u}}\frac{\mathrm{d}\boldsymbol{u}}{\mathrm{d}\lambda}=\boldsymbol{f}_0 \tag{2-98}$$

进一步将其表示为

$$\frac{\mathrm{d}\boldsymbol{u}}{\mathrm{d}\lambda}=\boldsymbol{K}_{\mathrm{T}}^{-1}\boldsymbol{f}_0 \tag{2-99}$$

采用增量形式,式(2-99)可以用欧拉方法以显式形式表示为

$$\Delta\boldsymbol{u}_{n+1}=\Delta\lambda\boldsymbol{K}_{\mathrm{T}n}^{-1}\boldsymbol{f}_0 \tag{2-100}$$

这种直接积分法如图 2-9 所示,由于其使用了欧拉显式方法,所以该方法经常是发散的,只是条件稳定,显然可以使用其他方法来提高精度和稳定性,如隐式欧拉法和龙格-库塔(Runge-Kutta)法。

2.5 边界条件:非线性问题

在通过变分(弱)形式构造求解格式时,边界条件分为两类:一类是由变分形式满足的自然边界条件,这类边界条件无需特殊考虑;另一类是必须对求解过程进行修改以使变分形式有效的本质边界条件。例如,在不可约位移法中,牵引边界条件是自然边界条件;位移边界条件是

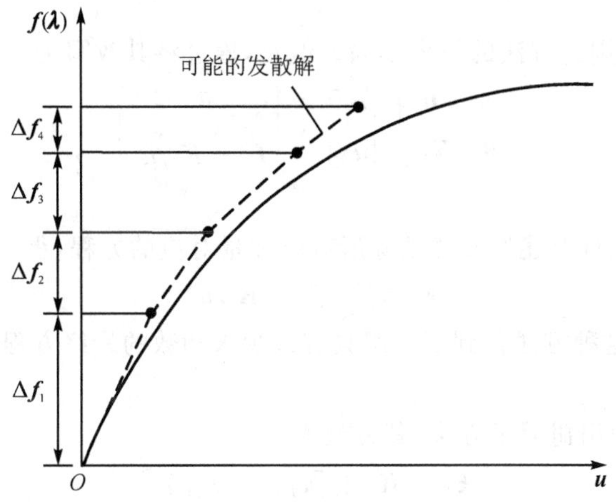

图 2－9　直接积分法过程

本质边界条件，必须单独施加。

2.5.1　位移边界条件

位移边界条件的施加方法由 $u_i=\bar{u}_i$ 给出。在有限元计算中，指定位移边界条件的常用流程是将结点处的值赋为指定值，即

$$(\tilde{u}_a)_i=\bar{u}_i(\boldsymbol{x}_a) \tag{2-101}$$

其中，$(\tilde{u}_a)_i$ 为结点 a 在 i 方向上的值，如图 2－10 所示的二维情况。需要注意的是，将边界条件施加在有限元逼近的边界 Γ_u^h 上，而不是真实边界 Γ_u 上。随着网格在边界附近细化，两者通常以等于或高于其他近似方法误差的速率相互逼近。

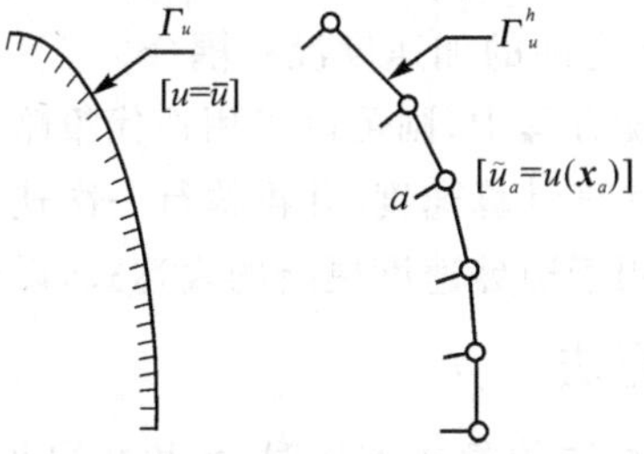

图 2－10　指定位移的边界条件

施加特定位移边界条件的方法并不唯一，有多种形式，以下介绍 3 种方法。例如，考虑由下式给出的线性静力学问题

$$\begin{bmatrix}\boldsymbol{K}_{11} & \boldsymbol{K}_{12}\\ \boldsymbol{K}_{21} & \boldsymbol{K}_{22}\end{bmatrix}\begin{bmatrix}u_1\\ \boldsymbol{u}_2\end{bmatrix}=\begin{bmatrix}f_1\\ \boldsymbol{f}_2\end{bmatrix} \tag{2-102}$$

要施加边界条件 $u_1=\bar{u}_1$，则

➢ 第一种方法是替换第一个方程（弱形式中与 δu_i 相关联）来施加边界条件

$$\begin{bmatrix}1 & \boldsymbol{0}\\ \boldsymbol{K}_{21} & \boldsymbol{K}_{22}\end{bmatrix}\begin{bmatrix}u_1\\ \boldsymbol{u}_2\end{bmatrix}=\begin{bmatrix}\bar{u}_1\\ \boldsymbol{f}_2\end{bmatrix}$$

就可以求得所需结果。

如果 $\boldsymbol{K}$ 是对称的，则此方法的效率不高。但是，通过将其改写为

$$\begin{bmatrix} 1 & \mathbf{0} \\ \mathbf{0} & \boldsymbol{K}_{22} \end{bmatrix} \begin{bmatrix} u_1 \\ \boldsymbol{u}_2 \end{bmatrix} = \begin{bmatrix} \bar{u}_1 \\ \boldsymbol{f}_2 - \boldsymbol{K}_{21}\bar{u}_1 \end{bmatrix} \tag{2-103}$$

则问题再次变得对称。

➢ 第二种方法是执行上述修改并消除所有已知量对应的方程，得

$$\boldsymbol{K}_{22}\boldsymbol{u}_2 = \boldsymbol{f}_2 - \boldsymbol{K}_{21}\bar{u}_1 \tag{2-104}$$

及已知条件 $u_1 = \bar{u}_1$。这种方法得到了一组具有最少未知数的最终方程，但对编程来说不一定最简便。

➢ 第三种方法是使用罚因子方法，其方程为

$$\begin{bmatrix} k_{11} & \boldsymbol{K}_{12} \\ \boldsymbol{K}_{21} & \boldsymbol{K}_{22} \end{bmatrix} \begin{bmatrix} u_1 \\ \boldsymbol{u}_2 \end{bmatrix} = \begin{bmatrix} k_{11}\bar{u}_1 \\ \boldsymbol{f}_2 \end{bmatrix} \tag{2-105}$$

其中，$k_{11} = \alpha K_{11}$，且 $\alpha \gg 1$。这种方法很容易实现，但需要选取适当的 α 值。对于简单的点约束（例如，考虑 $u_1 = \bar{u}_1$），通常选取 α 在 $10^6 \sim 10^8$ 就足够了。

当遇到瞬态非线性问题时，位移边界条件的施加变得稍微复杂一些，需要在增量方程上施加边界条件。因此，需要计算位移、速度和加速度的初始值。针对此问题，有两种基本形式可以考虑：显式方法和隐式方法。

2.5.1.1 非线性显式方法

如果速度项没有出现在平衡方程中，则显式方法很简单。以纽马克（Newmark）算法为例，取 $\beta = 0$ 且在 t_{n+1} 时刻的位移值由式（2-32）$_1$ 及其边界 Γ_u 获得，则新的加速度为

$$\boldsymbol{M}\boldsymbol{a}_{n+1} = \boldsymbol{f}_{n+1} - \boldsymbol{P}(\boldsymbol{\sigma}_{n+1}) \tag{2-106}$$

其中，$\boldsymbol{M}$ 以对角化形式给出。然后通过式（2-32）$_2$ 和已知的加速度求速度。通过使用对角化 $\boldsymbol{M}$ 矩阵，边界结点和非边界结点之间的加速度没有耦合。

如果速度项显式出现在平衡方程中，则可以采用迭代策略，将 $\boldsymbol{v}_{n+1}^1$ 视为 $\boldsymbol{v}_n$，然后计算加速度的"预测"值。通过预测的加速度计算速度，并再执行一次迭代，这样就可以得到足够精确的结果。这里可能需要设计一个用于边界速度更新的表达式，以保持最终结果的高精度。

2.5.1.2 非线性隐式方法

在使用纽马克（Newmark）算法的隐式方法时，γ 和 β 均非零。如果时间增量 Δt 为 0，则位移和速度都不会改变（即式（2-32）），并且新的加速度由式（2-106）确定：仅需要考虑 $\boldsymbol{f}_{n+1}$ 的瞬时变化。当 $\Delta t > 0$ 时，式（2-36）可用于施加约束 $\boldsymbol{u}_{n+1} = \bar{\boldsymbol{u}}_{n+1}$。在第一次迭代中，可得

$$\mathrm{d}\boldsymbol{u}_{n+1}^1 = \mathrm{d}\bar{\boldsymbol{u}}_{n+1}^1$$

从式（2-37）$_1$ 和式（2-38）可以得到 $\boldsymbol{u}_{n+1}^2 \equiv \bar{\boldsymbol{u}}_{n+1}$。在第一次迭代中，取位移边界条件的增量形式为

$$\begin{bmatrix} \boldsymbol{A}_{11} & \boldsymbol{A}_{12} \\ \boldsymbol{A}_{21} & \boldsymbol{A}_{22} \end{bmatrix} \begin{bmatrix} \mathrm{d}\bar{\boldsymbol{u}}_1 \\ \mathrm{d}\boldsymbol{u}_2 \end{bmatrix} = \begin{bmatrix} \boldsymbol{\Psi}_1 \\ \boldsymbol{\Psi}_2 \end{bmatrix} \tag{2-107}$$

在上式中，$\bar{\boldsymbol{u}}_1$ 与边界结点的已知位移相关联，并将 $\boldsymbol{u}_2$ 设置为"未知"位移。前面介绍的针对线性静态问题的方法，都可以用于求解该问题。

2.5.2 牵引力边界条件

牵引力边界条件是一种“自然”变分边界条件，不会影响边界处的活动结点位移——只会影响施加的结点力条件。在边界上施加非零牵引力需要在每个表面单元上进行积分。因此，对于如图 2－11 所示的典型结点 a，有必要计算积分

$$\boldsymbol{f}_a = \sum_e \int_{\Gamma_t} \boldsymbol{N}_a \bar{\boldsymbol{t}} \, \mathrm{d}\Gamma \tag{2-108}$$

其中，e 涵盖了属于 Γ_t 且包括结点 a 的所有单元(例如，在图 2－11 所示的二维情况中，这是结点 a 上方和下方的两个单元)。当然，如果 $\bar{\boldsymbol{t}}$ 为零，则不需要计算积分。

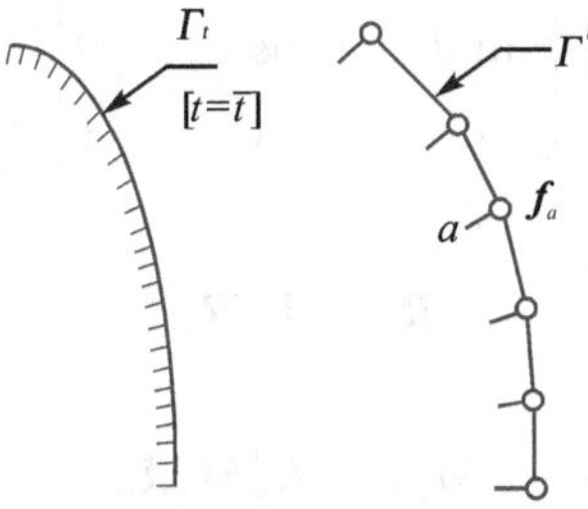

图 2－11 指定牵引力的边界条件

压强载荷

一个重要的例子是对表面施加法向“压强”。这时的牵引力由下式给出

$$\bar{\boldsymbol{t}} = \bar{p}_{\mathrm{n}} \boldsymbol{n}$$

其中，$\bar{p}_{\mathrm{n}}$ 为给定的法向压力(在受拉时为正)，$\boldsymbol{n}$ 为边界 Γ_t 的单位法向量(见图 2－12)。在这种情况下，式(2－108)变为

$$\boldsymbol{f}_a = \sum_e \int_{\Gamma_t} \boldsymbol{N}_a \bar{p}_{\mathrm{n}} \boldsymbol{n} \, \mathrm{d}\Gamma \tag{2-109}$$

利用式(2－28)，压强载荷的计算可表示为

$$\boldsymbol{f}_a = \sum_e \int_{\Box} \boldsymbol{N}_a(\boldsymbol{\xi}) \bar{p}_{\mathrm{n}}(\boldsymbol{\xi}) (\boldsymbol{v}_1 \times \boldsymbol{v}_2) \, \mathrm{d}\Box \tag{2-110}$$

其中，$\Box = \mathrm{d}\xi^1 \mathrm{d}\xi^2$，并且每个单元的积分都直接在自然坐标系上进行。对于二维问题，表面形函数由 $\boldsymbol{N}_a(\xi^1)$ 给出，$\Box = \mathrm{d}\xi^1$，并且

$$\boldsymbol{v}_2 \equiv \begin{cases} \boldsymbol{e}_3 & (\text{对于平面应变}) \\ h_3 \boldsymbol{e}_3 & (\text{对于平面应力}) \\ 2\pi h_3 \boldsymbol{e}_3 & (\text{对于轴对称}) \end{cases}$$

其中，$\boldsymbol{e}_3$ 是平面问题的单位法向量。

2.5.3 位移/牵引力混合边界条件

处理给定部分位移分量与部分牵引力分量的混合边界条件，通常需要更改结点参数。例如，对于轴线在 x_3 方向且半径为 R 的轴，在轴承内旋转(无摩擦或间隙)时，需要 $u_{\mathrm{n}} = u_{\mathrm{r}}(R) = 0$ 和 $t_\theta(R) = t_z(R) = 0$(坐标原点位于轴的中心)。在这种情况下，有必要转换轴边界上每个结点的

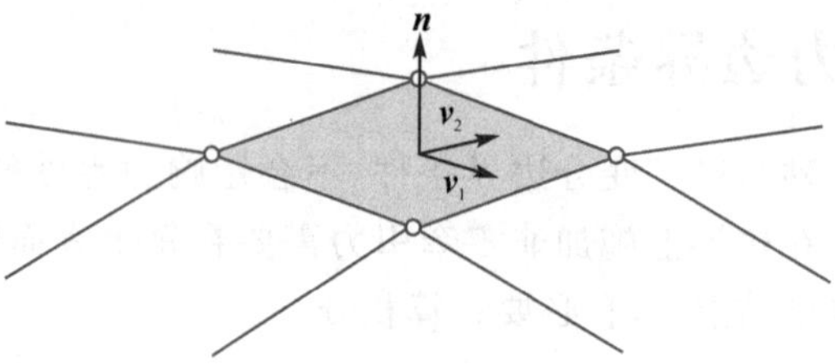

图 2-12 曲面的法线

自由度,使得

$$\boldsymbol{u}_a=\begin{bmatrix}(\tilde{u}_1)_a\\(\tilde{u}_2)_a\\(\tilde{u}_3)_a\end{bmatrix}=\begin{bmatrix}\cos\theta_a & -\sin\theta_a & 0\\ \sin\theta_a & \cos\theta_a & 0\\ 0 & 0 & 1\end{bmatrix}\begin{bmatrix}(\tilde{u}_r)_a\\(\tilde{u}_\theta)_a\\(\tilde{u}_z)_a\end{bmatrix}=\boldsymbol{L}_a\tilde{\boldsymbol{u}}_{a'} \tag{2-111}$$

然后将此转换应用于残差可得

$$\boldsymbol{R}_{a'}=\boldsymbol{L}_a^{\mathrm{T}}\boldsymbol{R}_a \tag{2-112}$$

将其应用于质量和刚度得

$$\begin{cases}\boldsymbol{M}_{a'b'}=\boldsymbol{L}_a^{\mathrm{T}}\boldsymbol{M}_{ab}\boldsymbol{L}_b\\ \boldsymbol{M}_{a'c}=\boldsymbol{L}_a^{\mathrm{T}}\boldsymbol{M}_{ac}\\ \boldsymbol{M}_{cb'}=\boldsymbol{M}_{cb}\boldsymbol{L}_b\end{cases} \tag{2-113}$$

其中,a 和 b 属于变换结点,c 属于保留其原始方向的结点。对每个单独的单元执行这些转换通常很方便;但是,如果需要,它们也可以应用于组装后的列式。

一旦执行了转换,就可以用如上所述方法施加每个单独的位移和牵引力边界条件。

2.6 混合方法或不可约形式

由式(2-20)给出的计算刚度矩阵的方法完全按照所谓的位移公式进行,该公式广泛用于许多有限元求解方法中。然而,在某些情况下,使用混合有限元格式很方便,特别是在出现(接近)不可压缩性等约束时,使用这些格式尤其必要。人们注意到,粘弹性和关联(associative)塑性等本构模型,经常以几乎不可压缩的形式出现。对于此类问题,需要重新推导计算格式。在这种情况下,可以有两种选择:一种采用以 $\boldsymbol{u}$ 和 $\boldsymbol{p}$ 为变量(其中 $\boldsymbol{p}$ 是平均应力)的两场公式;另一种采用以 $\boldsymbol{u}$、$\boldsymbol{p}$ 和 $\boldsymbol{\vartheta}$ 为变量(其中 $\boldsymbol{\vartheta}$ 是体积变化)的三场公式。具体选用哪种方法,取决于所采用的本构模型。对于体积变化仅影响压力的情况,可以简单地使用两场公式;对于响应可能存在应力与应变的偏分量和平均分量之间耦合的情况,三场公式能得到更简单的形式,可用于开发有限元模型。为了说明这一点,下面给出一个通用的三场混合公式,并详细介绍如何在不改变前面介绍的求解非线性问题流程的情况下,轻松包含这种耦合效应。该方法还可以作为进一步扩展的基础,用于处理有限变形问题。

2.6.1 应力与应变的偏分量和平均分量

通过将应力与应变分解为偏(等容)分量和平均分量两个部分,可以给求解几乎不可压缩材料带来方便。因此,将平均应力(压力)定义为

$$p=\frac{1}{3}[\sigma_{11}+\sigma_{22}+\sigma_{33}]=\frac{1}{3}\sigma_{ii} \tag{2-114}$$

将偏应力定义为

$$s_{ij}=\sigma_{ij}-\delta_{ij}p \tag{2-115}$$

其中，δ_{ij} 是克罗内克符号(Kronecker delta)，即

$$\delta_{ij}=\begin{cases}1 & (i=j)\\ 0 & (i\neq j)\end{cases}$$

同样，将平均应变(体积变化)定义为

$$\vartheta=[\varepsilon_{11}+\varepsilon_{22}+\varepsilon_{33}]=\varepsilon_{ii} \tag{2-116}$$

将偏应变定义为

$$e_{ij}=\varepsilon_{ij}-\frac{1}{3}\delta_{ij}\vartheta \tag{2-117}$$

注意：系数$\frac{1}{3}$在两个表达式中的位置不同。

2.6.2 针对一般本构模型的三变量混合方法

针对平均分量和偏分量耦合本构模型的混合形式，定义如下平均分量和偏分量矩阵运算符号

$$\boldsymbol{m}=[1\ 1\ 1\ 0\ 0\ 0]^{\mathrm{T}} \quad 和 \quad \boldsymbol{I}_{\mathrm{d}}=\boldsymbol{I}-\frac{1}{3}\boldsymbol{m}\boldsymbol{m}^{\mathrm{T}} \tag{2-118}$$

其中，$\boldsymbol{I}$ 为单位矩阵。

那么应变可以用混合形式表示为

$$\boldsymbol{\varepsilon}=\boldsymbol{I}_{\mathrm{d}}(\boldsymbol{B}\boldsymbol{u})+\frac{1}{3}\boldsymbol{m}\vartheta \tag{2-119}$$

其中，第一项为偏分量部分，第二项为平均分量部分。在位移计算公式中，ϑ 可以表示为

$$\vartheta=\boldsymbol{m}^{\mathrm{T}}(\boldsymbol{B}\boldsymbol{u})$$

类似地，应力可以用混合形式表示为

$$\boldsymbol{\sigma}=\boldsymbol{I}_{\mathrm{d}}\breve{\boldsymbol{\sigma}}+\boldsymbol{m}p \tag{2-120}$$

其中，$\breve{\boldsymbol{\sigma}}$ 是直接从应变、增量应变或应变率推导出的一组应力，具体取决于特定的本构模型。目前，将这种应力表示为

$$\breve{\boldsymbol{\sigma}}=\boldsymbol{\sigma}(\boldsymbol{\varepsilon}) \tag{2-121}$$

注意：没有必要将其分成平均分量和偏分量部分，式(2-121)的 $\boldsymbol{\varepsilon}$ 是应变的混合形式。

包含瞬态行为的弱形式(变分伽辽金(Galerkin)方程)可由下式给出

$$\begin{cases}\int_{\Omega}\delta\boldsymbol{u}^{\mathrm{T}}\rho\ddot{\boldsymbol{u}}\,\mathrm{d}\Omega+\int_{\Omega}\delta(\boldsymbol{B}\boldsymbol{u})^{\mathrm{T}}\boldsymbol{\sigma}\,\mathrm{d}\Omega=\int_{\Omega}\delta\boldsymbol{u}^{\mathrm{T}}\boldsymbol{b}\,\mathrm{d}\Omega+\int_{\Gamma_t}\delta\boldsymbol{u}^{\mathrm{T}}\bar{\boldsymbol{t}}\,\mathrm{d}\Gamma\\ \int_{\Omega}\delta p\,[\boldsymbol{m}^{\mathrm{T}}(\boldsymbol{B}\boldsymbol{u})-\vartheta]\,\mathrm{d}\Omega=0\\ \int_{\Omega}\delta\vartheta\left[\frac{1}{3}\boldsymbol{m}^{\mathrm{T}}\breve{\boldsymbol{\sigma}}-p\right]\mathrm{d}\Omega=0\end{cases} \tag{2-122}$$

将有限元近似引入上述变量，即

$$\boldsymbol{u} \approx \hat{\boldsymbol{u}} = \boldsymbol{N}_{\mathrm{u}}\tilde{\boldsymbol{u}}, \quad p \approx \hat{p} = \boldsymbol{N}_{\mathrm{p}}\tilde{\boldsymbol{p}}, \quad \vartheta \approx \hat{\vartheta} = \boldsymbol{N}_{\vartheta}\tilde{\boldsymbol{\vartheta}}$$

虚变量可以类似的近似为

$$\delta\boldsymbol{u} \approx \delta\hat{\boldsymbol{u}} = \boldsymbol{N}_{\mathrm{u}}\delta\tilde{\boldsymbol{u}}, \quad \delta p \approx \delta\hat{p} = \boldsymbol{N}_{\mathrm{p}}\delta\tilde{\boldsymbol{p}}, \quad \delta\vartheta \approx \delta\hat{\vartheta} = \boldsymbol{N}_{\vartheta}\delta\tilde{\boldsymbol{\vartheta}}$$

单元的应变可写为

$$\boldsymbol{\varepsilon} = \boldsymbol{I}_{\mathrm{d}}\boldsymbol{B}\tilde{\boldsymbol{u}} + \frac{1}{3}\boldsymbol{m}\boldsymbol{N}_{\vartheta}\tilde{\boldsymbol{\vartheta}} \tag{2-123}$$

其中，$\boldsymbol{B}$ 为式(2-13)中给出的标准应变-位移矩阵。类似地，每个单元的应力可以通过下式来计算

$$\boldsymbol{\sigma} = \boldsymbol{I}_{\mathrm{d}}\breve{\boldsymbol{\sigma}} + \boldsymbol{m}\boldsymbol{N}_{\mathrm{p}}\tilde{\boldsymbol{p}} \tag{2-124}$$

其中，$\breve{\boldsymbol{\sigma}}$ 是由式(2-121)计算的应力，对应的应变 $\boldsymbol{\varepsilon}$ 是由式(2-123)计算的应变。

将由式(2-123)和式(2-124)计算的单元应变和应力代入式(2-122)，可以得到下面一组有限元方程

$$\begin{cases} \boldsymbol{\Psi}_{\mathrm{u}} = \boldsymbol{f} - \boldsymbol{M}\ddot{\tilde{\boldsymbol{u}}} - \boldsymbol{p} = 0 \\ \boldsymbol{\Psi}_{\mathrm{p}} = \boldsymbol{K}_{\mathrm{p}\vartheta}\tilde{\boldsymbol{\vartheta}} - \boldsymbol{K}_{\mathrm{pu}}\tilde{\boldsymbol{u}} = 0 \\ \boldsymbol{\Psi}_{\vartheta} = \boldsymbol{K}_{\vartheta\mathrm{p}}\tilde{\boldsymbol{p}} - \boldsymbol{p}_{\vartheta} = 0 \end{cases} \tag{2-125}$$

其中

$$\begin{cases} \boldsymbol{p} = \int_{\Omega} \boldsymbol{B}^{\mathrm{T}}\boldsymbol{\sigma}\,\mathrm{d}\Omega, \quad \boldsymbol{p}_{\vartheta} = \frac{1}{3}\int_{\Omega} \boldsymbol{N}_{\vartheta}^{\mathrm{T}}\boldsymbol{m}^{\mathrm{T}}\breve{\boldsymbol{\sigma}}\,\mathrm{d}\Omega \\ \boldsymbol{K}_{\vartheta\mathrm{p}} = \int_{\Omega} \boldsymbol{N}_{\vartheta}^{\mathrm{T}}\boldsymbol{N}_{\mathrm{p}}\,\mathrm{d}\Omega = \boldsymbol{K}_{\mathrm{p}\vartheta}^{\mathrm{T}}, \quad \boldsymbol{K}_{\mathrm{pu}} = \int_{\Omega} \boldsymbol{N}_{\mathrm{p}}^{\mathrm{T}}\boldsymbol{m}^{\mathrm{T}}\boldsymbol{B}\,\mathrm{d}\Omega = \boldsymbol{K}_{\mathrm{up}}^{\mathrm{T}} \\ \boldsymbol{f} = \int_{\Omega} \boldsymbol{N}_{\mathrm{u}}^{\mathrm{T}}\boldsymbol{b}\,\mathrm{d}\Omega + \int_{\Gamma_t} \boldsymbol{N}_{\mathrm{u}}^{\mathrm{T}}\bar{\boldsymbol{t}}\,\mathrm{d}\Gamma \end{cases} \tag{2-126}$$

2.6.3 p 和 ϑ 的局部近似

如果在每个单元中局部采用压强和体积应变的近似值，并且 $\boldsymbol{N}_{\vartheta} \equiv \boldsymbol{N}_{\mathrm{p}}$，那么就可以在每个单元中单独求解式(2-125)中的第二个和第三个方程。

注意： $\boldsymbol{K}_{\vartheta\mathrm{p}}$ 现在是对称正定的。可以把压强和体积应变的近似值表示为

$$\begin{cases} \tilde{\boldsymbol{p}} = \boldsymbol{K}_{\vartheta\mathrm{p}}^{-1}\boldsymbol{p}_{\vartheta} \\ \tilde{\boldsymbol{\vartheta}} = \boldsymbol{K}_{\vartheta\mathrm{p}}^{-1}\boldsymbol{K}_{\mathrm{pu}}\tilde{\boldsymbol{u}} = \boldsymbol{W}\tilde{\boldsymbol{u}} \end{cases} \tag{2-127}$$

则每个单元的混合应变可以表示为

$$\boldsymbol{\varepsilon} = \left[\boldsymbol{I}_{\mathrm{d}}\boldsymbol{B} + \frac{1}{3}\boldsymbol{m}\boldsymbol{B}_{\vartheta}\right]\tilde{\boldsymbol{u}} = \begin{bmatrix} \boldsymbol{I}_{\mathrm{d}} & \frac{1}{3}\boldsymbol{m} \end{bmatrix} \begin{bmatrix} \boldsymbol{B} \\ \boldsymbol{B}_{\vartheta} \end{bmatrix} \tilde{\boldsymbol{u}} \tag{2-128}$$

其中

$$\boldsymbol{B}_{\vartheta} = \boldsymbol{N}_{\vartheta}\boldsymbol{W} \tag{2-129}$$

上述公式定义了体积应变-位移方程的混合形式。

根据上述结果，可以将向量 $\boldsymbol{P}$ 表示成下面的形式

$$\boldsymbol{P}=\int_{\Omega}\boldsymbol{B}^{\mathrm{T}}\boldsymbol{\sigma}\mathrm{d}\Omega=\int_{\Omega}\left[\boldsymbol{B}^{\mathrm{T}}\boldsymbol{I}_{\mathrm{d}}+\frac{1}{3}\boldsymbol{B}_{\vartheta}^{\mathrm{T}}\boldsymbol{m}^{\mathrm{T}}\right]\breve{\boldsymbol{\sigma}}\mathrm{d}\Omega=\int_{\Omega}\begin{bmatrix}\boldsymbol{B}^{\mathrm{T}} & \boldsymbol{B}_{\vartheta}^{\mathrm{T}}\end{bmatrix}\begin{bmatrix}\boldsymbol{I}_{\mathrm{d}}\\ \frac{1}{3}\boldsymbol{m}^{\mathrm{T}}\end{bmatrix}\breve{\boldsymbol{\sigma}}\mathrm{d}\Omega \quad (2-130)$$

从上述结果可以看出除了计算最终结果外,没有必要去计算混合应力。当采用非弹性和非线性材料模型时,这一点尤其重要。

该过程的最后一步是计算方程的切向量。根据式(2-121)给出的形式容易得到

$$\mathrm{d}\breve{\boldsymbol{\sigma}}=\breve{\boldsymbol{D}}_{\mathrm{T}}\mathrm{d}\boldsymbol{\varepsilon}$$

根据式(2-128)给出的增量混合应变,可以得到

$$\mathrm{d}\breve{\boldsymbol{\sigma}}=\breve{\boldsymbol{D}}_{\mathrm{T}}\begin{bmatrix}\boldsymbol{I}_{\mathrm{d}} & \frac{1}{3}\boldsymbol{m}\end{bmatrix}\begin{bmatrix}\boldsymbol{B}\\ \boldsymbol{B}_{\vartheta}\end{bmatrix}\mathrm{d}\boldsymbol{u} \quad (2-131)$$

那么切线刚度的表达式为

$$\boldsymbol{K}_{\mathrm{T}}=\int_{\Omega}\begin{bmatrix}\boldsymbol{B}^{\mathrm{T}} & \boldsymbol{B}_{\vartheta}^{\mathrm{T}}\end{bmatrix}\begin{bmatrix}\boldsymbol{I}_{\mathrm{d}}\\ \frac{1}{3}\boldsymbol{m}^{\mathrm{T}}\end{bmatrix}\breve{\boldsymbol{D}}_{\mathrm{T}}\begin{bmatrix}\boldsymbol{I}_{\mathrm{d}} & \frac{1}{3}\boldsymbol{m}\end{bmatrix}\begin{bmatrix}\boldsymbol{B}\\ \boldsymbol{B}_{\vartheta}\end{bmatrix}\mathrm{d}\Omega \quad (2-132)$$

应该注意的是,修正后的切线模量由下式给出

$$\bar{\boldsymbol{D}}_{\mathrm{T}}=\begin{bmatrix}\boldsymbol{I}_{\mathrm{d}}\\ \frac{1}{3}\boldsymbol{m}^{\mathrm{T}}\end{bmatrix}\breve{\boldsymbol{D}}_{\mathrm{T}}\begin{bmatrix}\boldsymbol{I}_{\mathrm{d}} & \frac{1}{3}\boldsymbol{m}\end{bmatrix}=\begin{bmatrix}\boldsymbol{I}_{\mathrm{d}}\breve{\boldsymbol{D}}_{\mathrm{T}}\boldsymbol{I}_{\mathrm{d}} & \frac{1}{3}\boldsymbol{I}_{\mathrm{d}}\breve{\boldsymbol{D}}_{\mathrm{T}}\boldsymbol{m}\\ \frac{1}{3}\boldsymbol{m}^{\mathrm{T}}\breve{\boldsymbol{D}}_{\mathrm{T}}\boldsymbol{I}_{\mathrm{d}} & \frac{1}{9}\boldsymbol{m}^{\mathrm{T}}\breve{\boldsymbol{D}}_{\mathrm{T}}\boldsymbol{m}\end{bmatrix}=\begin{bmatrix}\bar{\boldsymbol{D}}_{11} & \bar{\boldsymbol{D}}_{12}\\ \bar{\boldsymbol{D}}_{21} & \bar{\boldsymbol{D}}_{22}\end{bmatrix} \quad (2-133)$$

由于 $\boldsymbol{I}_{\mathrm{d}}$ 和 $\boldsymbol{m}$ 的稀疏性和具体形式,上面的计算需要的运算很少。因此,以这种形式乘以系数矩阵 $\boldsymbol{B}$ 和 $\boldsymbol{B}_{\vartheta}$ 的计算效率,远高于构造一个如下的 $\bar{\boldsymbol{B}}$ 矩阵

$$\bar{\boldsymbol{B}}=\boldsymbol{I}_{\mathrm{d}}\boldsymbol{B}+\frac{1}{3}\boldsymbol{m}\boldsymbol{B}_{\vartheta} \quad (2-134)$$

然后通过下式计算切线刚度矩阵

$$\boldsymbol{K}_{\mathrm{T}}=\int_{\Omega}\bar{\boldsymbol{B}}^{\mathrm{T}}\bar{\boldsymbol{D}}_{\mathrm{T}}\bar{\boldsymbol{B}}\mathrm{d}\Omega \quad (2-135)$$

在这种形式中,$\bar{\boldsymbol{B}}$ 几乎没有为零的项。

示例 2-1:线弹性切线刚度

考虑一种线弹性材料,其本构方程以矩阵形式表示为

$$\boldsymbol{\sigma}=\left[\left(K-\frac{2}{3}G\right)\boldsymbol{m}\boldsymbol{m}^{\mathrm{T}}+2G\boldsymbol{I}_{0}\right]\boldsymbol{\varepsilon} \quad (2-136)$$

其中

$$\boldsymbol{I}_{0}=\frac{1}{2}\begin{bmatrix}2&0&0&0&0&0\\0&2&0&0&0&0\\0&0&2&0&0&0\\0&0&0&1&0&0\\0&0&0&0&1&0\\0&0&0&0&0&1\end{bmatrix} \quad (2-137)$$

考虑了用于定义应变的变换。将式(2-136)中的 $\boldsymbol{\sigma}$、$\boldsymbol{\varepsilon}$ 替换为 $\mathrm{d}\boldsymbol{\sigma}$、$\mathrm{d}\boldsymbol{\varepsilon}$,即可得到其增量形式。

注意下面的关系

$$\boldsymbol{I}_{\mathrm{d}}\boldsymbol{I}_{\mathrm{d}}=\boldsymbol{I}_{\mathrm{d}},\quad \boldsymbol{I}_{\mathrm{d}}\boldsymbol{m}=0,\quad \boldsymbol{I}_{\mathrm{d}}\boldsymbol{I}_{0}=\boldsymbol{I}_{0}-\frac{1}{3}\boldsymbol{m}\boldsymbol{m}^{\mathrm{T}},\quad \boldsymbol{m}^{\mathrm{T}}\boldsymbol{m}=3$$

于是，修正后的模量可以写为

$$\bar{\boldsymbol{D}}_{\mathrm{T}}=\begin{bmatrix}2G\left(\boldsymbol{I}_{0}-\frac{1}{3}\boldsymbol{m}\boldsymbol{m}^{\mathrm{T}}\right) & 0\\ 0 & K\end{bmatrix}\tag{2-138}$$

注意：对于各向同性线弹性情况，偏分量和体积分量是解耦的。当考虑更一般的本构模型时，情况并非如此。

对于四边形和六面体单元，上述混合单元适用于许多不同的线性和非线性本构模型。采用粘弹性、经典塑性和广义塑性模型模拟材料的非弹性和非线性应力-应变时，这些模型中的每一种都可能遇到几乎不可压缩的情况。这里考虑两种有限元近似方法：一种是 4 结点四边形或 8 结点六面体等参单元，在每个单元中采用常量对 $\boldsymbol{N}_{\vartheta}$ 和 $\boldsymbol{N}_{\mathrm{p}}$ 进行统一插值近似；另一种是 9 结点四边形或 27 结点六面体等参单元，对 $\boldsymbol{N}_{\mathrm{p}}$ 和 $\boldsymbol{N}_{\vartheta}$ 进行线性插值。对于二维单元，采用

$$\boldsymbol{N}_{\mathrm{p}}=\boldsymbol{N}_{\vartheta}=[1\quad \xi^{1}\quad \xi^{2}]\quad \text{或}\quad [1\quad x\quad y]$$

对于三维单元，采用

$$\boldsymbol{N}_{\mathrm{p}}=\boldsymbol{N}_{\vartheta}=[1\quad \xi^{1}\quad \xi^{2}\quad \xi^{3}]\quad \text{或}\quad [1\quad x\quad y\quad z]$$

用上述过程推导的单元可用于求解许多固体力学问题，在本书后面的章节中将会具体介绍。

2.6.4 连续 $u-p$ 逼近

上述混合问题的形式不适用于三角形和四面体单元。对于这些形状的单元，插值总是恰好到完备阶次，没有额外的项（例如，4 结点四边形在线性插值时有额外项 ξ^1,ξ^2）。通过使压强 p 在材料中连续（材料界面处应允许不连续性）但比位移插值低一阶，可以使混合公式仍然有效。因此，该方法只能使用位移 $\boldsymbol{u}$ 的二次或更高阶插值。$\boldsymbol{\vartheta}$ 的插值仍然在每个单元中单独进行，且在单元之间通常是不连续的。这种方法最早是针对高阶单元引入的。

为了获得 p 的连续解，可将式(2－125)线性化，得到如下半离散方程组

$$\begin{bmatrix}\boldsymbol{M} & 0 & 0\\ 0 & 0 & 0\\ 0 & 0 & 0\end{bmatrix}\begin{bmatrix}\mathrm{d}\ddot{\tilde{\boldsymbol{u}}}\\ \mathrm{d}\ddot{\tilde{\boldsymbol{p}}}\\ \mathrm{d}\ddot{\tilde{\boldsymbol{\vartheta}}}\end{bmatrix}+\begin{bmatrix}\boldsymbol{K}_{\mathrm{uu}} & \boldsymbol{K}_{\mathrm{up}} & \boldsymbol{K}_{\mathrm{u}\vartheta}\\ \boldsymbol{K}_{\mathrm{pu}} & 0 & -\boldsymbol{K}_{\mathrm{p}\vartheta}\\ \boldsymbol{K}_{\vartheta\mathrm{u}} & -\boldsymbol{K}_{\vartheta\mathrm{p}} & \boldsymbol{K}_{\vartheta\vartheta}\end{bmatrix}\begin{bmatrix}\mathrm{d}\tilde{\boldsymbol{u}}\\ \mathrm{d}\tilde{\boldsymbol{p}}\\ \mathrm{d}\tilde{\boldsymbol{\vartheta}}\end{bmatrix}=\begin{bmatrix}\boldsymbol{\Psi}_{\mathrm{u}}\\ \boldsymbol{\Psi}_{\mathrm{p}}\\ \boldsymbol{\Psi}_{\vartheta}\end{bmatrix}\tag{2-139}$$

其中，除了式(2－126)定义的矩阵外，$\boldsymbol{K}_{\mathrm{up}}=\boldsymbol{K}_{\mathrm{pu}}^{\mathrm{T}}$ 和

$$\begin{cases}\boldsymbol{K}_{\mathrm{uu}}=\int_{\Omega}\boldsymbol{B}^{\mathrm{T}}\bar{\boldsymbol{D}}_{11}\boldsymbol{B}\,\mathrm{d}\Omega, & \boldsymbol{K}_{\vartheta\vartheta}=\int_{\Omega}\boldsymbol{N}_{\vartheta}^{\mathrm{T}}\bar{\boldsymbol{D}}_{22}\boldsymbol{N}_{\vartheta}\,\mathrm{d}\Omega\\ \boldsymbol{K}_{\mathrm{u}\vartheta}=\int_{\Omega}\boldsymbol{B}^{\mathrm{T}}\bar{\boldsymbol{D}}_{12}\boldsymbol{N}_{\vartheta}\,\mathrm{d}\Omega, & \boldsymbol{K}_{\vartheta\mathrm{u}}=\int_{\Omega}\boldsymbol{N}_{\vartheta}^{\mathrm{T}}\bar{\boldsymbol{D}}_{21}\boldsymbol{B}\,\mathrm{d}\Omega\end{cases}\tag{2-140}$$

由于每个 $\boldsymbol{K}_{\vartheta\vartheta}$ 属于单个单元，因此可以通过下式执行部分求解

$$\mathrm{d}\tilde{\boldsymbol{\vartheta}}=\boldsymbol{K}_{\vartheta\vartheta}^{-1}\left[\boldsymbol{\Psi}_{\vartheta}-\boldsymbol{K}_{\vartheta\mathrm{u}}\mathrm{d}\tilde{\boldsymbol{u}}+\boldsymbol{K}_{\vartheta\mathrm{p}}\mathrm{d}\tilde{\boldsymbol{p}}\right]\tag{2-141}$$

将式(2－141)代入式(2－139)，得

$$\begin{bmatrix} \boldsymbol{M} & 0 \\ 0 & 0 \end{bmatrix} \begin{bmatrix} \mathrm{d}\ddot{\tilde{\boldsymbol{u}}} \\ \mathrm{d}\ddot{\tilde{\boldsymbol{p}}} \end{bmatrix} + \begin{bmatrix} \bar{\boldsymbol{K}}_{\mathrm{uu}} & \bar{\boldsymbol{K}}_{\mathrm{up}} \\ \bar{\boldsymbol{K}}_{\mathrm{pu}} & \bar{\boldsymbol{K}}_{\mathrm{pp}} \end{bmatrix} \begin{bmatrix} \mathrm{d}\tilde{\boldsymbol{u}} \\ \mathrm{d}\tilde{\boldsymbol{p}} \end{bmatrix} = \begin{bmatrix} \bar{\boldsymbol{\Psi}}_{\mathrm{u}} \\ \bar{\boldsymbol{\Psi}}_{\mathrm{p}} \end{bmatrix} \tag{2-142}$$

其中

$$\begin{cases} \bar{\boldsymbol{K}}_{\mathrm{uu}} = \boldsymbol{K}_{\mathrm{uu}} - \boldsymbol{K}_{\mathrm{u}\vartheta}\boldsymbol{K}_{\vartheta\vartheta}^{-1}\boldsymbol{K}_{\vartheta\mathrm{u}}, & \bar{\boldsymbol{K}}_{\mathrm{pp}} = -\boldsymbol{K}_{\mathrm{p}\vartheta}\boldsymbol{K}_{\vartheta\vartheta}^{-1}\boldsymbol{K}_{\vartheta\mathrm{p}} \\ \bar{\boldsymbol{K}}_{\mathrm{pu}} = \boldsymbol{K}_{\mathrm{pu}} + \boldsymbol{K}_{\mathrm{p}\vartheta}\boldsymbol{K}_{\vartheta\vartheta}^{-1}\boldsymbol{K}_{\vartheta\mathrm{u}}, & \bar{\boldsymbol{K}}_{\mathrm{up}} = \boldsymbol{K}_{\mathrm{up}} + \boldsymbol{K}_{\mathrm{u}\vartheta}\boldsymbol{K}_{\vartheta\vartheta}^{-1}\boldsymbol{K}_{\vartheta\mathrm{p}} \\ \bar{\boldsymbol{\Psi}}_{\mathrm{u}} = \boldsymbol{\Psi}_{\mathrm{u}} - \boldsymbol{K}_{\mathrm{u}\vartheta}\boldsymbol{K}_{\vartheta\vartheta}^{-1}\boldsymbol{\Psi}_{\vartheta}, & \bar{\boldsymbol{\Psi}}_{\mathrm{p}} = \boldsymbol{\Psi}_{\mathrm{p}} + \boldsymbol{K}_{\mathrm{p}\vartheta}\boldsymbol{K}_{\vartheta\vartheta}^{-1}\boldsymbol{\Psi}_{\vartheta} \end{cases} \tag{2-143}$$

通过式(2-142)求解参数 $\tilde{\boldsymbol{u}}$、$\tilde{\boldsymbol{p}}$ 是以正常方式进行的,然后在每个单元中求解 $\tilde{\boldsymbol{\vartheta}}$。

例如,采用纽马克(Newmark)方法,在 t_{n+1} 时刻要求

$$\mathrm{d}\tilde{\boldsymbol{u}}_{n+1} = \beta\Delta t^2 \mathrm{d}\tilde{\boldsymbol{a}}_{n+1} \tag{2-144}$$

于是可得线性方程组

$$\begin{bmatrix} \dfrac{1}{\beta\Delta t^2}\boldsymbol{M} + \bar{\boldsymbol{K}}_{\mathrm{uu}} & \bar{\boldsymbol{K}}_{\mathrm{up}} \\ \bar{\boldsymbol{K}}_{\mathrm{pu}} & \bar{\boldsymbol{K}}_{\mathrm{pp}} \end{bmatrix} \begin{bmatrix} \mathrm{d}\tilde{\boldsymbol{u}} \\ \mathrm{d}\tilde{\boldsymbol{p}} \end{bmatrix}_{n+1} = \begin{bmatrix} \bar{\boldsymbol{\Psi}}_{\mathrm{u}} \\ \bar{\boldsymbol{\Psi}}_{\mathrm{p}} \end{bmatrix}_{n+1} \tag{2-145}$$

然后通过标准牛顿方法迭代求解和更新。

示例 2-2:三角形混合 $\boldsymbol{u}-\boldsymbol{p}$ 单元

考虑一个 6 结点三角形单元,如图 2-13 所示。所有 6 个结点都用于对坐标 $\boldsymbol{x}$ 和位移 $\boldsymbol{u}$ 的插值,而仅通过顶点对压强进行线性插值,即

$$\begin{aligned} \boldsymbol{x} &= \boldsymbol{N}\tilde{\boldsymbol{x}} = \sum_{b=1}^{6} \boldsymbol{N}_b(\boldsymbol{\xi})\tilde{\boldsymbol{x}}_b \\ \boldsymbol{u} &= \boldsymbol{N}\tilde{\boldsymbol{u}} = \sum_{b=1}^{6} \boldsymbol{N}_b(\boldsymbol{\xi})\tilde{\boldsymbol{u}}_b \\ \boldsymbol{p} &= \boldsymbol{N}\tilde{\boldsymbol{p}} = \sum_{c=1}^{3} \boldsymbol{N}_c(\boldsymbol{\xi})\tilde{\boldsymbol{p}}_c \end{aligned} \tag{2-146}$$

第 4 章将给出用面积坐标表示的形函数表达式。应变插值在每个单元中用线性多项式给出

$$\boldsymbol{\vartheta} = \begin{bmatrix} 1 & (x - x_0) & (y - y_0) \end{bmatrix} \begin{bmatrix} \tilde{\vartheta}_1 \\ \tilde{\vartheta}_2 \\ \tilde{\vartheta}_3 \end{bmatrix}$$

其中,x_0、y_0 定义在三角形的重心,以改善数值条件。

2.7 非线性拟协调场问题

本书最后两章会探讨非弹性本构和有限变形引起的非线性问题。非线性会出现在许多其他问题中,但本章介绍的方法在这些问题中仍然普遍适用。这里给出一个拟协调方程的例子,它在许多工程领域中都会遇到。

考虑一个带有因变量 ϕ 的简单拟协调问题(例如,热传导),其控制方程为

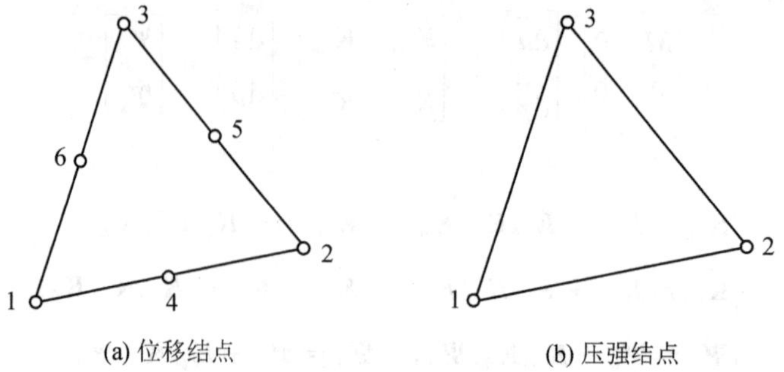

图 2-13　关于 u 的六结点三角形单元和关于 p 的线性单元

$$\rho c\dot{\phi}+\nabla^{\mathrm{T}}\boldsymbol{q}-Q(\phi)=0 \tag{2-147}$$

在求解时还需结合具体的边界条件。该形式可用于求解固体中的温度响应、多孔介质中的渗漏、固体中的磁效应和位流流动等问题。在式(2-147)中，$\boldsymbol{q}$ 是一个通量，通常可以写成

$$\boldsymbol{q}=q(\phi,\nabla\phi)=-\boldsymbol{k}(\phi,\nabla\phi)\nabla\phi$$

或者，在线性化之后得

$$\mathrm{d}\boldsymbol{q}=-\boldsymbol{k}^0\mathrm{d}\phi-\boldsymbol{k}^1\mathrm{d}(\nabla\phi)$$

其中

$$k_i^0=-\frac{\partial q_i}{\partial\varphi},\quad k_{ij}^1=-\frac{\partial q_i}{\partial\phi_{,j}}$$

在式(2-147)中，$Q(\phi)$也可以引入非线性。

采用伽辽金(Galerkin)方法，经离散化并对 $\boldsymbol{q}$ 分部积分后，该问题可表示为

$$G=\int_{\Omega}\delta\phi\rho c\dot{\phi}\,\mathrm{d}\Omega-\int_{\Omega}(\nabla\delta\phi)^{\mathrm{T}}\boldsymbol{q}\,\mathrm{d}\Omega-\int_{\Omega}\delta\phi Q(\phi)\,\mathrm{d}\Omega-\int_{\Gamma_q}\delta\phi\bar{\boldsymbol{q}}_n\,\mathrm{d}\Gamma=0 \tag{2-148}$$

如果 $\boldsymbol{q}$ 和 Q(实际上是边界条件)是 ϕ 或其导数的函数，上式仍然成立。引入插值

$$\phi=\boldsymbol{N}\tilde{\boldsymbol{\phi}}(t),\quad \delta\phi=\boldsymbol{N}\delta\tilde{\boldsymbol{\phi}} \tag{2-149}$$

可得离散形式

$$\boldsymbol{\Psi}_{\mathrm{q}}=\boldsymbol{f}(\tilde{\boldsymbol{\phi}})-\boldsymbol{C}\dot{\tilde{\boldsymbol{\phi}}}-\boldsymbol{P}_{\mathrm{q}}(\tilde{\boldsymbol{\phi}})=0 \tag{2-150}$$

其中

$$\boldsymbol{C}=\int_{\Omega}\boldsymbol{N}^{\mathrm{T}}\rho c\boldsymbol{N}\,\mathrm{d}\Omega,\quad \boldsymbol{P}_{\mathrm{q}}=\int_{\Omega}(\nabla\boldsymbol{N})^{\mathrm{T}}\boldsymbol{q}\,\mathrm{d}\Omega,\quad \boldsymbol{f}=\int_{\Omega}\boldsymbol{N}^{\mathrm{T}}Q(\phi)\,\mathrm{d}\Omega-\int_{\Gamma_q}\boldsymbol{N}^{\mathrm{T}}\bar{\boldsymbol{q}}_n\,\mathrm{d}\Gamma \tag{2-151}$$

式(2-150)可以采用类似上述流程来求解。例如，正如在纽马克(Newmark)方法中那样，使用广义中点公式，即

$$\boldsymbol{\phi}_{n+1}=\boldsymbol{\phi}_n+(1-\gamma)\Delta t\dot{\boldsymbol{\phi}}_n+\gamma\Delta t\dot{\boldsymbol{\phi}}_{n+1}\quad(0\leqslant\gamma\leqslant1) \tag{2-152}$$

这与纽马克(Newmark)方法中的速度表达式相同。式(2-152)中，$\Delta t=t_{n+1}-t_n$。同样，也可以选择 $\boldsymbol{\phi}_{n+1}$ 或 $\dot{\boldsymbol{\phi}}_{n+1}$ 作为主要未知量。于是，求解该瞬态问题的流程与上一节中描述的流程完全相同，此处无需进一步讨论。

注意：使用 $\boldsymbol{\phi}_{n+1}$ 作为基本变量使得该求解方法可用于静态(稳态)问题，对于静态问题式(2-147)的第一项变为零。

下面用牛顿法求解式(2-150)在每个离散时间步 t_{n+1} 的结果。在式(2-150)的离散形式中可以使用 $\tilde{\boldsymbol{\phi}}_{n+1}$ 作为主要未知数，离散结果可表示为

$$\boldsymbol{\Psi}_{n+1}=\boldsymbol{f}-\frac{1}{\gamma\Delta t}\boldsymbol{C}(\tilde{\boldsymbol{\phi}}_{n+1}-\hat{\tilde{\boldsymbol{\phi}}}_{n+1})-\boldsymbol{P}_{\mathrm{q}}=0 \tag{2-153}$$

其中，$\hat{\tilde{\boldsymbol{\phi}}}_{n+1}=\tilde{\boldsymbol{\phi}}_n+(1-\gamma)\Delta t\dot{\tilde{\boldsymbol{\phi}}}_n$。通过线性化，每次牛顿迭代变为

$$\left[\frac{1}{\gamma\Delta t}\boldsymbol{C}+\boldsymbol{H}_{\mathrm{T}}\right]^k\mathrm{d}\tilde{\boldsymbol{\phi}}_{n+1}^k=\boldsymbol{\Psi}_{n+1}^k \tag{2-154}$$

并执行更新直到达到收敛。切线项 $\boldsymbol{H}_{\mathrm{T}}$ 由下式给出

$$\boldsymbol{H}_{\mathrm{T}}=\int_{\Omega}(\nabla\boldsymbol{N}_a)^{\mathrm{T}}\boldsymbol{k}_{\mathrm{T}}\nabla\boldsymbol{N}_b\,\mathrm{d}\Omega \tag{2-155}$$

其中，$\boldsymbol{k}_{\mathrm{T}}=-\dfrac{\partial\boldsymbol{q}}{\partial\nabla\phi}$。

2.8 本章小结

本章介绍了求解一般小应变固体力学问题以及拟协调场问题所需的基本步骤。只采用了标准牛顿方法来求解由此产生的非线性代数方程组。对于许多包括非线性行为的问题，还需要额外的求解策略。

本章虽然没有讨论大应变问题，但是上述求解策略仍然有效。所不同的是，由于有限变形的发生，会影响到应力、应力散度、切线模量和刚度等的计算方式，具体参阅本书第 8 章。

第3章　桁架和梁的有限元分析

桁架和梁是两个最简单和最广泛使用的结构元件或组件。桁架被设计为仅承受轴向力的直杆，因此仅发生轴向变形。梁在几何上是任意横截面的直杆，但它仅在垂直于其轴线方向上变形。桁架或梁的横截面可以是任意的，但横截面的尺寸应远小于轴向尺寸。桁架与梁之间的主要区别在于它们承载的载荷类型不同。梁承受横向载荷，包括导致横向变形的横向力和力矩。本章将介绍桁架和梁构件的有限元方程，对应的单元通常称为桁架（杆）单元和梁单元。另外两种常用的一维单元是扭轴单元和深梁弯曲单元，它们的有限元列式与桁架单元类似，因此只给出它们的弱形式。

在由桁架构件组成的杆系结构中，桁架构件是通过销或铰链（不是通过焊接）连接在一起的，因此在杆之间只有力（而不是力矩）传递。在梁结构中，梁通过焊接（而不是像桁架单元那样通过销或铰链）连接在一起，因此力和力矩都可以在梁之间传递。为了更清楚地解释这些概念，本书将假设桁架和梁单元的横截面形状不变。因此，要处理变截面桁架或梁，需要开发变截面桁架或梁单元，这也可以按照相应的均匀截面构件的流程完成。需要注意的是，从力学的角度来看，使用变截面杆是不合适的，因为杆的受力是均匀的。本章开发的梁单元基于适用于细梁的欧拉-伯努利（Euler - Bernoulli）梁理论。

本章首先介绍桁架（杆）单元、扭轴单元、梁弯曲单元和深（剪切）梁弯曲单元的能量泛函，然后介绍用于桁架和梁的 h 和 p 型有限元。

3.1　单元能量泛函

任何结构系统的运动方程都可以通过系统的能量泛函获得。这些能量泛函包括应变能、动能、耗散能和外载荷所做虚功。本节将给出桁架和梁的能量泛函。

下面将基于线弹性理论进行推导，即应力-应变和应变-位移关系都是线性的。三维弹性体中的应力状态由应力分量（参考笛卡尔坐标 x、y、z）定义，即

$$\boldsymbol{\sigma}=\begin{bmatrix}\sigma_x & \tau_{xy} & \tau_{xz}\\ \tau_{yx} & \sigma_y & \tau_{yz}\\ \tau_{zx} & \tau_{zy} & \sigma_z\end{bmatrix} \tag{3-1}$$

$$\tau_{yx}=\tau_{xy},\quad \tau_{zx}=\tau_{xz},\quad \tau_{zy}=\tau_{yz} \tag{3-2}$$

在将应力与应变相关联时，应考虑材料是各向异性、正交各向异性还是各向同性；对于一维（杆、扭轴和梁）单元，一般仅需要考虑各向同性情况。

三维弹性体中的应变状态由应变分量定义，即

$$\boldsymbol{\varepsilon}=\begin{bmatrix}\varepsilon_x & \gamma_{xy} & \gamma_{xz}\\ \gamma_{xy} & \varepsilon_y & \gamma_{yz}\\ \gamma_{xz} & \gamma_{yz} & \varepsilon_z\end{bmatrix} \tag{3-3}$$

如果轴方向上的位移分量用（u, v, w）来表示，则应变-位移关系为

$$
\begin{cases}
\varepsilon_x = \dfrac{\partial u}{\partial x}, \quad \varepsilon_y = \dfrac{\partial v}{\partial y}, \quad \varepsilon_z = \dfrac{\partial w}{\partial z} \\
\gamma_{xy} = \dfrac{\partial u}{\partial y} + \dfrac{\partial v}{\partial x}, \quad \gamma_{xz} = \dfrac{\partial u}{\partial z} + \dfrac{\partial w}{\partial x}, \quad \gamma_{yz} = \dfrac{\partial v}{\partial z} + \dfrac{\partial w}{\partial y}
\end{cases}
\tag{3-4}
$$

应该注意的是,所有位移分量都是时间相关的。动态平衡方程为

$$
\begin{cases}
\dfrac{\partial \sigma_x}{\partial x} + \dfrac{\partial \tau_{yx}}{\partial y} + \dfrac{\partial \tau_{zx}}{\partial z} + f_x = \rho \ddot{u} \\
\dfrac{\partial \tau_{xy}}{\partial x} + \dfrac{\partial \sigma_y}{\partial y} + \dfrac{\partial \tau_{zy}}{\partial z} + f_y = \rho \ddot{v} \\
\dfrac{\partial \tau_{xz}}{\partial x} + \dfrac{\partial \tau_{yz}}{\partial y} + \dfrac{\partial \sigma_z}{\partial z} + f_z = \rho \ddot{w}
\end{cases}
\tag{3-5}
$$

在考虑这些量的空间变化时,省略了对时间的显式表示。

3.1.1 杆(轴向)单元

如图 3-1 所示为一个横截面积为 A 和长度为 $2a$ 的杆(轴向)单元。对于结构件长度是横截面大小的 10 倍以上的单元,可以假设每个横截面在变形期间保持为平面。此外,除了轴向分量 σ_x 外,所有应力分量都可以忽略不计,且它在每个横截面上都是均匀分布的。

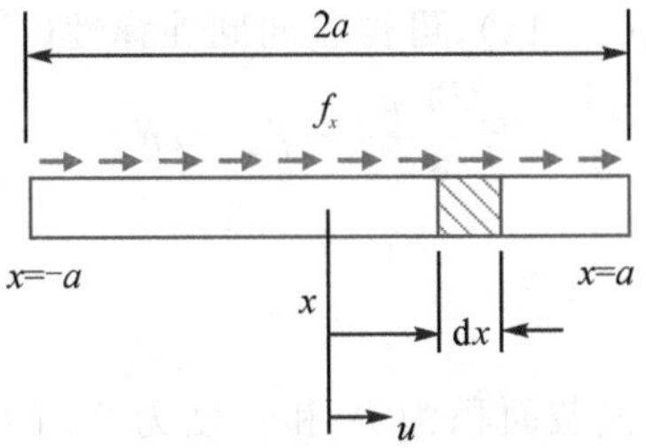

图 3-1 局部坐标系中的杆(轴向)单元

图 3-1 中微元 dx 的一个面上的轴向力为 $\sigma_x A$,该微元的伸长量为 $\varepsilon_x dx$,其中 ε_x 为轴向应变分量。因此,轴向力对该微元所做的功为

$$
dW = \frac{1}{2}\sigma_x A \cdot \varepsilon_x dx = \frac{1}{2}\sigma_x \varepsilon_x A dx \tag{3-6}
$$

该功被存储为应变能 dU,即

$$
dU = \frac{1}{2}\sigma_x \varepsilon_x A dx \tag{3-7}
$$

因此,整个单元中的总应变能为

$$
U = \frac{1}{2}\int_{-a}^{+a} \sigma_x \varepsilon_x A dx \tag{3-8}
$$

假设线性应力-应变关系成立,轴向应力分量 σ_x 可直接由下式给出

$$
\sigma_x = E\varepsilon_x \tag{3-9}
$$

其中,E 是材料的杨氏模量。将式(3-9)代入式(3-8),得

$$
U = \frac{1}{2}\int_{-a}^{+a} EA\varepsilon_x^2 dx \tag{3-10}
$$

根据式(3-4),轴向应变分量 ε_x 可以用轴向位移 $u(x)$ 表示为

$$\varepsilon_x=\frac{\partial u}{\partial x} \tag{3-11}$$

将式(3-11)代入式(3-10),得

$$U=\frac{1}{2}\int_{-a}^{+a}EA\left(\frac{\partial u}{\partial x}\right)^2\mathrm{d}x \tag{3-12}$$

微元 $\mathrm{d}x$ 的动能是 $\frac{1}{2}\dot{u}^2\rho A\mathrm{d}x$,其中 ρ 为材料每单位体积的质量。因此,整个单元的总动能为

$$T=\frac{1}{2}\int_{-a}^{+a}\rho A\dot{u}^2\mathrm{d}x \tag{3-13}$$

如果每单位长度有一个大小为 f_x 的外载荷,如图 3-1 所示,则微元 $\mathrm{d}x$ 上的外力为 $f_x\mathrm{d}x$,其在虚拟位移 δu 上所做的功为 $\delta u\cdot f_x\mathrm{d}x$。因此,整个单元的总虚功为

$$\delta W=\int_{-a}^{+a}f_x\delta u\,\mathrm{d}x \tag{3-14}$$

不考虑式$(3-5)_1$ 中的 y 和 z 维度项,可得一维固体的动力学平衡方程为

$$\frac{\partial\sigma_x}{\partial x}+f_x=\rho\ddot{u} \tag{3-15}$$

将式(3-9)和式(3-11)代入式(3-15),可得各向同性弹性(E 与 x 无关)桁架的控制方程为

$$E\frac{\partial^2 u}{\partial x^2}+f_x=\rho\ddot{u} \tag{3-16}$$

3.1.2 扭轴单元

如图 3-2 所示为一个恒定横截面积为 A 和长度为 $2a$ 的扭轴单元。假定该单元仅围绕 x 轴发生扭转变形,位置 x 处的转角用 θ_x 表示。

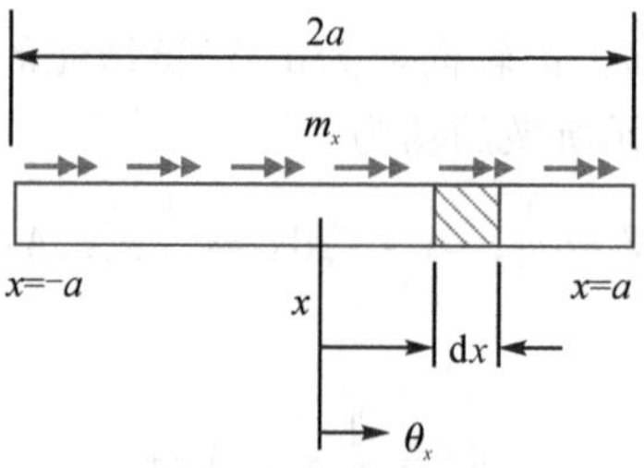

图 3-2 局部坐标系中的扭轴单元

如果结构件的长度是截面大小的 10 倍以上,则适用圣维南(Saint-Venant)扭转理论。该理论假设扭转元件的变形包括横截面围绕轴的旋转和横截面的翘曲。令 y 轴和 z 轴垂直于 x 轴,在 x、y、z 轴方向上的位移 u、v、w 可分别表示为

$$\begin{cases}u(x,y,z)=\dfrac{\partial\theta_x(x)}{\partial x}\psi(y,z)\\ v(x,y,z)=-\theta_x(x)z\\ w(x,y,z)=\theta_x(x)y\end{cases} \tag{3-17}$$

其中，$\psi(y,z)$为表示横截面翘曲程度的函数。因此，应变分量可表示为

$$\begin{cases}\varepsilon_y=\varepsilon_z=\gamma_{yz}=0\\ \varepsilon_x=\dfrac{\partial^2\theta}{\partial x^2}\psi\\ \gamma_{xy}=\dfrac{\partial\theta_x}{\partial x}\left(\dfrac{\partial\psi}{\partial y}-z\right)\\ \gamma_{xz}=\dfrac{\partial\theta_x}{\partial x}\left(\dfrac{\partial\psi}{\partial z}+y\right)\end{cases}\tag{3-18}$$

在大多数情况下，轴向应变分量 ε_x 可以忽略不计(例外情况是薄壁开口截面杆)。因此，唯一需要考虑的应变分量是剪应变 γ_{xy} 和 γ_{xz}，与其相应的应力分量可表示为

$$\tau_{xy}=G\gamma_{xy},\quad \tau_{xz}=G\gamma_{xz}\tag{3-19}$$

其中，G 为材料的剪切模量。

如图 3-3 所示，在厚度为 $\mathrm{d}z$ 的单元上，剪应力 τ_{xy} 形成一对大小为 $\tau_{xy}\mathrm{d}y\mathrm{d}x$ 的扭矩，其引起的转动为$\dfrac{\partial v}{\partial x}$。类似地，剪应力 τ_{yx} 形成一对大小为 $\tau_{yx}\mathrm{d}x\mathrm{d}y$ 的扭矩，其引起的转动为$\dfrac{\partial u}{\partial y}$。由于 $\tau_{yx}=\tau_{xy}$，则剪应力对单元所做的功为

$$\mathrm{d}W=\frac{1}{2}\tau_{xy}\left(\frac{\partial v}{\partial x}+\frac{\partial u}{\partial y}\right)\mathrm{d}x\mathrm{d}y\mathrm{d}z=\frac{1}{2}\tau_{xy}\gamma_{xy}\mathrm{d}A\mathrm{d}x\tag{3-20}$$

其中，$\mathrm{d}A$ 是单元横截面的面积。

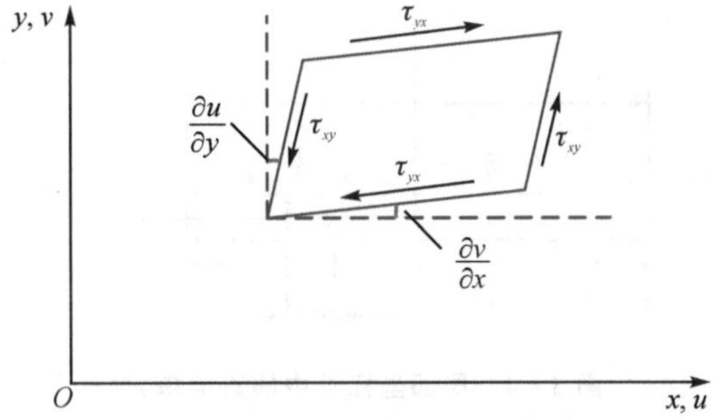

图 3-3 平面 x-y 坐标中的应力和变形

同理，由于 $\tau_{xz}=\tau_{zx}$，则剪应力对单元所做的功为

$$\mathrm{d}W=\frac{1}{2}\tau_{xz}\gamma_{xz}\mathrm{d}A\mathrm{d}x\tag{3-21}$$

由于应变能等于所做的总功，则

$$U=\frac{1}{2}\int_{-a}^{+a}\int_A(\tau_{xy}\gamma_{xy}+\tau_{xz}\gamma_{xz})\mathrm{d}A\mathrm{d}x\tag{3-22}$$

将式(3-18)和式(3-19)代入式(3-22)得

$$U=\frac{1}{2}\int_{-a}^{+a}GJ\left(\frac{\partial\theta_x}{\partial x}\right)^2\mathrm{d}x\tag{3-23}$$

其中

$$J=\int_A\left[\left(\frac{\partial\psi}{\partial y}-z\right)^2+\left(\frac{\partial\psi}{\partial z}+y\right)^2\right]\mathrm{d}A \tag{3-24}$$

为横截面的扭转常数。在圆轴 $\psi=0$ 的情况下，J 退化为横截面面积的极矩 I_x；对于其他实体截面形状，J 可近似表示为

$$J\simeq\frac{0.025A^4}{I_x} \tag{3-25}$$

注意： 此式只适用于细长结构。

在推导单元动能的表达式时，可以忽略由于横截面翘曲引起的纵向位移，则微元 $\mathrm{d}x$ 的动能是 $\frac{1}{2}\dot{\theta}^2\rho I_x\mathrm{d}x$，其中 I_x 为横截面绕 x 轴的惯性矩。因此，整个单元的总动能为

$$T=\frac{1}{2}\int_{-a}^{+a}\rho I_x\dot{\theta}_x^2\mathrm{d}x \tag{3-26}$$

如果每单位长度有一个大小为 m_x 的扭转力矩，如图 3－2 所示，则微元 $\mathrm{d}x$ 上的扭矩为 $m_x\mathrm{d}x$，在虚位移 $\delta\theta_x$ 上所做的功为 $\delta\theta_x m_x\mathrm{d}x$。因此，整个单元的总虚功为

$$\delta W=\int_{-a}^{+a}m_x\delta\theta_x^2\mathrm{d}x \tag{3-27}$$

3.1.3 梁弯曲单元

在推导梁弯曲单元的能量泛函时，假设变形发生在梁的主平面之一中。如图 3－4 所示为一个长度为 $2a$ 和恒定横截面积为 A 的直梁单元，$x-y$ 平面是梁变形的主平面，x 轴与质心轴重合。

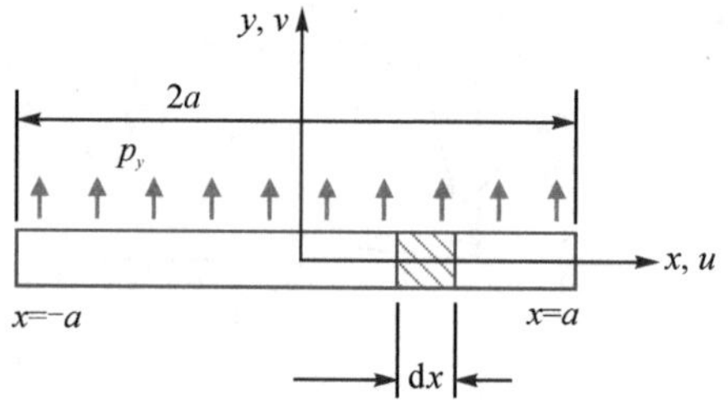

图 3－4 局部坐标系中的直梁单元

如果结构件的长度是截面大小的 10 倍以上，则适用梁弯曲的基本假设。该理论假设应力分量 σ_y、σ_z、τ_{yz} 和 τ_{xz} 为零，且垂直于未变形质心轴的平面截面在弯曲变形后保持为平面并垂直于变形后的轴线。在此假设下，距离质心轴 y 距离处的轴向位移 u 为

$$u(x,y)=-y\frac{\partial v}{\partial x} \tag{3-28}$$

其中，$v=v(x)$ 是质心轴在 x 处沿 y 方向上的位移函数。因此，应变分量 ε_x 和 γ_{xy} 可分别表示为

$$\begin{cases}\varepsilon_x=\dfrac{\partial u}{\partial x}=-y\dfrac{\partial^2 v}{\partial x^2}\\[2ex]\gamma_{xy}=\dfrac{\partial u}{\partial y}+\dfrac{\partial v}{\partial x}=0\end{cases} \tag{3-29}$$

法向应力可表示为

$$\sigma_x = E\varepsilon_x \tag{3-30}$$

存储在单元中的应变能为

$$U = \frac{1}{2}\int_V \sigma_x \varepsilon_x \mathrm{d}V \tag{3-31}$$

将式(3 - 29)和式(3 - 30)代入式(3 - 31),并结合 $\mathrm{d}V = \mathrm{d}A\,\mathrm{d}x$,得

$$U = \frac{1}{2}\int_{-a}^{+a} EI_z \left(\frac{\partial^2 v}{\partial x^2}\right)^2 \mathrm{d}x \tag{3-32}$$

其中

$$I_z = \int_A y^2 \mathrm{d}A \tag{3-33}$$

为 z 轴的横截面惯性矩。

应力-应变关系为

$$\tau_{xy} = G\gamma_{xy} \tag{3-34}$$

将式(3 - 29)代入式(3 - 34),得 $\tau_{xy}=0$。实际上,这个应力分量是非零的,可以通过平衡方程来证明。

微元 $\mathrm{d}x$ 的动能是$\frac{1}{2}\dot{v}^2\rho A\,\mathrm{d}x$。因此,整个单元的总动能为

$$T = \frac{1}{2}\int_{-a}^{+a} \rho A \dot{v}^2 \mathrm{d}x \tag{3-35}$$

如果每单位长度存在一个大小为 p_y 的分布载荷,如图 3 - 4 所示,则微元 $\mathrm{d}x$ 上的力为 $p_y\mathrm{d}x$,在虚位移 δv 上所做的功为 $\delta v p_y \mathrm{d}x$。因此,整个单元的总虚拟功为

$$\delta W = \int_{-a}^{+a} p_y \delta v \,\mathrm{d}x \tag{3-36}$$

由于梁上的载荷是横向的,因此在梁的横截面上会有力矩和相应的剪力。另外,如果施加纯力矩而不是横向载荷,也可以实现梁的弯曲。如图 3 - 5 所示为一个长度为 $\mathrm{d}x$ 的梁微元,其上受到外力 F_z、力矩 M、剪切力 Q 和惯性力 $\rho A\ddot{w}$ 的共同作用,其中 ρ 为材料的密度,A 为横截面面积。

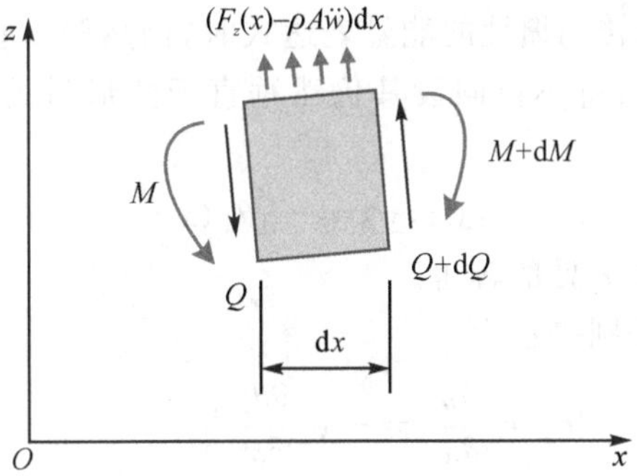

图 3 - 5　长度为 dx 的梁微元

由横截面上的法向应力产生的力矩可以通过对横截面面积的积分来计算,即

$$M = \int_A \sigma_{xx} z\,\mathrm{d}A = -E\left(\int_A z^2 \mathrm{d}A\right)\frac{\partial^2 w}{\partial x^2} = -EI_y \frac{\partial^2 w}{\partial x^2} \tag{3-37}$$

其中，I_y 是横截面相对于 y 轴的惯性矩，可以用给定的横截面形状计算，即

$$I_y=\int_A z^2\mathrm{d}A \tag{3-38}$$

梁微元在 z 方向上的力平衡可表示为

$$\mathrm{d}Q+(F_z(x)-\rho A\ddot{w})\mathrm{d}x=0 \tag{3-39}$$

或

$$\frac{\mathrm{d}Q}{\mathrm{d}x}=-F_z(x)+\rho A\ddot{w} \tag{3-40}$$

梁微元相对于微元右表面上的任何点的力矩平衡可表示为

$$\mathrm{d}M-Q\mathrm{d}x+\frac{1}{2}(F_z(x)-\rho A\ddot{w})(\mathrm{d}x)^2=0 \tag{3-41}$$

忽略式(3-41)中包含$(\mathrm{d}x)^2$ 的二阶小量可得

$$\frac{\mathrm{d}M}{\mathrm{d}x}=Q \tag{3-42}$$

将式(3-37)代入式(3-42)，得

$$Q=-EI_y\frac{\partial^3 w}{\partial x^3} \tag{3-43}$$

式(3-42)和式(3-43)给出了梁的弯矩和剪力与欧拉-伯努利梁的挠度之间的关系。将式(3-43)代入式(3-40)，即可得到梁的动力学平衡方程

$$EI_y\frac{\partial^4 w}{\partial x^4}+\rho A\ddot{w}=F_z \tag{3-44}$$

3.1.4 剪切梁弯曲单元

弯曲波的速度远低于纵波或扭转波的速度。在低频情况下，可能会出现梁的弯曲波长小于梁横截面尺寸大小 10 倍的情况。在分析深梁的低频振动和细梁的高频振动时可能会出现上述情况。因此，在这种情况下，横向剪切引起的变形和横截面转动引起的动能变得不可忽略。

在推导包含剪切变形和转动惯性的能量表达式时，仍然假设垂直于未变形轴线的横截面在弯曲后保持为平面。但是，将不再假设其仍然垂直于变形后的轴线。因此，距离质心轴 y 处的轴向位移 u 可表示为

$$u(x,y)=-y\theta_z(x) \tag{3-45}$$

其中，$\theta_z(x)$是横截面在位置 x 处的转角。

应变分量 ε_x 和 γ_{xy} 可分别表示为

$$\begin{cases}\varepsilon_x=\dfrac{\partial u}{\partial x}=-y\dfrac{\partial\theta_z}{\partial x}\\ \gamma_{xy}=\dfrac{\partial u}{\partial y}+\dfrac{\partial v}{\partial x}=-\theta_z+\dfrac{\partial v}{\partial x}\end{cases} \tag{3-46}$$

因此，存储在梁中的应变能是由弯曲和剪切变形而产生的能量之和，即

$$U=\frac{1}{2}\int_V\sigma_x\varepsilon_x\mathrm{d}V+\frac{1}{2}\int_V\tau_{xy}\gamma_{xy}\mathrm{d}V \tag{3-47}$$

法向应力可表示为

$$\sigma_x = E\varepsilon_x \tag{3-48}$$

对应于给定剪力的剪应力 τ_{xy}，会随横截面变化而变化。因此，相应的剪切应变也随横截面变化而变化。在假设横截面保持为平面时，则横截面上的应变变化被忽略了。可以通过引入一个修正因子 κ 来考虑由此带来的误差，该因子取决于横截面形状，由此可得

$$\tau_{xy} = \kappa G\gamma_{xy} \tag{3-49}$$

其中，τ_{xy} 是横截面平均剪应力；横截面形状修正因子 κ 的值在参考文献中有多种取法，例如 $\frac{5}{6}$，$\frac{\pi^2}{12}$等。将式(3-48)和式(3-49)代入式(3-47)，得

$$U = \frac{1}{2}\int_V E\varepsilon_x^2 \mathrm{d}V + \frac{1}{2}\int_V \kappa G\gamma_{xy}^2 \mathrm{d}V \tag{3-50}$$

将式(3-46)代入式(3-50)，并结合 $\mathrm{d}V = \mathrm{d}A\,\mathrm{d}x$，得

$$U = \frac{1}{2}\int_{-a}^{+a} EI_z\left(\frac{\partial\theta_z}{\partial x}\right)^2 \mathrm{d}x + \frac{1}{2}\int_{-a}^{+a} \kappa AG\left(\frac{\partial v}{\partial x} - \theta_z\right)^2 \mathrm{d}x \tag{3-51}$$

梁的总动能由平动动能和旋转动能组成，可表示为

$$T = \frac{1}{2}\int_{-a}^{+a} \rho A\dot{v}^2 \mathrm{d}x + \frac{1}{2}\int_{-a}^{+a} \rho I_z\dot{\theta}_z^2 \mathrm{d}x \tag{3-52}$$

分布载荷的总虚功由式(3-36)给出。

3.2 桁架有限元

3.2.1 形函数构造

考虑一个由许多桁架或杆件组成的结构。每个单元都可以看作是由两个结点($n_d = 2$)确定的均匀横截面桁架/杆单元。如图 3-6 所示，考虑一个桁架/杆单元，在单元两端分别有局部结点 1 和 2，单元的长度为 l_e。局部坐标 x 的方向取单元的轴向，原点位于局部结点 1。在局部坐标系中，单元的每个结点只有一个自由度，即轴向位移。因此，该单元共有两个自由度，即 $n_e = 2$。根据第 2 章讨论的有限元法，单元的位移可表示为

$$u^h(x) = \boldsymbol{N}(x)\boldsymbol{d}_e \tag{3-53}$$

其中，u^h 为单元内轴向位移的近似值，$\boldsymbol{N}$ 为具有第 1 章所描述性质的形函数，$\boldsymbol{d}_e$ 为单元两个结点处的位移向量

$$\boldsymbol{d}_e = \begin{bmatrix} u_1 \\ u_2 \end{bmatrix} \tag{3-54}$$

下面按照第 1.4.3 节中描述的标准流程来构造形函数，并假设桁架单元的轴向位移可以用如下一般形式表示

$$u^h(x) = \alpha_0 + \alpha_1 x = \underbrace{\begin{bmatrix} 1 & x \end{bmatrix}}_{\boldsymbol{p}^{\mathrm{T}}} \underbrace{\begin{bmatrix} \alpha_0 \\ \alpha_1 \end{bmatrix}}_{\boldsymbol{\alpha}} = \boldsymbol{p}^{\mathrm{T}}\boldsymbol{\alpha} \tag{3-55}$$

其中，u^h 为位移的近似值，$\boldsymbol{\alpha}$ 为两个未知常数 α_0 和 α_1 的向量，$\boldsymbol{p}$ 为多项式(或单项式)基函数

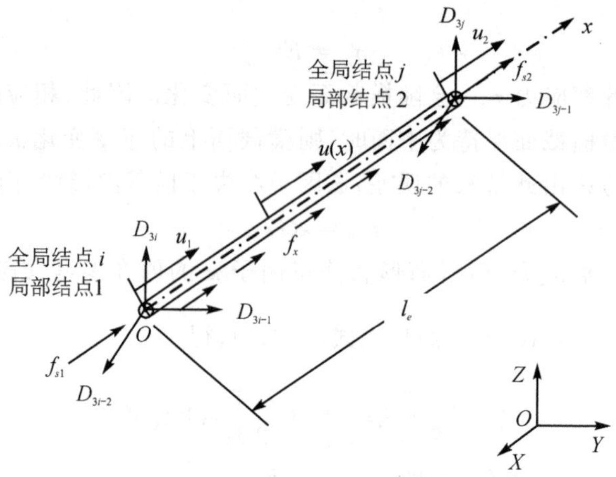

图 3-6　桁架/杆单元和坐标系

向量。对于这个特定的问题，此处使用一阶多项式基函数向量。根据具体问题，也可以使用更高阶的多项式基函数向量。阶次为 n 阶的多项式基函数向量为

$$\boldsymbol{p}^{\mathrm{T}}=[1\quad x\quad \cdots\quad x^n] \tag{3-56}$$

每个单元多项式(或单项式)基函数的数量，取决于单元结点数和单元内的自由度数。由于此处只有两个结点，在单元内总共有两个自由度，因此选择两个基函数项即可，这就得到了式(3-55)。

注意：通常使用完备的多项式基函数意味着在构造式(3-55)时不会跳过任何低阶项。这是为了确保构造的形函数能够再现的完备多项式的最高阶次为 n 阶。如果跳过第 k 阶多项式基函数，构造的形函数将只能完备到$(k-1)$阶，不管基函数中包含了多少高阶单项式都是如此。这是由第 1.4.4 节中讨论的形函数的一致性性质决定的。根据第 1.4.4 节讨论的形函数性质 3、4 和 5 可以预见，式(3-55)使用的完备线性基函数可保证所构造的形函数满足有限元形函数的充分性要求：δ 函数属性、单位分解性和线性场再现性。

在推导形函数时，将在 $x=0$ 处，$u(x=0)=u_1$；在 $x=l_e$ 处，$u(x=l_e)=u_2$ 代入式(3-55)，得

$$\begin{bmatrix}u_1\\u_2\end{bmatrix}=\begin{bmatrix}1 & 0\\1 & l_e\end{bmatrix}\begin{bmatrix}\alpha_0\\\alpha_1\end{bmatrix} \tag{3-57}$$

求解式(3-57)中的 $\boldsymbol{\alpha}$，得

$$\begin{bmatrix}\alpha_0\\\alpha_1\end{bmatrix}=\begin{bmatrix}1 & 0\\-\dfrac{1}{l_e} & \dfrac{1}{l_e}\end{bmatrix}\begin{bmatrix}u_1\\u_2\end{bmatrix} \tag{3-58}$$

将式(3-58)代入式(3-55)，得

$$u(x)=\boldsymbol{p}^{\mathrm{T}}\boldsymbol{\alpha}=[1\quad x]\begin{bmatrix}1 & 0\\-\dfrac{1}{l_e} & \dfrac{1}{l_e}\end{bmatrix}\begin{bmatrix}u_1\\u_2\end{bmatrix}=\underbrace{\Big[\underbrace{1-\frac{x}{l_e}}_{N_1(x)}\quad \underbrace{\frac{x}{l_e}}_{N_2(x)}\Big]}_{\boldsymbol{N}(x)}\underbrace{\begin{bmatrix}u_1\\u_2\end{bmatrix}}_{\boldsymbol{d}_e}=\boldsymbol{N}(x)\boldsymbol{d}_e \tag{3-59}$$

这正是想要的式(3-53)。因此，形函数矩阵可表示为

$$\boldsymbol{N}(x)=[N_1(x)\quad N_2(x)] \tag{3-60}$$

其中，桁架单元的形函数为

$$N_1(x)=1-\frac{x}{l_e},\quad N_2(x)=\frac{x}{l_e} \tag{3-61}$$

因为桁架单元中有两个自由度，所以包含两个形函数。

容易验证这两个形函数满足有限元形函数的δ函数属性和单位分解特性。我们把这个验证过程留给读者作为一个简单的练习。线性形函数的图形表示如图 3－7 所示。该图清楚地表明，N_i 给出了结点 i 处结点位移贡献的形状，这就是为什么它们被称为形函数。在这个例子中，形函数在单元上线性变化，所以它们被称为线性形函数。将式(3－60)和式(3－54)代入方程(3－53)中，得

$$u(x)=N_1(x)u_1+N_2(x)u_2=u_1+\frac{u_2-u_1}{l_e}x \tag{3-62}$$

这清楚地表明单元内的位移是线性变化的。因此，该单元称为线性单元。

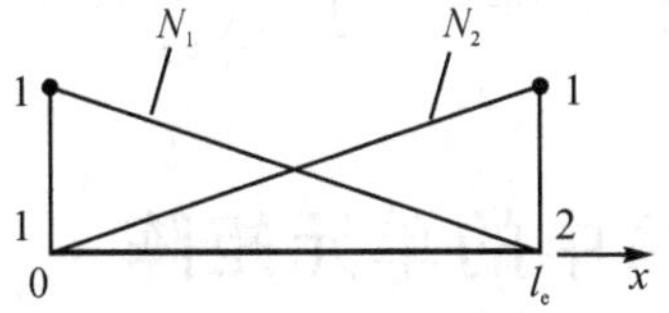

图 3－7　线性形函数

3.2.2　应变矩阵

如第 3.1 节所述，桁架中只有一个应力分量 σ_x，则由式(3－62)可得对应的应变为

$$\varepsilon_x=\frac{\partial u}{\partial x}=\frac{u_2-u_1}{l_e} \tag{3-63}$$

注意：式(3－63)中的应变在单元内是常值。

在第 2.1 节中提到，只要获得应变矩阵 $\boldsymbol{B}$，就可以获得刚度和质量矩阵。将式(3－63)重写为矩阵形式

$$\varepsilon_x=\frac{\partial u}{\partial x}=L\boldsymbol{N}\boldsymbol{d}_e=\boldsymbol{B}\boldsymbol{d}_e \tag{3-64}$$

其中，$L=\dfrac{\partial}{\partial x}$，桁架单元应变矩阵

$$\boldsymbol{B}=L\boldsymbol{N}=\frac{\partial}{\partial x}\begin{bmatrix}1-\dfrac{x}{l_e} & \dfrac{x}{l_e}\end{bmatrix}=\begin{bmatrix}-\dfrac{1}{l_e} & \dfrac{1}{l_e}\end{bmatrix} \tag{3-65}$$

3.2.3　局部坐标系中的单元矩阵

一旦获得了应变矩阵 $\boldsymbol{B}$，桁架单元的刚度矩阵就可根据第 1.4.5 节中的式(1－125)求得

$$\boldsymbol{k}_e=\int_{V_e}\boldsymbol{B}^{\mathrm{T}}\boldsymbol{c}\boldsymbol{B}\,\mathrm{d}V=A\int_0^{l_e}\begin{bmatrix}-\dfrac{1}{l_e}\\[2mm] \dfrac{1}{l_e}\end{bmatrix}E\begin{bmatrix}-\dfrac{1}{l_e} & \dfrac{1}{l_e}\end{bmatrix}\mathrm{d}x=\frac{AE}{l_e}\begin{bmatrix}1 & -1\\ -1 & 1\end{bmatrix} \tag{3-66}$$

其中，A 为桁架单元的横截面面积。需要注意的是，对于一维桁架单元，材料常数矩阵 $\boldsymbol{c}$ 退化

为模量 E(参见式(3－9))。需要注意的是,如式(3－66)所示的单元刚度矩阵是对称的。利用刚度矩阵的对称性,在计算过程中只需要计算和存储矩阵中的一半即可。

桁架单元的质量矩阵可根据第 1.4.5 节中的式(1－129)求得

$$\boldsymbol{m}_{\mathrm{e}}=\int_{V_{\mathrm{e}}}\rho\boldsymbol{N}^{\mathrm{T}}\boldsymbol{N}\mathrm{d}V=A\rho l\int_{0}^{l_{\mathrm{e}}}\begin{bmatrix}N_1N_1 & N_1N_2\\ N_2N_1 & N_2N_2\end{bmatrix}\mathrm{d}x=\frac{A\rho l_{\mathrm{e}}}{6}\begin{bmatrix}2 & 1\\ 1 & 2\end{bmatrix} \tag{3-67}$$

类似地,单元质量矩阵也是对称的。

桁架单元的结点力矢量可根据第 1.4.5 节中的式(1－132)和式(1－133)获得。假设单元受沿 x 轴均匀分布的力 f_x 作用,两个集中力 f_{s1} 和 f_{s2} 分别位于局部结点 1 和 2 处,如图 3－6 所示,则总结点力向量为

$$\boldsymbol{f}_{\mathrm{e}}=\int_{V_{\mathrm{e}}}\boldsymbol{N}^{\mathrm{T}}\boldsymbol{f}_b\mathrm{d}V+\int_{S_{\mathrm{e}}}\boldsymbol{N}^{\mathrm{T}}\boldsymbol{f}_s\mathrm{d}S=f_x\int_{0}^{l_{\mathrm{e}}}\begin{bmatrix}N_1\\ N_2\end{bmatrix}\mathrm{d}x+\begin{bmatrix}f_{s1}\\ f_{s2}\end{bmatrix}=\begin{bmatrix}\dfrac{f_xl_{\mathrm{e}}}{2}+f_{s1}\\ \dfrac{f_xl_{\mathrm{e}}}{2}+f_{s2}\end{bmatrix} \tag{3-68}$$

3.2.4 全局坐标系中的单元矩阵

如图 3－6 所示,式(3－66)、(3－67)和(3－68)所给单元矩阵都是基于局部坐标系,其中 x 轴与杆 1－2 的中轴重合。在实际桁架结构中,存在许多不同方向和位置的杆件。为了将所有单元矩阵组装形成全局系统矩阵,必须对每个单元进行坐标变换,从而得到基于整个桁架结构的全局坐标系的单元矩阵。下面给出空间和平面桁架结构的坐标变换方法。

1. 空间桁架

假设单元的局部结点 1 和 2 分别对应全局结点 i 和 j,如图 3－6 所示。空间中全局结点处的位移应在 X、Y 和 Z 方向上具有三个分量,并按顺序编号。例如,第 i 个结点处的这三个分量分别表示为 D_{3i-2}、D_{3i-1} 和 D_{3i}。坐标变换给出了基于局部坐标系的位移矢量 $\boldsymbol{d}_{\mathrm{e}}$ 与同一单元基于全局坐标系 XYZ 的位移矢量 $\boldsymbol{D}_{\mathrm{e}}$ 之间的关系为

$$\boldsymbol{d}_{\mathrm{e}}=\boldsymbol{T}\boldsymbol{D}_{\mathrm{e}} \tag{3-69}$$

其中

$$\boldsymbol{D}_{\mathrm{e}}=\begin{bmatrix}D_{3i-2}\\ D_{3i-1}\\ D_{3i}\\ D_{3j-2}\\ D_{3j-1}\\ D_{3j}\end{bmatrix} \tag{3-70}$$

$\boldsymbol{T}$ 为桁架单元的变换矩阵,可表示为

$$\boldsymbol{T}=\begin{bmatrix}l_{ij} & m_{ij} & n_{ij} & 0 & 0 & 0\\ 0 & 0 & 0 & l_{ij} & m_{ij} & n_{ij}\end{bmatrix}_{\mathrm{e}} \tag{3-71}$$

其中

$$\begin{cases} l_{ij}=\cos(x,X)=\dfrac{X_j-X_i}{l_e} \\ m_{ij}=\cos(x,Y)=\dfrac{Y_j-Y_i}{l_e} \\ n_{ij}=\cos(x,Z)=\dfrac{Z_j-Z_i}{l_e} \end{cases} \tag{3-72}$$

为单元轴线的方向余弦。由于

$$\boldsymbol{T}\boldsymbol{T}^{\mathrm{T}}=\boldsymbol{I} \tag{3-73}$$

其中,$\boldsymbol{I}$ 是 2×2 的单位矩阵。因此,矩阵 $\boldsymbol{T}$ 为正交矩阵。单元长度 l_e 可以用单元的两个结点的全局坐标表示为

$$l_e=\sqrt{(X_j-X_i)^2+(Y_j-Y_i)^2+(Z_j-Z_i)^2} \tag{3-74}$$

式(3-69)很容易验证,因为它简单地定义在结点 i 处,d_1 为 D_{3i-2}、D_{3i-1} 和 D_{3i} 在局部 x 轴上的所有投影的总和,对于结点 j 来说也是同样的。桁架单元的变换矩阵 $\boldsymbol{T}$ 将全局坐标系中的 6×1 向量转换为局部坐标系中的 2×1 向量。

变换矩阵也适用于局部坐标系和全局坐标系之间的力矢量,即

$$\boldsymbol{f}_e=\boldsymbol{T}\boldsymbol{F}_e \tag{3-75}$$

其中

$$\boldsymbol{F}_e=\begin{bmatrix} F_{3i-2} \\ F_{3i-1} \\ F_{3i} \\ F_{3j-2} \\ F_{3j-1} \\ F_{3j} \end{bmatrix} \tag{3-76}$$

其中,F_{3i-2}、F_{3i-1} 和 F_{3i} 代表基于全局坐标系的结点 i 处的力矢量的三个分量。

将式(3-69)代入式(1-136),可得基于全局坐标系的单元方程为

$$\boldsymbol{k}_e\boldsymbol{T}\boldsymbol{D}_e+\boldsymbol{m}_e\boldsymbol{T}\ddot{\boldsymbol{D}}_e=\boldsymbol{f}_e \tag{3-77}$$

上式两边左乘 $\boldsymbol{T}^{\mathrm{T}}$,得

$$(\boldsymbol{T}^{\mathrm{T}}\boldsymbol{k}_e\boldsymbol{T})\boldsymbol{D}_e+(\boldsymbol{T}^{\mathrm{T}}\boldsymbol{m}_e\boldsymbol{T})\ddot{\boldsymbol{D}}_e=\boldsymbol{T}^{\mathrm{T}}\boldsymbol{f}_e \tag{3-78}$$

或

$$\boldsymbol{K}_e\boldsymbol{D}_e+\boldsymbol{M}_e\ddot{D}_e=\boldsymbol{F}_e \tag{3-79}$$

其中

$$\boldsymbol{K}_e=\boldsymbol{T}^{\mathrm{T}}\boldsymbol{k}_e\boldsymbol{T}$$

$$=\frac{AE}{l_e}\begin{bmatrix} l_{ij}^2 & l_{ij}m_{ij} & l_{ij}n_{ij} & -l_{ij}^2 & -l_{ij}m_{ij} & -l_{ij}n_{ij} \\ l_{ij}m_{ij} & m_{ij}^2 & m_{ij}n_{ij} & -l_{ij}m_{ij} & -m_{ij}^2 & -m_{ij}n_{ij} \\ l_{ij}n_{ij} & m_{ij}n_{ij} & n_{ij}^2 & -l_{ij}n_{ij} & -m_{ij}n_{ij} & -n_{ij}^2 \\ -l_{ij}^2 & -l_{ij}m_{ij} & -l_{ij}n_{ij} & l_{ij}^2 & l_{ij}m_{ij} & l_{ij}n_{ij} \\ -l_{ij}m_{ij} & -m_{ij}^2 & -m_{ij}n_{ij} & l_{ij}m_{ij} & m_{ij}^2 & m_{ij}n_{ij} \\ -l_{ij}n_{ij} & -m_{ij}n_{ij} & -n_{ij}^2 & l_{ij}n_{ij} & m_{ij}n_{ij} & n_{ij}^2 \end{bmatrix} \tag{3-80}$$

$$\boldsymbol{M}_e=\boldsymbol{T}^T\boldsymbol{m}_e\boldsymbol{T}$$
$$=\frac{A\rho l_e}{6}\begin{bmatrix}2l_{ij}^2 & 2l_{ij}m_{ij} & 2l_{ij}n_{ij} & l_{ij}^2 & l_{ij}m_{ij} & l_{ij}n_{ij}\\ 2l_{ij}m_{ij} & 2m_{ij}^2 & 2m_{ij}n_{ij} & l_{ij}m_{ij} & m_{ij}^2 & m_{ij}n_{ij}\\ 2l_{ij}n_{ij} & 2m_{ij}n_{ij} & 2n_{ij}^2 & l_{ij}n_{ij} & m_{ij}n_{ij} & n_{ij}^2\\ l_{ij}^2 & l_{ij}m_{ij} & l_{ij}n_{ij} & 2l_{ij}^2 & 2l_{ij}m_{ij} & 2l_{ij}n_{ij}\\ l_{ij}m_{ij} & m_{ij}^2 & m_{ij}n_{ij} & 2l_{ij}m_{ij} & 2m_{ij}^2 & 2m_{ij}n_{ij}\\ l_{ij}n_{ij} & m_{ij}n_{ij} & n_{ij}^2 & 2l_{ij}n_{ij} & 2m_{ij}n_{ij} & 2n_{ij}^2\end{bmatrix} \tag{3-81}$$

注意：坐标变换保留了刚度和质量矩阵的对称特性。

对于式(3-68)中给出的载荷向量，则有

$$\boldsymbol{F}_e=\boldsymbol{T}^T\boldsymbol{f}_e$$
$$=\begin{bmatrix}(f_xl_e/2+f_{s1})l_{ij}\\ (f_xl_e/2+f_{s1})m_{ij}\\ (f_xl_e/2+f_{s1})n_{ij}\\ (f_yl_e/2+f_{s2})l_{ij}\\ (f_yl_e/2+f_{s2})m_{ij}\\ (f_yl_e/2+f_{s2})n_{ij}\end{bmatrix} \tag{3-82}$$

注意：刚度矩阵 $\boldsymbol{K}_e$ 和质量矩阵 $\boldsymbol{M}_e$ 在三维全局坐标系中的维数为 6×6，位移矢量 $\boldsymbol{D}_e$ 和力矢量 $\boldsymbol{F}_e$ 的维数为 6×1。

2. 平面桁架

对于平面桁架，可以使用全局坐标 XY 来表示桁架的平面。坐标变换的所有公式都可以从空间桁架的对应公式中获得，只需删除对应于 z -(或 Z -)轴的行和/或列。全局结点 i 处的位移应仅有 X 和 Y 方向的两个分量：D_{2i-1} 和 D_{2i}。坐标变换给出了基于局部位移矢量 $\boldsymbol{d}_e$ 与全局位移矢量 $\boldsymbol{D}_e$ 之间的关系，其形式与式(3-69)相同，其中

$$\boldsymbol{D}_e=\begin{bmatrix}D_{2i-1}\\ D_{2i}\\ D_{2j-1}\\ D_{2j}\end{bmatrix} \tag{3-83}$$

变换矩阵 $\boldsymbol{T}$ 可表示为

$$\boldsymbol{T}=\begin{bmatrix}l_{ij} & m_{ij} & 0 & 0\\ 0 & 0 & l_{ij} & m_{ij}\end{bmatrix} \tag{3-84}$$

全局坐标系中的力矢量可表示为

$$\boldsymbol{F}_e=\begin{bmatrix}F_{2i-1}\\ F_{2i}\\ F_{2j-1}\\ F_{2j}\end{bmatrix} \tag{3-85}$$

平面桁架的所有其他方程与空间桁架的相应方程具有相同的形式。平面桁架的刚度矩阵 $\boldsymbol{K}_e$ 和质量矩阵 $\boldsymbol{M}_e$ 在全局坐标系内的维度为 4×4，表示如下：

$$\boldsymbol{K}_{\mathrm{e}}=\boldsymbol{T}^{\mathrm{T}}\boldsymbol{k}_{\mathrm{e}}\boldsymbol{T}=\begin{bmatrix}K_{11}^{e} & K_{12}^{e} & K_{13}^{e} & K_{14}^{e}\\ K_{12}^{e} & K_{22}^{e} & K_{23}^{e} & K_{24}^{e}\\ K_{13}^{e} & K_{23}^{e} & K_{33}^{e} & K_{34}^{e}\\ K_{14}^{e} & K_{24}^{e} & K_{34}^{e} & K_{44}^{e}\end{bmatrix}=\frac{AE}{l_{\mathrm{e}}}\begin{bmatrix}l_{ij}^{2} & l_{ij}m_{ij} & -l_{ij}^{2} & -l_{ij}m_{ij}\\ l_{ij}m_{ij} & m_{ij}^{2} & -l_{ij}m_{ij} & -m_{ij}^{2}\\ -l_{ij}^{2} & -l_{ij}m_{ij} & l_{ij}^{2} & l_{ij}m_{ij}\\ -l_{ij}m_{ij} & -m_{ij}^{2} & l_{ij}m_{ij} & m_{ij}^{2}\end{bmatrix} \tag{3-86}$$

$$\boldsymbol{M}_{\mathrm{e}}=\boldsymbol{T}^{\mathrm{T}}\boldsymbol{m}_{\mathrm{e}}\boldsymbol{T}=\begin{bmatrix}M_{11}^{e} & M_{12}^{e} & M_{13}^{e} & M_{14}^{e}\\ M_{12}^{e} & M_{22}^{e} & M_{23}^{e} & M_{24}^{e}\\ M_{13}^{e} & M_{23}^{e} & M_{33}^{e} & M_{34}^{e}\\ M_{14}^{e} & M_{24}^{e} & M_{34}^{e} & M_{44}^{e}\end{bmatrix}=\frac{A\rho l_{\mathrm{e}}}{6}\begin{bmatrix}2l_{ij}^{2} & 2l_{ij}m_{ij} & l_{ij}^{2} & l_{ij}m_{ij}\\ 2l_{ij}m_{ij} & 2m_{ij}^{2} & l_{ij}m_{ij} & m_{ij}^{2}\\ l_{ij}^{2} & l_{ij}m_{ij} & 2l_{ij}^{2} & 2l_{ij}m_{ij}\\ l_{ij}m_{ij} & m_{ij}^{2} & 2l_{ij}m_{ij} & 2m_{ij}^{2}\end{bmatrix} \tag{3-87}$$

3.2.5 边界条件

式(3－79)中的刚度矩阵 $\boldsymbol{K}_{\mathrm{e}}$ 通常是奇异的，因为整个结构可以进行刚体运动。平面桁架有两个刚体运动自由度，空间桁架有三个刚体运动自由度。这些刚体运动受到支撑或位移约束。在工程中，桁架结构通过一定数量的结点固定在地面或主体结构上。当结点固定时，结点处的位移必须为零。这个固定的位移边界条件可以施加在式(3－79)上。约束导致刚度矩阵中相应行和列的删除。如果受到足够的位移约束，则简化后的刚度矩阵变为对称正定的。

3.2.6 应力和应变计算

在施加边界条件后，通过求解式(3－79)可以获得所有结点处的位移。除了结点之外任何位置的位移也可以利用形函数通过插值获得。桁架单元中的应力可表示为

$$\sigma_x=E\boldsymbol{Bd}_{\mathrm{e}}=E\boldsymbol{BTD}_{\mathrm{e}} \tag{3-88}$$

在推导上述方程式时，使用了 $\sigma=E\varepsilon$ 形式的胡克定律以及式(3－64)和式(3－69)。

3.2.7 计算示例

3.2.7.1 示例 3－1：受轴向载荷的均匀直杆

如图 3－8 所示为一个横截面积均匀的杆件。杆件一端固定，自由端承受大小为 P 的水平载荷。杆由各向同性材料构成，杨氏模量为 E，杆长为 l。

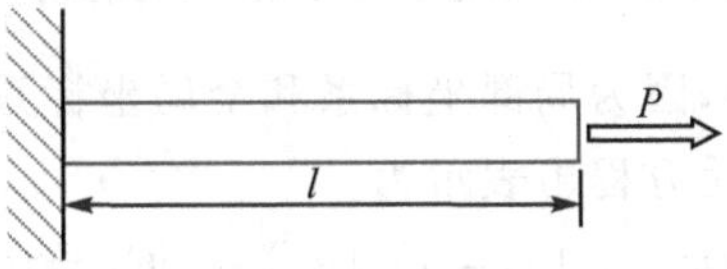

图 3－8 静态负载下的一端固支杆

1. 精确解

根据式(3－16)所给出的桁架控制方程的强形式，有

$$\frac{\partial^2 u}{\partial x^2}=0 \tag{3-89}$$

需要注意的是，对于当前示例问题，杆没有体力，因此 $f_x=0$。式(3-89)的解的一般形式为

$$u(x)=c_0+c_1 x \tag{3-90}$$

其中，c_0 和 c_1 是需要由边界条件来确定的未知常数。此示例的位移边界条件可以表示为在 $x=0$ 处 $u=0$，因此，有 $c_0=0$，则式(3-90)为

$$u(x)=c_1 x \tag{3-91}$$

结合式(3-9)、式(3-11)和式(3-91)，可得

$$\sigma_x=E\frac{\partial u}{\partial x}=c_1 E \tag{3-92}$$

该杆的力的边界条件可以表示为在 $x=l$ 处 $\sigma_x=\frac{P}{A}$，将边界条件代入式(3-92)，得

$$c_1=\frac{P}{EA} \tag{3-93}$$

杆中的应力可以通过将式(3-93)代入式(3-92)，得

$$\sigma_x=\frac{P}{A} \tag{3-94}$$

将式(3-93)代入式(3-91)，则得到了杆的位移解

$$u(x)=\frac{P}{EA}x \tag{3-95}$$

在 $x=l$ 处，则有

$$u(x=l)=\frac{Pl}{EA} \tag{3-96}$$

2. 有限元解

如图 3-9 所示为使用一个桁架单元模拟静态负载下的一端固支杆。根据式(3-66)，可得杆的刚度矩阵为

$$\boldsymbol{K}=\boldsymbol{k}_e=\frac{AE}{l}\begin{bmatrix}1 & -1\\ -1 & 1\end{bmatrix} \tag{3-97}$$

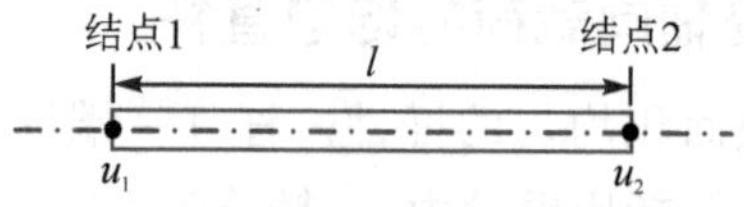

图 3-9 静态负载下的一端固支杆

在此情况下，无需进行坐标变换，因为局部坐标系和全局坐标系是相同的；也不需要进行组装，因为只有一个单元。于是有限元方程可表示为

$$\frac{AE}{l}\begin{bmatrix}1 & -1\\ -1 & 1\end{bmatrix}\begin{bmatrix}u_1\\ u_2\end{bmatrix}=\begin{bmatrix}F_1=?\\ F_2=P\end{bmatrix} \tag{3-98}$$

其中，F_1 是施加在结点 1 处的反作用力，现阶段未知。但结点 1 处位移边界条件已知，即 $u_1=0$。因此，代入式(3-98)，得

$$\frac{AE}{l}\begin{bmatrix}1 & -1\\ -1 & 1\end{bmatrix}\begin{bmatrix}0\\ u_2\end{bmatrix}=\begin{bmatrix}F_1=?\\ F_2=P\end{bmatrix}$$

解得

$$u_2=\frac{Pl}{AE} \tag{3-99}$$

这是杆的有限元解，与式(3－96)中得到的精确解完全相同。通过将已知边界条件 $u_1=0$ 和式(3－99)代入式(3－53)，可以得到杆的位移分布为

$$u(x)=\boldsymbol{N}(x)\boldsymbol{d}_{\mathrm{e}}=\begin{bmatrix}1-\frac{x}{l} & \frac{x}{l}\end{bmatrix}\begin{bmatrix}u_1\\ u_2\end{bmatrix}=\begin{bmatrix}1-\frac{x}{l} & \frac{x}{l}\end{bmatrix}\begin{bmatrix}0\\ \frac{Pl}{EA}\end{bmatrix}=\frac{P}{EA}x \tag{3-100}$$

这也与式(3－95)中获得的精确解完全相同。

结合式(3－88)和式(3－65)，可获得杆中的应力分布为

$$\sigma_x=E\boldsymbol{Bd}_{\mathrm{e}}=E\begin{bmatrix}-\frac{1}{l} & \frac{1}{l}\end{bmatrix}\begin{bmatrix}0\\ u_2\end{bmatrix}=\frac{P}{A} \tag{3-101}$$

同样，与式(3－94)中给出的精确解完全相同。

以下是对示例 3－1 中表现出的有限元性质的讨论。

1. 有限元的再现性

使有限元方法，通常只能得到一个近似解。然而，在示例 3－1 中，我们得到了精确解，这是因为梁变形的精确解是一阶多项式(见式(3－95))。在有限元分析中使用的形函数也是一阶多项式，它是使用一阶完备单项式构造。因此，该示例的精确解包含在有限元形函数中的一组假设位移中。我们知道，基于最小势能原理的有限元可以保证所选形函数产生最优解。在示例 3－1 中，由于形函数的再现性，形函数可以产生的最优可能解是精确解，并且有限元确实准确地再现了它。因此，有限元的再现性得到验证，即如果精确解可以由用于构造有限元形函数的基函数形成，则有限元将始终给出精确解，但前提是在计算有限元计算过程中没有数值误差。

利用这一特性，如果可能的话，可以尝试添加形成精确解或部分精确解的基函数，从而在有限元法中获得更好的精度。

2. 有限元的收敛性

对于复杂的问题，其解无法写成单项式的组合形式。因此，使用多项式形函数的有限元不会产生此类问题的精确解，那么如何确保有限元能够对复杂问题的解产生良好的近似值？这可以由有限元的收敛性得到保证，因为只要精确解是连续的，当单元尺寸变得足够小，并且只要完备的线性多项式基包含在形成有限元形函数的基函数中，有限元结果总会向精确解无限逼近。有限元的这种收敛特性的理论背景是，由于任何连续函数总是可以用具有二阶细化误差的一阶多项式来近似。这个理论可以通过使用局部泰勒展开来证明，基于该展开，连续(位移)函数 $u(x)$ 总是可以近似为

$$u(x)=u_i+\left.\frac{\partial u}{\partial x}\right|_i(x-x_i)+O(h^2) \tag{3-102}$$

其中，h 是与$(x-x_i)$相关的特征大小(或单元的大小)。

有人可能会争辩说，根据式(3－102)，不需要 $O(h^1)$，使用常数也可以重现函数 $u(x)$。然

而，除非整个位移场是恒定的(刚性运动)，单元产生的恒定位移在单元之间可能不连续。因此，为了保证连续解的收敛性，需要使用至少达到一阶的完备多项式。

3. 有限元结果的收敛速度

p 阶的泰勒展开可以表示为

$$u(x)=u_i+\left.\frac{\partial u}{\partial x}\right|_i(x-x_i)+\frac{1}{2!}\left.\frac{\partial^2 u}{\partial x^2}\right|_i(x-x_i)^2+\cdots+\frac{1}{p!}\left.\frac{\partial^p u}{\partial x^p}\right|_i(x-x_i)^p+O(h^{p+1}) \tag{3-103}$$

如果使用高达 p 阶的完备多项式来构造形函数，那么式(3-103)中的第一个$(p+1)$项可以由有限元形函数再现且误差为$O(h^{p+1})$量级。因此，位移的收敛阶次为$O(h^{p+1})$。对于线性单元，则有 $p=1$，因此位移的收敛阶次为$O(h^2)$。这意味着如果单元尺寸减半，位移结果的误差将减少 1/4。

有限元法的再现性和收敛性是有限元法为力学问题提供可靠数值结果的关键，因为可以预测会得到什么样的结果。对于精确解为多项式类型的简单问题，只要使用完备阶次的基函数，包含了精确解的阶次，有限元就能够使用最少数量的单元重现精确解。在示例 3-1 中，一个一阶单元就足够了。对于精确解是非常高阶的多项式或者通常是非多项式类型的复杂问题，则由分析人员使用适当的单元网格密度来获得所需精度的有限元结果，并且位移的收敛速度为$O(h^{p+1})$。

在近年的有限元分析中，大量使用的所谓 h 自适应和 p 自适应的概念。我们通常使用 h 来表示单元的特征大小，使用 p 来表示多项式基函数的阶次。h 自适应分析使用更精细的单元网格(较小的 h)，而 p 自适应分析使用更高阶的形函数(较大的 p)来达到有限元所需精度。

3.2.7.2 示例 3-2：受垂直载荷的三角形桁架结构

如图 3-10 所示为由 3 个平面桁架构件组成的平面桁架结构，在结点 2 处施加 1 000 N 的垂直向下载荷。图中，所用单元的编号以正方形标记，结点的编号以圆圈标记。

3 个桁架单元的局部坐标和全局自由度的编号(D_1，D_2，…，D_6，对应于结构中的 3 个结点)，如图 3-11 所示。需要注意，共有 6 个全局自由度，每个结点在 X 和 Y 方向上共有两个自由度。然而，对于每个单元，在局部坐标系中的每个结点实际上只有 1 个自由度。由图中可以清楚地看出，每个结点的自由度有多个单元的贡献。例如，在结点 1，全局自由度 D_1 和 D_2 有单元 1 和 2 的贡献。这些将在最终有限元矩阵的组装中发挥重要作用。结构中桁架构件的尺寸和材料特性如表 3-1 所列。计算过程如下：

表 3-1　桁架构件的尺寸和性能

单元编号	横截面面积 A_e/m^2	长度 l_e/m	杨氏模量 $E/\mathrm{N}\cdot\mathrm{m}^{-2}$
1	0.1	1	70×10^9
2	0.1	1	70×10^9
3	0.1	$\sqrt{2}$	70×10^9

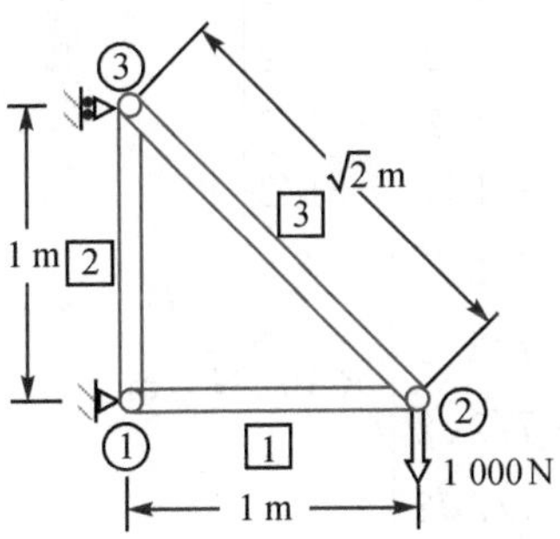

图 3-10 3构件平面桁架结构

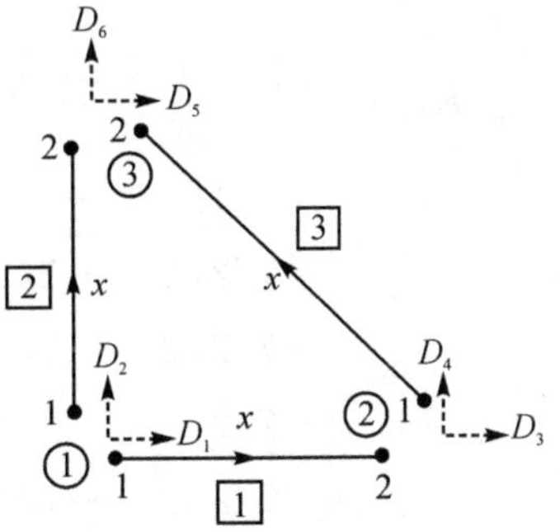

图 3-11 3个桁架单元的局部坐标和自由度

第1步：获取单元的方向余弦

获取全局坐标系中结点的坐标后，则需要考虑单元相对于全局坐标系的方向，这可以通过根据式(3-72)计算方向余弦来完成。由于该示例是一个平面问题，所以不需要计算 n_{ij}。所有结点的全局坐标及 l_{ij} 和 m_{ij} 的方向余弦见表3-2所列。

表 3-2 结点的全局坐标和单元的方向与余弦

单元编号	对应的全局结点的局部结点		全局坐标		方向余弦	
	结点 1(i)	结点 2(j)	X_i, Y_i	X_j, Y_j	l_{ij}	m_{ij}
1	1	2	0, 0	1, 0	1	0
2	1	3	0, 0	0, 1	0	1
3	2	3	1, 0	0, 1	$-1/\sqrt{2}$	$1/\sqrt{2}$

第2步：计算全局坐标系中的单元矩阵

在获得方向余弦后，则可得到全局坐标系中的单元矩阵。需要注意，该示例是一个静态问题，因此不需要计算单元质量矩阵，只需要计算单元的刚度矩阵。因为每个单元的总自由度数为2个，则局部坐标系中的单元刚度矩阵是个2×2矩阵。但是，在将局部坐标转换为全局坐标系后，每个单元的自由度数变成了4个，因此，全局坐标系中的单元刚度矩阵是一个4×4的矩阵。刚度矩阵根据式(3-86)计算，得

$$\boldsymbol{K}_{e1}=\frac{0.1\times 70\times 10^9}{1.0}\times\begin{bmatrix}1&0&-1&0\\0&0&0&0\\-1&0&1&0\\0&0&0&0\end{bmatrix}=\begin{bmatrix}7&0&-7&0\\0&0&0&0\\-7&0&7&0\\0&0&0&0\end{bmatrix}\times 10^9\ \mathrm{N\cdot m^{-2}} \tag{3-104}$$

$$\boldsymbol{K}_{e2}=\frac{0.1\times 70\times 10^9}{1.0}\times\begin{bmatrix}0&0&0&0\\0&1&0&-1\\0&0&1&0\\0&-1&0&1\end{bmatrix}=\begin{bmatrix}0&0&0&0\\0&7&0&-7\\0&0&0&0\\0&-7&0&7\end{bmatrix}\times 10^9\ \mathrm{N\cdot m^{-2}} \tag{3-105}$$

$$\boldsymbol{K}_{e3}=\frac{0.1\times 70\times 10^{9}}{\sqrt{2}}\times\begin{bmatrix}1/2 & -1/2 & -1/2 & 1/2\\ -1/2 & 1/2 & 1/2 & -1/2\\ -1/2 & 1/2 & 1/2 & -1/2\\ 1/2 & -1/2 & -1/2 & 1/2\end{bmatrix}$$

$$=\begin{bmatrix}7/2\sqrt{2} & -7/2\sqrt{2} & -7/2\sqrt{2} & 7/2\sqrt{2}\\ -7/2\sqrt{2} & 7/2\sqrt{2} & 7/2\sqrt{2} & -7/2\sqrt{2}\\ -7/2\sqrt{2} & 7/2\sqrt{2} & 7/2\sqrt{2} & -7/2\sqrt{2}\\ 7/2\sqrt{2} & -7/2\sqrt{2} & -7/2\sqrt{2} & 7/2\sqrt{2}\end{bmatrix}\times 10^{9}\ \mathrm{N}\cdot\mathrm{m}^{-2} \tag{3-106}$$

第 3 步：全局有限元矩阵的组装

在获得单元矩阵后，就可将单元矩阵组装成一个全局有限元矩阵。由于结构中的总全局自由度为 6 个，因此全局刚度矩阵是一个 6×6 的矩阵。组装是通过将共享结点的单元对每个结点的贡献相加来完成的。例如，由图 3-11 可以看出，单元$\boxed{1}$对结点②处的自由度 D_1 和 D_2 以及结点②处的自由度 D_3 和 D_4 有贡献，单元$\boxed{2}$对结点①处的自由度 D_1 和 D_2 以及结点③处的 D_5 和 D_6 有贡献。根据各单元对全局自由度的贡献，将各个单元矩阵的贡献添加到全局矩阵中的相应位置，就可以得到全局矩阵。这种组装过程称为直接组装。

在组装开始前，先对整个全局刚度矩阵进行归零，首先通过将单元$\boxed{1}$的矩阵添加到全局矩阵中，得

$$\boldsymbol{K}_{e2}=10^{9}\times\begin{bmatrix}\boxed{7} & \boxed{0} & \boxed{-7} & \boxed{0} & 0 & 0\\ \boxed{0} & \boxed{1} & \boxed{0} & \boxed{0} & 0 & 0\\ \boxed{-7} & \boxed{0} & \boxed{7} & \boxed{0} & 0 & 0\\ \boxed{0} & \boxed{0} & \boxed{0} & \boxed{0} & 0 & 0\\ 0 & 0 & 0 & 0 & 0 & 0\\ 0 & 0 & 0 & 0 & 0 & 0\end{bmatrix}\begin{matrix}\to D_1\\ \to D_2\\ \to D_3\\ \to D_4\\ \\ \\ \end{matrix} \quad (\text{columns } \uparrow D_1,\ D_2,\ D_3,\ D_4) \tag{3-107}$$

需要注意，单元$\boxed{1}$对 D_1 到 D_4 的自由度也有贡献。然后在新的全局矩阵之上添加单元$\boxed{2}$的单元矩阵，得

$$\boldsymbol{K}=10^{9}\times\begin{bmatrix}7+\boxed{0} & 0+\boxed{0} & -7 & 0 & \boxed{0} & \boxed{0}\\ 0+\boxed{0} & 0+\boxed{7} & 0 & 0 & \boxed{0} & \boxed{-7}\\ -7 & 0 & 7 & 0 & 0 & 0\\ 0 & 0 & 0 & 0 & 0 & 0\\ \boxed{0} & \boxed{0} & 0 & 0 & \boxed{0} & \boxed{0}\\ \boxed{0} & \boxed{-7} & 0 & 0 & \boxed{0} & \boxed{7}\end{bmatrix}\begin{matrix}\to D_1\\ \to D_2\\ \\ \\ \to D_5\\ \to D_6\end{matrix} \quad (\text{columns } \uparrow D_1,\ D_2,\ D_5,\ D_6) \tag{3-108}$$

需要注意，单元$\boxed{2}$对 D_1、D_2、D_5 和 D_6 的自由度也有贡献。最后通过在当前全局矩阵之上添

加单元$\boxed{3}$的单元矩阵，得

$$
\boldsymbol{K}=10^{9}\times\left[\begin{array}{cccccc}
 & & \begin{array}{c}D_3\\ \uparrow\end{array} & \begin{array}{c}D_4\\ \uparrow\end{array} & \begin{array}{c}D_5\\ \uparrow\end{array} & \begin{array}{c}D_6\\ \uparrow\end{array}\\
7 & 0 & -7 & 0 & 0 & 0\\
0 & 7 & 0 & 0 & 0 & -7\\
-7 & 0 & 7+\boxed{7/2\sqrt{2}} & \boxed{-7/2\sqrt{2}} & \boxed{-7/2\sqrt{2}} & \boxed{7/2\sqrt{2}}\\
0 & 0 & \boxed{-7/2\sqrt{2}} & \boxed{7/2\sqrt{2}} & \boxed{7/2\sqrt{2}} & \boxed{-7/2\sqrt{2}}\\
0 & 0 & \boxed{-7/2\sqrt{2}} & \boxed{7/2\sqrt{2}} & \boxed{7/2\sqrt{2}} & \boxed{-7/2\sqrt{2}}\\
0 & -7 & \boxed{7/2\sqrt{2}} & \boxed{-7/2\sqrt{2}} & \boxed{-7/2\sqrt{2}} & 7+\boxed{7/2\sqrt{2}}
\end{array}\right]\begin{array}{l}\\ \\ \\ \rightarrow D_3\\ \rightarrow D_4\\ \rightarrow D_5\\ \rightarrow D_6\end{array}\tag{3-109}
$$

需要注意，单元$\boxed{3}$对 D_3 到 D_6 的自由度也有贡献。最终得到的全局刚度矩阵为

$$
\boldsymbol{K}=10^{9}\times\left[\begin{array}{cccccc}
\begin{array}{c}D_1\\ \uparrow\end{array} & \begin{array}{c}D_2\\ \uparrow\end{array} & \begin{array}{c}D_3\\ \uparrow\end{array} & \begin{array}{c}D_4\\ \uparrow\end{array} & \begin{array}{c}D_5\\ \uparrow\end{array} & \begin{array}{c}D_6\\ \uparrow\end{array}\\
7 & 0 & -7 & 0 & 0 & 0\\
0 & 7 & 0 & 0 & 0 & -7\\
-7 & 0 & 7+7/2\sqrt{2} & -7/2\sqrt{2} & -7/2\sqrt{2} & 7/2\sqrt{2}\\
0 & 0 & -7/2\sqrt{2} & 7/2\sqrt{2} & 7/2\sqrt{2} & -7/2\sqrt{2}\\
0 & 0 & -7/2\sqrt{2} & 7/2\sqrt{2} & 7/2\sqrt{2} & -7/2\sqrt{2}\\
0 & -7 & 7/2\sqrt{2} & -7/2\sqrt{2} & -7/2\sqrt{2} & 7+7/2\sqrt{2}
\end{array}\right]\begin{array}{l}\\ \rightarrow D_1\\ \rightarrow D_2\\ \rightarrow D_3\\ \rightarrow D_4\\ \rightarrow D_5\\ \rightarrow D_6\end{array}\tag{3-110}
$$

以上介绍的直接组装过程非常简单，可以很容易地在计算机程序中编码实现。只需要使用单元结点编号和全局结点编号之间的索引对应关系，将单元矩阵的条目添加到全局矩阵中的相应条目中。

像这样简单地将单元矩阵添加到全局矩阵中，如何证明这确实可以得到全局刚度矩阵？这可以简单地通过整个问题域中所有这些结点的全局平衡条件来证明。下面给出一个简单的证明。

这里选择证明式(3-110)中给出的全局刚度矩阵中第 3 行的组装结果。对于式(3-110)中的第三行，考虑单元$\boxed{1}$和$\boxed{3}$的结点②处 x 方向的力平衡，这对应于连接单元$\boxed{1}$和$\boxed{3}$的桁架结构的第 3 个全局自由度。对于静态问题，单元$\boxed{1}$的有限元方程可以表示为以下一般形式(在全局坐标系中)

$$
\begin{bmatrix}
K_{11}^{e1} & K_{12}^{e1} & K_{13}^{e1} & K_{14}^{e1}\\
K_{12}^{e1} & K_{22}^{e1} & K_{23}^{e1} & K_{24}^{e1}\\
K_{13}^{e1} & K_{23}^{e1} & K_{33}^{e1} & K_{34}^{e1}\\
K_{14}^{e1} & K_{24}^{e1} & K_{34}^{e1} & K_{44}^{e1}
\end{bmatrix}
\begin{bmatrix}D_1\\D_2\\D_3\\D_4\end{bmatrix}=
\begin{bmatrix}F_1^{e1}\\F_2^{e1}\\F_3^{e1}\\F_4^{e1}\end{bmatrix}\tag{3-111}
$$

上式中的第 3 行对应于第 3 个全局自由度，即

$$
K_{13}^{e1}D_1+K_{23}^{e1}D_2+K_{33}^{e1}D_3+K_{34}^{e1}D_4=F_3^{e1}\tag{3-112}
$$

单元3的有限元方程可以表示为以下一般形式

$$\begin{bmatrix} K_{11}^{e3} & K_{12}^{e3} & K_{13}^{e3} & K_{14}^{e3} \\ K_{12}^{e3} & K_{22}^{e3} & K_{23}^{e3} & K_{24}^{e3} \\ K_{13}^{e3} & K_{23}^{e3} & K_{33}^{e3} & K_{34}^{e3} \\ K_{14}^{e3} & K_{24}^{e3} & K_{34}^{e3} & K_{44}^{e3} \end{bmatrix} \begin{bmatrix} D_3 \\ D_4 \\ D_5 \\ D_6 \end{bmatrix} = \begin{bmatrix} F_3^{e3} \\ F_4^{e3} \\ F_5^{e3} \\ F_6^{e3} \end{bmatrix} \tag{3-113}$$

上式中的第 1 行对应于第 3 个全局自由度，即

$$K_{13}^{e3} D_1 + K_{23}^{e3} D_2 + K_{33}^{e3} D_3 + K_{34}^{e3} D_4 = F_3^{e3} \tag{3-114}$$

结点②受到的 x 方向的载荷包括来自单元3的单元力 F_3^{e3} 和可能的外力 F_3，所有这些力必须满足

$$F_3^{e1} + F_3^{e3} = F_3 \tag{3-115}$$

将式(3-112)和式(3-114)代入式(3-115)，得

$$K_{13}^{e1} D_1 + K_{23}^{e1} D_2 + (K_{33}^{e1} + K_{11}^{e3}) D_3 + (K_{34}^{e1} + K_{12}^{e3}) D_4 + K_{13}^{e3} D_5 + K_{14}^{e3} D_6 = F_3 \tag{3-116}$$

式(3-116)等号左侧的系数即为式(3-110)中给出的全局刚度矩阵第 3 行。类似地，上述证明过程也适用于全局刚度矩阵中的所有其他行。

第 4 步：施加边界条件

在施加边界条件后，通常会减小全局矩阵的大小。在本示例中，D_1、D_2、D_5 受到约束，即

$$D_1 = D_2 = D_5 = 0 \text{ m} \tag{3-117}$$

这意味着第 1、2、5 行和列实际上对矩阵方程的求解没有影响。因此，可以简单地删除相应的行和列，即

$$\boldsymbol{K} = 10^9 \times \begin{bmatrix} 7 & 0 & -7 & 0 & 0 & 0 \\ 0 & 7 & 0 & 0 & 0 & -7 \\ -7 & 0 & 7+7/2\sqrt{2} & -7/2\sqrt{2} & -7/2\sqrt{2} & 7/2\sqrt{2} \\ 0 & 0 & -7/2\sqrt{2} & 7/2\sqrt{2} & 7/2\sqrt{2} & -7/2\sqrt{2} \\ 0 & 0 & -7/2\sqrt{2} & 7/2\sqrt{2} & 7/2\sqrt{2} & -7/2\sqrt{2} \\ 0 & -7 & 7/2\sqrt{2} & -7/2\sqrt{2} & -7/2\sqrt{2} & 7+7/2\sqrt{2} \end{bmatrix} \begin{matrix} \to D_1 \\ \to D_2 \\ \to D_3 \\ \to D_4 \\ \to D_5 \\ \to D_6 \end{matrix} \tag{3-118}$$

（列对应 D_1、D_2、D_3、D_4、D_5、D_6；第 1、2、5 行和列被划去）

压缩后的全局刚度矩阵是一个 3×3 矩阵，即

$$\boldsymbol{K} = 10^9 \times \begin{bmatrix} 7+7/2\sqrt{2} & -7/2\sqrt{2} & 7/2\sqrt{2} \\ -7/2\sqrt{2} & 7/2\sqrt{2} & -7/2\sqrt{2} \\ 7/2\sqrt{2} & -7/2\sqrt{2} & 7+7/2\sqrt{2} \end{bmatrix} \text{N} \cdot \text{m}^{-2} \tag{3-119}$$

可以很容易地确认这个压缩后的全局刚度矩阵是对称正定的。

受约束的全局有限元方程是

$$\boldsymbol{KD} = \boldsymbol{F} \tag{3-120}$$

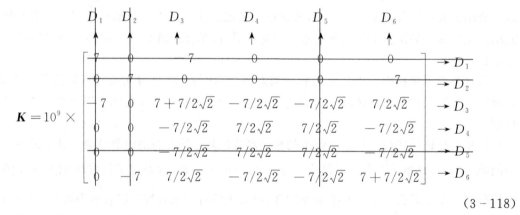

其中

$$\boldsymbol{D}^{\mathrm{T}}=[D_3 \quad D_4 \quad D_6] \tag{3-121}$$

载荷向量

$$\boldsymbol{F}=\begin{bmatrix}0\\-1\,000\\0\end{bmatrix}\mathrm{N} \tag{3-122}$$

需要注意，唯一施加的结点力在结点②处，在 D_4 的向下方向上。式(3-120)实际上等价于关于未知数 D_3、D_4 和 D_6 的三个联立方程，即

$$\begin{cases}[(7+7/2\sqrt{2})D_3-(7/2\sqrt{2})D_4+(7/2\sqrt{2})D_6]\times 10^9=0\\ [(-7/2\sqrt{2})D_3-(7/2\sqrt{2})D_4-(7/2\sqrt{2})D_6]\times 10^9=-1\,000\\ [(7/2\sqrt{2})D_3-(7/2\sqrt{2})D_4+(7+7/2\sqrt{2})D_6]\times 10^9=0\end{cases} \tag{3-123}$$

第 5 步：求解有限元方程

求解有限元方程(3-120)或者方程组(3-123)，以获得 D_3、D_4 和 D_6 的解。手动求解这个方程是可能的，因为方程组(3-123)只有三个方程和三个未知数。求解可得

$$\begin{cases}D_3=-1.429\times 10^{-7}\ \mathrm{m}\\ D_4=-6.898\times 10^{-7}\ \mathrm{m}\\ D_6=-1.429\times 10^{-7}\ \mathrm{m}\end{cases}$$

为了获得单元中的应力，根据式(3-88)，得

$$\sigma_x^1=\boldsymbol{EBTD}_{\mathrm{e}}=70\times 10^9\times[-1 \quad 1]\begin{bmatrix}1&0&0&0\\0&0&1&0\end{bmatrix}\begin{bmatrix}0\\0\\-1.429\times 10^{-7}\\-6.898\times 10^{-7}\end{bmatrix}=-10\,003\ \mathrm{Pa}$$

$$\sigma_x^2=\boldsymbol{EBTD}_{\mathrm{e}}=70\times 10^9\times[-1 \quad 1]\begin{bmatrix}1&0&0&0\\0&0&1&0\end{bmatrix}\begin{bmatrix}0\\0\\0\\-1.429\times 10^{-7}\end{bmatrix}=-10\,003\ \mathrm{Pa}$$

$$\sigma_x^3=\boldsymbol{EBTD}_{\mathrm{e}}=70\times 10^9\times\left[-\frac{1}{\sqrt{2}} \quad \frac{1}{\sqrt{2}}\right]\begin{bmatrix}-\frac{1}{\sqrt{2}}&\frac{1}{\sqrt{2}}&0&0\\0&0&-\frac{1}{\sqrt{2}}&\frac{1}{\sqrt{2}}\end{bmatrix}\begin{bmatrix}-1.429\times 10^{-7}\\-6.898\times 10^{-7}\\0\\-1.429\times 10^{-7}\end{bmatrix}=14\,140\ \mathrm{Pa}$$

在工程实践中，问题的规模可能更大，未知数或自由度数量也会更多，典型的实际工程问题可能有数十万甚至数百万的自由度。因此，必须使用数值方法或求解器来求解有限元方程。计算机系统的数学或算法库中通常有多种此类求解器。

3.2.8 高阶一维单元

在前面的小节中，证明了通过细化网格可以获得更高的精度，这会使得单元的数量增加而其尺寸 h 减小。因此，这种方法通常被称为 h 型有限元。

提高精度的另一种方法是保持有限元网格不变而增加每个单元内位移函数的数量。当使用多项式时，这种方法意味着它们的阶次 p 增加，因此被称为 p 型有限元。本节将介绍一些 p 型有限元的例子。

3.2.8.1 高阶拉格朗日单元

对于没有体力的桁架结构件，不需要使用高阶单元，因为线性单元已经可以给出精确的解，如第 3.2.7.1 节中的示例 3-1。但是，对于受体力并沿其轴向任意分布在桁架单元中的桁架构件，则需要使用高阶单元进行更准确的分析。推导这种高阶一维单元的过程与线性单元类似，唯一的区别是形函数的推导。

在推导高阶形函数时，通常使用自然坐标 ξ，而不是物理坐标 x。自然坐标 ξ 定义为

$$\xi = 2\,\frac{x - x_c}{l_e} \tag{3-124}$$

其中，x_c 是一维单元中结点的物理坐标。在自然坐标系中，单元定义在 $-1 \leqslant \xi \leqslant 1$ 上。如图 3-12 所示为含 $n+1$ 个结点的 n 阶一维单元，可以使用拉格朗日插值将单元的形函数表示为

$$N_k(\xi) = l_k^n(\xi) \tag{3-125}$$

其中，$l_k^n(\xi)$ 为拉格朗日插值函数，定义为

$$l_k^n(\xi) = \frac{(\xi - \xi_0)(\xi - \xi_1)\cdots(\xi - \xi_{k-1})(\xi - \xi_{k+1})\cdots(\xi - \xi_n)}{(\xi_k - \xi_0)(\xi_k - \xi_1)\cdots(\xi_k - \xi_{k-1})(\xi_k - \xi_{k+1})\cdots(\xi_k - \xi_n)} \tag{3-126}$$

从上式可以看出

$$N_k(\xi) = \begin{cases} 1, & \text{在 } \xi = \xi_k \text{ 的 } k \text{ 结点} \\ 0, & \text{在其他结点} \end{cases} \tag{3-127}$$

因此，由式(3-125)定义的高阶形函数具有 δ 函数属性。

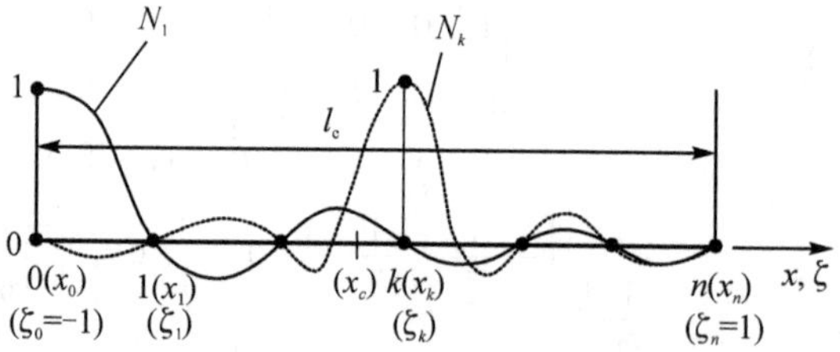

图 3-12　含 $n+1$ 个结点的 n 阶一维单元

根据式(3-125)，如图 3-13(a)所示的 3 结点一维二次单元的形函数可以表示为

$$\begin{cases} N_1(\xi) = -\dfrac{1}{2}\xi(1-\xi) \\ N_2(\xi) = \dfrac{1}{2}\xi(1+\xi) \\ N_3(\xi) = (1+\xi)(1-\xi) \end{cases} \tag{3-128}$$

如图 3-13(b)所示 4 结点一维三次单元的形函数可以表示为

$$
\begin{cases}
N_1(\xi) = -\dfrac{1}{16}(1-\xi)(1-9\xi^2) \\
N_2(\xi) = -\dfrac{1}{16}(1+\xi)(1-9\xi^2) \\
N_3(\xi) = \dfrac{9}{16}(1-3\xi)(1-\xi^2) \\
N_4(\xi) = \dfrac{9}{16}(1+3\xi)(1-\xi^2)
\end{cases} \tag{3-129}
$$

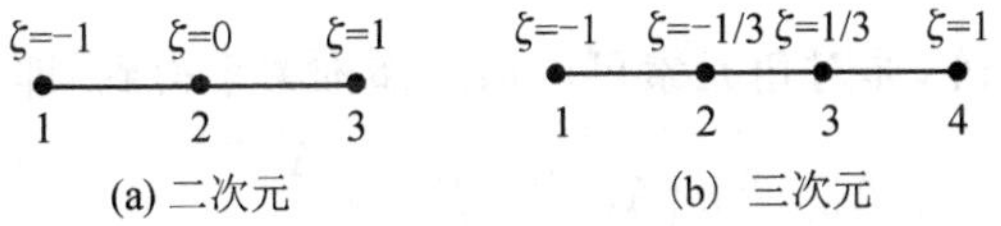

图 3-13 结点均匀分布的一维单元

3.2.8.2 弱形式求积元法

在结点数大于 3 的拉格朗日插值中，应注意结点分布。众所周知，高斯-洛巴托(Gauss-Lobatto)积分结点可提供最佳插值精度。在弱形式求积元法(QEM)中，以高斯-洛巴托点为单元结点，利用高斯-洛巴托积分得到单元刚度矩阵和质量矩阵，因此单元结点的数量不受限制，并且可以使用微分求积法(DQM)公式显式计算结点处的导数。这降低了计算高阶单元的导数的难度和舍入误差，也降低了编程工作的难度。但是，要使用微分求积法，单元结点应该与积分点相同，因此只有高斯-洛巴托点可以用作单元结点。高斯-洛巴托求积法定义在[-1, 1]上，可表示为

$$
\int_{-1}^{1} f(x)\,\mathrm{d}x = \sum_{j=1}^{n} C_j f(x_j) \tag{3-130}
$$

式中，积分权系数为

$$
C_1 = C_n = \frac{2}{n(n-1)}, \quad C_j = \frac{2}{n(n-1)[P_{n-1}(x_j)]^2} \quad (j \neq 1, n) \tag{3-131}
$$

其中，x_j 为 $P'_{n-1}(x)$ 的第 $j-1$ 个零点，$P_n(x)$ 为 n 阶勒让德(Legendre)正交多项式。

通常使用的术语"求积"主要用于对积分的近似计算，如式(3-130)。同样的近似方法可以扩展到更一般的线性函数，并用于逼近导数，即

$$
f'(x_i) \cong \sum_{j=1}^{N} A_{ij}^{(1)} f(x_j), \quad i = 1, 2, \cdots, N \tag{3-132}
$$

式中：权系数矩阵($A_{ij}^{(1)}$)有多种计算方法。式(3-132)即是著名的微分求积法(DQM)公式。需要注意，微分求积法基于拉格朗日插值，即

$$
f(x) = \sum_{j=1}^{N} l_j(x) f_j \tag{3-133}
$$

因此，一阶导数的权系数矩阵可表示为

$$A_{ij}^{(1)}=l'_j(x_i)=\begin{cases}\dfrac{\prod\limits_{\substack{k=1\\k\neq i,j}}^{N}(x_i-x_k)}{\prod\limits_{\substack{k=1\\k\neq j}}^{N}(x_j-x_k)} & (i\neq j)\\ \sum\limits_{\substack{k=1\\k\neq i}}^{N}\dfrac{1}{(x_i-x_k)} & (i=j)\end{cases} \tag{3-134}$$

对于高阶导数的权系数矩阵，非对角元素可以通过递推关系得到，即

$$A_{ij}^{(n)}=n\left(A_{ii}^{(n-1)}A_{ij}^{(1)}-\frac{A_{ij}^{(n-1)}}{x_i-x_j}\right) \tag{3-135}$$

其中，$i,j=1,2,\cdots,N$ 且 $i\neq j$，$2\leqslant n\leqslant N-1$。权系数矩阵的对角元素可表示为

$$A_{ii}^{(n)}=-\sum_{\substack{j=1\\j\neq i}}^{N}A_{ij}^{(n)} \tag{3-136}$$

其中，$i=1,2,\cdots,N$，$1\leqslant n\leqslant N-1$。

注意：高阶导数的权系数矩阵可以从低阶导数的权系数矩阵得到，即 $\boldsymbol{A}^{(r)}=\boldsymbol{A}^{(1)}\boldsymbol{A}^{(r-1)}$。此式的计算效率较低，但非常简单，因此也经常使用。

采用微分求积法和高斯-洛巴托求积法，则杆的应变能和外力势可以离散为

$$U=\frac{1}{2}\int_0^L ES\left(\frac{\partial u}{\partial x}\right)^2\mathrm{d}x=\frac{ES}{2}\boldsymbol{u}^{\mathrm{T}}\boldsymbol{A}^{(1)\mathrm{T}}\boldsymbol{C}\boldsymbol{A}^{(1)}\boldsymbol{u} \tag{3-137}$$

$$W=-\int_0^L u\left(-\rho S\frac{\partial^2 u}{\partial t^2}\right)\mathrm{d}x-\int_0^L qu\,\mathrm{d}x=\boldsymbol{u}^{\mathrm{T}}(\rho S\boldsymbol{C})\ddot{\boldsymbol{u}}-\boldsymbol{u}^{\mathrm{T}}(\boldsymbol{C}\boldsymbol{q}) \tag{3-138}$$

其中，E 为杨氏模量；$\boldsymbol{u}^{\mathrm{T}}=[u_1\quad u_2\quad\cdots\quad u_N]$为结点位移向量；$\boldsymbol{q}^{\mathrm{T}}=[q(x_1)\ q(x_2)\ \cdots\ q(x_N)]$为结点载荷向量；$\boldsymbol{A}^{(1)\mathrm{T}}=(\boldsymbol{A}^{(1)})^{\mathrm{T}}$，$\boldsymbol{A}^{(1)}$为一阶导数的微分求积权系数矩阵；

$$\boldsymbol{C}=\mathrm{diag}(C_1\quad C_2\quad\cdots\quad C_N) \tag{3-139}$$

其中，C_j 为高斯-洛巴托积分权系数。因此，刚度矩阵 $\boldsymbol{K}$、质量矩阵 $\boldsymbol{M}$ 和载荷矢量 $\boldsymbol{R}$ 可分别表示为

$$\boldsymbol{K}=ES\boldsymbol{A}^{(1)\mathrm{T}}\boldsymbol{C}\boldsymbol{A}^{(1)},\quad \boldsymbol{M}=\rho S\boldsymbol{C},\quad \boldsymbol{R}=\boldsymbol{C}\boldsymbol{q} \tag{3-140}$$

注意：弱形式求积元的有限元矩阵可以通过微分求积法和高斯-洛巴托积分权系数矩阵的简单代数运算得到，并且质量矩阵 $\boldsymbol{M}$ 是对角阵。

为了比较标准有限元方法与弱形式求积元方法，下面给出受均布载荷 q_0 作用的 3 自由度杆单元标准有限元矩阵分别为

$$\boldsymbol{K}=\frac{ES}{3L}\begin{bmatrix}7&-8&1\\-8&16&-8\\1&-8&7\end{bmatrix},\quad \boldsymbol{M}=\frac{\rho SL}{30}\begin{bmatrix}4&2&-1\\2&16&2\\-1&2&4\end{bmatrix},\quad \boldsymbol{R}=\frac{q_0L}{6}\begin{bmatrix}1\\4\\1\end{bmatrix} \tag{3-141}$$

弱形式求积元的对应矩阵分别为

$$\boldsymbol{K}=\frac{ES}{3L}\begin{bmatrix}7 & -8 & 1\\ -8 & 16 & -8\\ 1 & -8 & 7\end{bmatrix},\quad \boldsymbol{M}=\frac{\rho SL}{6}\begin{bmatrix}1 & 0 & 0\\ 0 & 4 & 0\\ 0 & 0 & 1\end{bmatrix},\quad \boldsymbol{R}=\frac{q_0L}{6}\begin{bmatrix}1\\ 4\\ 1\end{bmatrix} \tag{3-142}$$

注意：两种方法的刚度矩阵和载荷矢量在结点相同时是一样的，弱形式求积元的质量矩阵对 C^0 单元是对角阵，可以降低动力学问题的计算成本。

3.2.8.3 升阶谱有限元法

如果对应于 p 阶近似的函数集构成对应于 $p+1$ 阶近似的函数集的子集，则 p 型有限元被称为升阶谱有限元法（HFEM）。

与 h 型有限元相比，升阶谱有限元法的优点是：

① 不需要通过细化网格来提高解的准确性。

② 刚度和质量矩阵具有嵌套特性，即 p_1 阶位移函数的相关矩阵始终是 $p_2>p_1$ 阶位移函数相关矩阵的子矩阵。

③ 嵌套性质可用于证明 p_1+1 个位移函数对应的特征值包含 p_1 个函数对应的特征值，这被称为包含原理。

④ 简单的结构可以只用一个单元来模拟，从而避免了单元组装。

⑤ 由于连接具有不同阶次多项式的单元不再困难，因此可以在需要时实现局部升阶。

⑥ 可以用更少的自由度给出更准确的结果。

最常用的升阶谱形函数采用勒让德（Legendre）多项式的罗德里格斯（Rodrigues）形式，即

$$P_m(\xi)=\frac{1}{m!\,(-2)^m}\frac{\mathrm{d}^m}{\mathrm{d}\xi^m}(1-\xi^2)^m,\quad -1\leqslant\xi\leqslant1 \tag{3-143}$$

上式展开后可表示为

$$P_m(\xi)=\sum_{n=0}^{[m/2]}\frac{(-1)^n}{2^n n!}\frac{(2m-2n-1)!!}{(m-2n)!}\xi^{m-2n} \tag{3-144}$$

其中

$$m!!=m(m-2)\cdots(2\text{ 或 }1),\quad 0!!=1,\quad (-1)!!=1$$

且$[m/2]$表示括号内数字的整数部分。

令 $P_m^s(\xi)$表示 $P_{m-s}(\xi)$的 s 重积分，即

$$P_m^s(\xi)=\int_{-1}^{\xi}\cdots\int_{-1}^{\xi}P_{m-s}(\xi)\mathrm{d}\xi\cdots\mathrm{d}\xi \tag{3-145}$$

于是

$$\begin{cases}P_m^1(\xi)=\displaystyle\int_{-1}^{\xi}P_m(\xi)\mathrm{d}\xi=\frac{(\xi^2-1)}{m(m+1)}\frac{\mathrm{d}P_m(\xi)}{\mathrm{d}\xi},\quad \xi\in[-1,1]\\ P_m^2(\xi)=\displaystyle\int_{-1}^{\xi}\int_{-1}^{\xi}P_{m+1}(\xi)\mathrm{d}\xi=\frac{(\xi^2-1)^2}{m(m+1)(m+2)(m+3)}\frac{\mathrm{d}^2P_{m+1}(\xi)}{\mathrm{d}\xi^2},\quad \xi\in[-1,1]\end{cases}$$

将式(3-144)代入式(3-145)，得

$$P_m^s(\xi)=\sum_{n=0}^{[m/2]}\frac{(-1)^n}{2^n n!}\frac{(2m-2n-2s-1)!!}{(m-2n)!}\xi^{m-2n} \tag{3-146}$$

这些函数的所有阶次低于 s 阶的导数在 $\xi=\pm1$ 处为零。它们不仅是正交的，而且可以证明是 k 正交的。

泰勒级数表达式(3-144)的截断误差较大,在阶次较高的时候会出现严重的数值问题,因此在阶次较高的时候应该采用以下的递归表达式

$$P_{m+1}(\xi)=\frac{2m+1}{m+1}\xi P_m(\xi)-\frac{m}{m+1}P_{m-1}(\xi) \tag{3-147}$$

其中,$P_0(\xi)=1$, $P_1(\xi)=\xi$。对其求 n 阶导数,得勒让德(Legendre)多项式 n 阶导数的递归表达式为

$$P_{m+1}^{(n)}(\xi)=\xi P_m^{(n)}(\xi)+(n+m)P_m^{(n-1)}(\xi) \tag{3-148}$$

注意:计算表明,采用以上的递归表达式,m 的阶数达到几千也不会出现数值问题。

在升阶谱有限元方中,杆的轴向位移 u 可表示为

$$u=\sum_{r=1}^{p} g_r(\xi)q_r \tag{3-149}$$

其中,p 为基函数的数量,$-1\leqslant\xi\leqslant 1$。前两个基函数由下式给出

$$g_1(\xi)=\frac{1}{2}(1-\xi),\quad g_2(\xi)=\frac{1}{2}(1+\xi) \tag{3-150}$$

将 $s=1$ 和 $m=r-1$ 代入式(3-146),即可得 $r>2$ 的升阶谱函数

$$g_r(\xi)=\sum_{n=0}^{[(r-1)/2]}\frac{(-1)^n}{2^n n!}\frac{(2r-2n-5)!!}{(r-2n-1)!}\xi^{r-2n-1} \tag{3-151}$$

这些函数中的前四个可表示为

$$\begin{cases} g_3(\xi)=-\dfrac{1}{2}+\dfrac{1}{2}\xi^2 \\ g_4(\xi)=-\dfrac{1}{2}\xi+\dfrac{1}{2}\xi^3 \\ g_5(\xi)=\dfrac{1}{8}-\dfrac{3}{4}\xi^2+\dfrac{5}{8}\xi^4 \\ g_6(\xi)=\dfrac{3}{8}\xi-\dfrac{5}{4}\xi^3+\dfrac{7}{8}\xi^5 \end{cases} \tag{3-152}$$

注意:所有这些函数在 $\xi=\pm 1$ 时为 0。因此,结点自由度的数量没有增加,即 $q_1=u_1$ 和 $q_2=u_2$。

升阶谱方法的一维基函数中前 6 个函数如图 3-14 所示。

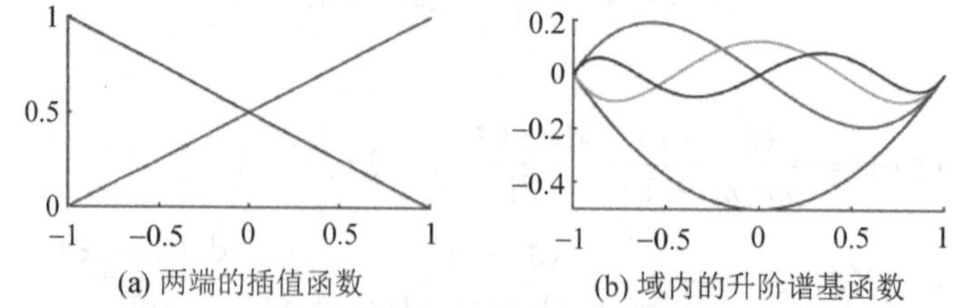

图 3-14　升阶谱方法的一维基函数

式(3-149)可以更简洁地表示为矩阵形式

$$u=\boldsymbol{N}(\xi)\,\boldsymbol{q} \tag{3-153}$$

其中,行矩阵 $\boldsymbol{N}(\xi)$ 包含着函数 $g_r(\xi)$,而列向量 $\boldsymbol{q}$ 包含着自由度 q_r。

类似地,单元刚度矩阵可表示为

$$\boldsymbol{k}_e=\frac{2EA}{a}\int_{-1}^{+1}\boldsymbol{N}'(\xi)^{\mathrm{T}}\boldsymbol{N}'(\xi)\mathrm{d}\xi \tag{3-154}$$

其中,a 表示单元的长度。将式(3-150)和式(3-152)代入式(3-154),得

$$\boldsymbol{k}_e=\frac{2EA}{a}\begin{bmatrix}\frac{1}{2} & -\frac{1}{2} & 0 & 0\\ -\frac{1}{2} & \frac{1}{2} & 0 & 0\\ 0 & 0 & \frac{2}{3} & 0\\ 0 & 0 & 0 & \frac{2}{5}\end{bmatrix} \tag{3-155}$$

其中,只包含两个升阶谱函数。这说明所使用的升阶谱函数是 k 正交的。前面的 2×2 子矩阵是采用第 3.2.3 节中推导出的没有升阶谱函数的子刚度矩阵,其余对角项对应于升阶谱函数。需要注意,它们之间或它们与结点自由度之间没有耦合。这是因为

$$\int_{-1}^{1}P_n(\xi)P_m(\xi)\mathrm{d}\xi=0,\quad n\neq m \tag{3-156}$$

和

$$\int_{-1}^{1}\xi^n P_m(\xi)=0,\quad 0\leqslant n\leqslant m-1 \tag{3-157}$$

上述也展示了嵌套属性:包含一个新的升阶谱函数会产生一个额外的行和列,但之前的行和列保持不变。

同理,单元质量矩阵可表示为

$$\boldsymbol{m}_e=\frac{\rho Aa}{2}\int_{-1}^{+1}\boldsymbol{N}(\xi)^{\mathrm{T}}\boldsymbol{N}(\xi)\mathrm{d}\xi \tag{3-158}$$

将式(3-150)和式(3-152)代入式(3-158),得

$$\boldsymbol{m}_e=\frac{\rho Aa}{2}\begin{bmatrix}\frac{2}{3} & \frac{1}{3} & -\frac{1}{3} & \frac{1}{15}\\ \frac{1}{3} & \frac{2}{3} & -\frac{1}{3} & -\frac{1}{15}\\ -\frac{1}{3} & -\frac{1}{3} & \frac{4}{15} & 0\\ \frac{1}{15} & -\frac{1}{15} & 0 & \frac{4}{105}\end{bmatrix} \tag{3-159}$$

注意:函数 $g_r(\xi)$ 不是 m 正交的。

升阶谱有限元法计算的如图 3-8 所示固支-自由杆的前两个无量纲固有频率,如表 3-3 所列。

表 3-3 固支-自由杆的无量纲固有频率 $\omega(\rho L^2/E)^{1/2}$

模 态	升阶谱有限元结果			
	1 个单元	1 个单元+1 个函数	1 单元+2 个函数	精确解
1	1.732	1.577	1.571	1.571
2	—	5.673	4.837	4.712

下面以一个两端固支直杆为例，将升阶谱有限元结果与基于非均匀有理 B 样条(NURBS)的等几何分析(IGA)结果进行比较，整个频谱的相对误差如图 3-15 所示。可以看出，对于固支杆的前 60% 固有频率，升阶谱有限元结果与等几何分析结果相比都非常准确。

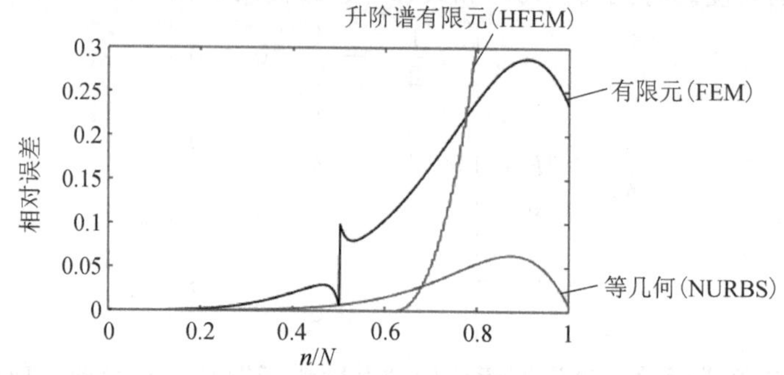

图 3-15　固支杆的离散频谱：有限元(FEM)、等几何(NURBS)和升阶谱有限元(HFEM)的相对误差对比

3.3　梁有限元

3.3.1　形函数构造

平面梁单元在局部坐标系中的一个结点处有两个自由度，即 y 方向的挠度 v 和 $x-y$ 平面中相对于 z 轴的转角 θ_z(参见第 3.1.3 节)。因此，每个梁单元有 4 个自由度。

如图 3-16 所示为一个长度为 $l=2a$ 的梁单元，在单元的两端分别有结点 1 和 2，局部坐标的 x 轴取为沿单元轴向方向，其原点位于梁的中间位置。与所有其他结构类似，要推导有限元方程，必须从结点变量的插值形函数出发。由于梁单元有四个自由度，因此应该有四个形函数。如果从一组特殊的局部坐标(通常称为自然坐标系)出发推导形函数，通常会更方便。这个自然坐标系的原点在单元的中心，取值范围为 $-1\sim1$(见图 3-16)。

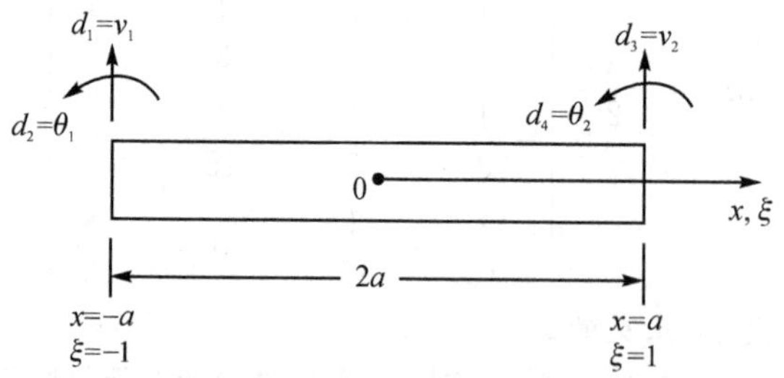

图 3-16　梁单元及其局部坐标系(物理坐标系 x 和自然坐标系 ξ)

自然坐标系和局部坐标系之间的关系可以简单地表示为

$$\xi=\frac{x}{a} \tag{3-160}$$

为了推导自然坐标系下的 4 个形函数，先将单元内的位移假设为 ξ 的三阶多项式，即

$$v(\xi)=\alpha_0+\alpha_1\xi+\alpha_2\xi^2+\alpha_3\xi^3 \tag{3-161}$$

其中，$\alpha_0\sim\alpha_3$ 为 4 个未知常数。选择三阶多项式是因为多项式中有 4 个未知数，可以对应着

梁单元中的 4 个结点自由度。式(3－161)的矩阵形式为

$$v(\xi)=\begin{bmatrix}1 & \xi & \xi^2 & \xi^3\end{bmatrix}\begin{bmatrix}\alpha_0\\ \alpha_1\\ \alpha_2\\ \alpha_3\end{bmatrix} \tag{3-162}$$

或

$$v(\xi)=\boldsymbol{p}^{\mathrm{T}}(\xi)\boldsymbol{\alpha} \tag{3-163}$$

其中,$\boldsymbol{p}$ 为基函数向量,$\boldsymbol{\alpha}$ 为系数向量。结合式(3－160),转角 θ 可以从式(1－161)的微分获得,即

$$\theta=\frac{\partial v}{\partial x}=\frac{\partial v}{\partial \xi}\frac{\partial \xi}{\partial x}=\frac{1}{a}\frac{\partial v}{\partial \xi}=\frac{1}{a}(\alpha_1+2\alpha_2\xi+3\alpha_3\xi^2) \tag{3-164}$$

4 个未知常数 $\alpha_0 \sim \alpha_3$ 可以利用以下条件来确定:

在 $x=-a$ 或 $\xi=-1$ 处:

$$\begin{cases}v(-1)=v_1\\ \left.\dfrac{\mathrm{d}v}{\mathrm{d}x}\right|_{\xi=-1}=\theta_1\end{cases} \tag{3-165}$$

在 $x=+a$ 或 $\xi=+1$ 处:

$$\begin{cases}v(1)=v_2\\ \left.\dfrac{\mathrm{d}v}{\mathrm{d}x}\right|_{\xi=1}=\theta_2\end{cases} \tag{3-166}$$

将上述 4 个条件代入式(3－161)和式(3－164),得

$$\begin{bmatrix}v_1\\ \theta_1\\ v_2\\ \theta_2\end{bmatrix}=\begin{bmatrix}1 & -1 & 1 & -1\\ 0 & \dfrac{1}{a} & -\dfrac{2}{a} & \dfrac{3}{a}\\ 1 & 1 & 1 & 1\\ 0 & \dfrac{1}{a} & \dfrac{3}{a} & \dfrac{3}{a}\end{bmatrix}\begin{bmatrix}\alpha_0\\ \alpha_1\\ \alpha_2\\ \alpha_3\end{bmatrix} \tag{3-167}$$

或

$$\boldsymbol{d}_{\mathrm{e}}=\boldsymbol{A}_{\mathrm{e}}\boldsymbol{\alpha} \tag{3-168}$$

求解式(3－168)得

$$\boldsymbol{\alpha}=\boldsymbol{A}_{\mathrm{e}}^{-1}\boldsymbol{d}_{\mathrm{e}} \tag{3-169}$$

其中

$$\boldsymbol{A}_{\mathrm{e}}^{-1}=\frac{1}{4}\begin{bmatrix}2 & a & 2 & -a\\ -3 & -a & 3 & -a\\ 0 & -a & 0 & a\\ 1 & a & -1 & a\end{bmatrix} \tag{3-170}$$

因此,将式(3－169)代入式(3－163),得

$$v=\boldsymbol{N}(\xi)\boldsymbol{d}_{\mathrm{e}} \tag{3-171}$$

其中,$\boldsymbol{N}$ 为形函数矩阵

$$\boldsymbol{N}(\xi)=\boldsymbol{p}\boldsymbol{A}_{\mathrm{e}}^{-1}=[N_1(\xi)\quad N_2(\xi)\quad N_3(\xi)\quad N_4(\xi)] \tag{3-172}$$

$$\begin{cases} N_1(\xi)=\dfrac{1}{4}(2-3\xi+\xi^3) \\ N_2(\xi)=\dfrac{a}{4}(1-\xi-\xi^2+\xi^3) \\ N_3(\xi)=\dfrac{1}{4}(2+3\xi-\xi^3) \\ N_4(\xi)=\dfrac{a}{4}(-1-\xi+\xi^2+\xi^3) \end{cases} \tag{3-173}$$

容易确认两个平移形函数 N_1 和 N_3 满足有限元形函数的 δ 函数属性(式(1-99))和单位分解性(式(1-100))条件。然而,两个转角形函数 N_2 和 N_4 不满足有限元形函数的 δ 函数属性(式(1-99))和单位分解性(式(1-100))条件。这是因为这两个转角形函数与从挠度函数导出的转角自由度有关。N_1 和 N_3 满足式(1-99)的要求已经确保了梁单元刚体运动的正确表示。

3.3.2 应变矩阵

将式(3-171)代入式(3-29),可得到应变和挠度之间的关系,即

$$\boldsymbol{\varepsilon}_{xx}=\boldsymbol{B}\boldsymbol{d}_{\mathrm{e}} \tag{3-174}$$

其中,结合式(3-160)可得应变矩阵为

$$\boldsymbol{B}=-yL\boldsymbol{N}=-y\frac{\partial^2}{\partial x^2}\boldsymbol{N}=-\frac{y}{a^2}\frac{\partial^2}{\partial \xi^2}\boldsymbol{N}=-\frac{y}{a^2}\boldsymbol{N}'' \tag{3-175}$$

由式(3-173)可以得到

$$\boldsymbol{N}''=[N''_1\quad N''_2\quad N''_3\quad N''_4] \tag{3-176}$$

其中

$$N''_1=\frac{3}{2}\xi,\quad N''_2=\frac{a}{2}(-1+3\xi),\quad N''_3=-\frac{3}{2}\xi,\quad N''_4=\frac{a}{2}(1+3\xi) \tag{3-177}$$

3.3.3 局部坐标系中的单元矩阵

在获得应变矩阵后,就可获得单元刚度和质量矩阵。将式(3-175)代入式(1-125),可得刚度矩阵为

$$\begin{aligned}\boldsymbol{k}_{\mathrm{e}}&=\int_V \boldsymbol{B}^{\mathrm{T}}\boldsymbol{c}\boldsymbol{B}\,\mathrm{d}V=E\int_A y^2\,\mathrm{d}A\int_{-a}^{a}\left[\frac{\partial^2}{\partial x^2}\boldsymbol{N}\right]^{\mathrm{T}}\left[\frac{\partial^2}{\partial x^2}\boldsymbol{N}\right]\mathrm{d}x\\ &=EI_z\int_{-1}^{1}\frac{1}{a^4}\left[\frac{\partial^2}{\partial \xi^2}\boldsymbol{N}\right]^{\mathrm{T}}\left[\frac{\partial^2}{\partial \xi^2}\boldsymbol{N}\right]a\,\mathrm{d}\xi=\frac{EI_z}{a^3}\int_{-1}^{1}\boldsymbol{N}''^{\mathrm{T}}\boldsymbol{N}''\mathrm{d}\xi\end{aligned} \tag{3-178}$$

其中,$I_z=\int_A y^2\mathrm{d}A$ 为梁的横截面相对于 z 轴的惯性矩。将式(3-176)代入式(3-178),得

$$\boldsymbol{k}_{\mathrm{e}}=\frac{EI}{a^3}\int_{-1}^{1}\begin{bmatrix} N''_1N''_1 & N''_1N''_2 & N''_1N''_3 & N''_1N''_4 \\ N''_2N''_1 & N''_2N''_2 & N''_2N''_3 & N''_2N''_4 \\ N''_3N''_1 & N''_3N''_2 & N''_3N''_3 & N''_3N''_4 \\ N''_4N''_1 & N''_4N''_2 & N''_4N''_3 & N''_4N''_4 \end{bmatrix}\mathrm{d}x \tag{3-179}$$

即

$$\boldsymbol{k}_e=\frac{EI_z}{2a^3}\begin{bmatrix}3 & 3a & -3 & 3a\\ & 4a^2 & -3a & 2a^2\\ & & 3 & -3a\\ sy. & & & 4a^2\end{bmatrix} \tag{3-180}$$

为了获得质量矩阵,将式(3-172)代入式(1-129),得

$$\boldsymbol{m}_e=\int_V \rho\boldsymbol{N}^{\mathrm{T}}\boldsymbol{N}\,\mathrm{d}V=\rho\int_A \mathrm{d}A\int_{-a}^{a}\boldsymbol{N}^{\mathrm{T}}\boldsymbol{N}\,\mathrm{d}x=\rho A\int_A \boldsymbol{N}^{\mathrm{T}}\boldsymbol{N}a\,\mathrm{d}\xi$$

$$=\rho Aa\int_{-1}^{1}\begin{bmatrix}N_1N_1 & N_1N_2 & N_1N_3 & N_1N_4\\ N_2N_1 & N_2N_2 & N_2N_3 & N_2N_4\\ N_3N_1 & N_3N_2 & N_3N_3 & N_3N_4\\ N_4N_1 & N_4N_2 & N_4N_3 & N_4N_4\end{bmatrix}\mathrm{d}x \tag{3-181}$$

其中,A 为梁的横截面面积。计算式(3-181)的积分得

$$\boldsymbol{m}_e=\frac{\rho Aa}{105}\begin{bmatrix}78 & 22a & 27 & -13a\\ & 8a^2 & 13a & -6a^2\\ & & 78 & -22a\\ sy. & & & 8a^2\end{bmatrix} \tag{3-182}$$

单元载荷向量可根据第1.4.5节中的式(1-132)和式(1-133)获得。假设单元受到沿 x 轴的分布外力 f_y、两个集中力 f_{s1} 和 f_{s2} 以及分别在结点1和结点2处的集中力矩 m_{s1} 和 m_{s2} 作用,则总的结点载荷向量为

$$\boldsymbol{f}_e=\int_V \boldsymbol{N}^{\mathrm{T}}f_b\,\mathrm{d}V+\int_{S_f}\boldsymbol{N}^{\mathrm{T}}f_s\,\mathrm{d}S_f$$

$$=f_ya\int_{-1}^{1}\begin{bmatrix}N_1\\ N_2\\ N_3\\ N_4\end{bmatrix}\mathrm{d}\xi+\begin{bmatrix}f_{s1}\\ m_{s1}\\ f_{s2}\\ m_{s1}\end{bmatrix}=\begin{bmatrix}f_ya+f_{s1}\\ \dfrac{f_ya^2}{3}+m_{s1}\\ f_ya+f_{s2}\\ -\dfrac{f_ya^2}{3}+m_{s1}\end{bmatrix} \tag{3-183}$$

3.3.4 梁单元矩阵的坐标变换

坐标变换理论上也可用于将梁单元矩阵从局部坐标系变换到全局坐标系。但是,只有在梁结构中存在多个梁单元,并且其中至少有两个不同方向的梁单元时,才需要进行变换。具有至少两个不同方向的梁单元的梁结构通常被称为框架或框架结构。为了分析框架,必须使用承载轴向力和弯曲力的框架单元,并且通常需要进行坐标转换。

3.3.5 计算示例

示例3-3:均匀悬臂梁受向下载荷

如图3-17所示的均匀横截面悬臂梁,梁的一端固定,自由端受向下静态载荷 $P=1\ 000$ N

下发生弯曲。梁由铝制成,其材料特性如表 3-4 所列。

为了明确求解本示例所需步骤,首先仅使用一个梁单元来求解挠度。梁单元将具有如图 3-16 所示的自由度。

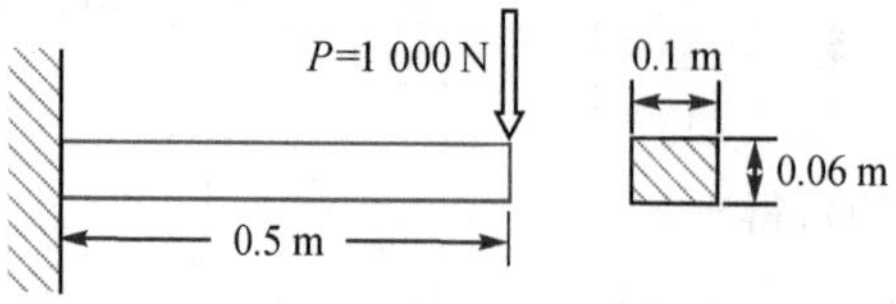

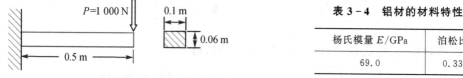

图 3-17 静载荷下的悬臂梁

表 3-4 铝材的材料特性

杨氏模量 E/GPa	泊松比
69.0	0.33

第 1 步:获得单元矩阵

在本示例中,作为唯一使用的单元,单元矩阵实际上是全局有限元矩阵,因此不需要组装。四个自由度的形函数由式(3-173)给出。单元刚度矩阵可以利用式(3-180)获得。需要注意,由于这是一个静态问题,因此不需要计算质量矩阵。梁单元的横截面积关于 z 轴面积的二阶矩(惯性矩)为

$$I_z=\frac{1}{12}bh^3=\frac{1}{12}\times 0.1\times 0.06^3=1.8\times 10^{-6}\ \text{m}^4 \tag{3-184}$$

由于只使用了一个单元,因此梁的全局刚度矩阵与单元刚度矩阵相同,即

$$\boldsymbol{K}=\boldsymbol{k}_e=\frac{69\times 10^9\times 1.8\times 10^{-6}}{2\times 0.25^3}\times\begin{bmatrix}3 & 0.75 & -3 & 0.75\\ 0.75 & 0.25 & -0.75 & 0.125\\ -3 & -0.75 & 3 & -0.75\\ 0.75 & 0.125 & -0.75 & 0.25\end{bmatrix}$$

$$=3.974\times 10^6\times\begin{bmatrix}3 & 0.75 & -3 & 0.75\\ 0.75 & 0.25 & -0.75 & 0.125\\ -3 & -0.75 & 3 & -0.75\\ 0.75 & 0.125 & -0.75 & 0.25\end{bmatrix}\ \text{N}\cdot\text{m}^{-2} \tag{3-185}$$

则梁的有限元方程可表示为

$$\underbrace{3.974\times 10^6\times\begin{bmatrix}3 & 0.75 & -3 & 0.75\\ 0.75 & 0.25 & -0.75 & 0.125\\ -3 & -0.75 & 3 & -0.75\\ 0.75 & 0.125 & -0.75 & 0.25\end{bmatrix}}_{\boldsymbol{K}}\underbrace{\begin{bmatrix}v_1\\ \theta_1\\ v_2\\ \theta_2\end{bmatrix}}_{\boldsymbol{D}}=\underbrace{\begin{bmatrix}Q_1=?\\ M_1=?\\ Q_2=P\\ M_2=0\end{bmatrix}}_{\boldsymbol{F}}\begin{matrix}\rightarrow \text{未知的剪切力}\\ \rightarrow \text{未知的力矩}\\ \\ \\ \end{matrix} \tag{3-186}$$

注意: 梁在结点 1 固支,因此该结点处的剪力和力矩应该为反作用剪力和力矩,其在有限元方程求解位移之前是未知的。

第 2 步:施加边界条件

横梁的一端固支或夹紧,即该端的挠度 v_1 和转角 θ_1 都为 0。施加此位移边界条件则需要删除刚度矩阵的第 1、2 行和列,即

$$3.974\times10^6\times\begin{bmatrix}3 & 0.75 & -3 & 0.75\\ 0.75 & 0.25 & 0.75 & -0.125\\ -3 & -0.75 & 3 & -0.75\\ 0.75 & 0.125 & -0.75 & -0.25\end{bmatrix}\begin{Bmatrix}v_1=0\\ \theta_1=0\\ v_2\\ \theta_2\end{Bmatrix}=\begin{Bmatrix}Q_1\\ M_1\\ Q_2=P\\ M_2=0\end{Bmatrix} \tag{3-187}$$

则退化后的刚度矩阵变为 2×2 的矩阵，即

$$\boldsymbol{K}=3.974\times10^6\times\begin{bmatrix}3 & -0.75\\ -0.75 & 0.25\end{bmatrix}\mathrm{N\cdot m^{-2}} \tag{3-188}$$

因此，在施加位移条件后，有限元方程表示为

$$\boldsymbol{Kd}=\boldsymbol{F} \tag{3-189}$$

其中

$$\boldsymbol{d}^{\mathrm{T}}=[v_2 \quad \theta_2]$$

载荷向量 $\boldsymbol{F}$ 为

$$\boldsymbol{F}=\begin{bmatrix}-1000\\ 0\end{bmatrix}\mathrm{N}$$

注意：虽然反作用剪力 Q_1 和力矩 M_1 为未知，但这不会影响有限元方程的求解，因为通过已知的 v_1 和 θ_1 可以消除原始有限元方程中的未知数 Q_1 和 M_1。在求解了所有位移（挠度和转角）的有限元方程之后，可以反过来计算 Q_1 和 M_1。

第 3 步：求解有限元方程

在上述情况下，式（3-189）实际上是关于两个未知数的两个联立方程组，并且很容易手动求解。当然，当有更多未知数或自由度时，可能需要通过数值方法求解矩阵方程。式（3-189）的解是

$$\begin{cases}v_2=-3.355\times10^{-4}\ \mathrm{m}\\ \theta_2=-1.007\times10^{-3}\ \mathrm{rad}\end{cases} \tag{3-190}$$

将 v_2 和 θ_2 代入式（3-186）的前两个方程，可获得结点 1 处的反作用剪力

$$\begin{aligned}Q_1&=3.974\times10^6(-3v_2+0.75\theta_2)\\ &=3.974\times10^6[-3\times(-3.355\times10^{-4})+0.75\times(-1.007\times10^{-3})]\\ &=998.47\ \mathrm{N}\end{aligned}$$

和结点 1 处的力矩

$$\begin{aligned}M_1&=3.974\times10^6(-0.75v_2+0.125\theta_2)\\ &=3.974\times10^6[-0.75\times(-3.355\times10^{-4})+0.125\times(-1.007\times10^{-3})]\\ &=499.73\ \mathrm{Nm}\end{aligned}$$

这样就完成了本示例的整个求解过程。

注意：此有限元解与解析解完全相同，本示例的求解过程再次展示了有限元方法的再现特征。

在本示例中，因为悬臂细梁挠度的精确解是一个三阶多项式，可以通过求解在 $F_z=0$ 时式（3-44）给出的梁动力学平衡方程的强形式求得；而在有限元分析中使用的形函数也是三阶多项式（参见式（3-173）或式（3-161））。所以该示例的精确解包含在假设的挠度基函数集中。基于最小势能原理的有限元法确实再现了精确解。当然，如果要计算结点以外的任何其

他位置的挠度，这也是精确的。例如，要计算梁中心点的挠度，可以使用式(3-171)和 $x=0.25$，或者在自然坐标系中将 $\xi=0$ 代入结点处计算，得

$$v_{\xi=0}=\boldsymbol{N}_{\xi=0}\boldsymbol{d}_{\mathrm{e}}=\begin{bmatrix}\frac{1}{2} & \frac{1}{16} & \frac{1}{2} & -\frac{1}{16}\end{bmatrix}\begin{bmatrix}0\\0\\-3.355\times10^{-4}\\-1.007\times10^{-3}\end{bmatrix}$$

$$=-1.048\times10^{-4}\ \mathrm{m}$$

要计算梁中心点的转角，首先求位移函数的导数，然后再计算，可得

$$\theta_{\xi=0}=\left(\frac{\mathrm{d}v}{\mathrm{d}x}\right)_{\xi=0}=\left(\frac{\mathrm{d}\boldsymbol{N}}{\mathrm{d}x}\right)_{\xi=0}\boldsymbol{d}_{\mathrm{e}}=\begin{bmatrix}-3 & -\frac{1}{4} & 3 & -\frac{1}{4}\end{bmatrix}\begin{bmatrix}0\\0\\-3.355\times10^{-4}\\-1.007\times10^{-3}\end{bmatrix}$$

$$=-7.548\times10^{-4}\ \mathrm{rad}$$

注意：在计算上式中的 $\frac{\mathrm{d}\boldsymbol{N}}{\mathrm{d}x}$ 时，需要结合微分的链式法则及式(3-160)中 x 和 ξ 之间的关系。

3.3.6 升阶谱有限元法

在升阶谱有限元法中，梁的横向位移 v 可表示为

$$v=\sum_{r=1}^{p}f_r(\xi)q_r \tag{3-191}$$

其中，p 为基函数的数量，$-1\leqslant\xi\leqslant+1$。前 4 个插值函数由式(3-172)和式(3-173)给出，且 $a=\frac{1}{2}$，即

$$\begin{cases}f_1(\xi)=\frac{1}{4}(2-3\xi+\xi^3)\\ f_2(\xi)=\frac{1}{8}(1-\xi-\xi^2+\xi^3)\\ f_3(\xi)=\frac{1}{4}(2+3\xi-\xi^3)\\ f_4(\xi)=\frac{1}{8}(-1-\xi+\xi^2+\xi^3)\end{cases} \tag{3-192}$$

将 $s=2$ 和 $m=(r-1)$ 代入式(3-146)可获得 $r>4$ 的升阶谱函数 $f_r(\xi)$，即

$$f_r(\xi)=\sum_{n=0}^{(r-1)/2}\frac{(-1)^n}{2^n n!}\frac{(2r-2n-7)!!}{(r-2n-1)!}\xi^{(r-2n-1)} \tag{3-193}$$

前 4 个升阶谱基函数为

$$\begin{cases} f_5(\xi)=\dfrac{1}{8}(1-2\xi^2+\xi^4) \\ f_6(\xi)=\dfrac{1}{8}(\xi-2\xi^3+\xi^5) \\ f_7(\xi)=\dfrac{1}{48}(-1+9\xi^2-15\xi^4+7\xi^6) \\ f_8(\xi)=\dfrac{1}{6}(-\xi-5\xi^3+7\xi^5+3\xi^7) \end{cases} \tag{3-194}$$

需要注意，上述函数及其一阶导数在 $\xi=\pm1$ 处为 0，因此前 4 个自由度为

$$q_1=v_1,\quad q_2=\theta_{z1},\quad q_3=v_2,\quad q_4=\theta_{z2} \tag{3-195}$$

梁的前 8 个升阶谱多项式函数如图 3-18 所示。

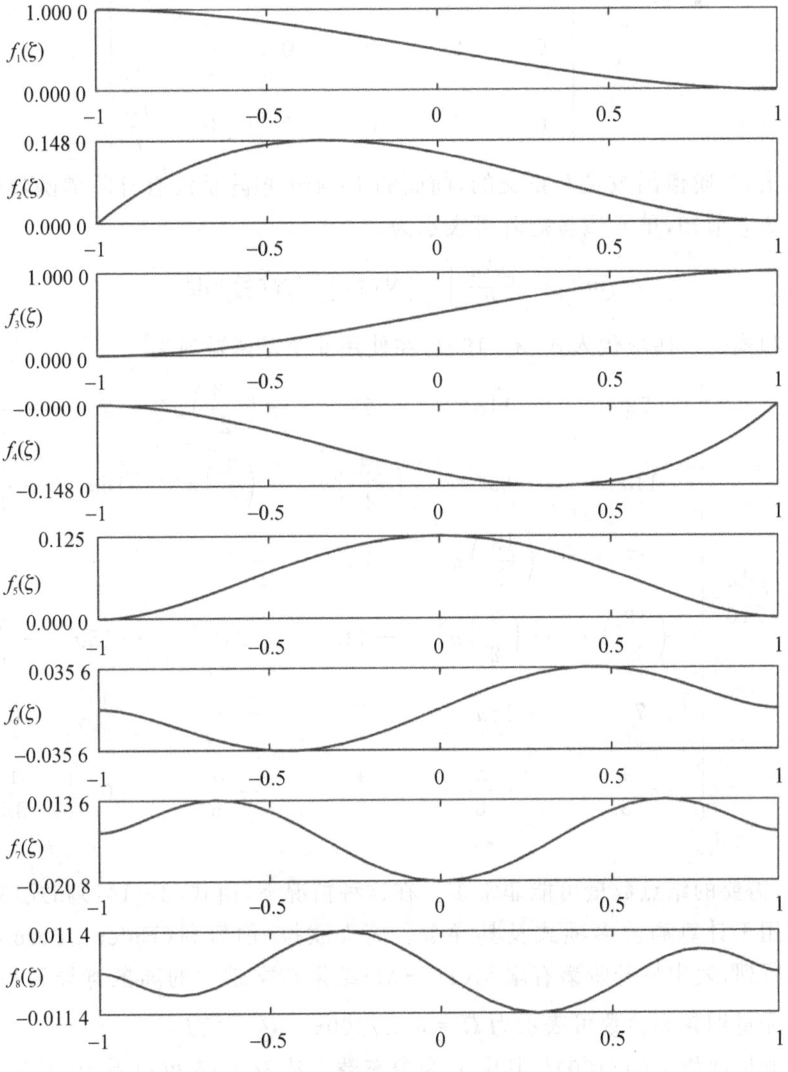

图 3-18 梁的前 8 个升阶谱多项式函数

式(3-191)可以更简洁地表示为矩阵形式

$$v=[\boldsymbol{N}(\xi)]^{\mathrm{T}}\boldsymbol{q} \tag{3-196}$$

其中，向量 $\boldsymbol{N}(\xi)$ 包含着函数 $f_r(\xi)$，向量 $\{\boldsymbol{q}\}$ 包含着自由度 q_r。

由第 3.3.3 节知，单元刚度矩阵可表示为

$$\boldsymbol{k}_{\mathrm{e}}=\frac{9EI_z}{a^3}\int_{-1}^{1}[\boldsymbol{N}''(\xi)]^{\mathrm{T}}[\boldsymbol{N}''(\xi)]\,\mathrm{d}\xi \tag{3-197}$$

其中，a 表示单元的长度。

将式(3-192)和式(3-194)代入式(3-197)，在使用 6 个基函数时有

$$\boldsymbol{k}_{\mathrm{e}}=\frac{EI_z}{a^3}\begin{bmatrix} 12 & 6a & -12 & 6a & 0 & 0\\ 6a & 4a^2 & -6a & 2a^2 & 0 & 0\\ -12 & -6a & 12 & -6a & 0 & 0\\ 6a & 2a^2 & -6a & 4a^2 & 0 & 0\\ 0 & 0 & 0 & 0 & \dfrac{16}{5} & 0\\ 0 & 0 & 0 & 0 & 0 & \dfrac{16}{7}\end{bmatrix} \tag{3-198}$$

从上式可以看出，升阶谱函数是 k 正交的，前面的 4×4 子矩阵是没有升阶谱函数的刚度矩阵。

根据第 3.3.3 节知，单元质量矩阵可表示为

$$[\boldsymbol{m}]_{\mathrm{e}}=\frac{\rho Aa}{2}\int_{-1}^{1}[\boldsymbol{N}(\xi)]^{\mathrm{T}}[\boldsymbol{N}(\xi)]\,\mathrm{d}\xi \tag{3-199}$$

将式(3-192)和式(3-194)代入式(3-199)，在使用 6 个基函数时有

$$\boldsymbol{m}_{\mathrm{e}}=\frac{\rho Aa}{210}\begin{bmatrix} 78 & 11a & 27 & -\left(\dfrac{13}{2}\right)a & 7 & -\dfrac{4}{3}\\ 11a & 2a^2 & \left(\dfrac{13}{2}\right)a & -\left(\dfrac{3}{2}\right)a^2 & 15a & -\dfrac{a}{6}\\ 27 & \left(\dfrac{13}{2}\right)a & 78 & -11a & 7 & \dfrac{4}{3}\\ -\left(\dfrac{13}{2}\right)a & -\left(\dfrac{3}{2}\right)a^2 & -11a & 2a^2 & -15a & -\dfrac{a}{6}\\ 7 & 15a & 7 & -15a & \dfrac{4}{3} & 0\\ -\dfrac{4}{3} & -\dfrac{a}{6} & \dfrac{4}{3} & -\dfrac{a}{6} & 0 & \dfrac{4}{33}\end{bmatrix} \tag{3-200}$$

在高频分析中，需要的结点数量可能非常多。在这种情况下，由式(3-147)和式(3-148)给出的递归公式可用于计算高阶多项式及其导数。简支欧拉-伯努利(Euler-Bernoulli)梁的结果，见表 3-5 所列，表中将升阶谱有限元(HFEM)结果与文献中的离散奇异卷积(DSC)结果进行了比较。无量纲频率参数可表示为 $\Omega=\omega(L/100\pi)^2\sqrt{\rho S/EI}$。

频率参数的精确值是 $(n/100)^2$，其中 n 为模态数。从表 3-5 可以看出，对于前 60%的频率，HFEM 比 DSC 更准确。HFEM 频率的精度在 60%之后会降低，因为基函数的数量不足以描述振型。该问题的 HFEM 结果也与有限元方法(FEM)的三次欧拉-伯努利(Euler-Bernoulli)梁单元的结果进行了比较。两种方法相对于频率数 n 的相对误差对比，如图 3－19 所示。从图 3－19 可以看出，FEM 的相对误差在前 20％后开始增加，并在前 50％时突然增加；HFEM 的相对误差仅在前 60％之后才开始增加，前 60％的频率非常准确；DSC 可以提供 60％之后频率较高精度的结果，可能是由于使用了奇异基函数的原因。但 DSC 似乎目前主要用于规则区域，并且与 DQM 或弱形式 QEM 一样，DSC 不具有升阶谱属性。

表 3－5 简支欧拉-伯努利(Euler－Bernoulli)梁的无量纲频率

模态数	网格尺寸							
	1001		2001		3001		4001	
	HFEM	DSC	HFEM	DSC	HFEM	DSC	HFEM	DSC
500	25.0000	25.0002	25.0000	25.0000	25.0000	25.0000	25.0000	25.0000
1000	—	—	100.000	100.001	100.000	100.000	100.000	100.000
2000	—	—	—	—	410.976	401.206	400.000	400.004

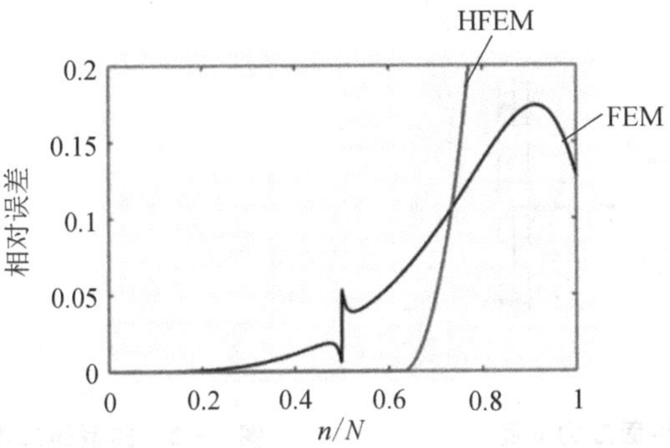

图 3－19 简支梁：使用升阶谱有限元(HFEM)和三次有限元(FEM)的归一化离散频谱

3.4 本章小结

本章介绍了桁架和梁的有限元，这是两个典型的一维有限元。扭轴单元和深梁弯曲单元的构造方式与桁架单元类似。深梁单元也是 C^0 单元，但如果用于非常细的梁，可能会出现剪切闭锁问题。实际上，h 型有限元由于较简单而在工程中广泛应用。但是，在进行高精度分析时，p 型有限元更有效。p 型有限元的方法有很多，升阶谱有限元(HFEM)与有限元方法(FEM)提出的时间相近，并且已经接近成熟，因此本章对其进行了更详细的介绍。

第4章　二维和三维实体的有限元分析

尽管现实生活中不可能存在真正的二维结构，但经验丰富的分析师通常可以通过使用二维模型进行分析，将许多实际问题理想化为二维问题以获得较为满意的结果，这与使用三维模型相比，分析效率和成本效益要高得多。平面内变形包括平面应力和平面应变，相应地，需要使用平面应力和平面应变单元来求解。例如，如图 4-1 所示的一个板结构，荷载作用在板的平面上，就需要使用二维平面应力单元(膜单元)。当需要模拟水压对大坝的影响时(见图 4-2)，则必须使用二维平面应变单元。

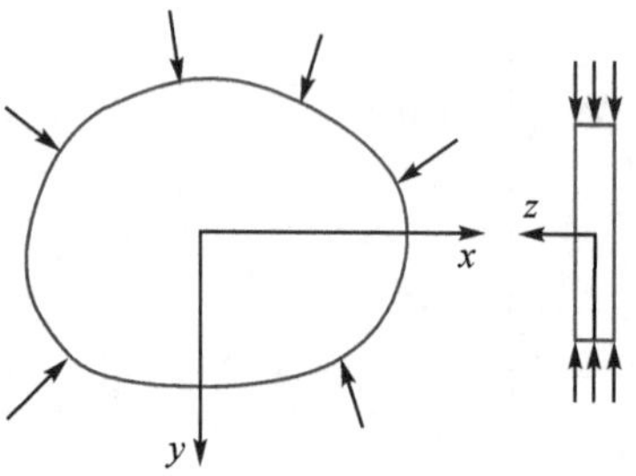

图 4-1　典型的二维平面应力问题

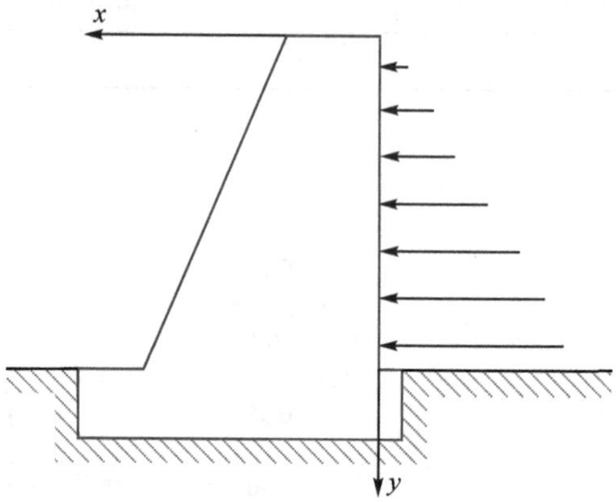

图 4-2　典型的二维平面应变问题

三维实体单元可以被认为是所有实体有限元的最一般形式，因为所有场变量都取决于 x、y 和 z。三维实体在空间中可以具有任意形状、材料属性和边界条件。因此，需要考虑 6 个可能的应力分量：3 个法向分量和 3 个剪切分量。通常，三维实体单元可以是具有平面或曲面的四面体、金字塔、三棱柱体或六面体。单元的每个结点将具有 3 个平移自由度。因此，该单元可以在空间中的所有 3 个方向上变形。三维实体单元公式基本上是二维实体单元公式的扩展，可以使用二维实体中的所有技术，除了需要所有变量扩展为 x、y 和 z 的函数。

4.1　单元能量泛函

4.1.1　平面应力/应变单元

如图 4-3 所示为一个恒定厚度为 h 的薄板，它受到分布边界载荷的作用。这些载荷施加在平行于板的中间平面上，并且均匀分布在整个厚度上。由于没有作用在表面 $z=\pm\frac{h}{2}$ 上的力，因此应力分量 σ_z、τ_{zx}、τ_{zy} 在这些表面上为 0。在上述条件下，可以合理地假设板内各处的应力小到忽略不计。于是，应力状态由应力分量 σ_x、σ_y、τ_{xy} 定义，假定它们与 z 无关。这种状态被称为平面应力，该单元则被称为膜单元。平面应变实体是指在 z 方向上的厚度与在 x 和 y 方向上的尺寸相比非常大的实体。外力沿 z 轴均匀施加，z 方向任意点的运动受到约束。因此，z 方向的应变分量 ε_{zz}、ε_{x}、ε_{yz} 全为 0，如图 4-2 所示。

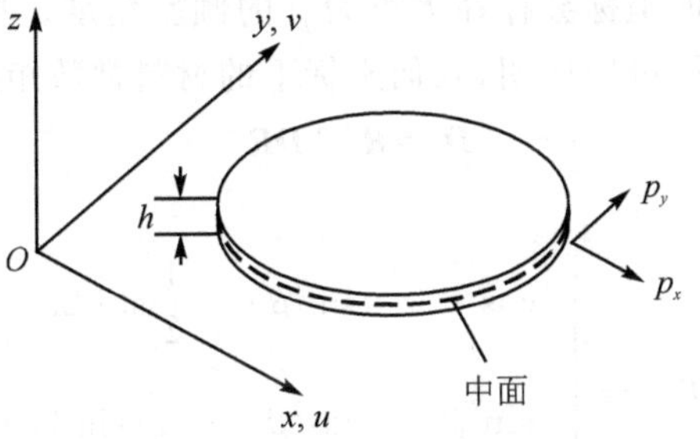

图 4-3　位于 x-y 平面的膜单元

存储在膜单元中的应变能可表示为

$$U=\frac{1}{2}\int_{V}(\sigma_x\varepsilon_x+\sigma_y\varepsilon_y+\tau_{xy}\gamma_{xy})\,\mathrm{d}V \tag{4-1}$$

也可以用矩阵形式表示为

$$U=\frac{1}{2}\int_{V}\boldsymbol{\sigma}^{\mathrm{T}}\boldsymbol{\varepsilon}\,\mathrm{d}V \tag{4-2}$$

其中

$$\begin{cases}\boldsymbol{\sigma}=\begin{bmatrix}\sigma_x & \sigma_y & \tau_{xy}\end{bmatrix}^{\mathrm{T}}\\ \boldsymbol{\varepsilon}=\begin{bmatrix}\varepsilon_x & \varepsilon_y & \gamma_{xy}\end{bmatrix}^{\mathrm{T}}\end{cases} \tag{4-3}$$

应力-应变关系可表示为

$$\boldsymbol{\sigma}=\boldsymbol{D}\boldsymbol{\varepsilon} \tag{4-4}$$

其中，对于各向异性材料，在每个方向上具有不同的材料属性，则

$$\boldsymbol{D}=\begin{bmatrix}d_{11} & d_{12} & d_{13}\\ & d_{22} & d_{23}\\ \text{对称} & & d_{33}\end{bmatrix} \tag{4-5}$$

系数 $d_{ij}(i,j=1,2,3)$ 为材料常数。

如果材料是正交各向异性的，它将有两条对称线。以两条对称线为坐标轴 $\bar{x}$、$\bar{y}$，则材料常数矩阵表示为

$$\boldsymbol{D}^{*}=\begin{bmatrix}E'_{\bar{x}} & E'_{\bar{x}}\upsilon_{\bar{x}\bar{y}} & 0\\ & E'_{\bar{y}} & 0\\ \text{对称} & & G_{\bar{x}\bar{y}}\end{bmatrix} \tag{4-6}$$

其中

$$E'_{\bar{x}}=\frac{E_{\bar{x}}}{1-\upsilon_{\bar{x}\bar{y}}\upsilon_{\bar{y}\bar{x}}},\quad E'_{\bar{y}}=\frac{E_{\bar{y}}}{1-\upsilon_{\bar{x}\bar{y}}\upsilon_{\bar{y}\bar{x}}} \tag{4-7}$$

$E_{\bar{x}}$ 为 $\bar{x}$ 方向的弹性模量；$E_{\bar{y}}$ 为 $\bar{y}$ 方向上的弹性模量；$\upsilon_{\bar{x}\bar{y}}$ 为由于在 $\bar{x}$ 方向上的单位应变，而在 $\bar{y}$ 方向上产生的应变；$\upsilon_{\bar{y}\bar{x}}$ 为由于在 $\bar{y}$ 方向上的单位应变，而在 $\bar{x}$ 方向上产生的应变；$G_{\bar{x}\bar{y}}$ 为对

应于 $\bar{x}$,$\bar{y}$ 方向的剪切模量。

上述这些常数的关系为

$$E_{\bar{x}}\upsilon_{\bar{x}\bar{y}}=E_{\bar{y}}\upsilon_{\bar{y}\bar{x}},\quad E'_{\bar{x}}\upsilon_{\bar{x}\bar{y}}=E'_{\bar{y}}\upsilon_{\bar{y}\bar{x}} \tag{4-8}$$

一般来说,材料坐标相对几何坐标会存在大小为 β 的倾斜角度。通过考虑与材料坐标和几何坐标相关的应变之间的关系,可以证明,几何坐标下的材料常数矩阵可表示为

$$\boldsymbol{D}=\boldsymbol{R}^{*\mathrm{T}}\boldsymbol{D}\boldsymbol{R}^{*} \tag{4-9}$$

其中,变换矩阵

$$\boldsymbol{R}^{*}=\begin{bmatrix}\cos^2\beta & \sin^2\beta & \frac{1}{2}\sin 2\beta\\ \sin^2\beta & \cos^2\beta & -\frac{1}{2}\sin 2\beta\\ -\sin 2\beta & \sin 2\beta & \cos 2\beta\end{bmatrix} \tag{4-10}$$

对于各向同性材料,弹性特性在所有方向上都是相同的。因此,材料常数矩阵简化为

$$\boldsymbol{D}=\begin{bmatrix}E' & E'\upsilon & 0\\ & E' & 0\\ \text{对称} & & G\end{bmatrix} \tag{4-11}$$

其中

$$E'=\frac{E}{1-\upsilon^2},\quad G=\frac{E}{2(1+\upsilon)} \tag{4-12}$$

E 为杨氏模量,υ 为泊松比。

为了获得上述平面应力情况下的材料常数矩阵 $\boldsymbol{D}$,对于各向同性材料,需要对广义胡克定律施加 $\sigma_{zz}=\sigma_{xz}=\sigma_{yz}=0$ 的条件。对于平面应变问题,则需要施加 $\varepsilon_{zz}=\varepsilon_{xz}=\varepsilon_{yz}=0$ 的条件,或者分别用 $E/(1-\upsilon^2)$ 和 $\upsilon/(1-\upsilon)$ 替换式(4-12)中的 E 和 υ。

将式(4-4)代入式(4-2),得

$$U=\frac{1}{2}\int_V \boldsymbol{\varepsilon}^{\mathrm{T}}\boldsymbol{D}\boldsymbol{\varepsilon}\,\mathrm{d}V \tag{4-13}$$

由于假定应力 $\boldsymbol{\sigma}$ 与 z 无关,那么应变 $\boldsymbol{\varepsilon}$ 和位移分量 u、v 也与 z 无关。因此,式(4-13)对 z 积分得

$$U=\frac{1}{2}\int_A h\boldsymbol{\varepsilon}^{\mathrm{T}}\boldsymbol{D}\boldsymbol{\varepsilon}\,\mathrm{d}A \tag{4-14}$$

其中,A 为中间平面的面积。在式(4-14)中,应变可用位移表示为

$$\boldsymbol{\varepsilon}=\begin{bmatrix}\dfrac{\partial u}{\partial x}\\ \dfrac{\partial v}{\partial x}\\ \dfrac{\partial u}{\partial y}+\dfrac{\partial v}{\partial x}\end{bmatrix} \tag{4-15}$$

膜单元的动能可表示为

$$T=\frac{1}{2}\int_A \rho h(\dot{u}^2+\dot{v}^2)\,\mathrm{d}A \tag{4-16}$$

如果 p_x、p_y 为单位弧长边界上施加的边界力的分量，则虚功可表示为

$$\delta W=\int_s (p_x\delta u+p_y\delta v)\,\mathrm{d}s \tag{4-17}$$

其中，s 表示单元的边界。

删除式(3-5)中与 z 坐标相关的项，则可获得二维问题的动力学平衡方程

$$\begin{cases}\dfrac{\partial\sigma_x}{\partial x}+\dfrac{\partial\tau_{yx}}{\partial y}+p_x=\rho\ddot{u}\\ \dfrac{\partial\tau_{xy}}{\partial x}+\dfrac{\partial\sigma_y}{\partial y}+p_y=\rho\ddot{v}\end{cases} \tag{4-18}$$

4.1.2 三维实体单元

如图 4-4 所示为三维实体 V，被表面 S 包围。任何一点的应力和应变状态由式(3-1)和式(3-3)中给出的六个独立分量定义。因此，存储在三维实体单元中的应变能可表示为

$$U=\frac{1}{2}\int_V\{\sigma_x\varepsilon_x+\sigma_y\varepsilon_y+\sigma_z\varepsilon_z+\tau_{xy}\gamma_{xy}+\tau_{xz}\gamma_{xz}+\tau_{yz}\gamma_{yz}\}\mathrm{d}V \tag{4-19}$$

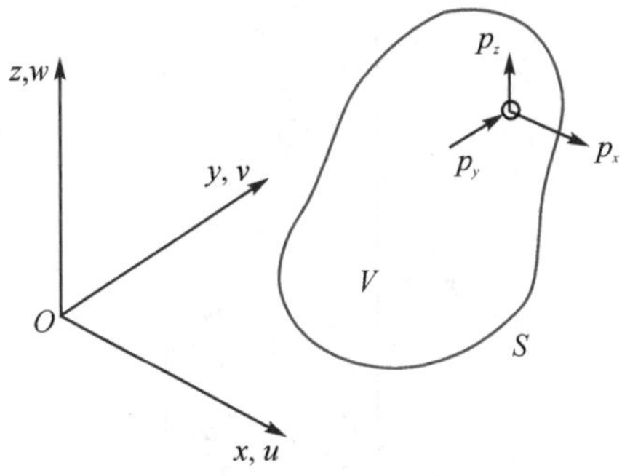

图 4-4 三维实体

也可以用矩阵形式表示为

$$U=\frac{1}{2}\int_V\boldsymbol{\sigma}^{\mathrm{T}}\boldsymbol{\varepsilon}\,\mathrm{d}V \tag{4-20}$$

其中

$$\begin{cases}\boldsymbol{\sigma}=[\sigma_x\quad\sigma_y\quad\sigma_z\quad\tau_{xy}\quad\tau_{xz}\quad\tau_{yz}]^{\mathrm{T}}\\ \boldsymbol{\varepsilon}=[\varepsilon_x\quad\varepsilon_y\quad\varepsilon_z\quad\gamma_{xy}\quad\gamma_{xz}\quad\gamma_{yz}]^{\mathrm{T}}\end{cases} \tag{4-21}$$

应力-应变关系可表示为

$$\boldsymbol{\sigma}=\boldsymbol{D\varepsilon} \tag{4-22}$$

其中，$\boldsymbol{D}$ 为材料常数对称矩阵，对于各向异性材料，其包含 21 个独立的材料常数；对各向同性材料可表示为

$$\boldsymbol{D}=\frac{E}{(1+\upsilon)(1-2\upsilon)}\begin{bmatrix} 1-\upsilon & \upsilon & \upsilon & 0 & 0 & 0 \\ & 1-\upsilon & \upsilon & 0 & 0 & 0 \\ & & 1-\upsilon & 0 & 0 & 0 \\ & & & \frac{1}{2}(1-2\upsilon) & 0 & 0 \\ & & & & \frac{1}{2}(1-2\upsilon) & 0 \\ \text{对称} & & & & & \frac{1}{2}(1-2\upsilon) \end{bmatrix} \tag{4-23}$$

其中,E 为杨氏模量,υ 为泊松比。

将式(4-22)代入式(4-20)得

$$U=\frac{1}{2}\int_V \boldsymbol{\varepsilon}^{\mathrm{T}}\boldsymbol{D}\boldsymbol{\varepsilon}\,\mathrm{d}V \tag{4-24}$$

在式(4-24)中,应变可用位移表示为

$$\boldsymbol{\varepsilon}=\begin{bmatrix} \dfrac{\partial u}{\partial x} \\ \dfrac{\partial v}{\partial y} \\ \dfrac{\partial w}{\partial z} \\ \dfrac{\partial u}{\partial y}+\dfrac{\partial v}{\partial x} \\ \dfrac{\partial u}{\partial z}+\dfrac{\partial w}{\partial x} \\ \dfrac{\partial v}{\partial z}+\dfrac{\partial w}{\partial y} \end{bmatrix} \tag{4-25}$$

三维实体单元的动能可表示为

$$T=\frac{1}{2}\int_V \rho(\dot{u}^2+\dot{v}^2+\dot{w}^2)\,\mathrm{d}V \tag{4-26}$$

如果 p_x, p_y, p_z 为单位面积上施加的表面力的分量,则虚功可表示为

$$\delta W=\int_S (p_x\delta u+p_y\delta v+p_z\delta w)\,\mathrm{d}S \tag{4-27}$$

4.2 二维实体有限元法

二维实体单元,无论是平面应变单元还是平面应力单元,其形状可以是具有直边或曲边的三角形、矩形或四边形。工程实践中最常用的单元是线性单元。二次单元一般用于需要高精度的情况,在实际问题中使用得不多。阶次更高的单元也已经被研发出来,但除了某些特定问题外,一般不会使用。二维实体单元的阶次由使用的形函数的阶次决定。线性单元使用线性形函数,因此单元的边是直的。二次单元使用二次形函数,因此单元的边可以是弯的。三阶或

更高阶的单元可以类推。

在二维模型中，单元只能在定义模型的平面中变形，并且在大多数情况下，是 $x-y$ 平面。在任何一点的变量(即位移)，在 x 和 y 方向都有分量，外力也是如此。对于平面应变问题，真实结构的厚度并不重要，通常在二维模型中被视为一个单位量。然而，对于平面应力问题，厚度是计算刚度矩阵和应力的重要参数。在本章中，假设单元具有统一的厚度 h。如果要分析厚度变化的结构，则需要将结构分成小单元，在每个单元中可以使用均匀厚度。此外，变厚度二维单元的公式也很容易推导，具体过程类似于均匀单元。

与一维单元相比，由于二维单元的维数更高，所以其方程更复杂一些。然而，推导这些方程的过程与一维桁架单元的过程非常相似，详见第 3.2 节。推导步骤可以概括为：

① 构造满足式(1－99)和式(1－100)的形函数矩阵 $\boldsymbol{N}$。

② 构造应变矩阵 $\boldsymbol{B}$。

③ 使用 $\boldsymbol{N}$ 和 $\boldsymbol{B}$ 并结合式(2－19)计算 $\boldsymbol{k}_e$、$\boldsymbol{m}_e$ 和 $\boldsymbol{f}_e$。

下面重点介绍 3 种简单但非常重要的单元形式：线性三角形、线性矩形和线性四边形单元。一旦理解了这 3 种单元形式，就可以使用相同的流程直接开发其他类型的高阶单元(如高阶三角形、高阶四边形单元)。

4.2.1 线性三角形单元

线性三角形单元是为二维实体开发的第一种单元，也是所有二维实体单元中最简单的。实践表明，与线性四边形单元相比，线性三角形单元的精度较低。由于这个原因，通常认为使用四边形单元是理想的，但现实情况是，三角形单元仍然非常有用，因为它可以适应复杂的几何形状。当需要对带有锐角的复杂几何形状的二维模型进行网格划分时，通常会使用三角形单元。此外，三角形的拓扑特征最简单，因此开发网格生成软件也更容易。如今，分析人员希望网格生成能够完全自动执行，因为经常出现重复甚至自适应重新划分网格的复杂分析任务。大多数自动网格生成软件只能生成三角形网格。也有一些可以生成四边形网格的自动网格生成软件，但它们仍然需要使用三角形单元作为补充以应对特殊情况，并最终得到混合网格。因此，对于许多实际的工程问题，仍然不得不使用三角形单元。

如图 4－5 所示为 $x-y$ 平面中的二维模型。该二维域以适当的方式划分为多个三角形单元。在线性三角形单元的网格中，每个三角形单元有 3 个结点和 3 条直边。

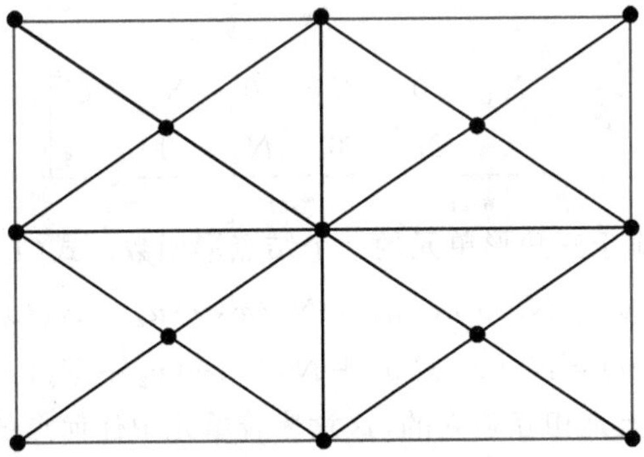

图 4－5 用三角形网格划分的矩形域

4.2.1.1 场变量插值

如图 4-6 所示，厚度为 h 的三角形单元，单元的结点逆时针编号为 1、2 和 3。对于二维实体单元，场变量为位移，它有两个分量(u 和 v)，因此每个结点都有两个自由度(DOF)。由于线性三角形单元有 3 个结点，因此线性三角形单元的自由度总数为 6。对于线性三角形单元，可以将每个单元的局部坐标视为与全局坐标相同，因为为每个单元指定不同的局部坐标系没有任何益处。

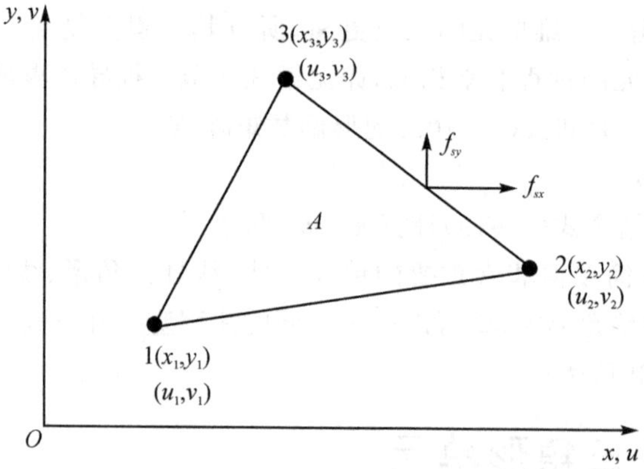

图 4-6 线性三角形单元

在构造三角形单元时，位移 $\boldsymbol{U}$ 通常是坐标 x 和 y 的函数，因此使用结点处的位移和形函数来表示单元中任意点的位移。于是，假设

$$\boldsymbol{U}^h(x,y)=\boldsymbol{N}(x,y)\boldsymbol{d}_e \tag{4-28}$$

其中，上标 h 表示位移是近似值；$\boldsymbol{d}_e$ 是结点位移的向量，排列顺序为

$$\boldsymbol{d}_e=\begin{bmatrix} u_1 \\ v_1 \\ u_2 \\ v_2 \\ u_3 \\ v_3 \end{bmatrix} \begin{matrix} \text{节点 1 的位移} \\ \\ \text{节点 2 的位移} \\ \\ \text{节点 3 的位移} \end{matrix} \tag{4-29}$$

形函数矩阵 $\boldsymbol{N}$ 排列为

$$\boldsymbol{N}=\begin{bmatrix} N_1 & 0 & N_2 & 0 & N_3 & 0 \\ 0 & N_1 & 0 & N_2 & 0 & N_3 \end{bmatrix} \tag{4-30}$$

（节点1、节点2、节点 3）

其中，$N_i(i=1,2,3)$ 是对应于三角形单元的 3 个结点形函数。式(4-28)可以显式表示为

$$\begin{cases} u^h(x,y)=N_1(x,y)u_1+N_2(x,y)u_2+N_3(x,y)u_3 \\ v^h(x,y)=N_1(x,y)v_1+N_2(x,y)v_2+N_3(x,y)v_3 \end{cases} \tag{4-31}$$

因为这两个位移分量基本上是相互独立的，这意味着单元中任何点的每个位移分量，都可以通过形函数的结点位移来插值近似。下面介绍为三角形单元构造满足 δ 函数属性、单位分解性和线性场再现性的形函数。

4.2.1.2 形函数构造

构造形函数通常是推导有限元方程的第一步，也是最重要的一步。在确定三角形单元的形函数 $N_i(i = 1, 2, 3)$时，可以完全采用标准流程：首先使用含未知常数的多项式基函数假设位移，然后通过单元结点处的结点位移确定这些未知常数。这个标准流程原则上适用于构造任何类型的单元，但可能不是最方便的方法。以下给出另一种稍微不同的形函数构造方法：直接假设形函数为具有未知常系数的多项式基函数，然后利用形函数的特性确定这些未知常数。两者唯一的区别为假设的是形函数而不是位移。

对于线性三角形单元，假设其形函数是 x 和 y 的线性函数。因此，它们应该具有以下形式

$$\begin{cases} N_1 = a_1 + b_1 x + c_1 y \\ N_2 = a_2 + b_2 x + c_2 y \\ N_3 = a_3 + b_3 x + c_3 y \end{cases} \tag{4-32}$$

其中，a_i、b_i 和 $c_i(i=1,2,3)$为待确定的常数。式(4-32)可以表示成简洁的形式，即

$$N_i = a_i + b_i x + c_i y, \quad i = 1,2,3 \tag{4-33}$$

表示为矩阵形式

$$N_i = \underbrace{[1 \quad x \quad y]}_{\boldsymbol{p}^{\mathrm{T}}} \underbrace{\begin{bmatrix} a_i \\ b_i \\ c_i \end{bmatrix}}_{\boldsymbol{\alpha}} = \boldsymbol{p}^{\mathrm{T}} \boldsymbol{\alpha} \tag{4-34}$$

其中，$\boldsymbol{\alpha}$ 是 3 个未知常数的向量，$\boldsymbol{p}$ 为多项式基函数(或单项式)的向量。根据式(1-89)，对应于 $\boldsymbol{p}$ 的矩矩阵 $\boldsymbol{P}$ 可表示为

$$\boldsymbol{P} = \begin{bmatrix} 1 & x_1 & y_1 \\ 1 & x_2 & y_2 \\ 1 & x_3 & y_3 \end{bmatrix} \tag{4-35}$$

注意：上述方程是针对形函数给出的，而不是针对位移的。

对于这个特定的问题，我们最多使用一阶多项式基函数。根据具体问题，可以使用更高阶的多项式基函数。二维空间中多项式基函数的完整阶次可以通过帕斯卡三角形给出，如图 1-3 所示。$\boldsymbol{p}$ 中使用的参数的数量取决于二维单元的结点数。通常会使用最低阶次，并使基函数尽可能完备。也可以针对不同类型的单元选择特定的高阶项。对于该三角形单元，只有 3 个结点，因此使用最低阶的一次完备多项式，如式(4-34)所示。式(4-32)说明位移在单元中线性变化。式(4-33)中总共有 9 个待定常系数，下面介绍如何确定这些常数。

如果构造的形函数具有 δ 函数属性，并且式(4-35)中给出的矩矩阵是满秩的，则构造的形函数将具有单位分解性和线性场再现性。因此，可以预见，式(4-34)中使用的完备线性基函数可以保证要构造的形函数满足有限元形函数的所有要求。现在需要做的只是简单地将 δ 函数属性强加在假设的形函数上，以确定未知常数 a_i，b_i 和 c_i。

根据 δ 函数属性，形函数在其主结点处必须为 1，而在其它结点处必须为 0。对于二维问题，可以表示为

$$N_i(x_j, y_j) = \begin{cases} 1, & i = j \\ 0, & i \neq j \end{cases} \tag{4-36}$$

因此，在三角形单元中，对于形函数 N_1，有

$$\begin{cases} N_1(x_1, y_1) = 1 \\ N_1(x_2, y_2) = 0 \\ N_1(x_3, y_3) = 0 \end{cases} \tag{4-37}$$

这是因为位于(x_1, y_1)处的结点 1 是 N_1 的主结点，位于(x_2, y_2)处的结点 2 和位于(x_3, y_3)处的结点 3 是 N_1 的边结点。联立式$(4-32)_1$ 与式(4-37)，得

$$\begin{aligned} N_1(x_1, y_1) &= a_1 + b_1 x_1 + c_1 y_1 = 1 \\ N_1(x_2, y_2) &= a_1 + b_1 x_2 + c_1 y_2 = 0 \\ N_1(x_3, y_3) &= a_1 + b_1 x_3 + c_1 y_3 = 0 \end{aligned} \tag{4-38}$$

解得系数 a_1、b_1 和 c_1 为

$$a_1 = \frac{x_2 y_3 - x_3 y_2}{2A_e}, \quad b_1 = \frac{y_2 - y_3}{2A_e}, \quad c_1 = \frac{x_3 - x_2}{2A_e} \tag{4-39}$$

其中，A_e 可以用矩矩阵的行列式计算，是三角形单元的面积，即

$$A_e = \frac{1}{2}|\boldsymbol{P}| = \frac{1}{2}\begin{vmatrix} 1 & x_1 & y_1 \\ 1 & x_2 & y_2 \\ 1 & x_3 & y_3 \end{vmatrix} = \frac{1}{2}[(x_2 y_3 - x_3 y_2) + (y_2 - y_3)x_1 + (x_3 - x_2)y_1] \tag{4-40}$$

注意：只要三角形单元的面积不为 0，或者只要 3 个结点不在同一条线上，矩矩阵 $\boldsymbol{P}$ 就总是满秩的。

将式(4-39)代入式$(4-32)_1$，得

$$N_1 = \frac{1}{2A_e}[(x_2 y_3 - x_3 y_2) + (y_2 - y_3)x + (x_3 - x_2)y] \tag{4-41}$$

也可以改写为

$$N_1 = \frac{1}{2A_e}[(y_2 - y_3)(x - x_2) + (x_3 - x_2)(y - y_2)] \tag{4-42}$$

式(4-42)清楚地表明 N_1 是(x, y, N)空间中的一个平面，它通过线 2-3，并在(x_2, y_2)处的结点 2 和(x_3, y_3)处的结点 3 处为 0。该平面还通过空间中的$(x_1, y_1, 1)$点，以保证形函数在主结点处取单位值。由于形函数在单元内线性变化，N_1 可以很容易地绘制出来，如图 4-7(a)所示。利用形函数 N_1 的这些特征，可以推导出结点 2 和 3 的另外两个形函数。

对于形函数 N_2，有

$$\begin{aligned} N_2(x_1, y_1) &= 0 \\ N_2(x_2, y_2) &= 1 \\ N_2(x_3, y_3) &= 0 \end{aligned} \tag{4-43}$$

利用形函数 N_2 应该通过线 3-1 的条件，可得

$$\begin{aligned} N_2 &= \frac{1}{2A_e}[(x_3 y_1 - x_1 y_3) + (y_3 - y_1)x + (x_1 - x_3)y] \\ &= \frac{1}{2A_e}[(y_3 - y_1)(x - x_3) + (x_1 - x_3)(y - y_3)] \end{aligned} \tag{4-44}$$

如图 4-7(b)所示。

对于形函数 N_3,有

$$
\begin{aligned}
N_3(x_1,y_1)&=0\\
N_3(x_2,y_2)&=0\\
N_3(x_3,y_3)&=1
\end{aligned}
\tag{4-45}
$$

利用形函数 N_3 应该通过线 1-2 的条件,可得

$$
\begin{aligned}
N_3&=\frac{1}{2A_e}\left[(x_1y_2-x_2y_1)+(y_1-y_2)x+(x_2-x_1)y\right]\\
&=\frac{1}{2A_e}\left[(y_1-y_2)(x-x_1)+(x_2-x_1)(y-y_1)\right]
\end{aligned}
\tag{4-46}
$$

如图 4-7(c)所示。

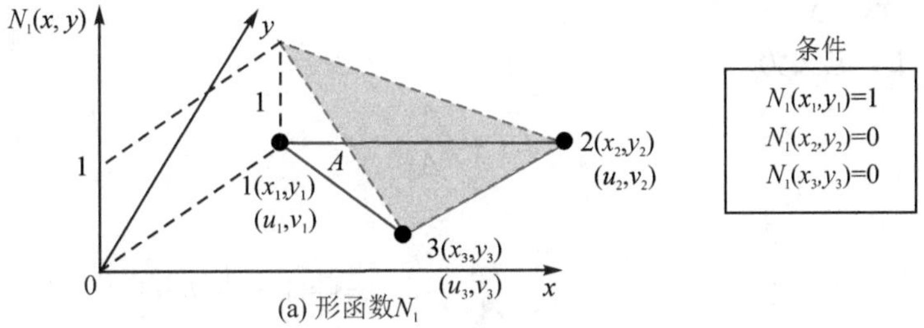

(a) 形函数N_1

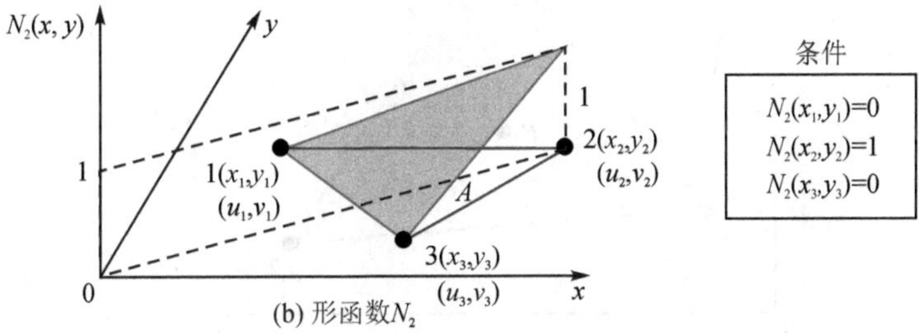

(b) 形函数N_2

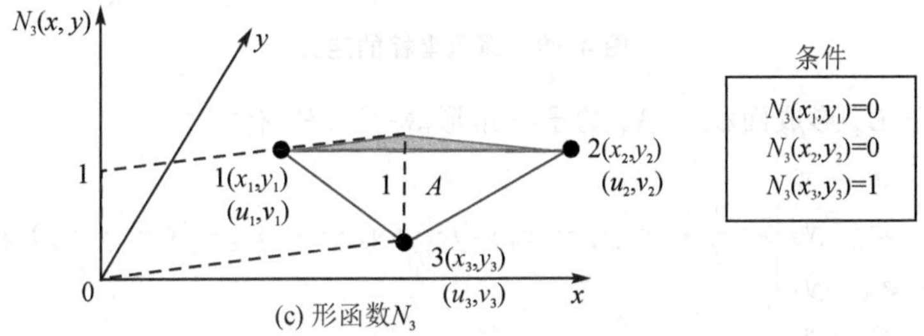

(c) 形函数N_3

图 4-7 线性三角形单元及其形函数

确定上述常数的过程基本上是简单的代数运算。几个形函数可以统一表示为如下简洁形式

$$
\begin{cases}
N_i=a_i+b_ix+c_iy\\
a_i=\dfrac{1}{2A_e}(x_jy_k-x_ky_j)\\
b_i=\dfrac{1}{2A_e}(y_j-y_k)\\
c_i=\dfrac{1}{2A_e}(x_k-x_j)
\end{cases}
\tag{4-47}
$$

其中,下标 i 的值从 1～3 变化,j 和 k 的值则由 i、j、k 的顺序循环置换。例如,当 $i=1$,则 $j=2$, $k=3$;当 $i=2$,则 $j=3$, $k=1$。

4.2.1.3 面积坐标

构造三角形单元形函数的其他等效和有效的方法是基于面积坐标 L_1、L_2 和 L_3,利用面积坐标可以直接得到三角形单元的形函数。下面首先给出面积坐标的定义。

在定义 L_1 时,取三角形内(x, y)处的点 P,如图 4-8 所示,形成子三角形 2-3-P,并将这个子三角形的面积记为 A_1,得

$$A_1=\frac{1}{2}\begin{vmatrix}1 & x & y\\ 1 & x_2 & y_2\\ 1 & x_3 & y_3\end{vmatrix}=\frac{1}{2}\left[(x_2y_3-x_3y_2)+(y_2-y_3)x+(x_3-x_2)y\right] \tag{4-48}$$

于是将面积坐标 L_1 定义为

$$L_1=\frac{A_1}{A_e} \tag{4-49}$$

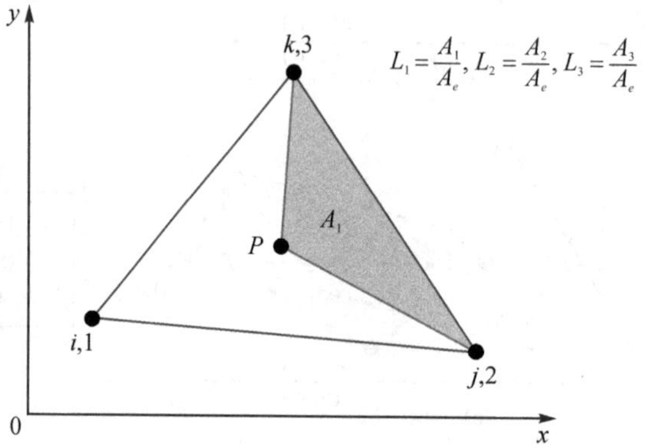

图 4-8 面积坐标的定义

类似地,对于 L_2 形成面积为 A_2 的子三角形 3-1-P,有

$$A_2=\frac{1}{2}\begin{vmatrix}1 & x & y\\ 1 & x_3 & y_3\\ 1 & x_1 & y_1\end{vmatrix}=\frac{1}{2}\left[(x_3y_1-x_1y_3)+(y_3-y_1)x+(x_1-x_3)y\right] \tag{4-50}$$

则面积坐标 L_2 可定义为

$$L_2=\frac{A_2}{A_e} \tag{4-51}$$

同理,面积坐标 L_3 可定义为

$$L_3=\frac{A_3}{A_e} \tag{4-52}$$

其中,A_3 为子三角形 1-2-P 的面积,即

$$A_3=\frac{1}{2}\begin{vmatrix}1 & x & y\\ 1 & x_1 & y_1\\ 1 & x_2 & y_2\end{vmatrix}=\frac{1}{2}\left[(x_1y_2-x_2y_1)+(y_1-y_2)x+(x_2-x_1)y\right] \tag{4-53}$$

下面验证面积坐标 L_1、L_2 和 L_3 具有单位分解性和 δ 函数属性。首先，验证面积坐标具有单位分解性，即

$$L_1+L_2+L_3=1 \tag{4-54}$$

这可以通过面积坐标的定义来证明，即

$$L_1+L_2+L_3=\frac{A_1}{A_e}+\frac{A_2}{A_e}+\frac{A_3}{A_e}=\frac{A_1+A_2+A_3}{A_e}=1 \tag{4-55}$$

其次，验证面积坐标具有 δ 函数属性。例如，如果 P 在边结点 2 和 3，则 L_1 肯定为 0；如果 P 在其主结点 1，则 L_1 为单位值。该结论对 L_2 和 L_3 同样成立。

这两个属性正是定义形函数所需属性。因此，有

$$\begin{aligned} N_1&=L_1\\ N_2&=L_2\\ N_3&=L_3 \end{aligned} \tag{4-56}$$

上面的等式也可以通过比较式(4-41)与(4-49)、式(4-44)与(4-51)、式(4-46)与(4-52)来验证。面积坐标对于构造高阶三角形单元也非常方便。

一旦得到形函数矩阵，就可以将单元中任意点的位移以式(4-28)的形式表示为结点位移。可以根据结点位移计算单元中任意点的应变和应力，进而求得应变矩阵及单元矩阵。

4.2.1.4 应变矩阵

根据第 4.1.1 节的讨论，对于二维问题，只有 3 个主要的应力分量，$\boldsymbol{\sigma}^{\mathrm{T}}=[\sigma_{xx}\quad\sigma_{yy}\quad\sigma_{xy}]$，以及相应的应变 $\boldsymbol{\varepsilon}^{\mathrm{T}}=[\varepsilon_{xx}\quad\varepsilon_{yy}\quad\varepsilon_{xy}]$，二者可以表示为

$$\begin{aligned} \varepsilon_{xx}&=\frac{\partial u}{\partial x}\\ \varepsilon_{yy}&=\frac{\partial v}{\partial y}\\ \varepsilon_{xy}&=\frac{\partial u}{\partial y}+\frac{\partial v}{\partial x} \end{aligned} \tag{4-57}$$

或以矩阵形式表示为

$$\boldsymbol{\varepsilon}=\boldsymbol{LU} \tag{4-58}$$

其中，$\boldsymbol{L}$ 称为微分运算矩阵，可以通过观察式(4-57)直接得到，即

$$\boldsymbol{L}=\begin{bmatrix} \frac{\partial}{\partial x} & 0\\ 0 & \frac{\partial}{\partial y}\\ \frac{\partial}{\partial y} & \frac{\partial}{\partial x} \end{bmatrix} \tag{4-59}$$

将式(4-28)代入式(4-58)，可得

$$\boldsymbol{\varepsilon}=\boldsymbol{LU}=\boldsymbol{LNd}_{\mathrm{e}}=\boldsymbol{Bd}_{\mathrm{e}} \tag{4-60}$$

其中，$\boldsymbol{B}$ 称为应变矩阵，一旦得到形函数，则

$$\boldsymbol{B}=\boldsymbol{L}\boldsymbol{N}=\begin{bmatrix}\dfrac{\partial}{\partial x} & 0\\ 0 & \dfrac{\partial}{\partial y}\\ \dfrac{\partial}{\partial y} & \dfrac{\partial}{\partial x}\end{bmatrix}\boldsymbol{N} \tag{4-61}$$

式(4－60)表明，可以通过应变矩阵用单元的结点位移表示单元的应变。式(4－60)和式(4－61)适用于各种类型的二维单元。

结合式(4－30)、(4－47)和式(4－61)，可得到线性三角形单元的应变矩阵 $\boldsymbol{B}$，表示为

$$\boldsymbol{B}=\begin{bmatrix}a_1 & 0 & a_2 & 0 & a_3 & 0\\ 0 & b_1 & 0 & b_2 & 0 & b_3\\ b_1 & a_1 & b_2 & a_2 & b_3 & a_3\end{bmatrix} \tag{4-62}$$

4.2.1.5 单元矩阵

获得形函数和应变矩阵后，位移和应变及应力都可以用单元的结点位移来表示。单元矩阵，如刚度矩阵 $\boldsymbol{k}_e$、质量矩阵 $\boldsymbol{m}_e$ 和结点载荷矢量 $\boldsymbol{f}_e$，可以用第1章中给出的方程计算。

二维实体单元的刚度矩阵 $\boldsymbol{k}_e$ 可表示为

$$\boldsymbol{k}_e=\int_{V_e}\boldsymbol{B}^{\mathrm{T}}\boldsymbol{c}\boldsymbol{B}\,\mathrm{d}V=\int_{A_e}\left(\int_0^h\mathrm{d}z\right)\boldsymbol{B}^{\mathrm{T}}\boldsymbol{c}\boldsymbol{B}\,\mathrm{d}A=\int_{A_e}h\boldsymbol{B}^{\mathrm{T}}\boldsymbol{c}\boldsymbol{B}\,\mathrm{d}A \tag{4-63}$$

注意：材料常数矩阵 $\boldsymbol{c}$ 已由式(4－11)给出。

由于应变矩阵 $\boldsymbol{B}$ 是一个常数矩阵，并且假定单元的厚度是均匀的，则式(4－63)中的积分很容易计算，得

$$\boldsymbol{k}_e=hA_e\boldsymbol{B}^{\mathrm{T}}\boldsymbol{c}\boldsymbol{B} \tag{4-64}$$

二维实体单元的质量矩阵 $\boldsymbol{m}_e$ 可表示为

$$\boldsymbol{m}_e=\int_{V_e}\rho\boldsymbol{N}^{\mathrm{T}}\boldsymbol{N}\,\mathrm{d}V=\int_{A_e}\int_0^h\mathrm{d}x\rho\boldsymbol{N}^{\mathrm{T}}\boldsymbol{N}\,\mathrm{d}A=\int_{A_e}h\rho\boldsymbol{N}^{\mathrm{T}}\boldsymbol{N}\,\mathrm{d}A \tag{4-65}$$

对于具有均匀厚度和密度的单元，式(4－65)也可表示为

$$\boldsymbol{m}_e=h\rho\int_{A_e}\begin{bmatrix}N_1N_1 & 0 & N_1N_2 & 0 & N_1N_3 & 0\\ 0 & N_1N_1 & 0 & N_1N_2 & 0 & N_1N_3\\ N_2N_1 & 0 & N_2N_2 & 0 & N_2N_3 & 0\\ 0 & N_2N_1 & 0 & N_2N_2 & 0 & N_2N_3\\ N_3N_1 & 0 & N_3N_2 & 0 & N_3N_3 & 0\\ 0 & N_3N_1 & 0 & N_3N_2 & 0 & N_3N_3\end{bmatrix}\mathrm{d}A \tag{4-66}$$

质量矩阵中所有项的积分可以简单地用下式计算

$$\int_A L_1^m L_2^n L_3^p\,\mathrm{d}A=\frac{m!\;n!\;p!}{(m+n+p+2)!}2A \tag{4-67}$$

其中，三角形单元的面积坐标 $L_i=N_i$，与形函数等价，如第4.2.1.2节中所述。质量矩阵 $\boldsymbol{m}_e$ 可表示为

$$\boldsymbol{m}_{\mathrm{e}}=\frac{\rho h A}{12}\begin{bmatrix} 2 & 0 & 1 & 0 & 1 & 0 \\ & 2 & 0 & 1 & 0 & 1 \\ & & 2 & 0 & 1 & 0 \\ & & & 2 & 0 & 1 \\ & & & & 2 & 0 \\ \text{对称} & & & & & 2 \end{bmatrix} \tag{4-68}$$

假设三角形单元在边 2－3 上受分布力 $\boldsymbol{f}_s$，如图 4－6 所示，则二维实体单元的结点载荷矢量可表示为

$$\boldsymbol{f}_{\mathrm{e}}=\int_{l}[\boldsymbol{N}]^{\mathrm{T}}\Big|_{2\text{-}3}\begin{bmatrix} f_{sx} \\ f_{sy} \end{bmatrix}\mathrm{d}l \tag{4-69}$$

如果载荷是均匀分布的，则 f_{sx} 和 f_{sy} 在单元内是常数，因此式(4－69)可表示为

$$\boldsymbol{f}_{\mathrm{e}}=\frac{1}{2}l_{2\text{-}3}\begin{bmatrix} 0 \\ 0 \\ f_x \\ f_y \\ f_x \\ f_y \end{bmatrix} \tag{4-70}$$

其中，$l_{2\text{-}3}$ 是单元 2－3 边的长度。

一旦确定了单元刚度矩阵 $\boldsymbol{k}_{\mathrm{e}}$、质量矩阵 $\boldsymbol{m}_{\mathrm{e}}$ 和结点载荷矢量 $\boldsymbol{f}_{\mathrm{e}}$，就可以通过将共享结点处所有相邻单元的贡献相加来组装单元矩阵，从而获得全局有限元方程。

4.2.2 线性矩形单元

如今，许多分析人员通常不喜欢使用三角形单元，除非需要对复杂几何模型进行网格划分或者重新划分存在困难。主要原因是三角形单元通常不如矩形或四边形单元准确。如上一节所述，不准确的原因是线性三角形单元的应变矩阵是常值。随着网格生成算法的进步，许多具有尖角或弯曲边缘的复杂几何模型也可以划分为四边形网格。由于矩形单元的应变矩阵不是常数，这会给出更真实的应变表示，从而给出整个结构更准确的应力分布。与三角形单元相比，矩形单元的方程更简单，因为矩形单元的形状规则，可以很容易地获得形函数。

4.2.2.1 形函数构造

如图 4－9 所示的二维区域，被离散为多个具有 4 个结点和 4 条直边的矩形单元。同样，我们按逆时针方向对每个单元 1、2、3 和 4 个结点进行编号，如图 4－10 所示。

注意：由于每个结点有两个自由度，线性矩形单元的总自由度数是 8 个。

矩形单元的尺寸为 $2a\times 2b\times h$。如图 4－10(b)所示，定义一个局部自然坐标系(ξ, η)，其原点位于矩形单元的中心。物理坐标系(x, y)和局部自然坐标系(ξ, η)之间的关系可表示为

$$\xi=\frac{x}{a}, \quad \eta=\frac{y}{b} \tag{4-71}$$

如图 4－10 所示为矩形单元的物理坐标系和自然坐标系之间的一个非常简单的坐标映射关系，因此，可以将公式转换到自然坐标系进行计算。使用自然坐标会使形函数构造和矩阵积分

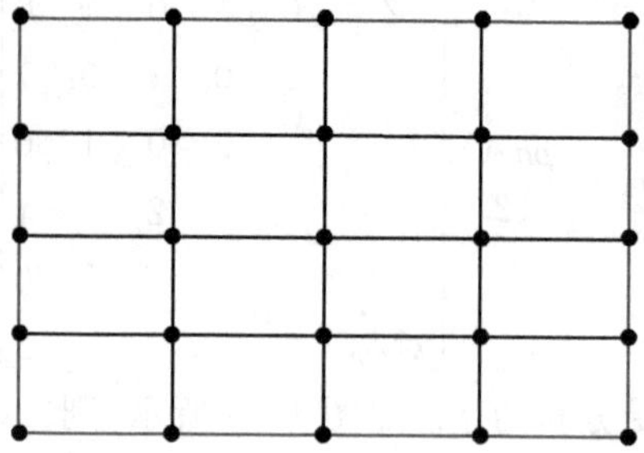

图 4－9 划分为矩形单元的矩形域

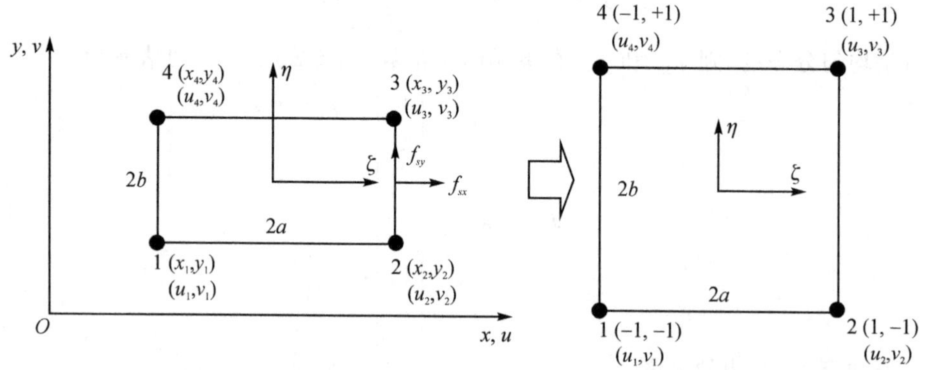

(a) 物理坐标系中的矩形单元　　(b) 自然坐标系中的单位区域

图 4－10 矩形单元和坐标系

计算变得更容易。这种坐标映射技术是有限元分析中最常用的技术之一。当开发复杂形状的单元时，它非常有用。

下面对场变量进行插值，通过形函数对结点位移的插值来表示单元内的位移。假设位移向量 $\boldsymbol{U}$ 具有以下形式

$$\boldsymbol{U}^h(x,y)=\boldsymbol{N}(x,y)\boldsymbol{d}_{\mathrm{e}} \tag{4-72}$$

其中，结点位移矢量

$$\boldsymbol{d}_{\mathrm{e}}=\begin{bmatrix} u_1 \\ v_1 \\ u_2 \\ v_2 \\ u_3 \\ v_3 \\ u_4 \\ v_4 \end{bmatrix}\begin{matrix} \left.\vphantom{\begin{matrix} u \\ v \end{matrix}}\right\} \text{结点 1 的位移} \\ \left.\vphantom{\begin{matrix} u \\ v \end{matrix}}\right\} \text{结点 2 的位移} \\ \left.\vphantom{\begin{matrix} u \\ v \end{matrix}}\right\} \text{结点 3 的位移} \\ \left.\vphantom{\begin{matrix} u \\ v \end{matrix}}\right\} \text{结点 4 的位移} \end{matrix} \tag{4-73}$$

形函数矩阵

$$N=\begin{bmatrix} N_1 & 0 & N_2 & 0 & N_3 & 0 & N_4 & 0 \\ 0 & N_1 & 0 & N_2 & 0 & N_3 & 0 & N_4 \end{bmatrix} \tag{4-74}$$

（下方标注：结点1、结点2、结点3、结点4）

其中,形函数 $N_i(i=1, 2, 3, 4)$为矩形单元 4 个结点对应的形函数。

在确定这些形函数 $N_i(i = 1, 2, 3, 4)$时,完全可以按照第 3.2.1 节或第 4.2.1.2 节中所述的步骤,即首先使用带有未知常系数的多项式基函数假设位移函数或形函数,然后利用单元结点处的位移或形函数的属性来确定这些未知常数。唯一的区别是,对于矩形单元需要使用 4 个单项式的基函数。正如在第 4.2.1.2 节中所介绍的,这个过程相当麻烦和冗长。在许多情况下,人们经常会通过一些"捷径"来构造形函数。其中之一就是通过观察和利用形函数的特性。

由于在自然坐标中正方形单元十分规则,式(4-74)中的形函数可以直接表示成如下形式,不需要如在上一节中描述的构造三角形单元的详细过程

$$\begin{cases} N_1 = \frac{1}{4}(1-\xi)(1-\eta) \\ N_2 = \frac{1}{4}(1+\xi)(1-\eta) \\ N_3 = \frac{1}{4}(1+\xi)(1+\eta) \\ N_4 = \frac{1}{4}(1-\xi)(1+\eta) \end{cases} \tag{4-75}$$

容易验证式(4-75)给出的所有形函数满足 δ 函数属性。例如,对于形函数 N_3,有

$$\begin{cases} N_3 \big|_{\text{在结点1}} = \frac{1}{4}(1+\xi)(1+\eta)\Big|_{\substack{\xi=-1\\ \eta=-1}} = 0 \\ N_3 \big|_{\text{在结点2}} = \frac{1}{4}(1+\xi)(1+\eta)\Big|_{\substack{\xi=1\\ \eta=-1}} = 0 \\ N_3 \big|_{\text{在结点3}} = \frac{1}{4}(1+\xi)(1+\eta)\Big|_{\substack{\xi=1\\ \eta=1}} = 1 \\ N_3 \big|_{\text{在结点4}} = \frac{1}{4}(1+\xi)(1+\eta)\Big|_{\substack{\xi=-1\\ \eta=1}} = 0 \end{cases} \tag{4-76}$$

同理,形函数 N_1、N_2 和 N_4 也具有相同的属性。

也容易验证式(4-75)给出的所有形函数满足单位分解性质,即

$$\begin{aligned} \sum_{i=1}^{4} N_i &= N_1 + N_2 + N_3 + N_4 \\ &= \frac{1}{4}[(1-\xi)(1-\eta) + (1+\xi)(1-\eta) + (1+\xi)(1+\eta) + (1-\xi)(1+\eta)] \\ &= \frac{1}{4}[2(1-\xi) + 2(1+\xi)] = 1 \end{aligned}$$

由第 1.4.4 节中的引理 1 知,单位分解性质是满足的。

确切地说,式(4-75)应该被称为双线性形函数,因为它在 ξ 和 η 方向上线性变化,而在除 ξ 和 η 方向之外的任何方向上都是二次变化。用(ξ_j, η_j)表示结点 j 的自然坐标,双线性形函数 N_j 可以表示为如下简洁的形式

$$N_j = \frac{1}{4}(1+\xi_j\xi)(1+\eta_j\eta) \tag{4-77}$$

4.2.2.2 应变矩阵

采用与三角形单元相同的求解应变矩阵过程，可得矩形单元的应变矩阵 $\boldsymbol{B}$ 具有与式(4－61)类似的形式，即

$$\boldsymbol{B}=\boldsymbol{LN}=\begin{bmatrix} -\frac{1-\eta}{a} & 0 & \frac{1-\eta}{a} & 0 & \frac{1+\eta}{a} & 0 & -\frac{1+\eta}{a} & 0 \\ 0 & -\frac{1-\xi}{b} & 0 & -\frac{1+\xi}{b} & 0 & \frac{1+\xi}{b} & 0 & \frac{1-\xi}{b} \\ -\frac{1-\xi}{b} & -\frac{1-\eta}{a} & -\frac{1+\xi}{b} & \frac{1-\eta}{a} & \frac{1+\xi}{b} & \frac{1+\eta}{a} & \frac{1-\xi}{b} & -\frac{1+\eta}{a} \end{bmatrix} \tag{4-78}$$

由上式可以看出，双线性矩形单元的应变矩阵不是一个常数矩阵。这意味着线性矩形单元内的应变和应力不是恒定值。

4.2.2.3 单元矩阵

获得到形函数和应变矩阵后，则单元刚度矩阵 $\boldsymbol{k}_{\mathrm{e}}$、质量矩阵 $\boldsymbol{m}_{\mathrm{e}}$ 和结点力向量 $\boldsymbol{f}_{\mathrm{e}}$ 可以使用第 2.1 节和第 4.1.1 节中介绍的方式获得。首先利用式(4－71)中给出的关系，有

$$\mathrm{d}x\,\mathrm{d}y=ab\,\mathrm{d}\xi\,\mathrm{d}\eta \tag{4-79}$$

其次将式(4－79)代入式(4－63)，得

$$\boldsymbol{k}_{\mathrm{e}}=\int_{A_{\mathrm{e}}} h\boldsymbol{B}^{\mathrm{T}}\boldsymbol{cB}\,\mathrm{d}A=\int_{-1}^{1}\int_{-1}^{1} abh\boldsymbol{B}^{\mathrm{T}}\boldsymbol{cB}\,\mathrm{d}\xi\,\mathrm{d}\eta \tag{4-80}$$

其中，材料常数矩阵 $\boldsymbol{c}$ 由式(4－11)给出。因为应变矩阵 $\boldsymbol{B}$ 是 ξ 和 η 的函数，所以式(4－80)中的积分计算不会那么简单，但仍然可以通过解析方法获得刚度矩阵的封闭形式。但在实践中，人们经常使用数值积分来计算积分，其中常用的是高斯积分。高斯积分是一种非常简单有效的数值积分方法，在第 2.2 节中对其已作了简要概述。

通过采用第 2.2 节中式(2－23)的高斯积分法，单元刚度矩阵 $\boldsymbol{k}_{\mathrm{e}}$ 可以通过对式(4－80)中的积分进行数值计算来获得。由于应变矩阵 $\boldsymbol{B}$ 是 ξ 或 η 的线性函数，则采用如图 4－11(b)所示的 2×2 高斯点足以获得式(4－80)给出的刚度矩阵的精确解。式(4－80)中的被积函数由 $\boldsymbol{B}^{\mathrm{T}}\boldsymbol{cB}$ 组成，这是两个线性函数的乘积，因此成为二次函数。在每个方向上取表 2－1 中的两个高斯点，足以获得在该方向上最高为 3 次的多项式函数的精确积分。如图 4－11(a)和(c)所示给出了正方形域中其他一些不同但可能的积分点分布。

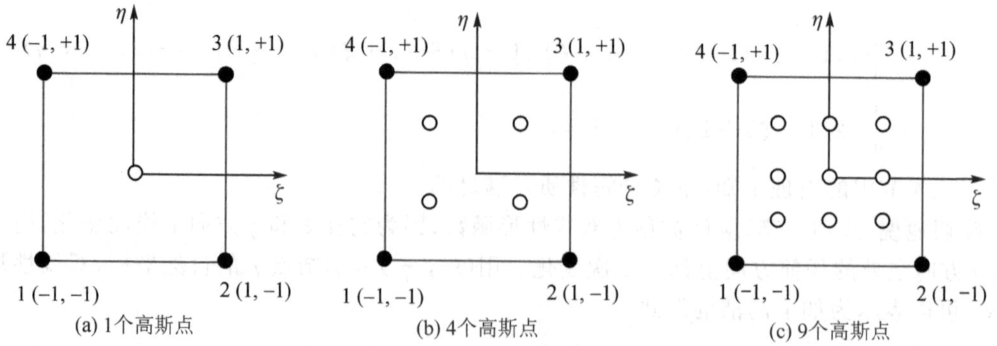

图 4－11　在正方形区域中 $n_x=n_y=1$，2 和 3 的积分点

为了获得单元质量矩阵 $\boldsymbol{m}_e$，将式(4-79)代入式(4-65)，得到

$$\begin{aligned}\boldsymbol{m}_e &= \int_{V_e} \rho \boldsymbol{N}^{\mathrm{T}} \boldsymbol{N} \mathrm{d}V = \int_{A_e} \int_0^h \mathrm{d}x \rho \boldsymbol{N}^{\mathrm{T}} \boldsymbol{N} \mathrm{d}A = \int_{A_e} h\rho \boldsymbol{N}^{\mathrm{T}} \boldsymbol{N} \mathrm{d}A \\ &= \int_{-1}^{1} \int_{-1}^{1} abh\rho \boldsymbol{N}^{\mathrm{T}} \boldsymbol{N} \mathrm{d}\xi \mathrm{d}\eta \end{aligned} \tag{4-81}$$

在计算积分后，将式(4-74)代入式(4-81)，可得单元质量矩阵 $\boldsymbol{m}_e$ 为

$$\boldsymbol{m}_e = \frac{\rho hab}{9} \begin{bmatrix} 4 & 0 & 2 & 0 & 1 & 0 & 2 & 0 \\ & 4 & 0 & 2 & 0 & 1 & 0 & 2 \\ & & 4 & 0 & 2 & 0 & 1 & 0 \\ & & & 4 & 0 & 2 & 0 & 1 \\ & & & & 4 & 0 & 2 & 0 \\ & & & & & 4 & 0 & 2 \\ & & & & & & 4 & 0 \\ \text{对称} & & & & & & & 4 \end{bmatrix} \tag{4-82}$$

为了获得单元质量矩阵中的 m_{ij}，则需要反复进行如下积分过程

$$\begin{aligned} m_{ij} &= \rho hab \int_{-1}^{+1} \int_{-1}^{+1} N_i N_j \mathrm{d}\xi \mathrm{d}\eta \\ &= \frac{\rho hab}{16} \int_{-1}^{+1} (1+\xi_i \xi)(1+\xi_j \xi) \mathrm{d}\xi \int_{-1}^{+1} (1+\eta_i \eta)(1+\eta_j \eta) \mathrm{d}\eta \\ &= \frac{\rho hab}{4} \left(1+\frac{1}{3}\xi_i \xi_j\right)\left(1+\frac{1}{3}\eta_i \eta_j\right) \end{aligned} \tag{4-83}$$

例如，在计算 m_{33} 时，利用式(4-83)，得

$$m_{33} = \frac{\rho hab}{4}\left(1+\frac{1}{3}\times 1\times 1\right)\left(1+\frac{1}{3}\times 1\times 1\right) = 4\times\frac{\rho hab}{9} \tag{4-84}$$

在实践中，式(4-81)中的积分通常使用高斯积分法进行数值计算。

如图 4-10 所示，假设单元在边 2-3 上受到分布力 $\boldsymbol{f}_s$ 的作用，于是矩形单元结点载荷矢量可表示为

$$\boldsymbol{f}_e = \int_l [\boldsymbol{N}]^{\mathrm{T}} \Big|_{2-3} \begin{bmatrix} f_{sx} \\ f_{sy} \end{bmatrix} \mathrm{d}l \tag{4-85}$$

如果载荷在单元内均匀分布，并且 f_{sx} 和 f_{sy} 是常数，则式(4-85)变为

$$\boldsymbol{f}_e = b \begin{bmatrix} 0 \\ 0 \\ f_x \\ f_y \\ f_x \\ f_y \\ 0 \\ 0 \end{bmatrix} \tag{4-86}$$

其中，b 是边 2-3 的一半长度。式(4-86)表明均匀分布的负载平均分配到了结点 2 和 3。

单元刚度矩阵 $\boldsymbol{k}_e$、质量矩阵 $\boldsymbol{m}_e$ 和结点载荷矢量 $\boldsymbol{f}_e$ 可以直接用来组装，从而获得全局有

限元方程。如果局部自然坐标的方向与全局坐标系的方向不一致，则需要进行坐标变换。在这种情况下，通常使用四边形单元，这将在下一节中介绍。

4.2.3 线性四边形单元

尽管矩形单元非常有用，并且通常比三角形单元更准确，但它很难用于求解任意几何形状的问题，一般只局限于矩形域。因此，它的实际应用非常有限，而更实用的是对边可以不平行的四边形单元。但是，由于四边形单元积分域的形状不规则，则其质量和刚度矩阵的积分可能会出现问题。高斯积分方案不能直接用于四边形单元。因此，需要将四边形单元映射到自然坐标系中，变成一个正方形单元，这样才能使用矩形单元的形函数和积分方法。因此，构造四边形单元的关键是坐标映射。映射建立后，其余过程与上一节构造矩形单元的过程完全相同。

4.2.3.1 坐标映射

如图 4－12 所示为一个具有飞机机翼形状的二维域，将这样的域划分为对边平行的矩形单元是不可能的，但可以划分为具有 4 个不平行直边的四边形单元则完全。在开发四边形单元时，使用与上一节中矩形单元相同的坐标映射。由于单元形状的复杂性略有增加，映射会变得复杂一些，但过程基本相同。

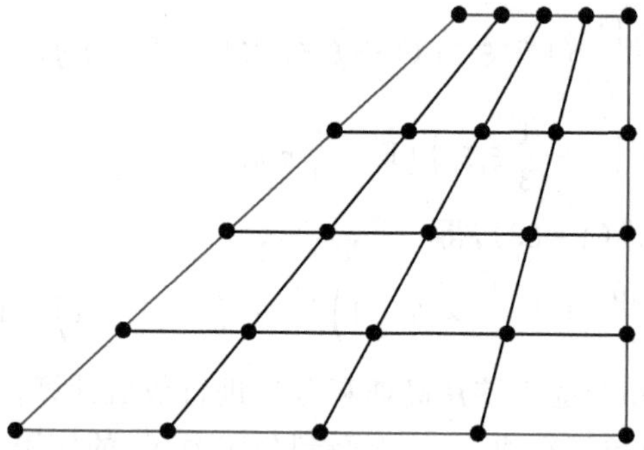

图 4－12 用四边形单元划分的二维域

如图 4－13 所示为一个四边形单元，它有 4 个逆时针方向编号为 1、2、3 和 4 的结点。4 个结点的物理坐标如图 4－13(a)所示。物理坐标系可以与整个结构的全局坐标系相同。由于 1 个结点有 2 个自由度，则 1 个线性四边形单元共有 8 个自由度，这跟矩形单元一样。如图 4－13(b)所示，局部自然坐标系(ξ, η)的原点位于单位矩形域的中心，局部自然坐标系用于构造形函数。单元内的位移插值可表示为

$$\boldsymbol{U}^h(\xi,\eta)=\boldsymbol{N}(\xi,\eta)\boldsymbol{d}_e \tag{4-87}$$

式(4－87)表示利用结点位移的场变量插值。根据类似的概念，我们还可以对坐标 x 和 y 进行插值。也就是说，可以将坐标 x 和 y 表示为自然坐标系下形函数对结点坐标的插值。该坐标插值在数学上表示为

$$\boldsymbol{X}(\xi,\eta)=\boldsymbol{N}(\xi,\eta)\boldsymbol{x}_e \tag{4-88}$$

其中，$\boldsymbol{X}$ 为物理坐标向量，即

$$\boldsymbol{X}=\begin{bmatrix}x\\y\end{bmatrix} \tag{4-89}$$

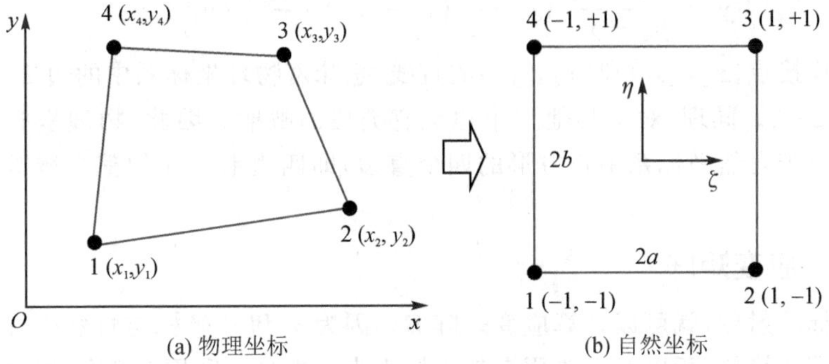

图 4-13　坐标系之间的坐标映射

N 为由式(4-74)给出的形函数矩阵；$\boldsymbol{x}_e$ 为单元结点处的物理坐标，由下式给出

$$\boldsymbol{x}_e=\begin{bmatrix}x_1\\y_1\\x_2\\y_2\\x_3\\y_3\\x_4\\y_4\end{bmatrix}\begin{matrix}\left.\right\}\text{结点 1 的位移}\\ \left.\right\}\text{结点 2 的位移}\\ \left.\right\}\text{结点 3 的位移}\\ \left.\right\}\text{结点 4 的位移}\end{matrix}\tag{4-90}$$

式(4-88)也可以表示为

$$\begin{cases}x=\sum\limits_{i=1}^{4}N_i(\xi,\eta)x_i\\ y=\sum\limits_{i=1}^{4}N_i(\xi,\eta)y_i\end{cases}\tag{4-91}$$

其中，N_i 为式(4-77)中矩形单元的形函数。需要注意，由于形函数的独特属性，这些结点处的插值是精确的。例如，在式(4-91)中代入 $\xi=1$ 和 $\eta=-1$，可得 $x=x_2$ 和 $y=y_2$，如图 4-13 所示。在物理上，这意味着自然坐标系中的点 2 映射到了物理坐标系中的点 2，反之亦然。对于第 1、3 和 4 个点，可以得到同样的结论。

下面深入地分析这个映射过程。将 $\xi=1$ 代入式(4-91)中，得

$$\begin{cases}x=\dfrac{1}{2}(1-\eta)x_2+\dfrac{1}{2}(1+\eta)x_3\\ y=\dfrac{1}{2}(1-\eta)y_2+\dfrac{1}{2}(1+\eta)y_3\end{cases}\tag{4-92}$$

或

$$\begin{cases}x=\dfrac{1}{2}(x_2+x_3)+\dfrac{1}{2}\eta(x_3-x_2)\\ y=\dfrac{1}{2}(y_2+y_3)+\dfrac{1}{2}\eta(y_3-y_2)\end{cases}\tag{4-93}$$

从式(4-92)或式(4-93)中消除 η，得

$$y=\frac{x_3-x_2}{y_3-y_2}\left\{x-\frac{1}{2}(x_2+x_3)\right\}+\frac{1}{2}(y_2+y_3) \tag{4.94}$$

这表示了一条连接点(x_2, y_2)和(x_3, y_3)的直线,意味着物理坐标系中的边 2 - 3 映射到自然坐标系中的边 2 - 3。同理,对于其他三个边也有类似的映射。因此,物理坐标系中四边形的四个直边就对应于自然坐标系中正方形的四个直边,即四边形单元的整个域被映射到了一个正方形上。

4.2.3.2 应变矩阵

在完成坐标映射后,就可以计算应变矩阵 $\boldsymbol{B}$。因为 x 和 y 坐标与自然坐标之间的关系不再像矩形单元那样简单,所以有必要用自然坐标来表示微分。利用偏微分的链式法则,有

$$\begin{cases}\dfrac{\partial N_i}{\partial\xi}=\dfrac{\partial N_i}{\partial x}\dfrac{\partial x}{\partial\xi}+\dfrac{\partial N_i}{\partial y}\dfrac{\partial y}{\partial\xi}\\[2ex]\dfrac{\partial N_i}{\partial\eta}=\dfrac{\partial N_i}{\partial x}\dfrac{\partial x}{\partial\eta}+\dfrac{\partial N_i}{\partial y}\dfrac{\partial y}{\partial\eta}\end{cases} \tag{4-95}$$

也可以表示为矩阵形式,即

$$\begin{bmatrix}\dfrac{\partial N_i}{\partial\xi}\\[2ex]\dfrac{\partial N_i}{\partial\eta}\end{bmatrix}=\boldsymbol{J}\begin{bmatrix}\dfrac{\partial N_i}{\partial x}\\[2ex]\dfrac{\partial N_i}{\partial y}\end{bmatrix} \tag{4-96}$$

其中,$\boldsymbol{J}$ 为由下式定义的雅可比矩阵

$$\boldsymbol{J}=\begin{bmatrix}\dfrac{\partial x}{\partial\xi} & \dfrac{\partial y}{\partial\xi}\\[2ex]\dfrac{\partial x}{\partial\eta} & \dfrac{\partial y}{\partial\eta}\end{bmatrix} \tag{4-97}$$

将式(4 - 91)定义的坐标插值代入式(4 - 97),得

$$\boldsymbol{J}=\begin{bmatrix}\dfrac{\partial N_1}{\partial\xi} & \dfrac{\partial N_2}{\partial\xi} & \dfrac{\partial N_3}{\partial\xi} & \dfrac{\partial N_4}{\partial\xi}\\[2ex]\dfrac{\partial N_1}{\partial\eta} & \dfrac{\partial N_2}{\partial\eta} & \dfrac{\partial N_3}{\partial\eta} & \dfrac{\partial N_4}{\partial\eta}\end{bmatrix}\begin{bmatrix}x_1 & y_1\\x_2 & y_2\\x_3 & y_3\\x_4 & y_4\end{bmatrix} \tag{4-98}$$

重写式(4 - 96),得

$$\begin{bmatrix}\dfrac{\partial N_i}{\partial x}\\[2ex]\dfrac{\partial N_i}{\partial y}\end{bmatrix}=\boldsymbol{J}^{-1}\begin{bmatrix}\dfrac{\partial N_i}{\partial\xi}\\[2ex]\dfrac{\partial N_i}{\partial\eta}\end{bmatrix} \tag{4-99}$$

上式给出了形函数对 x 和 y 的微分与对 ξ 和 η 的微分之间的关系。接下来就可以用方程 $\boldsymbol{B}=\boldsymbol{LN}$ 来计算应变矩阵 $\boldsymbol{B}$。根据式(4 - 99),将形函数对 x 和 y 的所有微分替换为关于 ξ 和 η 的微分。这个过程需要由计算机以数字方式执行。

4.2.3.3 单元矩阵

在获得应变矩阵 $\boldsymbol{B}$ 后,就可以计算单元矩阵。单元刚度矩阵可以通过式(4 - 63)计算。为了计算积分(参见第 2.2.1 节),需要用到

$$dA = \det|\boldsymbol{J}|\,d\xi d\eta \tag{4-100}$$

其中，$\det|\boldsymbol{J}|$ 为雅可比矩阵的行列式。因此，单元刚度矩阵可以表示为

$$\boldsymbol{k}_e = \int_{-1}^{1}\int_{-1}^{1} h\boldsymbol{B}^{\mathrm{T}}\boldsymbol{cB}\det|\boldsymbol{J}|\,d\xi d\eta \tag{4-101}$$

可以使用上一节中介绍的高斯积分来计算上述积分。

注意：坐标映射方法的应用使得高斯积分可以在简单的方形区域上进行。

由于式(4-75)定义的形函数是 ξ 和 η 的双线性函数，而应变矩阵 $\boldsymbol{B}$ 中的元素是通过对这些双线性函数对 ξ 和 η 进行微分并除以雅可比矩阵得到的，则后者也是一个双线性函数。因此，$\boldsymbol{B}^{\mathrm{T}}c\boldsymbol{B}\det|\boldsymbol{J}|$ 的元素是分数函数，通常不能用多项式表示。这意味着刚度矩阵可能无法使用高斯积分精确计算，这与矩形单元的情况有所不同。

单元质量矩阵 $\boldsymbol{m}_e$ 也可以用与式(4-81)所给矩形单元类似的方式进行计算，即

$$\boldsymbol{m}_e = \int_{V_e}\rho\boldsymbol{N}^{\mathrm{T}}\boldsymbol{N}dV = \int_{A_e}\int_0^h dx\rho\boldsymbol{N}^{\mathrm{T}}\boldsymbol{N}dA = \int_{A_e}h\rho\boldsymbol{N}^{\mathrm{T}}\boldsymbol{N}dA$$
$$= \int_{-1}^{1}\int_{-1}^{1}h\rho\boldsymbol{N}^{\mathrm{T}}N\det|\boldsymbol{J}|\,d\xi d\eta \tag{4-102}$$

由于载荷矢量的积分是一维线积分，所以单元载荷矢量的计算方式与矩形单元相同。获得单元矩阵后，采用常用的单元矩阵组装方法来获得有限元全局矩阵。

4.2.3.4 相关说明

式(4-91)中用于插值坐标的形函数与用于位移插值的形函数相同，所得单元被称为等参单元。然而，坐标和位移插值所需形函数也可以不同。使用不同的形函数对坐标和位移进行插值，所得单元被称为亚参单元或超参单元。这些单元在学术上有研究，但在实际应用中不多。在下文的高阶单元中可能会出现这种情况。

4.2.4 高阶三角形单元

传统的高阶单元使用等间距的结点，当多项式基函数的阶数高于三阶时，就可能会出现数值不稳定；在弱形式求积元法(QEM)中，则使用正交多项式的根这样的非均匀分布结点，多项式的最高阶可能非常高。但是，单元的张量积特性使得网格细化会在单元之间传播；升阶谱有限元法(HFEM)可以很容易地连接不同多项式阶次的单元，并在阶次升高时具有嵌套特性。但是，边界自由度的非插值特性给单元组装和边界条件施加带来了不便。因此，本节将介绍结合了弱形式求积元法和升阶谱有限元法的升阶谱求积元法(HQEM)。传统的高阶单元、弱形式求积元法和升阶谱有限元法是升阶谱求积元法的特例。

4.2.4.1 形函数构造

升阶谱求积元法将升阶谱有限元法的边界基函数转换为使用非均匀分布结点的插值基函数。采用面积坐标，三角形上升阶谱单元的位移场 u 可以表示为

$$u[x(\xi,\eta),y(\xi,\eta)] = \sum_{k=1}^{3}V^k(\xi,\eta)u_k + \sum_{e=1}^{3}\sum_{i=0}^{n_e-1}E_i^e(\xi,\eta)a_i^e + \sum_{i=0}^{n}\sum_{j=0}^{n-i}F_{ij}(\xi,\eta)c_{ij} \tag{4-103}$$

其中，$k=1,2,3$ 表示顶点，$e=1,2,3$ 表示边(见图 4-14)；$n_e(e=1,2,3)$ 表示每条边上的

边(基)函数数量，n 表示三角形面上 1 个方向上的面(基)函数数目(见图 4-15)；u_k 为顶点的位移；a_i^e 和 c_{ij} 分别为三角形单元边和面上升阶谱形函数的系数(升阶谱形函数的系数没有明确的物理意义)。

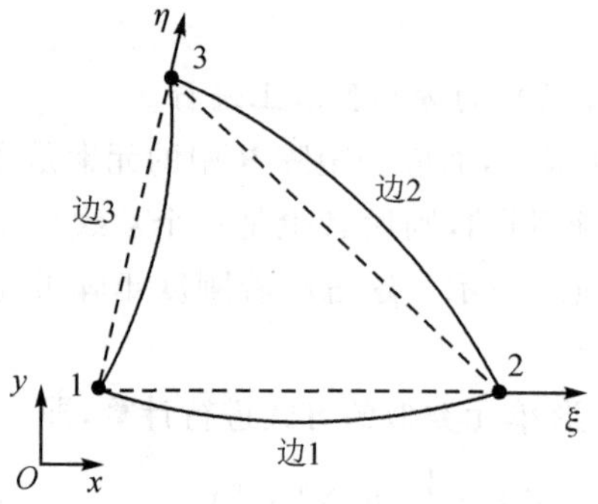

图 4-14　曲边三角形单元

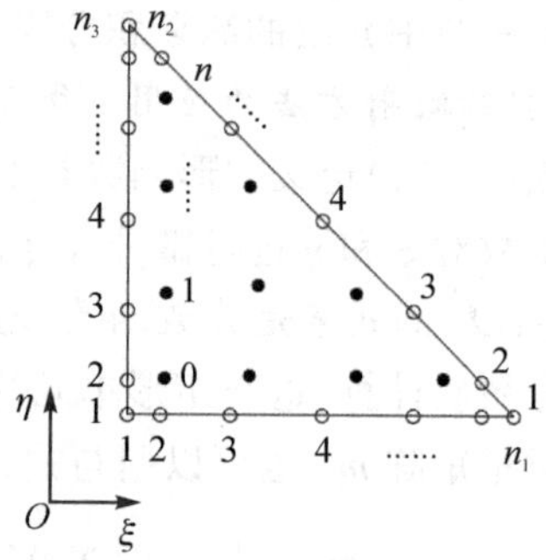

图 4-15　单位三角形域上的基函数(或结点)

在三角形的 3 个顶点上定义的顶点函数 V^k，可以表示为

$$V^1 = 1 - \xi - \eta, \quad V^2 = \xi, \quad V^3 = \eta \tag{4-104}$$

可以看出它们与第 4.2.1 节中式(4-56)和(4-54)定义的线性三角形单元是类似的。

基函数 E_i^e 和 F_{ij} 分别定义在三角形的 3 个边和面上。它们应该在单位三角形域上是正交的，这可以改善基函数的数值特性。

通过达菲(Duffy)变换，可以将单位正方域$[-1, 1]\times[-1, 1]$映射到单位三角形域($\xi \geqslant 0$, $\eta \geqslant 0$, $\xi + \eta \leqslant 1$)上，即

$$\xi = \frac{(1+s)(1-t)}{4}, \quad \eta = \frac{(1+s)(1+t)}{4} \tag{4-105}$$

该单位域映射关系如图 4-16 所示。

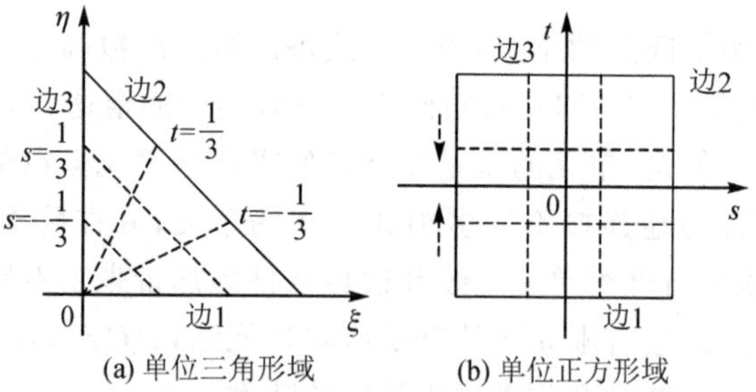

图 4-16　单位域映射关系

通过逆变换，可以将三角形域映射成矩形域，即

$$s = 2(\xi + \eta) - 1, \quad t = \frac{\eta - \xi}{\eta + \xi} \tag{4-106}$$

将在区间$[-1, 1]$上具有下述正交关系的 n 阶雅可比(Jacobi)多项式记为 $P_n^{(\alpha,\beta)}(x)$，

$$\int_{-1}^{1} (1-x)^{\alpha}(1+x)^{\beta} P_m^{(\alpha,\beta)}(x) P_n^{(\alpha,\beta)}(x)\,\mathrm{d}x = \delta_n^m C_n^{(\alpha,\beta)} \tag{4-107}$$

其中，δ_n^m 是克罗内克(Kronecker)符号并且

$$C_n^{(\alpha,\beta)}=\frac{2^{\alpha+\beta+1}}{2n+\alpha+\beta+1}\ \frac{\Gamma(n+\alpha+1)\Gamma(n+\beta+1)}{n!\ \Gamma(n+\alpha+\beta+1)} \tag{4-108}$$

那么杜宾(Dubiner)正交基函数满足如下正交条件

$$\int_S g_{ij}g_{pq}\mathrm{d}S=\int_0^1\int_0^{1-\xi}g_{ij}g_{pq}\mathrm{d}\xi\mathrm{d}\eta=\delta_i^p\delta_j^qC_{ij} \tag{4-109}$$

其中，C_{ij} 是一个常数。坐标$(\xi,\ \eta)$相对于$(s,\ t)$的雅可比行列式为

$$|\boldsymbol{J}|=\left|\frac{\partial(\xi,\eta)}{\partial(s,t)}\right|=\begin{vmatrix}\dfrac{1-t}{4} & -\dfrac{1+s}{4}\\ \dfrac{1+t}{4} & \dfrac{1+s}{4}\end{vmatrix}=\frac{1+s}{2^3} \tag{4-110}$$

因此，将式(4－105)代入式(4－109)，得

$$\int_S g_{ij}g_{pq}\mathrm{d}S=\int_{-1}^1\int_{-1}^1\frac{1+s}{2^3}g_{ij}(s,t)g_{pq}(s,t)\,\mathrm{d}s\mathrm{d}t \tag{4-111}$$

根据式(4－108)给出的雅可比多项式的正交性质，可以确定基函数

$$g_{ij}(s,t)=\left[(1-s)^a(1+s)^bP_i^{(2a,2b+1)}(s)\right]\left[(1-t)^c(1+t)^dP_j^{(2c,2d)}(t)\right] \tag{4-112}$$

其中，a、b、c 和 d 应根据使用方便性和雅可比多项式的要求确定。为了消除式(4－112)中 t 的分母$(\xi+\eta)$，需要取 $b=j$；对于这里考虑的 C^0 问题，可以取 $a=c=d=0$，于是得

$$g_{ij}(s,t)=(1+s)^jP_i^{(0,2j+1)}(s)P_j^{(0,0)}(t) \tag{4-113}$$

或

$$g_{ij}(\xi,\eta)=2^jP_i^{(0,2j+1)}\left[2(\xi+\eta)-1\right]\left[(\xi+\eta)^jP_j^{(0,0)}\left(\frac{\eta-\xi}{\eta+\xi}\right)\right] \tag{4-114}$$

这便是杜宾(Dubiner)正交基函数。式(4－115)中的常数系数 2^j 通常会被省略，其被称为扭曲积，以区别于与四边形域相关的标准张量积。

式(4－103)中的边函数 E_i^e 和面函数 F_{ij} 通常使用修正后的杜宾(Dubiner)三角形基函数。修正后的边函数为

$$\begin{cases}E_i^1(\xi,\eta)=(1-\xi-\eta)\xi P_i^{(2,3)}\left[2(\xi+\eta)-1\right]\\ E_j^2(\xi,\eta)=\xi\eta(\eta+\xi)^jP_j^{(2,2)}\left(\dfrac{\eta-\xi}{\eta+\xi}\right)\\ E_i^3(\xi,\eta)=(1-\xi-\eta)\eta P_i^{(2,3)}\left[2(\xi+\eta)-1\right]\end{cases} \tag{4-115}$$

边函数的前几项为

$$\begin{aligned}&P_0^{(2,3)}(s)=1\\ &P_1^{(2,3)}(s)=7(\xi+\eta)-4\\ &P_2^{(2,3)}(s)=36(\xi+\eta)^2-40(\xi+\eta)+10\\ &E_0^2(\xi,\eta)=\xi\eta\\ &E_1^2(\xi,\eta)=\xi\eta(\eta-\xi)\\ &E_2^2(\xi,\eta)=\xi\eta\left[6(\eta-\xi)^2-4\xi\eta\right]\end{aligned} \tag{4-116}$$

如图 4－17 所示为由式(4－115)计算的三角形单元的几个边函数图。

修改后的面函数为

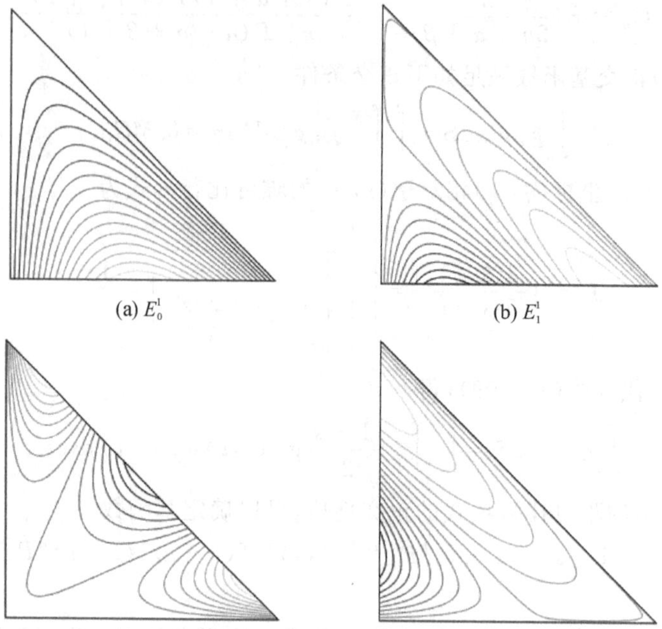

(a) E_0^1　(b) E_1^1　(c) E_2^2　(d) E_1^3

图 4-17　三角形单元上的边函数

$$F_{ij}(\xi,\eta)=(1-\xi-\eta)\xi\eta H_{ij}(\xi,\eta) \tag{4-117}$$

其中

$$H_{ij}(\xi,\eta)=P_i^{(2,2j+5)}[2(\eta+\xi)-1]\left[(\eta+\xi)^j P_j^{(2,2)}\left(\frac{\eta-\xi}{\eta+\xi}\right)\right] \tag{4-118}$$

面函数的前几项为

$$\begin{aligned}
&H_{00}(\xi,\eta)=1\\
&H_{01}(\xi,\eta)=3(\eta-\xi)\\
&H_{10}(\xi,\eta)=9(\xi+\eta)-6\\
&H_{02}(\xi,\eta)=6(\eta-\xi)^2-4\xi\eta\\
&H_{11}(\xi,\eta)=(\eta-\xi)[33(\eta+\xi)-24]\\
&H_{20}(\xi,\eta)=55(\xi+\eta)^2-70(\xi+\eta)+21
\end{aligned} \tag{4-119}$$

如图 4-18 所示为由式(4-117)计算的三角形单元的几个面函数图。

根据以上的推导，则扭曲基函数的一般形式以及上述给出的边和面函数可以统一表示为

$$N_{ij}(\xi,\eta)=(1-\xi-\eta)^h\xi^l\eta^m H_{ij}(\xi,\eta) \tag{4-120}$$

这些函数应满足以下正交条件

$$\begin{aligned}
\int_0^1\int_0^{1-\xi}N_{ij}N_{pq}\,\mathrm{d}\xi\mathrm{d}\eta&=\int_{-1}^1\int_{-1}^1\frac{(1-s)^{2h}(1+s)^{2l+2m+1}(1-t)^{2l}(1+t)^{2m}}{2^{3+2h+4l+4m}}H_{ij}(s,t)H_{pq}(s,t)\,\mathrm{d}s\mathrm{d}t\\
&=\delta_i^p\delta_j^q C_{ij}
\end{aligned} \tag{4-121}$$

其中，H_{ij} 可以通过类似式(4-105)～式(4-114)的方式确定为

$$H_{ij}(s,t)=(1+s)^j J_i^{(2h,2l+2m+1+2j)}(s)J_j^{(2l,2m)}(t) \tag{4-122}$$

或

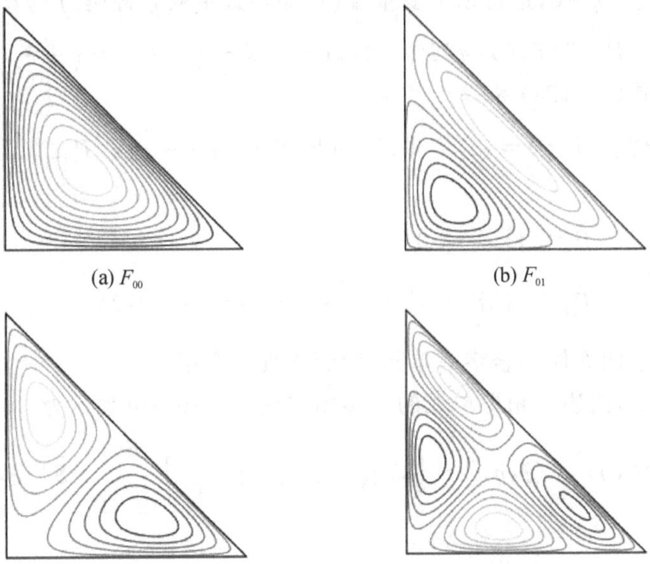

(a) F_{00} (b) F_{01} (c) F_{10} (d) F_{11}

图 4-18 三角形单元上的面函数

$$H_{ij}(\xi,\eta)=2^j(\xi+\eta)^j P_i^{(2h,2j+2l+2m+1)}[2(\xi+\eta)-1]P_j^{(2l,2m)}\left(\frac{\eta-\xi}{\eta+\xi}\right) \qquad (4-123)$$

其中,h、l、m 等于 0 或 1。式(4-123)中的常数系数 2^j 通常会被省略掉。式(4-121)中的常数

$$C_{ij}=\frac{C_i^{(2h,2j+2l+2m+1)}C_j^{(2l,2m)}}{2^{3+2h+4l+4m}}$$

当 $h=l=m=1$ 时,可以看到式(4-120)变成由式(4-117)给出的面函数。类似地,边函数可以通过同样的方式获得。由式(4-113)或式(4-114)给的杜宾(Dubiner)正交基函数可以通过给式(4-122)或式(4-123)取 $h=l=m=0$ 来获得。

注意:以上的正交基看起来像有理数,然而从式(4-116)和式(4-119)中可以看出,它们本质上不是。

为了避免计算分母中的 $\xi+\eta=0$,可以对雅可比多项式的递归公式进行改写。为了推导方便,首先给出雅比多项式的三项递推公式为

$$a_{1n}P_{n+1}^{(\alpha,\beta)}(\xi)=(a_{2n}+a_{3n}\xi)P_n^{(\alpha,\beta)}(\xi)-a_{4n}P_{n-1}^{(\alpha,\beta)}(\xi) \qquad (4-124)$$

其中,n 是一个非负整数,$\alpha>-1$, $\beta>-1$,且

$$\begin{cases}P_0^{(\alpha,\beta)}(\xi)=1\\ P_1^{(\alpha,\beta)}(\xi)=\dfrac{1}{2}[\alpha-\beta+(\alpha+\beta+2)\xi]\end{cases} \qquad (4-125)$$

$$\begin{cases}a_{1n}=2(n+1)(n+\alpha+\beta+1)(2n+\alpha+\beta)\\ a_{2n}=(2n+\alpha+\beta+1)(\alpha^2-\beta^2)\\ a_{3n}=(2n+\alpha+\beta)(2n+\alpha+\beta+1)(2n+\alpha+\beta+2)\\ a_{4n}=2(n+\alpha)(n+\beta)(2n+\alpha+\beta+2)\end{cases} \qquad (4-126)$$

为了消除分母中的 $\xi+\eta=0$，进行以下变量替换，即将式中的 ξ 替换为 $\tilde{s}/\tilde{t}$，记

$$\tilde{P}_n^{(\alpha,\beta)}(\tilde{s},\tilde{t})=\tilde{t}^n P_n^{(\alpha,\beta)}(\tilde{s}/\tilde{t}),\quad \tilde{s}=\eta-\xi,\tilde{t}=\eta+\xi \tag{4-127}$$

将式(4-127)代入式(4-124)得

$$a_{1n}\tilde{P}_{n+1}^{(\alpha,\beta)}(\tilde{s},\tilde{t})=(a_{2n}\tilde{t}+a_{3n}\tilde{s})\tilde{P}_n^{(\alpha,\beta)}(\tilde{s},\tilde{t})-a_{4n}\tilde{t}^2\tilde{P}_{n-1}^{(\alpha,\beta)}(\tilde{s},\tilde{t}) \tag{4-128}$$

其中

$$\begin{aligned}&\tilde{P}_0^{(\alpha,\beta)}(\tilde{s},\tilde{t})=1\\&\tilde{P}_1^{(\alpha,\beta)}(\tilde{s},\tilde{t})=\frac{1}{2}[(\alpha-\beta)\tilde{t}+(\alpha+\beta+2)\tilde{s}]\end{aligned} \tag{4-129}$$

这种技术也可以用于四面体和金字塔单元，后面会具体介绍。

如图 4-14 所示，曲边三角形单元的位移场方程(4-103)可表示为

$$u[x(\xi,\eta),y(\xi,\eta)]=\begin{bmatrix}\tilde{\boldsymbol{S}}_1^{\mathrm{T}}(\xi,\eta) & \tilde{\boldsymbol{S}}_2^{\mathrm{T}}(\xi,\eta)\end{bmatrix}\begin{bmatrix}\tilde{\boldsymbol{u}}_1\\ \tilde{\boldsymbol{u}}_2\end{bmatrix}=\tilde{\boldsymbol{S}}^{\mathrm{T}}(\xi,\eta)\tilde{\boldsymbol{u}} \tag{4-130}$$

其中

$$\begin{aligned}\tilde{\boldsymbol{S}}_1^{\mathrm{T}}(\xi,\eta)=&\big[1-\xi-\eta\quad \xi\quad \eta\quad E_0^1(\xi,\eta)\quad \cdots\quad E_{n_1-1}^1(\xi,\eta)\\&E_0^2(\xi,\eta)\quad \cdots\quad E_{n_2-1}^2(\xi,\eta)\quad E_0^3(\xi,\eta)\quad \cdots\quad E_{n_3-1}^2(\xi,\eta)\big]\\ \tilde{\boldsymbol{S}}_2^{\mathrm{T}}(\xi,\eta)=&[F_{0,0}(\xi,\eta)\quad \cdots\quad F_{0,n}(\xi,\eta)\quad F_{1,0}(\xi,\eta)\quad \cdots\quad F_{n,0}(\xi,\eta)]\\ \tilde{\boldsymbol{u}}_1^{\mathrm{T}}=&[u_1\quad u_2\quad u_3\quad a_0^1\quad \cdots\quad a_{n_1-1}^1\quad a_0^2\quad \cdots\quad a_{n_2-1}^2\quad a_0^3\quad \cdots\quad a_{n_3-1}^1]\\ \tilde{\boldsymbol{u}}_2^{\mathrm{T}}=&[c_{0,0}\quad \cdots\quad c_{0,n}\quad c_{1,0}\quad \cdots\quad c_{n,0}]\end{aligned} \tag{4-131}$$

其中，$\tilde{\boldsymbol{S}}_1$ 和 $\tilde{\boldsymbol{u}}_1$ 分别是边函数向量及其系数向量；$\tilde{\boldsymbol{S}}_2$ 和 $\tilde{\boldsymbol{u}}_2$ 分别是面函数向量及其系数向量。

为了将基函数转换为插值函数，需要域上的非均匀分布结点。已推导出的一些解析公式可将一维高斯-洛巴托(Gauss - Lobatto)结点转换到单位三角形上。下面给出其中的一种方法。设从均匀结点$(\xi,\ \eta,\ 1-\xi-\eta)$到非均匀结点$(\lambda_1,\ \lambda_2,\ \lambda_3)$的变换公式为

$$\lambda_1=f(\xi),\quad \lambda_2=f(\eta),\quad \lambda_3=f(1-\xi-\eta) \tag{4-132}$$

需要注意，λ_3 不等于 $1-\lambda_1-\lambda_2$。对于定义在$[0,\ 1]$上的一维高斯-洛巴托-切比雪夫(Gauss - Lobatto - Chebyshev)结点，式(4-132)可具体表示为

$$\lambda_1=\sin(\pi\xi/2),\quad \lambda_2=\sin(\pi\eta/2),\quad \lambda_3=\sin[\pi(1-\xi-\eta)/2]$$

如果$(\lambda_1,\ \lambda_2,\ \lambda_3)$也是面积坐标，则 $\lambda_i(i=1,\ 2,\ 3)$彼此对称，则可以定义

$$s(\lambda_1,\lambda_2,\lambda_3)=\frac{\lambda_1+\alpha\lambda_1\lambda_2\lambda_3}{\lambda_1+\lambda_2+\lambda_3+3\alpha\lambda_1\lambda_2\lambda_3},\quad t(\lambda_1,\lambda_2,\lambda_3)=\frac{\lambda_2+\alpha\lambda_1\lambda_2\lambda_3}{\lambda_1+\lambda_2+\lambda_3+3\alpha\lambda_1\lambda_2\lambda_3} \tag{4-133}$$

其中，α 为任意常数。式(4-133)表示单位三角形上的非均布结点。如果使用一维高斯-洛巴托-勒让德(Gauss - Lobatto - Legendre)结点，例如 $\alpha=[\alpha_1,\ \alpha_2,\ \cdots,\ \alpha_n]$是定义在$[0,\ 1]$上的一维高斯-洛巴托-勒让德结点。令 $\lambda_1=\alpha_i$ 和 $\lambda_2=\alpha_j$，那么有 $\lambda_3=\alpha_{n+2-i-j}$。根据经验发现 $\alpha=3$ 是一个不错的选择。容易验证 s 和 t 可以像 ξ 和 η 一样用作单位三角形的坐标(见图 4-16(a))。特别是

$$s(\lambda_1,0,\lambda_3)=\lambda_1,\quad t(0,\lambda_2,\lambda_3)=\lambda_2 \tag{4-134}$$

这意味着如果使用高斯-洛巴托结点生成单位三角形中的非均布结点，则沿三角形边生成的结点仍然是高斯-洛巴托结点。这个属性很重要，因为三角形边上的费克特(Fekete)点已被证明是高斯-洛巴托点。

使用图 4－19(a)所示的一维高斯-洛巴托点结点和均匀结点的索引，可以通过式(4－133)生成非均布结点，如图 4－19(b)所示。如图 4－19(c)所示的等边三角形上的结点由如图 4－19(b)中的结点转换而来，其映射关系为 $\tilde{\eta}=\sqrt{3}\eta$，$\tilde{\xi}=2\xi+\eta-1$。

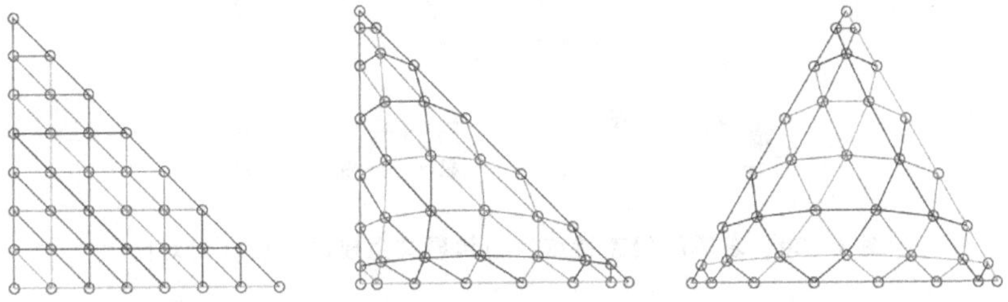

(a) 均匀结点　(b) 变换后的非均匀结点　(c) 映射后的非均匀结点

图 4－19　单位三角形的结点分布

令三角形边和面上的非均匀结点数与对应的基函数个数相同，将得到的结点向量($\boldsymbol{\xi}$，$\boldsymbol{\eta}$)。可以构造一个广义范德蒙(Vandermonde)矩阵

$$\boldsymbol{V}=\tilde{\boldsymbol{S}}^{\mathrm{T}}(\boldsymbol{\xi},\boldsymbol{\eta}) \tag{4-135}$$

于是有

$$u\left[x(\xi,\eta),y(\xi,\eta)\right]=\tilde{\boldsymbol{S}}^{\mathrm{T}}(\xi,\eta)\boldsymbol{V}^{-1}u(\boldsymbol{\xi},\boldsymbol{\eta})=\sum_{i=1}^{N_t}L_i(\xi,\eta)u(\xi_i,\eta_i)=\boldsymbol{S}^{\mathrm{T}}(\xi,\eta)\boldsymbol{u} \tag{4-136}$$

其中，N_t 是基函数或结点的总数，$L_i(\xi,\eta)$定义为三角形上点(ξ_i，η_i)对应的拉格朗日函数。式(4－135)所给广义范德蒙(Vandermonde)矩阵的条件数，可以近似地由 $e^{0.45m}$ 给出，其中($m+1$)是单元的阶次。费克特(Fekete)点($\boldsymbol{\xi}$，$\boldsymbol{\eta}$)应该满足条件

$$|L_i(\xi,\eta)|\leqslant 1 \quad 和 \quad L_i(\xi_i,\eta_i)=1 \tag{4-137}$$

该条件通常可以替换为

$$\frac{\partial L_i(\xi,\eta)}{\partial \xi_i}=0,\quad \frac{\partial L_i(\xi,\eta)}{\partial \eta_i}=0 \tag{4-138}$$

上式可用于优化结点分布。由于三角形边上的结点已经被选为高斯-洛巴托(Gauss－Lobatto)结点，并且三角形边上的费克特(Fekete)点已被证明是高斯-洛巴托(Gauss－Lobatto)点，所以只需要对三角形内的结点进行优化。将求解的费克特(Fekete)点与通过式(4－133)显式生成的结点进行比较，如图 4－20 所示，可以看出他们之间的很接近。如图 4－21 所示为通过费克特(Fekete)点和正交多项式获得的 4 个拉格朗日插值基函数。

4.2.4.2　应变矩阵

利用上述费克特(Fekete)点，可以构造出如图 4－15 所示结点分布形式的三角形单元，即三角形不同边上的结点数可以不同，且与三角形内的结点不相关(此处仅指结点数)。一般来说，只需要将边函数转换为插值函数。如图 4－21 所示的插值基函数使用了如图 4－15 所示

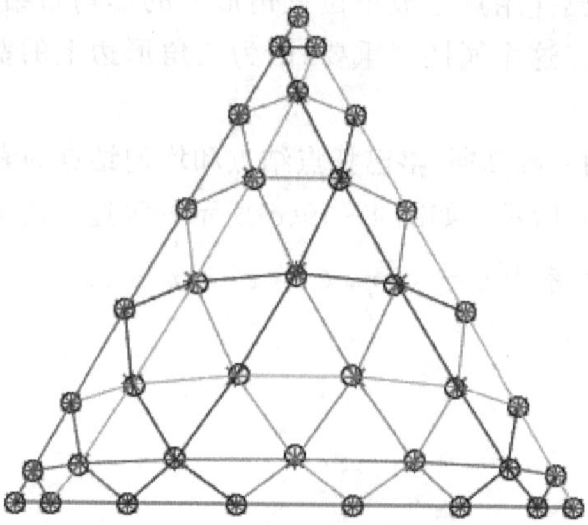

图 4-20　求解的费克特点（*）和显式生成的结点（○）对比

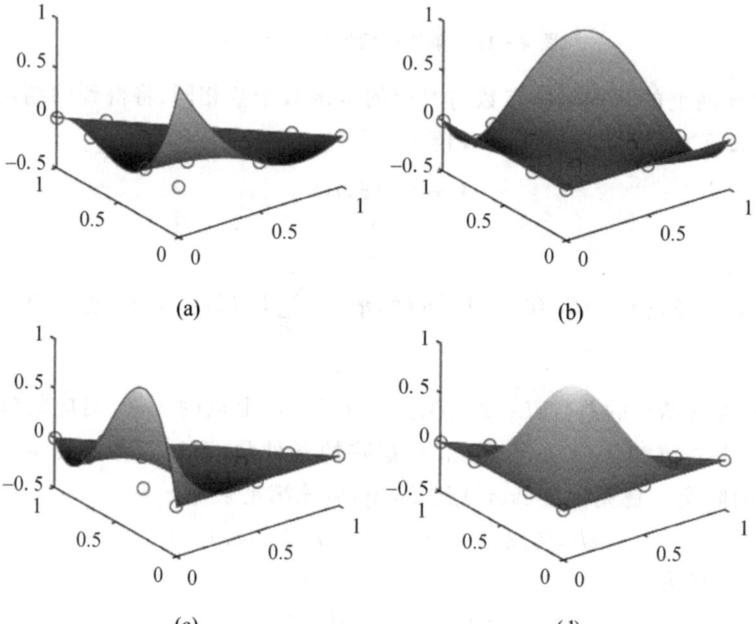

图 4-21　单位三角形上的 4 个拉格朗日插值基函数

的结点分布。取式(4-136)关于参数坐标的导数，并将费克特(Fekete)点代入，得到结点非均布的单位三角形上的微分求积(DQ)法则，即：

$$\frac{\partial u(\bar{\boldsymbol{\xi}},\bar{\boldsymbol{\eta}})}{\partial \xi}=\boldsymbol{A}^{(1)}u(\boldsymbol{\xi},\boldsymbol{\eta}), \quad \frac{\partial u(\bar{\boldsymbol{\xi}},\bar{\boldsymbol{\eta}})}{\partial \eta}=\boldsymbol{B}^{(1)}u(\boldsymbol{\xi},\boldsymbol{\eta}) \tag{4-139}$$

高阶导数可以表示为

$$\frac{\partial^r u(\bar{\boldsymbol{\xi}},\bar{\boldsymbol{\eta}})}{\partial \xi^r}=\boldsymbol{A}^{(r)}u(\boldsymbol{\xi},\boldsymbol{\eta}), \quad \frac{\partial^s u(\bar{\boldsymbol{\xi}},\bar{\boldsymbol{\eta}})}{\partial \eta^s}=\boldsymbol{B}^{(s)}u(\boldsymbol{\xi},\boldsymbol{\eta}), \quad \frac{\partial^{r+s} u(\bar{\boldsymbol{\xi}},\bar{\boldsymbol{\eta}})}{\partial \xi^r\partial \eta^s}=\boldsymbol{F}^{(r+s)}u(\boldsymbol{\xi},\boldsymbol{\eta}) \tag{4-140}$$

注意：计算点$(\bar{\boldsymbol{\xi}},\bar{\boldsymbol{\eta}})$和结点$(\boldsymbol{\xi},\boldsymbol{\eta})$可能是不同的。

在这种情况下，可能需要以下插值关系

$$u(\bar{\boldsymbol{\xi}},\bar{\boldsymbol{\eta}})=\boldsymbol{G}u(\boldsymbol{\xi},\boldsymbol{\eta}) \quad 或 \quad \bar{\boldsymbol{u}}=\boldsymbol{G}\boldsymbol{u} \tag{4-141}$$

如果计算点$(\bar{\boldsymbol{\xi}},\bar{\boldsymbol{\eta}})$和结点$(\boldsymbol{\xi},\boldsymbol{\eta})$相同，则有

$$\boldsymbol{A}^{(r)}=\boldsymbol{A}^{(1)}\boldsymbol{A}^{(r-1)},\quad \boldsymbol{B}^{(s)}=\boldsymbol{B}^{(1)}\boldsymbol{B}^{(s-1)},\quad \boldsymbol{F}^{(r+s)}=\boldsymbol{A}^{(r)}\boldsymbol{B}^{(s)} \tag{4-142}$$

直接使用式(4-136)通常比式(4-142)更有效和准确。但是，很明显式(4-142)比式(4-136)更简单。

二维函数$u=u[x(\xi,\eta),y(\xi,\eta)]$关于笛卡尔坐标$x$和$y$的一阶导数可以通过微分的链式法则得到，即

$$\frac{\partial u}{\partial x}=\frac{1}{|\boldsymbol{J}|}\left(\frac{\partial y}{\partial \eta}\frac{\partial u}{\partial \xi}-\frac{\partial y}{\partial \xi}\frac{\partial u}{\partial \eta}\right),\quad \frac{\partial u}{\partial y}=\frac{1}{|\boldsymbol{J}|}\left(\frac{\partial x}{\partial \xi}\frac{\partial u}{\partial \eta}-\frac{\partial x}{\partial \eta}\frac{\partial u}{\partial \xi}\right) \tag{4-143}$$

其中，雅克比矩阵$\boldsymbol{J}=\dfrac{\partial(x,y)}{\partial(\xi,\eta)}$的行列式

$$|\boldsymbol{J}|=\frac{\partial x}{\partial \xi}\frac{\partial y}{\partial \eta}-\frac{\partial y}{\partial \xi}\frac{\partial x}{\partial \eta} \tag{4-144}$$

于是，$u(x,y)$在离散点$x_i=x(\xi_i,\eta_i)$，$y_i=y(\xi_i,\eta_i)$ $(i=1,2,\cdots,N_t)$处关于x和y的一阶导数为

$$\begin{cases}\left(\dfrac{\partial u}{\partial x}\right)_i=\dfrac{1}{|\boldsymbol{J}|_i}\left[\left(\dfrac{\partial y}{\partial \eta}\right)_i\left(\displaystyle\sum_{n=1}^{N_t}A_{in}^{(1)}u_n\right)-\left(\dfrac{\partial y}{\partial \xi}\right)_i\left(\displaystyle\sum_{n=1}^{N_t}B_{in}^{(1)}u_n\right)\right]\\ \left(\dfrac{\partial u}{\partial y}\right)_i=\dfrac{1}{|\boldsymbol{J}|_i}\left[\left(\dfrac{\partial x}{\partial \xi}\right)_i\left(\displaystyle\sum_{n=1}^{N_t}B_{in}^{(1)}u_n\right)-\left(\dfrac{\partial x}{\partial \eta}\right)_i\left(\displaystyle\sum_{n=1}^{N_t}A_{in}^{(1)}u_n\right)\right]\end{cases} \tag{4-145}$$

其中，$A_{in}^{(1)}$和$B_{in}^{(1)}$分别是与关于ξ和η的一阶导数的权系数，参见式(4-139)。可以以单一索引符号形式将式(4-145)进一步表示为

$$\begin{cases}\dfrac{\partial u[x(\bar{\boldsymbol{\xi}},\bar{\boldsymbol{\eta}}),y(\bar{\boldsymbol{\xi}},\bar{\boldsymbol{\eta}})]}{\partial x}=\boldsymbol{G}_x u[x(\boldsymbol{\xi},\boldsymbol{\eta}),y(\boldsymbol{\xi},\boldsymbol{\eta})]\\ \dfrac{\partial u[x(\bar{\boldsymbol{\xi}},\bar{\boldsymbol{\eta}}),y(\bar{\boldsymbol{\xi}},\bar{\boldsymbol{\eta}})]}{\partial y}=\boldsymbol{G}_y u[x(\boldsymbol{\xi},\boldsymbol{\eta}),y(\boldsymbol{\xi},\boldsymbol{\eta})]\end{cases} \tag{4-146}$$

或

$$\bar{\boldsymbol{u}}_x=\boldsymbol{G}_x\boldsymbol{u},\quad \bar{\boldsymbol{u}}_y=\boldsymbol{G}_y\boldsymbol{u} \tag{4-147}$$

式(4-147)给出了三角形单元的广义微分求积(DQ)法则。由于单元边界和单元内部的结点数可以是独立的，因此被称为升阶谱微分求积(HDQ)法则。

由式(4-15)给出的应变-位移关系，可以通过广义微分求积法则式(4-147)离散化为

$$\boldsymbol{\varepsilon}=\begin{bmatrix}\boldsymbol{G}_x & \boldsymbol{0}\\ \boldsymbol{0} & \boldsymbol{G}_y\\ \boldsymbol{G}_y & \boldsymbol{G}_x\end{bmatrix}\begin{bmatrix}\boldsymbol{u}\\ \boldsymbol{v}\end{bmatrix}=\boldsymbol{B}\boldsymbol{d}_{\mathrm{e}} \tag{4-148}$$

可以发现，上式和式(4-60)给出的低阶情况是类似的，唯一的区别是偏导数是通过权系数矩阵来计算的。

4.2.4.3 单元矩阵

升阶谱微分求积(HDQ)法则在弱形式结构力学中的应用，需要不规则域的积分法则。设

一维积分法则为

$$\int_0^1 f(\xi)\mathrm{d}\xi = \sum_{j=1}^{n} C_j f(\xi_j) \tag{4-149}$$

其中，ξ_j 和 $C_j(j=1,2,\cdots,n)$分别为积分点和权系数。因此，定义在单位三角形上的二维函数的积分可以表示为

$$\int_0^1\int_0^{1-\eta} u(\xi,\eta)\,\mathrm{d}\xi\mathrm{d}\eta = \sum_{i=1}^{N_\xi}\sum_{j=1}^{N_\eta} C_i^\xi C_j^{\eta *} u(\xi_i^*,\eta_j) \tag{4-150}$$

其中

$$\xi_i^* = (1-\eta_j)\xi_i, \quad C_j^{\eta *} = (1-\eta_j)C_j^\eta \tag{4-151}$$

并且 ξ_i、C_i^ξ 与 η_j、C_j^η 分别为 ξ 与 η 方向的积分点和权系数。在不规则域上，式(4-150)可以表示为

$$\int_\Omega u[x(\xi,\eta),y(\xi,\eta)]\,\mathrm{d}x\mathrm{d}y = \sum_{i=1}^{N_\xi}\sum_{j=1}^{N_\eta} C_i^\xi C_j^{\eta *}\,|\boldsymbol{J}|_{ij}u(\xi_i^*,\eta_j) = \bar{\boldsymbol{C}}^{\mathrm{T}}\bar{\boldsymbol{u}} \tag{4-152}$$

其中

$$\bar{\boldsymbol{C}}^{\mathrm{T}} = \left[C_1^\xi C_1^{\eta *}\,|\boldsymbol{J}|_{1,1} \quad C_2^\xi C_1^{\eta *}\,|J|_{2,1} \quad \cdots \quad C_{N_\xi}^\xi C_{N_\eta}^{\eta *}\,|\boldsymbol{J}|_{N_\xi,N_\eta}\right] \tag{4-153}$$

注意：上述积分法则基于单变量高斯型积分法则的张量积形式。从某种意义上说，乘积公式效率低下，因为它们使用的点数和权系数远远多于准确计算 d 次多项式的积分所需的数量；当应用于三角形和四面体等单元时，它们是不对称的，并导致靠近顶点处积分点的“聚集”随着阶次 d 的增加更加严重。

平面应力问题的应变能可以离散为

$$U = \frac{1}{2}h\boldsymbol{d}_{\mathrm{e}}^{\mathrm{T}}\boldsymbol{B}^{\mathrm{T}}\bar{\boldsymbol{D}}\boldsymbol{B}\boldsymbol{d}_{\mathrm{e}} = \frac{1}{2}\boldsymbol{d}_{\mathrm{e}}^{\mathrm{T}}\boldsymbol{k}_{\mathrm{e}}\boldsymbol{d}_{\mathrm{e}} \tag{4-154}$$

其中

$$\bar{\boldsymbol{D}} = \begin{bmatrix} E' & E'\upsilon & 0 \\ & E' & 0 \\ \text{对称} & & G \end{bmatrix} \otimes \boldsymbol{C} \tag{4-155}$$

且

$$E' = \frac{E}{1-\upsilon^2}, \quad G = \frac{E}{2(1+\upsilon)}, \quad \boldsymbol{C} = \mathrm{diag}(\bar{\boldsymbol{C}}) \tag{4-156}$$

则单元刚度矩阵可表示为

$$\boldsymbol{k}_{\mathrm{e}} = h\boldsymbol{B}^{\mathrm{T}}\bar{\boldsymbol{D}}\boldsymbol{B} = \frac{Eh}{1-\upsilon^2}\begin{bmatrix} \boldsymbol{G}_x^{\mathrm{T}}\boldsymbol{C}\boldsymbol{G}_x + \upsilon_1\boldsymbol{G}_y^{\mathrm{T}}\boldsymbol{C}\boldsymbol{G}_y & \upsilon\boldsymbol{G}_x^{\mathrm{T}}\boldsymbol{C}\boldsymbol{G}_y + \upsilon_1\boldsymbol{G}_y^{\mathrm{T}}\boldsymbol{C}\boldsymbol{G}_x \\ \upsilon\boldsymbol{G}_y^{\mathrm{T}}\boldsymbol{C}\boldsymbol{G}_x + \upsilon_1\boldsymbol{G}_x^{\mathrm{T}}\boldsymbol{C}\boldsymbol{G}_y & \boldsymbol{G}_y^{\mathrm{T}}\boldsymbol{C}\boldsymbol{G}_y + \upsilon_1\boldsymbol{G}_x^{\mathrm{T}}\boldsymbol{C}\boldsymbol{G}_x \end{bmatrix} \tag{4-157}$$

其中，E 为杨氏模量，υ 为泊松比，且 $\upsilon_1 = \dfrac{1-\upsilon}{2}$。

类似地，单元质量矩阵和载荷向量可以表示为

$$\boldsymbol{m}_{\mathrm{e}} = \rho h\begin{bmatrix} \boldsymbol{G}^{\mathrm{T}}\boldsymbol{C}\boldsymbol{G} & \boldsymbol{0} \\ \boldsymbol{0} & \boldsymbol{G}^{\mathrm{T}}\boldsymbol{C}\boldsymbol{G} \end{bmatrix} \tag{4-158}$$

$$\boldsymbol{f}_{\mathrm{e}} = h\begin{bmatrix} \boldsymbol{G}^{\mathrm{T}}\boldsymbol{C}\boldsymbol{q}_u \\ \boldsymbol{G}^{\mathrm{T}}\boldsymbol{C}\boldsymbol{q}_v \end{bmatrix} \tag{4-159}$$

其中，ρ 为密度，$\boldsymbol{q}_u$ 和 $\boldsymbol{q}_v$ 分别为关于 x 和 y 方向的分布结点载荷向量。

4.2.4.4 面内振动分析

与面外振动不同的是，面内振动有两种不同的简支边界条件，即法向应力和切向位移为 0(S1)与法向位移和切向应力为 0(S2)。例如，如图 4－22 所示的扇形板，其半径 $R=1$ m，两条直边上的边界条件为 S2，扇区的圆周边缘是自由的。内部升阶谱基函数的个数为 P。取三条边上的结点数相同，记为 N_e，即 $N_1=N_2=N_3=N_e$。首先取 $N_e=P+3$。计算结果见表 4－1 所列，并与文献中的精确结果和 p 型有限元(p－FEM)结果进行了比较。从表 4－1 可以看出，随着结点数量的增加，升阶谱求积元法（HQEM）的结果单调收敛，收敛速度非常快。当$(P, N_e)=(10, 13)$时，前 10 个频率的前 4 位完全收敛。此外，也可以看出即使有大量结点，HQEM 也非常稳定。然后取$(P, N_e)=(6, 13)$，见表 4－1 中的粗体行。可以看出，在单元边界上有一定数量的结点，而单元内部只有少数结点的情况下，HQEM 的精度仍然可以很好。该性质类似于固定界面模态综合法，但 HQEM 不需要做模态分析，而且精度非常高。

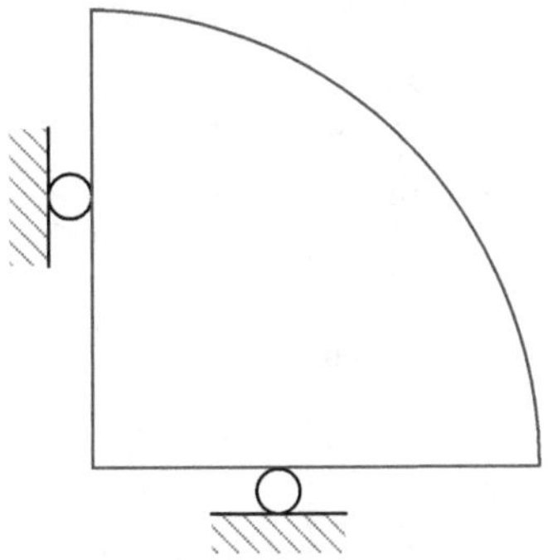

图 4－22 两条直边为 S2 边界条件的扇形板

表 4－1 分析的扇形板在如图 4－23 所示中作了进一步的分析，通过基频研究了几何误差对模拟精度的影响，其中网格长度取 $h_0=$ 0.1、0.2、0.3、0.4、0.5、0.7。从图 4－23 中可以清楚地看到，表示几何形状的基函数阶次略升高即可显著提高模拟精度，但这不会显著增加自由度数。

表 4－1 边界条件为 S2－S2－F 的扇形板 HQEM 求解的前 10 阶频率参数与精确解、p－FEM 解的比较

(P, N_e)	自由度	模态阶数									
		1	2	3	4	5	6	7	8	9	10
(2,5)	20	2.350	3.464	4.277	4.905	—	—	—	—	—	—
(3, 6)	30	2.347	3.464	4.249	4.742	7.310	7.570	7.683	8.899	—	—
(4, 7)	42	2.346	3.463	4.246	4.702	6.905	7.468	7.652	8.814	—	—
(5, 8)	56	2.346	3.463	4.245	4.691	6.760	7.446	7.645	8.797	9.110	9.147
(6, 9)	72	2.346	3.463	4.245	4.689	6.707	.440	7.643	8.795	8.804	9.110
(7, 10)	90	2.346	3.463	4.245	4.689	6.698	7.439	7.642	8.666	8.795	9.110
(8, 11)	110	2.346	3.463	4.245	4.689	6.696	7.439	7.642	8.634	8.795	9.110
(9, 12)	132	2.346	3.463	4.245	4.689	6.696	7.439	7.642	8.622	8.795	9.110
(10, 13)	156	2.346	3.463	4.245	4.689	6.695	7.439	7.642	8.620	8.795	9.110
(15, 18)	306	2.346	3.463	4.245	4.689	6.695	7.439	7.642	8.620	8.795	9.110
(25, 28)	756	2.346	3.463	4.245	4.689	6.695	7.439	7.642	8.620	8.795	9.110
(6, 13)	**88**	**2.346**	**3.463**	**4.245**	**4.689**	**6.704**	**7.439**	**7.642**	**8.721**	**8.795**	**9.110**
精确解	—	2.346	3.463	4.245	4.689	6.695	7.439	7.642	8.620	8.795	9.110
p－FEM	—	2.346	3.463	4.245	4.689	6.695	7.439	7.642	8.620	8.795	9.110

注：其中，$\upsilon=0.3$，$R=1$ m，$\Omega=\omega\sqrt{\rho/G}$

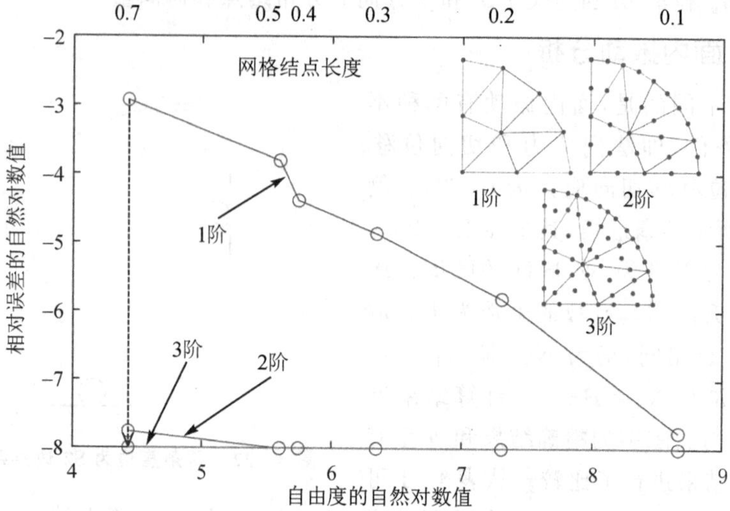

图 4-23 通过基频分析几何误差(网格阶数)对模拟精度的影响

4.2.5 高阶四边形单元

4.2.5.1 形函数构造

四边形升阶谱求积元法(HQEM)单元的形函数可以用与三角形单元相同的方式构建。对于四边形单元,升阶谱有限元法(HFEM)的位移场 u 由下式给出

$$u\left[x(\xi,\eta),y(\xi,\eta)\right]=\sum_{k=1}^{4}V^{k}(\xi,\eta)u_{k}+\sum_{e=1}^{4}\sum_{i=0}^{n_{e}-1}E_{i}^{e}(\xi,\eta)a_{i}^{e}+\sum_{i=0}^{m}\sum_{j=0}^{n}F_{ij}(\xi,\eta)c_{ij} \tag{4-160}$$

其中,$k=1,2,3,4$ 表示顶点,$e=1,2,3,4$ 表示边(见图 4-24);$n_e(e=1,2,3,4)$表示每条边的边(基)函数个数,m 和 n 表示四边形面在 η 和 ξ 方向上面(基)函数的阶次;u_k 为顶点的位移;a_i^e 和 c_{ij} 分别为四边形单元边函数和面函数的系数(升阶谱函数的系数没有明确的物理意义)。

在四边形单元的 4 个顶点形函数 V^k 可表示为

$$\begin{cases}V^{1}=\dfrac{1}{4}(1-\xi)(1-\eta)\\ V^{2}=\dfrac{1}{4}(1+\xi)(1-\eta)\\ V^{3}=\dfrac{1}{4}(1+\xi)(1+\eta)\\ V^{4}=\dfrac{1}{4}(1-\xi)(1+\eta)\end{cases} \tag{4-161}$$

对于四边形单元,可以直接给出边函数和面函数,即

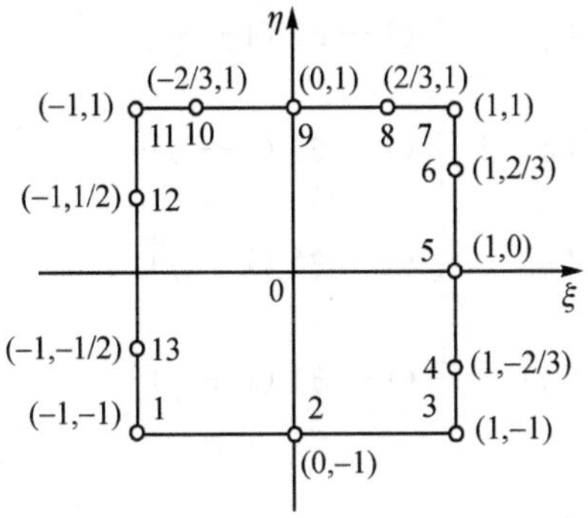

(a) 自然坐标ζ-η平面中的参数域

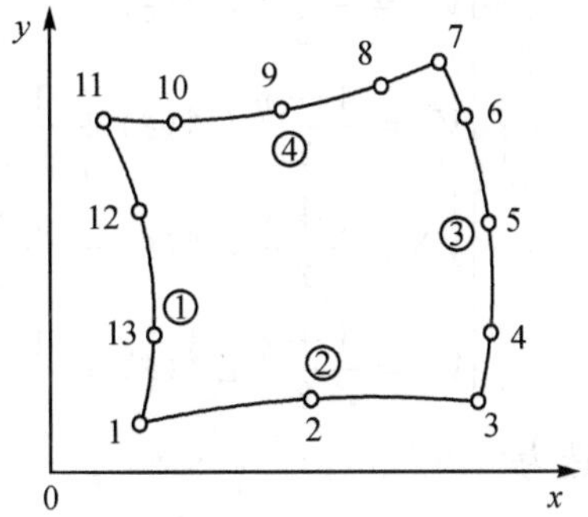

(b) 笛卡尔坐标x-y平面中的曲线四边形区域

图 4-24 自然坐标与笛卡尔坐标的几何映射

$$\begin{cases} E_i^1(\xi,\eta)=\dfrac{1}{2}(1-\xi)\varphi_i(\eta) \\ E_i^2(\xi,\eta)=\dfrac{1}{2}(1-\eta)\varphi_i(\xi) \\ E_i^3(\xi,\eta)=\dfrac{1}{2}(1+\xi)\varphi_i(\eta) \\ E_i^4(\xi,\eta)=\dfrac{1}{2}(1+\eta)\varphi_i(\xi) \end{cases} \tag{4-162}$$

$$F_{ij}(\xi,\eta)=\varphi_i(\xi)\varphi_j(\eta) \tag{4-163}$$

其中

$$\varphi_n(\xi)=(1-\xi^2)P_n^{(2,2)}(\xi),\quad \xi\in[-1,1] \tag{4-164}$$

需要注意，第 3.2.8.3 中的桁架升阶谱单元也可以使用式(4-164)。$\varphi_n(\xi)$也可以为由式(3-145)给出的积分勒让德多项式，即

$$\varphi_n(\xi)=\int_{-1}^{\xi}P_n(\xi)\mathrm{d}\xi=\frac{(\xi^2-1)}{n(n+1)}\frac{\mathrm{d}P_n(\xi)}{\mathrm{d}\xi},\quad \xi\in[-1,1] \tag{4-165}$$

四边形域上的结点为高斯-洛巴托(Gauss-Lobatto)结点的张量积。下面的过程类似于三角形单元。

单位四边形单元上的基函数，也可以用混合函数法和拉格朗日函数构造。对于任意四边形域，如图 4-24 所示，其几何映射的形式为

$$\begin{aligned} V(\xi,\eta)=&\frac{1-\xi}{2}M(-1,\eta)+\frac{1+\xi}{2}M(1,\eta)+\frac{1-\eta}{2}M(\xi,-1)+\frac{1+\eta}{2}M(\xi,1)-\\ &\frac{(1-\xi)(1-\eta)}{4}M(-1,-1)-\frac{(1-\xi)(1+\eta)}{4}M(-1,1)-\\ &\frac{(1+\xi)(1-\eta)}{4}M(1,-1)-\frac{(1+\xi)(1+\eta)}{4}M(1,1) \end{aligned} \tag{4-166}$$

其中，$\xi\geqslant-1$，$\eta\leqslant1$；函数 $M(\xi_i,\eta)$ 和 $M(\xi,\eta_j)$ 表示构成四边形域边界的四条参数曲线；函数 $M(\xi_i,\eta_j)$ 表示对应于参数坐标 (ξ_i,η_j) 的 $x-y$ 平面中坐标点。混合函数方法可以提供精确的几何映射。利用式(4-166)作为混合函数，顶点基函数可构造为

$$
\begin{cases}
V^1 = \dfrac{1-\eta}{2} L_1^M(\xi) + \dfrac{1-\xi}{2} L_1^N(\eta) - \dfrac{1}{4}(1-\xi)(1-\eta) \\
V^2 = \dfrac{1-\eta}{2} L_M^M(\xi) + \dfrac{1+\xi}{2} L_1^N(\eta) - \dfrac{1}{4}(1+\xi)(1-\eta) \\
V^3 = \dfrac{1+\eta}{2} L_M^M(\xi) + \dfrac{1+\xi}{2} L_N^N(\eta) - \dfrac{1}{4}(1+\xi)(1+\eta) \\
V^4 = \dfrac{1+\eta}{2} L_1^M(\xi) + \dfrac{1-\xi}{2} L_N^N(\eta) - \dfrac{1}{4}(1-\xi)(1+\eta)
\end{cases} \tag{4-167}
$$

边函数可构造为

$$
\begin{cases}
E_i^1(\xi,\eta) = \dfrac{1-\xi}{2} L_i^N(\eta) \\
E_i^2(\xi,\eta) = \dfrac{1-\eta}{2} L_i^M(\xi) \\
E_i^3(\xi,\eta) = \dfrac{1+\xi}{2} L_i^N(\eta) \\
E_i^4(\xi,\eta) = \dfrac{1+\eta}{2} L_i^M(\xi)
\end{cases} \tag{4-168}
$$

面函数与式(4-163)相同。需要注意,通过这种方法构造的基函数计算效率不高,但更直观。如图 4-25 所示为单位四边形单元的 4 个基函数。

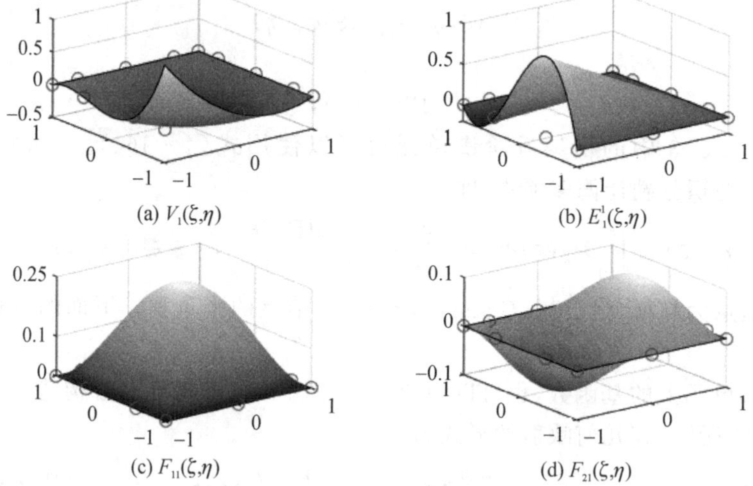

图 4-25 单位四边形单元的 4 个基函数

4.2.5.2 面内振动分析

下面以曲边区域中各向同性板面内振动的升阶谱求积元法(HQEM)分析为例,介绍四边形单元的特性。从正方形参数域到计算域的几何映射是通过混合函数法或升阶谱求积元法的基函数实现的。对用于比较的所有有效数字,这两种方法没有任何区别。为了数值方便,在边上沿 ξ 和 η 方向取相同数目的样点,记为 N_e;面内两个方向的升阶谱形函数个数也取为相同的,记为 N_h。为了避免舍入误差的影响,自然频率采用与文献相同的频率参数表示。与面外振动不同的是,面内振动有两种不同的简支边界条件,即法向应力和切向位移为 0(S1)和法向位移和切向应力为 0(S2)。

如表 4-2 所列分析了简支、固支(C)和自由(F)边界在两种组合边界条件下方形板的面内振动。边界条件 S1-C-S2-F 的含义为板在 x 方向具有 S1-S2 边界条件，在 y 方向具有 CF 边界条件。自然频率在表 4-2 中均以相同的频率参数 γ 表示。从表 4-2 可以看出，对于 S1-S1-S1-S1 板，升阶谱求积元法(HQEM)在样点$(N_e, N_h)=(13, 10)$时，结果非常接近文献中的精确解，但并不完全相同。这是由角点的边界条件引起的。在解析方法中角点包含在边上，在数值方法中角点可以单独处理。当样点数量足够大时，这种影响可以忽略不计；如果 S1-S1-S1-S1 板的角点固支，则$(N_e, N_h)=(10, 8)$的 HQEM 结果与用于比较的精确结果所有有效数字一致；对于考虑边界条件对角点影响的 S1-C-S2-F 板，HQEM 结果收敛速度非常快。可以看出，HQEM 类似于固定界面模态综合法，可以使用每个单元边界上的几个结点和单元内的几个固定界面模态来分析结构，但 HQEM 不需要模态分析，而且计算精度非常高。

表 4-2 方板无量纲频率参数比较

边界条件	(N_e, N_h)	模态序号							
		1	2	3	4	5	6	7	8
S1-S1-S1-S1	(10, 8)	0.999 5	0.999 5	1.414 2	1.998 0	2.000 0	2.235 3	2.235 3	2.389 7
	(13, 10)	0.999 9	0.999 9	1.414 2	1.999 6	2.000 0	2.235 8	2.236 0	2.390 2
	(10, 8)*	1.000 0	1.000 0	1.414 2	2.000 0	2.000 0	2.236 1	2.236 1	2.390 5
	(25, 20)	1.000 0	1.000 0	1.414 2	2.000 0	2.000 0	2.236 1	2.236 1	2.390 5
	精确解	**1**	**1**	**1.414 2**	**2**	**2**	**2.236 1**	**2.236 1**	**2.390 5**
S1-C-S2-F	(5, 3)	0.860 0	0.946 8	1.430 9	1.748 2	2.230 6	2.422 9	2.489 7	2.797 7
	(8, 3)	0.860 0	0.946 8	1.427 6	1.742 1	2.227 3	2.352 9	2.362 7	2.793 5
	(10, 3)	0.860 0	0.946 8	1.427 6	1.742 1	2.227 3	2.352 9	2.362 6	2.793 5
	(10, 5)	0.860 0	0.946 8	1.425 8	1.742 0	2.219 3	2.297 8	2.361 0	2.752 5
	(10, 8)	0.860 0	0.946 8	1.425 8	1.742 0	2.219 3	2.296 7	2.361 0	2.751 7
	(25, 20)	0.860 0	0.946 8	1.425 8	1.742 0	2.219 3	2.296 7	2.361 0	2.751 7
	精确解	**0.860 0**	**0.946 8**	**1.425 8**	**1.742 0**	**2.219 3**	**2.296 7**	**2.361 0**	**2.751 7**

注：① * 考虑了角点边界条件的影响。

② $\gamma=(\omega a/\pi)\sqrt{\rho/G}$。

为了展示整个频谱的收敛性，并研究角点边界条件的影响，进一步研究了 S1-S1-S1-S1 板。将结点分布为$(N_e, N_h)=(30, 28)$的升阶谱求积元法(这里 DQHFEM 与 HQEM 等价)结果与使用商业软件 ANSYS 获得的有限元(FEM)结果进行比较。板的杨氏模量为 71 GPa，密度为 2 700 kg/m^3，泊松比为 0.3。ANSYS 中使用的单元是 SHELL 181 四边形单元，有限元的单元长度为 $l=1/30$ m，与 HQEM 相同。FEM 和 HQEM 的相对误差如图 4-26(a)所示。可以看出，对于前 80% 的频率，HQEM 结果优于 FEM 结果。特别是，HQEM 的前 20 阶频率具有很高的精度。在图 4-26(a)中，DQHFEM * 表示没有考虑角点边界条件影响的结果。该曲线几乎与考虑角点边界条件的 DQHFEM 曲线重合，因此角点边界条件对整个频谱精度的影响不大。

为了将 HQEM 结果与使用 NURBS 基函数的等几何分析(IGA)结果进行比较,也将其整个频谱的相对误差体现在图 4-26(a)中。从对图 4-26(a)局部放大的图 4-26(b)可以看出,对于 S1-S1-S1-S1 方形板的前 20% 阶固有频率,HQEM 结果与 IGA 结果相比非常准确。使用 NURBS 单元计算时应该注意两点:第一,积分应该在 NURBS 的每个节点(knots)区间中进行,而不应该像 HQEM 那样在整个区间上进行;第二,NURBS 节点应该均匀分布,而不应采用 HQEM 中的非均匀分布结点。否则,基于 NURBS 的 IGA 无法提供高阶频率的较好结果,这对于显式瞬态分析是有意义的。从图 4-26(c)中可以看出,HQEM 的高阶频率的相对误差也可以通过网格细化来减小,其中,每个单元的结点分布为(N_e, N_h)=(6,4)。与微分求积方法(DQM)或其弱形式一样,基于 NURBS 的 IGA 不具有升阶谱特性。

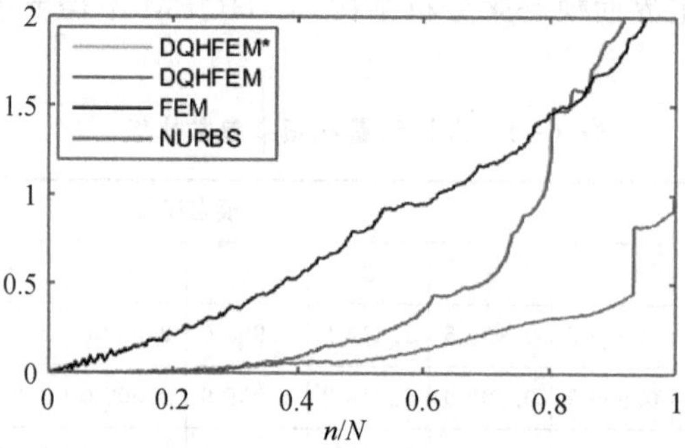

(a) 使用有限元(FEM)、等几何分析(NURBS)和升阶谱求积元(DQHFEM)的离散频谱的相对误差

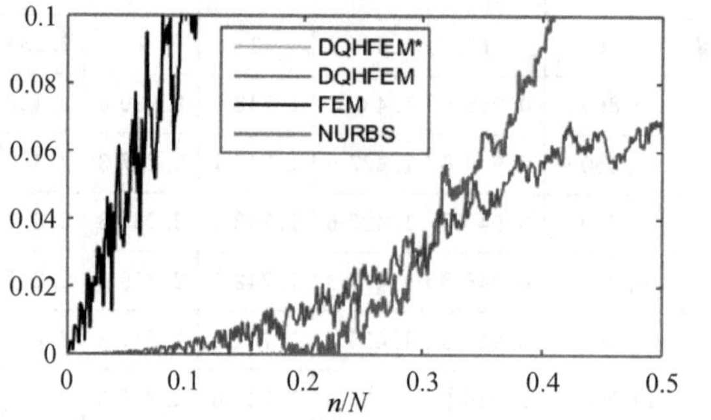

(b) 图(a)的局部放大

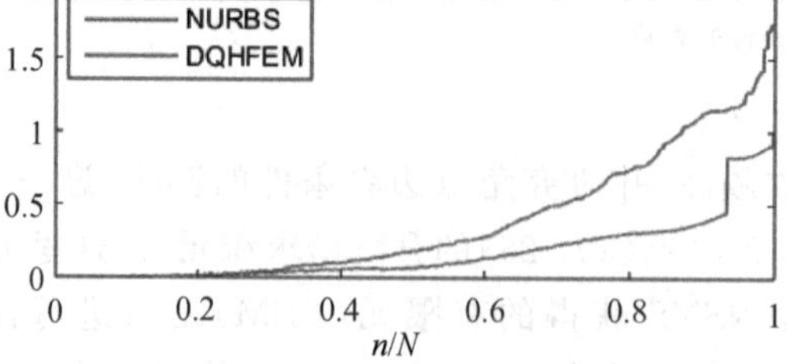

(c) 使用6×6个单元的HQEM结果

图 4-26　简支(S1)板

为了验证升阶谱求积元法(HQEM)对复杂平面形状的适用性,中心圆形开口方形板(见图 4-27)(板的四边自由)面内振动的升阶谱求积元(HQEM)结果见表 4-3、表 4-4 所列。

由于几何和边界条件的对称性，只需考虑板的$\frac{1}{4}$（见图 4－28）。表 4－3 和表 4－4 给出了对称-对称和对称-反对称模态对应的前 10 阶频率参数，并与 p－FEM 结果进行了比较。如图 4－29 所示为对称-对称模态的前 4 个振型。对称-对称模态的位移 u 和 v，分别是 x 坐标和 y 坐标的偶函数。对称-反对称模态的位移 u 和 v，分别是 x 坐标的偶函数和 y 坐标的奇函数。从表 4－3 可以看出，当(N_e，N_h)＝(12，10)时，HQEM 结果的所有 5 位有效数字均收敛，而文献中的结果只有 3 位有效数字收敛。HQEM 结果与文献中的前 3 位收敛数字大体一致。如图 4－29(a)所示，对称-对称模态的振型 1 是刚体振型，但在文献中仍被视为正常振型。

表 4－3 中心圆形开口方板对称-对称模态对应的前 10 阶频率参数与 p－FEM 结果对比

(N_e,N_h)	模态序号									
	1	2	3	4	5	6	7	8	9	10
(5,6)	0.000 0	0.922 0	3.233 7	4.434 4	4.621 5	5.699 7	6.258 3	7.011 8	7.082 9	8.512 8
(8,6)	0.000 0	0.921 5	3.231 2	4.426 2	4.620 1	5.680 6	6.184 2	6.994 0	7.009 3	8.445 2
(10,8)	0.000 0	0.921 5	3.231 1	4.426 1	4.620 1	5.680 5	6.184 1	6.993 5	7.009 3	8.445 0
(12,10)	0.000 0	0.921 5	3.231 1	4.426 1	4.620 1	5.680 5	6.184 1	6.993 4	7.009 3	8.445 0
(18,16)	0.000 0	0.921 5	3.231 1	4.426 1	4.620 1	5.680 5	6.184 1	6.993 4	7.009 3	8.445 0
p－FEM	0.003	0.922	3.233	4.427	4.620	5.682	6.187	7.000	7.010	8.448

注：$\gamma=\omega\sqrt{\rho/G}$，$v=0.3$。

表 4－4 中心圆形开口方板对称-反对称模态对应的前 10 阶频率参数与 p－FEM 结果对比

(N_e,N_h)	模态序号									
	1	2	3	4	5	6	7	8	9	10
(5,6)	2.048 3	2.272 3	4.293 9	5.001 0	5.447 6	6.598 1	7.255 5	7.831 8	8.372 2	8.907 6
(8,6)	2.047 6	2.271 1	4.289 8	4.996 4	5.419 6	6.516 0	7.221 3	7.808 7	8.174 5	8.733 3
(10,8)	2.047 6	2.271 1	4.289 7	4.996 3	5.419 6	6.515 8	7.221 1	7.808 5	8.172 9	8.731 7
(18,16)	2.047 6	2.271 1	4.289 7	4.996 3	5.419 6	6.515 8	7.221 1	7.808 5	8.172 9	8.731 7
p－FEM	2.049	2.272	4.292	4.998	5.421	6.521	7.223	7.810	8.180	8.735

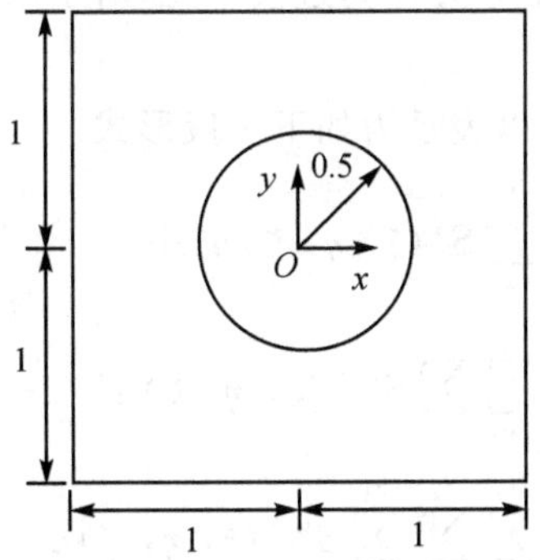

图 4－27 带中心圆形开口的方形板

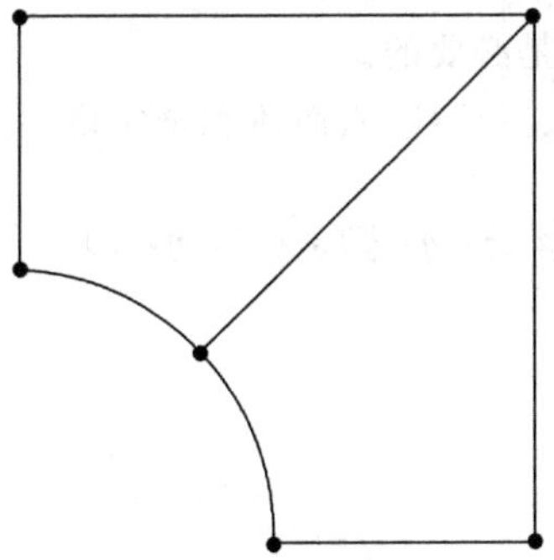

图 4－28 $\frac{1}{4}$板的 HQEM 网格

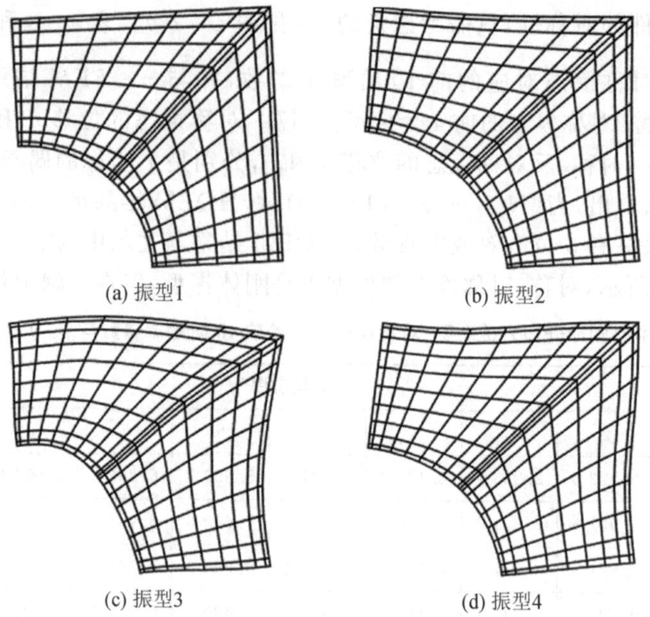

图 4－29　对称-对称模态的 4 个振型

4.3　三维实体有限元法

4.3.1　形函数构造

通过二维实体有限元分析，可以发现有限元分析中最重要的过程是形函数构造。各种形状单元的其余构造流程基本相似。因此，本节将重点介绍各种三维单元形函数的构造方法。由于升阶谱求积元法(HQEM)是一种通用方法，其他类型的方法可以是升阶谱求积元法的一个特例，所以本节将主要介绍三维升阶谱求积元法。介绍的单元类型包括四面体、三棱柱、六面体和金字塔单元。六面体单元与二维情况下的四边形单元类似，是最简单和精度最高的三维单元。然而，目前还没有能够自动生成复杂工程问题六面体网格的工具，大多数商业代码只支持自动生成四面体网格。因此，三棱柱单元和金字塔单元作为过渡单元，对于采用六面体占优网格来说是必要的。

四面体、三棱柱、六面体和金字塔单元的位移场可以表示为如下一般形式

$$u\left[x(\xi,\eta,\zeta),y(\xi,\eta,\zeta),z(\xi,\eta,\zeta)\right]=\sum_{i=1}^{N_{\mathrm{v}}}S_i^{\mathrm{v}}(\xi,\eta,\zeta)u_i+$$
$$\sum_{i=1}^{L_k}\sum_{k=1}^{N_{\mathrm{e}}}S_i^{\mathrm{e},k}(\xi,\eta,\zeta)a_i^{\mathrm{e},k}+$$
$$\sum_{i=1}^{M_k}\sum_{j=1}^{N_k}\sum_{k=1}^{N_{\mathrm{f}}}S_{ij}^{\mathrm{f},k}(\xi,\eta,\zeta)a_{ij}^{\mathrm{f},k}+$$

$$\sum_{i=1}^{L}\sum_{j=1}^{M}\sum_{k=1}^{N}S_{ijk}^{\mathrm{b}}(\xi,\ \eta,\ \zeta)a_{ijk}^{\mathrm{b}} \tag{4-169}$$

其中，v、e、f、b 分别表示顶点(vertex)、边(edge)、面(face)和体(body)；N_{v}、N_{e}、N_{f} 分别为顶点数、边数和面数；i，j 和 k 是整数指标；$S_i^{\mathrm{v}}(\xi,\ \eta,\ \zeta)$为顶点函数；$S_i^{\mathrm{e},k}(\xi,\ \eta,\ \zeta)$为边函数；$S_{ij}^{\mathrm{f},k}(\xi,\ \eta,\ \zeta)$为面函数；$S_{ijk}^{\mathrm{b}}(\xi,\ \eta,\ \zeta)$为体函数。

4.3.1.1　四面体单元

一个四面体单元有 4 个顶点、6 条边和 4 个面(见图 4-30)。四面体单元的顶点函数是

$$\begin{cases}S_1^{\mathrm{v}}(\xi,\ \eta,\ \zeta)=1-\xi-\eta-\zeta\\ S_2^{\mathrm{v}}(\xi,\ \eta,\ \zeta)=\xi\\ S_3^{\mathrm{v}}(\xi,\ \eta,\ \zeta)=\zeta\\ S_4^{\mathrm{v}}(\xi,\ \eta,\ \zeta)=\eta\end{cases} \tag{4-170}$$

根据三角形升阶谱求积单元的推导过程，修正的杜宾(Dubiner)四面体基函数的一般形式可表示为

$$N_{ijk}(\xi,\ \eta,\ \zeta)=(1-\xi-\eta-\zeta)^h\xi^l\eta^m\zeta^nH_{ijk}(\xi,\ \eta,\ \zeta) \tag{4-171}$$

其中，h、l、m 和 n 是非负整数。为了将雅可比正交多项式应用于四面体单元，坐标变换是必要的。如图 4-31 所示，从单位六面体域到单位四面体域的达菲(Duffy)变换可以表示为

$$\xi=\frac{(1+r)(1+t)}{4},\quad \eta=\frac{(1-r)(1+s)(1+t)}{8},\quad \zeta=\frac{(1-r)(1-s)(1+t)}{8} \tag{4-172}$$

对应的逆变换为

$$r=1-\frac{2(\eta+\zeta)}{(\xi+\eta+\zeta)},\quad s=\frac{\eta-\zeta}{\eta+\zeta},\quad t=2(\xi+\eta+\zeta)-1 \tag{4-173}$$

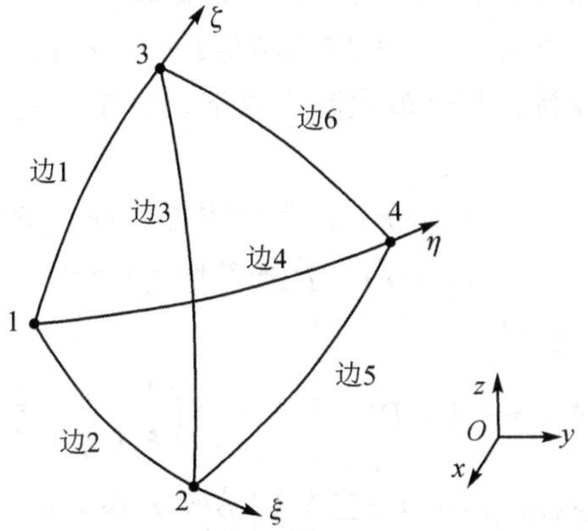

图 4-30　曲边四面体单元

由式(4-172)给出的变换可知，单位六面体 $r=-1$ 的面对应于单位四面体 $\xi=0$ 的面，面 $s=-1$ 对应面 $\eta=0$，面 $s=1$ 对应面 $\zeta=0$，面 $t=1$ 对应面 $\xi+\eta+\zeta=1$，面 $t=-1$ 退化为一个点，面 $r=1$ 退化为一条线。根据正交性要求，单位四面体上的形函数应满足

$$\int_V N_{ijk}N_{pqw}\mathrm{d}V=\int_0^1\int_0^{1-\xi}\int_0^{1-\xi-\eta}N_{ijk}N_{pqw}\mathrm{d}\zeta\mathrm{d}\eta\mathrm{d}\xi=\delta_i^p\delta_j^q\delta_k^wC_{ijk} \tag{4-174}$$

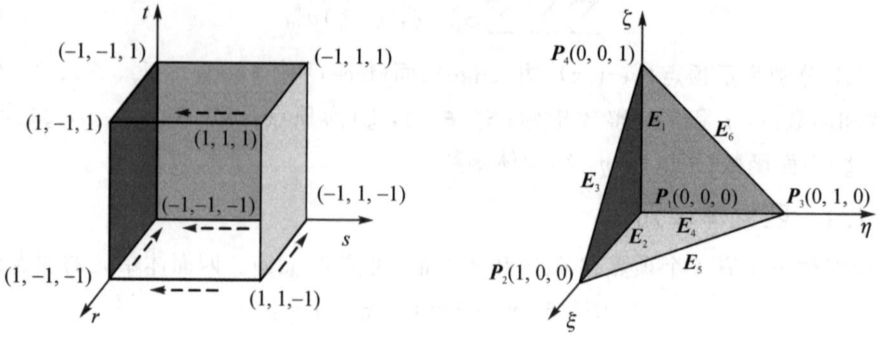

(a) 单位六面体　　(b) 单位四面体

图 4-31　单位六面体和四面体参数域

将式(4-171)和式(4.172)代入式(4-174)，得

$$\int_0^1\int_0^{1-\xi}\int_0^{1-\xi-\eta}N_{ijk}N_{pqw}\,\mathrm{d}\zeta\,\mathrm{d}\eta\,\mathrm{d}\xi=\int_{-1}^1\int_{-1}^1\int_{-1}^1\widetilde{J}H_{ijk}H_{pqw}\,\mathrm{d}r\,\mathrm{d}s\,\mathrm{d}t \tag{4-175}$$

其中

$$\widetilde{J}=\frac{(1+r)^{2l}(1-r)^{2m+2n+1}(1+s)^{2m}(1-s)^{2n}(1+t)^{2l+2m+2n+2}(1-t)^{2h}}{2^{2h+4l+6m+6n+6}} \tag{4-176}$$

根据雅可比多项式的正交属性，可以确定 $H_{ijk}(r,s,t)$ 为

$$\begin{aligned}H_{ijk}(r,s,t)=&[(1-r)^a(1+r)^bP_i^{(2m+2n+1+2a,\,2l+2b)}(r)]\\&[(1-s)^c(1+s)^dP_j^{(2n+2c,\,2m+2d)}(s)]\times\\&[(1-t)^e(1+t)^fP_k^{(2h+2e,\,2l+2m+2n+2+2f)}(t)]\end{aligned} \tag{4-177}$$

其中，a、b、c、d、e 和 f 应根据应用的便利性和雅可比多项式的要求来确定。为了消除式(4-177)中 s 分母中的$(\eta+\zeta)$，需要取 $a=j$。类似地，需要取 $f=i+j$ 来消除式(4-177)中 r 和$(1-r)$分母中的$(\xi+\eta+\zeta)$。指标 i、j、k 应该满足 $i+j+k\leqslant\gamma-4$，其中 $\gamma\geqslant4$ 是基函数的预期最大阶次，用于将基函数保持在某个最大阶次以下。对于这里考虑的 C^0 问题，可以取 $b=c=d=e=0$。于是有

$$\begin{aligned}H_{ijk}(r,s,t)=&[(1-r)^jP_i^{(2m+2n+1+2j,\,2l)}(r)]P_j^{(2n,\,2m)}(s)\\&[(1+t)^{i+j}P_k^{(2h,\,2(l+m+n+1)+2(i+j))}(t)]\end{aligned} \tag{4-178}$$

将式(4-173)代入式(4-178)，得

$$\begin{aligned}H_{ijk}(\xi,\eta,\zeta)=&\left[2^{i+2j}(\xi+\eta+\zeta)^iP_i^{(2m+2n+1+2j,\,2l)}\left(\frac{\xi-\eta-\zeta}{\xi+\eta+\zeta}\right)\right]\times\\&\left[(\eta+\zeta)^jP_j^{(2n,\,2m)}\left(\frac{\eta-\zeta}{\eta+\zeta}\right)\right]P_k^{(2h,\,2(l+m+n+1)+2(i+j))}[2(\xi+\eta+\zeta)-1]\end{aligned} \tag{4-179}$$

上式中的常数 2^{i+2j} 在计算中一般不考虑。式(4-179)分母中有理项的计算可以根据式(4-124)～式(4-129)所示的过程来避免。式(4-174)中的常数

$$C_{ijk}=\frac{C_i^{(2m+2n+1+2j,\,2l)}C_j^{(2n,\,2m)}C_k^{(2h,\,2(l+m+n+1)+2(i+j))}}{2^{2h+4l+6m+6n+6}} \tag{4-180}$$

杜宾(Dubiner)的扭曲正交基函数可以通过取 $h=l=m=n=0$ 来获得。修正的杜宾(Dubiner)基函数可以通过使 h、l、m、n 中的至少一个不为零来获得。如图 4－32 所示为单位四面体域上的几个基函数。

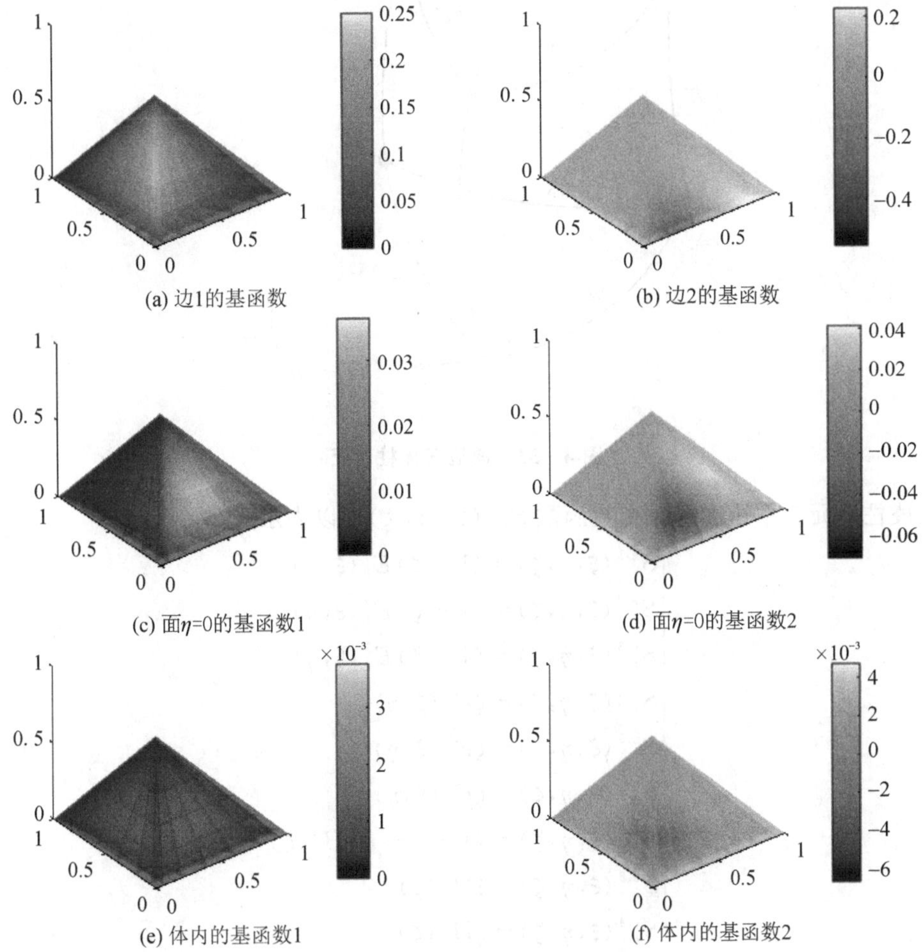

图 4－32 单位四面体域上的基函数

4.3.1.2 三棱柱单元

三棱柱(楔形)单元(见图 4－33)是三角形单元和一维单元的乘积形式。三棱柱单元的顶点函数是

$$
\begin{cases}
S_1^{\mathrm{v}}(\xi,\ \eta,\ \zeta)=(1-\xi-\eta)(1-\zeta) \\
S_2^{\mathrm{v}}(\xi,\ \eta,\ \zeta)=\xi(1-\zeta) \\
S_3^{\mathrm{v}}(\xi,\ \eta,\ \zeta)=\eta(1-\zeta) \\
S_4^{\mathrm{v}}(\xi,\ \eta,\ \zeta)=(1-\xi-\eta)\zeta \\
S_5^{\mathrm{v}}(\xi,\ \eta,\ \zeta)=\xi\zeta \\
S_6^{\mathrm{v}}(\xi,\ \eta,\ \zeta)=\eta\zeta
\end{cases}
\tag{4-181}
$$

三棱柱单元厚度方向的正交多项式可表示为

$$
H_k(\zeta)=\zeta(1-\zeta)P_k^{(2,\ 2)}(2\zeta-1) \tag{4-182}
$$

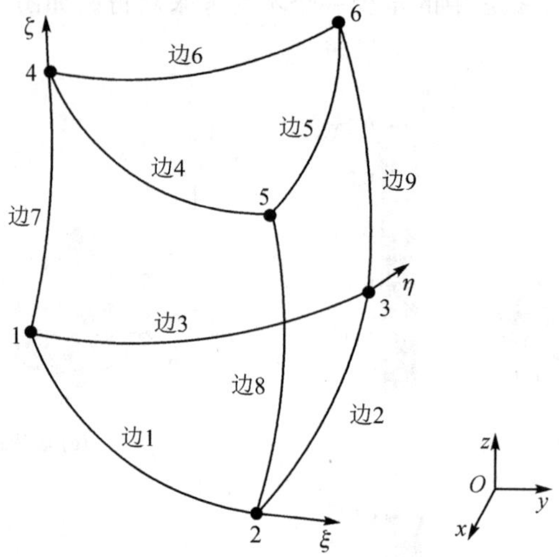

图 4-33 曲边三棱柱单元

因此,三棱柱单元 9 条边上的正交基函数 $S_i^{e,k}(\xi,\eta,\zeta)$ 可以表示为

$$\begin{cases} S_i^{e,1}(\xi,\eta,\zeta)=(1-\zeta)E_i^1(\xi,\eta) \\ S_i^{e,2}(\xi,\eta,\zeta)=(1-\zeta)E_i^2(\xi,\eta) \\ S_i^{e,3}(\xi,\eta,\zeta)=(1-\zeta)E_i^3(\xi,\eta) \\ S_i^{e,4}(\xi,\eta,\zeta)=\zeta E_i^1(\xi,\eta) \\ S_i^{e,5}(\xi,\eta,\zeta)=\zeta E_i^2(\xi,\eta) \\ S_i^{e,6}(\xi,\eta,\zeta)=\zeta E_i^3(\xi,\eta) \\ S_i^{e,7}(\xi,\eta,\zeta)=(1-\xi-\eta)H_i(\zeta) \\ S_i^{e,8}(\xi,\eta,\zeta)=\xi H_i(\zeta) \\ S_i^{e,9}(\xi,\eta,\zeta)=\eta H_i(\zeta) \end{cases} \tag{4-183}$$

5 个面上的正交基函数 $S_{ij}^{f,k}(\xi,\eta,\zeta)$ 可以表示为

$$\begin{cases} S_{ij}^{f,1}(\xi,\eta,\zeta)=(1-\zeta)F_{ij}(\xi,\eta) \\ S_{ij}^{f,2}(\xi,\eta,\zeta)=\zeta F_{ij}(\xi,\eta) \\ S_{ij}^{f,3}(\xi,\eta,\zeta)=E_i^1(\xi,\eta)H_j(\zeta) \\ S_{ij}^{f,4}(\xi,\eta,\zeta)=E_i^2(\xi,\eta)H_j(\zeta) \\ S_{ij}^{f,5}(\xi,\eta,\zeta)=E_i^3(\xi,\eta)H_j(\zeta) \end{cases} \tag{4-184}$$

单元体内的正交基 $S_{ijk}^b(\xi,\eta,\zeta)$ 可以表示为

$$S_{ijk}^{b}(\xi,\eta,\zeta)=F_{ij}(\xi,\eta)H_k(\zeta) \tag{4-185}$$

上述三棱柱单元的边、面和体函数使用了第 4.2.4.1 节中的边和面函数。如图 4-34 所示为三棱柱单元上的两个正交基函数和两个拉格朗日插值基函数。

4.3.1.3 六面体单元

六面体单元(见图 4-35)基函数的推导过程与上述三棱柱单元类似。在构建六面体单元

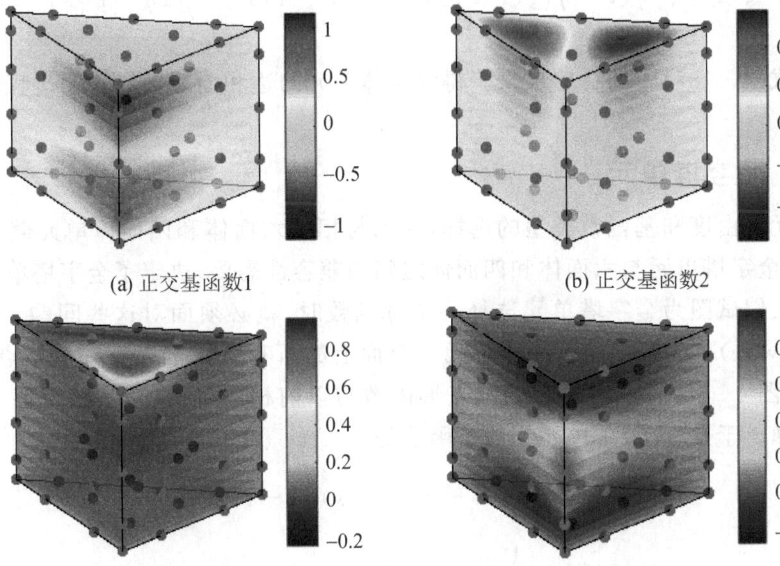

(a) 正交基函数1　(b) 正交基函数2

(c) 插值基函数1　(d) 插值基函数2

图 4-34　三棱柱单元形函数

的边、面、体函数时，只需要用到式(4-182)给出的一维正交基。六面体单元的顶点函数是

$$\begin{cases} S_1^{\mathrm{v}}(\xi,\eta,\zeta)=(1-\xi)(1-\eta)(1-\zeta) \\ S_2^{\mathrm{v}}(\xi,\eta,\zeta)=\xi(1-\eta)(1-\zeta) \\ S_3^{\mathrm{v}}(\xi,\eta,\zeta)=\xi\eta(1-\zeta) \\ S_4^{\mathrm{v}}(\xi,\eta,\zeta)=(1-\xi)\eta(1-\zeta) \\ S_5^{\mathrm{v}}(\xi,\eta,\zeta)=(1-\xi)(1-\eta)\zeta \\ S_6^{\mathrm{v}}(\xi,\eta,\zeta)=\xi(1-\eta)\zeta \\ S_7^{\mathrm{v}}(\xi,\eta,\zeta)=\xi\eta\zeta \\ S_8^{\mathrm{v}}(\xi,\eta,\zeta)=(1-\xi)\eta\zeta \end{cases} \tag{4-186}$$

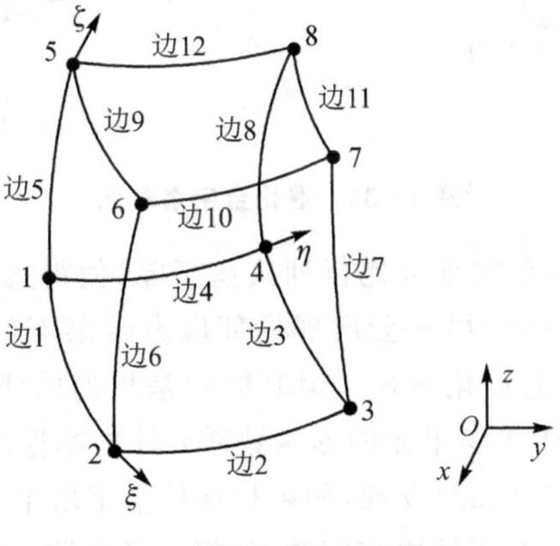

图 4-35　曲边六面体单元

单元体内的正交基函数 $S_{ijk}^{\mathrm{b}}(\xi,\eta,\zeta)$ 可以表示为

$$S^{\mathrm{b}}_{ijk}(\xi,\eta,\zeta)=\xi(1-\xi)\eta(1-\eta)\zeta(1-\zeta)P_i^{(2,2)}(2\xi-1)P_j^{(2,2)}(2\eta-1)P_k^{(2,2)}(2\zeta-1) \tag{4-187}$$

可以通过去除式(4－187)中的一些项来获得六面体单元的边和面函数。这个过程留给读者来完成。

4.3.1.4 金字塔单元

金字塔单元自由度和基函数类型的选择，受到与相邻六面体和四面体单元兼容性要求的限制。实际上，金字塔单元与六面体和四面体之间的兼容性需要，决定了金字塔单元表面自由度的选择。当人们试图为金字塔单元选择一个基函数时，就必须面对这些问题。1971 年，辛克维奇(Zienkiewicz)首先提出将六面体单元一个面上的所有结点汇聚成一个结点，得到一个金字塔单元(见图 4－36)。没有退化的结点形函数与以前相同，而退化点的形函数是该面上原始形函数之和。于是，金字塔单元的顶点函数是

$$\begin{cases} S_1^{\mathrm{v}}=\dfrac{1}{4}(1-r)(1-s)(1-t) \\ S_2^{\mathrm{v}}=\dfrac{1}{4}(1+r)(1-s)(1-t) \\ S_3^{\mathrm{v}}=\dfrac{1}{4}(1+r)(1+s)(1-t) \\ S_4^{\mathrm{v}}=\dfrac{1}{4}(1-r)(1+s)(1-t) \\ S_5^{\mathrm{v}}=t \end{cases} \tag{4-188}$$

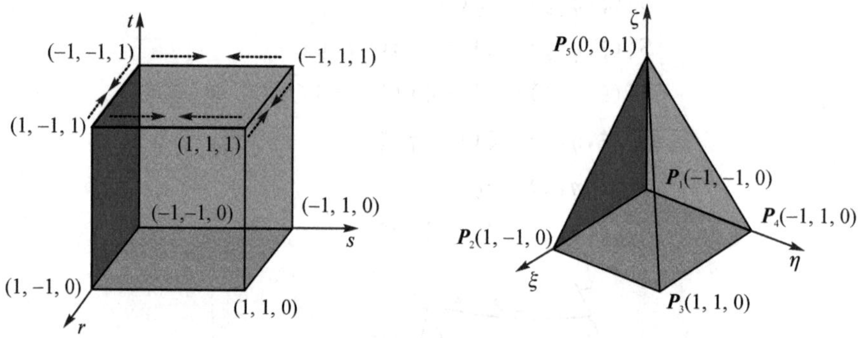

(a) 单位六面体　　(b) 单位金字塔

图 4－36　退化金字塔单元

4 个顶点的汇聚意味着该点的雅可比行列式趋于零，使得无法计算该点处的导数。实践表明，由此引入的误差带来的影响尽管会出现局部应力结果不可靠的警告(例如，在 ANSYS 代码中的 SOLID 186 单元即为退化形式)，但其影响是相当局部的，因此该单元有一些应用。1973 年，牛顿表明，退化六面体等参单元的形函数需要作根本性的改进。

1992 年，贝德罗希安(Bedrosian)发现，如果想保持金字塔单元与相邻单元的协调性，只选择多项式基函数是不可能的。为了解决该问题，他提出了所谓的“奇异函数”，即金字塔上的有理基函数，可表示为

$$\begin{cases} S_1^{\mathrm{v}} = \dfrac{1}{4}\left(1 - \xi - \eta - \zeta + \dfrac{\xi\eta}{1-\zeta}\right) \\ S_2^{\mathrm{v}} = \dfrac{1}{4}\left(1 + \xi - \eta - \zeta - \dfrac{\xi\eta}{1-\zeta}\right) \\ S_3^{\mathrm{v}} = \dfrac{1}{4}\left(1 + \xi + \eta - \zeta + \dfrac{\xi\eta}{1-\zeta}\right) \\ S_4^{\mathrm{v}} = \dfrac{1}{4}\left(1 - \xi + \eta - \zeta - \dfrac{\xi\eta}{1-\zeta}\right) \\ S_5^{\mathrm{v}} = \zeta \end{cases} \tag{4-189}$$

经验证,这些形函数满足所有面的 C^0 连续性要求。对于任何面,只要表面形函数可简化为二维三角形或四边形形函数就足够了,因为相邻的四面体、三棱柱或六面体具有相同的性质。进一步观察到,对于任何具有平面平行四边形底面的金字塔单元,其雅可比行列式为常数;在曲边单元的一般情况下,各面不一定是平面,此时的雅可比行列式也会随位置而变化,但远不如从六面体退化而来的金字塔单元强烈。

贝德罗希安(Bedrosian)提出的一阶和二阶金字塔单元的有理"奇异函数"已被证明至少与其他经典单元一样好。库伦(Coulomb)等人讨论了"奇异函数"及其导数的特性。在金字塔单元的顶部,由于 $\zeta=1$,因此 $\xi=\eta=0$,从而有理项的分子和分母都为 0。容易验证不等式

$$\begin{cases} -(1-\zeta) \leqslant \xi \leqslant 1-\zeta \\ -(1-\zeta) \leqslant \eta \leqslant 1-\zeta \\ 0 \leqslant \zeta \leqslant 1 \end{cases} \tag{4-190}$$

是成立的。当 $\zeta \to 1$ 时,有理项 $\dfrac{\xi\eta}{(1-\zeta)} \to 0$,因此形函数 S_1^{v}、S_2^{v}、S_3^{v} 和 S_4^{v} 在顶点的计算中不会出现问题。不等式(4-190)在局部坐标中也可以表示为如下形式

$$\begin{cases} -1 \leqslant \dfrac{\xi}{1-\zeta} \leqslant 1 \\ -1 \leqslant \dfrac{\eta}{1-\zeta} \leqslant 1 \end{cases} \tag{4-191}$$

这表明导数是不确定的。然而,布拉沃(Bravo)等人已经证明,顶点基函数本身及其导数在金字塔的顶点都为 0,因此不会给计算带来任何不便。

2010 年,贝尔戈(Bergot)等人用金字塔单元顶点上的有理"奇异函数"和金字塔域内的杜宾(Dubiner)正交展开多项式构造了任意阶的高效结点型金字塔单元。使用这些单元(最多六阶)进行的数值测试显示了其低相位误差、良好的稳定性以及在混合网格中的优异行为。

2014 年,布拉沃(Bravo)等人构造了金字塔单元上的一组 p 阶有理升阶谱形函数。金字塔单元"边"的概念被扩展到包括顶点、边、面和内部。有理项被限制在单元域内,在单元边界处为 0。边、面和体函数都是用有理"奇异函数"和切比雪夫多项式构造的。对 0~7 阶的单元进行了测试,并且考虑了有理单项式。

下面将从式(4-189)所给顶点有理基函数出发,推导出金字塔单元上的修正杜宾(Dubiner)正交多项式。将正交基函数分为内部和边界两类(见图 4-37)。一个单位六面体域可以通过达菲(Duffy)变换转化为一个单位金字塔域,即

$$\xi = r(1-t), \quad \eta = s(1-t), \quad \zeta = t \tag{4-192}$$

逆变换为

$$r=\frac{\xi}{1-\zeta},\quad s=\frac{\eta}{1-\zeta},\quad t=\zeta \tag{4-193}$$

如图4-38所示，式(4-193)给出的坐标变换将单位六面体和单位金字塔的参数域链接在一起。例如，单位六面体的 $r=-1$ 平面对应于单位金字塔的 $\frac{\xi}{1-\zeta}=-1$ 平面。容易验证式(4-189)可以通过将式(4-193)代入式(4-188)获得。

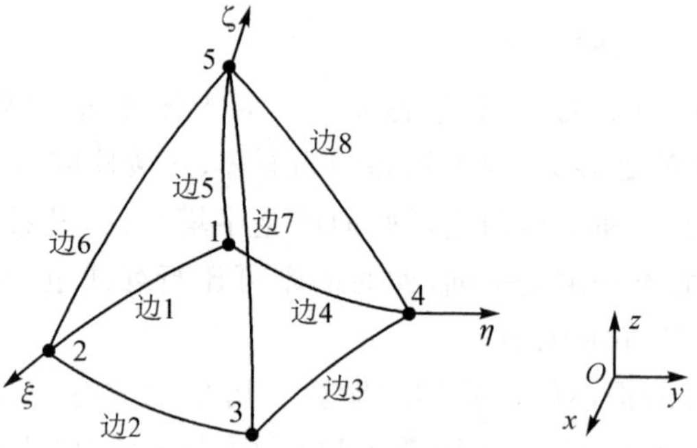

图4-37　曲边金字塔形单元

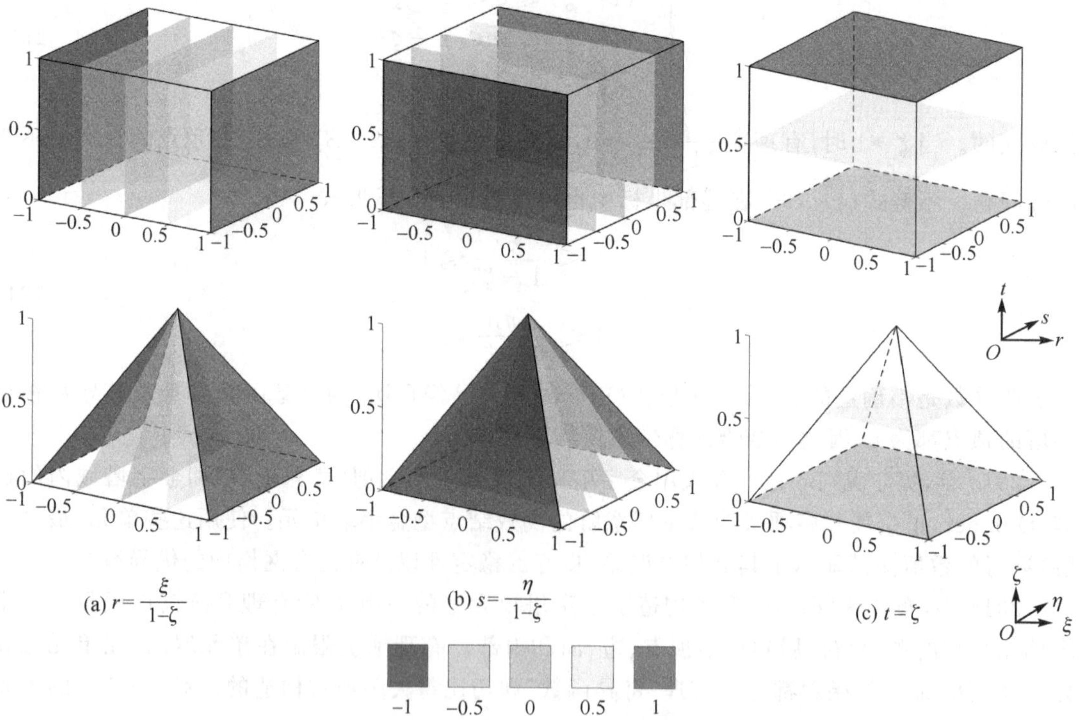

图4-38　单位六面体(上)和单位金字塔(下)之间的参数关系

在顶点形函数的基础上，可以类似地推导出线、面和体形函数(见图4-39)。为此，以不同的形式给出式(4-189)，即

$$\begin{cases} S_1^{\mathrm{v}}=\dfrac{1}{4}\dfrac{(1-\xi-\zeta)(1-\eta-\zeta)}{1-\zeta} \\ S_2^{\mathrm{v}}=\dfrac{1}{4}\dfrac{(1+\xi-\zeta)(1-\eta-\zeta)}{1-\zeta} \\ S_3^{\mathrm{v}}=\dfrac{1}{4}\dfrac{(1+\xi-\zeta)(1+\eta-\zeta)}{1-\zeta} \\ S_4^{\mathrm{v}}=\dfrac{1}{4}\dfrac{(1-\xi-\zeta)(1+\eta-\zeta)}{1-\zeta} \\ S_5^{\mathrm{v}}=\zeta \end{cases} \tag{4-194}$$

容易看到,底部正方形面上的一个顶点形函数,在与顶点相对的两个三角形面上为零。顶部顶点形函数,即 S_5^{v},在底部方形面上为零。

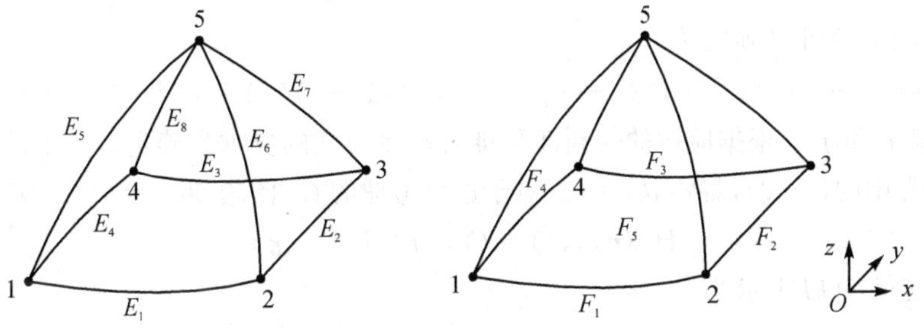

图 4-39 金字塔单元的边和面的编号

有了上述顶点形函数的性质,由顶点 1 和 2 构成的边(见图 4-39 中 E_1)函数 $S_i^{\mathrm{e},1}$ 可以表示为

$$S_i^{\mathrm{e},1}=S_1^{\mathrm{v}}S_2^{\mathrm{v}}H_i \tag{4-195}$$

其中,H_i 为待定多项式,i 为整数索引指标。为了改善基函数的数值性质,则要求它们是正交的,即要求边形函数满足

$$\int_V S_i^{\mathrm{e},1}S_j^{\mathrm{e},1}\mathrm{d}V=\int_0^1\int_{\zeta-1}^{1-\zeta}\int_{\zeta-1}^{1-\zeta}S_i^{\mathrm{e},1}S_j^{\mathrm{e},1}\mathrm{d}\xi\mathrm{d}\eta\mathrm{d}\zeta=\delta_{ij}C_i \tag{4-196}$$

其中,δ_{ij} 为克罗内克(Kronecker)符号。将式(4-195)代入式(4-196),得式

$$\int_0^1\int_{\zeta-1}^{1-\zeta}\int_{\zeta-1}^{1-\zeta}S_i^{\mathrm{e},1}S_j^{\mathrm{e},1}\mathrm{d}\xi\mathrm{d}\eta\mathrm{d}\zeta=\int_0^1\int_{\zeta-1}^{1-\zeta}\int_{\zeta-1}^{1-\zeta}(S_1^{\mathrm{v}}S_2^{\mathrm{v}})^2H_iH_j\mathrm{d}\xi\mathrm{d}\eta\mathrm{d}\zeta \tag{4-197}$$

令

$$r=\frac{\xi}{1-\zeta},\quad s=\frac{\eta}{1-\zeta},\quad t=2\zeta-1 \tag{4-198}$$

与式(4-193)相比,式(4-198)中将 t 坐标扩展为$[-1, 1]$。因此,则有

$$\xi=\frac{1}{2}r(1-t),\quad \eta=\frac{1}{2}s(1-t),\quad \zeta=\frac{1}{2}(1+t) \tag{4-199}$$

参数坐标(ξ, η, ζ)关于坐标(r, s, t)的雅克比行列式

$$|\boldsymbol{J}|=\left|\frac{\partial(\xi,\ \eta\ \zeta)}{\partial(r,\ s\ t)}\right|=\begin{vmatrix}\frac{1-t}{2} & 0 & -\frac{r}{2}\\ 0 & \frac{1-t}{2} & -\frac{s}{2}\\ 0 & 0 & \frac{1}{2}\end{vmatrix}=\frac{1}{2^3}(1-t)^2 \tag{4-200}$$

因此，将式(4-199)代入式(4-197)，得

$$\int_0^1\int_{\zeta-1}^{1-\zeta}\int_{\zeta-1}^{1-\zeta}(S_1^{\mathrm{v}}S_2^{\mathrm{v}})^2 H_i H_j \mathrm{d}\xi\mathrm{d}\eta\mathrm{d}\zeta=\int_{-1}^1\int_{-1}^1\int_{-1}^1 \bar{J} H_i H_j \mathrm{d}r\mathrm{d}s\mathrm{d}t \tag{4-201}$$

其中

$$\bar{J}=\frac{1}{2^{19}}(1-r)^2(1+r)^2(1-s)^4(1-t)^6 \tag{4-202}$$

基函数 $H_i(r,\ s,\ t)$可以确定为

$$H_i=(1-r)^a(1+r)^b(1-s)^c(1+s)^d(1-t)^e(1+t)^f P_i^{(2a+2,\ 2b+2)}(r) \tag{4-203}$$

其中，a、b、c、d、e 和 f 应根据应用的便利性和雅可比多项式的要求来确定。为了消除式(4-203)中 r 和 s 的分母中的$(1-\zeta)$，需要取 $e=i$。对于这里考虑的 C^0 问题，取 $a=b=c=d=f=0$，则有

$$H_i(r,s,t)=(1-t)^i P_i^{(2,2)}(r) \tag{4-204}$$

因此，边函数 $S_i^{\mathrm{e},1}$ 可以表示为

$$S_i^{\mathrm{e},1}=S_1^{\mathrm{v}}S_2^{\mathrm{v}}2^i(1-\zeta)^i P_i^{(2,2)}\left(\frac{\xi}{1-\zeta}\right) \tag{4-205}$$

式(4-205)中的常数系数 2^i 通常会被省略。使用方程(4-124)～(4-129)所示的过程，可以避免计算分母中的$(1-\zeta)$。

同理，可以获得其他边函数。金字塔单元的边函数可表示为

$$\begin{cases}S_i^{\mathrm{e},1}=S_1^{\mathrm{v}}S_2^{\mathrm{v}}\tilde{P}_i^{(2,2)}(\xi,\ 1-\zeta)\\ S_j^{\mathrm{e},2}=S_2^{\mathrm{v}}S_3^{\mathrm{v}}\tilde{P}_j^{(2,2)}(\eta,\ 1-\zeta)\\ S_i^{\mathrm{e},3}=S_3^{\mathrm{v}}S_4^{\mathrm{v}}\tilde{P}_i^{(2,2)}(\xi,\ 1-\zeta)\\ S_j^{\mathrm{e},4}=S_4^{\mathrm{v}}S_1^{\mathrm{v}}\tilde{P}_j^{(2,2)}(\eta,\ 1-\zeta)\\ S_k^{\mathrm{e},5}=S_1^{\mathrm{v}}S_5^{\mathrm{v}}P_k^{(4,2)}(2\zeta-1)\\ S_k^{\mathrm{e},6}=S_2^{\mathrm{v}}S_5^{\mathrm{v}}P_k^{(4,2)}(2\zeta-1)\\ S_k^{\mathrm{e},7}=S_3^{\mathrm{v}}S_5^{\mathrm{v}}P_k^{(4,2)}(2\zeta-1)\\ S_k^{\mathrm{e},8}=S_4^{\mathrm{v}}S_5^{\mathrm{v}}P_k^{(4,2)}(2\zeta-1)\end{cases} \tag{4-206}$$

其中，索引 i、j、k 分别为 ξ、η、ζ 参数方向上的基函数索引指标。可以看出，边函数可以表示为 $S_i^{\mathrm{e},k}=S_m^{\mathrm{v}}S_n^{\mathrm{v}}H_i$，其中顶点索引 m 和 n 决定了边 k，如图 4-39 所示。

面、体函数的推导过程与上述边函数类似，可表示为

$$\begin{cases} S_{ik}^{f,1} = S_1^v S_2^v S_5^v \widetilde{P}_i^{(2,2)}(\xi,\ 1-\zeta) P_k^{(2i+6,2)}(2\zeta-1) \\ S_{jk}^{f,2} = S_2^v S_3^v S_5^v \widetilde{P}_j^{(2,2)}(\eta,\ 1-\zeta) P_k^{(2j+6,2)}(2\zeta-1) \\ S_{ik}^{f,3} = S_3^v S_4^v S_5^v \widetilde{P}_i^{(2,2)}(\xi,\ 1-\zeta) P_k^{(2i+6,2)}(2\zeta-1) \\ S_{jk}^{f,4} = S_4^v S_1^v S_5^v \widetilde{P}_j^{(2,2)}(\eta,\ 1-\zeta) P_k^{(2j+6,2)}(2\zeta-1) \\ S_{ij}^{f,5} = S_1^v S_3^v \widetilde{P}_i^{(2,2)}(\xi,\ 1-\zeta) \widetilde{P}_j^{(2,2)}(\eta,\ 1-\zeta) \end{cases} \tag{4-207}$$

$$S_{ijk}^{b} = S_1^v S_3^v S_5^v \widetilde{P}_i^{(2,2)}(\xi,\ 1-\zeta) \widetilde{P}_j^{(2,2)}(\eta,\ 1-\zeta) P_k^{(2i+2j+6,2)}(2\zeta-1) \tag{4-208}$$

如图 4-40 所示为金字塔单元的一些边、面和体函数。从图 4-40 中可以看出，给出的正交基具有对称或反对称轴。

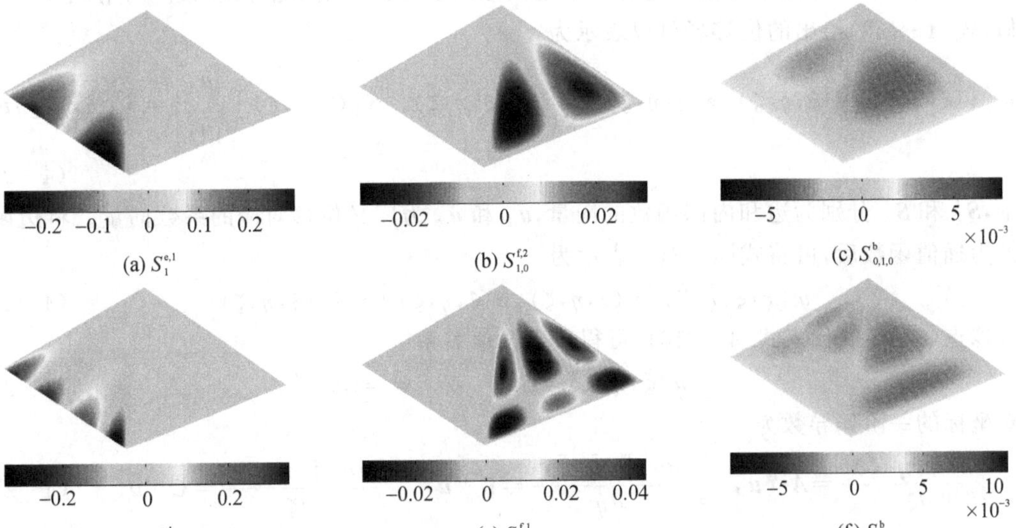

(a) $S_1^{e,1}$ (b) $S_{1,0}^{f,2}$ (c) $S_{0,1,0}^{b}$

(d) $S_3^{e,1}$ (e) $S_{2,1}^{f,1}$ (f) $S_{0,2,1}^{b}$

图 4-40 金字塔单元的升阶谱形函数

根据上述的推导过程，边、面和体函数可以表示为如下一般形式

$$N_{ijk}(\xi,\ \eta,\ \zeta) = (S_1^v)^g (S_2^v)^h (S_3^v)^l (S_4^v)^m (S_5^v)^n H_{ijk}(\xi,\ \eta,\ \zeta) \tag{4-209}$$

满足正交条件

$$\int_0^1\int_{\zeta-1}^{1-\zeta}\int_{\zeta-1}^{1-\zeta} N_{ijk}N_{pqw}\,\mathrm{d}\xi\,\mathrm{d}\eta\,\mathrm{d}\zeta = \int_{-1}^1\int_{-1}^1\int_{-1}^1 \widetilde{J} H_{ijk} H_{pqw}\,\mathrm{d}r\,\mathrm{d}s\,\mathrm{d}t = \delta_{ip}\delta_{jq}\delta_{kw}C_{ijk} \tag{4-210}$$

其中

$$\widetilde{J} = \frac{(1-r)^{2(g+m)}(1+r)^{2(h+l)}(1-s)^{2(g+h)}(1+s)^{2(l+m)}(1-t)^{2(g+h+l+m)+2}(1+t)^{2n}}{2^{6(g+h+l+m)+2n+3}} \tag{4-211}$$

并且 H_{ijk} 可以通过类似式(4-198)～式(4-205)的方式确定为

$$\begin{aligned} H_{ijk}(r,s,t) = {} & [P_i^{(2g+2m,\ 2h+2l)}(r)]\,[P_j^{(2g+2h,\ 2l+2m)}(s)] \times \\ & [(1-t)^{i+j} P_k^{(2g+2h+2l+2m+2+2i+2j,\ 2n)}(t)] \end{aligned} \tag{4-212}$$

或

$$H_{ijk}(\xi,\ \eta,\ \zeta) = 2^{i+j}\widetilde{P}_i^{(2g+2m,\ 2h+2l)}(\xi,\ 1-\zeta)\widetilde{P}_j^{(2g+2h,\ 2l+2m)}(\eta,\ 1-\zeta) \times$$

$$P_k^{(2g+2h+2l+2m+2+2i+2j,\ 2n)}(2\zeta-1) \tag{4-213}$$

其中，g、h、l、m、n 等于 0 或 1。这里省略了常数系数 2^{i+j}。式(4-209)中的常数

$$C_{ijk}=\frac{C_i^{(2g+2m,\ 2h+2l)}C_j^{(2g+2h,\ 2l+2m)}C_k^{(2g+2h+2l+2m+2+2i+2j,\ 2n)}}{2^{6(g+h+l+m)+2n+3}} \tag{4-214}$$

可以看到，当取 $k=l=n=1$ 以及 $h=m=0$ 时，式(4-209)变为式(4-207)的体函数 S_{ijk}^{b}。其他边、面形函数可以通过类似的方式获得。

4.3.2 应变矩阵

由于四面体、三棱柱(楔形)、六面体和金字塔单元的面是三角形或四边形，因此只需要使用第 4.2.4.1 节中介绍的方法将边界面上基函数转换为拉格朗日插值函数。与第 4.2.4.1 节类似，式(4-169)给出的位移场可以表示为

$$u[x(\xi,\eta,\zeta),y(\xi,\eta,\zeta),z(\xi,\eta,\zeta)]=[\boldsymbol{S}_1^{\mathrm{T}}(\xi,\eta,\zeta)\quad \boldsymbol{S}_2^{\mathrm{T}}(\xi,\eta,\zeta)]\begin{bmatrix}\tilde{\boldsymbol{u}}_1\\ \tilde{\boldsymbol{u}}_2\end{bmatrix}=\boldsymbol{S}^{\mathrm{T}}(\xi,\eta,\zeta)\tilde{\boldsymbol{u}} \tag{4-215}$$

其中，$\boldsymbol{S}_1^{\mathrm{T}}$ 和 $\boldsymbol{S}_2^{\mathrm{T}}$ 分别为边和内部函数的向量；$\tilde{\boldsymbol{u}}_1$ 和 $\tilde{\boldsymbol{u}}_2$ 为广义位移对应的系数向量。将边函数转换为插值函数后，可将式(4-215)表示为

$$u[x(\xi,\eta,\zeta),y(\xi,\eta,\zeta),z(\xi,\eta,\zeta)]=\boldsymbol{S}^{\mathrm{T}}(\xi,\eta,\zeta)\boldsymbol{u} \tag{4-216}$$

将计算点$(\bar{\boldsymbol{\xi}},\bar{\boldsymbol{\eta}},\bar{\boldsymbol{\zeta}})$代入式(4-216)，可得以下插值关系

$$u(\bar{\boldsymbol{\xi}},\bar{\boldsymbol{\eta}},\bar{\boldsymbol{\zeta}})=\boldsymbol{G}\boldsymbol{u}\quad 或\quad \bar{\boldsymbol{u}}=\boldsymbol{G}\boldsymbol{u} \tag{4-217}$$

其对坐标的一阶偏导数为

$$\frac{\partial u(\bar{\boldsymbol{\xi}},\bar{\boldsymbol{\eta}},\bar{\boldsymbol{\zeta}})}{\partial\xi}=\boldsymbol{A}^{(1)}\boldsymbol{u},\quad \frac{\partial u(\bar{\boldsymbol{\xi}},\bar{\boldsymbol{\eta}},\bar{\boldsymbol{\zeta}})}{\partial\eta}=\boldsymbol{B}^{(1)}\boldsymbol{u},\quad \frac{\partial u(\bar{\boldsymbol{\xi}},\bar{\boldsymbol{\eta}},\bar{\boldsymbol{\zeta}})}{\partial\zeta}=\boldsymbol{C}^{(1)}\boldsymbol{u} \tag{4-218}$$

注意：计算点$(\bar{\boldsymbol{\xi}},\bar{\boldsymbol{\eta}},\bar{\boldsymbol{\zeta}})$通常是积分结点。

对于一个三维函数 $u(x,\ y,\ z)$，以 ξ、η 和 ζ 作为 $u=u[x(\xi,\ \eta,\ \zeta),\ y(\xi,\ \eta,\ \zeta),\ z(\xi,\ \eta,\ \zeta)]$ 的变量则 $u=u[x(\xi,\ \eta,\ \zeta),\ y(\xi,\ \eta,\ \zeta),\ z(\xi,\ \eta,\ \zeta)]$对 x，y 和 z 的一阶导数可以通过微分的链式法则获得，即

$$\begin{bmatrix}\dfrac{\partial \boldsymbol{u}}{\partial x}\\ \dfrac{\partial \boldsymbol{u}}{\partial y}\\ \dfrac{\partial \boldsymbol{u}}{\partial z}\end{bmatrix}=\frac{1}{|\boldsymbol{J}|}\begin{bmatrix}\dfrac{\partial y}{\partial\eta}\dfrac{\partial z}{\partial\zeta}-\dfrac{\partial z}{\partial\eta}\dfrac{\partial y}{\partial\zeta} & \dfrac{\partial y}{\partial\zeta}\dfrac{\partial z}{\partial\xi}-\dfrac{\partial z}{\partial\zeta}\dfrac{\partial y}{\partial\xi} & \dfrac{\partial y}{\partial\xi}\dfrac{\partial z}{\partial\eta}-\dfrac{\partial z}{\partial\xi}\dfrac{\partial y}{\partial\eta}\\ \dfrac{\partial z}{\partial\eta}\dfrac{\partial x}{\partial\zeta}-\dfrac{\partial x}{\partial\eta}\dfrac{\partial z}{\partial\zeta} & \dfrac{\partial z}{\partial\zeta}\dfrac{\partial x}{\partial\xi}-\dfrac{\partial x}{\partial\zeta}\dfrac{\partial z}{\partial\xi} & \dfrac{\partial z}{\partial\xi}\dfrac{\partial x}{\partial\eta}-\dfrac{\partial x}{\partial\xi}\dfrac{\partial z}{\partial\eta}\\ \dfrac{\partial x}{\partial\eta}\dfrac{\partial y}{\partial\zeta}-\dfrac{\partial y}{\partial\eta}\dfrac{\partial x}{\partial\zeta} & \dfrac{\partial x}{\partial\zeta}\dfrac{\partial y}{\partial\xi}-\dfrac{\partial y}{\partial\zeta}\dfrac{\partial x}{\partial\xi} & \dfrac{\partial x}{\partial\xi}\dfrac{\partial y}{\partial\eta}-\dfrac{\partial y}{\partial\xi}\dfrac{\partial x}{\partial\eta}\end{bmatrix}\begin{bmatrix}\dfrac{\partial u}{\partial\xi}\\ \dfrac{\partial u}{\partial\eta}\\ \dfrac{\partial u}{\partial\zeta}\end{bmatrix} \tag{4-219}$$

雅可比矩阵 $\boldsymbol{J}=\dfrac{\partial(x,\ y,\ z)}{\partial(\xi,\ \eta,\ \zeta)}$的行列式为

$$|\boldsymbol{J}|=\frac{\partial x}{\partial\xi}\left(\frac{\partial y}{\partial\eta}\frac{\partial z}{\partial\zeta}-\frac{\partial z}{\partial\eta}\frac{\partial y}{\partial\zeta}\right)+\frac{\partial y}{\partial\xi}\left(\frac{\partial z}{\partial\eta}\frac{\partial x}{\partial\zeta}-\frac{\partial x}{\partial\eta}\frac{\partial z}{\partial\zeta}\right)+\frac{\partial z}{\partial\xi}\left(\frac{\partial x}{\partial\eta}\frac{\partial y}{\partial\zeta}-\frac{\partial y}{\partial\eta}\frac{\partial x}{\partial\zeta}\right) \tag{4-220}$$

利用类似第 4.2.4.2 节所述方式，将式(4-218)代入式(4-219)，得

$$\bar{\boldsymbol{u}}_x = \boldsymbol{G}_x \boldsymbol{u}, \quad \bar{\boldsymbol{u}}_y = \boldsymbol{G}_y \boldsymbol{u}, \quad \bar{\boldsymbol{u}}_z = \boldsymbol{G}_z \boldsymbol{u} \tag{4-221}$$

这是三维实体单元的广义微分求积(DQ)法则。

根据式(4-25)给出的应变-位移关系,可以通过广义微分求积(DQ)法则式(4.221)将其离散为

$$\boldsymbol{\varepsilon} = \begin{bmatrix} \boldsymbol{G}_x & \boldsymbol{0} & \boldsymbol{0} \\ \boldsymbol{0} & \boldsymbol{G}_y & \boldsymbol{0} \\ \boldsymbol{0} & \boldsymbol{0} & \boldsymbol{G}_z \\ \boldsymbol{G}_y & \boldsymbol{G}_x & \boldsymbol{0} \\ \boldsymbol{G}_z & \boldsymbol{0} & \boldsymbol{G}_x \\ \boldsymbol{0} & \boldsymbol{G}_z & \boldsymbol{G}_y \end{bmatrix} \begin{bmatrix} \boldsymbol{u} \\ \boldsymbol{v} \\ \boldsymbol{w} \end{bmatrix} = \boldsymbol{B}\boldsymbol{d}_{\mathrm{e}} \tag{4-222}$$

可以看出,其类似于式(4-60)给出的低阶情况。

4.3.3 单元矩阵

推导单元矩阵的方法与第4.2.4.3节类似,三维各向同性固体的刚度矩阵为

$$\boldsymbol{k}_{\mathrm{e}} = \frac{G}{\upsilon_2} \begin{bmatrix} \boldsymbol{K}_{11} & & \text{对称} \\ \boldsymbol{K}_{21} & \boldsymbol{K}_{22} & \\ \boldsymbol{K}_{31} & \boldsymbol{K}_{32} & \boldsymbol{K}_{33} \end{bmatrix} \tag{4-223}$$

其中,E 为杨氏模量;G 为剪切模量,且 $G=\dfrac{E}{2(1+\upsilon)}$;$\upsilon$ 为泊松比,且 $\upsilon_1=\dfrac{1-\upsilon}{2}$,$\upsilon_2=0.5-\upsilon$;

$$\begin{bmatrix} \boldsymbol{K}_{11} \\ \boldsymbol{K}_{22} \\ \boldsymbol{K}_{33} \end{bmatrix} = \begin{bmatrix} 2\upsilon_1 & \upsilon_2 & \upsilon_2 \\ \upsilon_2 & 2\upsilon_1 & \upsilon_2 \\ \upsilon_2 & \upsilon_2 & 2\upsilon_1 \end{bmatrix} \begin{bmatrix} \boldsymbol{G}_x^{\mathrm{T}}\boldsymbol{C}\boldsymbol{G}_x \\ \boldsymbol{G}_y^{\mathrm{T}}\boldsymbol{C}\boldsymbol{G}_y \\ \boldsymbol{G}_z^{\mathrm{T}}\boldsymbol{C}\boldsymbol{G}_z \end{bmatrix}$$

$$\begin{aligned} \boldsymbol{K}_{21} &= \upsilon \boldsymbol{G}_y^{\mathrm{T}}\boldsymbol{C}\boldsymbol{G}_x + \upsilon_2 \boldsymbol{G}_x^{\mathrm{T}}\boldsymbol{C}\boldsymbol{G}_y \\ \boldsymbol{K}_{31} &= \upsilon \boldsymbol{G}_z^{\mathrm{T}}\boldsymbol{C}\boldsymbol{G}_x + \upsilon_2 \boldsymbol{G}_x^{\mathrm{T}}\boldsymbol{C}\boldsymbol{G}_z \\ \boldsymbol{K}_{32} &= \upsilon \boldsymbol{G}_z^{\mathrm{T}}\boldsymbol{C}\boldsymbol{G}_y + \upsilon_2 \boldsymbol{G}_y^{\mathrm{T}}\boldsymbol{C}\boldsymbol{G}_z \end{aligned} \tag{4-224}$$

质量矩阵和载荷矢量分别为

$$\boldsymbol{m}_{\mathrm{e}} = \rho \begin{bmatrix} \boldsymbol{G}^{\mathrm{T}}\boldsymbol{C}\boldsymbol{G} & \boldsymbol{0} & \boldsymbol{0} \\ \boldsymbol{0} & \boldsymbol{G}^{\mathrm{T}}\boldsymbol{C}\boldsymbol{G} & \boldsymbol{0} \\ \boldsymbol{0} & \boldsymbol{0} & \boldsymbol{G}^{\mathrm{T}}\boldsymbol{C}\boldsymbol{G} \end{bmatrix} \tag{4-225}$$

$$\boldsymbol{f}_{\mathrm{e}} = \begin{bmatrix} \boldsymbol{G}^{\mathrm{T}}\boldsymbol{C}\boldsymbol{q}_u \\ \boldsymbol{G}^{\mathrm{T}}\boldsymbol{C}\boldsymbol{q}_v \\ \boldsymbol{G}^{\mathrm{T}}\boldsymbol{C}\boldsymbol{q}_w \end{bmatrix} \tag{4-226}$$

其中,ρ 为密度,$\boldsymbol{q}_u$、$\boldsymbol{q}_v$ 和 $\boldsymbol{q}_w$ 分别是关于 x、y 和 z 方向的分布结点载荷矢量。

4.3.4 三维振动分析

本节将通过三维实体结构的振动分析来验证升阶谱求积元的性能。首先考虑三棱柱(楔形)单元。取其两个三角形面各边的结点数相同,记为 N_{e};两个三角形面的两个方向上的结点

数取为相同值，记为 N_f；将所有四边形边和面沿厚度方向上的结点数取为相同值，记为 N_t（不包括两端）。

用升阶谱求积元（HQEM）分析固支厚圆板的自由振动，其频率参数见表 4－5 所列。该板被离散为 8 个三棱柱（楔形）单元，如图 4－41 所示。三棱柱（楔形）网格是通过中间曲面的三角形网格生成的。在表 4－5 中，将升阶谱求积元结果与三维切比雪夫-瑞兹（Chebyshev－Ritz）解和三维多项式-瑞兹（p－Ritz）解进行了比较。可以发现，使用三棱柱（楔形）单元的升阶谱求积元解与板壳的高阶剪切变形理论有很大的相似之处。也就是说，升阶谱求积元法可以使用剪切变形理论的计算成本达到三维弹性理论的精度。

表 4－5　固支厚圆板的频率参数比较

h/b	(N_e, N_f, N_t)	模态阶数							
		1	2	3	4	5	6	7	8
0.1	(6,3,1)	10.263	20.973	33.482	38.293	47.845	56.542	64.328	68.207
	(7,4,1)	10.079	20.552	33.075	37.611	47.228	55.763	62.815	68.104
	(8,5,2)	10.024	20.364	32.545	36.878	46.368	54.558	61.553	68.049
	(15,12,2)	9.982 4	20.282	32.408	36.720	46.114	54.279	61.153	67.956
	(15,12,5)	9.981 0	20.278	32.400	36.711	46.099	54.261	61.130	67.951
	3D Ritz	**9.975 5**	**20.267**	**32.383**	**36.692**	**46.076**	**54.234**	**61.113**	**67.941**
	3D*p* － Ritz	**9.990 9**	**20.297**	**32.430**	**36.744**	**46.140**	**54.308**	**61.186**	**67.969**
0.3	(6,3,1)	8.696 6	15.976	22.771	23.502	26.162	26.186	31.284	35.460
	(8,5,2)	8.489 7	15.497	22.739	22.741	25.237	26.176	30.209	34.387
	(15,12,2)	8.480 4	15.485	22.725	22.727	25.221	26.176	30.185	34.360
	(15,12,3)	8.469 0	15.458	22.678	22.722	25.163	26.176	30.110	34.261
	(17,14,5)	8.463 6	15.447	22.661	22.717	25.142	26.176	30.086	34.232
	3D Ritz	**8.460 6**	**15.442**	**22.654**	**22.715**	**25.134**	**26.176**	**30.078**	**34.222**
	3D*p* － Ritz	**8.467 6**	**15.453**	**22.667**	**22.721**	**25.150**	**—**	**30.093**	**34.239**
0.5	(6,3,2)	6.849 7	11.576	13.683	15.712	16.352	17.992	21.229	21.234
	(8,5,3)	6.820 9	11.520	13.665	15.705	16.261	17.862	21.073	21.201
	(10,7,4)	6.810 8	11.503	13.661	15.705	16.236	17.833	21.037	21.194
	(12,9,5)	6.808 0	11.499	13.658	15.705	16.232	17.827	21.032	21.188
	(14,11,7)	6.805 2	11.495	13.656	15.705	16.227	17.822	21.027	21.185
	3D Ritz	**6.802 7**	**11.492**	**13.654**	**15.705**	**16.224**	**17.819**	**21.024**	**21.183**
	3D *p* － Ritz	**6.806 8**	**11.497**	**13.658**	**—**	**16.229**	**17.825**	**21.029**	**21.188**

注：$\Omega=\omega R^2\sqrt{\rho h/D}$，$\upsilon=0.3$。

用升阶谱求积元（HQEM）分析固支方形薄圆柱壳的自由振动，其频率参数见表 4－6 所列。该壳结构的 HQEM 网格如图 4－42 所示。根据模态形状相对于坐标轴的对称性（S）和反对称性（A）给出了频率，可以再次看出，升阶谱求积元法的快速收敛特性。

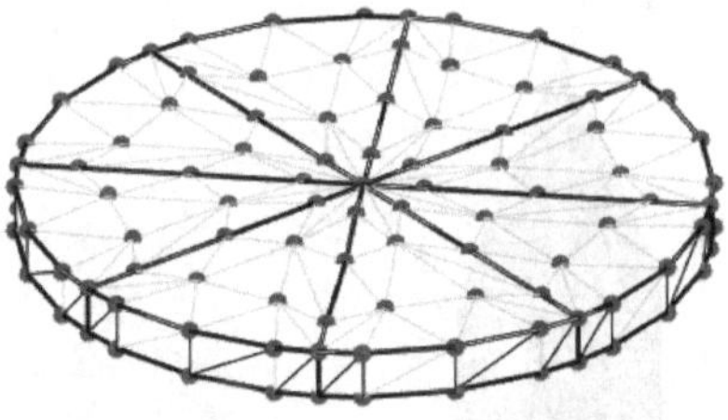

注:粗线为单元边界,实心点为单元结点,细线用于绘制几何图形。

图 4-41 离散为 8 个三棱柱(楔形)单元的圆板

表 4-6 固支方形薄圆柱壳的频率参数比较

(N_e, N_f, N_t)	模态阶数							
	SS-1	SS-2	SA-1	SA-2	AS-1	AS-2	AA-1	AA-2
(6, 3, 1)	1.097 3	3.240 8	1.984 7	3.740 2	1.932 3	3.756 6	2.753 8	4.447 7
(8, 5, 2)	1.084 1	3.146 6	1.947 1	3.725 2	1.893 6	3.749 2	2.672 2	4.446 3
(10, 7, 3)	1.082 8	3.141 9	1.944 6	3.722 9	1.891 0	3.747 6	2.668 6	4.446 1
(12, 9, 5)	1.082 2	3.139 5	1.943 2	3.721 9	1.889 7	3.747 0	2.666 7	4.446 0
HOSDT	1.082 2	3.133 7	1.937 6	3.711 0	1.888 8	3.735 5	2.660 8	4.444 1

注:$\Omega=\omega a\sqrt{\rho/E}$,$\upsilon=0.3$, $a/b=1$, $h/b=0.1$,$b/R_y=0.5$。

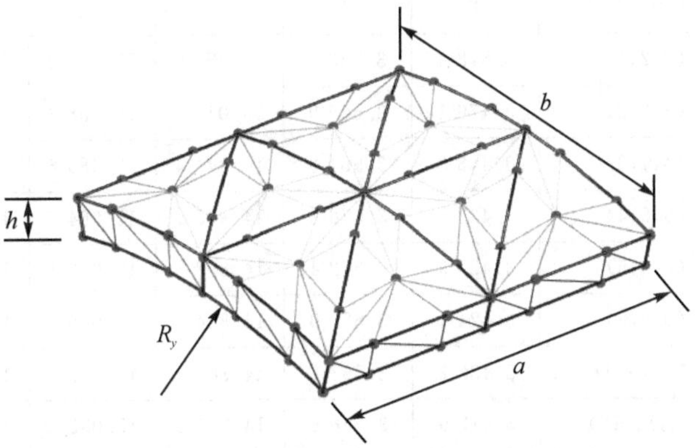

图 4-42 离散为 8 个楔形单元的薄圆柱壳

下面以三维结构振动问题为例,给出几种三维升阶谱求积单元联合使用的情况。如图 4-43 所示,看起来像火箭的模型单元的边、面和体上的结点数为$[n_e, n_f, n_h]$。模型的几何结构由两个三棱柱(楔形)单元、一个金字塔单元和三个六面体单元组成。材料常数为密度 $\rho=7\ 722.7\ \mathrm{kg/m^3}$,弹性模量 $E=190$ GPa,泊松比 $\upsilon=0.3$。分析的模型频率结果见表 4-7 所列,可以看出,升阶谱求积元结果仍然具有快速收敛性率,并且与有限元法结果吻合良好。图 4-44 给出了升阶谱求积元法和有限元法的振型。可以看出,升阶谱求积元法得到的模态与有限元法得到的模态非常吻合。

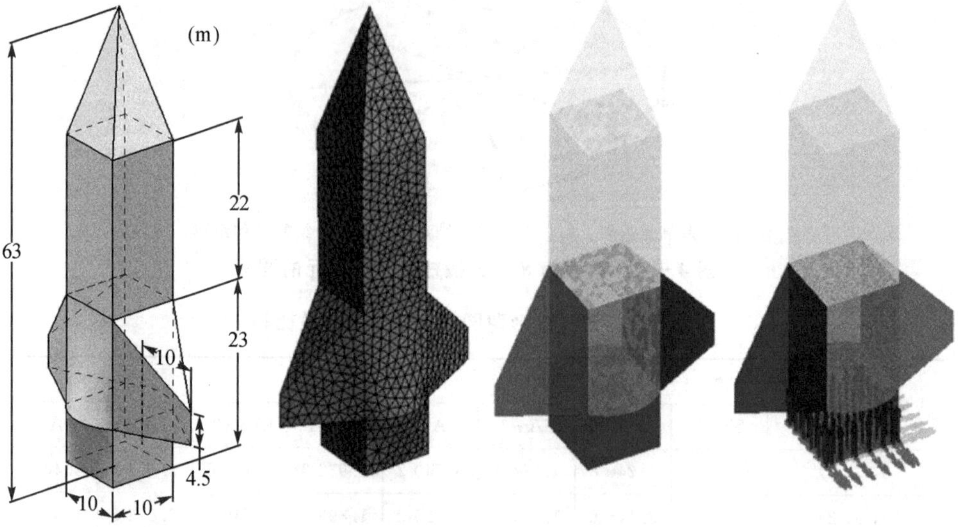

(a) 尺　寸　　(b) 有限元法网格　　(c) 升阶谱求积元法网格　　(d) 边界条件

图 4-43　火箭模型及其网格

表 4-7　底部为固支边界条件的火箭模型频率

分析方法	单元阶数 (n_e,n_f,n_h)	频率阶数 1	2	3	4	5	6
升阶谱求积元	(2,2,1)	3.578 4	3.720 6	15.650 9	15.681 0	16.413 1	25.954 2
	(3,3,2)	3.476 1	3.606 9	15.013 6	15.158 3	15.617 5	25.738 7
	(4,4,3)	3.446 3	3.584 8	14.941 4	15.089 6	15.548 4	25.624 7
	(5,5,4)	3.433 8	3.576 0	14.905 9	15.064 7	15.491 1	25.590 6
	(6,6,5)	3.427 9	3.572 4	14.893 5	15.053 1	15.478 7	25.564 3
	(9,9,8)	3.424 4	3.570 0	14.884 3	15.046 5	15.466 4	25.554 5
	(10,10,9)	3.422 2	3.568 8	14.880 2	15.042 5	15.462 6	25.544 6
	(13,13,12)	3.417 9	3.566 4	14.871 2	15.035 2	15.453 0	25.530 1
	(14,14,13)	3.417 6	3.566 2	14.870 7	15.034 7	15.452 5	25.528 6
有限元法	17 683	3.419 5	3.506 1	14.878 2	15.083 9	15.460 4	25.415 5
	24 060	3.419	3.505	14.873 7	15.083 2	15.459 4	25.413

4.4　关于高斯积分的讨论

在使用高斯积分法时，必须确定应该使用多少个高斯点。理论上，对于一维积分，使用 m 个点可以给出高达 $2m-1$ 阶多项式被积函数的精确积分。一般来说，更多的点应该用于更高阶的单元。还应注意，使用较少数量的高斯点往往可抵消位移有限元法刚度“太硬”的行为。

位移有限元法的这种刚度“太硬”主要是由于使用了形函数。如前面章节所讨论的，单元

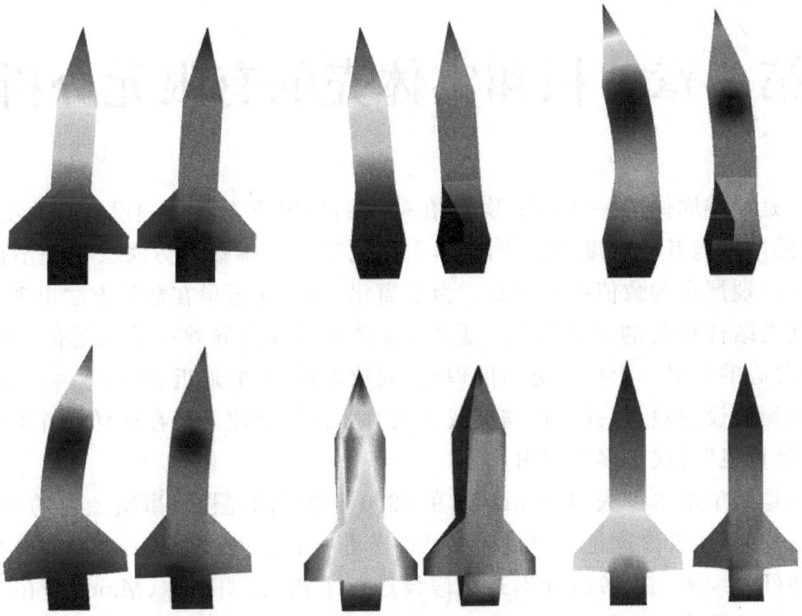

图 4-44 由升阶谱求积元法(左)和有限元法(右)给出的振型

中的位移是通过形函数对结点位移插值来假设的。这意味着单元的变形实际上是以形函数的方式规定的。这就给了单元一个约束,因此单元的行为比其真实情况更僵硬。通常观察到高阶单元比低阶单元更"软",这是因为使用更多的结点会减少对单元的约束。

对于大多数情况,线性单元需要 2 个高斯点,二次单元在每个方向上大约 2 个或 3 个高斯点就足够了。对于高阶单元,高斯点的数量取决于使用的基函数的阶次。许多基于显式动力学有限元代码倾向于使用单点积分来最大程度地节省 CPU 时间。

4.5 本章小结

本章介绍了二维和三维实体单元的有限元分析。所有单元都是 C^0 的,因此具有一定程度的相似性。在本章中详细讨论了构造线性和高阶三角形单元,因为这些流程是构建其他二维和三维单元的基础。从理论上讲,四边形和六面体单元分别是最有效、最精确和最简单的二维和三维单元。因此,应该尽可能使用这两种类型的单元进行二维和三维分析。然而,到目前为止,生成这种网格的技术还没有完全发展起来。商业软件目前仅支持自动生成三角形和四面体网格。因此,为了提高计算效率,可能不得不使用一些软件支持的六面体占优网格。针对这种网格,除了四面体和六面体单元外,三棱柱(楔形)和金字塔等过渡单元对于六面体占优网格也是必不可少的。与其他具有许多对称性的单元不同,金字塔单元非常特殊,需要有理的顶点基函数。一旦构造获得形函数,有限元方法剩余的流程或多或少是相似的。另外为了演示单元的性能,也给出了各种单元的一些算例。

第5章　板和实体壳的有限元分析

板和壳只是三维固体的一种特殊形式，在弹性的情况下对其处理没有理论上的困难。然而，这种结构的厚度与其他维度相比非常小，采用完整的三维数值方法去处理不仅成本高昂，而且还经常会出现严重的数值病态问题。为了简化求解，甚至早在数值方法出现之前，就引入了一些关于此类结构行为的经典假设。显然，这样的假设会导致一系列近似。因此，一般而言，数值处理关心的是对一个已经近似的理论（或数学模型）的逼近，其有效性受到限制。有时我们会指出原始假设的缺点，并根据需要或方便对其进行修改。现在这样做并不困难，因为我们拥有比“前计算机”时代更多的自由。

薄板理论是基于基尔霍夫（Kirchhoff）在1850年提出的假设，事实上他的名字经常与这个理论联系在一起，尽管该理论的早期形式是由苏菲·日尔曼（Sophie Germain）在1811年提出的。赖斯纳（Reissner）在1945年对这些假设进行了拓展，明德林（Mindlin）在1951年给出了该理论略不同的形式。这些修改后的理论将薄板理论的应用领域扩展到了厚板，因此常常把厚板理论与赖斯纳-明德林（Reissner – Mindlin）假设联系在一起。

事实证明，厚板理论虽然在早期的分析处理中存在较多困难，但在有限元方法中实现起来却较为简单。虽然先介绍厚板理论并通过附加假设将其限制为薄板理论更为方便，但是为了方便讨论数值解，我们将把这个过程倒过来，按照历史沿革先介绍分析薄板的方法，然后扩展到厚板，最后介绍混合方法。

在厚板理论中，变形由中面的横向位移 w 以及旋转变量 ϕ 来确定。由位移和旋转变量产生的应变只涉及一阶导数，因此可以使用前面介绍的 C^0 单元。然而，我们会发现厚板容易出现闭锁问题，这要求在形函数和未知量的选取方面要谨慎。

与欧拉-伯努利（Euler – Bernouilli）梁单元一样，由于虚功表达式中存在挠度的二阶导数，因此基尔霍夫（Kirchhoff）板单元要求挠度具有 C^1 连续性。然而，与梁单元不同的是，基尔霍夫（Kirchhoff）板单元在满足单元之间的连续性要求方面更为困难。这导致了“非协调”单元的出现，其中一些目前仍然在实际应用中使用。基尔霍夫（Kirchhoff）板单元在大多数商业代码中都被包含，并且由于新概念的引入而不断发展。

从本质上来说，壳可以看作是一个中面为曲面的板结构。在薄板中使用的关于应变和应力横向分布的假设对于壳依然有效。然而，壳支撑外载荷的方式与平板的方式有很大不同。因为作用在壳体中面上的应力合力既有切向分量又有法向分量，二者承载了大部分的载荷，壳的这种承载方式及其经济性使其在工程结构中得到广泛应用。

推导曲壳问题的详细控制方程存在许多困难。因此，由于采用了不同的近似方法，导致存在多种曲壳公式。在早期的壳单元处理方法中，通过引入进一步的近似，消除了上述困难。但这种近似是物理性质的，而不是数学性质的。该方法假设连续曲面的性质可以通过许多细小平面单元的性质来充分近似。直观地说，随着细分不断进行下去，似乎必然会发生收敛，而且经验确实验证了这种收敛。

本章会给出正交曲线坐标系下曲壳的能量函数，根据该能量函数可用类似板单元的方法得到对应坐标系下的壳单元。本章不会讨论一般的薄曲壳单元，而是会介绍一种一般的厚曲壳单元(直接基于三维弹性理论并避免壳方程的抽象性)。

如第 4 章所述，在固体分析中，使用等参的曲边二维和三维单元特别有效。显然，在曲壳分析中可以通过直接减小它们在厚度方向上的尺寸来使用这些单元。然而，直接使用上述三维概念会遇到一些困难。

首先，在每个节点处保留三个位移自由度，会使得壳厚度方向的应变对应的刚度过大。这可能会导致数值问题，并且当壳厚度与单元的其他维度尺寸相比很小时，可能会使最终的代数方程出现病态。

其次，就是经济性。在壳厚度上使用多个结点会忽略一个的事实：即使是厚壳，变形后中面的"法线"实际上仍然是直的。因此，使用厚壳单元需要考虑大量不必要的自由度，这会带来额外的计算量。

在本章中，我们将给出克服了这两个困难的厚壳单元。忽略垂直于中面的应力分量对应的应变以改善数值性能，引入"直法线"约束以提高经济性。通过这些改进，就会得到一种有效的厚壳单元。

5.1 单元能量泛函

5.1.1 薄板弯曲单元

如图 5-1 所示为一个具有均匀厚度 h 的薄板，它受到表面分布载荷的作用，且这些载荷垂直于中面，即 $z=0$ 平面。

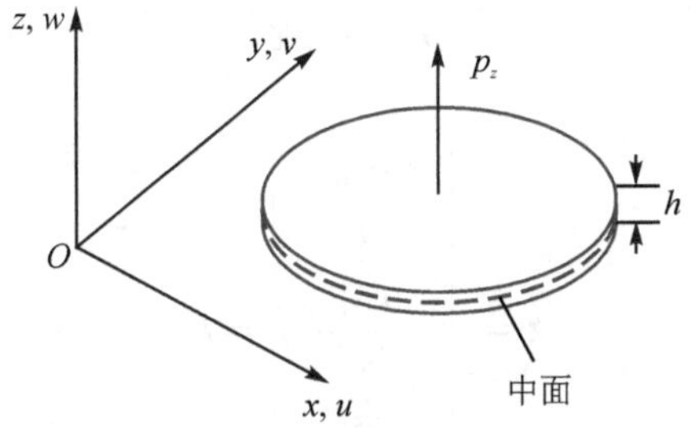

图 5-1 板弯曲单元

在推导薄板的能量函数时，假设横向内应力 σ_z 为零；未变形板中面的法线在变形期间始终是直线，且垂直于中面并且不可延伸。因此，平行于未变形中面的位移可表示为

$$\begin{cases} u(x,y,z) = -z\dfrac{\partial w}{\partial x} \\ v(x,y,z) = -z\dfrac{\partial w}{\partial y} \end{cases} \tag{5-1}$$

其中，$w(x, y)$为中面在 z 方向上的位移函数。应变分量可表示为

$$
\begin{cases}
\varepsilon_x = \dfrac{\partial u}{\partial x} = -z\ \dfrac{\partial^2 w}{\partial x^2} \\
\varepsilon_y = \dfrac{\partial v}{\partial y} = -z\ \dfrac{\partial^2 w}{\partial y^2} \\
\gamma_{xy} = \dfrac{\partial u}{\partial y} + \dfrac{\partial v}{\partial x} = -2z\ \dfrac{\partial^2 w}{\partial x \partial y} \\
\gamma_{xz} = \dfrac{\partial u}{\partial z} + \dfrac{\partial w}{\partial x} = 0 \\
\gamma_{yz} = \dfrac{\partial v}{\partial z} + \dfrac{\partial w}{\partial y} = 0
\end{cases}
\tag{5-2}
$$

由于 σ_z，γ_{xz} 和 γ_{yz} 均为 0，则存储在单元中的应变能可表示为

$$U = \frac{1}{2}\int_V (\sigma_x \varepsilon_x + \sigma_y \varepsilon_y + \tau_{xy}\gamma_{xy})\,\mathrm{d}V \tag{5-3}$$

这与膜单元的应变能方程式(4-1)相同。式(5-3)可以用矩阵形式表示为

$$U = \frac{1}{2}\int_V \boldsymbol{\sigma}^{\mathrm{T}} \boldsymbol{\varepsilon}\,\mathrm{d}V \tag{5-4}$$

其中，$\boldsymbol{\sigma}$ 和 $\boldsymbol{\varepsilon}$ 由式(4-3)定义。

由于 $\sigma_z = 0$，则应力-应变关系可表示为

$$\boldsymbol{\sigma} = \boldsymbol{D}\boldsymbol{\varepsilon} \tag{5-5}$$

其中，$\boldsymbol{D}$ 由式(4-5)定义。将式(5-5)代入式(5-4)，得

$$U = \frac{1}{2}\int_V \boldsymbol{\varepsilon}^{\mathrm{T}} \boldsymbol{D}\boldsymbol{\varepsilon}\,\mathrm{d}V \tag{5-6}$$

根据式(5-2)，应变矩阵可以表示为

$$\boldsymbol{\varepsilon} = -z\boldsymbol{\chi} \tag{5-7}$$

其中

$$\boldsymbol{\chi} = \begin{bmatrix} \dfrac{\partial^2 w}{\partial x^2} \\ \dfrac{\partial^2 w}{\partial y^2} \\ 2\ \dfrac{\partial^2 w}{\partial x \partial y} \end{bmatrix} = \boldsymbol{L}w \tag{5-8}$$

将式(5-7)代入式(5-6)并对 z 积分，得

$$U = \frac{1}{2}\int_A \frac{h^3}{12}\boldsymbol{\chi}^{\mathrm{T}} \boldsymbol{D}\boldsymbol{\chi}\,\mathrm{d}A \tag{5-9}$$

板的动能为

$$T = \frac{1}{2}\int_A \rho h \dot{w}^2\,\mathrm{d}A \tag{5-10}$$

横向载荷的虚功为

$$\delta W = \int_A p_z \delta w\,\mathrm{d}A \tag{5-11}$$

如图 5-2 所示，厚度为 h、大小为 $\mathrm{d}x \times \mathrm{d}y$ 的代表板微元，受到外力 f_z 和惯性力 $\rho_h \ddot{w}$ 作用，其

中，ρ 为材料的密度。如图 5－3 所示为板微元上的内力矩 M_x、M_y、M_z 和 M_{xy}，以及剪切力 Q_x 和 Q_y。力矩和剪力是由分布的法向应力和剪应力 σ_{xx}、σ_{yy} 和 σ_{xy} 引起的，如图 5－2 所示，截面法向应力沿厚度方向呈线性变化。横截面上的力矩可以通过以下积分计算(与梁的内力计算方式类似)。

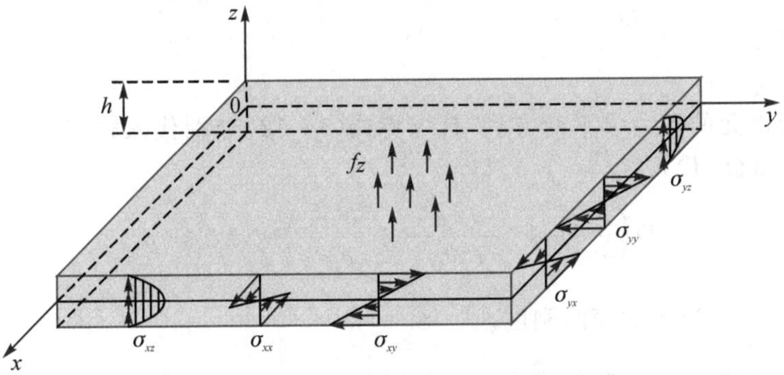

注：对这些应力积分可得到相应的力矩和剪切力。

图 5－2 板微元上的应力

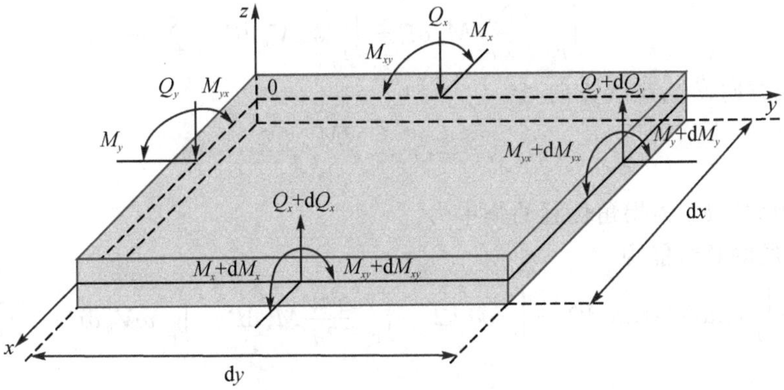

注：系统平衡方程是基于以上力和力矩状态建立的。

图 5－3 板微元 dx×dy 上的剪切力和力矩

$$\boldsymbol{M}_p=\begin{bmatrix}M_x\\M_y\\M_{xy}\end{bmatrix}=\int_A \boldsymbol{\sigma} z\,\mathrm{d}A=-\frac{h^3}{12}\boldsymbol{D}\boldsymbol{\chi} \tag{5-12}$$

首先考虑板微元在 z 方向的力矩或力平衡，可得$\left(\text{需要注意，}\mathrm{d}Q_x=\left(\dfrac{\partial Q_x}{\partial x}\right)\mathrm{d}x\text{ 和 }\mathrm{d}Q_y=\left(\dfrac{\partial Q_y}{\partial y}\right)\mathrm{d}y\right)$

$$\left(\frac{\partial Q_x}{\partial x}\mathrm{d}x\right)\mathrm{d}y+\left(\frac{\partial Q_y}{\partial y}\mathrm{d}y\right)\mathrm{d}x+(p_z-\rho h\ddot{w})\,\mathrm{d}x\,\mathrm{d}y=0 \tag{5-13}$$

或

$$\frac{\partial Q_x}{\partial x}+\frac{\partial Q_y}{\partial y}+p_z=\rho h\ddot{w} \tag{5-14}$$

其次考虑板微元相对于 x 轴的力矩平衡，忽略二阶小项，可得

$$Q_x = \frac{\partial M_x}{\partial x} + \frac{\partial M_{xy}}{\partial y} \tag{5-15}$$

最后考虑板微元相对于 y 轴的力矩平衡，忽略二阶小项，可得

$$Q_y = \frac{\partial M_y}{\partial y} + \frac{\partial M_{yx}}{\partial x} = \frac{\partial M_{xy}}{\partial x} + \frac{\partial M_y}{\partial y} \tag{5-16}$$

其中，$M_{yx} = M_{xy}$。

为了获得板微元的动力学平衡方程，首先将式(5-12)分别代入式(5-15)和式(5-16)，再将得到的 Q_x 和 Q_y 代入式(5-14)，得

$$D\left(\frac{\partial^4 w}{\partial x^4} + \frac{\partial^4 w}{\partial x^2 \partial y^2} + \frac{\partial^4 w}{\partial y^4}\right) + \rho h \ddot{w} = p_z \tag{5-17}$$

其中，$D = \dfrac{Eh^3}{12(1-\upsilon_2)}$为板的弯曲刚度。

用 w 表示的薄板不可约弱形式为

$$G(\delta w, w) = \int_\Omega \delta w \left[\rho h \ddot{w} - q\right] \mathrm{d}\Omega + \int_\Omega (L\delta w)^{\mathrm{T}} \boldsymbol{D} \boldsymbol{L} w \,\mathrm{d}\Omega + \int_{\Gamma_n} \frac{\partial \delta w}{\partial n} M_n \,\mathrm{d}\Gamma - \int_{\Gamma_q} \delta w V_n \,\mathrm{d}\Gamma - \sum_i \delta w_i R_i \tag{5-18}$$

其中，n 为法线方向，s 为切线方向，且

$$V_n = Q_n + \frac{\partial M_{ns}}{\partial s} \tag{5-19}$$

为“等效边界剪力”，R_i 为拐角位置的集中力。

静力学问题的总势能为

$$\Pi = \frac{1}{2}\int_\Omega (\boldsymbol{L}w)^{\mathrm{T}} \boldsymbol{D}\boldsymbol{L} w \,\mathrm{d}\Omega - \int_\Omega wq \,\mathrm{d}\Omega + \int_{\Gamma_n} \frac{\partial w}{\partial n} M_n \,\mathrm{d}\Gamma - \int_{\Gamma_q} w V_n \,\mathrm{d}\Gamma - \sum_i w_i R_i \tag{5-20}$$

5.1.2 厚板弯曲单元

与剪切梁的情况类似，当局部弯曲波长小于板厚的 10 倍时，必须考虑剪切变形和旋转惯性效应。当剪切变形很重要时，不能仍然假设中面的法线保持垂直于中面。在这种情况下，平行于中面的位移可表示为

$$u_x = z\phi_x(x,y,t), \quad u_y = z\phi_y(x,y,t), \quad u_z = w(x,y,t) \tag{5-21}$$

注意： 位移参数现在是 x 和 y 的函数。

有时将关于 x 和 y 坐标的转角 θ_x 和 θ_y 替换为 ϕ_x 和 ϕ_y，会带来一些便利。可通过下述方式完成转换

$$\begin{bmatrix} \phi_x \\ \phi_y \end{bmatrix} = \begin{bmatrix} 0 & 1 \\ -1 & 0 \end{bmatrix} \begin{bmatrix} \theta_x \\ \theta_y \end{bmatrix} \quad 或 \quad \begin{bmatrix} \theta_x \\ \theta_y \end{bmatrix} = \begin{bmatrix} 0 & -1 \\ 1 & 0 \end{bmatrix} \begin{bmatrix} \phi_x \\ \phi_y \end{bmatrix} \tag{5-22}$$

或

$$\boldsymbol{\phi} = \boldsymbol{T\theta} \tag{5-23}$$

式(5-22)可以在推导过程中的任何时候被替换。通常不在推导过程中做这个转换，因为这会

使控制方程的表达式在形式上更复杂，只会在构造得形函数之后，才对结点参数进行替换。

现在应变可以分为弯曲和横向剪切两部分。面内弯曲应变可表示为

$$\boldsymbol{\varepsilon}=\begin{bmatrix}\varepsilon_x\\ \varepsilon_y\\ \gamma_{xy}\end{bmatrix}=z\begin{bmatrix}\dfrac{\partial}{\partial x} & 0\\ 0 & \dfrac{\partial}{\partial y}\\ \dfrac{\partial}{\partial y} & \dfrac{\partial}{\partial x}\end{bmatrix}\begin{bmatrix}\phi_x\\ \phi_y\end{bmatrix}\equiv z\boldsymbol{S}\boldsymbol{\phi}=z\boldsymbol{\chi} \tag{5-24}$$

其中

$$\boldsymbol{\chi}=\begin{bmatrix}\dfrac{\partial \phi_x}{\partial x}\\ \dfrac{\partial \phi_y}{\partial y}\\ \dfrac{\partial \phi_x}{\partial y}+\dfrac{\partial \phi_y}{\partial x}\end{bmatrix} \tag{5-25}$$

横向剪切应变 γ_{xz}、γ_{yz} 与位移之间的关系为

$$\boldsymbol{\gamma}=\begin{bmatrix}\gamma_{xz}\\ \gamma_{yz}\end{bmatrix}=\begin{bmatrix}\dfrac{\partial w}{\partial x}\\ \dfrac{\partial w}{\partial y}\end{bmatrix}+\begin{bmatrix}\phi_x\\ \phi_y\end{bmatrix}=\nabla \boldsymbol{w}+\boldsymbol{\phi} \tag{5-26}$$

需要注意，当横向剪切可以忽略不计时，则由式(5-26)可得

$$\nabla \boldsymbol{w}+\boldsymbol{\phi}=\boldsymbol{0} \quad 或 \quad \boldsymbol{\phi}=-\nabla w \tag{5-27}$$

有了这些关系，可以看出式(5-24)可简化为式(5-7)。

民德林(Mindlin)板的平衡方程也可以通过类似薄板平衡方程的方法获得。对于各向同性弹性体，力矩 M_x、M_y 和 M_{xy}，以及剪切力 Q_x、Q_y 可以用位移表示为

$$\begin{cases}M_x=\displaystyle\int_{-\frac{h}{2}}^{\frac{h}{2}} z\sigma_x\,\mathrm{d}z=D\left(\frac{\partial \phi_x}{\partial x}+\upsilon\frac{\partial \phi_y}{\partial y}\right)\\ M_y=\displaystyle\int_{-\frac{h}{2}}^{\frac{h}{2}} z\sigma_y\,\mathrm{d}z=D\left(\frac{\partial \phi_y}{\partial y}+\upsilon\frac{\partial \phi_x}{\partial x}\right)\\ M_{xy}=\displaystyle\int_{-\frac{h}{2}}^{\frac{h}{2}} z\tau_{xy}\,\mathrm{d}z=\frac{1}{2}(1-\upsilon)D\left(\frac{\partial \phi_x}{\partial y}+\frac{\partial \phi_y}{\partial x}\right)\end{cases} \tag{5-28}$$

$$\begin{cases}Q_x=\displaystyle\int_{-\frac{h}{2}}^{\frac{h}{2}} \tau_{xz}\,\mathrm{d}z=C\left(\frac{\partial w}{\partial x}+\phi_x\right)\\ Q_y=\displaystyle\int_{-\frac{h}{2}}^{\frac{h}{2}} \tau_{yz}\,\mathrm{d}z=C\left(\frac{\partial w}{\partial y}+\phi_y\right)\end{cases} \tag{5-29}$$

其中，$D=\dfrac{Eh^3}{12(1-\upsilon^2)}$和 $C=\kappa Gh$ 分别为板的弯曲刚度和剪切刚度。式(5-28)和式(5-29)也可以表示为

$$\boldsymbol{M}=\begin{bmatrix}M_x\\M_y\\M_{xy}\end{bmatrix}=\boldsymbol{DS\phi} \tag{5-30}$$

$$\boldsymbol{Q}=\begin{bmatrix}Q_x\\Q_y\end{bmatrix}=\boldsymbol{\alpha}(\nabla \boldsymbol{w}+\boldsymbol{\phi}) \tag{5-31}$$

其中

$$\boldsymbol{\alpha}=\kappa Gh\boldsymbol{I} \tag{5-32}$$

其中,$\boldsymbol{I}$ 为一个 2×2 单位矩阵(这里没有将 G 与 E、υ 关联起来,以允许不同的可能剪切刚度)。引入常数 κ 是为了将剪切应力和应变在厚度方向上的变化考虑进来。通常 κ 取 $\frac{\pi^2}{12}$ 或 $\frac{5}{6}$。

当然,上述本构关系也可以简单地推广到各向异性或非均匀材料,例如,可将几层材料对称组装起来形成复合材料。由此带来的唯一区别是 $\boldsymbol{D}$ 矩阵和 $\boldsymbol{\alpha}$ 矩阵的结构,但二者可以通过简单的积分得到。

厚板和薄板的动力学控制方程,可以通过平衡关系得到。忽略"面内"性质,则式(5-14)可重写为

$$\begin{bmatrix}\dfrac{\partial}{\partial x} & \dfrac{\partial}{\partial y}\end{bmatrix}\begin{bmatrix}Q_x\\Q_y\end{bmatrix}+q\equiv\nabla^{\mathrm{T}}\boldsymbol{Q}+q=\rho h\ddot{w} \tag{5-33}$$

用其代替式(5-15)和式(5-16),可得到

$$\begin{bmatrix}\dfrac{\partial}{\partial x} & 0 & \dfrac{\partial}{\partial y}\\ 0 & \dfrac{\partial}{\partial y} & \dfrac{\partial}{\partial x}\end{bmatrix}\begin{bmatrix}M_x\\M_y\\M_{xy}\end{bmatrix}-\begin{bmatrix}Q_x\\Q_y\end{bmatrix}=\frac{1}{12}\rho h^3\begin{bmatrix}\ddot{\phi}_x\\\ddot{\phi}_y\end{bmatrix} \tag{5-34}$$

或

$$\boldsymbol{S}^{\mathrm{T}}\boldsymbol{M}-\boldsymbol{Q}=\frac{1}{12}\rho h^3\ddot{\boldsymbol{\phi}} \tag{5-35}$$

式(5-30)~式(5-35)是求解厚板和薄板的基础。对于厚板,任何(或所有)自变量都可以独立求解,由此会得到混合方法,后续将具体讨论。

将式(5-28)和(5-29)代入式(5-33)与(5-34),可得

$$\begin{cases}\dfrac{\partial^2\phi_x}{\partial x^2}+\dfrac{1-\upsilon}{2}\dfrac{\partial^2\phi_x}{\partial y^2}+\dfrac{1+\upsilon}{2}\dfrac{\partial^2\phi_y}{\partial x\partial y}-\dfrac{C}{D}\left(\dfrac{\partial w}{\partial x}+\phi_x\right)-\dfrac{\rho h^3}{12D}\dfrac{\partial^2\phi_x}{\partial t^2}=0\\[2ex] \dfrac{\partial^2\phi_y}{\partial y^2}+\dfrac{1-\upsilon}{2}\dfrac{\partial^2\phi_y}{\partial x^2}+\dfrac{1+\upsilon}{2}\dfrac{\partial^2\theta_x}{\partial x\partial y}-\dfrac{C}{D}\left(\dfrac{\partial w}{\partial y}+\phi_y\right)-\dfrac{\rho h^3}{12D}\dfrac{\partial^2\phi_y}{\partial t^2}=0\\[2ex] \dfrac{\partial^2 w}{\partial x^2}+\dfrac{\partial^2 w}{\partial y^2}-\left(\dfrac{\partial\phi_x}{\partial x}+\dfrac{\partial\phi_y}{\partial y}\right)+q-\dfrac{\rho h}{C}\dfrac{\partial^2 w}{\partial t^2}=0\end{cases} \tag{5-36}$$

民德林(Mindlin)板的精确固有频率参数为

$$\frac{\omega^2\rho h}{D}=\frac{\pi^4\left[\left(\frac{m}{a}\right)^2+\left(\frac{n}{b}\right)^2\right]^2}{1+\left(\frac{D}{C}+\frac{h^2}{12}\right)\left[\left(\frac{m\pi}{a}\right)^2+\left(\frac{n\pi}{b}\right)^2\right]-\frac{Dh^2}{12C}\left(\frac{\omega^2\rho h}{D}\right)} \tag{5-37}$$

基尔霍夫(Kirchhoff)薄板的精确固有频率参数为

$$\frac{\omega^2\rho h}{D}=\pi^4\left[\left(\frac{m}{a}\right)^2+\left(\frac{n}{b}\right)^2\right]^2 \tag{5-38}$$

与民德林(Mindlin)板的精确对比可以发现,基尔霍夫(Kirchhoff)薄板理论可能会高估固有频率。

结合式(5-33)、式(5-35)和式(5-31)可将力矩 $\boldsymbol{M}$ 消除,得

$$\begin{aligned}&\boldsymbol{\nabla}^{\mathrm{T}}\boldsymbol{Q}+q=\rho h\ddot{w}\\&\boldsymbol{S}^{\mathrm{T}}\boldsymbol{DS\phi}-\boldsymbol{Q}=\frac{1}{12}\rho h^3\ddot{\boldsymbol{\phi}}\\&\boldsymbol{\alpha}^{-1}\boldsymbol{Q}-\boldsymbol{\phi}-\boldsymbol{\nabla}\boldsymbol{w}=\boldsymbol{0}\end{aligned} \tag{5-39}$$

此方程组可以作为建立混合方法的基础,或者可以进一步简化得到不可约形式。在第 5.2.1 节我们将讨论仅以 w 表示的四阶不可约形式的方程,但它只能用于求解薄板问题,即当 $\boldsymbol{\alpha}=\infty$时的情况。另外,也容易推导出另一种不可约形式,它仅在 $\boldsymbol{\alpha}\neq\infty$成立。因此,可以消除剪切力 $\boldsymbol{Q}$,得

$$\begin{cases}\boldsymbol{\nabla}^{\mathrm{T}}\left[\boldsymbol{\alpha}(\boldsymbol{\nabla}\boldsymbol{w}+\boldsymbol{\phi})\right]+q=\rho h\ddot{\boldsymbol{w}}\\\boldsymbol{S}^{\mathrm{T}}\boldsymbol{DS\phi}-\boldsymbol{\alpha}(\boldsymbol{\nabla}\boldsymbol{w}+\boldsymbol{\phi})=\frac{1}{12}\rho h^3\ddot{\boldsymbol{\phi}}\end{cases} \tag{5-40}$$

这是一个不可约系统。对于静力学问题,容易验证对应的最小势能原理,即

$$\Pi=\frac{1}{2}\int_{\Omega}(\boldsymbol{S\phi})^{\mathrm{T}}\boldsymbol{DS\phi}\,\mathrm{d}\Omega+\frac{1}{2}\int_{\Omega}(\boldsymbol{\nabla}\boldsymbol{w}+\boldsymbol{\phi})^{\mathrm{T}}\boldsymbol{\alpha}(\boldsymbol{\nabla}\boldsymbol{w}+\boldsymbol{\phi})\,\mathrm{d}\Omega-\int_{\Omega}\boldsymbol{wq}\,\mathrm{d}\Omega-\Pi_{\mathrm{bt}}=\text{驻值} \tag{5-41}$$

式中,第一项为弯曲应变能,第二项为剪切应变能,第三项为横向载荷的功,最后一项为边界力矩和剪力的功,即

$$\Pi_{\mathrm{bt}}=\int_{\Gamma_n}\phi_n\bar{M}_n\,\mathrm{d}\Gamma+\int_{\Gamma_s}\phi_s\bar{M}_{ns}\,\mathrm{d}\Gamma+\int_{\Gamma_q}w\bar{Q}_n\,\mathrm{d}\Gamma \tag{5-42}$$

板的动能可表示为

$$T=\frac{1}{2}\int_A\rho h(\dot{u}^2+\dot{v}^2+\dot{w}^2)\,\mathrm{d}A \tag{5-43}$$

代入式(5-21)中的 u 和 v,以及 $\mathrm{d}V=\mathrm{d}z\cdot\mathrm{d}A$ 后并对 z 积分,得

$$T=\frac{1}{2}\int_A\rho\left(h\dot{w}^2+\frac{h^3}{12}\dot{\phi}_x^2+\frac{h^3}{12}\dot{\phi}_y^2\right)\mathrm{d}A \tag{5-44}$$

显然,只有当 $\boldsymbol{\alpha}\neq\infty$时,由式(5-41)给出的不可约系统才能成立。将 $\boldsymbol{\alpha}$ 看作是一个惩罚因子,式(5-41)可以解释为通过罚函数考虑了式(5-27)所给约束的并由式(5-20)给出的"薄"板的势能解。正如物理上的直观事实一样,薄板公式是厚板公式的一种极限情况。

因此,只有当离散化对应的混合公式满足必要的收敛条件时,罚函数方法才能得到令人满意的结果解。

5.1.3 深壳单元

为便于理解，本节将基于正交曲线坐标系简单介绍深壳单元的概念，而作为 3D 分析特例的实用壳单元将在第 5.4 节中介绍。假设中面的法线在变形过程中保持为直线但不一定垂直于中面，则位移可以表示为

$$\begin{cases} u_1(\alpha,\beta,\gamma)=u(\alpha,\beta)+\gamma\psi_\alpha(\alpha,\beta) \\ u_2(\alpha,\beta,\gamma)=v(\alpha,\beta)+\gamma\psi_\beta(\alpha,\beta) \\ u_3(\alpha,\beta,\gamma)=w(\alpha,\beta) \end{cases} \tag{5-45}$$

其中，u、v 和 w 为壳的中面位移，ψ_α、ψ_β 为中面的两个转角。式(5－45)中第三个方程产生的应变分量 $e_\gamma=0$。正交曲线坐标系的拉梅(Lame)系数可以用中面变量表示为

$$H_1=A(1+k_1\gamma),\quad H_2=B(1+k_2\gamma) \tag{5-46}$$

其中，k_1 和 k_2 分别为中面相对于 α 和 β 的主曲率；A 和 B 分别为中面($\gamma=0$)关于 α 和 β 的拉梅系数，定义为

$$\begin{cases} A=\left[\left(\dfrac{\partial x}{\partial\alpha}\right)^2+\left(\dfrac{\partial y}{\partial\alpha}\right)^2+\left(\dfrac{\partial z}{\partial\alpha}\right)^2\right]^{\frac{1}{2}} \\ B=\left[\left(\dfrac{\partial x}{\partial\beta}\right)^2+\left(\dfrac{\partial y}{\partial\beta}\right)^2+\left(\dfrac{\partial z}{\partial\beta}\right)^2\right]^{\frac{1}{2}} \end{cases} \tag{5-47}$$

壳中任意点的应变可以用中面应变和曲率变化表示为

$$\begin{cases} e_1=e_1^0+\gamma\chi_1 \\ e_2=e_2^0+\gamma\chi_2 \\ e_{12}=e_{12}^0+\gamma\chi_{12} \end{cases} \tag{5-48}$$

$$\begin{cases} e_{23}=\dfrac{1}{H_2}\left(B\psi_\beta+\dfrac{\partial w}{\partial\beta}-B\dfrac{v}{R_2}\right) \\ e_{31}=\dfrac{1}{H_1}\left(A\psi_\alpha+\dfrac{\partial w}{\partial\alpha}-A\dfrac{u}{R_1}\right) \end{cases} \tag{5-49}$$

其中

$$\begin{cases} e_1^0=\dfrac{1}{H_1}\left(\dfrac{\partial u}{\partial\alpha}+\dfrac{v}{H_2}\dfrac{\partial H_1}{\partial\beta}+A\dfrac{w}{R_1}\right) \\ e_2^0=\dfrac{1}{H_2}\left(\dfrac{\partial v}{\partial\beta}+\dfrac{u}{H_1}\dfrac{\partial H_2}{\partial\alpha}+B\dfrac{w}{R_2}\right) \\ e_{12}^0=\dfrac{H_2}{H_1}\dfrac{\partial}{\partial\alpha}\left(\dfrac{v}{H_2}\right)+\dfrac{H_1}{H_2}\dfrac{\partial}{\partial\beta}\left(\dfrac{u}{H_1}\right) \end{cases} \tag{5-50}$$

$$\begin{cases} \chi_1=\dfrac{1}{H_1}\left(\dfrac{\partial\psi_\alpha}{\partial\alpha}+\dfrac{1}{H_2}\dfrac{\partial H_1}{\partial\beta}\psi_\beta\right) \\ \chi_2=\dfrac{1}{H_2}\left(\dfrac{\partial\psi_\beta}{\partial\beta}+\dfrac{1}{H_1}\dfrac{\partial H_2}{\partial\alpha}\psi_\alpha\right) \\ \chi_{12}=\dfrac{H_2}{H_1}\dfrac{\partial}{\partial\alpha}\left(\dfrac{\psi_\beta}{H_2}\right)+\dfrac{H_1}{H_2}\dfrac{\partial}{\partial\beta}\left(\dfrac{\psi_\alpha}{H_1}\right) \end{cases} \tag{5-51}$$

对于基尔霍夫－乐甫(Kirchhoff－Love)薄壳理论，则有 $e_{23}=e_{31}=0$。于是由式(5－49)可得

$$\begin{cases}\psi_\alpha=\dfrac{u}{R_1}-\dfrac{1}{A}\dfrac{\partial w}{\partial \alpha}\\[2ex]\psi_\beta=\dfrac{v}{R_2}-\dfrac{1}{B}\dfrac{\partial w}{\partial \beta}\end{cases}\tag{5-52}$$

其中，$R_1=1/k_1$、$R_2=1/k_2$ 为曲率半径。考虑到

$$\frac{\gamma}{R_1}\ll 1,\quad \frac{\gamma}{R_2}\ll 1\tag{5-53}$$

用 A、B 分别替换 H_1、H_2，则有

$$\begin{cases}e_1^0=\dfrac{1}{A}\dfrac{\partial u}{\partial \alpha}+\dfrac{v}{AB}\dfrac{\partial A}{\partial \beta}+\dfrac{w}{R_1}\\[2ex]e_2^0=\dfrac{1}{B}\dfrac{\partial v}{\partial \beta}+\dfrac{u}{AB}\dfrac{\partial B}{\partial \alpha}+\dfrac{w}{R_2}\\[2ex]e_{12}^0=\dfrac{B}{A}\dfrac{\partial}{\partial \alpha}\left(\dfrac{v}{B}\right)+\dfrac{A}{B}\dfrac{\partial}{\partial \beta}\left(\dfrac{u}{A}\right)\end{cases}\tag{5-54}$$

$$\begin{cases}\chi_1=\dfrac{1}{A}\left(\dfrac{\partial \psi_\alpha}{\partial \alpha}+\dfrac{1}{B}\dfrac{\partial A}{\partial \beta}\psi_\beta\right)\\[2ex]\chi_2=\dfrac{1}{B}\left(\dfrac{\partial \psi_\beta}{\partial \beta}+\dfrac{1}{A}\dfrac{\partial B}{\partial \alpha}\psi_\alpha\right)\\[2ex]\chi_{12}=\dfrac{B}{A}\dfrac{\partial}{\partial \alpha}\left(\dfrac{\psi_\beta}{B}\right)+\dfrac{A}{B}\dfrac{\partial}{\partial \beta}\left(\dfrac{\psi_\alpha}{A}\right)\end{cases}\tag{5-55}$$

如果对式(5-52)取

$$\psi_\alpha=-\frac{1}{A}\frac{\partial w}{\partial \alpha},\quad \psi_\beta=-\frac{1}{B}\frac{\partial w}{\partial \beta}\tag{5-56}$$

则可得到唐奈尔(Donnell)薄壳理论，也被称作工程壳理论。

各向同性材料的应力-应变关系为

$$\begin{cases}\sigma_1=\dfrac{E}{1-\upsilon^2}(e_1+\upsilon e_2)\\[2ex]\sigma_2=\dfrac{E}{1-\upsilon^2}(e_2+\upsilon e_1)\end{cases}\tag{5-57}$$

$$\begin{cases}\tau_{12}=Ge_{12}\\ \tau_{13}=Ge_{13}\\ \tau_{23}=Ge_{23}\end{cases}\tag{5-58}$$

将式(5-48)代入式(5-57)可得

$$\begin{cases}\sigma_1=\dfrac{E}{1-\upsilon^2}[(e_1^0+\upsilon e_2^0)+\gamma(\chi_1+\upsilon\chi_2)]\\[2ex]\sigma_2=\dfrac{E}{1-\upsilon^2}[(e_2^0+\upsilon e_1^0)+\gamma(\chi_2+\upsilon\chi_1)]\\[2ex]\tau_{12}=\dfrac{E}{2(1+\upsilon)}(e_{12}^0+\gamma\chi_{12})\end{cases}\tag{5-59}$$

力矩 M_1、M_2、M_{21} 和 M_{12}，剪切力 Q_1 和 Q_2，以及膜力 N_1、N_2、N_{21} 和 N_{12} 可以用应力表示为

$$\left\{\begin{aligned}\begin{bmatrix}N_1\\N_{12}\\Q_1\end{bmatrix}&=\int_{-\frac{h}{2}}^{\frac{h}{2}}\begin{bmatrix}\sigma_1\\\tau_{12}\\\tau_{13}\end{bmatrix}\left(1+\frac{\gamma}{R_2}\right)\mathrm{d}\gamma\\\begin{bmatrix}N_2\\N_{21}\\Q_2\end{bmatrix}&=\int_{-\frac{h}{2}}^{\frac{h}{2}}\begin{bmatrix}\sigma_2\\\tau_{12}\\\tau_{23}\end{bmatrix}\left(1+\frac{\gamma}{R_1}\right)\mathrm{d}\gamma\end{aligned}\right. \tag{5-60}$$

$$\left\{\begin{aligned}\begin{bmatrix}M_1\\M_{12}\end{bmatrix}&=\int_{-\frac{h}{2}}^{\frac{h}{2}}\begin{bmatrix}\sigma_1\\\tau_{12}\end{bmatrix}\left(1+\frac{\gamma}{R_2}\right)\gamma\mathrm{d}\gamma\\\begin{bmatrix}M_2\\M_{21}\end{bmatrix}&=\int_{-\frac{h}{2}}^{\frac{h}{2}}\begin{bmatrix}\sigma_2\\\tau_{12}\end{bmatrix}\left(1+\frac{\gamma}{R_1}\right)\gamma\mathrm{d}\gamma\end{aligned}\right. \tag{5-61}$$

以上壳的力和力矩分别如图 5－4 和图 5－5 所示。

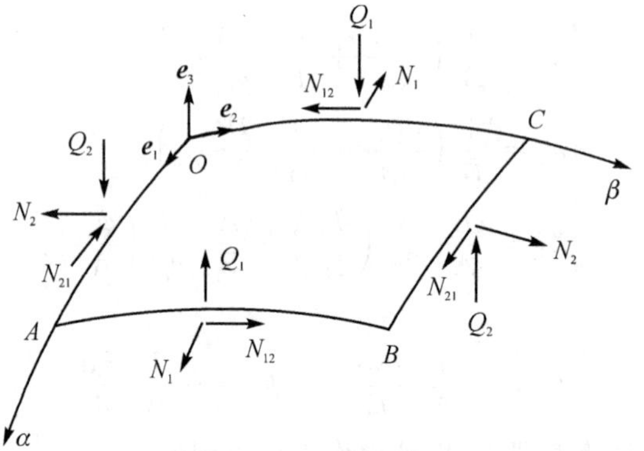

图 5－4　壳的内力

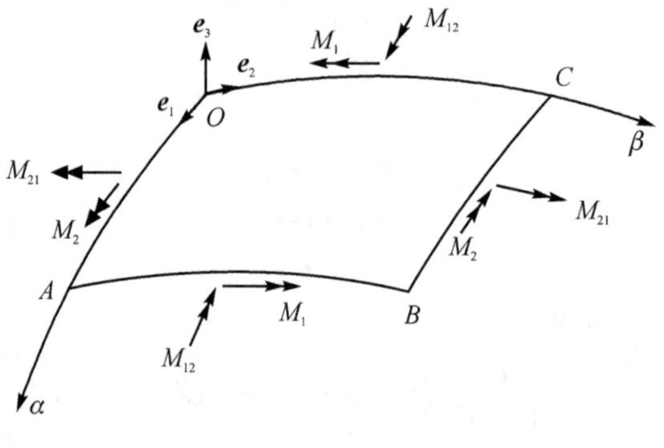

图 5－5　壳的内力矩

将式(5－59)和(5－58)代入式(5－60)和(5－61)可得

$$\begin{cases}N_1=\dfrac{Eh}{1-\upsilon^2}\left[(e_1^0+\upsilon e_2^0)+\dfrac{h^2}{12R_2}(\chi_1+\upsilon\chi_2)\right]\\ N_{12}=\dfrac{Eh}{2(1+\upsilon)}\left(e_{12}^0+\dfrac{h^2}{12R_2}\chi_{12}\right)\\ N_2=\dfrac{Eh}{1-\upsilon^2}\left[(e_2^0+\upsilon e_1^0)+\dfrac{h^2}{12R_1}(\chi_2+\upsilon\chi_1)\right]\\ N_{21}=\dfrac{Eh}{2(1+\upsilon)}\left(e_{12}^0+\dfrac{h^2}{12R_1}\chi_{12}\right)\end{cases} \tag{5-62}$$

$$\begin{cases}M_1=\dfrac{Eh^3}{12(1-\upsilon^2)}\left[(\chi_1+\upsilon\chi_2)+\dfrac{1}{R_2}(e_1^0+\upsilon e_2^0)\right]\\ M_{12}=\dfrac{Eh^3}{24(1+\upsilon)}\left(\chi_{12}+\dfrac{1}{R_2}e_{12}^0\right)\\ M_2=\dfrac{Eh^3}{12(1-\upsilon^2)}\left[(\chi_2+\upsilon\chi_1)+\dfrac{1}{R_1}(e_2^0+\upsilon e_1^0)\right]\\ M_{21}=\dfrac{Eh^3}{24(1+\upsilon)}\left(\chi_{12}+\dfrac{1}{R_1}e_{12}^0\right)\end{cases} \tag{5-63}$$

$$\begin{cases}Q_1=\dfrac{Eh}{2(1+\upsilon)}e_{13}\\ Q_2=\dfrac{Eh}{2(1+\upsilon)}e_{23}\end{cases} \tag{5-64}$$

对于基尔霍夫-乐甫(Kirchhoff - Love)和唐奈尔(Donnell)薄壳理论,剪切力 Q_1 和 Q_2 由平衡方程计算,$1+\dfrac{\gamma}{R_1}$ 和 $1+\dfrac{\gamma}{R_2}$ 项应省略,因此有

$$\begin{cases}N_1=C(e_1^0+\upsilon e_2^0), & N_{12}=\upsilon_1 Ce_{12}^0\\ N_2=C(e_2^0+\upsilon e_1^0), & N_{21}=\upsilon_1 Ce_{12}^0\\ M_1=D(\chi_1+\upsilon\chi_2), & M_{12}=\upsilon_1 D\chi_{12}\\ M_2=D(\chi_2+\upsilon\chi_1), & M_{21}=\upsilon_1 D\chi_{12}\end{cases} \tag{5-65}$$

其中

$$C=\frac{Eh}{1-\upsilon^2},\quad D=\frac{Eh^3}{12(1-\upsilon^2)},\quad \upsilon_1=\frac{1-\upsilon}{2} \tag{5-66}$$

存储在单元中的应变能可表示为

$$U=\frac{1}{2}\int_\alpha\int_\beta\int_{-\frac{h}{2}}^{\frac{h}{2}}\{\sigma_1e_1+\sigma_2e_2+\tau_{12}e_{12}+\tau_{13}e_{13}+\tau_{23}e_{23}\}AB\,\mathrm{d}\alpha\,\mathrm{d}\beta\mathrm{d}\gamma \tag{5-67}$$

也可由中面变量表示为

$$U=\frac{1}{2}\int_\alpha\int_\beta\Big(N_1e_1^0+N_2e_2^0+N_{12}e_{12}^0+M_1\chi_1+M_2\chi_2+$$
$$M_{12}\chi_{12}+M_{21}\chi_{21}+Q_1e_{13}^0+Q_2e_{23}^0\Big)AB\,\mathrm{d}\alpha\,\mathrm{d}\beta \tag{5-68}$$

壳的动能可表示为

$$T=\frac{1}{2}\int_V\{\dot{u}_1^2+\dot{u}_2^2+\dot{u}_3^2\}\mathrm{d}V$$

$$=\frac{1}{2}\int_{\alpha}\int_{\beta}\int_{-\frac{h}{2}}^{\frac{h}{2}}(\dot{u}^2+\dot{v}^2+\dot{w}^2+\gamma^2\dot{\psi}_{\alpha}^2+\gamma^2\dot{\psi}_{\beta}^2+2\gamma\dot{u}\dot{\psi}_{\alpha}+2\gamma\dot{v}\dot{\psi}_{\beta})\times$$
$$\left(1+\frac{\gamma}{R_1}\right)\left(1+\frac{\gamma}{R_2}\right)AB\,\mathrm{d}\alpha\,\mathrm{d}\beta\,\mathrm{d}\gamma \tag{5-69}$$

壳的虚功可表示为

$$\delta W=\int_{\alpha}\int_{\beta}(q_1\delta u+q_2\delta v+q_3\delta w+m_1\delta\psi_{\alpha}+m_2\delta\psi_{\beta})AB\,\mathrm{d}\alpha\,\mathrm{d}\beta \tag{5-70}$$

其中,m_1 和 m_2 为分布弯矩。

壳的平衡方程由下式给出

$$\begin{cases}\dfrac{\partial(BN_1)}{\partial\alpha}+\dfrac{\partial(AN_{21})}{\partial\beta}+N_{12}\dfrac{\partial A}{\partial\beta}-N_2\dfrac{\partial B}{\partial\alpha}+AB\dfrac{Q_1}{R_1}+ABq_1=AB\rho h\dfrac{\partial^2 u}{\partial t^2}\\ \dfrac{\partial(BN_{12})}{\partial\alpha}+\dfrac{\partial(AN_2)}{\partial\beta}+N_{21}\dfrac{\partial B}{\partial\alpha}-N_1\dfrac{\partial A}{\partial\beta}+AB\dfrac{Q_2}{R_2}+ABq_2=AB\rho h\dfrac{\partial^2 v}{\partial t^2}\\ \dfrac{\partial(BQ_1)}{\partial\alpha}+\dfrac{\partial(AQ_2)}{\partial\beta}-AB\left(\dfrac{N_1}{R_1}+\dfrac{N_2}{R_2}\right)+ABq_3=AB\rho h\dfrac{\partial^2 w}{\partial t^2}\end{cases} \tag{5-71}$$

$$\begin{cases}\dfrac{\partial(BM_1)}{\partial\alpha}+\dfrac{\partial(AM_{21})}{\partial\beta}+M_{12}\dfrac{\partial A}{\partial\beta}-M_2\dfrac{\partial B}{\partial\alpha}-ABQ_1+ABm_1=AB\rho\dfrac{h^3}{12}\dfrac{\partial^2\psi_{\alpha}}{\partial t^2}\\ \dfrac{\partial(BM_{12})}{\partial\alpha}+\dfrac{\partial(AM_2)}{\partial\beta}+M_{21}\dfrac{B}{\partial\alpha}-M_1\dfrac{\partial A}{\partial\beta}-ABQ_2+ABm_2=AB\rho\dfrac{h^3}{12}\dfrac{\partial^2\psi_{\beta}}{\partial t^2}\end{cases} \tag{5-72}$$

5.2 薄板有限元

5.2.1 有限元逼近

假设薄板的位移场为

$$w=\boldsymbol{N}(x,y)\tilde{\boldsymbol{u}}(t),\quad \delta w=\boldsymbol{N}(x,y)\delta\tilde{\boldsymbol{u}} \tag{5-73}$$

其中 $\boldsymbol{N}$ 和$\tilde{\boldsymbol{u}}$ 分别为形函数和待定系数。根据标准的位移有限元,可以得到如下常微分方程

$$\boldsymbol{M}\ddot{\tilde{\boldsymbol{u}}}+\boldsymbol{K}\tilde{\boldsymbol{u}}=\boldsymbol{f} \tag{5-74}$$

其中质量矩阵、刚度矩阵和载荷矢量分别为

$$\begin{cases}\boldsymbol{M}=\displaystyle\int_{\Omega}\boldsymbol{N}^{\mathrm{T}}\rho h\boldsymbol{N}\,\mathrm{d}\Omega\\ \boldsymbol{K}=\displaystyle\int_{\Omega}\boldsymbol{B}^{\mathrm{T}}\boldsymbol{D}\boldsymbol{B}\,\mathrm{d}\Omega\\ \boldsymbol{f}=\displaystyle\int_{\Omega}\boldsymbol{N}^{\mathrm{T}}\boldsymbol{q}\,\mathrm{d}\Omega+\boldsymbol{f}_{\mathrm{b}}\end{cases} \tag{5-75}$$

其中,边界载荷

$$\boldsymbol{f}_{\mathrm{b}}=\int_{\Gamma_s}\boldsymbol{N}V_n\,\mathrm{d}\Gamma-\int_{\Gamma_s}\frac{\partial\boldsymbol{N}}{\partial n}M_n\,\mathrm{d}\Gamma+\sum_i\boldsymbol{N}(x_i,y_i)R_i \tag{5-76}$$

以及

$$\boldsymbol{B}=-\boldsymbol{L}\boldsymbol{N}=-\begin{bmatrix}\dfrac{\partial^2\boldsymbol{N}}{\partial x^2}\\ \dfrac{\partial^2\boldsymbol{N}}{\partial y^2}\\ 2\dfrac{\partial^2\boldsymbol{N}}{\partial x\partial y}\end{bmatrix}\tag{5-77}$$

读者可以从上述过程中再次确认位移有限元法的关键要素:一旦形函数向量 $\boldsymbol{N}$ 确定,则接下来的计算流程完全相似。

5.2.2 形函数的连续性要求(C^1 连续性)

第 5.1.1 节给出的弱形式包含了位移函数 w 的所有二阶导数,因此,显然至少 w 的所有一阶导数在域 Ω 中必须是连续的。如上所述,这类函数被称为是 C^1 连续的。如果一阶导数不连续,则板具有"折裂",导致奇异的二阶导数,而奇异函数的平方在域 Ω 中是不可积的。

在第 3.3.1 节中已经表明,使用埃尔米特(Hermite)插值构造沿直线 C^1 分段连续多项式并不困难。同时应该也注意到,埃尔米特(Hermite)插值不是等参的,当尝试将基于埃尔米特(Hermite)插值的形函数扩展到任意形状的薄板单元时,会出现一些困难。

为了确保位移函数 w 及其在一个界面上的法线斜率的连续性,则必须确保 w 和$\partial w/\partial n$ 都由沿该界面上的结点参数值唯一确定。例如,如图 5-6 所示的矩形单元的 1-2 边,其法线方向 n 实际上是 y 方向,因此,就必须确保 w 和$\partial w/\partial y$ 都由沿这条线结点上的 w、$\partial w/\partial x$、$\partial w/\partial y$ 值唯一确定。

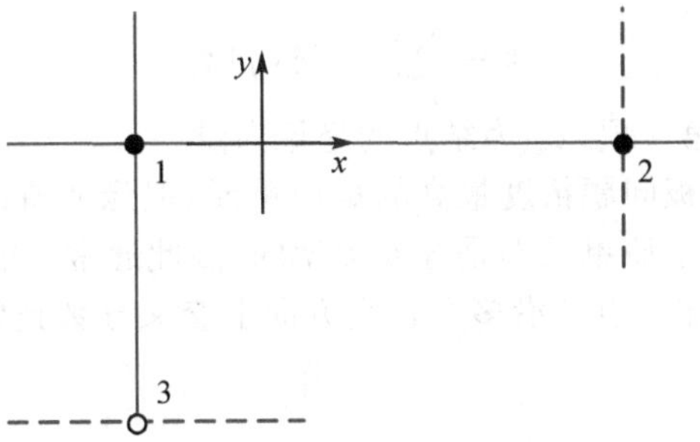

图 5-6 法线斜率的连续性要求

为了确保沿 1-2 边的 C^1 连续性,有

$$w=A_1+A_2x+A_3y+\cdots\tag{5-78}$$

以及

$$\frac{\partial w}{\partial y}=B_1+B_2x+B_3y+\cdots\tag{5-79}$$

每个表达式中都有一些常系数,这些系数足以确定线上结点参数的唯一解。

于是,如果仅存在两个结点,且考虑到在每个结点处有$\partial w/\partial x$ 和 w 两个值,则要求 w 应该是边界上的三次函数。类似地,对于两个结点的情况,也仅允许$\partial w/\partial y$ 沿边界线性变化。但是注意,可以沿 y 方向的该边执行类似的操作,以保持$\partial w/\partial x$ 沿此边的连续性。因此,沿

1－2 边的$\partial w/\partial y$ 仅取决于 1－2 边的结点参数；而沿 1－3 边的$\partial w/\partial x$ 仅取决于 1－3 边的结点参数。将沿 1－2 边的$\partial w/\partial y$ 关于 x 取微分，可得在 1－2 边的$\partial^2 w/\partial x\partial y$，其值仅取决于 1－2 边的结点参数；类似地，可得在 1－3 边的$\partial^2 w/\partial y\partial x$，其值仅取决于 1－3 边的结点参数。

在共同点 1 处，立即出现不协调，因为很难在结点 2 和 3 取任意参数值的情况下，自动地满足连续函数的必要恒等式

$$\frac{\partial^2 w}{\partial x\partial y}\equiv\frac{\partial^2 w}{\partial y\partial x} \tag{5-80}$$

因此，当在角点处仅给定 w 及其导数值时，不可能通过简单的多项式确保形函数的完全协调。

如果找到任何带 3 个结点变量、满足协调性要求的形函数，那么该形函数必在角点处不是连续可微的，并且交叉导数不唯一。针对上述结论，已有关于矩形单元的证明。显然，该结论可以推广到角点 1 处的两个任意方向。目前已有一些角点不连续的薄板单元。

摆脱上述困境的方法是，可以将交叉导数指定为结点参数之一。对于矩形单元来说，这种方法既方便也确实是允许的，且已经构造获得这类简单函数，并已被成功应用于一些采用正方形单元便可解决的问题中。对于如图 5－7 所示的矩形单元，其形函数可以看作是埃尔米特(Hermite)插值函数的组合，可表示为

$$\hat{w}(\xi,\eta)=\sum_{a=1}^{4}\boldsymbol{N}_a(\xi,\eta)\,\tilde{\boldsymbol{u}}_a \tag{5-81}$$

其中

$$\boldsymbol{N}_a=\left[H_a^w(\xi)H_a^w(\eta)\quad H_a^\theta(\xi)H_a^w(\eta)\quad H_a^w(\xi)H_a^\theta(\eta)\quad H_a^\theta(\xi)H_a^\theta(\eta)\right] \tag{5-82}$$

以及

$$\tilde{\boldsymbol{u}}_a=\left[\tilde{w}_a\quad \frac{\partial\tilde{w}_a}{\partial x}\quad \frac{\partial\tilde{w}_a}{\partial y}\quad \frac{\partial^2\tilde{w}_a}{\partial x\partial y}\right]^{\mathrm{T}} \tag{5-83}$$

单元的几何形状可表示为

$$\boldsymbol{x}=\sum_{a=1}^{4}N_a(\xi,\eta)\boldsymbol{x}_a \tag{5-84}$$

其中，基 N_a 可以是 $\boldsymbol{N}_a$ 的第一项，$\boldsymbol{x}_a$ 为结点的坐标向量。

事实上，这个单元是薄板问题精度最高的矩形单元，但像所有的矩形单元一样，该单元的适用性非常有限。而且，由于该单元不是等参类型的，因此通常不能用于多个单元以不同角度相交的情况(见图 5－8)。在一点处沿多个正交方向上交叉导数连续，意味着在该点处所有二阶导数连续。

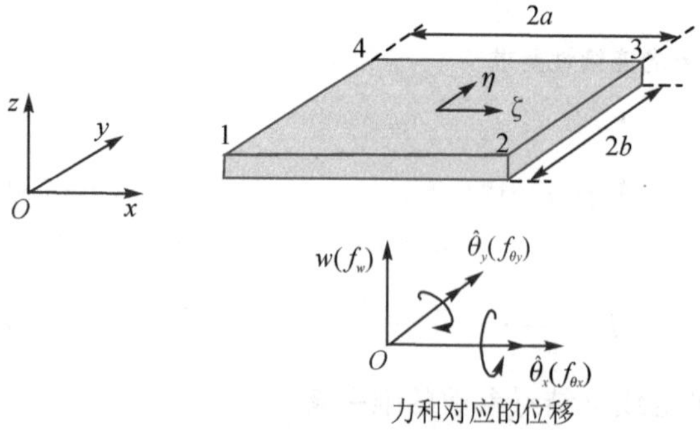

图 5－7　矩形单元

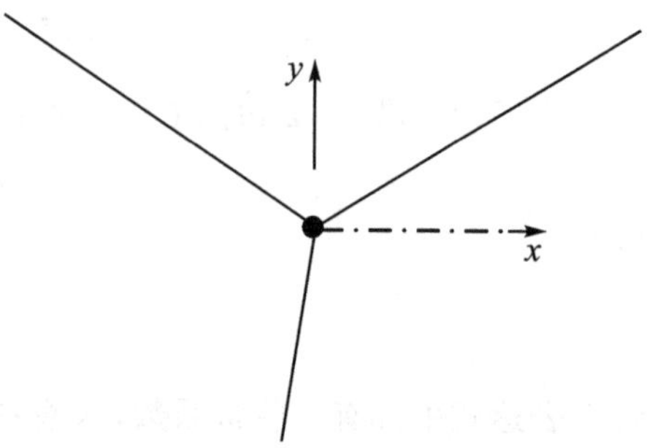

图 5－8　单元以任意角度相遇的结点

然而，在二阶导数连续的情况下，如果板的刚度从一个单元到另一个单元发生了突变，就

不能保证垂直于界面的力矩相等，这违反了实际的物理要求。尽管这种过度的连续性看起来不太合理，但该单元已针对各向同性均匀板取得一些成功。对于存在厚度或材料变化的情况，可以将结点参数转换为与界面垂直和相切的两部分，并放松参数$\partial^2 w_a/\partial n^2$的连续性。

由于难以找到协调的位移函数，许多人试图忽略整个边界的连续性，转而去满足其他一些必要准则下的连续性。如果在结点满足协调性要求，则在极限情况下整条边上都满足协调性。对于板问题，分片测试在单元的设计和测试中都特别重要，因此绝不应被忽略。

5.2.3 分片测试：解析要求

不同形式的分片测试通常是以数值方式应用于测试单元的最终形式。但是，如果满足一定条件，在选择形函数时，就可以准确地预测形函数是否违反了协调性的基本要求。这些条件是基于常应变条件下作用在不连续处的内力功必须为0。因此，如图5-9所示，如果作用在板单元界面上的牵引力为M_n、M_{ns}和Q_n，并且相应的虚位移不匹配位移为

$$\Delta\phi_n \equiv \Delta\left(\frac{\partial w}{\partial n}\right), \quad \Delta\phi_s \equiv \Delta\left(\frac{\partial w}{\partial s}\right)$$

和Δw不匹配，那么在理想情况下，则要求下式给出的积分在所有常应力状态都为0

$$\int_{\Gamma_e} M_n \Delta\phi_n \mathrm{d}\Gamma + \int_{\Gamma_e} M_{ns} \Delta\phi_s \mathrm{d}\Gamma + \int_{\Gamma_e} Q_n \Delta w \mathrm{d}\Gamma = 0 \tag{5-85}$$

式(5-85)中等式左侧最后一项对于恒定的M_x、M_y、M_{xy}而言，将始终为0，因此$Q_x = Q_y = 0$（在没有考虑力偶的情况下，参见式(5-15)和(5-16)）。那么，如果满足下面的条件，即

$$\int_{\Gamma_e} \Delta\phi_n \mathrm{d}\Gamma = 0 \quad 和 \quad \int_{\Gamma_e} \Delta\phi_s \mathrm{d}\Gamma = 0 \tag{5-86}$$

在单元的每个直边Γ_e上都满足，就可以确保满足其余条件。

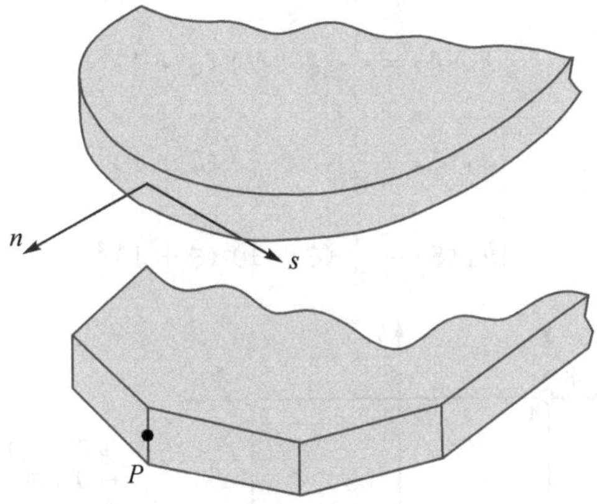

注：在边界上的简支边界条件（$M_n = 0$，$\varphi_s = 0$和$w = 0$）与角点处的固支条件（$\varphi_n = \varphi_s = w = 0$）是相同的（如果用多边形（下）近似弯曲边界（上）会出现矛盾）。

图5-9 边界力（M_n、M_{ns}和S_n）及对应的位移（θ_n、θ_s和w）

对于通过结点连接且结点处给定$\partial w/\partial n$的单元，如果多项式中只有线性和反对称三次项，并且没有法向梯度的二次项，则这些积分将等于0，如图5-10所示。如果函数w仅由对应边的参数决定，则式(5-86)的第二个条件始终满足。

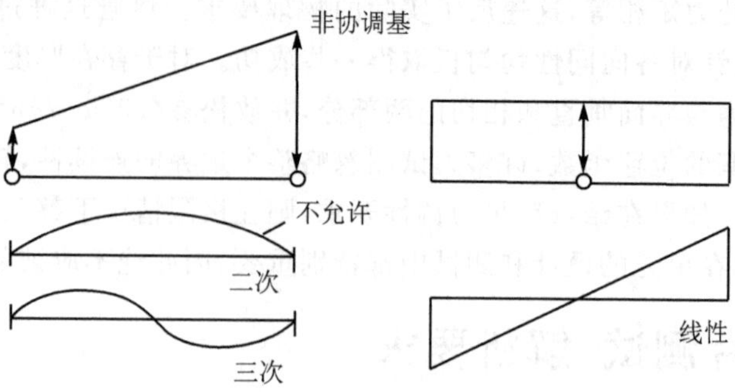

(a) 由角结点定义(线性分量协调)　(b) 由一个中心结点定义(常分量协调)

图 5-10　满足分片测试 $\left[\int(\partial w/\partial n)\mathrm{d}s=0\right]$ 的连续性条件和 $\partial w/\partial n$ 沿边界的变化情况

5.2.4　四边形单元

在本节中,将介绍四边形单元的升阶谱基函数。边界形函数(顶点函数和边函数)是使用混合函数插值推导的,而面函数是通过 ξ 和 η 方向上一维基函数的张量积构造的。

5.2.4.1　顶点形函数

实际上,交叉导数在几个正交方向上的连续性意味着在该结点处的所有二阶导数是连续的。因此,下面采用每个顶点自由度为 w、$\partial w/\partial\xi$、$\partial w/\partial\eta$、$\partial^2 w/\partial\eta^2$、$\partial^2 w/\partial\xi^2$、$\partial^2 w/\partial\xi\partial\eta$,共有 24 个顶点自由度的四边形单元(见图 5-11)。基函数是采用基于 3 阶和 5 阶埃尔米特(Hermite)函数的混合函数插值法推导出来的。3 阶埃尔米特(Hermite)插值多项式为

$$\begin{cases} h_1(\xi)=\dfrac{1}{4}(\xi+1)(\xi-1)^2 \\ h_2(\xi)=\dfrac{1}{4}(\xi+2)(\xi-1)^2 \\ h_3(\xi)=\dfrac{1}{4}(2-\xi)(\xi+1)^2 \\ h_4(\xi)=\dfrac{1}{4}(\xi-1)(\xi+1)^2 \end{cases} \tag{5-87}$$

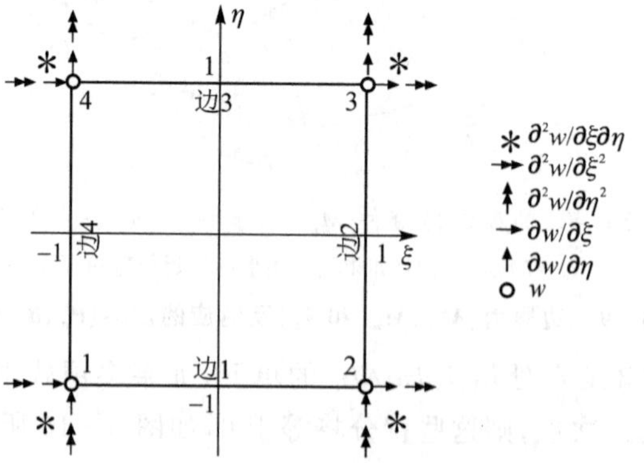

图 5-11　单位四边形单元的顶点自由度配置

5 阶埃尔米特(Hermite)插值多项式为

$$\begin{cases}H_1^{(2)}=(1-\xi)^3(1+\xi)^2/16\\H_2^{(2)}=(1+\xi)^3(1-\xi)^2/16\\H_1^{(1)}=(1-\xi)^3(1+\xi)(5+3\xi)/16\\H_2^{(1)}=(1+\xi)^3(\xi-1)(5-3\xi)/16\\H_1=(1-\xi)^3(3\xi^2+9\xi+8)/16\\H_2=(1+\xi)^3(3\xi^2-9\xi+8)/16\end{cases}\tag{5-88}$$

用 3 阶和 5 阶埃尔米特(Hermite)插值多项式表示的顶点形函数为

顶点 1:

$$\begin{cases}S_w^{V_1}=h_2(\xi)H_1(\eta)+H_1(\xi)h_2(\eta)-h_2(\xi)h_2(\eta)\\S_{w,\xi}^{V_1}=H_1^{(1)}(\xi)h_2(\eta)\\S_{w,\eta}^{V_1}=h_2(\xi)H_1^{(1)}(\eta)\\S_{w,\xi\xi}^{V_1}=H_1^{(2)}(\xi)h_2(\eta)\\S_{w,\eta\eta}^{V_1}=h_2(\xi)H_1^{(2)}(\eta)\\S_{w,\xi\eta}^{V_1}=h_1(\xi)h_1(\eta)\end{cases}\tag{5-89}$$

顶点 2:

$$\begin{cases}S_w^{V_2}=h_3(\xi)H_1(\eta)+H_2(\xi)h_2(\eta)-h_3(\xi)h_2(\eta)\\S_{w_\xi}^{V_2}=H_2^{(1)}(\xi)h_2(\eta)\\S_{w_\eta}^{V_2}=h_3(\xi)H_1^{(1)}(\eta)\\S_{w_{\xi\xi}}^{V_2}=H_2^{(2)}(\xi)h_2(\eta)\\S_{w_{\eta\eta}}^{V_2}=h_3(\xi)H_1^{(2)}(\eta)\\S_{w_{\xi\eta}}^{V_2}=h_4(\xi)h_1(\eta)\end{cases}\tag{5-90}$$

顶点 3:

$$\begin{cases}S_w^{V_3}=h_3(\xi)H_2(\eta)+H_2(\xi)h_3(\eta)-h_3(\xi)h_3(\eta)\\S_{w_\xi}^{V_3}=H_2^{(1)}(\xi)h_3(\eta)\\S_{w_\eta}^{V_3}=h_3(\xi)H_2^{(1)}(\eta)\\S_{w_{\xi\xi}}^{V_3}=H_2^{(2)}(\xi)h_3(\eta)\\S_{w,\eta\eta}^{V_3}=h_3(\xi)H_2^{(2)}(\eta)\\S_{w,\xi\eta}^{V_3}=h_4(\xi)h_4(\eta)\end{cases}\tag{5-91}$$

顶点 4:

$$
\begin{cases}
S_w^{V_4} = h_2(\xi)H_2(\eta) + H_1(\xi)h_3(\eta) - h_2(\xi)h_3(\eta) \\
S_{w_\xi}^{V_4} = H_1^{(1)}(\xi)h_3(\eta) \\
S_{w_\eta}^{V_4} = h_2(\xi)H_2^{(1)}(\eta) \\
S_{w_{\xi\xi}}^{V_4} = H_1^{(2)}(\xi)h_3(\eta) \\
S_{w_{\eta\eta}}^{V_4} = h_2(\xi)H_2^{(2)}(\eta) \\
S_{w_{\xi\eta}}^{V_4} = h_1(\xi)h_4(\eta)
\end{cases}
\tag{5-92}
$$

如图 5-12 所示为单位四边形单元顶点 1 的形函数。

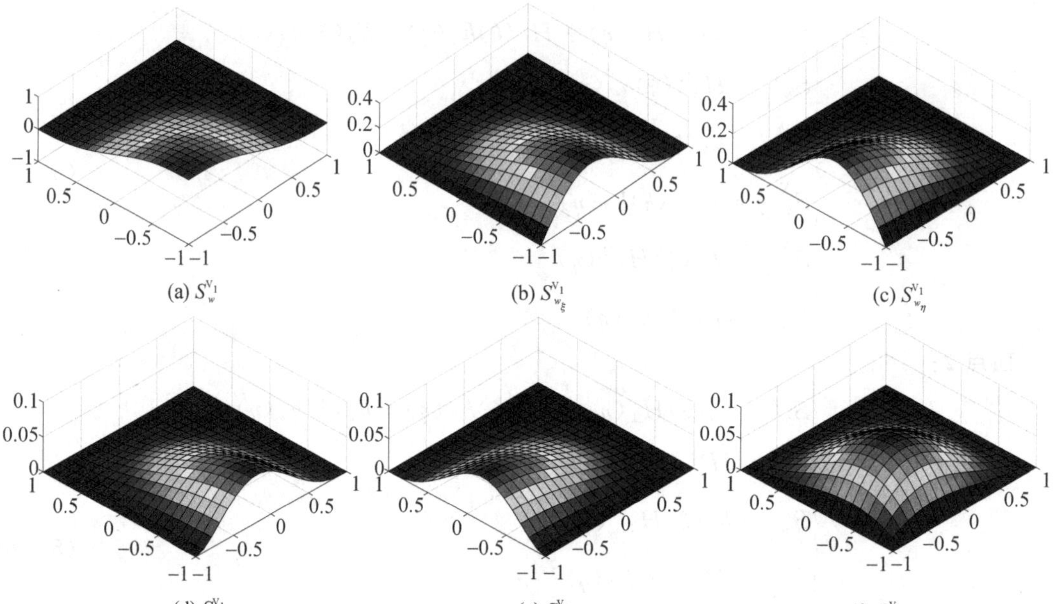

(a) $S_w^{V_1}$ (b) $S_{w_\xi}^{V_1}$ (c) $S_{w_\eta}^{V_1}$

(d) $S_{w_{\xi\xi}}^{V_1}$ (e) $S_{w_{\eta\eta}}^{V_1}$ (f) $S_{w_{\xi\eta}}^{V_1}$

图 5-12　单位四边形单元顶点 1 的形函数

5.2.4.2　边界形函数

对于 C^1 单元的边界形函数，可以分为两部分：第一，关于边界值（即 w）的形函数，其具有零法向导数；第二，关于边界法向导数（即 w_n）的形函数，其具有零函数值。根据前面部分的介绍，关于 w 和 w_n 的边函数分别达到 5 阶和 3 阶。因此，w 和 w_n 的升阶谱基函数应该从 6 和 4 阶开始。边界形函数为

边界 1：

$$
\begin{cases}
S_{w,i}^{S_1} = (1+\xi)^3(1-\xi)^3 J_i^{(4,4)}(\xi)h_2(\eta), & i=0,1,\cdots,M-1 \\
S_{w_n,i}^{S_1} = (1+\xi)^2(1-\xi)^2 J_i^{(4,4)}(\xi)h_1(\eta), & i=0,1,\cdots,M
\end{cases}
\tag{5-93}
$$

边界 2：

$$
\begin{cases}
S_{w,i}^{S_2} = (1-\eta)^3(1+\eta)^3 J_i^{(4,4)}(\eta)h_3(\xi), & i=0,1,\cdots,N-1 \\
S_{w_n,i}^{S_2} = (1-\eta)^2(1+\eta)^2 J_i^{(4,4)}(\eta)h_4(\xi), & i=0,1,\cdots,N
\end{cases}
\tag{5-94}
$$

边界 3：

$$
\begin{cases}
S_{w,i}^{S_3}=(1-\xi)^3(1+\xi)^3 J_i^{(4,4)}(\xi)h_3(\eta), & i=0,1,\cdots,P-1 \\
S_{w_n,i}^{S_3}=(1-\xi)^2(1+\xi)^2 J_i^{(4,4)}(\xi)h_4(\eta), & i=0,1,\cdots,P
\end{cases}
\tag{5-95}
$$

边界 4：

$$
\begin{cases}
S_{w,i}^{S_4}=(1-\eta)^3(1+\eta)^3 J_i^{(4,4)}(\eta)h_2(\xi), & i=0,1,\cdots,Q-1 \\
S_{w_n,i}^{S_4}=(1-\eta)^2(1+\eta)^2 J_i^{(4,4)}(\eta)h_1(\xi), & i=0,1,\cdots,Q
\end{cases}
\tag{5-96}
$$

四边形单元各边上的边函数数目可以不同。因此，可以连接具有不同多项式阶次的单元。此外，同一侧关于 w 和 w_n 的边函数的数量也可以不同（关于 w_n 的边函数数目应该大于关于 w 的边函数数目）。因此，边界上 w 和 w_n 的近似阶数是相对独立的。该特性有利于增强曲边边缘上的 C^1 协调性。稍后将会具体介绍，如图 5-13 所示为单位四边形单元边界上 1 关于 w 和 w_n 的前 3 个形函数。

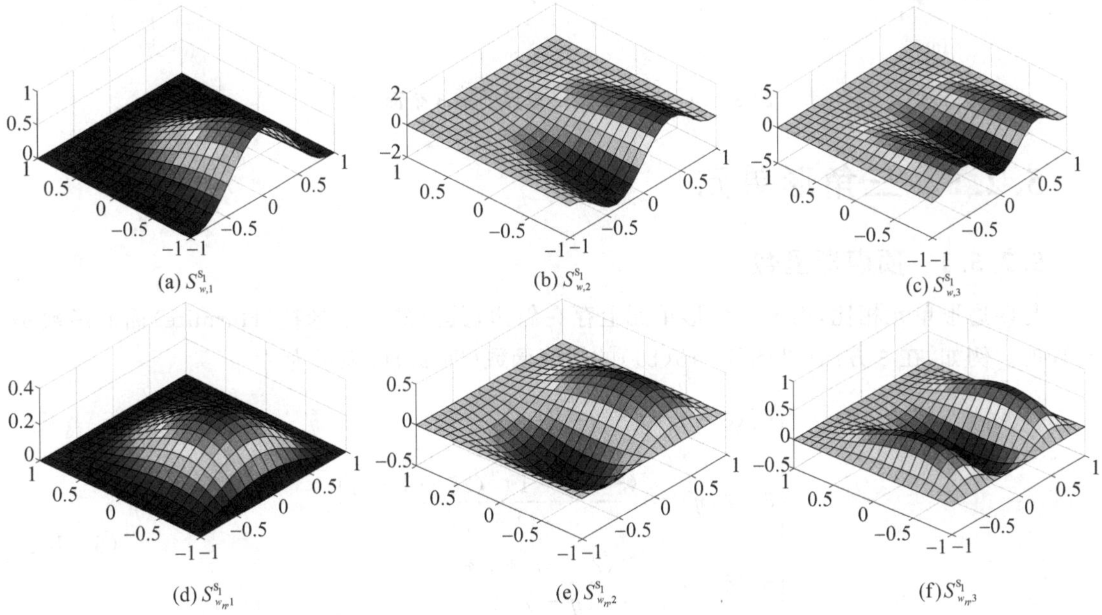

(a) $S_{w,1}^{S_1}$　(b) $S_{w,2}^{S_1}$　(c) $S_{w,3}^{S_1}$

(d) $S_{w_n1}^{S_1}$　(e) $S_{w_n2}^{S_1}$　(f) $S_{w_n3}^{S_1}$

图 5-13　单位四边形单元边界 1 的形函数

5.2.4.3　面函数

四边形单元的面函数可以简单地通过一维 C^1 升阶谱基函数的张量积得到，即

$$
S_{mn}^{F}=(1-\xi^2)^2(1-\eta^2)^2 J_{m-1}^{(4,4)}(\xi)J_{n-1}^{(4,4)}(\eta), \quad m=1,2,\cdots,N_\xi, \quad n=1,2,\cdots,N_\eta
\tag{5-97}
$$

其中，m 和 n 为指标；N_ξ 和 N_η 为沿两个自然坐标方向的基函数数目。面函数满足以下正交条件

$$
\int_{-1}^{1}\int_{-1}^{1} S_{pq}^{F} S_{mn}^{F}\,\mathrm{d}\xi\,\mathrm{d}\eta=\delta_{pm}\delta_{qn}C_{mn}
\tag{5-98}
$$

其中

$$C_{mn}=2^{9}\sqrt{\frac{\prod\limits_{i=0}^{3}(m+i)\prod\limits_{j=0}^{3}(n+i)}{(2m+7)(2n+7)\prod\limits_{i=4}^{7}(m+i)\prod\limits_{j=4}^{7}(n+j)}} \tag{5-99}$$

其中，δ_{pm} 和 δ_{qn} 为克罗内克(Kronecker)符号。根据式(5－97)，面函数的函数值和法向导数都在单元边界上为0。如图5－14所示为单位四边形单元的前3个面函数。

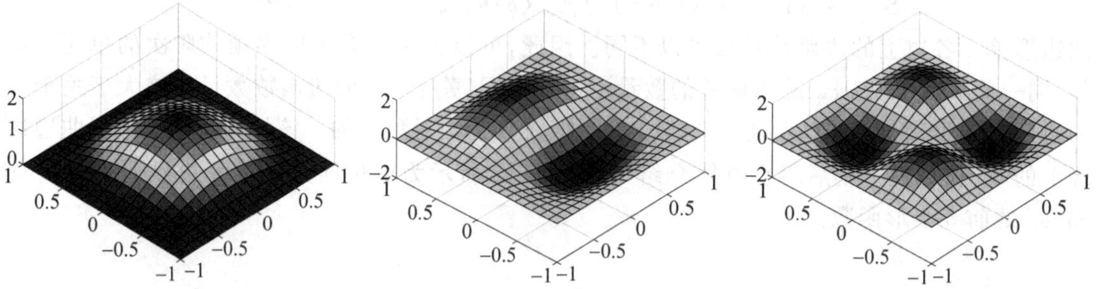

(a) S_{11}^{F}　(b) S_{12}^{F}　(c) S_{22}^{F}

图5－14　单位四边形单元的前3个面函数

5.2.5　三角形单元

5.2.5.1　顶点形函数

与四边形单元相比，由于三角形单元上存在斜边，其上的埃尔米特(Hermite)插值函数是有理的。例如，在 ξ 方向(见图5－15(b))的插值函数(即 ϕ_i)可表示为

$$\begin{cases}\phi_1(\xi,\eta)=\dfrac{\xi(\xi+\eta-1)^2}{(1-\eta)^2}\\[2ex]\phi_2(\xi,\eta)=\dfrac{(\xi+\eta-1)^2(2\xi+1-\eta)}{(1-\eta)^3}\\[2ex]\phi_3(\xi,\eta)=\dfrac{\xi^2(2\xi-3+3\eta)}{(\eta-1)^3}\\[2ex]\phi_4(\xi,\eta)=\dfrac{(\xi+\eta-1)\xi^2}{(1-\eta)^2}\end{cases} \tag{5-100}$$

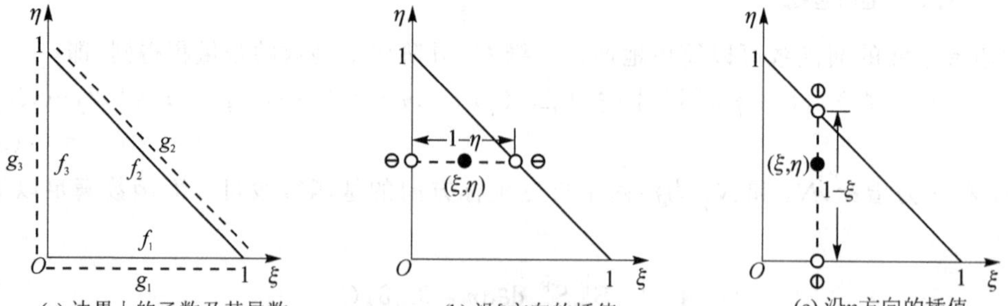

(a) 边界上的函数及其导数　(b) 沿ξ方向的插值　(c) 沿η方向的插值

图5－15　单位三角单元上的混合函数插值

其中，ϕ_1 和 ϕ_4 为沿 ξ 方向上线段两端导数的插值函数，ϕ_2 和 ϕ_3 为沿 ξ 方向上线段两端函数值的插值函数。式(5-100)是通过3次埃尔米特(Hermite)插值结合逆达菲(Duffy)变换推导出来的(参见第4.2.4.1节)。同理，在 η 方向(见图5-15(c))的插值函数(即 ψ_i)可以通过如下变换由式(5-100)获得

$$\begin{cases}\psi_1(\xi,\eta)=\phi_1(\eta,\xi)\\ \psi_2(\xi,\eta)=\phi_2(\eta,\xi)\\ \psi_3(\xi,\eta)=\phi_3(\eta,\xi)\\ \psi_4(\xi,\eta)=\phi_4(\eta,\xi)\end{cases}\tag{5-101}$$

其中，ψ_1 和 ψ_4 与沿 η 方向上线段两端的导数有关，η_2 和 ψ_3 与沿 η 方向上线段两端的函数值有关。

可以使用与上一节类似的流程来获得单位三角单元上的形函数。但是，在确定顶点2和3上的形函数时需要谨慎，因为该点的角度不再是四边形单元的直角(见图5-16)。为了获得边界形函数，将式(5-88)中定义在[-1, 1]上的5阶埃尔米特(Hermite)多项式移至[0, 1]上，即

$$\begin{cases}\widetilde{H}_1^{(2)}(\eta)=\dfrac{1}{2}(1-\eta)^3\eta^2\\ \widetilde{H}_2^{(2)}(\eta)=\dfrac{1}{2}\eta^3(1-\eta)^2\\ \widetilde{H}_1^{(1)}(\eta)=(1-\eta)^3\eta(3\eta+1)\\ \widetilde{H}_2^{(1)}(\eta)=\eta^3(\eta-1)(4-3\eta)\\ \widetilde{H}_1(\eta)=(1-\eta)^3(6\eta^2+3\eta+1)\\ \widetilde{H}_2(\eta)=\eta^3(6\eta^2-15\eta+10)\end{cases}\tag{5-102}$$

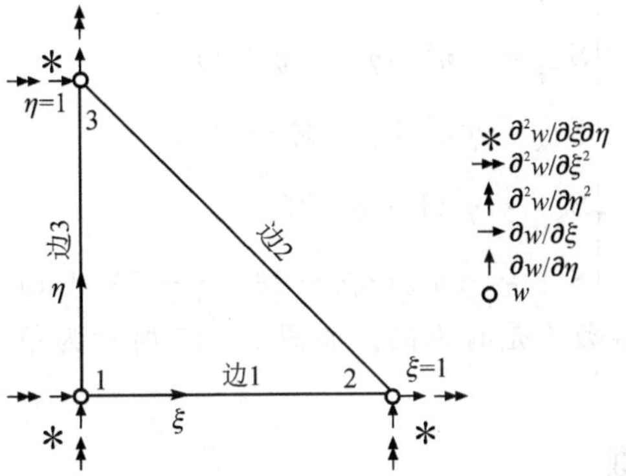

图5-16 单位三角形单元的顶点自由度配置

通过混合函数插值法，顶点3关于 w_η 的形函数为

$$S_{w_\eta}^{V_3}=H_2^{(1)}(\eta)\left[\phi_2(\xi,\eta)+\phi_3(\xi,\eta)\right]\tag{5-103}$$

可以简化为

$$S_{w_\eta}^{V_3}=-\eta^3(3\eta^2-7\eta+4)\tag{5-104}$$

类似地，可以推导出其他顶点的形函数。为简便起见，下面会用到面积坐标关系 $\zeta=1-\xi-\eta$。三角形单元的顶点形函数为

顶点 1：

$$\begin{cases} S_w^{V_1}=6\zeta^5-5\zeta^2(3\zeta^2-2\zeta-6\xi\eta+6\xi\eta\zeta) \\ S_{w_\xi}^{V_1}=\xi(3\xi+1)\zeta^2(3\eta+\zeta) \\ S_{w_\eta}^{V_1}=\eta(3\eta+1)\zeta^2(3\xi+\zeta) \\ S_{w_{\xi\xi}}^{V_1}=\xi^2\zeta^2(3\eta+\zeta)/2 \\ S_{w_{\eta\eta}}^{V_1}=\eta^2\zeta^2(3\xi+\zeta)/2 \\ S_{w_{\xi\eta}}^{V_1}=\xi\eta\zeta^2 \end{cases} \tag{5-105}$$

顶点 2：

$$\begin{cases} S_w^{V_2}=\xi^3(6\xi^2-15\xi+10) \\ S_{w_\xi}^{V_2}=-\xi^3(3\xi^2-7\xi+4) \\ S_{w_\eta}^{V_2}=\xi^2\eta(9\xi\eta-9\eta-2\xi+6\eta^2+3) \\ S_{w_{\xi\xi}}^{V_2}=\xi^3(\xi-1)^2/2 \\ S_{w_{\eta\eta}}^{V_2}=\xi^2\eta^2(3\xi+2\eta-2)/2 \\ S_{w_{\xi\eta}}^{V_2}=-\xi^2\eta(3\xi\eta-3\eta-\xi+2\eta^2+1) \end{cases} \tag{5-106}$$

顶点 3：

$$\begin{cases} S_w^{V_3}=\eta^3(6\eta^2-15\eta+10) \\ S_{w_\xi}^{V_3}=\eta^2\xi(9\xi\eta-9\xi-2\eta+6\xi^2+3) \\ S_{w_\eta}^{V_3}=-\eta^3(3\eta^2-7\eta+4) \\ S_{w_{\xi\xi}}^{V_3}=\eta^2\xi^2(3\eta+2\xi-2)/2 \\ S_{w_{\eta\eta}}^{V_3}=\eta^3(1-\eta)^2/2 \\ S_{w_{\xi\eta}}^{V_3}=-\eta^2\xi(3\xi\eta-3\xi-\eta+2\xi^2+1) \end{cases} \tag{5-107}$$

可以看出，最终的顶点形函数不是有理的。如图 5－17 所示为单位三角形单元顶点 3 的形函数。

5.2.5.2 边形函数

边形函数的推导也是类似的。例如，边 1 上关于 w 的形函数可以表示为

$$S_{w,i}^{S_1}(\xi)=\xi^3(1-\xi)^3P_i(\xi)\psi_2(\xi,\eta),\quad i=0,1,2,\cdots \tag{5-108}$$

理论上，P_i 可以是任意一组完备多项式。为了改善基函数转换过程中的数值特性（参见下一节），则 P_i 需要满足如下正交条件

$$\int_A S_{w,i}^{S_1}S_{w,j}^{S_1}\,\mathrm{d}A=C\delta_{ij} \tag{5-109}$$

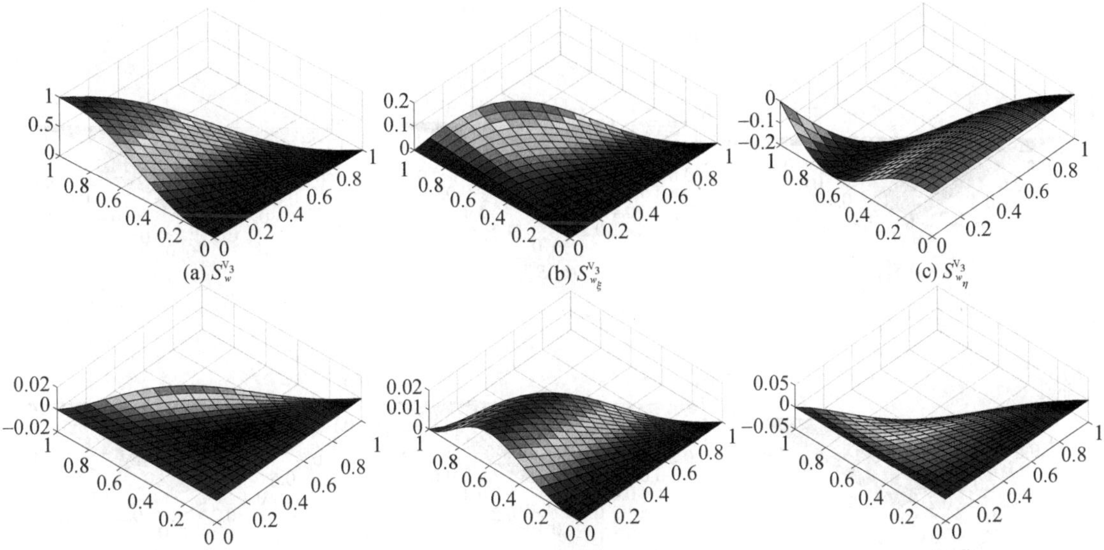

(a) $S_{w}^{V_3}$ (b) $S_{w_\xi}^{V_3}$ (c) $S_{w_\eta}^{V_3}$

(d) $S_{w_{\xi\xi}}^{V_3}$ (e) $S_{w_{\eta\eta}}^{V_3}$ (f) $S_{w_{\xi\eta}}^{V_3}$

图 5-17 单位三角形单元顶点 3 的形函数

其中,C 为常数,δ_{ij} 为克罗内克(Kronecker)符号。于是 P_i 可表示为

$$P_i(\xi)=J_i^{(7,6)}(2\xi-1) \tag{5-110}$$

因此,边 1 上关于 w 的形函数可以表示为

$$S_{w,i}^{S_1}(\xi)=\xi^3(\xi+\eta-1)^2(2\eta+1-\xi)J_i^{(7,6)}(2\xi-1), \quad i=0,1,2,\cdots \tag{5-111}$$

同理,边 1 上关于 w_η 的形函数是

$$S_{w_\eta,i}^{S_1}(\xi)=\xi^2\eta(\xi+\eta-1)^2J_i^{(7,4)}(2\xi-1), \quad i=0,1,2,\cdots \tag{5-112}$$

其他边上的形函数可以用类似的方式推导出来。三角形单元的边形函数为

边 1:

$$\begin{cases}S_{w,i}^{S_1}(\xi)=\xi^3\zeta^2(3\eta+\zeta)J_i^{(7,6)}(2\xi-1), & i=0,1,\cdots,M-1\\ S_{w_\eta,i}^{S_1}(\xi)=\xi^2\eta\zeta^2J_i^{(7,4)}(2\xi-1), & i=0,1,\cdots,M\end{cases} \tag{5-113}$$

边 2:

$$\begin{cases}S_{w,i}^{S_2}(\eta)=-\xi^2\eta^3(\xi+3\zeta)J_i^{(7,6)}(2\eta-1), & i=0,1,\cdots,N-1\\ S_{w_\xi,i}^{S_1}(\eta)=-\xi^2\eta^2\zeta J_i^{(7,4)}(2\eta-1), & i=0,1,\cdots,N\end{cases} \tag{5-114}$$

边 3:

$$\begin{cases}S_{w,i}^{S_3}(\eta)=\eta^3\zeta^2(3\xi+\zeta)J_i^{(7,6)}(2\eta-1), & i=0,1,\cdots,P-1\\ S_{w_\xi,i}^{S_3}(\eta)=\xi\eta^2\zeta^2J_i^{(7,4)}(2\eta-1), & i=0,1,\cdots,P\end{cases} \tag{5-115}$$

如图 5-18 所示为单位三角形单元边 1 上关于 w 和 w_η 的前 3 个边函数。

5.2.5.3 面函数

三角形 C^1 单元上的正交面函数是用第 4.2.4.1 节的方法推导的。本节省略推导步骤,结果如下

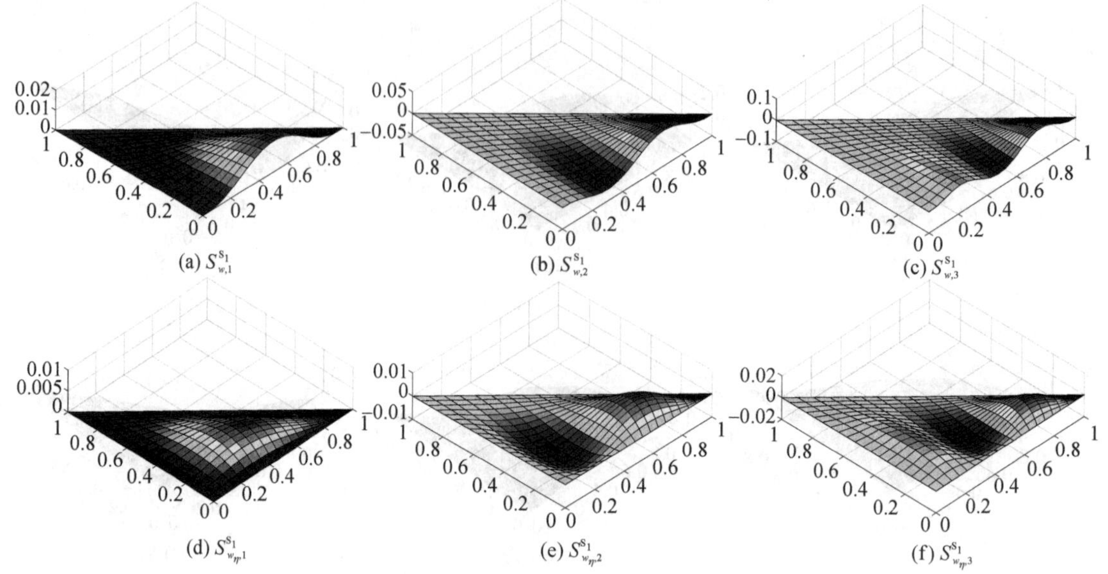

(a) $S^{s_1}_{w,1}$ (b) $S^{s_1}_{w,2}$ (c) $S^{s_1}_{w,3}$

(d) $S^{s_1}_{w_\eta 1}$ (e) $S^{s_1}_{w_\eta 2}$ (f) $S^{s_1}_{w_\eta 3}$

图 5-18 单位三角形单元边 1 上的形函数

$$S^{\mathrm{F}}_{pn}(\xi,\eta)=(1-\xi-\eta)^2\xi^2\eta^2(1-\eta)^{p-n-6}J^{(4,4)}_{p-n-6}\left(\frac{2\xi}{1-\eta}-1\right)J^{(2p-2n-3,4)}_{n}(2\eta-1) \tag{5-116}$$

其中,$p\geqslant 6$ 为多项式的阶次;$n=0,1,\cdots,p-6$ 为 p 阶面函数的指标。式(5-116)满足式(5-98)的正交条件,常数 C_{pn} 为

$$C_{pn}=\frac{\sqrt{\prod_{i=1}^{4}(p-n-6+i)(n+i)}}{\sqrt{(2p-2n-3)(2p+2)\prod_{i=1}^{4}(p-n-2+i)(2p-n-3+i)}} \tag{5-117}$$

对于给定的阶次 $p\geqslant 6$,完备的面函数个数为 $N_f=\dfrac{(p-4)(p-5)}{2}$。式(5-116)中的有理项在计算过程中是不存在的,其计算方法详见第 4.2.4.1 节。三角形单元前三个面函数可表示为

$$\begin{cases}S^{\mathrm{F}}_{60}=C_{60}\xi^2\eta^2(1-\xi-\eta)^2\\ S^{\mathrm{F}}_{70}=C_{70}5\xi^2\eta^2(1-\xi-\eta)^2(2\xi+\eta-1)\\ S^{\mathrm{F}}_{71}=C_{71}5\xi^2\eta^2(1-\xi-\eta)^2(3\eta-1)\end{cases} \tag{5-118}$$

如图 5-19 所示为单位三角形单元的前 3 个面函数。其函数值和法向导数在边界上都为 0。

5.2.6 形函数转换

上述的升阶谱基函数是在自然坐标下定义的,由于难以满足 C^1 连续性,因此不能直接应用于曲边单元。为了克服这个问题,需要通过变换将它们转换为笛卡尔坐标系下的结点形函数。对于如图 5-20(a)所示的四边形单元,单位方形域上的位移场 w 可表示为

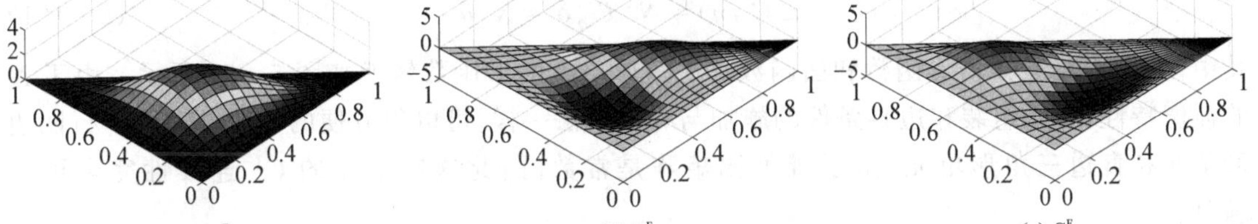

(a) S_{60}^{F}　　(b) S_{70}^{F}　　(c) S_{71}^{F}

图 5-19　单位三角形单元的前 3 个面函数

$$w(\xi,\eta)=\sum_{i=1}^{4}\left(S_{w}^{\mathrm{V}_i}w^{\mathrm{V}_i}+S_{w_\xi}^{\mathrm{V}_i}w_\xi^{\mathrm{V}_i}+S_{w_\eta}^{\mathrm{V}_i}w_\eta^{\mathrm{V}_i}+S_{w_{\xi\xi}}^{\mathrm{V}_i}w_{\xi\xi}^{\mathrm{V}_i}+S_{w_{\eta\eta}}^{\mathrm{V}_i}w_{\eta\eta}^{\mathrm{V}_i}+S_{w_{\xi\eta}}^{\mathrm{V}_i}w_{\xi\eta}^{\mathrm{V}_i}\right)+$$
$$\sum_{i=1}^{4}\left[\sum_{j=0}^{N_i-1}\left(S_{w,j}^{\mathrm{S}_i}a_j^{\mathrm{S}_i}\right)+\sum_{j=0}^{N_i+\Delta-1}\left(S_{w_n,j}^{\mathrm{S}_i}b_j^{\mathrm{S}_i}\right)\right]+\sum_{i=1}^{N_\xi}\sum_{j=1}^{N_\eta}\left(S_{ij}^{\mathrm{F}}c_{ij}^{\mathrm{F}}\right)$$
$$=\boldsymbol{N}^{\mathrm{T}}\boldsymbol{a} \tag{5-119}$$

其中，$N_1=M$，$N_2=N$，$N_3=P$ 和 $N_4=Q$ 分别为 w 在各边上的边函数个数；$\mathrm{V}_i(i=1,2,3,4)$ 表示结点 i；$\mathrm{S}_i(i=1,2,3,4)$ 表示边 i；F 表示面。各边上关于法向导数 w_n 的边函数个数设为 $N_i+\Delta$。对于直边单元，增量 Δ 通常设置为 1，以确保 C^1 连续性；而对于曲边单元，可以使用更多的结点来提高法向导数（即 C^1 连续性）的插值精度。因此，对于 w，边函数的总数为 $N_w=\Sigma N_i$；对于 w_n，边函数的总数为 $N_d=4\Delta+\Sigma N_i$；而面函数的总数为 $N_f=N_\xi N_\eta$。

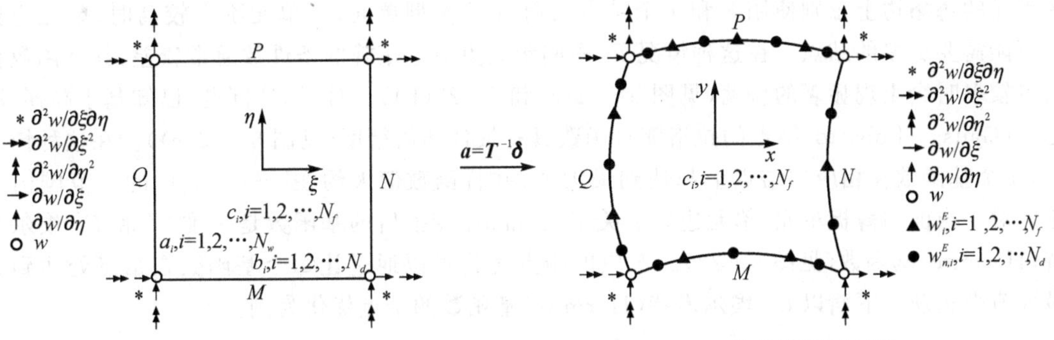

(a) 升阶谱基函数的系数　　(b) 结点基函数的系数

注：$M=2$，$N=1$，$P=3$，$Q=2$ 和 $\Delta=1$。

图 5-20　四边形单元的形函数转换

使用合适的几何映射函数，可以将如图 5-20(a)所示的自然坐标单位域映射到如图 5-20(b)所示的全局坐标曲边域。在本书中，采用 C^0 混合函数（参见第 4.2.5.1 节）作为平面四边形和三角形单元的精确映射函数，将自然坐标中的结点变量转换为全局坐标的变量，变换后的结点变量如图 5-20(b)所示。在 $x-y$ 坐标的每条边上配置一定数量的结点变量 w 和 w_n（挠度和法向导数），这些变量的数量应该与关于 w 和 w_n 的升阶谱边函数的数量相同。计算式(5-119)的结点值，可得

$$\boldsymbol{\delta}=\boldsymbol{T}\boldsymbol{a} \tag{5-120}$$

其中，$\boldsymbol{\delta}$ 包含所有转换后的边界结点变量和未转换的面函数系数 c_i，$\boldsymbol{T}$ 为转换矩阵。因此，位移场可以改写为

$$w(\xi,\eta)=\boldsymbol{N}^{\mathrm{T}}\boldsymbol{T}^{-1}\boldsymbol{\delta}=\tilde{\boldsymbol{N}}^{\mathrm{T}}\boldsymbol{\delta} \tag{5-121}$$

其中，$\tilde{\boldsymbol{N}}$ 包含结点插值形函数和面函数。三角形单元的形函数转换如图 5-21 所示。由于 $\tilde{\boldsymbol{N}}$ 的插值特性，单元组装和边界条件的施加与有限元法一样，可以很方便的完成。对于平行四边形单元和直边三角形单元，由于雅可比矩阵是常数，因此这些单元的 C^1 连续性完全可以满足。

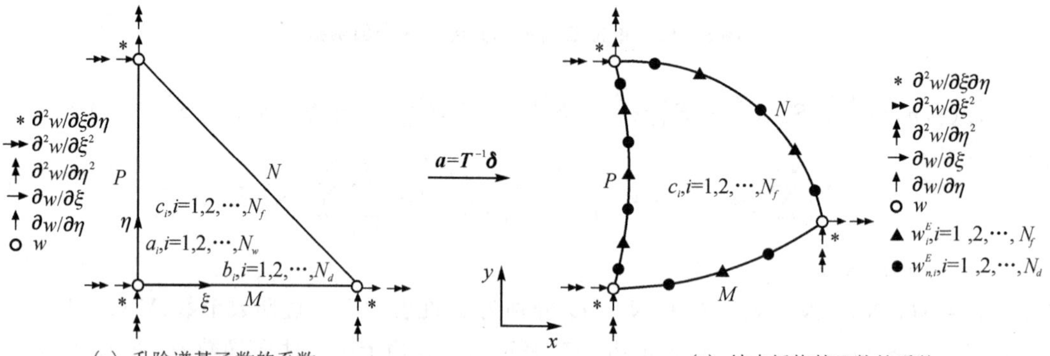

(a) 升阶谱基函数的系数　　(b) 结点插值基函数的系数

注：其中 $M=1,N=2,P=3$ 和 $\Delta=1$。

图 5-21　三角形单元的基函数转换

在传统的 h 型拉格朗日单元中，高阶单元普遍采用等间距结点。例如，在二次单元和三次单元的每条边上分别使用 3 和 4 个结点。而对于 p 型单元，当单元阶次较高时，单元边界上可能需要更多的结点。在这种情况下，等间距结点对应矩阵的条件数通常较差，其基函数在结点较多时会出现显著的振荡(见图 5-22(a)和 5-22(b))。对于 C^0 问题，已知基于高斯-洛巴托(Gauss-Lobatto)结点的拉格朗日函数具有最佳插值精度(见图 5-22(c))。在这种情况下，每个基函数在相应的结点上都达到最大值，并且函数值大约在[−0.2, 1]的小范围内变化。对于当前的薄板单元，单元边界上关于 w 和 w_n 变换后的基函数是一维 C^2 和 C^1 埃尔米特(Hermite)基函数(见图 5-23)。对应的结点优化可以通过让每个基函数在结点处达到其最大值来实现。下面以 C^1 埃尔米特(Hermite)基函数的结点优化为例。

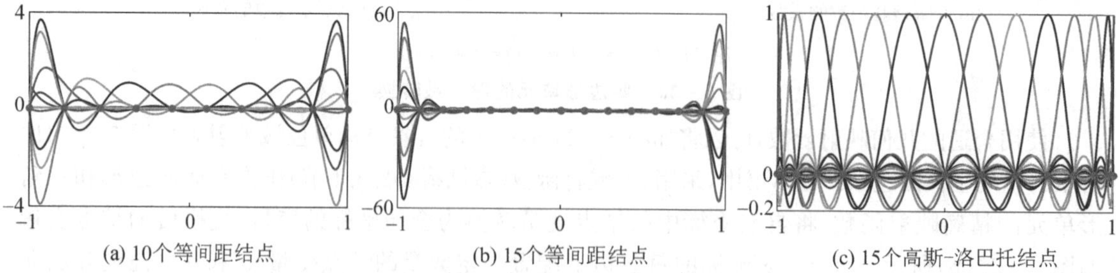

(a) 10个等间距结点　　(b) 15个等间距结点　　(c) 15个高斯-洛巴托结点

图 5-22　不同结点分布时的拉格朗日函数比较

如图 5-24 所示，为一个定义在[−1, 1]上的一维函数 $f(\xi)$，给定其在结点[$\xi_1=-1,\xi_2,\cdots,\xi_{N-1},\xi_N=1$]上的值及两端的一阶导数。函数 f 的 C^1 埃尔米特(Hermite)插值可以表

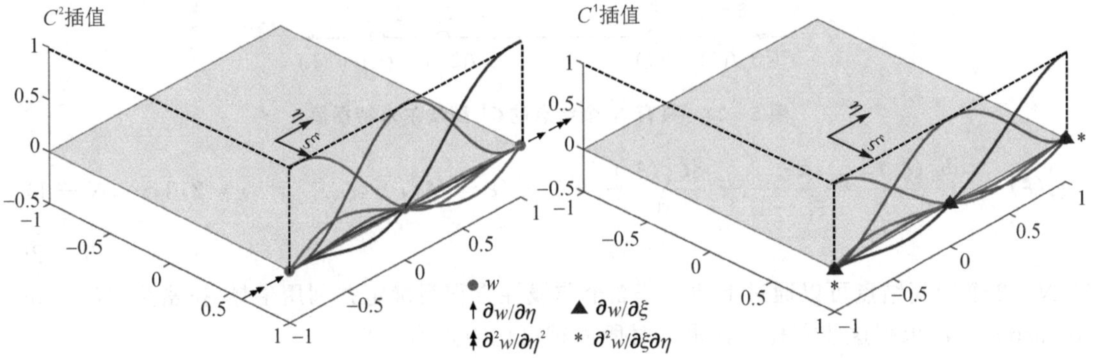

(a) w的C^2埃尔米特(Hermite)基函数

(b) ∂w/∂ξ的C^1埃尔米特(Hermite)基函数

图 5-23 含 3 个边界结点(边 2)时边界上的插值基函数

示为

$$\tilde{f}(\xi)=h_1^{(1)}(\xi)f'(-1)+h_N^{(1)}(\xi)f'(1)+\sum_{i=1}^{N}h_i(\xi)f(\xi_i) \tag{5-122}$$

其中,$h_1^{(1)}(\xi)$和$h_N^{(1)}(\xi)$为与导数相关的基函数,而$h_i(\xi)$为与结点ξ_i处函数值相关的基函数。这些基函数的定义为

$$\begin{cases}h_1(\xi)=(c_1\xi+c_2)\dfrac{1-\xi}{2}L_1(\xi)\\ h_N(\xi)=(c_3\xi+c_4)\dfrac{1+\xi}{2}L_N(\xi)\\ h_1^{(1)}(\xi)=\dfrac{1-\xi^2}{2}L_1(\xi)\\ h_N^{(1)}(\xi)=\dfrac{\xi^2-1}{2}L_N(\xi)\\ h_i(\xi)=\dfrac{1-\xi^2}{1-\xi_i^2}L_i(\xi),\quad j=2,3,\cdots,N-1\end{cases} \tag{5-123}$$

其中,$L_i(\xi)(i=1,2,\cdots,N)$为拉格朗日函数,定义为

$$L_i(\xi)=\prod_{k=1,\ k\neq i}^{N}\frac{\xi-\xi_k}{\xi_i-\xi_k} \tag{5-124}$$

系数$c_i(i=1,2,3,4)$表示为

$$\begin{cases}c_1=\dfrac{1}{2}-L'_1(\xi_1)\\ c_2=\dfrac{3}{2}-L'_1(\xi_1)\\ c_3=-\dfrac{1}{2}-L'_N(\xi_N)\\ c_4=\dfrac{3}{2}+L'_N(\xi_N)\end{cases} \tag{5-125}$$

为了获得优化结点,我们强制中间结点的基函数$h_i(\xi)$,$(i=2,3,\cdots,N-1)$在结点ξ_i处取它们的最大值,类似基于高斯-洛巴托(Gauss-Lobatto)结点的拉格朗日函数,由此得

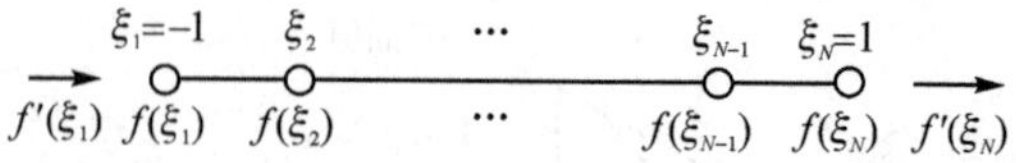

图 5-24 具有 N 个结点的 C^1 型埃尔米特插值

$$g_i(\xi)=\frac{\mathrm{d}h_i(\xi_i)}{\mathrm{d}\xi}=\frac{2\xi_i}{\xi_i^2-1}+\frac{\mathrm{d}L_i(\xi_i)}{\mathrm{d}\xi}=0;\quad (\xi=[\xi_2,\cdots,\xi_{N-1}],\quad i=2,3,\cdots,N-1) \tag{5-126}$$

这 $N-2$ 个中间结点可以通过上述 $N-2$ 个非线性方程组确定并利用牛顿-拉富生(Newton-Raphson)方法求解这些方程。在求解时所需雅可比矩阵为

$$\frac{\partial g_i(\xi)}{\partial \xi_j}=\begin{cases}-\dfrac{2(1+\xi_j^2)}{(1-\xi_j^2)^2}-\displaystyle\sum_{k=1,k\neq j}^{N}\frac{1}{(\xi_j-\xi_k)^2} & (i=j)\\[2ex] \dfrac{1}{(\xi_j-\xi_i)^2} & (i\neq j)\end{cases} \tag{5-127}$$

高斯-洛巴托(Gauss-Lobatto)结点可以用作初始猜测值。式(5-126)的解为雅可比多项式 $J_{N-2}^{(3,3)}(\xi)$ 的零点。因此,这里把它们被称为高斯-雅可比(Gauss-Jacobi,GJ)结点。如图 5-25 所示为不同类型结点获得的 C^1 埃尔米特(Hermite)基函数比较。可以看出,使用等间距结点的基函数,比使用高斯-雅可比(Gauss-Jacobi)结点的基函数振荡的更强烈。

如图 5-26 所示为具有 N 个结点的 C^2 型埃尔米特(Hermite)插值,其端点包含二阶导数(式(5-102)中的 5 阶埃尔米特(Hermite)基对应于 $N=2$ 的特殊情况)。优化后的 C^2 高斯-雅可比(Gauss-Jacobi)结点的推导与上述推导类似。它们是雅可比多项式 $J_{N-2}^{(5,5)}(\xi)$ 的零点。

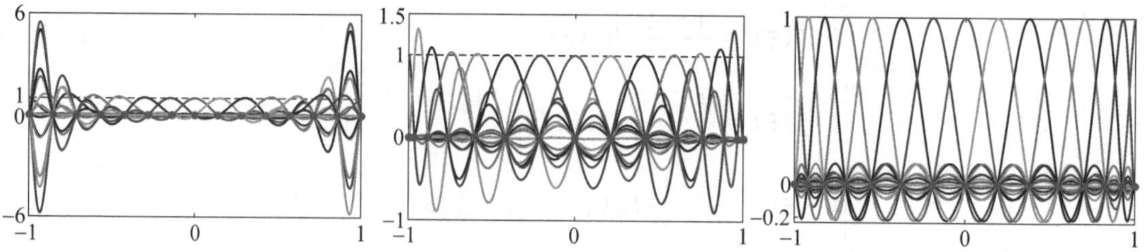

(a) 15个等间距结点　(b) 15个高斯-洛巴托结点　(c) 15个高斯-雅可比结点

图 5-25 不同类型结点获得的 C^1 埃尔米特(Hermite)基函数比较

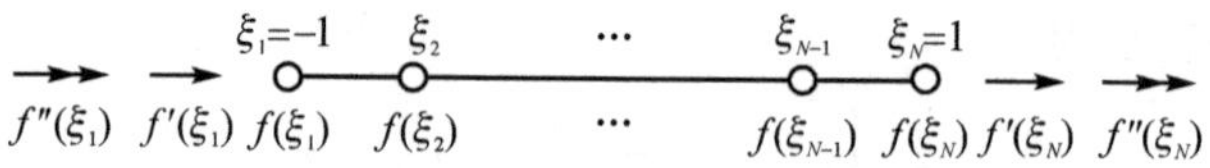

图 5-26 具有 N 个结点的 C^2 型埃尔米特插值

5.2.7 有限元离散

对于各向同性基尔霍夫(Kirchhoff)板,其势能泛函和最大动能可表示为

$$\begin{cases}\Pi=\dfrac{D}{2}\iint_{\Omega}\left[\left(\dfrac{\partial^2 w}{\partial x^2}\right)^2+\left(\dfrac{\partial^2 w}{\partial y^2}\right)^2+2\upsilon\dfrac{\partial^2 w}{\partial x^2}\dfrac{\partial^2 w}{\partial y^2}+2(1-\upsilon)\left(\dfrac{\partial^2 w}{\partial x\partial y}\right)^2\right]\mathrm{d}x\,\mathrm{d}y-\iint_{\Omega}qw\,\mathrm{d}x\,\mathrm{d}y\\ T_{\max}=\iint_{\Omega}\dfrac{1}{2}\rho h\omega^2 w^2\,\mathrm{d}x\,\mathrm{d}y\end{cases}\tag{5-128}$$

其中，υ 为泊松比，$D=Eh^3/12(1-\upsilon^2)$ 为弯曲刚度，ρ 为体积密度，h 为厚度，ω 为圆周频率。为了方便数值离散，定义如下微分求积(DQ)方法的微分权系数矩阵

$$\begin{cases}\boldsymbol{D}_0=\begin{bmatrix}\boldsymbol{N}^{\mathrm{T}}(\xi_1,\eta_1)\\ \vdots\\ \boldsymbol{N}^{\mathrm{T}}(\xi_{N_\xi},\eta_{N_\eta})\end{bmatrix},\quad \boldsymbol{D}_{xx}=\begin{bmatrix}\boldsymbol{N}''^{\mathrm{T}}_{,xx}(\xi_1,\eta_1)\\ \vdots\\ \boldsymbol{N}''^{\mathrm{T}}_{,xx}(\xi_{N_\xi},\eta_{N_\eta})\end{bmatrix}\\ \boldsymbol{D}_{yy}=\begin{bmatrix}\boldsymbol{N}''^{\mathrm{T}}_{,yy}(\xi_1,\eta_1)\\ \vdots\\ \boldsymbol{N}''^{\mathrm{T}}_{,yy}(\xi_{N_\xi},\eta_{N_\eta})\end{bmatrix},\quad \boldsymbol{D}_{xy}=\begin{bmatrix}\boldsymbol{N}''^{\mathrm{T}}_{,xy}(\xi_1,\eta_1)\\ \vdots\\ \boldsymbol{N}''^{\mathrm{T}}_{,xy}(\xi_{N_\xi},\eta_{N_\eta})\end{bmatrix}\end{cases}\tag{5-129}$$

其中，(ξ_i,η_j)为积分点，N_ξ 和 N_η 为两个方向的结点数。为了简化后处理，建议使用高斯-洛巴托(Gauss - Lobatto)结点。在计算式(5 - 129)时需要以下链式微分法则

$$\begin{bmatrix}\dfrac{\partial w}{\partial x}\\ \dfrac{\partial w}{\partial y}\end{bmatrix}=\frac{1}{|\boldsymbol{J}|}\begin{bmatrix}J_{22}&-J_{12}\\-J_{21}&J_{11}\end{bmatrix}\begin{bmatrix}\dfrac{\partial w}{\partial \xi}\\ \dfrac{\partial w}{\partial \eta}\end{bmatrix}\tag{5-130}$$

$$\begin{bmatrix}\dfrac{\partial^2 w}{\partial x^2}\\ \dfrac{\partial^2 w}{\partial y^2}\\ \dfrac{\partial^2 w}{\partial x\partial y}\end{bmatrix}=\frac{1}{|\boldsymbol{J}|^2}\begin{bmatrix}J_{22}^2&J_{12}^2&-2J_{12}J_{22}\\ J_{21}^2&J_{11}^2&-2J_{11}J_{21}\\ -J_{21}J_{22}&-J_{11}J_{12}&J_{11}J_{22}+J_{12}J_{21}\end{bmatrix}\begin{bmatrix}\dfrac{\partial^2 w}{\partial \xi^2}-\dfrac{\partial w}{\partial x}\dfrac{\partial^2 x}{\partial \xi^2}-\dfrac{\partial w}{\partial y}\dfrac{\partial^2 y}{\partial \xi^2}\\ \dfrac{\partial^2 w}{\partial \eta^2}-\dfrac{\partial w}{\partial x}\dfrac{\partial^2 x}{\partial \eta^2}-\dfrac{\partial w}{\partial y}\dfrac{\partial^2 y}{\partial \eta^2}\\ \dfrac{\partial^2 w}{\partial \eta\partial \xi}-\dfrac{\partial w}{\partial x}\dfrac{\partial^2 x}{\partial \eta\partial \xi}-\dfrac{\partial w}{\partial y}\dfrac{\partial^2 y}{\partial \eta\partial \xi}\end{bmatrix}\tag{5-131}$$

其中，$x(\xi,\eta)$和 $y(\xi,\eta)$为几何映射函数，$\boldsymbol{J}$ 为雅可比矩阵，定义为

$$\boldsymbol{J}=\begin{bmatrix}J_{11}&J_{12}\\ J_{21}&J_{22}\end{bmatrix}=\begin{bmatrix}\dfrac{\partial x}{\partial \xi}&\dfrac{\partial y}{\partial \xi}\\ \dfrac{\partial x}{\partial \eta}&\dfrac{\partial y}{\partial \eta}\end{bmatrix}\tag{5-132}$$

结合式(5 - 121)和式(5 - 129)，式(5 - 129)中的势能泛函和最大动能可以离散为

$$\begin{cases}\Pi=\dfrac{1}{2}\boldsymbol{\delta}^{\mathrm{T}}\boldsymbol{T}^{-\mathrm{T}}\boldsymbol{H}^{\mathrm{T}}\boldsymbol{B}\boldsymbol{H}\boldsymbol{T}^{-1}\boldsymbol{\delta}-\boldsymbol{q}^{\mathrm{T}}\boldsymbol{C}\boldsymbol{D}_0\boldsymbol{T}^{-1}\boldsymbol{\delta}\\ T_{\max}=\dfrac{1}{2}w^2\rho h\boldsymbol{\delta}^{\mathrm{T}}\boldsymbol{T}^{-\mathrm{T}}\boldsymbol{D}_0^{\mathrm{T}}\boldsymbol{C}\boldsymbol{D}_0\boldsymbol{T}^{-1}\boldsymbol{\delta}\end{cases}\tag{5-133}$$

其中

$$\boldsymbol{B}=\begin{bmatrix}\boldsymbol{C}&\upsilon\boldsymbol{C}&\boldsymbol{0}\\ \upsilon\boldsymbol{C}&\boldsymbol{C}&\boldsymbol{0}\\ \boldsymbol{0}&\boldsymbol{0}&2(1-\upsilon)\boldsymbol{C}\end{bmatrix},\quad \boldsymbol{H}=\begin{bmatrix}\boldsymbol{D}_{xx}\\ \boldsymbol{D}_{yy}\\ \boldsymbol{D}_{xy}\end{bmatrix}$$

$$\begin{aligned}&\boldsymbol{q}=[q(\xi_1,\eta_1),\cdots,q(\xi_{N_\xi},\eta_{N_\eta})]^{\mathrm{T}}\\&\boldsymbol{C}=\mathrm{diag}(J_{ij}C_i^{\xi}C_j^{\eta}),\quad J_{ij}=|\boldsymbol{J}(\xi_i,\eta_j)|\end{aligned}\tag{5-134}$$

其中，C_i^{ξ} 和 C_j^{η} 为积分权系数，J_{ij} 为雅可比矩阵在积分点处的值。刚度和质量矩阵以及载荷矢量可以表示为

$$\begin{aligned}&\boldsymbol{K}=\boldsymbol{D}\boldsymbol{T}^{-\mathrm{T}}[\boldsymbol{D}_{xx}^{\mathrm{T}}\boldsymbol{C}\boldsymbol{D}_{xx}+\boldsymbol{D}_{yy}^{\mathrm{T}}\boldsymbol{C}\boldsymbol{D}_{yy}+\upsilon(\boldsymbol{D}_{xx}^{\mathrm{T}}\boldsymbol{C}\boldsymbol{D}_{yy}+\boldsymbol{D}_{yy}^{\mathrm{T}}\boldsymbol{C}\boldsymbol{D}_{yy})+2(1-\upsilon)\boldsymbol{D}_{xy}^{\mathrm{T}}\boldsymbol{C}\boldsymbol{D}_{xy}]\boldsymbol{T}^{-1}\\&\boldsymbol{M}=\rho h\boldsymbol{T}^{-\mathrm{T}}\boldsymbol{D}_0^{\mathrm{T}}\boldsymbol{C}\boldsymbol{D}_0\boldsymbol{T}^{-1}\\&\boldsymbol{F}=\boldsymbol{T}^{-\mathrm{T}}\boldsymbol{D}_0^{\mathrm{T}}\boldsymbol{C}\boldsymbol{q}\end{aligned}\tag{5-135}$$

薄板单元在每个结点上有多个自由度，因此边界条件的施加需要谨慎。

5.2.8 薄板弯曲

本节将通过基尔霍夫(Kirchhoff)板弯曲变形分析算例，验证四边形和三角形单元的计算性能。为了简便起见，除非另有说明，关于 w 和 w_n 的所有中间结点的数量都取相同值，分别为 $N\geqslant 0$ 和 $N+1$；四边形单元和三角形单元面函数个数分别设置为 $N_f=N_\xi N_\eta=(N+1)^2$ 和 $N_f=(N+1)N/2$。于是，对于确定的 N 值，四边形单元有 $N^2+10N+29$ 个基函数，三角形单元有 $(N+6)(N+7)/2$ 个基函数。高斯-雅可比(Gauss - Jacobi)点用作单元边界上 w 和 w_n 的结点，这可以改善高数值性能。

如图 5 - 27 所示为正弦分布载荷下的简支方板，对其采用 h -和 p -细化两种方法进行分析。如图 5 - 28 所示为使用非扭曲四边形和三角形单元进行 h -细化的两组网格；如图 5 - 29 和 5 - 30 所示分别为扭曲四边形和三角形单元进行 h -细化的网格；而 p -细化的网格如图 5 - 31 所示。h -细化中的四边形单元是通过强制结点数满足 $M=N=P=Q=N_f=0$ 来生成的，这些单元与沃特金斯(Watkins)的 28 自由度的矩形单元相同；h -细化中的三角形单元是通过强制结点数满足 $M=N=P=N_f=0$ 来生成的，它们与 TUBA - 21 单元相同。位移误差的能量范数和中心点力矩 M_x 的相对误差定义如下，二者将被用于研究收敛速度。

$$\|e\|_E=\left\{D\iint_\Omega\left[\left(\frac{\partial^2 e}{\partial x^2}\right)^2+\left(\frac{\partial^2 e}{\partial y^2}\right)^2+2\upsilon\frac{\partial^2 e}{\partial x^2}\frac{\partial^2 e}{\partial y^2}+2(1-\upsilon)\left(\frac{\partial^2 e}{\partial x\partial y}\right)^2\right]\mathrm{d}x\,\mathrm{d}y\right\}^{1/2}\tag{5-136}$$

$$\|e_r\|_{M_x}=\frac{|M_{x,\mathrm{app}}-M_{x,\mathrm{Exact}}|}{M_{x,\mathrm{Exact}}},\quad M_x=-D\left(\frac{\partial^2 w}{\partial x^2}+\upsilon\frac{\partial^2 w}{\partial y^2}\right)\tag{5-137}$$

其中，$e=w^*-w_{\mathrm{app}}$ 为精确解 w^* 和近似数值解 w_{app} 之间的差，$M_{x,\mathrm{app}}$ 为力矩 M_x 的近似数值解，$M_{x,\mathrm{Exact}}$ 为力矩 M_x 的精确解。

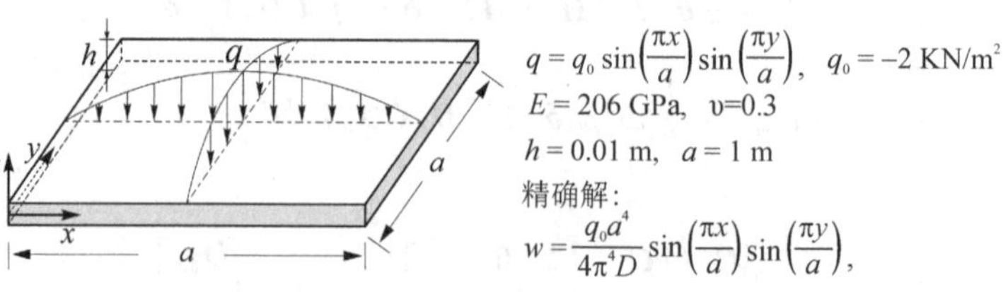

图 5 - 27 正弦分布载荷下的简支方板

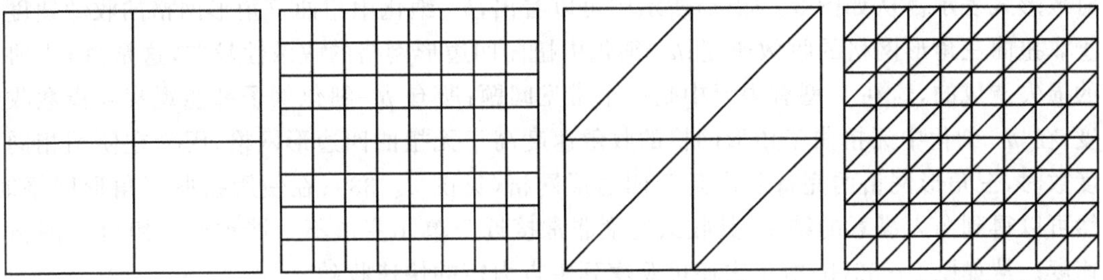

(a) 2×2　(b) 8×8　(c) 2×2×2　(d) 2×8×8

图 5-28　用于 h-细化的非扭曲网格

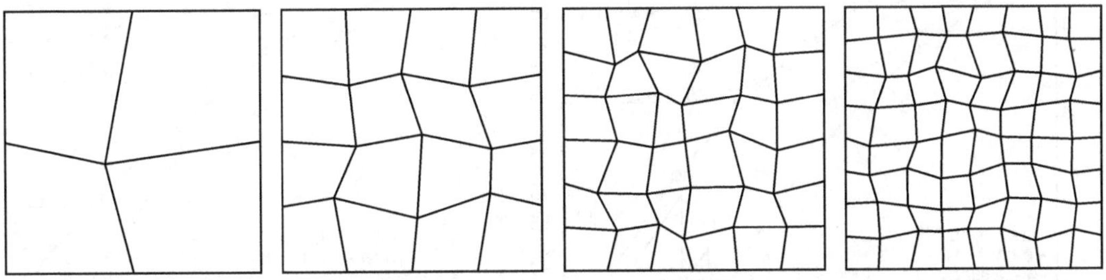

(a) 2×2　(b) 4×4　(c) 6×6　(d) 8×8

图 5-29　用于 h-细化的扭曲四边形网格

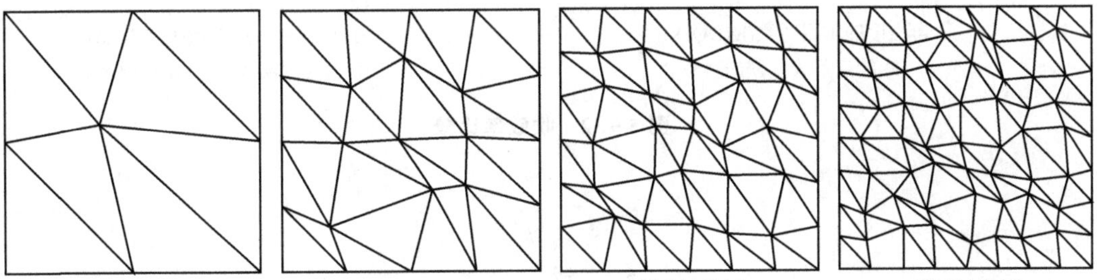

(a) 2×2×2　(b) 2×4×4　(c) 2×6×6　(d) 2×8×8

图 5-30　用于 h-细化的扭曲三角形网格

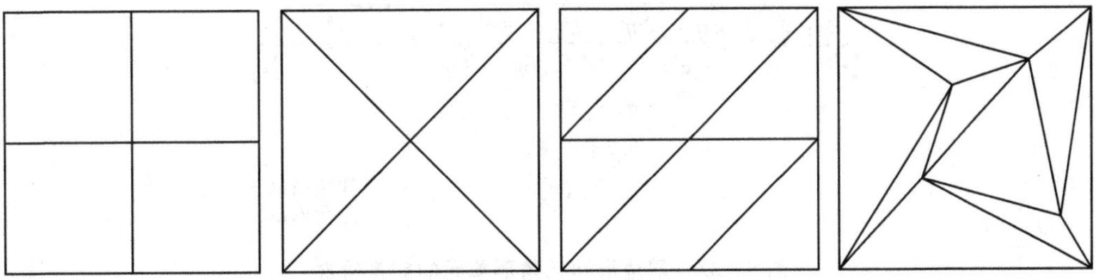

(a) 四边形网格　(b) 三角形网格　(c) 组合式网格　(d) 扭曲的三角形网格

图 5-31　用于 p-细化的网格

在图 5-31(a)、(c)、(d)中 N 设置为 0、2、4、6、8 来进行 p-细化，而在图 5-31(b)中 N 设置为 1、3、5、7、9，以使得自由度的数量相似以进行比较。在如图 5-32 所示的误差图中，误差以对数形式表示。从如图 5－32(a)所示中可以看出，h -细化中扭曲三角形网格的收敛速度略低于非扭曲三角形网格的收敛速度；h -细化中扭曲四边形网格的收敛性较差，这是由 C^1 协调性的损失造成的，这在 h 型有限元中是一个常见问题；所有 p -细化例子都能观察到指数收敛速度；在 p -细化中无扭曲三角形网格的收敛速度高于无扭曲四边形网格，因为在使用相同自由度数时，三角形网格的完备阶次高于四边形网格（见图 5－33）；在使用扭曲三角形网格时，仍然可以得到令人满意的结果，其收敛速度非常接近于单元变形不太严重时的组合式网格收敛速度。从如图 5－32(b)所示中还可观察到中点力矩的快速收敛。

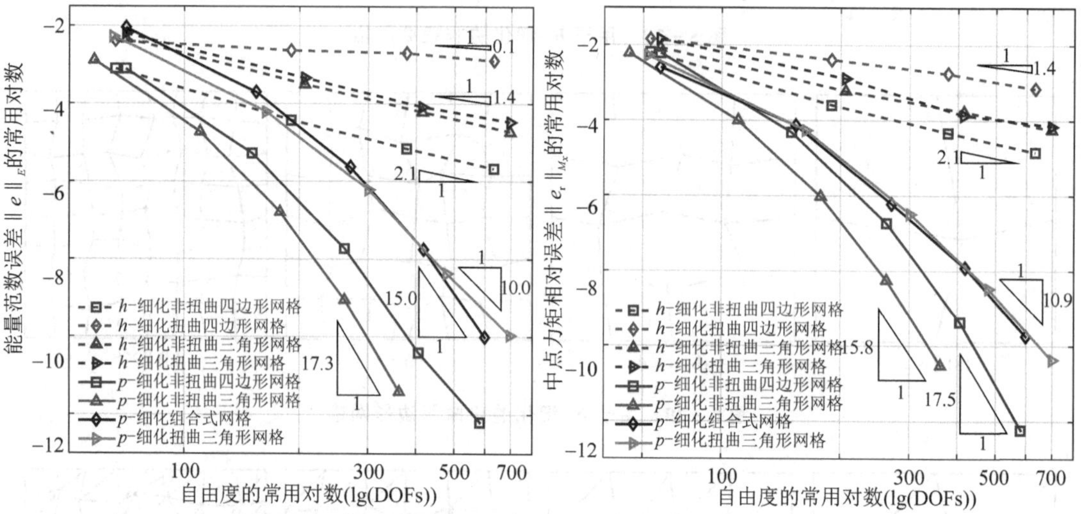

(a) 能量范数误差的对数　　(b) 中点力矩 M_x 相对误差的对数

图 5－32　收敛率比较

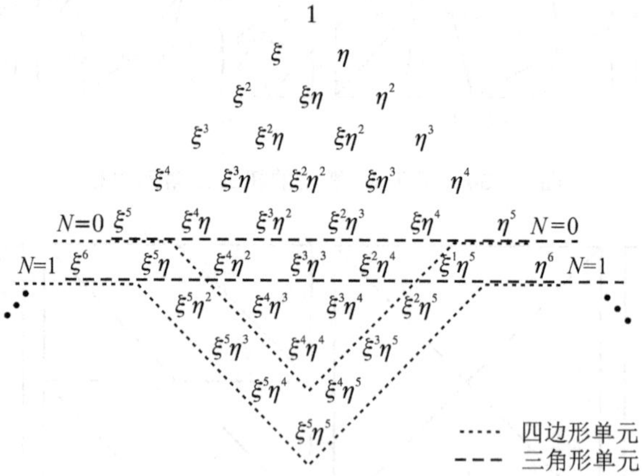

图 5－33　四边形和三角形单元的完备阶次

对于曲边单元（包括扭曲的直边四边形单元），位移函数 w 的连续性在边界上完全满足，而法向导数函数 w_n 仅在结点上是连续的。虽然没有完全满足 C^1 协调性，但下面将证明这些单元的收敛速度仍然很高。如图 5－34 所示为采用曲边网格的方形板，将每条边上 w 的结点数记为 N，将 w_n 的结点数设置为 $N+\Delta$。面函数的个数如前所述。

如图 5－35(a)所示为取 $N=0$、2、4、6 和 8(p 从 5 到 13)的扭曲四边形网格的能量范数误差的收敛曲线，使用高斯–洛巴托(Gauss – Lobatto)点作为 w_n 的结点(w 的结点仍然是权重为(5, 5)的高斯–雅可比(Gauss – Jacobi)结点)，Δ 的范围为 1～3。矩形协调单元的结果(见图 5 – 31(a))也包含在图 5 – 35(a)中。对于不同的法向转角结点数增量，收敛速度均为指数级，该结点数增量记为 Δ；当 Δ 增加时，由于 C^1 连续性随着 w_n 的结点数量的增加而细化，从而提高了收敛速度；尤其是当 $\Delta=3$ 时，由扭曲网格获得的收敛曲线与使用非扭曲网格的协调单元结果非常接近。为考察结点类型对收敛速度的影响，如图 5 – 35(b)所示为当 $\Delta=3$ 时的畸变四边形网格中不同结点类型的收敛曲线，只有在使用高斯–洛巴托(Gauss – Lobatto)结点时才能获得指数收敛速度。如图 5 – 35(c)和 5 – 35(d)所示，比较了当 $\Delta=3$ 时的各种网格得到的能量范数误差和中心点矩相对误差的收敛曲线。综上，在所有情况下都观察到快速收敛性。

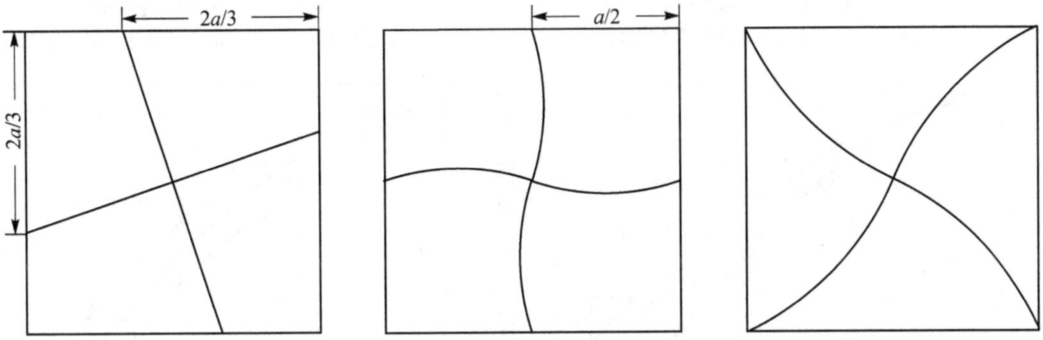

(a) 扭曲四边形网格　　(b) 曲边四边形网格　　(c) 曲边三角形网格

图 5 – 34　使用拟协调单元的三个方形板网格

5.3 厚板有限元

5.3.1 不可约形式：减缩积分

对式(5 – 40)离散化的过程较为简单，但对一些参数特别敏感。可以用标准等参插值将两个位移变量用形函数和位移参数可近似为

$$\boldsymbol{\phi}=\boldsymbol{N}_{\phi}\tilde{\boldsymbol{\phi}},\quad w=\boldsymbol{N}_{w}\tilde{\boldsymbol{w}} \tag{5-138}$$

其中，转角位移 $\boldsymbol{\phi}$ 可以通过式(5 – 23)转换为围绕坐标轴的物理旋转角 $\boldsymbol{\theta}$，其在壳体开发中通常更方便计算。现在可以直接利用总势能原理(式(5 – 41))、基于弱形式上的伽辽金(Galerkin)方法、虚功表达式获得近似方程。需要注意，与力矩 $\boldsymbol{M}$ 和剪力 $\boldsymbol{Q}$ 对应的广义应变分量为

$$\boldsymbol{\varepsilon}_{m}=\boldsymbol{S}\boldsymbol{\phi}=(\boldsymbol{S}\boldsymbol{N}_{\phi})\tilde{\boldsymbol{\phi}} \tag{5-139}$$

和

$$\boldsymbol{\varepsilon}_{s}=\nabla w+\boldsymbol{\phi}=(\nabla\boldsymbol{N}_{w})\tilde{\boldsymbol{w}}+\boldsymbol{N}_{\phi}\tilde{\boldsymbol{\phi}} \tag{5-140}$$

因此，可得到离散问题

$$\left(\int_{\Omega}(\boldsymbol{S}\boldsymbol{N}_{\phi})^{\mathrm{T}}\boldsymbol{D}\boldsymbol{S}\boldsymbol{N}_{\phi}\,\mathrm{d}\Omega+\int_{\Omega}\boldsymbol{N}_{\phi}^{\mathrm{T}}\boldsymbol{\alpha}\boldsymbol{N}_{\phi}\,\mathrm{d}\Omega\right)\tilde{\boldsymbol{\phi}}+\left(\int_{\Omega}\boldsymbol{N}_{\phi}^{\mathrm{T}}\boldsymbol{\alpha}\,\nabla\boldsymbol{N}_{w}\,\mathrm{d}\Omega\right)\tilde{\boldsymbol{w}}=\boldsymbol{f}_{\phi} \tag{5-141}$$

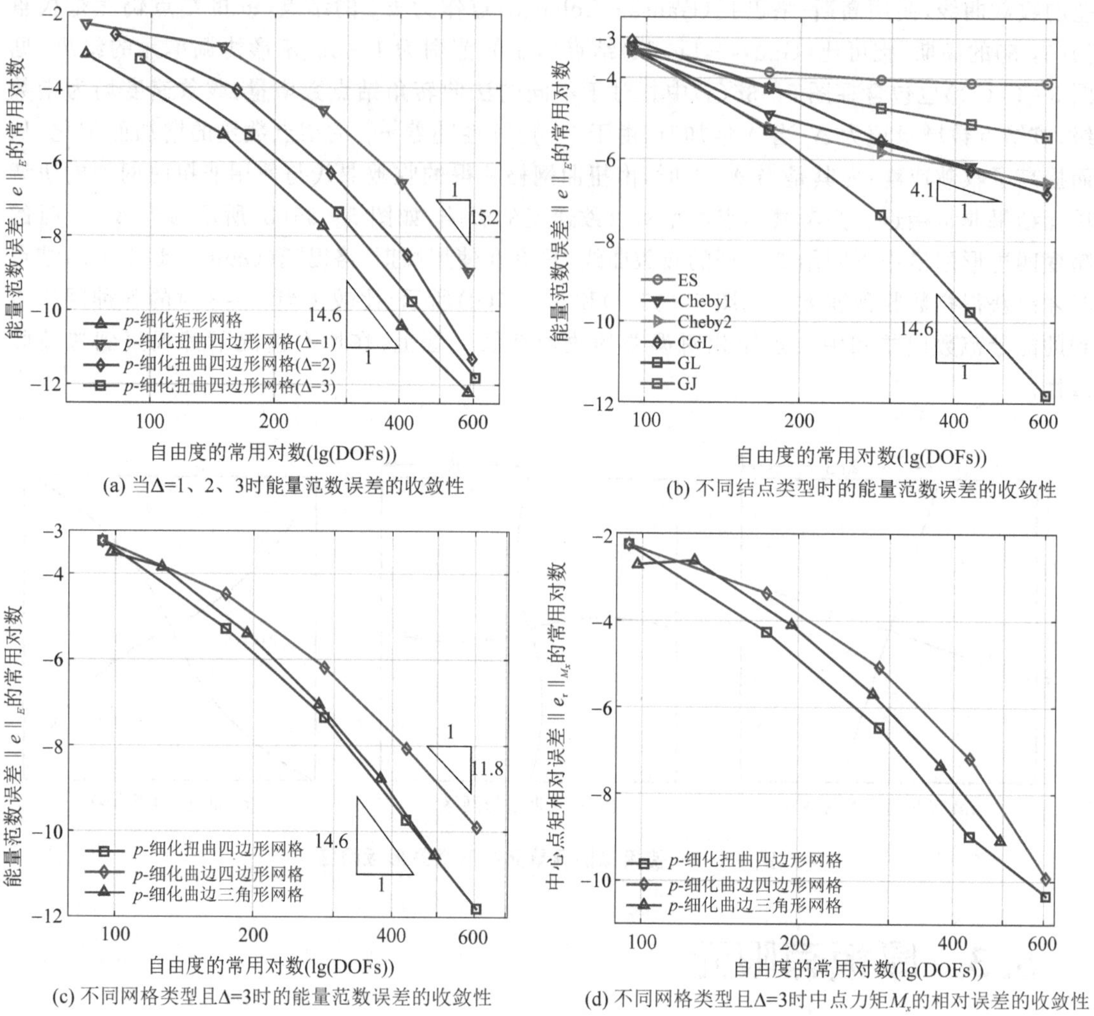

(a) 当Δ=1、2、3时能量范数误差的收敛性

(b) 不同结点类型时的能量范数误差的收敛性

(c) 不同网格类型且Δ=3时的能量范数误差的收敛性

(d) 不同网格类型且Δ=3时中点力矩M_x的相对误差的收敛性

图 5-35 收敛性比较

以及

$$\left(\int_{\Omega}(\nabla \boldsymbol{N}_w)^{\mathrm{T}}\boldsymbol{\alpha}\boldsymbol{N}_{\phi}\,\mathrm{d}\Omega\right)\tilde{\boldsymbol{\phi}}+\left(\int_{\Omega}(\nabla \boldsymbol{N}_w)^{\mathrm{T}}\boldsymbol{\alpha}\,\nabla \boldsymbol{N}_w\,\mathrm{d}\Omega\right)\tilde{\boldsymbol{w}}=\boldsymbol{f}_w \tag{5-142}$$

或者简化为

$$\begin{bmatrix}\boldsymbol{K}_{ww} & \boldsymbol{K}_{w\phi}\\ \boldsymbol{K}_{\phi w} & \boldsymbol{K}_{\phi\phi}\end{bmatrix}\begin{bmatrix}\tilde{\boldsymbol{w}}\\ \tilde{\boldsymbol{\phi}}\end{bmatrix}=\boldsymbol{K}\tilde{\boldsymbol{u}}=(\boldsymbol{K}_b+\boldsymbol{K}_s)\tilde{\boldsymbol{u}}=\begin{bmatrix}\boldsymbol{f}_w\\ \boldsymbol{f}_{\phi}\end{bmatrix}=\boldsymbol{f} \tag{5-143}$$

其中

$$\tilde{\boldsymbol{u}}=\begin{bmatrix}\tilde{\boldsymbol{w}}\\ \tilde{\boldsymbol{\phi}}\end{bmatrix},\quad \tilde{\boldsymbol{\phi}}=\begin{bmatrix}\tilde{\boldsymbol{\phi}}_x\\ \tilde{\boldsymbol{\phi}}_y\end{bmatrix},\quad \boldsymbol{K}_b=\begin{bmatrix}\boldsymbol{0} & \boldsymbol{0}\\ \boldsymbol{0} & \boldsymbol{K}^b_{\phi\phi}\end{bmatrix},\quad \boldsymbol{K}_s=\begin{bmatrix}\boldsymbol{K}^s_{ww} & \boldsymbol{K}^s_{w\phi}\\ \boldsymbol{K}^s_{\phi w} & \boldsymbol{K}^s_{\phi\phi}\end{bmatrix} \tag{5-144}$$

上式中的矩阵为

$$\begin{cases} \boldsymbol{K}_{\phi\phi}^{b}=\int_{\Omega}(\boldsymbol{S}\boldsymbol{N}_{\phi})^{\mathrm{T}}\boldsymbol{D}\boldsymbol{S}\boldsymbol{N}_{\phi}\,\mathrm{d}\Omega \\ \boldsymbol{K}_{ww}^{s}=\int_{\Omega}(\nabla\boldsymbol{N}_{w})^{\mathrm{T}}\boldsymbol{\alpha}\,\nabla\boldsymbol{N}_{w}\,\mathrm{d}\Omega \\ \boldsymbol{K}_{\phi\phi}^{s}\int_{\Omega}\boldsymbol{N}_{\phi}^{\mathrm{T}}\boldsymbol{\alpha}\boldsymbol{N}_{\phi}\,\mathrm{d}\Omega \\ \boldsymbol{K}_{\phi w}^{s}=\int_{\Omega}\boldsymbol{N}_{\phi}^{\mathrm{T}}\boldsymbol{\alpha}\,\nabla\boldsymbol{N}_{w}\,\mathrm{d}\Omega=(\boldsymbol{K}_{w\phi}^{s})^{\mathrm{T}} \end{cases} \tag{5-145}$$

载荷矢量为

$$\begin{aligned} \boldsymbol{f}_{w}&=\int_{\Omega}\boldsymbol{N}_{w}^{\mathrm{T}}q\,\mathrm{d}\Omega+\int_{\Gamma_{s}}\boldsymbol{N}_{w}^{\mathrm{T}}\bar{Q}_{n}\,\mathrm{d}\Gamma \\ \boldsymbol{f}_{\phi}&=\int_{\Gamma_{m}}\boldsymbol{N}_{\phi}^{\mathrm{T}}\bar{\boldsymbol{M}}\,\mathrm{d}\Gamma \end{aligned} \tag{5-146}$$

其中,$\bar{Q}_n$ 为边界 Γ_s 上的剪力,$\bar{\boldsymbol{M}}(\bar{M}_n,\bar{M}_{ns})$为边界 Γ_m 上力矩(为简单起见,将 Γ_m 和 Γ_s 合并)。

由于该形式仅包含一阶导数,显然任何二维的 C^0 形函数都可以用于插值两个转角和一个横向位移。然而应该注意,当跨度与厚度之比 L/h 非常小时,容易出现剪切“闭锁”。虽然已经开发了诸如减缩积分之类的技术,但是这些方法在某些情况下会失效,要么仍然存在闭锁,要么表现出奇异的行为。因此,这些单元不是“健壮的”,不应该被普遍使用。

需要更好地解释它们的失效的原因,从而了解如何设计新的单元。在下一节中,将通过混合形式来解决这个问题。

5.3.2 厚板的混合形式

5.3.2.1 逼近方法

厚板问题当然可以采用混合方法来求解,根据式(5-39)直接独立地逼近变量 w、$\boldsymbol{\phi}$ 和 $\boldsymbol{Q}$。在后续推导中,只对刚度行为加以考虑,因为这是闭锁和奇异的源头。惯性效应暂时不考虑。根据式(5-39),可构造一个静力学弱形式,即

$$\begin{cases} \int_{\Omega}\delta w\,[\nabla^{\mathrm{T}}\boldsymbol{Q}+q]\,\mathrm{d}\Omega=0 \\ \int_{\Omega}[(\boldsymbol{S}\delta\boldsymbol{\phi})^{\mathrm{T}}\boldsymbol{D}\boldsymbol{S}\boldsymbol{\phi}-\delta\boldsymbol{\phi}^{\mathrm{T}}\boldsymbol{Q}]\,\mathrm{d}\Omega=0 \\ \int_{\Omega}\delta\boldsymbol{Q}^{\mathrm{T}}[-\boldsymbol{\alpha}^{-1}\boldsymbol{Q}+\boldsymbol{\phi}+\nabla w]\,\mathrm{d}\Omega=0 \end{cases} \tag{5-147}$$

利用标准的伽辽金(Galerkin)方法写出各变量的近似形式,即

$$\begin{aligned} &w=\boldsymbol{N}_{w}\tilde{\boldsymbol{w}},\quad \boldsymbol{\phi}=\boldsymbol{N}_{\phi}\tilde{\boldsymbol{\phi}},\quad \boldsymbol{Q}=\boldsymbol{N}_{q}\tilde{\boldsymbol{Q}} \\ &\delta w=\boldsymbol{N}_{w}\delta\tilde{\boldsymbol{w}},\quad \delta\boldsymbol{\phi}=\boldsymbol{N}_{\phi}\delta\tilde{\boldsymbol{\phi}},\quad \delta\boldsymbol{Q}=\boldsymbol{N}_{q}\delta\tilde{\boldsymbol{Q}} \end{aligned} \tag{5-148}$$

当然也可以使用其他插值形式,将在后面提到。

对式(5-147)的前两个部分以适当的方式积分后,可以得到离散对称方程组

$$\begin{bmatrix} \boldsymbol{0} & \boldsymbol{0} & \boldsymbol{E}^{\mathrm{T}} \\ \boldsymbol{0} & \boldsymbol{K}_{b} & \boldsymbol{C}^{\mathrm{T}} \\ \boldsymbol{E} & \boldsymbol{C} & \boldsymbol{H} \end{bmatrix}\begin{bmatrix} \tilde{\boldsymbol{w}} \\ \tilde{\boldsymbol{\phi}} \\ \tilde{\boldsymbol{Q}} \end{bmatrix}=\begin{bmatrix} \boldsymbol{f}_{w} \\ \boldsymbol{f}_{\phi} \\ \boldsymbol{0} \end{bmatrix} \tag{5-149}$$

其中

$$\begin{cases}\boldsymbol{K}_b=\int_{\Omega}(\boldsymbol{S}\boldsymbol{N}_{\phi})^{\mathrm{T}}\boldsymbol{D}\boldsymbol{S}\boldsymbol{N}_{\phi}\,\mathrm{d}\Omega \\ \boldsymbol{E}=\int_{\Omega}\boldsymbol{N}_q^{\mathrm{T}}\,\nabla\boldsymbol{N}_w\,\mathrm{d}\Omega \\ \boldsymbol{C}=\int_{\Omega}\boldsymbol{N}_q^{\mathrm{T}}\boldsymbol{\alpha}^{-1}\boldsymbol{N}_{\phi}\,\mathrm{d}\Omega \\ \boldsymbol{H}=-\int_{\Omega}\boldsymbol{N}_q^{\mathrm{T}}\boldsymbol{N}_q\,\mathrm{d}\Omega\end{cases} \tag{5-150}$$

$\boldsymbol{f}_w$ 和 $\boldsymbol{f}_{\phi}$ 的定义见式(5－146)。

以上代表了一个典型的三变量混合问题，随着板的厚度无限变薄(现在可以精确求解)，这个问题必须满足一定的近似稳定性准则才能求解。在极限情况下，有

$$\boldsymbol{\alpha}=\infty \quad 和 \quad \boldsymbol{H}=\boldsymbol{0} \tag{5-151}$$

此情况下，在任何单元组装和边界条件下稳定求解的必要条件是

$$n_{\phi}+n_w\geqslant n_Q \quad 或 \quad \alpha_{\mathrm{P}}\equiv\frac{n_{\phi}+n_w}{n_Q}\geqslant 1 \tag{5-152}$$

和

$$n_Q\geqslant n_w \quad 或 \quad \beta_{\mathrm{P}}\equiv\frac{n_Q}{n_q}\geqslant 1 \tag{5-153}$$

其中，n_{ϕ}、n_Q、n_w 为式(5－149)中 $\tilde{\boldsymbol{\phi}}$、$\tilde{\boldsymbol{Q}}$、$\tilde{w}$ 中的变量数目。

式(5－152)和式(5－153)是整个系统必须满足的条件，当上述计数条件不满足时，方程组要么是奇异的，要么存在闭锁。此外，如果要避免局部不稳定性或振荡，则每个单元也需要满足这些条件。

注意：式(5－152)和式(5－153)是必要条件，但不是充分条件。因此有必要始终进行协调性和稳定性测试，以确保所开发的混合单元可以通过分片测试。

后文中可看出，上述必要条件将帮助我们设计合适的厚板单元，既具有良好的收敛性又可以修正薄板单元。

5.3.2.2 连续性要求

式(5－149)和式(5－150)所给的近似形式暗含着某些连续性。很明显，转角形函数 $\boldsymbol{N}_{\phi}$ 需要 C^0 连续性(因为在近似形式中存在一阶导数的乘积)，但是 $\boldsymbol{N}_w$ 或 $\boldsymbol{N}_q$ 可以是不连续的。在式(5－150)给出的形式中，隐含了 w 的 C^0 近似；但是，分部积分后，可得到关于 $\boldsymbol{Q}$ 的 C^0 近似形式。当然，在物理上只需要 $\boldsymbol{Q}$ 垂直于边界的分量是连续的。

在上一节讨论的所有近似中，都假设 ϕ 和 w 变量是 C^0 连续性的，不能认为这种连续性要求是过度的(因为没有违反物理条件)，但在后续章节中，采用不连续的 w 插值也可以生成成功的单元(出于非物理因素的考虑)。

对 $\boldsymbol{Q}$ 使用完全不连续的插值显然更方便，因为这样可以在单元级别消除剪切，从而使最终的单元刚度矩阵可以简单地用标准变量 $\tilde{\boldsymbol{\phi}}$ 和 $\tilde{w}$ 表示。在后文中，将介绍在一些有限的情况下允许 $\boldsymbol{\alpha}^{-1}$ 等于 $\boldsymbol{0}$，而其他情况下则不能为 $\boldsymbol{0}$。

如上所述，在没有线或点荷载的情况下，$\boldsymbol{Q}$ 法向分量的连续插值在物理上虽然是正确的。

然而，使用这种插值通常不能消除 $\tilde{Q}$，且保留这些额外的变量会带来很大的计算成本，因此迄今为止在实践中尚未被采用。但是，使用混合形式的迭代求解过程，可以大大降低这些额外变量的计算成本。

在实践中，显式使用混合插值并通过单元缩聚消除 Q 变量，比使用特殊的积分法则更方便（并且通常更有效）。但是，在由材料特性导致弯曲和剪切响应之间耦合的问题中，使用选择性缩减积分并不方便。另外，如果 $\boldsymbol{\alpha}$ 在单元内是变化的，或者等参映射意味着不同的插值方法，则缩聚方法就不一定有效了。

5.3.3 高阶单元

5.3.3.1 单元矩阵

民德林(Mindlin)板的位移场与二维实体的位移场相同。因此，在第 4.2 节中构造的形函数都可以用于民德林板。高阶单元对剪切锁定不敏感，因此在这方面有一些优势。使用第 4.2.4.2 节中给出的权系数矩阵，位移场可以表示为

$$u(\bar{\xi},\bar{\boldsymbol{\eta}})=\boldsymbol{G}u(\boldsymbol{\xi},\boldsymbol{\eta}) \quad \text{或} \quad \bar{\boldsymbol{u}}=\boldsymbol{G}\boldsymbol{u} \tag{5-154}$$

$$\begin{cases}\bar{\boldsymbol{u}}_x=\boldsymbol{G}_x\boldsymbol{u}\\ \bar{\boldsymbol{u}}_y=\boldsymbol{G}_y\boldsymbol{u}\end{cases} \tag{5-155}$$

对于各向同性民德林(Mindlin)板，刚度和质量矩阵以及载荷矢量可表示为

$$\begin{cases}\boldsymbol{K}=D\begin{bmatrix}\boldsymbol{K}_{11} & & \text{对称}\\ \boldsymbol{K}_{21} & \boldsymbol{K}_{22} & \\ \boldsymbol{K}_{31} & \boldsymbol{K}_{32} & \boldsymbol{K}_{33}\end{bmatrix}\\ \boldsymbol{M}=\rho\begin{bmatrix}J\boldsymbol{G}^{\mathrm{T}}\boldsymbol{C}\boldsymbol{G} & \boldsymbol{0} & \boldsymbol{0}\\ \boldsymbol{0} & J\boldsymbol{G}^{\mathrm{T}}\boldsymbol{C}\boldsymbol{G} & \boldsymbol{0}\\ \boldsymbol{0} & \boldsymbol{0} & h\boldsymbol{G}^{\mathrm{T}}\boldsymbol{C}\boldsymbol{G}\end{bmatrix}\\ \boldsymbol{f}=\begin{bmatrix}\boldsymbol{G}^{\mathrm{T}}\boldsymbol{C}\boldsymbol{m}_x\\ \boldsymbol{G}^{\mathrm{T}}\boldsymbol{C}\boldsymbol{m}_y\\ \boldsymbol{G}^{\mathrm{T}}\boldsymbol{C}\boldsymbol{q}_w\end{bmatrix}\end{cases} \tag{5-156}$$

$$\begin{cases}\begin{bmatrix}\boldsymbol{K}_{11}\\ \boldsymbol{K}_{22}\\ \boldsymbol{K}_{33}\end{bmatrix}=\begin{bmatrix}1 & \upsilon_1 & \upsilon_s\\ \upsilon_1 & 1 & \upsilon_s\\ \upsilon_s & \upsilon_s & 0\end{bmatrix}\begin{bmatrix}\boldsymbol{G}_x^{\mathrm{T}}\boldsymbol{C}\boldsymbol{G}_x\\ \boldsymbol{G}_y^{\mathrm{T}}\boldsymbol{C}\boldsymbol{G}_y\\ \boldsymbol{G}^{\mathrm{T}}\boldsymbol{C}\boldsymbol{G}\end{bmatrix}\\ \boldsymbol{K}_{21}=\upsilon\boldsymbol{G}_y^{\mathrm{T}}\boldsymbol{C}\boldsymbol{G}_x+\upsilon_1\boldsymbol{G}_x^{\mathrm{T}}\boldsymbol{C}\boldsymbol{G}_y\\ \boldsymbol{K}_{31}=-\upsilon_s\boldsymbol{G}_x^{\mathrm{T}}\boldsymbol{C}\boldsymbol{G}\\ \boldsymbol{K}_{32}=-\upsilon_s\boldsymbol{G}_y^{\mathrm{T}}\boldsymbol{C}\boldsymbol{G}\end{cases} \tag{5-157}$$

其中，h 为板厚；$\upsilon_s=6\kappa(1-\upsilon)/h^2$；$J=h^3/12$；$D=Eh^3/12(1-\upsilon^2)$ 为板的弯曲刚度；$\boldsymbol{C}$ 为积分权系数矩阵；$\boldsymbol{m}_x$ 和 $\boldsymbol{m}_y$ 分别为 x 和 y 方向的结点弯矩向量；$\boldsymbol{q}_w$ 为 z 方向的结点载荷向量；w 为离散后的挠度向量；$\boldsymbol{\theta}_x$ 和 $\boldsymbol{\theta}_y$ 分别为中面法线沿 x 和 y 方向离散后的转角向量。民德林板的剪切刚度为 $C=\kappa Gh=\upsilon_s D$，其中 κ 为剪切修正因子，G 为剪切模量。

5.3.3.2 民德林板的振动和弯曲

本节将升阶谱求积元法(HQEM)应用于民德林(Mindlin)板的振动和弯曲,从而验证升阶谱求积元法(HQEM)的精度和收敛性。对于振动分析,频率以无量纲形式表示,记为 Ω。对给出的一些几何形状和边界条件下的结果,通过一系列的结点变化来检验该方法的收敛性。在下述所有情况下,泊松比都是 0.3。为了便于数值计算,在单元边界的 ξ 和 η 方向取相同数目的结点,记为 N_e;两个方向的升阶谱形函数也取相同个数,记为 N_h。

在均布荷载作用下,边界条件为固支和简支的椭圆板(见图 5-36)的弯矩比较,见表 5-1 所列。计算中使用的几何和材料参数值为 $a=0.50$ m, $b=0.333\ 33$ m, $h=0.01$ m, $E=1$ MPa, $q=1.0$ Pa 和 $\kappa=\pi^2/12$。表 5-1 列出了 O、A 和 B 点基于民德林(Mindlin)板理论的升阶谱求积元法(HQEM)解、p 型有限元法解、微分求积有限元法(DQFEM)解以及精确解。表 5-1 中的几何映射是通过混合函数实现的。可以看出,升阶谱求积元法(HQEM)结果的收敛速度非常快,每个方向大约需要 10 个结点,这比微分求积有限元法(DQFEM)的收敛速度要快得多,且微分求积有限元法(DQFEM)大约在 15 个结点时收敛。对于固支和简支边界条件,四组结果均吻合得很好。

表 5-1 边界条件为固支和简支的椭圆板在均布荷载作用下的弯矩比较

(N_e, N_h)	固支边界条件					简支边界条件		
	$100(w)_O$	$100(M_x)_O$	$100(M_y)_O$	$100(M_x)_A$	$100(M_y)_B$	$100(w)_O$	$100(M_x)_O$	$100(M_y)_O$
	−0.375 9	−0.922 7	−1.404 8	1.101 6	2.479 1	−1.554 9	−2.466 2	−3.566 0
	−0.377 6	−0.923 8	−1.406 4	1.101 2	2.500 5	−1.554 6	−2.410 0	−3.506 5
	−0.377 3	−0.923 2	−1.404 8	1.103 4	2.477 9	−1.546 2	−2.419 5	−3.558 3
(6, 6)	−0.376 3	−0.911 9	−1.387 2	1.067 5	2.405 2	−1.544 7	−2.405 7	−3.539 7
(6, 8)	−0.377 3	−0.922 8	−1.404 2	1.104 5	2.481 4	−1.545 9	−2.419 3	−3.557 8
(6, 10)	−0.377 3	−0.923 2	−1.404 8	1.103 6	2.478 6	−1.545 9	−2.419 2	−3.558 5
(8, 10)	−0.377 3	−0.923 2	−1.404 8	1.103 6	2.478 6	−1.545 9	−2.419 8	−3.558 2
(10, 10)	−0.377 3	−0.923 2	−1.404 8	1.103 6	2.478 6	−1.545 9	−2.419 8	−3.558 1
(12, 12)	−0.377 3	−0.923 2	−1.404 9	1.103 7	2.478 8	−1.545 9	−2.419 8	−3.558 2

注:第一行为精确解,第二行为 p 型有限元法解,第三行为微分求积有限元法解,第四行及以下为升阶谱求积元法解。

边界条件为简支、固支和自由的 4 种组合的方形薄板振动分析结果见表 5-2、表 5-3 所列。由于表 5-2、表 5-3 中的结果基于经典薄板理论,取相对厚度 h/a 为 0.000 1。从表中可以看出,对于所有可用的有效数字,升阶谱求积元法(HQEM)解与康托洛维奇(Kantorovich)解非常接近,与微分求积有限元法(DQFEM)解相同。这验证了升阶谱求积元法(HQEM)在各种边界条件下的高精度特性。此外,升阶谱求积元法(HQEM)没有剪切闭锁,且只需少数几个样点就能得到非常准确的结果。

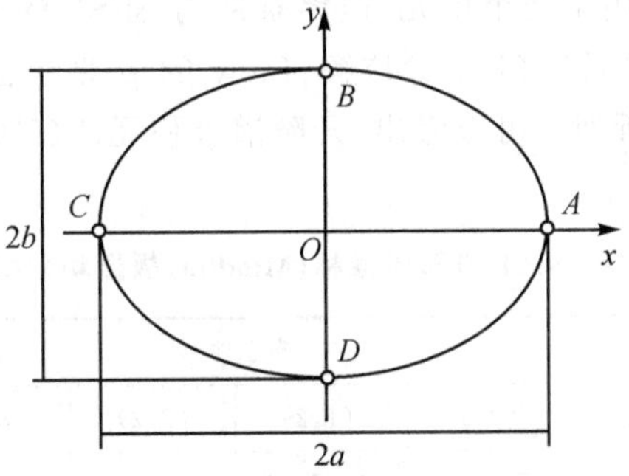

图 5-36 椭圆板

表 5-2 边界条件为简支、固支和自由的 4 种组合方形薄板振动分析对比(CSCS 板和 FSFS 板)

(N_e, N_h)	模态序号							
	CSCS 板				FSFS 板			
	(1,1)	(2,1)	(1,2)	(2,2)	(1,1)	(2,1)	(1,2)	(2,2)
	28.951	69.327	54.743	94.585	9.631	16.135	38.945	46.738
	28.951	69.327	54.743	94.585	9.631	16.135	38.945	46.738
(6,6)	28.951	69.364	54.765	94.620	9.633	16.136	39.006	46.828
(6,8)	28.951	69.348	54.759	94.607	9.633	16.136	39.003	46.826
(6,10)	28.951	69.348	54.759	94.607	9.633	16.136	39.002	46.826
(8,10)	28.951	69.327	54.743	94.586	9.631	16.135	38.945	46.738
(10,10)	28.951	69.327	54.743	94.585	9.631	16.135	38.945	46.738

注：表中第一行为康托洛维奇解，第二行为微分求积有限元法解，第三行及以下为升阶谱求积元法解（$\Omega_{ij}=\omega_{ij}a^2\sqrt{\rho h/D}$）。

表 5-3 边界条件为简支、固支和自由的 4 种组合方形薄板振动分析对比(CCCC 板和 FFFF 板)

(N_e, N_h)	模态序号							
	CCCC 板				FFFF 板			
	(1,1)	(2,1)	(1,2)	(2,2)	(1,1)	(2,1)	(1,2)	(2,2)
	35.999	73.405	73.405	108.24	—	—	—	—
	35.985	73.394	73.394	108.22	13.468	19.596	24.270	34.801
(6,6)	35.990	73.420	73.420	108.26	13.469	19.641	24.374	35.111
(6, 8)	35.986	73.395	73.395	108.22	13.469	19.641	24.369	35.105
(6,10)	35.985	73.394	73.394	108.22	13.469	19.641	24.368	35.105
(8,10)	35.985	73.394	73.394	108.22	13.468	19.596	24.270	34.801
(10,10)	35.985	73.394	73.394	108.22	13.468	19.596	24.270	34.801

注：表中第一行为康托洛维奇解，第二行为微分求积有限元法解，第三行及以下为升阶谱求积元法解（$\Omega_{ij}=\omega_{ij}a^2\sqrt{\rho h/D}$）。

如图 5-37 所示为只使用了两个单元、边界条件为 SFSF 的方形民德林(Mindlin)板。采用三角形单元的升阶谱求积元法(HQEM)解、Liew 的 p 型里兹(Ritz)法解与舒福林(Shufrin)的半解析解见表 5-4 所列。可以看出,升阶谱求积元法(HQEM)仅使用了几个结点,且收敛速度快、精度高。

表 5-4 SFSF 方形民德林(Mindlin)板振动分析对比

(N_h, N_e)	模态序号							
	(1,1)	(2,1)	(3,1)	(1,2)	(2,2)	(3,2)	(1,3)	(2,3)
	0.956 4	3.681 5	7.755 7	1.558 7	4.332 7	8.339 6	3.428 9	6.290 8
	0.956 4	3.681 5	7.755 8	1.558 8	4.332 9	—	3.429 0	6.291 0
(2,5)	0.958 7	4.065 1	—	1.591 6	—	—	3.591 3	—
(3,6)	0.957 2	3.702 9	—	1.568 3	4.486 9	—	3.517 8	6.637 1
(4,7)	0.956 8	3.688 5	7.862 0	1.562 8	4.352 9	8.743 2	3.442 9	6.487 0
(5, 8)	0.956 5	3.683 1	7.792 6	1.560 7	4.341 8	8.406 7	3.434 4	6.320 0
(6, 9)	0.956 4	3.682 1	7.760 1	1.559 4	4.335 4	8.364 6	3.430 8	6.305 7
(7,10)	0.956 4	3.681 7	7.757 2	1.559 0	4.333 6	8.344 1	3.429 4	6.293 5
(8,11)	0.956 4	3.681 6	7.756 1	1.558 8	4.333 0	8.341 1	3.429 1	6.291 5
(9,12)	0.956 4	3.681 5	7.755 8	1.558 8	4.332 8	8.340 0	3.428 9	6.291 0
(10,13)	0.956 4	3.681 5	7.755 7	1.558 7	4.332 7	8.339 7	3.428 9	6.290 8
(12,15)	0.956 4	3.681 5	7.755 7	1.558 7	4.332 7	8.339 6	3.428 9	6.290 8
(15,18)	0.956 4	3.681 5	7.755 7	1.558 7	4.332 7	8.339 6	3.428 9	6.290 8

注:表中第一行为舒福林半解析解,第二行为 Liew 的 p 型里兹法解,第三行及以下为升阶谱求积元法解 $\Omega=(\omega a^2/\pi^2)\sqrt{\rho h/D}$ $(v=0.3,\ h/a=0.1,\kappa=0.823\ 05)$。

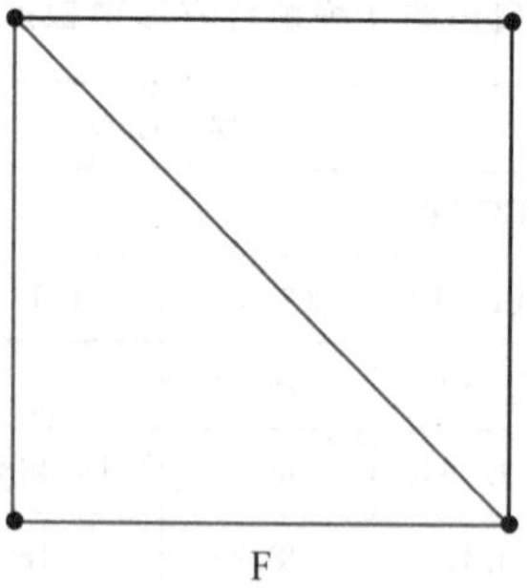

图 5-37 采用两个单元、边界条件为 SFSF 的方形板

5.4 三维退化壳单元

本节将介绍带位移和转动参数的壳单元。引入的这两个参数恰好对应于描述厚板性能的赖斯纳-民德林(Reissner-Mindlin)假设,这已在第 5.3 节讨论过。放松与薄板理论相关的第三个约束（变形后法线保持垂直于中面），允许壳体经历横向剪切变形—这是厚壳的一个重要特征。

与直接使用三维单元相比，这里提出的公式稍复杂一些。本节中构造的单元实际上是前面讨论的对挠度和转角独立插值的板单元的一种替代形式。如果要处理薄壳，则仍然需要使用减缩积分。前述中关于板单元鲁棒性的一些讨论同样适用于壳，一般来说，在板中表现不错的单元对于壳也会不错的。

5.4.1 单元的几何定义

如图 5-38 所示的典型壳单元，外表面是弯曲的，而截面厚度方向的线为直线，壳单元的形状由上下表面给定的两个点 $\tilde{\boldsymbol{x}}_{a_{\text{top}}}$ 和 $\tilde{\boldsymbol{x}}_{a_{\text{bottom}}}$ 的笛卡尔坐标确定。

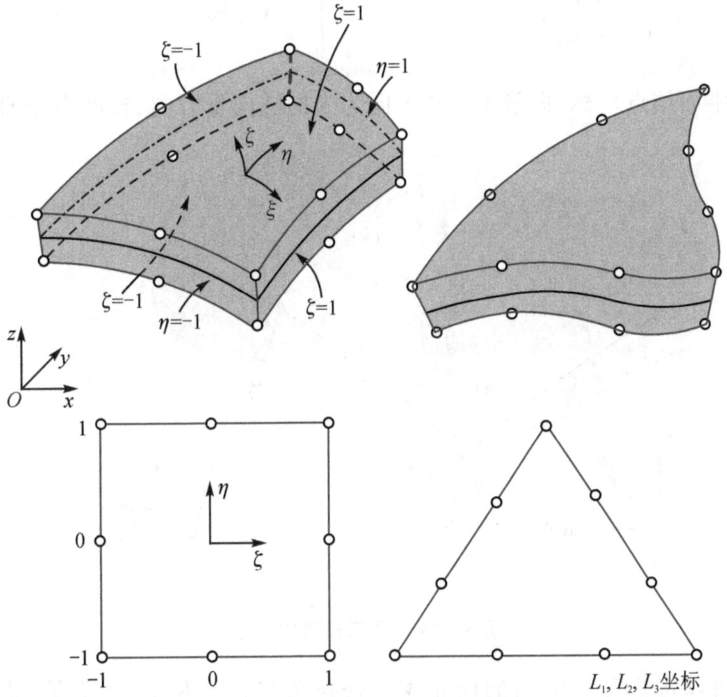

图 5-38 典型曲边厚壳单元

设 ξ，η 为壳中面的两个曲线坐标，ζ 为厚度方向的线性坐标。如果进一步假设 ξ，η，ζ 在单元的各个面上，且其值在−1～1 之间变化，则可以写出壳任意点的笛卡尔坐标与曲线坐标之间的关系为

$$\begin{bmatrix} x \\ y \\ z \end{bmatrix} = \sum_a N_a(\xi,\eta)\left(\frac{1+\zeta}{2}\begin{bmatrix} \tilde{x}_a \\ \tilde{y}_a \\ \tilde{z}_a \end{bmatrix}_{\text{top}} + \frac{1-\zeta}{2}\begin{bmatrix} \tilde{x}_a \\ \tilde{y}_a \\ \tilde{z}_a \end{bmatrix}_{\text{bottom}}\right) \tag{5-158}$$

其中，$N_a(\xi,\eta)$为标准的二维形函数；在顶部和底部结点 a 处取 1，在其他所有结点处取 0。如果基函数 N_a 是单位正方形域或三角形域的形函数，并且满足单元界面之间的协调性，则其也适用于曲边单元。通过使用二次或更高阶的形函数，可以用于任意形状的曲边单元。实际

上，在第 4 章介绍的所有二维形函数都适用。

在建立了笛卡尔坐标和曲线坐标之间的关系后，这些形函数在曲线坐标系下也是适用的。应当注意的是，坐标方向 ζ 通常只近似地垂直于中面。

可以将式(5－158)的关系重写为连接上下表面结点的“向量”(即长度等于壳厚度 t 的向量)与壳中面坐标的形式(见图 5－39)，即

$$\begin{bmatrix} x \\ y \\ z \end{bmatrix} = \sum_a N_a(\xi,\eta)\left(\begin{bmatrix} \tilde{x}_a \\ \tilde{y}_a \\ \tilde{z}_a \end{bmatrix} + \frac{\zeta}{2}\boldsymbol{V}_{3a}\right) \tag{5-159}$$

其中

$$\boldsymbol{x}_a = \begin{bmatrix} \tilde{x}_a \\ \tilde{y}_a \\ \tilde{z}_a \end{bmatrix} = \frac{1}{2}\left(\begin{bmatrix} \tilde{x}_a \\ \tilde{y}_a \\ \tilde{z}_a \end{bmatrix}_{\text{top}} + \begin{bmatrix} \tilde{x}_a \\ \tilde{y}_a \\ \tilde{z}_a \end{bmatrix}_{\text{bottom}}\right),\quad \boldsymbol{V}_{3a} = \begin{bmatrix} \tilde{x}_a \\ \tilde{y}_a \\ \tilde{z}_a \end{bmatrix}_{\text{top}} - \begin{bmatrix} \tilde{x}_a \\ \tilde{y}_a \\ \tilde{z}_a \end{bmatrix}_{\text{bottom}} \tag{5-160}$$

向量 $\boldsymbol{x}_a$ 定义了中面结点坐标，向量 $\boldsymbol{V}_{3a}$ 的方向为壳的法向量方向、长度为壳的厚度。

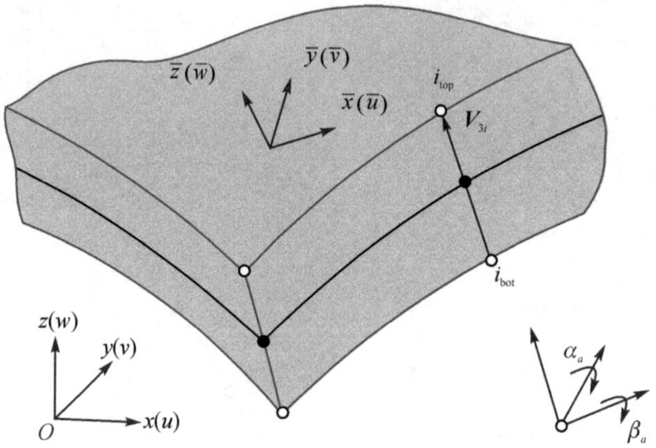

图 5－39　局部和整体坐标

对于薄壳，可以将垂直于中面的向量 $\boldsymbol{V}_{3a}$ 替换为单位向量 $\boldsymbol{v}_{3a}$。于是，式(5－159)可表示为

$$\begin{bmatrix} x \\ y \\ z \end{bmatrix} = \sum_a N_a(\xi,\eta)\left(\begin{bmatrix} \tilde{x}_a \\ \tilde{y}_a \\ \tilde{z}_a \end{bmatrix} + \frac{1}{2}\zeta t_a \boldsymbol{v}_{3a}\right) \tag{5-161}$$

其中，t_a 为结点 a 处壳的厚度。构造垂直于中面的向量是比较容易的。

5.4.2　位移场

由于假设垂直于中面方向上的应变可以忽略不计，因此整个单元的位移可由中面结点位移的 3 个笛卡尔分量，以及绕垂直于结点向量 $\boldsymbol{V}_{3a}$(或者 $\boldsymbol{v}_{3a}$)的 2 个正交方向的转角唯一确定。如果这 2 个正交方向用单位向量 $\boldsymbol{v}_{1a}$ 和 $\boldsymbol{v}_{2a}$ 表示，相应的转角用 $\tilde{\alpha}_a$ 和 $\tilde{\beta}_a$ 表示(见图 5－39)，则

位移可以表示为类似式(5-159)的形式,即

$$\begin{bmatrix} u \\ v \\ w \end{bmatrix} = \sum_a N_a(\xi,\eta)\left(\begin{bmatrix} \tilde{u}_a \\ \tilde{v}_a \\ \tilde{w}_a \end{bmatrix} + \frac{1}{2}\zeta t_a [\boldsymbol{v}_{1a}, \quad -\boldsymbol{v}_{2a}] \begin{bmatrix} \tilde{\alpha}_a \\ \tilde{\beta}_a \end{bmatrix}\right) \tag{5-162}$$

其向量形式为

$$\begin{bmatrix} u \\ v \\ w \end{bmatrix} = \boldsymbol{N}\tilde{\boldsymbol{u}}^e, \quad \tilde{\boldsymbol{u}}^e = \begin{bmatrix} \tilde{\boldsymbol{u}}_1^e \\ \vdots \\ \tilde{\boldsymbol{u}}_m^2 \end{bmatrix}, \quad \tilde{\boldsymbol{u}}_a^e = \begin{bmatrix} \tilde{u}_a \\ \tilde{v}_a \\ \tilde{w}_a \\ \tilde{\alpha}_a \\ \tilde{\beta}_a \end{bmatrix} \tag{5-163}$$

其中,u、v 和 w 为在全局坐标 x、y 和 z 轴方向上的位移,并且

$$\boldsymbol{N}_a(\xi,\eta,\zeta) = N_a(\xi,\eta)\begin{bmatrix} \boldsymbol{I} & \frac{1}{2}\zeta t_a \boldsymbol{v}_{1a} & -\frac{1}{2}\zeta t_a \boldsymbol{v}_{2a} \end{bmatrix} \tag{5-164}$$

由于可以生成无限多个垂直于给定方向的矢量,因此必须设计特定的方案以确保其唯一性。下面给出一种独特的方法:令 $\boldsymbol{V}_{3a}$ 为要构造其法线方向的向量。在笛卡尔坐标系中的坐标向量可以定义为

$$\boldsymbol{x} = x\boldsymbol{e}_x + y\boldsymbol{e}_y + z\boldsymbol{e}_z \tag{5-165}$$

其中,$\boldsymbol{e}_x$、$\boldsymbol{e}_y$ 和 $\boldsymbol{e}_z$ 为 3 个(正交)基向量。为了构造第 1 个法向量,找到 $\boldsymbol{V}_{3a}$ 的最小分量,然后通过该方向上的单位向量的叉积定义向量 $\boldsymbol{V}_{1a}$。例如,如果 $\boldsymbol{V}_{3a}$ 的 x 分量为找到的最小分量,则

$$\boldsymbol{V}_{1a} = \boldsymbol{e}_x \times \boldsymbol{V}_{3a} \tag{5-166}$$

其中

$$\boldsymbol{e}_x = [1 \quad 0 \quad 0]^{\mathrm{T}} \tag{5-167}$$

为 x 方向上的单位向量。则将

$$\boldsymbol{v}_{1a} = \frac{\boldsymbol{V}_{1a}}{|\boldsymbol{V}_{1a}|}, \quad |\boldsymbol{V}_{1a}| = \sqrt{\boldsymbol{V}_{1a}^{\mathrm{T}}\boldsymbol{V}_{1a}} \tag{5-168}$$

定义为第一个单位向量。

第 2 个法线向量可表示为

$$\boldsymbol{V}_{2a} = \boldsymbol{V}_{3a} \times \boldsymbol{V}_{1a} \tag{5-169}$$

并使用式(5-168)中的形式进行归一化处理。因此,有 3 个由单位向量定义的局部正交坐标系 $\boldsymbol{v}_{1a}$、$\boldsymbol{v}_{2a}$ 和 $\boldsymbol{v}_{3a}$。如果 N_a 为 C^0 函数,则根据式(5-162)可以保证相邻单元之间的位移协调性。

单元坐标的定义由式(5-159)给出,并且比位移定义式中的自由度更多。因此,该单元属于“超参”单元,且常应变准则不会被自动满足;然而从所涉及的应变分量定义中可以看出,该“超参”适用于刚体运动和常应变条件。

从物理上讲,式(5-162)的定义中假设在“厚度”方向 ζ 上没有发生应变。虽然此方向并不总是完全垂直于中间表面,但它仍然是一种常见的壳单元假设的良好近似。

在如图 5-39 所示的每个中面结点 a,则有 5 个基本自由度,单元的连接仍然遵循单元组

装的标准模式。

5.4.3 应变和应力的定义

要推导出有限元矩阵，则需要先定义单元的应变和应力。根据壳的基本假设，则需要考虑与 ζ(常数)面相关的局部正交坐标系上的分量。因此，在该面的任意一点建立一个法线 $\bar{z}$，以及另外两个与曲面相切的正交轴 $\bar{x}$ 和 $\bar{y}$(见图 5-39)，则应变分量可由第 3.1 节中的三维关系表示为

$$\bar{\boldsymbol{\varepsilon}} = \begin{bmatrix} \varepsilon_{\bar{x}} \\ \varepsilon_{\bar{y}} \\ \gamma_{\bar{x}\bar{y}} \\ \gamma_{\bar{y}\bar{z}} \\ \gamma_{\bar{z}\bar{x}} \end{bmatrix} = \begin{bmatrix} \bar{u}_{,\bar{x}} \\ \bar{v}_{,\bar{y}} \\ \bar{u}_{,\bar{y}} + \bar{v}_{,\bar{x}} \\ \bar{v}_{,\bar{z}} + \bar{w}_{,\bar{y}} \\ \bar{w}_{,\bar{x}} + \bar{u}_{,\bar{z}} \end{bmatrix} \tag{5-170}$$

为了与通常壳的基本假设一致，则忽略了 $\bar{z}$ 方向的应变。必须注意的是，通常这些方向都不与曲线坐标 ξ、η、ζ 的方向一致，尽管 $\bar{x}$，$\bar{y}$ 在 $\xi-\eta$ 平面内(ζ=常数)。

上述应变对应的应力由矩阵 $\bar{\boldsymbol{\sigma}}$ 定义，在弹性情况下应力与弹性矩阵 $\bar{\boldsymbol{D}}$ 有关，即

$$\bar{\boldsymbol{\sigma}} = \begin{bmatrix} \sigma_{\bar{x}} \\ \sigma_{\bar{y}} \\ \tau_{\bar{x}\bar{y}} \\ \tau_{\bar{y}\bar{z}} \\ \tau_{\bar{z}\bar{x}} \end{bmatrix} = \bar{\boldsymbol{D}}(\bar{\boldsymbol{\varepsilon}} - \bar{\boldsymbol{\varepsilon}}_0) + \bar{\boldsymbol{\sigma}}_0 \tag{5-171}$$

其中，$\bar{\boldsymbol{\varepsilon}}_0$ 和 $\bar{\boldsymbol{\sigma}}_0$ 分别表示“初始”应变和应力。

5×5 矩阵 $\bar{\boldsymbol{D}}$ 可以包括任何各向异性属性，对于叠层(或层合)结构，实际上可以看作是 ζ 的函数。

对于各向同性材料的矩阵 $\bar{\boldsymbol{D}}$，其定义为

$$\bar{\boldsymbol{D}} = \frac{E}{1-\upsilon^2}\begin{bmatrix} 1 & \upsilon & 0 & 0 & 0 \\ \upsilon & 1 & 0 & 0 & 0 \\ 0 & 0 & \frac{1-\upsilon}{2} & 0 & 0 \\ 0 & 0 & 0 & \frac{\kappa(1-\upsilon)}{2} & 0 \\ 0 & 0 & 0 & 0 & \frac{\kappa(1-\upsilon)}{2} \end{bmatrix} \tag{5-172}$$

其中，E 和 υ 分别为杨氏模量和泊松比；κ 为剪切修正系数(参见第 5.1.2 节)，取 $\kappa=\frac{5}{6}$。从位移定义可以看出，剪切分布在整个厚度方向上近似为常数，而实际上，弹性行为的剪切分布近似为抛物线。修正系数 $\kappa=\frac{5}{6}$ 为相关应变能的比例。

需要注意的是，这个矩阵不是通过从等效的三维应力矩阵中删除适当的项来定义的。它必须将 $\sigma_{\bar{z}}=0$ 代入三维本构方程中，并进行适当的消元，才能满足这一重要的壳假设。这类似于在二维分析中推导平面应力行为的过程。

5.4.4 单元属性和必要的转换

单元刚度矩阵及其他矩阵和向量，都涉及对单元体积或边界的积分，这些积分通常具有以下形式

$$\int_{\Omega^e}\boldsymbol{H}\,\mathrm{d}x\,\mathrm{d}y\,\mathrm{d}z \tag{5-173}$$

其中，矩阵 $\boldsymbol{H}$ 是坐标的函数。例如，在刚度矩阵中

$$\boldsymbol{H}=\bar{\boldsymbol{B}}^{\mathrm{T}}\bar{\boldsymbol{D}}\bar{\boldsymbol{B}} \tag{5-174}$$

通常定义

$$\bar{\boldsymbol{\varepsilon}}=\bar{\boldsymbol{B}}\tilde{\boldsymbol{u}}^{e} \tag{5-175}$$

其中，$\bar{\boldsymbol{B}}$ 由式(5-170)定义，即根据位移关于局部笛卡尔坐标 $\bar{x}$、$\bar{y}$、$\bar{z}$ 的导数定义。因此，现在需要进行两组变换，然后才能根据曲线坐标 ξ、η、ζ 对单元进行积分。

首先，通过与等参单元相同的过程，获得关于 x、y、z 方向的导数。如式(5-162)将全局位移 u、v、w 与曲线坐标相关联，这些位移相对于全局 x、y、z 坐标的导数可由如下矩阵关系表示

$$\begin{bmatrix}\dfrac{\partial u}{\partial x} & \dfrac{\partial v}{\partial x} & \dfrac{\partial w}{\partial x}\\ \dfrac{\partial u}{\partial y} & \dfrac{\partial v}{\partial y} & \dfrac{\partial w}{\partial y}\\ \dfrac{\partial u}{\partial z} & \dfrac{\partial v}{\partial z} & \dfrac{\partial w}{\partial z}\end{bmatrix}=\boldsymbol{J}^{-1}\begin{bmatrix}\dfrac{\partial u}{\partial \xi} & \dfrac{\partial v}{\partial \xi} & \dfrac{\partial w}{\partial \xi}\\ \dfrac{\partial u}{\partial \eta} & \dfrac{\partial v}{\partial \eta} & \dfrac{\partial w}{\partial \eta}\\ \dfrac{\partial u}{\partial \zeta} & \dfrac{\partial v}{\partial \zeta} & \dfrac{\partial w}{\partial \zeta}\end{bmatrix} \tag{5-176}$$

其中，雅可比矩阵

$$\boldsymbol{J}=\begin{bmatrix}\dfrac{\partial x}{\partial \xi} & \dfrac{\partial y}{\partial \xi} & \dfrac{\partial z}{\partial \xi}\\ \dfrac{\partial x}{\partial \eta} & \dfrac{\partial y}{\partial \eta} & \dfrac{\partial z}{\partial \eta}\\ \dfrac{\partial x}{\partial \zeta} & \dfrac{\partial y}{\partial \zeta} & \dfrac{\partial z}{\partial \zeta}\end{bmatrix} \tag{5-177}$$

式(5-177)根据式(5-161)所给坐标定义计算得出。因此，对于任意曲线坐标，位移关于全局坐标的导数都可以通过数值方式获得。

其次，再展开针对局部坐标 $\bar{x}$、$\bar{y}$、$\bar{z}$ 位移的坐标变换，以计算应变矩阵 $\bar{\boldsymbol{B}}$。局部坐标轴的方向可以根据垂直于 $\xi-\eta$ 中面($\zeta=0$)的法向量建立，而该法向量可以通过与中面相切的两个向量 $\dfrac{\partial \boldsymbol{x}}{\partial \xi}$ 和 $\dfrac{\partial \boldsymbol{x}}{\partial \eta}$ 得到。因此

$$\boldsymbol{V}_3=\begin{bmatrix}\dfrac{\partial x}{\partial\xi}\\ \dfrac{\partial y}{\partial\xi}\\ \dfrac{\partial z}{\partial\xi}\end{bmatrix}\times\begin{bmatrix}\dfrac{\partial x}{\partial\eta}\\ \dfrac{\partial y}{\partial\eta}\\ \dfrac{\partial z}{\partial\eta}\end{bmatrix}=\begin{bmatrix}\dfrac{\partial y}{\partial\xi}\dfrac{\partial z}{\partial\eta}-\dfrac{\partial y}{\partial\eta}\dfrac{\partial z}{\partial\xi}\\ \dfrac{\partial z}{\partial\xi}\dfrac{\partial x}{\partial\eta}-\dfrac{\partial z}{\partial\eta}\dfrac{\partial x}{\partial\xi}\\ \dfrac{\partial x}{\partial\xi}\dfrac{\partial y}{\partial\eta}-\dfrac{\partial x}{\partial\eta}\dfrac{\partial y}{\partial\xi}\end{bmatrix}\tag{5-178}$$

可以按照第 5.4.2 节给出的过程，构造 2 个正交向量 $\boldsymbol{V}_1$ 和 $\boldsymbol{V}_2$ 分别来描述 $\bar{x}$ 和 $\bar{y}$ 方向。3 个正交向量可以化简为单位量，进而得到关于 $\bar{x}$、$\bar{y}$、$\bar{z}$ 方向的向量矩阵(实际上是方向余弦矩阵)，即

$$\boldsymbol{\theta}=[\boldsymbol{v}_1\quad \boldsymbol{v}_2\quad \boldsymbol{v}_3]\tag{5-179}$$

于是，位移 u、v、w 的关于全局坐标的导数，可以通过标准运算变换为关于局部正交坐标系的导数

$$\begin{bmatrix}\dfrac{\partial\bar{u}}{\partial\bar{x}} & \dfrac{\partial\bar{v}}{\partial\bar{x}} & \dfrac{\partial\bar{w}}{\partial\bar{x}}\\ \dfrac{\partial\bar{u}}{\partial\bar{y}} & \dfrac{\partial\bar{v}}{\partial\bar{y}} & \dfrac{\partial\bar{w}}{\partial\bar{y}}\\ \dfrac{\partial\bar{u}}{\partial\bar{z}} & \dfrac{\partial\bar{v}}{\partial\bar{z}} & \dfrac{\partial\bar{w}}{\partial\bar{z}}\end{bmatrix}=\boldsymbol{\theta}^{\mathrm{T}}\begin{bmatrix}\dfrac{\partial u}{\partial x} & \dfrac{\partial v}{\partial x} & \dfrac{\partial w}{\partial x}\\ \dfrac{\partial u}{\partial y} & \dfrac{\partial v}{\partial y} & \dfrac{\partial w}{\partial y}\\ \dfrac{\partial u}{\partial z} & \dfrac{\partial v}{\partial z} & \dfrac{\partial w}{\partial z}\end{bmatrix}\boldsymbol{\theta}\tag{5-180}$$

因此，可以显式地找到矩阵 $\bar{\boldsymbol{B}}$ 的分量(每个结点有 5 个自由度)

$$\bar{\boldsymbol{\varepsilon}}=\bar{\boldsymbol{B}}\tilde{\boldsymbol{u}}^e\tag{5-181}$$

其中，$\tilde{\boldsymbol{u}}^e$ 的表达式由式(5-163)给出。

根据曲线坐标下的无穷小体积，可得

$$\mathrm{d}x\,\mathrm{d}y\,\mathrm{d}z=j\,\mathrm{d}\xi\mathrm{d}\eta\mathrm{d}\zeta\tag{5-182}$$

其中，$j=\det\boldsymbol{J}$。

上述所需数值积分与三维单元中的高斯积分完全相同。类似过程可用于计算所有其他相关单元矩阵，如惯性矩阵、体积和表面载荷对应的载荷矢量等。

由于应变量在厚度(或 ζ)方向上是线性变化的，因此对于均匀的弹性截面来说，该方向上有 2 个高斯点就足够；而对于二次和三次形函数 $N_a(\xi,\eta)$，在 ξ 和 η 方向上需要 2～4 个点。

5.4.5 关于应力表示的一些讨论

在前面已经给出单元矩阵的计算方法，单元的组装和求解采用标准流程即可。关于应力的表示形式，还是有必要再讨论一下。在局部坐标系上定义的应力 $\bar{\boldsymbol{\sigma}}$ 很容易获得，有的时候应力的这些分量也是直接需要的，但由于局部坐标系不容易可视化(并且实际上可能在相邻单元之间不连续)，则使用如下标准转换将其转换到全局坐标系更方便一些，即

$$\begin{bmatrix}\sigma_x & \tau_{xy} & \tau_{xz}\\ \tau_{yx} & \sigma_y & \tau_{yz}\\ \tau_{zx} & \tau_{zy} & \sigma_z\end{bmatrix}=\boldsymbol{\theta}\begin{bmatrix}\sigma_{\bar{x}} & \tau_{\bar{x}\bar{y}} & \tau_{\bar{x}\bar{z}}\\ \tau_{\bar{y}\bar{x}} & \sigma_{\bar{y}} & \tau_{\bar{y}\bar{z}}\\ \tau_{\bar{z}\bar{x}} & \tau_{\bar{z}\bar{y}} & \sigma_{\bar{z}}\end{bmatrix}\boldsymbol{\theta}^{\mathrm{T}}\tag{5-183}$$

上述转换只对相对光滑的表面或相同材料的情况下才适用。

然而，在一般的壳结构中，全局坐标系中的应力并不能清晰地显示出壳的表面应力。因此，通过适当的变换计算主应力(或应力不变量)总会带来一些便利。其中一些应力分量，比如剪切应力 $\tau_{\bar{x}\bar{z}}$ 和 $\tau_{\bar{y}\bar{z}}$ 在壳的上下表面通常为 0。在根据式(5-183)将应力分量转换到全局坐标系前应该注意这一点，同时要确保壳的主应力分量应位于壳的表面上。直接获得的这些剪应力分量实际上是整个截面的平均值。固体横截面上的最大横向剪应力位于中面上，假设厚度上的剪应力变化接近抛物线，最大值大约是平均值的 1.5 倍。

5.4.6 轴对称厚壳的特殊情况

对于轴对称壳，其相关位移公式可以进一步简化。因为，在单元中的面仅由两个坐标 ξ、η 定义，从而大大节省了计算量。

如图 5-40 所示，以二维形式来定义轴对称厚壳单元。

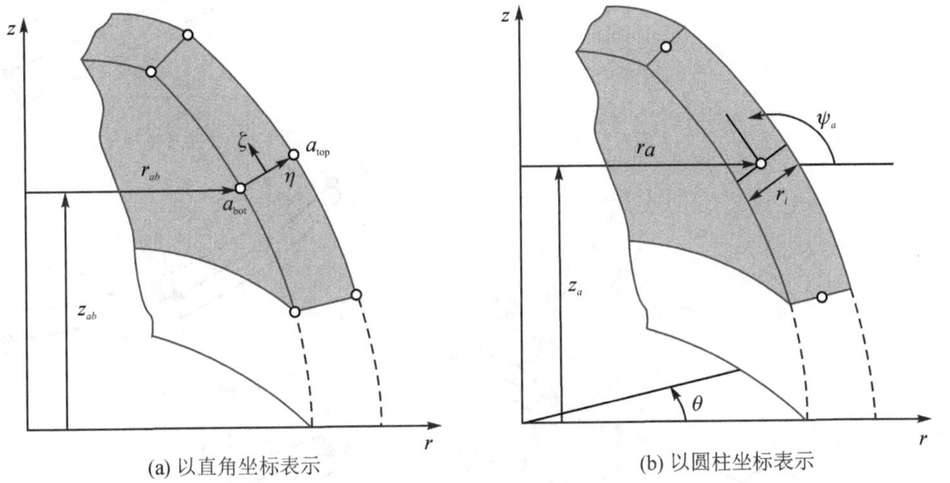

图 5-40 轴对称厚壳的坐标系

通过将式(5-158)和式(5-159)所示形式修正为二维形式，则全局坐标与局部坐标之间的关系可定义为

$$
\begin{aligned}
\begin{bmatrix} r \\ z \end{bmatrix} &= \sum_a N_a(\xi,\eta)\left(\frac{1+\eta}{2}\begin{bmatrix} \tilde{r}_a \\ \tilde{z}_a \end{bmatrix}_{\text{top}} + \frac{1-\eta}{2}\begin{bmatrix} \tilde{r}_a \\ \tilde{z}_a \end{bmatrix}_{\text{bottom}}\right) \\
&= \sum_a N_a(\xi,\eta)\left(\begin{bmatrix} \tilde{r}_a \\ \tilde{z}_a \end{bmatrix} + \frac{1}{2}\eta t_a \boldsymbol{v}_{3a}\right)
\end{aligned} \tag{5-184}
$$

其中

$$
\begin{bmatrix} \tilde{r}_a \\ \tilde{z}_a \end{bmatrix} = \frac{1}{2}\left(\begin{bmatrix} \tilde{r}_a \\ \tilde{z}_a \end{bmatrix}_{\text{top}} + \begin{bmatrix} \tilde{r}_a \\ \tilde{z}_a \end{bmatrix}_{\text{bottom}}\right), \quad \boldsymbol{v}_{3a} = \begin{bmatrix} \cos\psi_a \\ \sin\psi_a \end{bmatrix} \tag{5-185}
$$

上式中 ψ_a 为图 5-40(b)中定义的角度，t_a 为壳厚度。位移定义类似式(5-162)。

在这种情况下，仅需考虑 r 和 z 方向的轴对称载荷(无扭转)。因此，将两个位移分量指定为

$$\begin{bmatrix} u \\ w \end{bmatrix} = \sum_a N_a(\xi,\eta)\left(\begin{bmatrix} \tilde{u}_a \\ \tilde{w}_a \end{bmatrix} + \frac{\eta t_a}{2}\begin{bmatrix} -\sin\tilde{\psi}_a \\ \cos\tilde{\psi}_a \end{bmatrix}\tilde{\phi}_a\right) \tag{5-186}$$

其中，$\tilde{\phi}_a$ 为如图 5-41 所示的转角；$\tilde{u}_a$、$\tilde{w}_a$ 为中面结点的位移。

所有的变换都遵循前几节中介绍的方式，只需要注意的是，它们只在方向 ξ、η、r、z 和 $\tilde{r}$、$\tilde{z}$ 之间进行，因此只涉及两个变量。

类似地，单元属性的积分仅针对 ξ 和 η 以数值方式进行。但是需要注意，体积单元为

$$\mathrm{d}x\,\mathrm{d}y\,\mathrm{d}z = 2\pi r \det\boldsymbol{J}\,\mathrm{d}\xi\,\mathrm{d}\eta\,\mathrm{d}\theta = 2\pi r j\,\mathrm{d}\xi\,\mathrm{d}\eta\,\mathrm{d}\theta \tag{5-187}$$

通过选择合适的形函数 $N_a(\xi)$，可以使用线性、抛物线或三次变厚度壳单元，如图 5-42 所示。

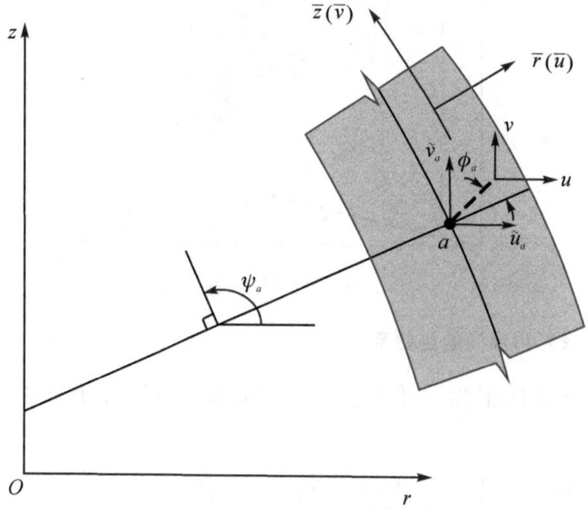

图 5-41　轴对称厚壳中的全局位移

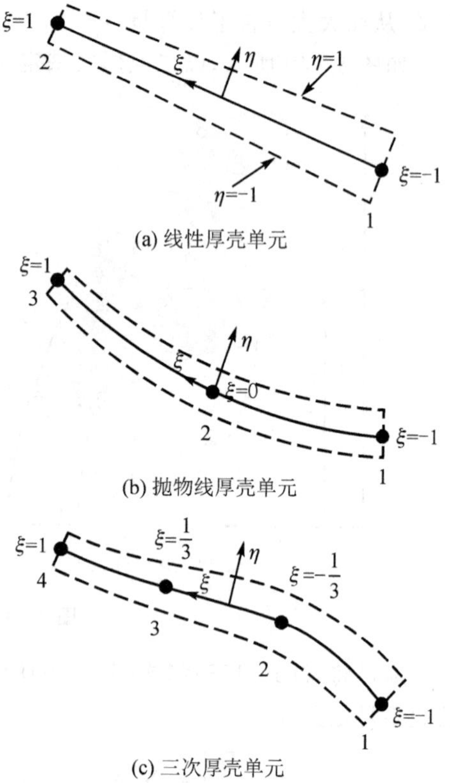

图 5-42　轴对称厚壳单元

5.4.7　厚板的特殊情况

本章所述的转换比较复杂，编程步骤也比较复杂。然而，所涉及的方式方法同样适用于厚板，建议可以首先通过厚板这样的简单问题来进行理解。

在厚板情况下，会出现了以下明显的简化：

① $\zeta = 2z/t$，单位向量 $\boldsymbol{v}_1$、$\boldsymbol{v}_2$ 和 $\boldsymbol{v}_3$ 可以分别采用 $\boldsymbol{e}_x$、$\boldsymbol{e}_y$ 和 $\boldsymbol{e}_z$ 来表示。

② $\tilde{\alpha}_a$ 和 $\tilde{\beta}_a$ 分别为转角 $\tilde{\theta}_y$ 和 $\tilde{\theta}_x$（参见第 5.1.2 节）。

③ 不再需要将应力和应变分量转换到局部坐标系 $\bar{x}$、$\bar{y}$、$\bar{z}$ 上，可以从始至终使用全局坐

标系 x, y, z。对于这种类型的单元,可以避免厚度方向的数值厚度,可练习推导线性、矩形单元的刚度矩阵等。所得结果与第 5.3.1 节中推导出的单元相同,包含独立的位移和转角插值,并使用了剪切约束。这证明了两种方法的等价性。

5.5 本章小结

本章从薄板单元开始介绍,薄板单元是有限元分析中最复杂的问题之一。本章并未介绍非协调单元,虽然非协调单元仍有一些应用,但精度并不高。本章介绍了基于升阶谱有限元法(HFEM)的薄板协调单元。通过去除或减少面上和边上基函数数目,可以得到低阶单元。通过薄板弯曲分析验证了低阶方法和升阶谱有限元法(HFEM)的收敛性。由于厚板单元与平面问题非常相似,因此只对减缩积分、混合方法和升阶谱求积元法(HQEM)进行了较详细的介绍。升阶谱求积元法(HQEM)对剪切闭锁不敏感。正交曲线坐标系中的壳单元与板单元类似,故仅作简要介绍。

本章中介绍的实体退化壳单元在板问题中与厚板单元几乎完全相同,即厚板单元在中面上也对转角和位移进行独立插值。将壳单元应用于轴对称问题同样准确。对于一般的曲壳,这种类比不太明显,但仍然存在。因此,我们期望对板单元的鲁棒性的讨论对于壳单元仍然成立。

虽然现在已经很好地理解了横向剪应变约束的重要性,但由于“面内”(膜)应力引入的约束还不太好处理(尽管与之相关的弹性模量 E_t 与剪切模量 G_t 的量级相同)。薄膜闭锁可能在存在拉伸的弯曲变形中发生。虽然这种闭锁已有研究,但迄今为止还没有得到很好的解决。

第 6 章　笛卡尔张量

在数学中，张量是一种几何实体(entities)，可以为描述物理和工程问题的方程提供简明的数学框架，因此在非线性分析中离不开张量。本书只考虑笛卡尔坐标下描述的非线性问题，因此只介绍笛卡尔张量。张量最重要的特征是其坐标不变性，即张量与所选坐标系的类型无关。该特征类似于几何图形的长度和方向不变的情况，而与代数表达式使用的坐标系无关。相反，张量的分量在结构分析中是坐标相关的。在本章中，我们将讨论坐标系的选择如何影响张量的分量。

6.1　坐标轴的旋转

6.1.1　张量和坐标变换

张量是初等向量运算中遇到的向量或标量的自然推广。实际上，后两者都是 n 阶张量的特例，其在三维空间中的确定需要 3^n 个变量，被称为张量的分量。因此，标量是具有 $3^0=1$ 个分量的零阶张量，向量是具有 $3^1=3$ 个分量的一阶张量。

重要的是 n 阶张量不仅仅是一组 3^n 个数字。张量的关键特性是在坐标系变化(例如，从直角坐标系到椭圆坐标系、极坐标系或其他曲线坐标系)下遵守其分量的变换定律。如果将坐标系更改为新的坐标系，则张量的分量会根据特征变换定律发生变化。这个变换定律阐明了张量在坐标系变化下保持不变的物理(或几何)意义。张量的坐标不变特性满足了物理定律的正确表述应该独立于坐标系选择的要求。

物理过程显然必须独立于坐标系。然而，重要的是物理过程的坐标无关属性对数学对象(即张量)的变换规律的要求。对这些含义的研究和通过变换定律对物理量进行分类构成了本章的主要内容。需要注意的是，各种张量都是几何对象，其表示(即其分量的值)在坐标变换下服从特征变换规律。

6.1.2　求和约定

为了简化推导过程中的符号，将引入以下两个约定：

求和约定：当同一个下标在一个变量中重复出现时，对该下标进行求和。求和的范围为 $1\sim n$，其中，n 是空间的维数。

范围约定：所有不重复的下标都认为是 $1\sim n$。

除非另有特别说明，否则上述两个约定在本章中始终有效。

例：求和约定产生的新标记法为

$$a_ib_i=\sum_{i=1}^{n}a_ib_i=a_1b_1+a_2b_2+\cdots+a_nb_n$$

类似地，如果 i 和 j 的范围是 1～2，那么

$$a_{ij}b_{ij}=a_{1j}b_{1j}+a_{2j}b_{2j}=a_{11}b_{11}+a_{12}b_{12}+a_{21}b_{21}+a_{22}b_{22}$$

首先对 i 还是 j 执行求和并不重要。

注： 重复下标被称为哑标。由于隐含的求和，任何这样的下标对都可以被其他任何重复下标对替换，而不会改变数学表达式的含义。

6.1.3 笛卡尔坐标系

张量是由几个分量组成的数学对象。分量的值取决于要使用的坐标系，因此即使张量本身保持不变，其分量也会因坐标变换而改变。在许多可能的坐标变换选择中，**笛卡尔直角坐标系**的**刚性旋转**是最简单的。下面将解释这一最简单坐标变换的基本性质，这是在更一般的坐标系下研究张量的初步准备。

我们从如下两个正式定义开始：

笛卡尔坐标系：通过一组在原点 O 相交的有向直线（$Ox_1, Ox_2, \cdots, Ox_n$）（坐标轴）将一组唯一有序的实数（坐标）（$x_1, x_2, \cdots, x_n$）与给定 n 维空间中的每个点相关联。

直角笛卡尔坐标系：如果笛卡尔坐标系的三个有向直线（坐标轴）相互垂直，则被称为直角笛卡尔坐标系。

如图 6－1 所示是三维空间中直角笛卡尔坐标系的示意图。参考这个坐标系，分别用 $\boldsymbol{e}_1$、$\boldsymbol{e}_2$、$\boldsymbol{e}_3$ 表示三个向量(1, 0, 0)，(0, 1, 0)，(0, 0, 1)，在几何上用相互垂直的单位箭头表示。

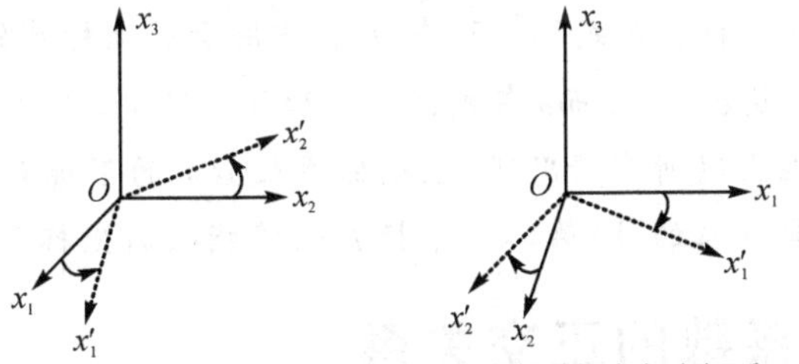

(a) 右手笛卡尔坐标系　　(a) 左手笛卡尔坐标系

图 6－1 笛卡尔坐标系

笛卡尔坐标轴 Ox_1、Ox_2 和 Ox_3 为右手系的条件是，当且仅当将 x_1 轴转向 x_2 轴方向所需的旋转角度 $\angle x_1Ox_2<\pi$，且按右手螺旋沿 x_3 轴的正方向旋转。相反，如果这样以 x_3 轴的正方向旋转是左手螺旋，则称这组轴是左手系。在本节中，我们只使用直角右手笛卡尔坐标系。

6.1.4 坐标轴的旋转

下面建立直角笛卡尔轴的刚性旋转。假设位置向量 $\boldsymbol{r}$ 在有共同原点的两个不同直角坐标系中的分量分别为(x_1, x_2, x_3)和(x_1', x_2', x_3')。我们分别用$\{\boldsymbol{e}_i\}$和$\{\boldsymbol{e}_i'\}$表示与原坐标系和新坐标系相关的单位正交基集合。从一个笛卡尔坐标系到另一个笛卡尔坐标系的变换被称为笛卡尔**轴的刚性旋转**，具有以下性质：

x_k 的变换方程描述为

$$x_j'=R_{jk}x_k \quad (\text{对 } k \text{ 求和}) \tag{6-1}$$

$$x_k = R_{jk} x'_j \quad (\text{对 } j \text{ 求和}) \tag{6-2}$$

其中，$R_{jk} = \boldsymbol{e}'_j \cdot \boldsymbol{e}_k$ 是 $\boldsymbol{e}'_j$ 与 $\boldsymbol{e}_k$ 相关联的方向余弦。

注：

① R_{jk} 的两个下标 j 和 k 中的每一个对应不同的基：第一个下标 j 对应的是新集$\{\boldsymbol{e}'_j\}$，而第二个下标 k 对应的是原集$\{\boldsymbol{e}_k\}$。一般来说，$R_{jk} \neq R_{kj}$。

② 变换系数 R_{jk} 不构成张量，而只是一组实数。（参见第 6.2.3 节中的第二条注释。）

证明： 连接原点 O 和点 P 的几何向量 $\boldsymbol{r}$ 可表示为

$$\boldsymbol{r} = x_k \boldsymbol{e}_k = x'_j \boldsymbol{e}'_j \tag{6-3}$$

用$\{\boldsymbol{e}'_j\}$表示 $\boldsymbol{e}_k$，即

$$\boldsymbol{e}_k = (\boldsymbol{e}'_j \cdot \boldsymbol{e}_k)\boldsymbol{e}'_j = R_{jk}\boldsymbol{e}'_j \tag{6-4}$$

同时使用范围约定和求和约定，将式(6-4)代入式(6-3)，得

$$x_k R_{jk} \boldsymbol{e}'_j = x'_j \boldsymbol{e}'_j$$

因此

$$(x_k R_{jk} - x'_j)\boldsymbol{e}'_j = \boldsymbol{0}$$

由于向量集$\{\boldsymbol{e}'_j\}$是线性无关的，即上式括号中的量等于 0，则式(6-1)得证。

同理，用$\{\boldsymbol{e}_k\}$表示$\{\boldsymbol{e}'_j\}$可得

$$\boldsymbol{e}'_j = (\boldsymbol{e}_k \cdot \boldsymbol{e}'_j)\boldsymbol{e}_k = R_{jk}\boldsymbol{e}_k \tag{6-5}$$

并将其代入式(6-3)，则式(6-2)可得证。

注： 在变换方程(6-1)和展开式(6-5)中，R_{jk} 作用于原坐标系的量(即 x_k 或 $\boldsymbol{e}_k$)以产生对应的新坐标系量(即 x'_j或 $\boldsymbol{e}'_j$)。然而，在式(6-2)和(6-4)中，R_{jk} 作用于新坐标系的量以产生对应的原坐标系量。在上述所有情况下，应确保系数 R_{jk} 的下标 j 和 k 的顺序保持不变：第一个下标 j 始终指代原坐标系的量；第二个下标 k 始终指代新坐标系的量。

6.1.5 变换系数的正交关系

以下定理为变换系数 R_{jk} 的一个重要性质，该系数定义了笛卡尔轴的刚性旋转。

正交关系：笛卡尔轴刚性旋转的变换系数 R_{jk} 满足条件

$$R_{ik}R_{jk} = \delta_{ij}, \quad R_{ik}R_{il} = \delta_{kl} \tag{6-6}$$

证明： 式(6-6)中的第一个关系来自两个基 $\boldsymbol{e}'_i$和 $\boldsymbol{e}'_j$之间角度 θ 的几何公式。取 $\boldsymbol{e}'_i = R_{ik}\boldsymbol{e}_k$ 和 $\boldsymbol{e}'_j = R_{jl}\boldsymbol{e}_l$，其内积有

$$\cos\theta = \boldsymbol{e}'_i \cdot \boldsymbol{e}'_j = R_{ik}R_{jl}(\boldsymbol{e}_k \cdot \boldsymbol{e}_l) = R_{ik}R_{jl}\delta_{kl} = R_{ik}R_{jk} \tag{6-7}$$

如果 $i=j$，则 $\boldsymbol{e}'_i$和 $\boldsymbol{e}'_j$重合，即 $\theta=0$；如果 $i\neq j$，则 $\boldsymbol{e}'_i$和 $\boldsymbol{e}'_j$是正交的，即 $\theta=\pi/2$。因此，有

$$R_{ik}R_{jk} = \begin{cases} 1, & i=j \\ 0, & i\neq j \end{cases}$$

同理，式(6-6)中的第二个方程也可以用 $\boldsymbol{e}_k$ 和 $\boldsymbol{e}_l$ 之间的角度这一方式验证。

关系式(6-6)的物理意义是相当明显的，其确保每个集合的坐标轴$\{\boldsymbol{e}'_i\}$或$\{\boldsymbol{e}_k\}$是相互正交的，即

$$\boldsymbol{e}'_i \cdot \boldsymbol{e}'_j = \delta_{ij}, \quad \boldsymbol{e}_k \cdot \boldsymbol{e}_l = \delta_{kl}$$

6.1.6 变换系数的矩阵表示

由于变换系数 R_{jk} 有两个下标，因此可用矩阵形式表示它们的值。符号$[R_{jk}]$用于表示以 R_{jk} 作为第 j 行第 k 列元素的矩阵。此外，当用 $\boldsymbol{R}$ 表示时，它代表轴旋转的线性算子，而不参考其系数 R_{jk} 的任何值。

例：在二维情况下，刚性旋转直角坐标系旋转角 θ 由下式给出

$$\boldsymbol{e}'_i = R_{ij}\boldsymbol{e}_j, \quad [R_{ij}] = \begin{bmatrix} R_{11} & R_{12} \\ R_{21} & R_{22} \end{bmatrix} = \begin{bmatrix} \cos\theta & \sin\theta \\ -\sin\theta & \cos\theta \end{bmatrix} \tag{6-8}$$

坐标系的这种旋转对应的坐标变换为

$$x'_i = R_{ij}x_j$$

或等效地表示为

$$\begin{bmatrix} x'_1 \\ x'_2 \end{bmatrix} = \begin{bmatrix} R_{11} & R_{12} \\ R_{21} & R_{22} \end{bmatrix} \begin{bmatrix} x_1 \\ x_2 \end{bmatrix} = \begin{bmatrix} \cos\theta & \sin\theta \\ -\sin\theta & \cos\theta \end{bmatrix} \begin{bmatrix} x_1 \\ x_2 \end{bmatrix} \tag{6-9}$$

注：以下简要讨论主动变换和被动变换之间的区别，因为其经常引起混乱。在本章中，我们只关注被动变换。对于被动变换，所研究的物理实体(例如，粒子的质量或几何向量)保持不变，只有坐标系从$\{\boldsymbol{e}_i\}$变到$\{\boldsymbol{e}'_i\}$，如式(6-8)。而主动变换会改变物理实体本身的位置或方向，但基向量$\{\boldsymbol{e}_i\}$保持固定。在主动变换情况下，二维几何向量 $\boldsymbol{x}$ 及旋转角度θ 关系表示为

$$\boldsymbol{e}'_i = \boldsymbol{e}_i, \quad \begin{bmatrix} x'_1 \\ x'_2 \end{bmatrix} = \begin{bmatrix} \cos\theta & -\sin\theta \\ \sin\theta & \cos\theta \end{bmatrix} \begin{bmatrix} x_1 \\ x_2 \end{bmatrix}$$

这显然不同于被动转换。图 6-2 所示说明了两种转换之间的区别。

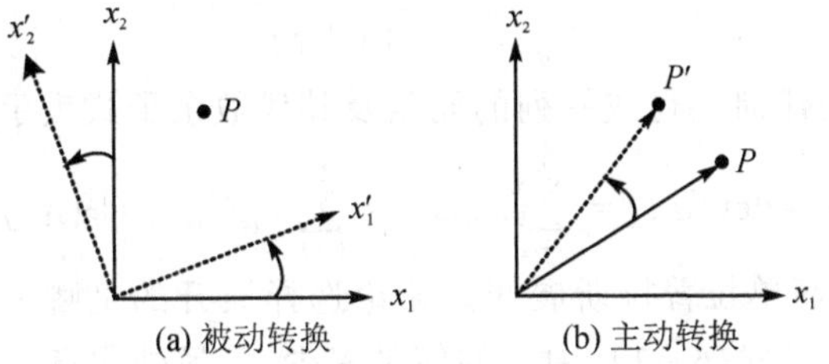

图 6-2 被动转换和主动转换之间的区别

可以证明，矩阵$[R_{kl}]$的行列式为

$$\det[R_{kl}] = \pm 1 \tag{6-10}$$

这意味着有两类直角笛卡尔坐标系，对应于式(6-10)中的正号和负号。在本章中，只考虑 $\det[R_{kl}]=+1$ 的情况，这对应于对单一类型坐标系(即右手坐标系)的限制。我们将在第 6.3.1 节介绍到，变换系数 $\det[R_{kl}]=-1$ 的坐标轴的旋转产生了左手系。

6.1.7 矩阵的行列式

以下讨论矩阵行列式的正式定义及其相关信息。

① 有 n^2 个元素 a_{ij} 的方阵的行列式

$$D=\det[a_{ij}]=\begin{vmatrix} a_{11} & a_{12} & \cdots & a_{1n} \\ a_{21} & a_{22} & \cdots & a_{2n} \\ \vdots & \vdots & \ddots & \vdots \\ a_{n1} & a_{n2} & \cdots & a_{nn} \end{vmatrix} \tag{6-11}$$

可以表示为n！项的总和

$$(-1)^r a_{1k_1} a_{2k_2} \cdots a_{nk_n} \tag{6-12}$$

每一项对应于n！个不同的有序集$k_1,k_2,\cdots,k_n$，它们由有序集合中第1,2,⋯,n个元素的r次交换获得。

② n阶行列式$D=\det[a_{ij}]$中元素a_{ij}的余子式M_{ij}是从式(6－11)中擦除第i行和第j列获得的$(n-1)$阶行列式。

例：给定一个3阶行列式

$$D=\begin{vmatrix} a_{11} & a_{12} & a_{13} \\ a_{21} & a_{22} & a_{23} \\ a_{31} & a_{32} & a_{33} \end{vmatrix}$$

其元素a_{12}余子式是通过删除D中的第1行和第2列获得的，即

$$M_{12}=\begin{vmatrix} a_{21} & a_{23} \\ a_{31} & a_{33} \end{vmatrix}$$

③ 元素a_{ij}的代数余子式C_{ij}定义为

$$C_{ij}=\frac{\partial D}{\partial a_{ij}} \tag{6-13}$$

或可等效地表示为

$$C_{ij}=(-1)^{i+j}M_{ij}$$

④ 行列式D可以用任何一行或一列的元素及其代数余子式表示，即

$$D=\det[a_{ij}]=\sum_{i=1}^{n} a_{ij}C_{ij}=\sum_{k=1}^{n} a_{jk}C_{jk} \quad (\text{固定 } j) \tag{6-14}$$

这称为行列式D的简单拉普拉斯展开。无论选择展开的是哪一列或行，式(6－14)都为D提供相同的值(即无论在式(6－14)中j的值是多少)。另外注意，对于$j\neq h$，则有

$$\sum_{i=1}^{n} a_{ij}C_{ih}=\sum_{k=1}^{n} a_{jk}C_{hk}=0$$

例：按第1行展开有

$$D=\begin{vmatrix} 1 & 3 & 0 \\ 2 & 6 & 4 \\ -1 & 0 & 2 \end{vmatrix}=1\begin{vmatrix} 6 & 4 \\ 0 & 2 \end{vmatrix}-3\begin{vmatrix} 2 & 4 \\ -1 & 2 \end{vmatrix}+0\begin{vmatrix} 2 & 6 \\ -1 & 0 \end{vmatrix}=-12$$

注：对于展开式(6－13)，n阶行列式D由n个$n-1$阶行列式的线性组合表示。类似地，后面的每一个$n-1$阶行列式依次用$n-1$个$n-2$阶行列式表示。依此类推，最终可得到n！个一阶行列式(即只有n！个实数)，每个行列式由式(6－12)表示。

6.2 笛卡尔张量

6.2.1 笛卡尔向量

上节讨论了坐标轴的旋转，下面介绍张量的概念及其在笛卡尔坐标系中的变换规律。假设 3 个数量的有序集合 $v_i(i = 1, 2, 3)$是 x_j 的显式或隐式函数，那么 $v_i(x_j)$的值如何通过笛卡尔轴的刚性旋转而变化的？如果按照下面给出的定律变换，则 v_i 被称为特定类型张量的分量，即笛卡尔向量(或一阶笛卡尔张量)的分量。

笛卡尔向量 $\boldsymbol{v}$ 在 x 坐标系由 n 个函数的有序集合 $v_i(x_j)$表示，在 x'坐标系由另一组 n 个函数的有序集合 $v_i'(x_j')$表示，其中 v_i'和 v_i 在每个点都通过如下变换定律相关联

$$v_i' = R_{ij} v_j, \quad v_i = R_{ki} v_k' \tag{6-15}$$

其中，$R_{ij} = \boldsymbol{e}_i' \cdot \boldsymbol{e}_j$。

显然，向量 $\boldsymbol{v}$ 是几何对象，因此它是独立于坐标系而唯一确定的。而分量 $v_i(x_j)$的函数形式取决于对坐标系的选择。向量及其分量的概念本质上彼此不同(详见第 6.2.2 节)。

注意： 式(6-15)中 R_{ij} 的下标 i 指的是转换后的函数 v_i'的下标 i，而其下标 j 指的是原始函数 v_j 的下标 j。

6.2.2 笛卡尔向量与几何矢量

式(6-15)可能会让一些读者感到困惑：函数 v_i 似乎代表一个几何矢量。为了说清楚这一点，则必须阐明作为一阶笛卡尔张量的向量的定义与作为几何矢量的向量定义之间的区别。

在初等计算中，向量简单地由具有一定长度和方向的几何矢量定义，通常用粗体字母表示，例如 $\boldsymbol{v}$。由定义知，$\boldsymbol{v}$ 是通过指定它的长度和方向来唯一确定的，这两者都与选择的坐标系无关。但是，如果通过指定相对于给定坐标轴的分量 v_k 以代数方式来定义，则唯一性消失。即使考虑相同的矢量 $\boldsymbol{v}$，分量 v_k 的值也取决于对坐标系的选择。因此，当根据式(6-15)进行坐标变换时，v_k 的值会以保持矢量 $\boldsymbol{v}$ 的长度和方向不变的方式改变。这就是不把 n 个函数 v_k 的集合称为向量，而是称为向量的分量的原因。

简而言之，我们应该始终牢记向量是独立于坐标系的几何对象，而向量的分量只是向量相对于特定坐标系的数学表示。这一点适用于本节中介绍的所有张量类别。

注： 尽管有上述注意点，有时也将张量的一组分量称为“张量”。然而，重要的是要注意张量(即与坐标无关的对象)和张量的分量(即与坐标相关的量)之间的固有差异。

6.2.3 笛卡尔张量

对于二阶笛卡尔张量，其需要两个下标来标识该集合的特定元素。

二阶笛卡尔张量 $\boldsymbol{T}$ 是由一组在 x 坐标系的有序双下标量 T_{ij} 和另一组在 x'坐标系的双下标量 T_{kl}'表示的，其中每个点的 T_{ij} 和 T_{kl}'由下式相关联

$$T_{ij}' = R_{ik} R_{jl} T_{kl}, \quad T_{kl} = R_{mk} R_{nl} T_{mn}' \tag{6-16}$$

其中，双下标量 T_{ij} 被称为张量 $\boldsymbol{T}$ 的分量。

以类似的方式,可以定义一个一般阶的笛卡尔张量,$T_{ij\cdots k}$ 是笛卡尔张量的分量,如果对于轴的所有旋转,使用新坐标的 $T'_{m\cdots n}$ 由下式给出

$$T'_{ij\cdots k}=R_{il}R_{jm}\cdots R_{kn}T_{lm\cdots n}, \quad T_{lm\cdots n}=R_{pl}R_{qm}\cdots R_{rn}T'_{pq\cdots r}$$

很明显,三维的 n 阶笛卡尔张量有 3^n 个分量。

例: 假设有两个笛卡尔向量 $\boldsymbol{a}$ 和 $\boldsymbol{b}$,每个都由同一坐标系下的分量 a_i 和 b_j 表示,则可以创建由下式表示的 9 个分量

$$a_ib_j \quad (i,j=1,2,3)$$

这被称为向量 $\boldsymbol{a}$ 与 $\boldsymbol{b}$ 的外积(或直积)(详见第 6.4.3 节)。外积由二阶笛卡尔张量组成,由于每个 a_i 和 b_j 的转换公式分别为

$$a'_i=R_{ik}a_k, \quad b'_j=R_{jl}b_l$$

则有

$$T'_{ij}=a'_ib'_j=R_{ik}R_{jl}a_kb_l=R_{ik}R_{jl}T_{kl}$$

注: 我们强调变换系数,比如 R_{ij},不会构成张量,并注意到张量 T_{ij} 中的两个下标 i 和 j 对应的是同一个坐标系,而系数 R_{ij} 中的两个下标 i 和 j 则对应的是不同的坐标系。因此,T_{ij} 和 R_{ij} 本质上是彼此不同的,尽管两者都需要两个下标。

6.2.4 标　量

与有限阶张量的情况相反,对于坐标轴旋转后保持不变的量,被称为标量或零阶张量,其只包含一个分量。例如,从一点到原点的距离的平方,在坐标轴的任何旋转下都必然是不变的。还有一些其他标量示例,如向量积 $\boldsymbol{u}\cdot\boldsymbol{v}$ 在旋转下也是不变的。下面以散度为例。

例: 如果 v_i 是向量的分量,则散度$\nabla\cdot\boldsymbol{v}=\dfrac{\partial v_i}{\partial x_i}$为标量。在旋转坐标系中,$\nabla\cdot\boldsymbol{v}$ 由下式给出

$$\frac{\partial v'_i}{\partial x'_i}=\frac{\partial}{\partial x'_i}(R_{ik}v_k)=R_{ik}\frac{\partial v_k}{\partial x'_i}$$

其中,$R_{ik}=\boldsymbol{e}_k\cdot\boldsymbol{e}'_i$不是位置的函数。根据关系$\partial x_j/\partial x'_i=R_{ij}$,则有

$$R_{ik}\frac{\partial v_k}{\partial x'_i}=R_{ik}\frac{\partial x_j}{\partial x'_i}\frac{\partial v_k}{\partial x_j}=R_{ik}R_{ij}\frac{\partial v_k}{\partial x_j}=\delta_{jk}\frac{\partial v_k}{\partial x_j}=\frac{\partial v_j}{\partial x_j}$$

即

$$\frac{\partial v'_i}{\partial x'_i}=\frac{\partial v_j}{\partial x_j}$$

6.3 伪张量

6.3.1 非正常旋转

到目前为止,所讨论的坐标变换仅限于由正交矩阵$[R_{ij}]$描述的刚性旋转,其属性为

$$|\boldsymbol{R}|\equiv\det[R_{ij}]=1$$

这种变换被称为正常旋转。若坐标变换包括由正交矩阵$[R_{ij}]$描述的刚性旋转,其属性为

$$|\boldsymbol{R}|=-1$$

则这种转换被称为非正常旋转(或反射旋转)。以下是两个非正常旋转的示例。

例:(反转)坐标轴通过原点的反转,即

$$\boldsymbol{e}'_i=-\boldsymbol{e}_i, \quad i=1,2,3$$

在这种情况下,位置矢量 $\boldsymbol{x}$ 分别根据基 $\boldsymbol{e}'_i$ 和 $\boldsymbol{e}_i$ 来描述为

$$\boldsymbol{x}=x_i\boldsymbol{e}_i, \quad \boldsymbol{x}=x'_i\boldsymbol{e}'_i=x'_i(-\boldsymbol{e}_i)$$

即

$$x_i=-x'_i=-\delta_{ij}x'_j$$

这表明轴的反转由 $R_{ij}=-\delta_{ij}$ 表示。实际上,它的行列式变成

$$|\boldsymbol{R}|=\begin{vmatrix}-1 & 0 & 0\\ 0 & -1 & 0\\ 0 & 0 & -1\end{vmatrix}=-1$$

例:(反射)反转一个基的方向的反射,即

$$\boldsymbol{e}'_i=-\boldsymbol{e}_i$$

若对于 x 轴的反射,则有

$$|\boldsymbol{R}|=\begin{vmatrix}-1 & 0 & 0\\ 0 & 1 & 0\\ 0 & 0 & 1\end{vmatrix}=-1$$

注:反转与仅针对奇数维的正常旋转不同。例如,在二维或四维的情况下,反转与正常旋转相同。相反,仅改变一个坐标的符号的反射总是与正常旋转不同,无论维度如何。

通过非正常旋转,最初的右手系变成了左手系,如图 6-3 所示。

注意:这种改变不能通过任何正常旋转来完成。

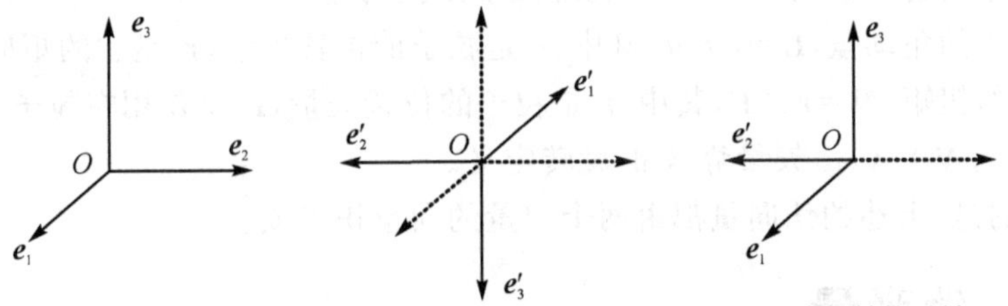

(a) 右手笛卡尔坐标系　(b) 坐标系的反转　(c) 坐标轴的反射

图 6-3　非正常旋转

6.3.2 伪向量

无论坐标系是正常的还是非正常的旋转,R_{ij} 所描述的任何旋转都将向量 $\boldsymbol{v}$ 的分量 v_i 变换为

$$v'_i=R_{ij}v_j$$

这是因为任何真实的物理向量 $\boldsymbol{v}$ 可以被认为是一个几何对象(即空间中的箭头),其方向和大小不能仅仅因采用不同的坐标系来描述它而改变。

然而,可以定义另一种类型的向量 $\boldsymbol{w}$,其分量 w_i 变换为

$$w'_i=R_{ij}w_j\text{（正常旋转）}$$
$$w'_i=-R_{ij}w_j\text{（非正常旋转）}$$

或等效地表示为

$$w'_i=|\boldsymbol{R}|R_{ij}w_j$$

在这种情况下，w_i 不再是严格意义上的真正笛卡尔向量的分量，它们被称为形成伪向量的分量或一阶笛卡尔伪张量。伪向量也可以被称为轴向向量；相应地，真向量可以被称为极向量。

注： 伪向量不应被视为空间中的真实几何对象（箭头），因为它的方向会因坐标轴的非正常变换而反转。如图 6-4 所示，其中伪向量 **w** 显示为虚线，表示它不是真实的物理向量。

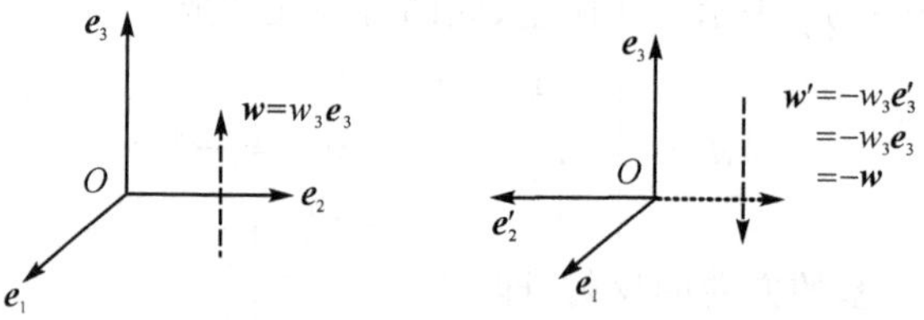

图 6-4　伪向量 w 的反转行为（通过 e₂ 轴的反射）

向量 **v** 的分量 v_i 变换为

$$v'_i=R_{ij}v_j$$

在笛卡尔轴的刚性旋转下，伪向量 **w** 的分量 w_i 变换为

$$w'_i=|\boldsymbol{R}|R_{ij}w_j$$

其中，$|\boldsymbol{R}|$ 为变换矩阵 $[R_{ij}]$ 的行列式。

因此，当应用产生 $|\boldsymbol{R}|=-1$ 的非正常旋转时，向量和伪向量之间的差异就会显现出来。

伪向量在物理学中经常出现，尽管通常不会被明确指出。

例：（伪向量的物理示例）以下 3 个物理量都是伪向量。

① 运动粒子的角动量，$\boldsymbol{L}=\boldsymbol{r}\times\boldsymbol{p}$，其中，$\boldsymbol{r}$ 是粒子的位置矢量，$\boldsymbol{p}$ 是它的矩向量。

② 粒子上的扭矩，$\boldsymbol{N}=\boldsymbol{r}\times\boldsymbol{F}$，其中，$\boldsymbol{r}$ 是粒子的位置矢量，$\boldsymbol{F}$ 是作用在粒子上的力。

③ 磁场，$\boldsymbol{B}=\nabla\times\boldsymbol{A}$，由矢量势 $\boldsymbol{A}$ 的旋转定义。

值得注意的是，上述的伪向量都由两个向量的向量积组成。

6.3.3　伪张量

可以将向量和伪向量的概念扩展到具有两个或多个下标的对象。例如，假设一个分量在正常旋转下变换为

$$T'_{ij}=R_{ik}R_{jl}T_{kl}$$

但在非正常旋转下为

$$T'_{ij}=-R_{ik}R_{jl}T_{kl}$$

那么，T_{ij} 则为二阶笛卡尔伪张量的分量。类似地，任意阶的笛卡尔伪张量被定义为使得它们的分量变换为

$$T'_{ij\cdots k}=|\boldsymbol{R}|R_{il}R_{jm}\cdots R_{kn}T_{lm\cdots n}$$

其中，$|\boldsymbol{R}|$ 为变换矩阵 $[R_{ij}]$ 的行列式。与这些相对应，零阶对象也可以分为张量和伪张量，后者在正常旋转下是不变的，但在非正常旋转时会改变符号。

6.3.4 列维-齐维塔(Levi - Civita)符号

三阶伪张量的一个典型例子是列维-齐维塔(Levi - Civita)符号 ε_{ijk}。

如果有序集合 i、j、k 分别通过集合 1，2，3 的偶数或奇数置换获得，则由 ε_{ijk} 表示的列维-齐维塔(Levi - Civita)符号(或置换符号)取值为+1 或−1。

实际上，在下面情况下 ε_{ijk} 的值为

$$\varepsilon_{123}=\varepsilon_{231}=\varepsilon_{312}=+1$$

$$\varepsilon_{213}=\varepsilon_{321}=\varepsilon_{132}=-1$$

如果 i、j、k 中任何两个下标相等，则 $\varepsilon_{ijk}=0$。

伪张量 ε_{ijk} 的性质可以用一个 3×3 的一般矩阵 $[A_{ij}]$ 的行列式 $|\boldsymbol{A}|$ 表示为

$$|\boldsymbol{A}|\varepsilon_{lmn}=A_{il}A_{jm}A_{kn}\varepsilon_{ijk}$$

当然，上式适用于刚体旋转的变换矩阵 $[R_{ji}]$。因此，有

$$|\boldsymbol{R}|\varepsilon_{lmn}=R_{il}R_{jm}R_{kn}\varepsilon_{ijk}$$

或等效地表示为

$$\varepsilon_{ijk}=|\boldsymbol{R}|R_{il}R_{jm}R_{kn}\varepsilon_{lmn} \tag{6-17}$$

这表明 ε_{ijk} 为一个三阶笛卡尔伪张量。

式(6 - 17)不仅仅表明了 ε_{ijk} 的伪张量特征，也清楚地表明 ε_{ijk} 的所有分量都不会因轴的任何旋转而改变。具有这种性质的张量被称为各向同性张量(不变张量或基本张量)。我们知道没有一阶的各向同性张量，二阶和三阶的各向同性张量分别只有 δ_{ij} 和 ε_{ijk} 的标量倍数。此外，最一般的四阶各向同性张量可表示为

$$\lambda\delta_{ik}\delta_{mp}+\mu\delta_{im}\delta_{kp}+\upsilon\delta_{ip}\delta_{km}$$

其中，λ、μ、υ 为任意常数(这样的四阶各向同性张量出现在固体弹性理论中，详见第 6.5.2 节)。上述所有的各向同性张量都与各向同性介质的物理性质的描述有关(即无论其取向方式如何，都具有相同性质的介质)。

在应用中经常使用以下标识

$$\varepsilon_{ijk}\varepsilon_{klm}=\delta_{il}\delta_{jm}-\delta_{im}\delta_{jl} \tag{6-18}$$

其可以通过列维-齐维塔(Levi - Civita)符号的属性来进行验证。

6.4 张量代数

6.4.1 加法和减法

张量的加法和减法是张量代数的基础，提供了从旧张量构造新张量的方法。为方便起见，我们可以简称 T_{ij} 为张量，但应该始终记住，T_{ij} 是 $\boldsymbol{T}$ 在特定的坐标系中的分量。

张量的加法和减法以一种明显的方式定义。如果 $A_{ij\cdots k}$ 和 $B_{ij\cdots k}$ 是相同阶的张量(的分量)，则对于每组值 i，j，…，k，它们的和与差 $S_{ij\cdots k}$ 和 $D_{ij\cdots k}$ 分别表示为

$$S_{ij\cdots k}=A_{ij\cdots k}+B_{ij\cdots k}$$

$$D_{ij\cdots k}=A_{ij\cdots k}-B_{ij\cdots k}$$

此外，由坐标旋转的线性特点可得

$$R_{ip}S_{pq\cdots r}=R_{ip}(A_{pq\cdots r}+B_{pq\cdots r})=R_{ip}A_{pq\cdots r}+R_{ip}B_{pq\cdots r}=A_{iq\cdots r}+B_{iq\cdots r}=S_{iq\cdots r}$$

6.4.2 缩　并

缩并是使两个下标相等并对相等下标的所有值求和的操作。它是张量代数特有的运算，在某些运算中非常重要。

例如，一个三阶张量 T_{ijk} 的变换规律可描述为

$$T'_{ijk}=R_{il}R_{jm}R_{kn}T_{lmn} \tag{6-19}$$

如果对 j 和 k 执行这个张量的缩并，即在式(6－19)中设 $j=k$ 并对 k 求和，可得

$$T'_{ikk}=R_{il}R_{km}R_{kn}T_{lmn}=R_{il}\delta_{mn}T_{lmn}=R_{il}T_{lnn}$$

上式中对 $R_{km}R_{kn}$ 使用了正交性条件。结果表明 T_{ikk} 形成一(1=3－2)阶张量的分量。一般来说，缩并会将张量的阶数减少 2；N 阶张量 $T_{ij\cdots l\cdots m\cdots k}$ 通过使下标 l 和 m 相等的缩并会产生另一个 $N-2$ 阶张量。特别地，如果将缩并应用于二阶张量，则结果是一个标量。

6.4.3 外积和内积

外积和内积是张量的乘法。例如，取两个张量 A_{ij} 和 B_{klm} 不同的顺序并简单地并列写为

$$C_{ijklm}=A_{ij}B_{klm} \tag{6-20}$$

C_{ijklm} 为五阶张量的分量，直接遵循张量的变换定律。如式(6－20)的这种乘积被称为张量 A_{ij} 和 B_{klm} 的分量的外积，其中所有下标彼此不同。

另一种由外积通过缩并得到的张量积，称为张量的内积。例如，在式(6－20)中令 $k=j$，则得

$$C_{ijjlm}=A_{ij}B_{jlm} \tag{6-21}$$

则其为一个三阶张量的分量，如第 6.4.2 节所述。如式(6－21)的这种乘积被称为张量 A_{ij} 和 B_{klm} 的分量的内积。

例：取两个向量 $\boldsymbol{u}$ 和 $\boldsymbol{v}$ 的标量积的过程可以用 u_iv_i 表示，或者可以先用张量外积形式表示为

$$T_{ij}=u_iv_j$$

然后改写为

$$T_{ii}=u_iv_i$$

利用张量的外(和内)积的概念，可以将向量代数的许多熟悉的表达式改写成缩并张量。例如，对于向量积 $\boldsymbol{a}=\boldsymbol{b}\times\boldsymbol{c}$ 有

$$a_i=\varepsilon_{ijk}b_jc_k \tag{6-22}$$

作为其第 i 个分量，其中 ε_{ijk} 为列维-齐维塔(Levi－Civita)符号，其阐明了由分量 $\varepsilon_{ijk}b_jc_k$ 组成的伪向量以及由外积 b_ic_j 组成的二阶张量之间的区别。

注：两个向量的外积通常在不参考任何坐标系的情况下表示为

$$\boldsymbol{T}=\boldsymbol{u}\otimes\boldsymbol{v} \tag{6-23}$$

不应与两个向量的向量积混淆，后者本身就是一个伪向量。由式(6－23)可给出二阶张量分量 T_{ij} 的含义：因为 $\boldsymbol{u}=u_i\boldsymbol{e}_i$ 和 $\boldsymbol{v}=v_j\boldsymbol{e}_j$，则张量 $\boldsymbol{T}$ 可表示为

$$T = u \otimes v = u_i e_i \otimes v_j e_j = u_i v_j e_i \otimes e_j = T_{ij} e_i \otimes e_j$$

此外，还有

$$T = u_i e_i \otimes v_j e_j = u'_i e'_i \otimes v'_j e'_j$$

这表明变量 T'_{ij} 是同一张量 T 的分量但是参考了不同的坐标系。这些概念可以扩展到高阶张量。

$e_i \otimes e_j$ 有时也简单地表示为 $e_i e_j$，也称为张量积。该标记法(不带$\otimes$)强调，例如，就像 e_1 是属于向量集合的元素对象一样，$e_1 e_2$ 是属于二阶张量集合的元素对象。术语“张量积”表示该操作与从初等代数中的乘积具有某些相同属性。

梯度：是指结构力学的许多控制方程包括场变量相对于空间坐标的导数。这里的“场”是指空间中的函数，例如结构的温度或位移函数。场变量可以是标量、向量或张量。因此，使用张量符号定义梯度算子比较方便。梯度算子被定义为一个向量(或一阶张量)，即

$$\nabla = \frac{\partial}{\partial \boldsymbol{x}} = e_i \frac{\partial}{\partial x_i} \tag{6-24}$$

例如，标量场的梯度 $\phi(\boldsymbol{x})$ 可以表示为

$$\nabla \phi = \mathrm{grad}\ \phi = e_i \frac{\partial \phi}{\partial x_i} \tag{6-25}$$

这是一个向量。向量场 $\boldsymbol{u}(\boldsymbol{x})$ 的梯度可以定义为

$$\nabla \boldsymbol{u} = \left(e_i \frac{\partial}{\partial x_i}\right) \otimes (u_j e_j) = \frac{\partial u_j}{\partial x_i} e_i \otimes e_j \tag{6-26}$$

注意：向量的梯度是二阶张量。

为了符号表示方便，通常用逗号表示梯度，即 $v_{i,j} = \frac{\partial v_i}{\partial x_j}$。可以用向量的梯度构造一个标量来定义散度

$$\nabla \cdot \boldsymbol{u} = \left(e_i \frac{\partial}{\partial x_i}\right) \cdot (u_j e_j) = \frac{\partial u_i}{\partial x_i} = \frac{\partial u_1}{\partial x_1} + \frac{\partial u_2}{\partial x_2} + \frac{\partial u_3}{\partial x_3} \tag{6-27}$$

拉普拉斯算子可以用两个梯度算子的内积来定义，即

$$\nabla^2 = \nabla \cdot \nabla = \left(e_i \frac{\partial}{\partial x_i}\right) \cdot \left(e_j \frac{\partial}{\partial x_j}\right) = \frac{\partial}{\partial x_i} \frac{\partial}{\partial x_i} = \frac{\partial^2}{\partial x_1^2} + \frac{\partial^2}{\partial x_2^2} + \frac{\partial^2}{\partial x_3^2} \tag{6-28}$$

下面将向量代数的几个表达式展示为缩并的笛卡尔张量(符号$[\boldsymbol{a}]_i$ 表示向量(或张量)$\boldsymbol{a}$ 的第 i 个分量)：

① $\boldsymbol{a} \cdot \boldsymbol{b} = a_i b_i = \delta_{ij} a_i b_j$。

② $[\boldsymbol{a} \cdot (\boldsymbol{b} \times \boldsymbol{c})]_i = \delta_{il} a_i [\boldsymbol{b} \times \boldsymbol{c}]_l = \delta_{il} a_i (\varepsilon_{ljk} b_j c_k) = \varepsilon_{ijk} a_i b_j c_k$。

③ $(\boldsymbol{a}, \boldsymbol{b}, \boldsymbol{c}) = [\boldsymbol{a}, \boldsymbol{b}, \boldsymbol{c}] = (\boldsymbol{a} \times \boldsymbol{b}) \cdot \boldsymbol{c} = \boldsymbol{a} \cdot (\boldsymbol{b} \times \boldsymbol{c}) = \begin{vmatrix} a_1 & a_2 & a_3 \\ b_1 & b_2 & b_3 \\ c_1 & c_2 & c_3 \end{vmatrix}$。

④ $(\boldsymbol{a} \times \boldsymbol{b}) \times \boldsymbol{c} = (\boldsymbol{a} \cdot \boldsymbol{c}) \boldsymbol{b} - (\boldsymbol{b} \cdot \boldsymbol{c}) \boldsymbol{a}$。

⑤ $(\boldsymbol{a} \times \boldsymbol{b}) \cdot (\boldsymbol{c} \times \boldsymbol{d}) = (\boldsymbol{a} \cdot \boldsymbol{c})(\boldsymbol{b} \cdot \boldsymbol{d}) - (\boldsymbol{a} \cdot \boldsymbol{d})(\boldsymbol{b} \cdot \boldsymbol{c}) = \begin{vmatrix} \boldsymbol{a} \cdot \boldsymbol{c} & \boldsymbol{a} \cdot \boldsymbol{d} \\ \boldsymbol{b} \cdot \boldsymbol{c} & \boldsymbol{b} \cdot \boldsymbol{d} \end{vmatrix}$。

⑥ $(\boldsymbol{a} \times \boldsymbol{b}) \times (\boldsymbol{c} \times \boldsymbol{d}) = (\boldsymbol{a}, \boldsymbol{c}, \boldsymbol{d}) \boldsymbol{b} - (\boldsymbol{b}, \boldsymbol{c}, \boldsymbol{d}) \boldsymbol{a} = (\boldsymbol{a}, \boldsymbol{b}, \boldsymbol{d}) \boldsymbol{c} - (\boldsymbol{a}, \boldsymbol{b}, \boldsymbol{c}) \boldsymbol{d}$。

⑦ $(\boldsymbol{a}\otimes\boldsymbol{b})\cdot\boldsymbol{c}=\boldsymbol{a}(\boldsymbol{b}\cdot\boldsymbol{c})$,

$\boldsymbol{c}\cdot(\boldsymbol{a}\otimes\boldsymbol{b})=\boldsymbol{b}(\boldsymbol{c}\cdot\boldsymbol{a})$,

$(\boldsymbol{a}\otimes\boldsymbol{b})\cdot(\boldsymbol{c}\otimes\boldsymbol{d})=(\boldsymbol{b}\cdot\boldsymbol{c})(\boldsymbol{a}\otimes\boldsymbol{d})$。

⑧ $(\nabla\cdot\boldsymbol{\sigma})_j=\dfrac{\partial\sigma_{ij}}{\partial x_i}$。

这是应力张量的散度。通过对上式中的所有分量展开,并将散度设为零,可以得平衡微分方程

$$\begin{cases}\dfrac{\partial\sigma_{11}}{\partial x_1}+\dfrac{\partial\sigma_{21}}{\partial x_2}+\dfrac{\partial\sigma_{31}}{\partial x_3}=0\\ \dfrac{\partial\sigma_{12}}{\partial x_1}+\dfrac{\partial\sigma_{22}}{\partial x_2}+\dfrac{\partial\sigma_{32}}{\partial x_3}=0\\ \dfrac{\partial\sigma_{13}}{\partial x_1}+\dfrac{\partial\sigma_{23}}{\partial x_2}+\dfrac{\partial\sigma_{33}}{\partial x_3}=0\end{cases}$$

由于应力张量是对称的(详见第 6.4.4 节)。因此,有 $\sigma_{12}=\sigma_{21}$, $\sigma_{23}=\sigma_{32}$ 和 $\sigma_{13}=\sigma_{31}$。

⑨ $[\nabla\times\boldsymbol{v}]_i=\varepsilon_{ijk}\dfrac{\partial v_k}{\partial x_j}$。

⑩ $[\nabla(\nabla\cdot\boldsymbol{v})]_i=\dfrac{\partial}{\partial x_i}(\nabla\cdot v)=\dfrac{\partial}{\partial x_i}\left(\dfrac{\partial v_j}{\partial x_j}\right)=\delta_{jk}\dfrac{\partial^2 v_j}{\partial x_i\partial x_k}$。

⑪ $[\nabla\times(\nabla\times\boldsymbol{v})]_i=\varepsilon_{ijk}\dfrac{\partial}{\partial x_j}[\nabla\times\boldsymbol{v}]_k=\varepsilon_{ijk}\varepsilon_{klm}\dfrac{\partial^2 v_m}{\partial x_j\partial x_l}$。

6.4.4 对称和反对称张量

张量的下标顺序很重要;一般来说,T_{ij} 与 T_{ji} 不同。

如果

$$T_{ij}=T_{ji}$$

对所有下标 i 和 j 都成立,则由 T_{ij} 组成的张量被称为对称张量。如果

$$T_{ij}=-T_{ji} \tag{6-29}$$

则称张量为反对称(或斜对称)张量。

在一个坐标系中对称(或反对称)的张量在任何其他坐标系中也保持对称(或反对称)。如果 T_{ij} 在给定系统中是对称的,即 $T_{ij}=T_{ji}$,那么

$$T'_{ij}=R_{ik}R_{jl}T_{kl}=R_{jl}R_{ik}T_{lk}=T'_{ji}$$

上述同样适用于反对称和高阶张量。

值得注意的是,每个张量都可以通过恒等式分解为对称和反对称部分

$$T_{ij}=S_{ij}+A_{ij} \tag{6-30}$$

其中

$$S_{ij}=\frac{1}{2}(T_{ij}+T_{ji})$$

$$A_{ij}=\frac{1}{2}(T_{ij}-T_{ji})$$

显然 S_{ij} 为对称张量，因为即使下标 i 和 j 互换它也不会改变；A_{ij} 为反对称张量，因为交换下标 i 和 j 会改变所有分量的符号。因此，S_{ij} 和 A_{ij} 被分别称为 T_{ij} 的对称和反对称部分。

6.4.5 反对称二阶张量与伪向量的等价性

在三维情况下，二阶反对称张量 $\boldsymbol{W}$ 与伪向量 $\boldsymbol{w}$ 相关联。例如，令 W_{ij} 为反对称二阶张量的分量，其变换定律为($W_{11}=W_{22}=W_{33}=0$)

$$W'_{ij}=R_{il}R_{jm}W_{lm}=R_{i1}R_{j2}W_{12}+R_{i1}R_{j3}W_{13}+R_{i2}R_{j1}W_{21}+R_{i2}R_{j3}W_{23}+R_{i3}R_{j1}W_{31}+R_{i3}R_{j2}W_{32} \tag{6-31}$$

此外，由于 $W_{lm}=-W_{ml}$，则式(6-31)可以简化为

$$W'_{ij}=\sum_{(l,m)}(R_{il}R_{jm}-R_{im}R_{jl})W_{lm} \tag{6-32}$$

其中，总和 $\sum\limits_{(l,m)}$ 将 (l,m) 的值限制为(1,2)、(2,3)或(3,1)。

引入符号

$$w_1\equiv W_{23}=-W_{32},\quad w_2\equiv W_{31}=-W_{13},\quad w_3\equiv W_{12}=-W_{21}$$

或更简洁地表示为

$$w_n=W_{lm}$$

其中，l、m、n 是数字 1,2,3 的循环置换，即

$$(l,m,n)=(1,2,3),(2,3,1),(3,1,2)$$

那么式(6-32)可表示为

$$w'_k=\sum_{(l,m,n)}(R_{il}R_{jm}-R_{im}R_{jl})W_n \tag{6-33}$$

其中，i、j、k 和 l、m、n 都是 1，2，3 的循环置换。

值得注意的是，式(6-33)等效于伪向量 $\boldsymbol{w}$ 的分量 w_k 的变换定律。经过一些代数运算，式(6-33)可以简化为更紧凑的形式

$$w'_k=|\boldsymbol{R}|R_{kn}w_n \tag{6-34}$$

这恰好是伪向量的变换定律。

因此，可以得出以下定理：

假设一个三维的二阶反对称张量 $\boldsymbol{W}$，其分量 W_{ij} 的形式为

$$[W_{ij}]=\begin{bmatrix}0 & W_{12} & -W_{31}\\ -W_{12} & 0 & W_{23}\\ W_{31} & -W_{23} & 0\end{bmatrix}$$

则 3 个分量 W_{12}、W_{31} 和 W_{23} 可以与伪向量 $\boldsymbol{w}$ 相关联，其分量可由下式给出

$$(w_1,w_2,w_3)=(W_{23},W_{31},W_{12})$$

或更简洁地表示为

$$w_i=\frac{1}{2}\varepsilon_{ijk}W_{jk} \tag{6-35}$$

式(6-35)的右侧是三阶伪张量 ε_{ijk} 和二阶张量 W_{ij} 的二次缩并乘积。因此，$\boldsymbol{w}$ 是一个伪向量。

在物理应用中，我们经常使用二阶反对称张量的向量表示式(6-35)。例如，对于质量为

m 的运动粒子的角动量方程，假设一个力 $\boldsymbol{F}$ 作用于位于 $\boldsymbol{x}$ 的粒子，且令 i 和 j 分别取值 1，2，3，可得

$$m(\ddot{x}_j x_k - \ddot{x}_k x_j) = F_j x_k - F_k x_j \tag{6-36}$$

9 个方程。

注意：式(6-36)两边都是反对称张量。因此，在 9 个方程中只有 3 个是独立的，即当$(j,k)=(1,2),(2,3),(3,1)$时。

可以将式(6-36)转换成更简洁的向量形式为

$$mw_i = N_i$$

其中，定义

$$w_i = \varepsilon_{ijk}(\ddot{x}_j x_k - \ddot{x}_k x_j)$$
$$N_i = \varepsilon_{ijk}(F_j x_k - F_k x_j)$$

6.4.6 商定理

有时有必要判断一组函数是否构成向量的分量，例如，$\{a_i(x_j)\}$。直接的方法是检查函数在坐标轴旋转下是否满足所需的变换规律，但在实际应用中比较麻烦。在本小节中，将介绍一种简单且更有效的间接测试法，称为商法则，用于确定给定的一组量是否构成张量的分量。

商定理：对于任何旋转坐标系中的向量 $\boldsymbol{v}$，如果 $a_i v_i$ 为标量，则 a_i 构成向量 $\boldsymbol{a}$ 的分量。

证明：假设给定一组 n 个量 a_i，在任意旋转坐标系中 $a_i v_i$ 对于任意向量 $\boldsymbol{v}$ 的分量 v_i 为标量。可以将其表示为

$$a_j v_j = \phi \tag{6-37}$$

其中，ϕ 表示标量。通过 a'_j 表示 a_i 的变换(目前未知)，在 x' 坐标系中，式(6-37)为

$$a'_i v'_i = \phi' \tag{6-38}$$

因为 ϕ 为一个标量，则 $\phi=\phi'$。此外，由于 v_i 是向量的分量，则有

$$v'_i = R_{ij} v_j \tag{6-39}$$

用式(6-37)减去式(6-38)，得

$$(a_j - a'_i R_{ij}) v_j = 0 \tag{6-40}$$

上式中左侧隐含了对 j 的求和。因此，不能直接认为 v_j 的系数为零。但是，由于式(6-40)应该适用于任何坐标系，所以可以专门选择坐标系，令其中 $\boldsymbol{v}$ 的分量 $v_1=1$ 和 $v_{(i\neq 1)}=0$。于是式(6-40)可简化为

$$a_1 - R_{i1} a'_i = 0$$

类似地，可选择一个适当旋转的坐标系来令 $\boldsymbol{v}$ 的分量 $v_2=1$ 和 $v_{(i\neq 2)}=0$，则有

$$a_2 - R_{i2} a'_i = 0$$

以这种方式继续下去，可以发现

$$a_j = R_{ij} a'_i \quad (\text{对于所有 } j)$$

上式两边同乘以 R_{kj}，得

$$R_{kj} a_j = R_{kj} R_{ij} a'_i = \delta_{ki} a'_i = a'_k$$

即

$$a'_i = R_{ij} a_j$$

这是向量分量的变换定律。因此,可得出结论:a_i 构成向量的分量,并用 $\boldsymbol{a}$ 来表示。

注: 在上述定理的应用中,必须确定所使用的坐标系是可以任意旋转的,而这个假设代表了一个非常严格的条件,通常不满足。

6.4.7 双下标量的商定理

另一种常见情形是,假设一组 n^2 个量 a_{ij} 对于任何旋转坐标系中的向量 $\boldsymbol{v}$,若 $a_{ij}v_iv_j$ 是一个标量 ϕ,则含两个下标的量 a_{ij} 构成二阶张量的分量。实际上,根据上述假设,我们无法得出 a_{ij} 张量特性的结论。这意味着需要修改两个下标量的商定理。

建立修正的商定理需要展开类似第 6.4.6 节所给的讨论。假设在给定的 x 坐标系中令

$$a_{ij}v_iv_j=\phi$$

类似地,在 x' 坐标系中令

$$a'_{kl}v'_kv'_l=\phi' \tag{6-41}$$

在式(6-41)中,用 a'_{ij} 表示 a_{ij} 的未知变换。利用 v_i 的变换定律以及 $\phi=\phi'$,则有

$$(a_{ij}-R_{ki}R_{lj}a'_{kl})v_iv_j=0 \tag{6-42}$$

上式中隐含对 i 和 j 的求和,式中不能直接推断出 v_iv_j 的系数为 0。但是,可选择分量(v_1, v_2, v_3, …)依次为(1, 0, 0, …)和(0, 1, 0, …)等,得

$$a_{11}-R_{k1}R_{l1}a'_{kl}=0,\quad a_{22}-R_{k2}R_{l2}a'_{kl}=0,\quad \cdots \tag{6-43}$$

上述结果意味着当 $i=j$ 时,a_{ij} 服从二阶张量的变换定律。然而,它并没有表明当 $i\neq j$ 时的 a_{ij}。为了进一步检查这一点,则将分量设置为 $v_1\neq0$, $v_2\neq0$,对于其他 i 有 $v_i=0$。于是,式(6-42)变为

$$\begin{aligned}&(a_{11}-R_{k1}R_{l1}a'_{kl})v_1v_1+(a_{12}-R_{k1}R_{l2}a'_{kl})v_1v_2+\\&(a_{21}-R_{k2}R_{l1}a'_{kl})v_2v_1+(a_{22}-R_{k2}R_{l2}a'_{kl})v_2v_2=0\end{aligned} \tag{6-44}$$

由式(6-43)知 v_1v_1 和 v_2v_2 的系数为 0。此外,由于

$$R_{k1}R_{l2}a'_{kl}=R_{k2}R_{l1}a'_{lk}$$

只是下标 k 和 l 的重新标记,则式(6-44)可变为

$$[(a_{12}+a_{21})-(a'_{kl}+a'_{lk})R_{k2}R_{l1}]v_1v_2=0$$

上式中分量选择 $v_1=1$ 和 $v_2=1$,可得

$$a_{12}+a_{21}=(a'_{kl}+a'_{lk})R_{k2}R_{l1}$$

同理,不断重复上述过程,可得

$$a_{ij}+a_{ji}=(a'_{kl}+a'_{lk})R_{kj}R_{li}$$

即

$$a'_{kl}+a'_{lk}=R_{kj}R_{li}(a_{ij}+a_{ji})$$

这确实是一个二阶张量的变换定律,但是其对应的量是 $a_{ij}+a_{ji}$,即 $2a_{ij}$ 的对称部分,而不是 a_{ij}。因此,双下标量的商定理为:假设一组 n^2 个量 a_{ij} 使得对于向量 $\boldsymbol{v}$ 和任何旋转系统,若其总和 $a_{ij}v_iv_j$ 为标量,则 a_{ij} 的对称部分$(a_{ij}+a_{ji})/2$ 构成二阶张量的分量。

注:

① 如果除了上述假设之外,若 a_{ij} 是对称的,那么 a_{ij} 本身就是二阶张量的分量。

② 从上述假设无法推断 a_{ij} 反对称部分的张量特性,因为该部分对标量 ϕ 没有任何贡献,

可以由下式看出

$$(a_{ij}+a_{ji})v_iv_j=a_{ij}v_iv_j-a_{ji}v_iv_j=a_{ij}v_iv_j-a_{ij}v_jv_i=0$$

下标 i 和 j 可以互换。

例：利用商定理，证明了由下式给出的双下标量 a_{ij}

$$[a_{ij}]=\begin{bmatrix}(x_2)^2 & -x_1x_2\\ -x_1x_2 & (x_1)^2\end{bmatrix}$$

是二阶张量的分量。

因为 $a_{ij}=a_{ji}$ 并且外积 x_kx_l 是二阶张量，所以用外积 x_kx_l 来缩并 a_{ij}，可得

$$a_{ij}x_ix_j=(x_2)^2(x_1)^2-x_1x_2x_1x_2-x_1x_2x_2x_1+(x_1)^2(x_2)^2=0 \tag{6-45}$$

上式中最后一项 0 是零阶张量，则式(6-45)对于任何旋转坐标系都成立，可得出结论：a_{ij} 是二阶张量的分量。

6.5 在物理中的应用

本节介绍二阶和高阶笛卡尔张量的力学、弹性力学等物理应用。

6.5.1 惯性张量

对于一组刚性连接的粒子，其中第 α 个粒子的质量为 $m^{(\alpha)}$ 并且相对于原点 O 的位置为 $\boldsymbol{r}^{(\alpha)}$。假设刚体组合围绕通过原点 O 的轴以角速度 $\boldsymbol{\omega}$ 旋转，则角动量

$$\boldsymbol{J}=\sum_\alpha(\boldsymbol{r}^{(\alpha)}\times\boldsymbol{p}^{(\alpha)})$$

其中，对于任何 α，都有 $\boldsymbol{p}^{(\alpha)}=m^{(\alpha)}\dot{\boldsymbol{r}}^{(\alpha)}$ 和 $\dot{\boldsymbol{r}}^{(\alpha)}=\boldsymbol{\omega}\times\boldsymbol{r}^{(\alpha)}$，其分量以下标形式表示为

$$p_k^{(\alpha)}=m^{(\alpha)}\dot{x}_k^{(\alpha)},\quad \dot{x}_k^{(\alpha)}=\varepsilon_{klm}\omega_l x_m^{(\alpha)}$$

因此，可得到

$$\begin{aligned}J_i&=\sum_\alpha\sum_{jk}\varepsilon_{ijk}x_j^{(\alpha)}p_k^{(\alpha)}=\sum_\alpha\sum_{jk}m^{(\alpha)}\varepsilon_{ijk}x_j^{(\alpha)}\varepsilon_{klm}\omega_l x_m^{(\alpha)}\\&=\sum_\alpha\sum_{jk}m^{(\alpha)}(\delta_{il}\delta_{jm}-\delta_{im}\delta_{jl})x_j^{(\alpha)}x_m^{(\alpha)}\omega_l\\&=\sum_\alpha\sum_l m^{(\alpha)}[(x_m^{(\alpha)})^2\delta_{il}-x_i^{(\alpha)}x_l^{(\alpha)}]\omega_l\equiv\sum_l I_{il}\omega_l\end{aligned} \tag{6-46}$$

其中

$$I_{il}=\sum_\alpha m^{(\alpha)}[(x_m^{(\alpha)})^2\delta_{il}-x_i^{(\alpha)}x_l^{(\alpha)}] \tag{6-47}$$

I_{il} 构成一个对称的二阶笛卡尔张量：由 $I_{il}=I_{li}$ 表示的对称性质可由式(6-47)得到；将商法则(参见第 6.4.6 节)应用于式(6-46)可以证明 I_{il} 是张量，其中 J_i 和 ω_l 是向量。张量 I_{il} 被称为刚体相对于原点 O 的惯性张量。显然由式(6-47)可知，I_{il} 仅取决于刚体的质量分布，而不取决于刚体角速度 $\boldsymbol{\omega}$ 的方向或大小。

如果对于连续刚体，$m^{(\alpha)}$ 被质量分布 $\rho(\boldsymbol{r})$ 代替，总和 $\sum_\alpha$ 被 $\int \mathrm{d}V$ 在整个物体体积上的积分代替。当在笛卡尔坐标中展开时，连续体的惯性张量可表示为

$$\boldsymbol{I}=[I_{ij}]=\begin{pmatrix}\int(y^2+z^2)\rho dV & -\int xy\rho dV & -\int zx\rho dV\\ -\int xy\rho dV & \int(z^2+x^2)\rho dV & -\int yz\rho dV\\ -\int zx\rho dV & -\int yz\rho dV & -\int(x^2+y^2)\rho dV\end{pmatrix}$$

这个张量的对角元素被称为惯性矩，去掉负号的非对角元素被称为惯性积。

可以证明旋转系统的动能 $K=\frac{1}{2}I_{jl}\omega_j\omega_l$，它是通过将向量 ω_j 与惯性张量 I_{jl} 两次缩并而获得的标量，即(类似于式(6-45))

$$K=\frac{1}{2}\sum_{\alpha}m^{(\alpha)}\dot{\boldsymbol{r}}^{(\alpha)}\cdot\dot{\boldsymbol{r}}^{(\alpha)}=\frac{1}{2}\sum_{\alpha}m^{(\alpha)}\sum_{j,k,l,m}\varepsilon_{ijk}\omega_j x_k^{(\alpha)}\varepsilon_{ilm}\omega_l x_m^{(\alpha)}=\frac{1}{2}\sum_{j,l}I_{jl}\omega_j\omega_l$$

这表明旋转体的动能可以表示为向量 ω_j 与惯性张量 I_{jl} 通过两次缩并获得的标量。或者，由于 $J_j=I_{jl}\omega_l$，动能也可表示为 $K=\frac{1}{2}J_j\omega_j$。

6.5.2 弹性张量

上述只讨论了二阶张量的物理应用，其关联着两个向量。现在将此思路扩展到四阶张量与两个二阶物理张量相关联的情况。这种情况通常出现在弹性理论中，弹性体在任意内点 P 处的局部变形可以用二阶对称张量 e_{ij} 来描述，称为应变张量，由下式给出

$$e_{ij}=\frac{1}{2}\left(\frac{\partial u_i}{\partial x_j}+\frac{\partial u_j}{\partial x_i}\right)$$

其中，$\boldsymbol{u}$ 是描述小体积单元应变的位移向量。同样，可以用二阶对称应力张量 σ_{ij} 描述在 P 处体内的应力。σ_{ij} 为通过点 P 的平面上作用的应力矢量的 x_j 分量，其法线位于 x_i 方向。将应力和应变张量联系起来的胡克定律的一般表达式为

$$\sigma_{ij}=\sum_{k,l}C_{ijkl}e_{kl}\tag{6-48}$$

其中，C_{ijkl} 为四阶笛卡尔张量。

对于各向同性介质，C_{ijkl} 必须为各向同性张量，可表示为

$$C_{ijkl}=\lambda\delta_{ij}\delta_{kl}+\eta\delta_{ik}\delta_{jl}+\upsilon\delta_{il}\delta_{jk}$$

将上式代入式(6-48)可得

$$\sigma_{ij}=\lambda\delta_{ij}\sum_k e_{kk}+\eta e_{ij}+\upsilon e_{ji}\tag{6-49}$$

因此，如果令 $\eta+\upsilon=2\mu$，且由于 e_{ij} 是对称的，则式(6-49)化为常用形式

$$\sigma_{ij}=\lambda\sum_k e_{kk}\delta_{ij}+2\mu e_{ij}$$

其中，λ 和 μ 被称为拉梅(Lamé)常数。

第7章 弹塑性问题的有限元分析

弹性材料的独特性质是存在一个应变能密度，并可以通过应变能密度对应变的微分来定义应力，即应变和应力存在着一一对应关系，弹性材料的这种性质被称为历史无关性。例如，假设弹性杆给定的当前应变为 ε，这种状态可以通过逐渐拉伸杆直至应变变为 ε 来达到，也可以先将杆拉伸至一个超过应变 ε 的状态后再进行压缩得到。虽然这两种方法的载荷历史不同，但杆的最终应变状态相同，应力值也相同。利用弹性材料的历史无关性特点，容易得出结论：当应力消失时，应变也会消失。因此，当施加的载荷被移除时，结构将始终（可逆地）恢复到其初始几何形状，不会留下永久变形。

与弹性材料不同，有些材料在施加和消除大于某个极限（弹性极限）的力时将会出现永久变形。对于这类材料，如果施加的力较小，当该力被移除时，结构会恢复到其初始几何结构，但当该力大于弹性极限（不可逆）时，结构则会出现永久变形。材料的这种行为被称为塑性。由于这些材料最初是弹性的，然后在大于弹性极限的力作用下会变为塑性的，这种材料行为被称为弹塑性，本章中主要讨论的就是弹塑性问题的基本理论及相关数值求解算法。

弹塑性行为属于材料非线性，它来源于本构关系，即应力-应变关系。在弹塑性问题中，应力和应变之间没有一一对应的关系。例如，假设前面例子中的杆由弹塑性材料制成，对于给定的应变值 ε，应力可以有不同的取值，这取决于杆是拉伸还是压缩。实际上，根据载荷的历史应力可以取任何小于弹性极限的值。因此，不能通过总应变给出应力-应变关系，其本构关系只能根据应力和应变率给出。速率并非指的是时间速率，而应当被理解为静态分析的增量。由于应力-应变关系是以速率形式给出的，则只能通过对荷载历史中的应力速率进行积分来计算应力。因此，应力计算依赖于加载历史或路径。

弹塑性分析中的一个关键步骤就是从总应变中分离出弹性应变。一旦计算出弹性应变，就可以很容易地从中计算出应力，因为应力只取决于弹性应变，而塑性应变对应力没有贡献。当总应变很小（无穷小的变形）时，假定总应变可以被分解为弹性应变和塑性应变。在这种情况下，不考虑几何非线性，即位移-应变关系是线性的，就可以在初始未变形几何体上进行积分。考虑到金属的塑性变形通常发生在0.2%的应变下，其塑性变形一般都满足小应变条件。本章中所有关于弹塑性基本理论及相关数值求解算法的讨论都基于小变形和小应变假设。

弹塑性问题由于和加载历史相关的特性，寻求解析解几乎是不可能的一件事，所以数值方法对于弹塑性问题的求解有着不可或缺的重要性，有限元方法很自然地就成了求解弹塑性问题的主要方法。在20世纪90年代以前，几乎所有关于弹塑性问题数值解的研究都是基于 h 型有限元方法的，但 h 型有限元随着其研究逐渐成熟基本停滞不前，并且还遇到前处理等瓶颈问题。因此，p 型有限元逐渐兴起。本章将首先介绍低阶（h 型）单元，但重点给出高阶（p 型）单元的例子，因为前者是后者在阶次较低时的特例。

1992年，霍尔泽（Holzer）首先使用 p 型有限元方法进行了增量弹塑性问题分析，萨博（Szabo）在1995年提到，对于非线性问题，在自适应分析过程中进行误差控制比较重要，因为初始网格划分的不精确性所带来的误差会在非线性迭代计算过程中不断累积。高阶方案可以通过自适应分析减小网格离散所带来的误差从而可以取得更为精确的结果，且其具有的快速收敛特性也可以缩短迭代的周期。萨博(Szabo)在此基础上使用 p 型有限元方法系统地进行了平面应力、平面应变、轴对称等小变形弹塑性算例的数值求解，较为全面地阐释了 p 型有限元方法在小变形弹塑性问题求解中的有效性。霍尔泽(Holzer)进一步通过增量塑性理论求解了一个具有解析解的算例，首先对比了 p 型有限元方法和 h 型有限元方法的精度差异，其次分别利用两种方法进行了加载和卸载的计算。结果表明：p 型有限元方法即使在周期性弹塑性加载和卸载中仍旧可以取得良好的性能。迪斯特(Düster)进行了与霍尔泽(Holzer)相同算例的计算，比较了 p 型和 h 型有限元方法在自适应分析中的效率差异。结果表明：p 型有限元方法比 h 型有限元方法具有更高的效率。

升阶谱有限元法(HFEM)作为经典的高阶方法，具有收敛速度快、易于实现自适应分析、对闭锁问题不敏感等优点，如上所述已在弹塑性分析中得到了广泛的应用。然而，数值稳定性问题和施加边界条件的困难限制了它的发展。微分求积法(DQM)在弹塑性问题的求解应用中也取得了很大的成功。然而，微分求积法基于微分方程的强形式，主要适用于规则区域，在单元组装时比较复杂，而且不能局部升阶。升阶谱求积元法(HQEM)是升阶谱有限元法和微分求积法的结合，它使用了弱形式的控制方程，可用于分析复杂区域的问题。升阶谱求积元法在单元边界上采用了非均匀分布的高斯-洛巴托(Gauss - Lobatto)积分点以便边界条件的施加，克服了微分求积法及其弱形式边界上的基函数个数由内部基函个数决定的缺点，可以用很少的自由度获得很高的精度，这一特点在前面章节线性问题分析中已经得到了验证。同时，不同阶次的单元可以很容易地组装起来。这些特点都使得升阶谱求积元法非常适合于弹塑性分析。

本章的主要内容包括：弹塑性基本理论及求解方法和基于升阶谱求积元法的弹塑性求解算例。本章首先介绍弹塑性本构关系的一般表达式，为了便于使用针对具体问题给出了其显式，在此基础上推导出了其单元矩阵和整体刚度矩阵，并建立了有限元方程以便求解。然后针对所要研究的具体弹塑性问题及其有限元方程，给出了合适的非线性数值求解方法。在上述内容的基础上，选用合适的升阶谱求积元，建立起弹塑性问题的有限元方程，按照非线性数值求解方法的迭代求解流程，求解具体的二维和三维弹塑性问题，并将所得结果与 ABAQUS 仿真结果及其他结果进行对比，以验证升阶谱求积元能够快速高效求解弹塑性问题。

当材料同时经历弹性和塑性变形时，就会发生弹塑性。下面首先使用一维杆介绍弹塑性有限元分析的基本概念，然后介绍针对多维弹塑性问题的推广。由于仍然采用小变形假设，因此几何非线性效应可以忽略不计，也不需要区分不同的应力形式。

7.1 一维弹塑性问题

7.1.1 弹塑性材料行为

在一维杆拉伸试验中，一旦材料变形超过弹性极限，就会表现出复杂的应力-应变关系。例如，金属拉伸试验表明，最初的应力与应变(弹性)成正比；在达到弹性极限(屈服应力)后，材料开始塑性变形。在塑性变形的第一阶段，应力进一步与应变成正比增加，但斜率要小得多(应变硬化)，直到达到极限强度。之后，应力开始逐渐减小(应变软化)，直至材料断裂。此外，如果在材料开始塑性变形后减少(卸载)施加的载荷,则不会遵循原先的应力-应变曲线,材料立即变得有弹性。如果施加循环载荷,则材料行为变得越来越复杂。

对材料的行为进行模拟取决于分析的目的。例如,如果目标是找出材料在断裂之前的行为,则有必要对应力-应变响应的所有阶段进行详细模拟。然而,当目标是找到材料在小变形下的响应时,可以通过仅考虑弹性变形和应变硬化部分来简化材料行为。当然,这个模型不适合预测材料的断裂。如图 7-1 所示为单轴拉伸/压缩试验的理想弹塑性应力-应变行为。当施加拉伸载荷时,力学行为最初是弹性的,直到达到屈服应力 σ_Y(沿线 oa)。弹性模量是直线 oa 的斜率,用 E 表示。如果在达到屈服应力前移除施加的拉伸载荷,则应力-应变关系遵循相同的曲线(沿线 ao)。a 点被称为屈服点,超过该点材料不再仅具有弹性。

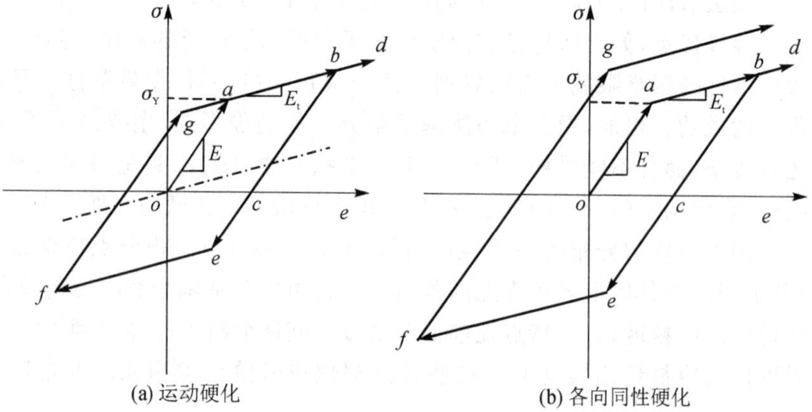

图 7-1　弹塑性硬化模型

在达到屈服应力后,继续加大载荷,则塑性阶段开始,应力以 E_t 的斜率进一步增加,被称为切线模量(沿线 ab)。在这个阶段,应变由弹性部分和塑性部分组成。在这个简化模型中,假设应变硬化是线性的。如果在材料经历塑性变形后减少拉伸载荷,它会再次回归弹性的,并且应力以相同的初始弹性斜率 E 线性减小(沿线 bc)。如果施加的载荷完全消除,则其保持永久塑性应变(c 点处的应变);如果拉伸载荷再次增加,则应力沿线 cb 移动并具有新的屈服应力(b 点处的应力)。之后,应力按照与切线模量相同的斜率增加(沿线 bd)。在弹塑性材料中,屈服应力由于应变硬化效应而发生变化。另一方面,如果在无应力状态的 c 点施加压缩载荷,则应力为负值,以斜率 E 增加。如果压缩载荷继续增大,则材料最终将再次在压缩中屈服(点 e)。

如果施加的载荷是成比例的,即载荷单调增加,则应变硬化可以简单地用切线模量 E_t 来描述。然而,当施加组合的循环加载和卸载时,它可能会很复杂,具体取决于何时在相反方向发生屈服。已经提出了几种不同的硬化模型来确定循环加载情况下的屈服应力,图 7-1 所示为两个最常用的模型,即运动硬化和各向同性硬化模型。在运动硬化模型中,假设弹性范围(初始屈服应力的两倍)保持不变,弹性区域的中心沿虚线穿过原点,平行于应变硬化线。因此,线段 be 和 fg 相等并且长度是 oa 的两倍。在各向同性硬化模型中,反向加载的屈服应力大小等于原先屈服应力的大小,即 b 点和 e 点的应力大小相同。因此,该模型中的弹性范围增加了。

在非线性有限元分析中,牛顿-拉富生(Newton - Raphson)迭代法求解可以减少非线性方程残差的位移增量。此外，使用有限元插值方案，可以从给定的位移增量计算应变增量。因此，弹塑性分析的一项重要任务是从给定的应变增量中找到应力增量。然而，在给定的应变增量中，有多少是弹性的，多少是塑性的，这是未知的。一旦完成此分解，就可以使用弹性应变增量来计算应力增量。注意，塑性应变不会导致应力增加。当材料具有弹性时，无论是处于初始弹性阶段还是由于卸载而变为弹性，应变增量都是纯弹性的，不存在塑性应变增量。因此，可以通过将应变增量乘以弹性模量来获得应力增量。由于此过程与线弹性系统基本相同，因此仅讨论材料处于塑性阶段的情况。

如图 7-2 所示为一维弹塑性材料的应力-应变曲线。当施加的载荷成比例时，各向同性硬化和运动硬化模型都提供相同的结果。在之前的载荷增量中，假设材料已经处于塑性阶段。在当前载荷增量下，应变增量由牛顿-拉富生(Newton-Raphson)方法给出。由于材料处于塑性阶段并且载荷不断增加，应变增量 $\Delta\varepsilon$ 可分解为弹性应变和塑性应变，即

$$\Delta\varepsilon = \Delta\varepsilon_e + \Delta\varepsilon_p \tag{7-1}$$

其中，下标 e 和 p 分别表示弹性和塑性。当施加的载荷减小或改变其方向(卸载)时，应变的弹性部分将被移除，而在弹性卸载期间塑性部分保持不变，当材料屈服时再次增加。即使材料向相反方向屈服，塑性应变也只会增加，且永远不会减少，因为它是塑性变形的累积。根据小变形的假设和式(7-1)可得

$$\varepsilon = \varepsilon_e + \varepsilon_p \tag{7-2}$$

其中，ε_e 和 ε_p 分别是所有先前载荷增量的弹性和塑性应变增量的总和。

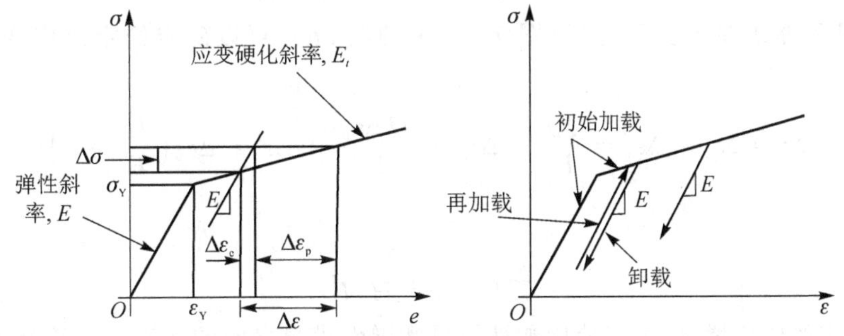

图 7-2 应变硬化的一维弹塑性

式(7-2)给出了非线性弹性材料和弹塑性材料之间非常重要的区别。在前者中，唯一的应力由给定的总应变大小确定，这实际上是总弹性应变。然而，在后者中，对于给定的总应变，通过改变塑性应变的值，可以得到不同的弹性应变值。因此，在弹塑性材料中，不可能确定给定总应变的应力量。由于每次材料屈服时都会累积塑性应变，因此需要根据每个载荷增量来计算塑性应变。弹塑性的这种特性被称为路径相关或历史相关。为了确定应力，必须考虑负载的完整历史，而累积塑性应变 ε_p 考虑了载荷历史。此外，材料的屈服应力由塑性应变的大小决定。

尽管目标是将弹性应变增量与塑性应变增量分开，但目前假定弹性应变增量是已知的则可以使用弹性应变增量计算应力增量 $\Delta\sigma$，即

$$\Delta\sigma = E\Delta\varepsilon_e \tag{7-3}$$

除了弹性模量和切线模量外，还定义了塑性模量 H，它是去除了弹性应变分量后应力-应变曲

线的应变硬化部分的斜率，即

$$H=\frac{\Delta\sigma}{\Delta\varepsilon_{p}} \tag{7-4}$$

即使在图 7-2 中的应力-应变曲线是用 E 和 E_t 给出的，而材料特性通常用 E 和 H 给出。由于比例载荷的应力-应变曲线对于各向同性硬化和运动硬化模型是相同的，因此两种硬化模型的塑性模量也相同。

弹性、塑性和切线模量相互关联。塑性阶段的应力增量可以用 3 个模量中的任何一个表示为

$$\Delta\sigma=E\Delta\varepsilon_{e}=H\Delta\varepsilon_{p}=E_{t}\Delta\varepsilon \tag{7-5}$$

其中，$\Delta\sigma=H\Delta\varepsilon_p$ 可能会误导塑性应变增加了应力，但这实际上是由应变硬化效应引起的。通过将式(7-5)代入式(7-1)中的应变增量，则有

$$\frac{\Delta\sigma}{E_{t}}=\frac{\Delta\sigma}{E}+\frac{\Delta\sigma}{H}\Rightarrow\frac{1}{E_{t}}=\frac{1}{E}+\frac{1}{H} \tag{7-6}$$

因此，对于给定的 E 和 E_t，塑性模量

$$H=\frac{EE_{t}}{E-E_{t}} \tag{7-7}$$

同样，对于给定的 E 和 H，切线模量

$$E_{t}=\frac{EH}{E+H}=E\left(1-\frac{E}{E+H}\right) \tag{7-8}$$

当材料处于弹塑性应变下时(沿图 7-1 中的线 ab)，可以确定给定总应变增量的塑性部分

$$\Delta\varepsilon=\Delta\varepsilon_{e}+\Delta\varepsilon_{p}=\frac{\Delta\sigma}{E}+\Delta\varepsilon_{p}=\frac{H\Delta\varepsilon_{p}}{E}+\Delta\varepsilon_{p}=\Delta\varepsilon_{p}\left(\frac{H}{E}+1\right)$$

即

$$\Delta\varepsilon_{p}=\frac{\Delta\varepsilon}{1+H/E} \tag{7-9}$$

因此，对于给定的应变增量，可以使用塑性模量和弹性模量之间的比率来计算塑性应变增量。作为一种特殊情况，当不存在应变硬化，即在塑性变形过程中屈服应力保持恒定时，应变增量变为纯塑性。

注意： 式(7-9)在当材料最初处于弹性状态时不成立。

7.1.2 弹塑性有限元格式

本节将介绍弹塑性杆单元的有限元格式。由于采用了小变形假设，因此仅考虑材料非线性。

为了更通用，采用载荷增量法，将施加的载荷分为 N 个载荷增量，用 $t_1, t_2, \cdots, t_n$ 表示。即使分析过程是静态的，但这些载荷增量也称为时间增量。同时假设分析过程已经完成到载荷增量 t_n，并且使用牛顿-拉富生(Newton-Raphson)方法在载荷增量 t_{n+1} 处寻找新的解。在下面的介绍中，变量左上标 n 或 $n+1$ 用于表示载荷增量，而变量右上标 k 或 $k+1$ 用于表示迭代计数。由于 t_n 处的所有变量都已经收敛，因此迭代计数仅针对 t_{n+1} 处的那些变量出现。

当变量不显示负载增量时，应将其视为 t_{n+1} 处的变量或恒定值。还假设迭代步 k 已经完成并且当前迭代是 $k+1$ 步。迭代计数将尽可能省略，除非这会引起混淆。对于大多数情况，t_{n+1} 处的变量代表第 $k+1$ 次迭代时的变量，即当前迭代。

如图 7-3 所示，假设整个结构采用一个杆单元来模拟，单元的解近似为结点位移及其增量的向量 $\boldsymbol{d}=[u_1, u_2]^{\mathrm{T}}$。从载荷增量和迭代计数的角度来看，可以考虑位移增量的两种不同定义，即

$$\begin{cases}\Delta \boldsymbol{d}^k = {}^{n+1}\boldsymbol{d}^k - {}^n\boldsymbol{d} \\ \delta \boldsymbol{d}^k = {}^{n+1}\boldsymbol{d}^{k+1} - {}^n\boldsymbol{d}^k\end{cases} \tag{7-10}$$

其中，$\Delta \boldsymbol{d}$ 是从最后一次收敛的载荷增量到上一次迭代的增量，而 $\delta \boldsymbol{d}$ 是上一次迭代的增量。前者用于计算应力增量，而后者是根据牛顿-拉富生(Newton - Raphson)迭代计算的位移增量。因此，在牛顿-拉富生(Newton - Raphson)迭代过程中，$\delta \boldsymbol{d}$ 被累加到 $\Delta \boldsymbol{d}$ 中，并且在开始新的载荷增量之前将 $\Delta \boldsymbol{d}$ 设置为 0。

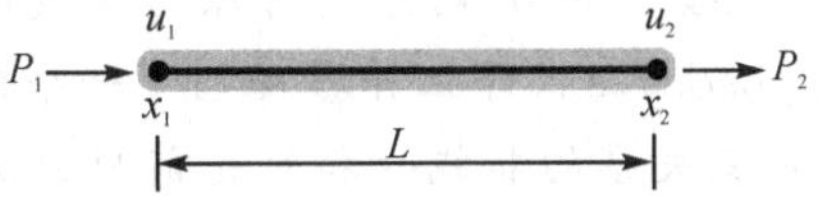

图 7-3 一维弹塑性杆单元

正如在有限元法中的那样，对于杆单元，有一个合适的插值函数向量 $\boldsymbol{N}(\boldsymbol{x})=[N_1, N_2]$，则位移增量可以通过下式插值

$$\Delta u(x)=[N_1 \quad N_2]\begin{bmatrix}\Delta u_1 \\ \Delta u_2\end{bmatrix}=\boldsymbol{N}\cdot\Delta \boldsymbol{d} \tag{7-11}$$

相应的应变增量也可以通过对上述位移的微分来进行计算

$$\Delta\varepsilon=\frac{\mathrm{d}}{\mathrm{d}x}(\Delta u)=\begin{bmatrix}-\frac{1}{L} & \frac{1}{L}\end{bmatrix}\begin{bmatrix}\Delta u_1 \\ \Delta u_2\end{bmatrix}=\boldsymbol{B}\cdot\Delta \boldsymbol{d} \tag{7-12}$$

其中，$\boldsymbol{B}$ 为位移-应变矩阵(在杆单元的情况下，它是一个行向量)。同样，应变增量是从最后一次收敛的载荷增量到上一次迭代的增量。使用相同的插值方案，上一次迭代的增量也可以通过 $\delta u(x)=\boldsymbol{N}\cdot\delta \boldsymbol{d}$ 和 $\delta\varepsilon=\boldsymbol{B}\cdot\delta \boldsymbol{d}$ 来计算。

在图 7-3 中的杆单元处于平衡状态时，由内应力引起的结点力必须与施加的结点力大小相同且方向相反。更具体地说，结构平衡的弱形式可以表示为

$$\bar{\boldsymbol{d}}^{\mathrm{T}}\int_0^L \boldsymbol{B}^{\mathrm{T}\,n+1}\sigma^{k+1}A\,\mathrm{d}x=\bar{\boldsymbol{d}}^{\mathrm{T}\,n+1}\boldsymbol{F},\ \forall\,\bar{\boldsymbol{d}}\in\mathbb{R}^2 \tag{7-13}$$

其中，$\bar{\boldsymbol{d}}=[\bar{u}_1, \bar{u}_2]^{\mathrm{T}}$ 为虚结点位移矢量；A 为杆的横截面积；${}^{n+1}\boldsymbol{F}=[{}^{n+1}F_1,\ {}^{n+1}F_2]^{\mathrm{T}}$ 为载荷矢量，且假定是已知的。

由于应力和应变之间的关系是非线性的，因此上述变分方程在应变或等效位移方面也是非线性的。为了求解非线性方程，可以使用牛顿-拉富生(Newton - Raphson)方法。假设施加的载荷是恒定的或与位移无关，因此只有式(7-13)的左侧需要线性化。由于仅考虑材料非线性，因此使用一阶泰勒级数展开对应力进行线性化，即

$${}^{n+1}\sigma^{k+1}\approx{}^{n+1}\sigma^k+\frac{\partial\sigma}{\partial\varepsilon}\delta\varepsilon={}^{n+1}\sigma^k+D^{\mathrm{ep}}\delta\varepsilon \tag{7-14}$$

其中，D^{ep} 为弹塑性切线模量。根据图 7-1 中的应力-应变曲线，D^{ep} 可以由下式确定

$$D^{ep}=\begin{cases}E & (\text{弹性})\\ E_t & (\text{塑性})\end{cases} \tag{7-15}$$

通过将式(7-14)代入式(7-13)并将已知项移至等式右侧，可以得到以下线性化变分方程

$$\bar{\boldsymbol{d}}^{\mathrm{T}}\left[\int_0^L \boldsymbol{B}^{\mathrm{T}} D^{ep\,n+1} \boldsymbol{B} A\,\mathrm{d}x\right]\delta\boldsymbol{d}=\bar{\boldsymbol{d}}^{\mathrm{T}\,n+1}\boldsymbol{F}-\bar{\boldsymbol{d}}^{\mathrm{T}}\int_0^L \boldsymbol{B}^{\mathrm{T}\,n+1}\sigma^k A\,\mathrm{d}x \tag{7-16}$$

其中，括号中的项被称为杆单元的切向刚度矩阵，可以表示为

$$\boldsymbol{k}_{\mathrm{T}}=\frac{AD^{ep}}{L}\begin{bmatrix}1 & -1\\ -1 & 1\end{bmatrix}$$

式(7-16)的等式右侧被称为残差 $\boldsymbol{R}$，定义为

$${}^{n+1}\boldsymbol{R}^k={}^{n+1}\boldsymbol{F}-\int_0^L \boldsymbol{B}^{\mathrm{T}\,n+1}\sigma^k A\,\mathrm{d}x=\begin{bmatrix}{}^{n+1}F_1+{}^{n+1}\sigma^k A\\ {}^{n+1}F_2-{}^{n+1}\sigma^k A\end{bmatrix} \tag{7-17}$$

注意：如果式(7-17)中的残差变为 0，则意味着原始非线性方程(7-13)得到满足。此时，牛顿-拉富生(Newton-Raphson)迭代停止并移动到下一个载荷增量。为了计算残差，需要计算应力${}^{n+1}\sigma^k$。由于应力-应变关系的非线性和对先前应力历史的依赖性，应力计算更加复杂。

对于弹塑性材料，应力是先前状态、塑性变量和应变增量的函数，可表示为

$${}^{n+1}\sigma^k=f({}^n\sigma,\ {}^n\varepsilon_p,\ \Delta\varepsilon^k,\ \cdots) \tag{7-18}$$

在应力计算中，必须考虑：材料是否处于曲线的弹性或应变硬化部分，加载或卸载，以及根据所采用的硬化规则发生屈服的应力变化。此过程被称为状态确定，将在下一节中详细说明。

如果残差没有消失，则需要根据方程(7-16)进行另一次迭代。由于方程(7-16)对于任意 $\bar{\boldsymbol{d}}^2\in\mathbb{R}^2$ 都必须满足，即相当于求解增量矩阵方程

$$\boldsymbol{k}_{\mathrm{T}}\cdot\delta\boldsymbol{d}^k={}^{n+1}\boldsymbol{R}^k \tag{7-19}$$

因此，牛顿-拉富生(Newton-Raphson)迭代使用最后一次迭代的残差来求解前一次迭代的位移增量。当系统由许多杆单元组成时，单个单元以通常的方式组装并在施加边界条件后求解位移增量。通过求解方程(7-19)得到结点位移增量后，位移增量 $\Delta\boldsymbol{d}$ 由 $\Delta\boldsymbol{d}^{k+1}=\Delta\boldsymbol{d}^k+\delta\boldsymbol{d}^k$ 得到，并重复该过程直到残差消失。

7.1.3 应力状态的确定

如上一节所述，当发生塑性变形时，应力与应变之间的关系是非线性的。在本节中，将讨论在已知应变及其增量时如何确定应力。为了方便讨论，将分别介绍各向同性硬化模型、运动硬化模型，以及二者的组合模型。

7.1.3.1 各向同性硬化模型

在牛顿-拉富生(Newton-Raphson)迭代法中，假定给定：从最后一次载荷增量到上一次迭代的应变增量($\Delta\varepsilon$)、塑性应变(${}^n\varepsilon_p$)和载荷增量 t_n 处的应力(${}^n\sigma$)。计算应力的基本步骤如下：

1. 计算当前的屈服应力

当前的屈服应力取决于累积塑性应变${}^n\varepsilon_p$ 和塑性模量 H，即

$$^{n}\sigma_{Y}={}^{0}\sigma_{Y}+H\,^{n}\varepsilon_{p} \tag{7-20}$$

其中，$^{0}\sigma_{Y}$ 为初始屈服应力。由于应变硬化，屈服应力会随塑性应变增加而增加。

注意：拉伸和压缩的屈服应力相同，并且随着塑性应变的增加而增加。

2. 弹性预测

假设应变增量期间发生弹性行为，则应力增量和试验应力可表示为

$$\Delta^{tr}\sigma=E\Delta\varepsilon \tag{7-21}$$

$$^{tr}\sigma={}^{n}\sigma+\Delta^{tr}\sigma \tag{7-22}$$

3. 检查屈服状态

检查试验应力是否满足屈服条件，也就是说，应力必须低于屈服应力。为此，定义试验屈服函数为

$$^{tr}f=|^{tr}\sigma|-{}^{n}\sigma_{Y} \tag{7-23}$$

如果 $^{tr}f\leqslant 0$，则材料保持弹性。如图 7－4 所示，材料要么处于屈服应力之下的初始加载曲线上，要么处于卸载/重新加载曲线上。无论哪种情况，基于弹性假设的应力都是正确的，设 $^{n+1}\sigma={}^{tr}\sigma$ 并继续下一个载荷增量。在这种情况下，应变增量是纯弹性的，塑性应变不变，即 $^{n+1}\varepsilon_{e}=n\varepsilon_{e}+\Delta\varepsilon$ 和 $^{n+1}\varepsilon_{p}={}^{n}\varepsilon_{p}$。

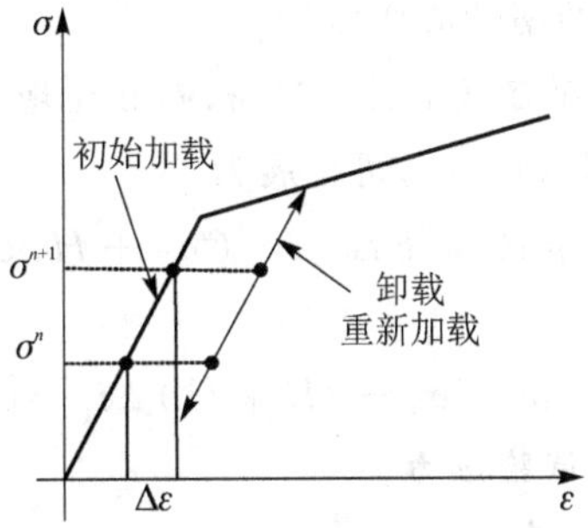

图 7－4 弹性区的应力状态

4. 塑性校正

如果 $^{tr}f>0$，则材料在此增量期间屈服。如图 7－5 所示，在载荷增量 t_n 处，假定材料处于点 a（弹性），这种弹性状态是通过从塑性状态（例如点 d）卸载而达到的。因此，当前屈服应力为 $^{n}\sigma_{Y}$。在载荷增量 t_{n+1} 处，应变增量 $\Delta\varepsilon$ 已知，并寻求相应的更新应力状态。如果材料仍然是弹性的，则更新后的应力将位于 c 点（试验应力 $^{tr}\sigma$）。然而，应力状态不可能高于图 7－5 中的应力-应变曲线。因此，在此步骤中发生了从弹性状态到塑性状态的转变，并且材料行为向上移动到 e 点（塑性）。考虑到塑性应变增量对应力增量没有贡献，通过减去塑性应变增量的部分来更新试验应力，即

$$^{n+1}\sigma={}^{tr}\sigma-\mathrm{sgn}(^{tr}\sigma)E\Delta\varepsilon_{p} \tag{7-24}$$

其中，sgn()为符号函数，当其参数为正时取“＋1”，为负时取“－1”（添加此符号函数是因为材料也可以在压缩中屈服）。由于方程（7－24）通过塑性应变增量来校正试验应力，这个过程通常被称为塑性校正。另外，由于它使试验应力回到屈服应力，所以也被称为返回映射。从图 7－5 中可以看出，该计算的挑战是，当试验应力返回时，屈服应力也增加了（从点 d 到 e）。在第 7.2 节中，将讨论多维应力的返回映射。

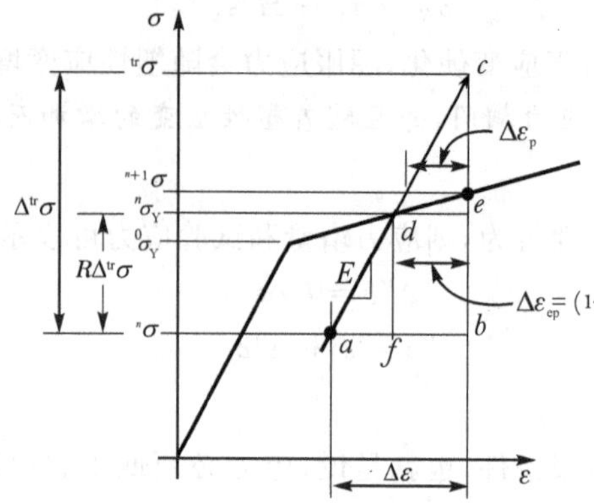

图 7－5　弹性到塑性的转变

5. 塑性一致性条件

在方程(7－24)的塑性校正中，塑性应变增量仍然未知。为了计算它，这里使用塑性一致性条件，其中在加载过程中修正的应力必须在屈服面上。这个条件可以表示为

$$^{n+1}f = |^{n+1}\sigma| - {}^{n+1}\sigma_Y = 0 \tag{7-25}$$

因此，目标是找到满足上述条件的塑性应变增量。

注意： 塑性应变增量不仅降低了校正应力$^{n+1}\sigma$，而且还增加了屈服应力$^{n+1}\sigma_Y$。

为了计算塑性应变增量，方程(7－25)可扩展为

$$|^{tr}\sigma - \mathrm{sgn}(^{tr}\sigma)E\Delta\varepsilon_p| - (^{n}\sigma_Y + H\Delta\varepsilon_p) = 0$$

即

$$|^{tr}\sigma| - {}^{n}\sigma_Y - (E+H)\Delta\varepsilon_p = 0$$

注意： 上述公式适用于正负试验应力。

因此，塑性应变增量可以表示为

$$\Delta\varepsilon_p = \frac{|^{tr}\sigma| - {}^{n}\sigma_Y}{E+H} = \frac{^{tr}f}{E+H} \tag{7-26}$$

由于$^{tr}f>0$，则塑性应变增量始终为正。有了这个塑性应变增量，就可以更新方程(7－24)中的应力，这样就结束了状态判断。塑性应变增量减小了试验应力，增大了屈服应力，使塑性一致性条件得到满足。

由于使用了具有恒定塑性模量 H 的线性硬化模型，因此方程(7－25)中的塑性一致性条件可以根据塑性应变增量明确求解。但是，如果使用非线性硬化模型，则必须使用像牛顿-拉富生(Newton－Raphson)方法迭代求解塑性一致性条件。

为了用总应变增量来表示塑性应变增量(或应变增量的纯弹性部分)，即图 7－5 中用 R 表示的部分，可由相似三角形 abc、dec 计算为

$$\frac{|\Delta\varepsilon|}{|\Delta^{tr}\sigma|} = \frac{(1-R)|\Delta\varepsilon|}{|^{tr}\sigma| - {}^{n}\sigma_Y} \Rightarrow R = 1 - \frac{^{tr}f}{|\Delta^{tr}\sigma|} \tag{7-27}$$

其中，R 为弹性模量和切线模量之间的插值因子。当 $R=1$ 时，材料是纯弹性的；当 $R=0$ 时，材料初始状态为塑性，应变增量既有弹性部分又有塑性部分。由$^{tr}f = (1-R)E|\Delta\varepsilon|$的关系，方程(7－26)中的塑性应变增量可表示为

$$\Delta\varepsilon_{\mathrm{p}}=\frac{(1-R)E}{E+H}|\Delta\varepsilon| \tag{7-28}$$

注意：当 $R=0$ 时，式(7-28)变得与式(7-9)相同。

以类似的方式，式(7-24)中更新后的应力可以表示为

$$^{n+1}\sigma={}^{\mathrm{tr}}\sigma-\operatorname{sgn}({}^{\mathrm{tr}}\sigma)\frac{(1-R)E^{2}}{E+H}|\Delta\varepsilon| \tag{7-29}$$

其中，等式右侧第一项来自弹性预测，第二项来自塑性修正。因此，弹塑性中确定应力状态的算法分为弹性预测和塑性修正。

6. 算法切线刚度

式(7-15)中的弹塑性切线模量 D^{ep} 表示应力增量和应变增量(亚弹性)之间的关系，它是图 7-2 中应力-应变曲线的斜率，被称为算法切线模量。将式(7-24)所给状态算法确定的切线模量，被称为连续切线模量。当材料是弹性的或处于卸载/重新加载过程的弹性状态时，塑性应变增量变为 0，预测应力变为更新应力。因此，算法切线模量变得与弹性模量相同。当材料处于塑性状态时，算法切线模量可以通过将更新后的应力增量对应变增量进行微分来获得，即

$$D^{\mathrm{alg}}=\frac{\partial\Delta\sigma}{\partial\Delta\varepsilon}=\frac{\partial^{\mathrm{tr}}\sigma}{\partial\Delta\varepsilon}-\operatorname{sgn}({}^{\mathrm{tr}}\sigma)E\frac{\partial\Delta\varepsilon_{\mathrm{p}}}{\partial\Delta\varepsilon} \tag{7-30}$$

由于预测应力是弹性的，很显然式(7-30)右侧的第一项就是弹性模量。塑性应变增量的导数，可以通过对式(7-26)关于应变增量微分得到，即

$$\frac{\partial\Delta\varepsilon_{\mathrm{p}}}{\partial\Delta\varepsilon}=\frac{1}{E+H}\frac{\partial^{\mathrm{tr}}f}{\partial\Delta\varepsilon}=\operatorname{sgn}({}^{\mathrm{tr}}\sigma)\frac{E}{E+H}$$

将上式代入式(7-30)可得算法切线模量

$$D^{\mathrm{alg}}=\begin{cases}E & (\text{弹性})\\ E_{\mathrm{t}} & (\text{塑性})\end{cases} \tag{7-31}$$

需要注意的是，式(7-15)中的算法(弹塑性)切线模量 D^{ep} 与式(7-31)中的连续切线模量的对应量相同，即状态确定算法与应力-应变曲线是一致的。然而，在第 7.2 节的多维弹塑性中，将证明两个切线模量是不同的，并且在牛顿-拉富生(Newton - Raphson)迭代期间表现出完全不同的收敛行为。此外，当采用非线性硬化模型时，两个切线模量也会有所不同。

7.1.3.2 运动硬化模型

运动硬化模型和各向同性硬化模型的主要区别在于屈服面的演化。弹性范围(屈服应力的两倍)在各向同性硬化模型中会增加，而在运动硬化模型中保持不变，且随着塑性应变的增加，弹性范围的中心平行于硬化曲线移动。为了模拟这种效应，定义了以下偏移应力

$$\eta=\sigma-\alpha \tag{7-32}$$

其中，α 被称为背应力，表示弹性范围的中心。在运动硬化模型中，确定材料状态使用偏移应力 η 而不是 σ。因此，背应力被视为塑性变量，必须在每个载荷增量步进行存储和更新。载荷历史信息存储在背应力中。

在增量公式中，假定给定：载荷增量 t_n 处的应变增量($\Delta\varepsilon$)、应力($^{n}\sigma$)和背应力($^{n}\alpha$)。计算应力的基本步骤如下：

1. 弹性预测

假设应变增量期间材料处于弹性状态，则应力增量和试验应力可表示为

$$\Delta^{\mathrm{tr}}\sigma = E\Delta\varepsilon \tag{7-33}$$

$$^{\mathrm{tr}}\sigma = {}^{n}\sigma + \Delta^{\mathrm{tr}}\sigma \tag{7-34}$$

在弹性预测期间，塑性变量保持不变，则

$$^{\mathrm{tr}}\alpha = {}^{n}\alpha \tag{7-35}$$

因此，偏移应力的弹性预测为

$$^{\mathrm{tr}}\eta = {}^{\mathrm{tr}}\sigma - {}^{\mathrm{tr}}\alpha \tag{7-36}$$

2. 检查屈服状态

检查试验应力是否满足屈服条件；也就是说，应力必须低于屈服应力。为此，定义试验屈服函数为

$$^{\mathrm{tr}}f = |{}^{\mathrm{tr}}\eta| - {}^{0}\sigma_{\mathrm{Y}} \tag{7-37}$$

注意：在运动硬化模型中，初始屈服应力保持不变，即弹性范围没有增加。如果$^{\mathrm{tr}}f \leqslant 0$，则材料保持弹性，设$^{n+1}\sigma = {}^{\mathrm{tr}}\sigma$并继续下一个负载增量。在这种情况下，应变增量是纯弹性的，背应力不变，即$^{n+1}\alpha = {}^{n}\alpha$，所有应变增量都是弹性的，即$^{n+1}\varepsilon_{\mathrm{e}} = {}^{n}\varepsilon_{\mathrm{e}} + \Delta\varepsilon$。

3. 塑性校正

如果$^{\mathrm{tr}}f > 0$，则材料在此增量期间屈服。当材料经历塑性变形时，试验应力和背应力更新为

$$^{n+1}\sigma = {}^{\mathrm{tr}}\sigma - \mathrm{sgn}({}^{\mathrm{tr}}\eta)E\Delta\varepsilon_{\mathrm{p}} \tag{7-38}$$

$$^{n+1}\alpha = {}^{\mathrm{tr}}\alpha + \mathrm{sgn}({}^{\mathrm{tr}}\eta)H\Delta\varepsilon_{\mathrm{p}} \tag{7-39}$$

注意：试验应力随与弹性模量成比例的塑性应变增加而减小，但背应力随与塑性模量成比例的塑性应变增加而增加。应力更新公式与在各向同性硬化模型中几乎相同，只是在 sgn 符号函数中使用了偏移应力。背应力以与方程(7-20)中各向同性硬化模型中的屈服应力类似的方式进行更新，因为比例载荷中的应力-应变曲线对于两种硬化模型是相同的，因此使用了相同的塑性模量。即使塑性应变增量始终为正，背应力也可能为负，具体取决于应力历史；也就是说，如果在拉伸时发生屈服，则背应力会增加，而在压缩时会减小。

4. 塑性一致性条件

在方程(7-38)和(7-39)的塑性校正中，未知塑性应变增量由塑性一致性条件表示为

$$^{n+1}f = |{}^{n+1}\eta| - {}^{0}\sigma_{\mathrm{Y}} = 0 \tag{7-40}$$

为计算塑性应变增量，方程(7-40)可展开为

$$|{}^{\mathrm{tr}}\sigma - \mathrm{sgn}({}^{\mathrm{tr}}\eta)E\Delta\varepsilon_{\mathrm{p}} - {}^{\mathrm{tr}}\alpha - \mathrm{sgn}({}^{\mathrm{tr}}\eta)H\Delta\varepsilon_{\mathrm{p}}| - {}^{0}\sigma_{\mathrm{Y}} = 0$$

即

$$|{}^{\mathrm{tr}}\sigma - {}^{\mathrm{tr}}\alpha| - {}^{0}\sigma_{\mathrm{Y}} - (E+H)\Delta\varepsilon_{\mathrm{p}} = 0$$

注意：上述公式适用于正负试验应力。

因此，塑性应变增量可以表示为

$$\Delta\varepsilon_{\mathrm{p}} = \frac{^{\mathrm{tr}}f}{E+H} \tag{7-41}$$

可以看到塑性应变增量式(7-41)与各向同性硬化模型中的塑性应变增量式(7-26)相同。应

力和背应力根据该塑性应变增量及方程(7-38)和(7-39)更新,从而得到最终应力状态。

在运动硬化模型下,不必存储塑性应变增量,因为载荷历史信息存储在背应力中。由于各向同性硬化模型和运动硬化模型的塑性应变增量和应力更新公式相同,因此可以对两个模型使用相同的算法切线刚度。

7.1.3.3 各向同性硬化与运动硬化组合模型

许多实际材料显示出各向同性硬化和运动硬化的综合效应,特别是对于多晶体金属。在这种情况下,屈服应力最初由于塑性硬化而增加,但随着应变方向的变化而减小。这种现象与冷加工金属中的位错结构有关。随着变形的发生,位错在势垒处积累并产生位错堆积和缠结。这种效应通常被称为包辛格(Bauschinger)效应。

为了模拟运动硬化和各向同性硬化的组合效应,引入了一个新参数 β,其在 0 和 1 之间变化。从各向同性硬化改变屈服应力和运动硬化改变背应力的事实来看,参数 β 在两个硬化模型之间插值为

$$ {}^{n+1}\sigma_{\mathrm{Y}} = {}^{\mathrm{tr}}\sigma_{\mathrm{Y}} + (1-\beta) H \Delta\varepsilon_{\mathrm{p}} \tag{7-42} $$

$$ {}^{n+1}\alpha = {}^{n}\alpha + \mathrm{sgn}({}^{\mathrm{tr}}\eta)\, \beta H \Delta\varepsilon_{\mathrm{p}} \tag{7-43} $$

当 $\beta=0$ 时,组合硬化模型变为各向同性硬化模型;而当 $\beta=1$ 时,组合硬化模型变为运动硬化模型。在组合硬化模型中,塑性应变和背应力都是塑性变量,都需要在每个载荷增量进行更新和存储。读者可以尝试证明,通过塑性一致性条件获得的塑性应变增量,与式(7-26)的各向同性硬化模型和式(7-41)的运动硬化模型情况完全相同。

7.2 多维弹塑性问题

上一节中介绍的一维系统的基本概念可以推广到多维系统。然而,在一维情况下,获得所需的应力-应变关系相对简单,因为实验通常在单轴拉伸试验中进行。该关系以轴向应力和应变的形式给出。此外,应变硬化模型也相对简单,因为要么屈服应力的大小增加(各向同性硬化模型),要么在拉伸和压缩之间保持相同的范围(运动硬化模型)。这些应变硬化行为也可以通过单轴拉伸/压缩试验获得。然而,一维弹塑性理论只能有非常有限的应用,如杆和桁架。

当结构系统为二维或三维时,更难应用上一节中的弹塑性理论,因为此情况下应力不是一个标量,而是一个多达 6 个分量的张量。如果要使用与上一节类似的过程,则必须使用不同的应力分量组合进行材料测试。这实际上是不可能的,因为有无数种可能的组合。例如,平面应力结构的双轴加载是单轴加载之外的最简单的应力状态之一,仅有的非零应力分量是 σ_{11} 和 σ_{22}。一种可能的应力组合是假定 σ_{11} 固定在 100 MPa,并使 σ_{22} 逐渐增加到超出材料的屈服强度,然后将 σ_{11} 固定在不同的值并逐渐增加 σ_{22},可以实现不同的组合。为了获得双轴载荷的应力-应变关系,必须测试所有这些可能的应力分量组合。因此,除了非常有限的情况外,实际上不可能获得多维系统的应力-应变关系。

多维弹塑性理论的一个关键概念是使用可以代表所有可能情况的物理模型,而不是为所有可能的组合建立应力-应变关系。如上例所述,即使只涉及两个应力分量,可能的组合数量也是无限的。因此,从实用角度出发,应该使用可以表示多维应力状态的应力和应变的标量度量。此外,该度量应该与各向同性材料的坐标系无关,即不随坐标改变,因为该材料在所有方

向上都表现出相同的行为。为此,在下面将会介绍等效应力和有效应变。由于多维模型也应满足一维情况,应力-应变关系可以从单轴拉伸/压缩试验中获得。因此,关键在于适用于某硬化规则的某种形式的屈服准则,以及将塑性区的增量应力与应变相关联的弹塑性应力-应变关系。在众多不同的屈服准则中,冯·米塞斯(Von Mises)屈服准则被广泛用于各向同性金属塑性,这将在第 7.2.2 节中讨论。像第 7.1 节一样,下面会讨论多维系统的运动硬化和各向同性硬化模型,以及介绍增量弹塑性应力-应变关系的一般公式,并给出实践中常用的一些具体计算技巧。

7.2.1 屈服函数和屈服准则

材料屈服是由于材料分子在其晶格结构内的相对滑动而发生的,这类似于剪切变形。移除施加的载荷后,材料不会恢复到原来的形状。如图 7-6 所示,这种滑动变形保留了材料的体积。如果分子间距离改变,那么体积也会改变。然而,通过改变分子间距离使材料发生永久变形是非常困难的。因此,人们普遍认为材料失效与剪切变形有关。

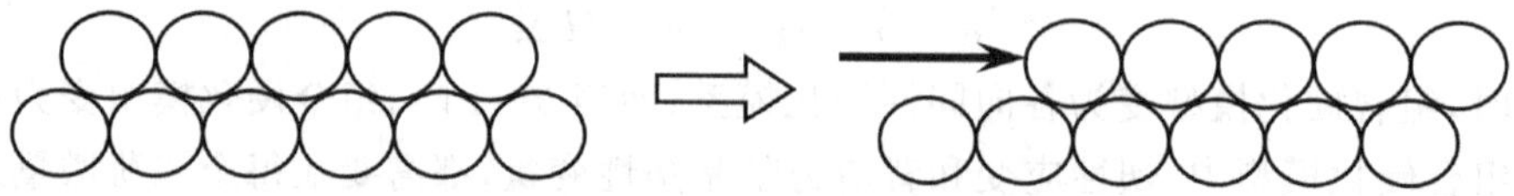

图 7-6 相对滑动导致的材料失效

7.2.1.1 最大剪应力准则

特雷斯卡(Tresca)于 1864 年提出的韧性材料最简单的失效准则之一是最大剪应力准则。该准则使用最大剪应力 $\tau_{\max}$ 作为等效应力。最大剪应力是最大莫尔圆的半径。设 σ_1、σ_2 和 σ_3 为三个主应力,按 $\sigma_1 \geqslant \sigma_2 \geqslant \sigma_3$ 排序,则最大剪应力

$$\tau_{\max} = \frac{\sigma_1 - \sigma_3}{2} \tag{7-44}$$

注意: $\tau_{\max}$ 与使用的坐标系无关,因为主应力与使用的坐标系无关。

该准则假定当 $\tau_{\max}$ 等于屈服拉伸试样中的剪切应力 τ_Y 时,材料会发生失效。在一维屈服拉伸试验中,$\sigma_1 = \sigma_Y$ 且 $\sigma_2 = \sigma_3 = 0$。因此,从莫尔圆中很容易发现 τ_Y 是 σ_Y 的一半。当 $\tau_{\max}$ 小于 τ_Y 时,材料是弹性的;$\tau_{\max}$ 不可能大于 τ_Y。在该准则中,材料的弹性范围定义为

$$\tau_{\max} \leqslant \tau_Y \left(= \frac{1}{2}\sigma_Y\right) \tag{7-45}$$

屈服准则为弹性范围的边界,即

$$f(\boldsymbol{\sigma}) = \tau_{\max} - \tau_Y = 0 \tag{7-46}$$

其中,$f(\boldsymbol{\sigma})$是屈服函数,$f(\boldsymbol{\sigma}) = 0$ 是屈服准则。上述方程虽然形式简单,但多维应力状态的实际组合可能很复杂。如图 7-7 所示为二维最大剪应力理论的六边形失效包络线,即 $\sigma_3 = 0$。从单轴拉伸试验来看,材料在 $\sigma_1 = \sigma_Y$ 和 $\sigma_2 = 0$ 时失效(点 A);如果 σ_2 从点 A 开始增加,直到增加到 σ_Y 才影响屈服准则(B 点),因为 $\tau_{\max}$ 由 σ_1 和 σ_3 决定;沿 BC 线,$\tau_{\max}$ 由 σ_2 和 σ_3 决定;沿 CD 线,$\tau_{\max}$ 由 σ_1 和 σ_2 确定,并且当 σ_1 变得更负时,σ_2 必须减少。式(7-45)定义的弹性范围对应于六边形的内部,其内材料是弹性的。式(7-46)定义的屈服标准对应于边界,通常被

称为屈服面。

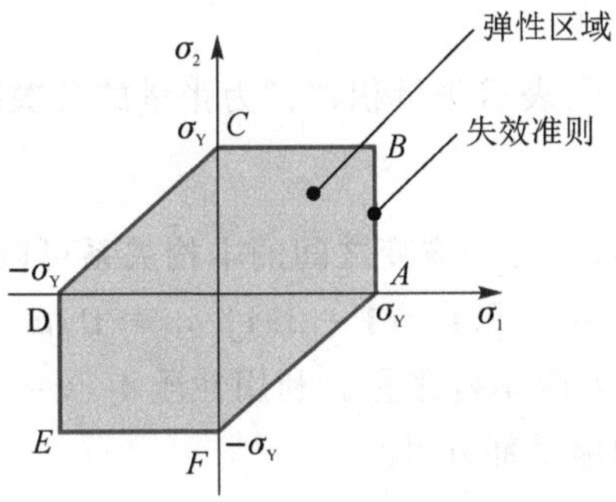

图 7-7 最大剪应力判据

7.2.1.2 畸变能准则

最大剪应力准则仅基于剪应力。一般来说,变形可以分为体积变化(膨胀)部分和体积守恒(畸变)部分。例如,对于给定的应变张量 $\boldsymbol{\varepsilon}$,小变形中的体积应变定义为

$$\varepsilon_V = \mathrm{tr}(\boldsymbol{\varepsilon}) = \varepsilon_{11} + \varepsilon_{22} + \varepsilon_{33} \tag{7-47}$$

那么,更笼统地说,塑性变形与应变的守恒部分有关,也就是常说的偏应变。例如,在纯剪切变形的情况下,$\varepsilon_{12} = \varepsilon_{21}$ 是唯一的非零应变分量。因此,体积应变变为 0,剪切变形与偏应变相同。然而,在更复杂的变形情况下,偏应变可能具有非零的法向应变分量,如 $\varepsilon_{11} = -(\varepsilon_{22} + \varepsilon_{33})$。使用偏应变或偏应力作为屈服准则的困难在于它不是一个标量。它通常有 6 个分量,取决于所使用的坐标系。因此,为了使用偏应变或应力,需要一个根据偏应变或应力定义的标量。

随着应力逐渐增加,材料的应变能密度也随之增加。由于这两个量是相关的,因此可以使用应变能密度作为失效准则。使用应变能密度的优点是即使所有 6 个应力分量都不为零,它也始终是一个标量。如前所述,由于体积变形不会导致材料失效,因此在将应变能密度用于失效准则之前,必须去除这部分变形。去除体积变形后的应变能密度被称为畸变能密度。畸变能准则是指将多维应力状态的畸变能与屈服拉伸试验的畸变能进行比较:当多维应力状态的畸变能与屈服拉伸试验的畸变能相同时,该材料被认为已失效;当多维应力状态的畸变能小于屈服拉伸试验的畸变能时,该材料被认为是弹性的。

畸变能定义为应变能与其体积部分的差值。为了计算畸变能,首先将应力(静水压力)和应变(平均应变)的体积部分定义为

$$\sigma_m = \frac{1}{3}\mathrm{tr}(\boldsymbol{\sigma}) = \frac{1}{3}(\sigma_{11} + \sigma_{22} + \sigma_{33}) \tag{7-48}$$

$$\varepsilon_m = \frac{1}{3}\mathrm{tr}(\boldsymbol{\varepsilon}) = \frac{1}{3}(\varepsilon_{11} + \varepsilon_{22} + \varepsilon_{33}) \tag{7-49}$$

其中,tr(·)是一个迹算子,使得 $\mathrm{tr}(\boldsymbol{\sigma}) = \sigma_{kk}$。

注意:平均应变是体积应变的 3 倍。

其次将偏应力和偏应变张量定义为

$$\boldsymbol{s} \equiv \boldsymbol{\sigma} - \sigma_m \mathbf{1} = \mathbf{I}_{\mathrm{dev}} : \boldsymbol{\sigma} \tag{7-50}$$

$$\boldsymbol{e} \equiv \boldsymbol{\varepsilon} - \varepsilon_m \mathbf{1} = \mathbf{I}_{\mathrm{dev}} : \boldsymbol{\varepsilon} \tag{7-51}$$

其中，$\mathbf{1}=[\delta_{ij}]$为二阶单位张量；$\mathbf{I}$为四阶单位对称张量，定义为 $\mathbf{I}_{ijkl}=\frac{1}{2}(\delta_{ik}\delta_{jl}+\delta_{il}\delta_{jk})$，$\mathbf{I}_{\text{dev}}=\mathbf{I}-\frac{1}{3}\mathbf{1}\otimes\mathbf{1}$ 为四阶单位偏张量，$\otimes$表示张量积；“:”为张量的二次缩并算子。

注意：$\text{tr}(\boldsymbol{s})=0$，$\text{tr}(\boldsymbol{e})=0$。

对于各向同性线弹性材料，应力和应变之间的本构关系可以表示为

$$\boldsymbol{\sigma}=[\lambda\mathbf{1}\otimes\mathbf{1}+2\mu\mathbf{I}]:\boldsymbol{\varepsilon}\equiv\boldsymbol{D}:\boldsymbol{\varepsilon} \tag{7-52}$$

其中，λ 和 μ 是拉梅常数，$\boldsymbol{D}$ 是四阶本构张量。利用性质 $\mathbf{1}:\boldsymbol{\varepsilon}=\text{tr}(\boldsymbol{\varepsilon})=3\varepsilon_m$，可以将式(7-52)中的本构关系分为体积部分和偏量部分，即

$$\boldsymbol{\sigma}=\lambda(3\varepsilon_m)\mathbf{1}+2\mu(\boldsymbol{e}+\varepsilon_m\mathbf{1})=(3\lambda+2\mu)\varepsilon_m\mathbf{1}+2\mu\boldsymbol{e} \tag{7-53}$$

如果将上式与式(7-50)进行比较，则上式右侧的第一部分为应力的体积部分，第二部分为应力的偏量部分。因此，可以得到以下分解的本构关系

$$\boldsymbol{s}=2\mu\boldsymbol{e} \tag{7-54}$$

$$\sigma_m=(3\lambda+2\mu)\varepsilon_m \tag{7-55}$$

容易证明体积模量(将 σ_m 与 ε_V 联系起来的常数)定义为 $K=\frac{3\lambda+2\mu}{3}$。有趣的是，只有剪切模量 μ 出现在偏应力和偏应变之间的关系中。

根据式(7-50)和(7-51)，畸变能密度可以定义为

$$U_\text{d}=\frac{1}{2}\boldsymbol{s}:\boldsymbol{e} \tag{7-56}$$

利用式(7-54)，偏应变能密度可以用偏应力表示为

$$U_\text{d}=\frac{1}{4\mu}\boldsymbol{s}:\boldsymbol{s} \tag{7-57}$$

在一维拉伸试验的情况下，当 $\sigma_{11}=\sigma_\text{Y}$ 且所有其他应力分量为 0 时，材料失效，则偏应力可表示为

$$\boldsymbol{s}=\begin{bmatrix}\frac{2}{3}\sigma_\text{Y} & 0 & 0\\ 0 & -\frac{1}{3}\sigma_\text{Y} & 0\\ 0 & 0 & -\frac{1}{3}\sigma_\text{Y}\end{bmatrix} \tag{7-58}$$

因此，一维拉伸试验中材料失效状态下的畸变能密度变为

$$U_\text{d}=\frac{1}{6\mu}\sigma_\text{Y}^2 \tag{7-59}$$

当畸变能密度等于屈服点拉伸试验的能量密度时，处于多维应力状态的材料屈服，即令式(7-57)与式(7-59)相等，可得在多维应力状态下的材料发生屈服时应力度量等于一维屈服应力

$$\sigma_\text{e}\equiv\sqrt{\frac{3}{2}\boldsymbol{s}:\boldsymbol{s}}=\sigma_\text{Y} \tag{7-60}$$

其中，σ_e 被称为等效应力或冯·米塞斯(Von Mises)应力。当等效应力小于一维屈服应力时，材料被认为是弹性的。因此，使用等效应力可将一维应力状态确定方法用于多维的情况。

注意：虽然采用等效应力来确定材料失效状态，但这也是基于畸变能准则。

等效应力的对应量是有效应变，二者是通过畸变能密度定义的，即

$$U_d=\frac{1}{2}\boldsymbol{s}:\boldsymbol{e}=\frac{1}{2}\sigma_e e_e \tag{7-61}$$

其中，e_e 为有效应变。根据式(7-57)和(7-60)，畸变能密度可以用等效应力表示为

$$U_d=\frac{1}{4\mu}\left(\frac{2}{3}\sigma_e^2\right)=\frac{1}{6\mu}\sigma_e^2 \tag{7-62}$$

通过比较式(7-61)与(7-62)，有效应变可以用等效应力表示为

$$e_e=\frac{1}{3\mu}\sigma_e=\frac{1}{3\mu}\sqrt{\frac{3}{2}\boldsymbol{s}:\boldsymbol{s}} \tag{7-63}$$

利用式(7-54)，有效应变可以用偏应变表示为

$$e_e=\sqrt{\frac{3}{2}\boldsymbol{e}:\boldsymbol{e}} \tag{7-64}$$

注意：方程(7-60)中的等效应力和方程(7-64)中的有效应变除了系数之外，它们分别具有与偏应力和应变相似的定义。有效应变的使用与塑性变形有关。在一维塑性中的标量塑性应变在多维塑性中变为张量。

7.2.2 冯·米塞斯(Von Mises)屈服准则

上一节中的畸变能理论也称为冯·米塞斯(Von Mises)屈服准则，它指出当等效应力达到材料在单轴拉伸下的屈服应力时发生屈服。式(7-60)中的等效应力 σ_e 可以表示为

$$\sigma_e=\sqrt{\frac{3}{2}\boldsymbol{s}:\boldsymbol{s}}\equiv\sqrt{3J_2} \tag{7-65}$$

其中，J_2 为偏应力的第二不变量。它可以用以下几种替代形式表示：对应力分量而言

$$J_2=\frac{1}{6}\left[(\sigma_x-\sigma_y)^2+(\sigma_y-\sigma_z)^2+(\sigma_z-\sigma_x)^2\right]+\tau_{xy}^2+\tau_{yz}^2+\tau_{zx}^2 \tag{7-66}$$

对主应力而言

$$J_2=\frac{1}{6}\left[(\sigma_1-\sigma_2)^2+(\sigma_2-\sigma_3)^2+(\sigma_3-\sigma_1)^2\right] \tag{7-67}$$

利用等效应力，则屈服函数和相应的屈服准则可以定义为

$$f'(\boldsymbol{\sigma})\equiv\sigma_e^2-\sigma_Y^2=3J_2-\sigma_Y^2=0 \tag{7-68}$$

其中，σ_Y 是拉伸试验的屈服应力。因此，即使应力状态是多维的，通过将等效应力视为拉应力，仍然可以使用一维的实验数据。

根据 J_2 的定义，容易看出冯·米塞斯(Von Mises)屈服函数图像为一个二维椭圆。如图7-8所示，椭圆内的任意一点($f'<0$)表示弹性应力状态，椭圆的内部被称为材料的弹性域；屈服面上的点($f'=0$)对应于导致材料屈服的应力状态，应力状态不可能存在于屈服面之外。

在图7-8中还描述了最大剪应力准则。

注意：这两个准则在六个顶点处重合，但最大剪应力准则在冯·米塞斯(Von Mises)屈服准则之内，这意味着前者比后者更保守。例如，在单轴拉伸的情况下，对应于沿 σ_1 轴的应力状

态，两个准则都预测出 $\sigma_1=\sigma_Y$ 的相同屈服点。然而，在纯剪应力的情况下，沿着图 7－8 中的线 OA，最大剪应力准则比冯・米塞斯(Von Mises)屈服准则更早地预测了材料失效。还应注意冯・米塞斯(Von Mises)屈服面是光滑的，而最大剪应力准则有六个顶点。屈服面的平滑度有助于在数值上找到屈服点。

塑性变形可以用原子位错来进行物理解释。弹性变形对应于分子间距离的变化而不引起原子位错，而塑性变形意味着原子层的相对滑动和永久变形，但结构的体积不变。因此，塑性行为可以通过张量的偏量有效描述，它可以保持体积不变，如在式(7－65)中 J_2 为偏应力的第二不变量。具体来说，对于一个应力张量 $\boldsymbol{\sigma}=[\sigma_{ij}]$，$(i, j=1, 2, 3)$，偏应力的第二不变量可以表示为

$$J_2=\frac{1}{2}[\boldsymbol{s}:\boldsymbol{s}-\operatorname{tr}(\boldsymbol{s})^2]=\frac{1}{2}\boldsymbol{s}:\boldsymbol{s} \tag{7-69}$$

注意： $\operatorname{tr}(\boldsymbol{s})=0$，因为应力张量的迹部分移到了 σ_m。

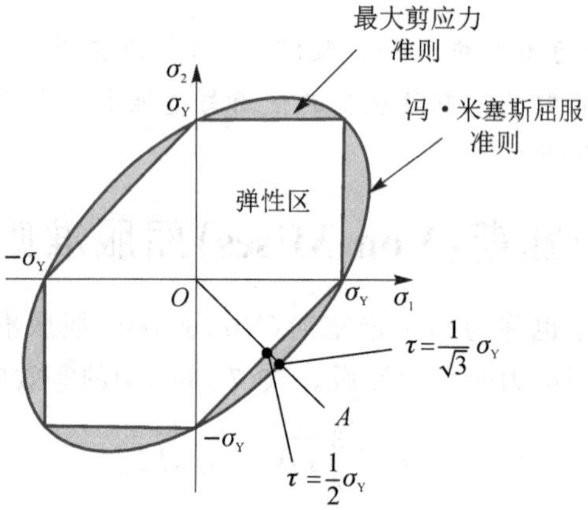

图 7－8　冯・米塞斯(Von Mises)屈服准则

在式(7－68)中定义的屈服函数以有效应力的平方给出。由于有效应力和屈服应力始终为正，因此没有必要使用平方项来定义屈服准则。在没有平方的情况下定义屈服准则也更方便，使其单位与应力的单位相同。因此，冯・米塞斯(Von Mises)屈服准则可以重写为

$$f(\boldsymbol{\sigma})=\|\boldsymbol{s}\|-\sqrt{\frac{2}{3}}\sigma_Y=0 \tag{7-70}$$

其中，$\|\boldsymbol{s}\|=(\boldsymbol{s}:\boldsymbol{s})^{1/2}$ 是偏应力的范数。在图 7－8 中的椭圆如果绘制在主偏应力中，则变为圆形，可以认为 $\sqrt{\frac{2}{3}}\sigma_Y$ 是偏应力空间中屈服圆的半径。

7.2.3　硬化模型

上一节中的屈服准则根据给定的材料屈服应力确定材料是否屈服。在式(7－70)中假设材料的屈服应力保持不变。然而，正如第 7.1 节所讨论的，屈服应力本身会随塑性变形而变化，这被称为应变硬化。一般来说，屈服应力因塑性变形而变化的材料分为 3 类(见图 7－9)：屈服应力与塑性变形(应变硬化)成正比增加；屈服应力保持不变(理想塑性)；屈服应力随着塑性变形的增加而降低(应变软化)。通常，金属是应变硬化材料，而岩土材料在某些条件下可能

会出现应变软化。应变硬化材料被认为是稳定的，将在本节中进行讨论。

如图 7-10 所示，讨论了两种不同的应变硬化模型：各向同性硬化模型和运动硬化模型。各向同性硬化模型的弹性范围由于塑性变形而不断增长，而运动硬化模型的弹性范围保持不变，但随应变硬化线平行移动。这些应变硬化模型的定义可以扩展到多维塑性。式(7-70)表示的屈服准则可以认为是一个圆的方程，圆心在原点，半径为 $\sqrt{\dfrac{2}{3}}\sigma_{\mathrm{Y}}$。在各向同性硬化模型中，中心位置固定，半径(即 σ_{Y})均匀增大；在运动硬化模型中，半径固定，中心位置在应力空间中移动，即偏应力范数变为 $\|\boldsymbol{s}-\boldsymbol{\alpha}\|$，其中 $\boldsymbol{\alpha}$ 是屈服面中心的位置。如图 7-10 所示说明了这两种强化模型。由于拉伸试验将用于描述材料超出屈服的行为，因此与一维塑性使用的相同硬化参数可用于多维硬化。

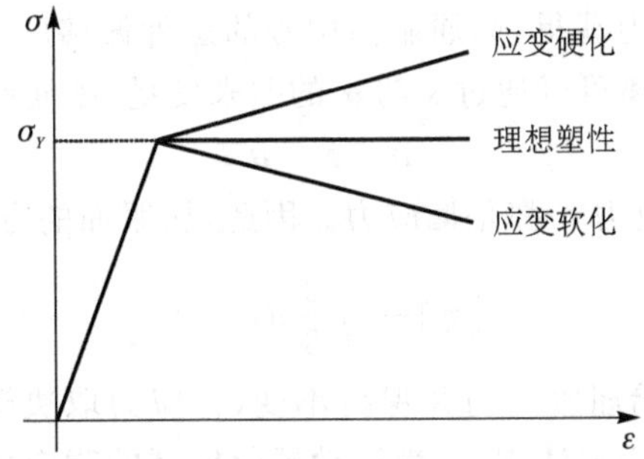

图 7-9 材料发生塑性后的行为

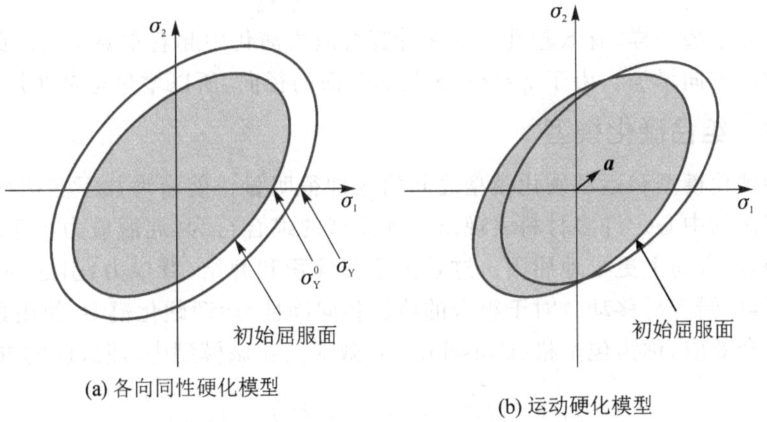

图 7-10 二维硬化模型

7.2.3.1 各向同性硬化模型

在各向同性硬化模型中，屈服后的行为取决于累积的有效塑性应变 e_{p}。对于线性各向同性硬化模型，屈服应力随有效塑性应变增加，即

$$\sigma_{\mathrm{Y}}=\sigma_{\mathrm{Y}}^{0}+He_{\mathrm{p}} \tag{7-71}$$

其中，塑性模量 H 由单轴应力-应变关系可得

$$H=\frac{\Delta\sigma}{\Delta e_{\mathrm{p}}} \tag{7-72}$$

屈服面的半径随着与塑性模量成比例的有效塑性应变而增加。式(7－72)定义的塑性模量可适用于一般的非线性硬化,因为它定义成了速率形式。在这种情况下,塑性模量 H 是给定总塑性应变时应力-塑性应变曲线的斜率。在线性硬化的情况下,塑性模量 H 是一个常数。

当 $H=0$ 时,该材料被称为理想弹塑性材料。理想塑性材料是一种理想化材料,目的是简化本构方程。对于没有显著应变硬化的材料,这种理想化是合理的。这种理想化的充分性取决于特定应用的目的和要求。如果只对单调加载感兴趣并且不需要精细的结果,那么这种理想化可能会得到令人满意的结果。然而,由于工业的进步使得结构承受着复杂的载荷条件并提出了苛刻的要求,这种理想化在许多应用中已不再适用,则必须考虑应变硬化。

7.2.3.2 运动硬化模型

在运动硬化模型中,屈服面在应力空间中移动(见图 7－10)。因此,屈服面的方程可以通过对初始屈服面引入偏移应力获得,而屈服面中心的这种偏移应力被称为背应力,用 $\boldsymbol{\alpha}$ 表示。从屈服面中心到屈服面的距离可以通过 $\boldsymbol{s}$ 与 $\boldsymbol{\alpha}$ 的差来度量,则屈服面的偏移应力可表示为

$$\boldsymbol{\eta}=\boldsymbol{s}-\boldsymbol{\alpha} \tag{7-73}$$

需要注意,背应力 $\boldsymbol{\alpha}$ 和偏移应力 $\boldsymbol{\eta}$ 都是偏应力。因此,屈服面的方程可定义为

$$\|\boldsymbol{\eta}\|-\sqrt{\frac{2}{3}}\sigma_{\mathrm{Y}}=0 \tag{7-74}$$

在运动硬化模型中,σ_{Y} 是初始屈服应力并保持不变,背应力取决于当前应力和累积的有效塑性应变 e_{p}。根据齐格勒(Ziegler)法则,线性运动硬化模型的背应力增量可表示为

$$\Delta\boldsymbol{\alpha}=\sqrt{\frac{2}{3}}H\Delta e_{\mathrm{p}}\frac{\boldsymbol{\eta}}{\|\boldsymbol{\eta}\|} \tag{7-75}$$

与各向同性硬化模型一样,有效塑性应变在计算背应力演化中起着重要作用。此外,背应力沿平行于偏应力的方向增加。由于 $\boldsymbol{\eta}=\boldsymbol{s}-\boldsymbol{\alpha}$ 是屈服面的径向,所以增量总是在径向。

7.2.3.3 组合硬化模型

各向同性硬化模型和运动硬化模型之间的区别很明显。前者增加了屈服面的半径,而后者移动了屈服面的中心。许多材料表现出两种模型的综合行为:屈服应力由于塑性变形而增加,但材料在相反方向上更早地屈服。这是由位错堆积和缠结(背应力)引起的。当应变方向改变时,这使得位错容易移动。对于组合的线性各向同性/运动硬化模型,使用参数 $\beta\in[0,1]$ 来考虑这种组合效应,称为包辛格(Bauschinger)效应。在该模型中,屈服面的方程定义为

$$\|\boldsymbol{\eta}\|-\sqrt{\frac{2}{3}}\left[\sigma_{\mathrm{Y}}^{0}+(1-\beta)He_{\mathrm{p}}\right]=0 \tag{7-76}$$

背应力的增量定义为

$$\Delta\boldsymbol{\alpha}=\sqrt{\frac{2}{3}}\beta H\Delta e_{\mathrm{p}}\frac{\boldsymbol{\eta}}{\|\boldsymbol{\eta}\|} \tag{7-77}$$

该模型足够通用,可以将各向同性硬化模型和运动硬化模型都表示为其特例:对于运动硬化模型 $\beta=1$;对于各向同性硬化模型 $\beta=0$。

7.2.4 经典弹塑性模型

在上一小节中,讨论了多维塑性的屈服函数和应变硬化模型。本节将讨论根据这些模型

确定当前应力状态和塑性变量的演变。基于冯·米塞斯(Von Mises)屈服准则和各向同性/运动硬化模型,塑性变量是有效塑性应变 e_p 和背应力 $\boldsymbol{\alpha}$。前者为标量,而后者为二阶张量。本节将所有关系都以速率形式给出,并表示成增量形式,以便在下一节中进行数值积分。例如,应变率 $\dot{\varepsilon}$ 和应变增量 $\Delta\varepsilon$ 之间的关系为 $\Delta\varepsilon=\Delta t\dot{\varepsilon}$,其中 Δt 为时间增量。

7.2.4.1 加法分解

小变形弹塑性的基本假设是弹性和塑性部分可以相加分解。与有限变形弹塑性相比,这个假设是一个根本性的区别。假设一个小的弹塑性应变,应变及其变化率可用加法分解为弹性和塑性部分,即

$$\boldsymbol{\varepsilon}=\boldsymbol{\varepsilon}^{e}+\boldsymbol{\varepsilon}^{p},\quad \dot{\boldsymbol{\varepsilon}}=\dot{\boldsymbol{\varepsilon}}^{e}+\dot{\boldsymbol{\varepsilon}}^{p} \tag{7-78}$$

其中,右上标 e 和 p 分别表示弹性和塑性部分,上标的"点"表示变化率。需要注意的是,在静态问题中,变化率相当于载荷增量。假设塑性变形只发生在偏空间,塑性应变 $\boldsymbol{\varepsilon}_p$ 及其速率为偏张量,即 $\mathrm{tr}(\boldsymbol{\varepsilon}_p)=0$。与一维塑性一样,总应变及其变化率已经给定,然而尚不清楚它们中有多少是弹性的或塑性的。因此,对给定总应变及其变化率,需要找到对应的弹性或塑性的部分。弹性应变会在材料中产生应力,而塑性应变与应力无关。但是,塑性应变会影响应变硬化模型中的屈服应力。

7.2.4.2 应变能密度

通常假设弹性部分存在应变能密度,因此可以通过对弹性应变的应变能密度求导来确定应力。弹塑性模型的弹性部分与线弹性材料相同。由于应力和弹性应变之间的关系是线性的,因此应变能密度函数采用二次形式,可表示为

$$W(\boldsymbol{\varepsilon}^{e})=\frac{1}{2}\boldsymbol{\varepsilon}^{e}:\boldsymbol{D}:\boldsymbol{\varepsilon}^{e}=\frac{1}{2}(\boldsymbol{\varepsilon}-\boldsymbol{\varepsilon}^{p}):\boldsymbol{D}:(\boldsymbol{\varepsilon}-\boldsymbol{\varepsilon}^{p}) \tag{7-79}$$

其中,$\boldsymbol{D}$ 为四阶本构张量。在确定材料的塑性行为之前,应变的弹性部分通常是未知的。通过区分上述定义,应力与弹性应变的关系为

$$\boldsymbol{\sigma}=\frac{\partial W(\boldsymbol{\varepsilon}^{e})}{\partial\boldsymbol{\varepsilon}^{e}}=\boldsymbol{D}:\boldsymbol{\varepsilon}^{e}=\boldsymbol{D}:(\boldsymbol{\varepsilon}-\boldsymbol{\varepsilon}^{p}) \tag{7-80}$$

显然,当应变被认为是弹性时 $\boldsymbol{D}$ 为方程(7-52)中引入的本构张量。由于方程(7-78)中的假设,则式(7-80)的速率形式可以表示为

$$\dot{\boldsymbol{\sigma}}=\boldsymbol{D}:(\dot{\boldsymbol{\varepsilon}}-\dot{\boldsymbol{\varepsilon}}^{p}) \tag{7-81}$$

其中,$\boldsymbol{D}=\left(\lambda+\left(\frac{2}{3}\right)\mu\right)\mathbf{1}\otimes\mathbf{1}+2\mu\mathbf{I}_{dev}$ 是四阶各向同性本构张量。根据方程(7-54)和(7-55)中的分解形式,式(7-81)中的关系可以进一步分解为体积部分和偏量部分,即

$$\dot{\boldsymbol{\sigma}}_{m}=\frac{1}{3}\mathrm{tr}(\dot{\boldsymbol{\sigma}})=\left(\lambda+\frac{2}{3}\mu\right)\mathrm{tr}(\dot{\boldsymbol{\varepsilon}})=(3\lambda+2\mu)\dot{\boldsymbol{\varepsilon}}_{m} \tag{7-82}$$

$$\dot{\boldsymbol{s}}=2\mu(\dot{\boldsymbol{e}}-\dot{\boldsymbol{e}}^{p}) \tag{7-83}$$

式(7-82)使用了 $\mathrm{tr}(\boldsymbol{\varepsilon}^{p})=0$ 的性质。从式(7-82)中可以发现,体积应力(静水压力)与塑性变形无关,这与仅使用偏应力定义屈服函数的事实一致。

7.2.4.3 屈服函数

对于金属材料的塑性行为,通常采用服从关联流动法则的冯·米塞斯(Von Mises)屈服

准则来描述弹性变形之后的材料行为。因此,屈服函数及屈服准则可表述为

$$f(\boldsymbol{\eta},e_{\mathrm{p}})\equiv\|\boldsymbol{\eta}\|-\sqrt{\frac{2}{3}}\kappa(e_{\mathrm{p}})\leqslant 0 \tag{7-84}$$

其中,$\boldsymbol{\eta}=\boldsymbol{s}-\boldsymbol{\alpha}$ 为偏应力;$\boldsymbol{\alpha}$ 为背应力,是屈服面(弹性域)的中心,并由运动硬化模型确定;$\kappa(e_{\mathrm{p}})$为由各向同性硬化模型确定的弹性域的半径;e_{p} 为有效塑性应变。式(7-84)中使用了各向同性硬化/运动硬化组合模型。由式(7-84)中的屈服函数生成的弹性域形成一个凸集,可表示为

$$E=\{(\boldsymbol{\eta},e_{\mathrm{p}})\mid f(\boldsymbol{\eta},e_{\mathrm{p}})\leqslant 0\} \tag{7-85}$$

一般来说,上式中由 f 定义的屈服面是光滑且凸的。在数学上,可以认为塑性是应力在屈服面上的投影。如果假定材料是纯弹性的,那么对于给定的应变,应力将远高于弹塑性材料的应力。因为应力不可能位于弹性域之外,弹塑性将该应力投射到屈服面上。由于屈服面是凸的,所以投影变成了收缩映射,从而保证了唯一投影的存在。第 7.1 节中的一维弹塑性也应用了相同的概念。最初假定应力增量是弹性的。如果预测的应力大于屈服应力,则将该应力恢复为屈服应力。如果屈服应力是固定的,这个过程会相对容易。然而,当应力被带回到屈服面时,屈服面本身会根据硬化模型发生变化。因此,有必要确定塑性变形如何改变屈服函数。

7.2.4.4 关联流动法则

流动法则决定了塑性应变 $\boldsymbol{\varepsilon}^{\mathrm{p}}$ 的演变。在一维塑性的情况下,塑性应变是标量,其值只会增加。在多维塑性的情况下,由于 $\boldsymbol{\varepsilon}^{\mathrm{p}}$ 是张量,因此需要确定其大小和方向。因此,流动法则的一般形式可以表示为

$$\dot{\boldsymbol{\varepsilon}}^{\mathrm{p}}=\gamma\boldsymbol{r}(\boldsymbol{\sigma},\boldsymbol{\xi}) \tag{7-86}$$

其中,$\boldsymbol{\xi}=(\boldsymbol{\alpha},\ e_{\mathrm{p}})$表示塑性变量,$\gamma$ 被称为塑性一致性参数。一般来说,$\gamma\geqslant 0$,即在 0 处没有塑性变形。这与在一维塑性中塑性应变只会增加的事实一致。

高等弹塑力学表明流动法则可以从约束优化理论中获得,其中方程(7-84)是一个不等式约束。参考最小势能原理,弹性材料的结构平衡可以通过最小化势能来获得,势能是应变能和外力势能之和。因此,平衡方程是从最优条件得到的,即势能的一阶导数变为 0。在弹塑性中,这个优化问题被修改,使得应力必须保持在方程(7-84)中的弹性域内。这个条件可以被看作是优化问题的一个约束。如果通过最小化势能计算的应力保持在弹性域内,则不需要约束。但是,如果计算的应力在弹性域之外,则需要将其带回到弹性域的边界。在这种情况下,塑性一致性参数变为拉格朗日乘数以施加约束,并且它始终为非负值。

$\boldsymbol{r}(\boldsymbol{\sigma},\boldsymbol{\xi})$的表达式取决于塑性模型。通常假设存在流动势(或塑性势)g,使得塑性应变沿垂直于流动势的方向演化,即

$$\dot{\boldsymbol{\varepsilon}}^{\mathrm{p}}=\gamma\frac{\partial g(\boldsymbol{\sigma},\boldsymbol{\xi})}{\partial\boldsymbol{\sigma}} \tag{7-87}$$

其中,$g(\boldsymbol{\sigma},\boldsymbol{\xi})$是流动势函数。当流动势函数与屈服函数相同时,则塑性模型被称为关联流动模型。因此,

$$\dot{\boldsymbol{\varepsilon}}^{\mathrm{p}}=\gamma\frac{\partial f(\boldsymbol{\eta},e_{\mathrm{p}})}{\partial\boldsymbol{\eta}}=\gamma\frac{\boldsymbol{\eta}}{\|\boldsymbol{\eta}\|}=\gamma\boldsymbol{N} \tag{7-88}$$

其中,$\boldsymbol{N}$ 为垂直于屈服面的单位偏张量;γ 为塑性一致性参数,是非负的。如果材料状态是弹性的,则 γ 必须为 0;如果材料状态是塑性的,则 γ 必须为正值的。因此,塑性应变在垂直于屈

服面的方向上增加，并具有塑性一致性参数 γ 的大小。

随着材料发生塑性变形，塑性变量（背应力和有效塑性应变）也会随硬化模型发生变化。硬化法则的一般形式可以表示为

$$\dot{\boldsymbol{\xi}} = \gamma \boldsymbol{h}(\boldsymbol{\sigma}, \boldsymbol{\xi}) \tag{7-89}$$

需要注意，塑性变量的演变也与塑性一致性参数成正比。特别是，背应力率可以通过运动硬化模型确定为

$$\dot{\boldsymbol{\alpha}} = H_\alpha(e_p)\gamma \frac{\partial f(\boldsymbol{\eta}, e_p)}{\partial \boldsymbol{\eta}} = H_\alpha(e_p)\gamma \boldsymbol{N} \tag{7-90}$$

其中，$H_\alpha(e_p)$为运动硬化塑性模量的非线性形式。在线性硬化的情况下，它变为一个常数，即$H_\alpha(e_p) = H$。有效应变率可以表示为

$$\dot{e}_p = \sqrt{\frac{2}{3}} \| \dot{\boldsymbol{e}}^p(t) \| = \sqrt{\frac{2}{3}} \gamma \tag{7-91}$$

其中，$\dot{\boldsymbol{e}}^p$ 为偏塑性应变率。

在非线性运动硬化的情况下，背应力率可确定为

$$\dot{\boldsymbol{\alpha}} = H(e_p)\dot{\boldsymbol{e}}^p, \quad H(e_p) = H_0 \exp\left(-\frac{e_p}{e_p^\infty}\right) \tag{7-92}$$

其中，e_p^∞ 为塑性应变的渐近极限，H_0 为初始硬化模量。这也被称为饱和硬化模型。在非线性各向同性硬化的情况下，可以定义屈服面半径为

$$\kappa(e_p) = \sigma_Y^0 + (\sigma_Y^\infty - \sigma_Y^0)\left[1 - \exp\left(-\frac{e_p}{e_p^\infty}\right)\right] \tag{7-93}$$

其中，σ_Y^∞ 为屈服应力的渐近极限。

7.2.4.5 塑性一致性参数

如前所述，当材料状态为弹性时，塑性一致性参数 γ 为 0($f < 0$)；当材料状态为塑性时，塑性一致性参数 γ 为正($f = 0$)。在优化中，这被称为库恩–塔克(Kuhn – Tucker)条件，可以表示为

$$\gamma \geqslant 0, \quad f \leqslant 0, \quad \gamma f = 0 \tag{7-94}$$

可以将屈服函数 f 的非正属性视为约束，而塑性一致性参数 γ 可以看作是不等式约束对应的拉格朗日乘数。上述库恩–塔克(Kuhn – Tucker)条件满足材料的所有可能状态。例如，当材料处于弹性状态，即应力在弹性域内时，该条件可变为

$$f < 0, \quad \gamma = 0 \Rightarrow \gamma f = 0$$

当应力在屈服面上时，即材料处于塑性状态时，式(7 – 94)的条件满足，因为 $f = 0$。但是，当状态变化时，可能有 3 种不同的情况：

① 弹性卸载 $\dot{f} < 0$，　$\gamma = 0 \Rightarrow \gamma \dot{f} = 0$。

② 中性载荷 $\dot{f} = 0$，　$\gamma = 0 \Rightarrow \gamma \dot{f} = 0$。

③ 塑性加载 $\dot{f} = 0$，　$\gamma > 0 \Rightarrow \gamma \dot{f} = 0$。

因此，当应力在屈服面上时式(7 – 94)中的 $\gamma f = 0$ 等价于 $\gamma \dot{f} = 0$。因此，库恩–塔克(Kuhn – Tucker)条件的速率形式可用于计算塑性一致性参数。在上述 3 种可能的情况中，我们只关注

情况③，即塑性载荷，因为其他的情况可以用 $\gamma=0$ 来识别，这不会给塑性变量带来任何变化。因此，当塑性加载状态继续时

$$\gamma>0,\quad \dot{f}(\boldsymbol{\sigma},\boldsymbol{\xi})=0$$

这意味着屈服函数在塑性加载状态下保持不变，即

$$\dot{f}(\boldsymbol{\sigma},\boldsymbol{\xi})=\frac{\partial f}{\partial \boldsymbol{\sigma}}:\dot{\boldsymbol{\sigma}}+\frac{\partial f}{\partial \boldsymbol{\xi}}:\dot{\boldsymbol{\xi}}=0 \tag{7-95}$$

代入应力率和塑性变量，式(7-95)可变为

$$\frac{\partial f}{\partial \boldsymbol{\sigma}}:\boldsymbol{D}:(\dot{\boldsymbol{\varepsilon}}-\dot{\boldsymbol{\varepsilon}}^{\mathrm{p}})+\frac{\partial f}{\partial \boldsymbol{\xi}}\cdot\gamma\boldsymbol{h}=0 \tag{7-96}$$

由于塑性应变率也可以用塑性一致性参数来表示，则式(7-96)可以改写为

$$\frac{\partial f}{\partial \boldsymbol{\sigma}}:\boldsymbol{D}:\dot{\boldsymbol{\varepsilon}}-\frac{\partial f}{\partial \boldsymbol{\sigma}}:\boldsymbol{D}:\gamma\boldsymbol{r}+\frac{\partial f}{\partial \boldsymbol{\xi}}\cdot\gamma\boldsymbol{h}=0$$

因此，可求得塑性一致性参数为

$$\gamma=\frac{\left\langle \dfrac{\partial f}{\partial \boldsymbol{\sigma}}:\boldsymbol{D}:\dot{\boldsymbol{\varepsilon}}\right\rangle}{\dfrac{\partial f}{\partial \boldsymbol{\sigma}}:\boldsymbol{D}:\boldsymbol{r}-\dfrac{\partial f}{\partial \boldsymbol{\xi}}\cdot\boldsymbol{h}} \tag{7-97}$$

其中，由于 $\gamma>0$ 的要求，式(7-97)中的分子必须为非负数。这个条件的物理意义是：当材料在塑性载荷下时，屈服面的法线方向和应力增量变化率之间的夹角必须是一个锐角(见图7-11)，即

$$\cos\theta=\frac{\dfrac{\partial f}{\partial \boldsymbol{\sigma}}:\boldsymbol{D}:\dot{\boldsymbol{\varepsilon}}}{\left\|\dfrac{\partial f}{\partial \sigma}\right\|\left\|D:\dot{\varepsilon}\right\|} \tag{7-98}$$

如果 $\theta<90°$，则材料状态处于塑性加载状态；如果 $\theta=90°$，则材料状态处于中性负载状态；如果 $\theta>90°$，则材料状态处于弹性卸荷状态。

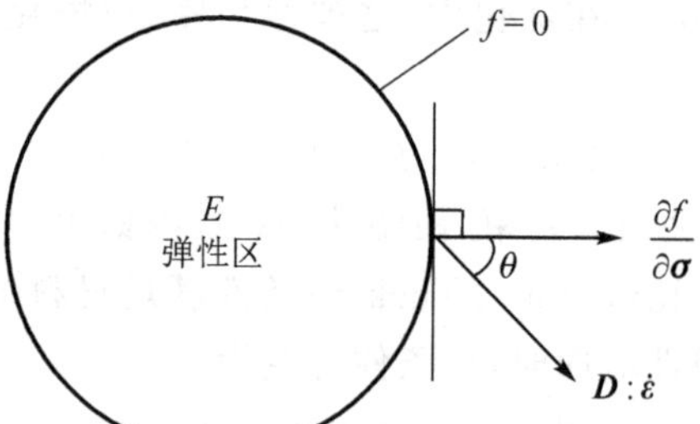

图7-11　弹性预测应力与屈服面法线之间的夹角

7.2.4.6　弹塑性切线刚度

在一维系统中，弹塑性模量 D^{ep} 是根据弹性模量和塑性模量计算的。在多维系统中，对应的模量被称为连续弹塑性切线刚度。它表示应力和应变率之间的关系。通过将塑性一致性参数式(7-97)代入式(7-81)，可得

$$\dot{\boldsymbol{\sigma}} = \boldsymbol{D}:\dot{\boldsymbol{\varepsilon}} - \boldsymbol{D}:\gamma\boldsymbol{r} = \boldsymbol{D}:\dot{\boldsymbol{\varepsilon}} - \boldsymbol{D}:\boldsymbol{r}\frac{\left\langle \dfrac{\partial f}{\partial \boldsymbol{\sigma}}:\boldsymbol{D}:\dot{\boldsymbol{\varepsilon}} \right\rangle}{\dfrac{\partial f}{\partial \boldsymbol{\sigma}}:\boldsymbol{D}:\boldsymbol{r} - \dfrac{\partial f}{\partial \boldsymbol{\xi}}\cdot\boldsymbol{h}} \tag{7-99}$$

上式可以用应力和应变的变化率形式表示为

$$\dot{\boldsymbol{\sigma}} = \left[\boldsymbol{D} - \frac{\left\langle \boldsymbol{D}:\boldsymbol{r}\otimes\dfrac{\partial f}{\partial \boldsymbol{\sigma}}:\boldsymbol{D} \right\rangle}{\dfrac{\partial f}{\partial \boldsymbol{\sigma}}:\boldsymbol{D}:\boldsymbol{r} - \dfrac{\partial f}{\partial \boldsymbol{\xi}}\cdot\boldsymbol{h}}\right]:\dot{\boldsymbol{\varepsilon}} = \boldsymbol{D}^{\mathrm{ep}}:\dot{\boldsymbol{\varepsilon}} \tag{7-100}$$

其中，$\boldsymbol{D}^{\mathrm{ep}}$ 为连续弹塑性切线刚度，且通常 $\boldsymbol{D}^{\mathrm{ep}}$ 不是对称的。然而，当使用关联流动法则时，即 $\boldsymbol{r}=\dfrac{\partial f}{\partial \boldsymbol{\sigma}}$，它变得对称。当指定流动法则和硬化模型时，可以得到 $\boldsymbol{D}^{\mathrm{ep}}$ 的显式表达式。由于应变率的一部分是塑性的，不会增加应力，因此弹性刚度 $\boldsymbol{D}$ 会因塑性一致性参数而降低。对于式(7-8)中的一维情况，可以得到类似的结论。

对于一种稳定的材料，应力速率导致的功率必须是正的，即 $\dot{\boldsymbol{\sigma}}:\dot{\boldsymbol{\varepsilon}}>0$。式(7-100)意味着弹塑性切线刚度 $\boldsymbol{D}^{\mathrm{ep}}$ 对于稳定的材料必须是正定的。此外，为了具有稳定的硬化行为，塑性变形过程中的功率也必须为正，即 $\dot{\boldsymbol{\sigma}}:\dot{\boldsymbol{\varepsilon}}^{\mathrm{p}}>0$。这两个条件被称为德鲁克(Drucker)假设。

7.2.5 数值积分

由于塑性变量的本构关系和演化在弹塑性模型中以速率的形式出现，因此它们需要随着时间(或载荷)增量进行积分。在静态问题中，时间增量应理解为载荷增量。载荷的全幅值首先被分割为 N 个增量，并用载荷增量法寻找每个增量处的结构平衡。假设在时间 t_n 的解和材料状态是已知的，其中包括应力和塑性变量。然后，在时间 t_{n+1}，用牛顿-拉富生(Newton-Raphson)方法求解收敛迭代期间的增量位移。因此，目标是使用给定的位移增量或等效地使用给定的应变增量来更新从时间 t_n 到 t_{n+1} 的应力和塑性变量。

注意： 结构平衡仅在离散的时间增量集合上得到满足。因此，时间上可能存在离散化误差，特别是当材料状态在时间增量内发生变化时。如果使用较小的时间增量，误差会减小。在非线性弹性系统的情况下，确定时间增量的大小有助于收敛。在弹塑性系统的情况下，时间增量的大小可能会影响求解的精度。

尽管有许多求解微分方程的积分方法，但重要的是该方法应提供准确和鲁棒的结果。在以下推导中使用向后欧拉时间积分方法，该方法因其简单且具有无条件稳定性而广受欢迎。由于返回映射算法(以径向返回法为特例)是一种有效且稳健的塑性计算方法，因此本节将讨论使用返回映射算法对弹塑性模型进行时间积分的方法。在返回映射算法中，经常使用两步法，即弹性预测和塑性校正。首先需要计算弹性预测状态，其中所有应变增量都是弹性的。如果预测应力位于弹性域之外，则将其投射到屈服面上，这是一个凸集。这一步被称为屈服面的返回映射。在返回映射步骤中，屈服面本身会由于塑性变量的演变(应变硬化)而发生变化。因此，在屈服面的半径和中心位置不断变化的情况下，很难在屈服面上找到返回映射点。

7.2.5.1 返回映射(return-mapping)算法

对于关联塑性，向后欧拉时间积分法会得到最近点投影。由于在时间 t_{n+1} 的位移增量是已知的，因此可以通过应变的定义计算在时间 t_{n+1} 的应变增量，称第一步为弹性预测并使用此增量应变。应力和硬化参数的弹性预测为

$$ {}^{\mathrm{tr}}\boldsymbol{s}={}^{n}\boldsymbol{s}+2\mu\Delta\boldsymbol{e},\quad {}^{\mathrm{tr}}\boldsymbol{\alpha}={}^{n}\boldsymbol{\alpha},\quad {}^{\mathrm{tr}}e_{\mathrm{p}}={}^{n}e_{\mathrm{p}}, \tag{7-101}$$

$$ {}^{\mathrm{tr}}\boldsymbol{\eta}={}^{\mathrm{tr}}\boldsymbol{s}-{}^{\mathrm{tr}}\boldsymbol{\alpha} \tag{7-102}$$

其中，变量的左上标 n 表示时间 t_n，tr 表示预测状态。在弹性预测步骤中，所有应变增量都被认为是弹性的，所有塑性变量都是固定的。因此，塑性变量没有变化。尽管应力的体积部分和偏应力都发生了变化，但式(7-102)只考虑了偏应力的变化，因为静水应力不影响塑性。

如果预测应力 ${}^{\mathrm{tr}}\boldsymbol{\eta}$ 处于弹性域内，即 $f({}^{\mathrm{tr}}\boldsymbol{\eta},\ {}^{\mathrm{tr}}e_{\mathrm{p}})<0$，则材料状态为弹性，应力和塑性变量使用试验预测变量更新为

$$ {}^{n+1}\boldsymbol{s}={}^{\mathrm{tr}}\boldsymbol{s},\quad {}^{n+1}\boldsymbol{\alpha}={}^{\mathrm{tr}}\boldsymbol{\alpha},\quad {}^{n+1}e_{\mathrm{p}}={}^{\mathrm{tr}}e_{\mathrm{p}} \tag{7-103}$$

当材料的状态为弹性时，被认为是时间积分的结束。

如果预测应力 ${}^{\mathrm{tr}}\boldsymbol{\eta}$ 处于弹性域外，即 $f({}^{\mathrm{tr}}\boldsymbol{\eta},\ {}^{\mathrm{tr}}e_{\mathrm{p}})>0$，则材料状态变为塑性，需要进行塑性修正步骤，找到塑性状态的材料，然后通过考虑塑性变形来校正应力和塑性变量。如图 7-12 所示为弹性预测和塑性修正步骤的过程。因为塑性应变对应力没有贡献，所以试验应力与塑性应变增量成正比减小，即

$$ {}^{n+1}\boldsymbol{s}={}^{\mathrm{tr}}\boldsymbol{s}-2\mu\Delta\boldsymbol{\varepsilon}^{\mathrm{p}}={}^{\mathrm{tr}}\boldsymbol{s}-2\mu\Delta\hat{\gamma}\boldsymbol{N} \tag{7-104}$$

根据流动法则，塑性变量与应力也同时更新为

$$ {}^{n+1}\boldsymbol{\alpha}={}^{\mathrm{tr}}\boldsymbol{\alpha}+H_{\alpha}\hat{\gamma}\boldsymbol{N} \tag{7-105}$$

$$ {}^{n+1}e_{\mathrm{p}}={}^{n}e_{\mathrm{p}}+\sqrt{\frac{2}{3}}\hat{\gamma} \tag{7-106}$$

其中，$\hat{\gamma}=\gamma\Delta t$ 为塑性一致性参数；$\boldsymbol{N}=\dfrac{{}^{n+1}\boldsymbol{\eta}}{\|{}^{n+1}\boldsymbol{\eta}\|}$ 为单位偏张量，在时间 t_{n+1} 处垂直于屈服面。

注意： *应力和背应力在与 $\boldsymbol{N}$ 平行的方向上进行校正；试验应力减小，而背应力增大。这便于在更新的屈服面上找到更新的应力。*

另外，塑性应变增量 $\Delta\boldsymbol{\varepsilon}^{\mathrm{p}}$ 或其等效值 $\hat{\gamma}\boldsymbol{N}$ 尚不清楚。为了简化后续的计算，可将在时间 t_{n+1} 处的偏应力表示为

$$ {}^{n+1}\boldsymbol{\eta}={}^{n+1}\boldsymbol{s}-{}^{n+1}\boldsymbol{\alpha}={}^{\mathrm{tr}}\boldsymbol{\eta}-(2\mu+H_{\alpha})\hat{\gamma}\boldsymbol{N} \tag{7-107}$$

由于 ${}^{n+1}\boldsymbol{\eta}$ 平行于 $\boldsymbol{N}$，则 ${}^{\mathrm{tr}}\boldsymbol{\eta}$ 也必须与 $\boldsymbol{N}$ 平行，这意味着最终更新的应力与试验应力的移动方向相同。因此，屈服面的单位法向张量可以通过预测应力表示为

$$ \boldsymbol{N}=\frac{{}^{\mathrm{tr}}\boldsymbol{\eta}}{\|{}^{\mathrm{tr}}\boldsymbol{\eta}\|} \tag{7-108}$$

其可由弹性预测步骤得到。因此，塑性校正步骤缩减为确定塑性一致性参数 $\hat{\gamma}$，从中可以获得塑性应变增量。其基本思想是让屈服函数在更新状态下满足屈服条件。因此，在返回映射点必须满足以下屈服条件：

$$ f({}^{n+1}\boldsymbol{\eta},{}^{n+1}e_{\mathrm{p}})^{n+1}\equiv\|{}^{n+1}\boldsymbol{\eta}\|-\sqrt{\frac{2}{3}}\kappa({}^{n+1}e_{\mathrm{p}})= $$

$$ \|{}^{\mathrm{tr}}\boldsymbol{\eta}\|-(2\mu+H_{\alpha}({}^{n+1}e_{\mathrm{p}}))\hat{\gamma}-\sqrt{\frac{2}{3}}\kappa({}^{n+1}e_{\mathrm{p}})=0 \tag{7-109}$$

这是一个关于 $\hat{\gamma}$ 的非线性方程，可通过局部牛顿-拉富生(Newton - Raphson)方法求解方程

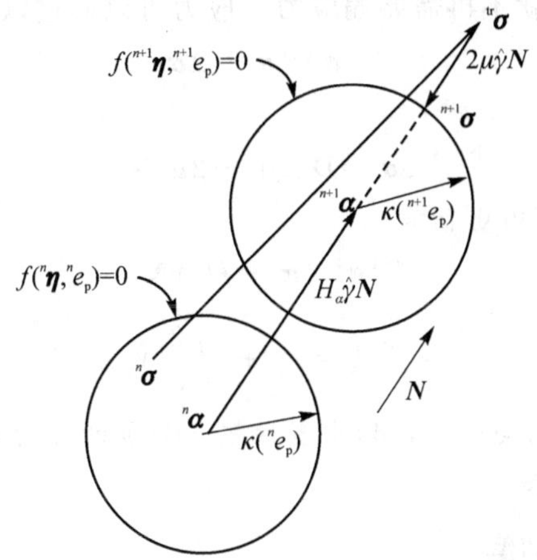

图 7-12　各向同性弹塑性返回映射算法

(7-109)来获得 $\hat{\gamma}$。需要注意,这不同于用于收敛迭代的牛顿-拉富生(Newton-Raphson)方法,后者用于求得内力和外力之间的平衡解(参见式(7-19))。这里仅是在屈服面上寻找应力点的局部迭代。因此,弹塑性系统的求解过程具有双迭代循环。内部的局部迭代循环通常可在5~6次迭代内快速收敛,但需要在每个塑性变形积分点处执行。下面是局部牛顿-拉富生(Newton-Raphson)迭代方法求解屈服面上应力的步骤:

① 初始化变量:

$$k=0,\quad e_p^k={}^ne_p\quad \gamma^k=0,\quad f_{\text{TOL}}=\sigma_Y^0\times 10^{-7},\quad k_{\text{MAX}}=20$$

② 计算屈服函数:

$$f^k=\|{}^{\text{tr}}\boldsymbol{\eta}\|-(2\mu+H_\alpha(e_p^k))\gamma^k-\sqrt{\frac{2}{3}}\kappa(e_p^k)$$

③ 计算雅可比关系:

$$\frac{\partial f}{\partial\gamma}=2\mu+H_\alpha+\sqrt{\frac{2}{3}}H_{\alpha,e_p}\gamma^k+\frac{2}{3}\kappa_{,e_p}$$

④ 更新塑性一致性参数和有效塑性应变:

$$\gamma^{k+1}=\gamma^k+\frac{f^k}{\dfrac{\partial f}{\partial\gamma}},\quad e_p^{k+1}={}^ne_p+\sqrt{\frac{2}{3}}\gamma^{k+1}$$

⑤ 检查是否收敛:

如果 $|f^k|>f_{\text{TOL}}$,则取 $k=k+1$ 并转到步骤②。

如果 $k>k_{\text{MAX}}$,则停止并显示错误消息。

如果各向同性/运动硬化是 $\hat{\gamma}$ 或有效塑性应变的线性函数,则此时方程变为线性的,只需要一次迭代即可计算返回映射点。

7.2.5.2 应力和塑性变量的更新

在得到塑性一致性参数 $\hat{\gamma}$ 后,则偏应力在时间 t_{n+1} 可以更新为

$$^{n+1}\boldsymbol{s}={}^n\boldsymbol{s}+2\mu\Delta\boldsymbol{e}-2\mu\Delta\hat{\gamma}\boldsymbol{N}\tag{7-110}$$

但是,一旦找到返回映射点,就不再需要偏应力。应力可以通过以下方式更新

$$ {}^{n+1}\boldsymbol{\sigma} = {}^{n}\boldsymbol{\sigma} + \Delta\boldsymbol{\sigma} \tag{7-111} $$

其中,应力增量

$$ \Delta\boldsymbol{\sigma} = \boldsymbol{D} : \Delta\boldsymbol{\varepsilon} - 2\mu\hat{\gamma}\boldsymbol{N} \tag{7-112} $$

此外,背应力和有效塑性应变可更新为

$$ {}^{n+1}\boldsymbol{\alpha} = {}^{n}\boldsymbol{\alpha} + H_{\alpha}\hat{\gamma}\boldsymbol{N} \tag{7-113} $$

$$ {}^{n+1}e_{\mathrm{p}} = {}^{n}e_{\mathrm{p}} + \sqrt{\frac{2}{3}}\hat{\gamma} \tag{7-114} $$

注意: 对应于式(7-113)与(7-114)中塑性校正分量的应力增量和背应力增量的方向都为 $\boldsymbol{N}$ 的方向,如图 7-12 所示。

7.2.5.3 一致切线刚度

从第 2.4 节非线性代数方程组的求解中知道,如果雅可比矩阵(或切线刚度矩阵)是精确的,则牛顿-拉富生(Newton-Raphson)方法为二次收敛。在结构分析中,由于残余力与应力有关,计算雅可比矩阵需要应力对应变的导数,被称为切线刚度。式(7-100)中的连续弹塑性切线刚度 $\boldsymbol{D}^{\mathrm{ep}}$ 可用于此目的,但数值测试表明,当使用 $\boldsymbol{D}^{\mathrm{ep}}$ 时,牛顿-拉富生(Newton-Raphson)迭代不具备二次收敛。西蒙(Simo)和泰勒(Taylor)表明,这是因为 $\boldsymbol{D}^{\mathrm{ep}}$ 与时间积分算法不一致:$\boldsymbol{D}^{\mathrm{ep}}$ 为应力和应变率之间的切线刚度,而时间积分算法使用时间增量的有限大小。为了使切线刚度 $\boldsymbol{D}^{\mathrm{ep}}$ 与时间积分算法一致,以在牛顿-拉富生(Newton-Raphson)迭代过程中实现二次收敛,本节将推导出与时间积分算法一致的切线刚度。式(7-112)中的应力增量是关于应变增量的微分,这与返回映射算法一起产生一致本构关系

$$ \boldsymbol{D}^{\mathrm{alg}} = \frac{\partial\Delta\boldsymbol{\sigma}}{\partial\Delta\boldsymbol{\varepsilon}} = \boldsymbol{D} - 2\mu\boldsymbol{N}\otimes\frac{\partial\hat{\gamma}}{\partial\Delta\boldsymbol{\varepsilon}} - 2\mu\hat{\gamma}\frac{\partial\boldsymbol{N}}{\partial\Delta\boldsymbol{\varepsilon}} \tag{7-115} $$

其中,$\boldsymbol{D}^{\mathrm{alg}}$ 表示一致(或算法)切线刚度。上式中需要塑性一致性参数和单位偏张量的导数。

由于方程(7-109)中的一致性条件必须满足载荷步 t_n 与 t_{n+1} 之间的所有应变状态,f 相对于 $\Delta\varepsilon$ 的微分必须为 0,由此可获得 $\hat{\gamma}$ 和 $\Delta\varepsilon$ 的关系。为了对方程(7-109)微分,可利用以下关系

$$ \frac{\partial\|{}^{\mathrm{tr}}\boldsymbol{\eta}\|}{\partial\Delta\boldsymbol{\varepsilon}} = 2\mu\frac{{}^{\mathrm{tr}}\boldsymbol{\eta}}{\|{}^{\mathrm{tr}}\boldsymbol{\eta}\|} = 2\mu\boldsymbol{N} \tag{7-116} $$

$$ \frac{\partial H_{\alpha}({}^{n+1}e_{\mathrm{p}})}{\partial\Delta\boldsymbol{\varepsilon}} = \sqrt{\frac{2}{3}}\frac{\partial H_{\alpha}}{\partial e_{\mathrm{p}}}\frac{\partial\hat{\gamma}}{\partial\Delta\boldsymbol{\varepsilon}} \tag{7-117} $$

在上式的推导中,利用了 $\boldsymbol{N}$ 是偏张量的性质,以及 $\Delta e_{\mathrm{p}} = \sqrt{\frac{2}{3}}\hat{\gamma}$。方程(7-109)中的屈服函数可以对应变增量进行微分来获得,即

$$ \frac{\partial f}{\partial\Delta\boldsymbol{\varepsilon}} = 2\mu\boldsymbol{N} - \left(2\mu + H_{\alpha} + \sqrt{\frac{2}{3}}H_{\alpha,e_{\mathrm{p}}}\hat{\gamma} + \frac{2}{3}\kappa_{,e_{\mathrm{p}}}\right)\frac{\partial\hat{\gamma}}{\partial\Delta\boldsymbol{\varepsilon}} = 0 $$

其中,$H_{\alpha,e_{\mathrm{p}}} = \partial H_{\alpha} = \dfrac{\partial H_{\alpha}}{\partial e_{\mathrm{p}}}$,$\kappa_{,e_{\mathrm{p}}} = \dfrac{\partial\kappa}{\partial e_{\mathrm{p}}}$。因此,塑性一致性参数关于应变增量的导数可以表示为

$$\frac{\partial \hat{\gamma}}{\partial \Delta \boldsymbol{\varepsilon}}=\frac{2\mu \boldsymbol{N}}{2\mu + H_{\alpha} + \sqrt{\frac{2}{3}} H_{\alpha, e_{\mathrm{p}}} \hat{\gamma} + \left(\frac{2}{3}\right) \boldsymbol{\kappa}_{, e_{\mathrm{p}}}}$$

单位法向张量对屈服函数的增量也可以表示为

$$\frac{\partial \boldsymbol{N}}{\partial \Delta \boldsymbol{\varepsilon}}=\frac{\partial \boldsymbol{N}}{\partial^{\mathrm{tr}} \boldsymbol{\eta}}:\frac{\partial \|^{\mathrm{tr}} \boldsymbol{\eta}\|}{\partial \Delta \boldsymbol{\varepsilon}}=\left[\frac{\mathbf{I}}{\|^{\mathrm{tr}} \boldsymbol{\eta}\|}-\frac{{}^{\mathrm{tr}} \boldsymbol{\eta} \otimes {}^{\mathrm{tr}} \boldsymbol{\eta}}{\|^{\mathrm{tr}} \boldsymbol{\eta}\|^{3}}\right]:2\mu \mathbf{I}_{\mathrm{dev}}=\frac{2\mu}{\|^{\mathrm{tr}} \boldsymbol{\eta}\|}\left[\mathbf{I}_{\mathrm{dev}}-\boldsymbol{N} \otimes \boldsymbol{N}\right] \tag{7-118}$$

因此,利用式(7-112),一致(或算法)切线刚度可表示为

$$\boldsymbol{D}^{\mathrm{alg}}=\frac{\partial \Delta \boldsymbol{\sigma}}{\partial \Delta \boldsymbol{\varepsilon}}=\boldsymbol{D}-\frac{4\mu^{2} \boldsymbol{N} \otimes \boldsymbol{N}}{2\mu + H_{\alpha} + \sqrt{\frac{2}{3}} H_{\alpha, e_{\mathrm{p}}} \hat{\gamma} + \left(\frac{2}{3}\right) \boldsymbol{\kappa}_{, e_{\mathrm{p}}}}-\frac{4\mu^{2} \hat{\gamma}}{\|^{\mathrm{tr}} \boldsymbol{\eta}\|}\left[\mathbf{I}_{\mathrm{dev}}-\boldsymbol{N} \otimes \boldsymbol{N}\right] \tag{7-119}$$

将上述切线刚度与式(7-100)中的连续弹塑性切线刚度进行比较是有必要的。由于式(7-100)针对的是一般硬化模型,下面对各向同性硬化/运动硬化模型的情况可简化为

$$\boldsymbol{D}^{\mathrm{ep}}=\boldsymbol{D}-\frac{4\mu^{2} \boldsymbol{N} \otimes \boldsymbol{N}}{2\mu + H_{\alpha} + \left(\frac{2}{3}\right) \boldsymbol{\kappa}_{, e_{\mathrm{p}}}} \tag{7-120}$$

比较式(7-119)与(7-120)容易发现,$\boldsymbol{D}^{\mathrm{ep}}$ 没有如 $\boldsymbol{D}^{\mathrm{alg}}$ 一般的第三项,即由应变增量而引起 $\boldsymbol{N}$ 的变化的影响。由于速率形式只考虑无穷小的应变增量(应变率),而没有考虑其方向的变化。但是,当应变增量不小时,它可能会改变偏移应力的方向,从而改变 $\boldsymbol{N}$。这种效应在第7.1节的一维弹塑性模型中没有出现,因为其使用了标量应力和恒定的 $\boldsymbol{N}$。另一个区别是等式右侧第二项的分母。它们很相似,但 $\boldsymbol{D}^{\mathrm{ep}}$ 不包括非线性硬化效应。因此,当硬化是线性的时,二者便相等。这是因为,从某种意义上说,速率形式先对硬化模型进行微分,然后取增量,而增量形式在取增量后进行微分。

注意: 当 $\hat{\gamma}=0$ 时两个切向刚度相同。

7.2.5.4 弹塑性增量方程

为了方便表示,将能量泛函及其线性化定义为

$$a({}^{n}\boldsymbol{\xi};{}^{n+1}\boldsymbol{u}\bar{\boldsymbol{u}}) \equiv \iint_{\Omega} \boldsymbol{\varepsilon}(\bar{\boldsymbol{u}}):{}^{n+1}\boldsymbol{\sigma}\, \mathrm{d}\Omega \tag{7-121}$$

$$a^{*}({}^{n}\boldsymbol{\xi},{}^{n+1}\boldsymbol{u};\delta \boldsymbol{u},\bar{\boldsymbol{u}}) \equiv \iint_{\Omega} \boldsymbol{\varepsilon}(\bar{\boldsymbol{u}}):\boldsymbol{D}^{\mathrm{alg}}:\boldsymbol{\varepsilon}(\delta \boldsymbol{u})\, \mathrm{d}\Omega \tag{7-122}$$

使用符号 $a^{*}(\boldsymbol{\xi}, \boldsymbol{u}; \delta \boldsymbol{u}, \bar{\boldsymbol{u}})$ 使得泛函隐式依赖于塑性变量 $\boldsymbol{\xi}$ 和总位移 $\boldsymbol{u}$,并且对于 $\delta \boldsymbol{u}$ 和 $\bar{\boldsymbol{u}}$ 是双线性的。能量形式也隐式地取决于塑性变量。

注意: 与几何非线性不同,因为只考虑了无穷小变形,初始刚度项不会出现。对于小变形问题,完全与更新拉格朗日公式是相同的。

由于只考虑材料非线性,载荷步 t_n 处结构平衡的弱形式可以表示为

$$a({}^{n}\boldsymbol{\xi};{}^{n+1}\boldsymbol{u},\bar{\boldsymbol{u}})=l(\bar{\boldsymbol{u}}), \quad \forall \bar{\boldsymbol{u}} \in \mathbb{Z} \tag{7-123}$$

令当前载荷步为 t_{n+1},当前迭代计数为 k;假设施加的载荷与位移无关,则线性化增量方程为

$$a^{*}({}^{n}\boldsymbol{\xi},{}^{n+1}\boldsymbol{u};\delta \boldsymbol{u},\bar{\boldsymbol{u}})=l(\bar{\boldsymbol{u}})-a({}^{n}\boldsymbol{\xi};{}^{n+1}\boldsymbol{u},\bar{\boldsymbol{u}}), \quad \forall \bar{\boldsymbol{u}} \in \mathbb{Z} \tag{7-124}$$

并且总位移更新为

$$^{n+1}\boldsymbol{u}^{k+1}={}^{n+1}\boldsymbol{u}^{k+1}+\delta\boldsymbol{u}^{k} \tag{7-125}$$

注意：线性化增量方程(7－124)在使用有限元离散化后的形式为$[{}^{n+1}\boldsymbol{K}^{k}]\cdot[\delta\boldsymbol{u}^{k}]=[{}^{n+1}\boldsymbol{R}^{k}]$。迭代求解方程(7－124)，直到残差消失，这意味着初始非线性方程(7－123)得到满足。这里需要强调线性化增量方程(7－124)在两次连续迭代之间求解位移增量$\delta\boldsymbol{u}^{k}={}^{n+1}\boldsymbol{u}^{k+1}-{}^{n+1}\boldsymbol{u}^{k}$，但应使用位移增量$\Delta\boldsymbol{u}^{k}=\Delta^{n+1}\boldsymbol{u}^{k}+{}^{n}\boldsymbol{u}$来计算应变增量，如式(7－10)。这是因为应力和所有历史变量都是从之前的收敛载荷增量更新的，而不是从之前的迭代更新的。

不同于非线性弹性系统，在载荷步t_{n+1}处方程(7－123)收敛后，弹塑性系统还需要一个计算步。由于应力和塑性变量将在下一个载荷步中使用，因此需要在当前载荷步结束时对其进行更新。此步骤与方程(7－111)～(7－114)中描述的应力和塑性变量的更新过程相同。在迭代过程中，会计算这些变量的值，但不会存储它们，因为它们不是收敛值。一旦非线性方程收敛，这些变量的值就会被更新和存储。

7.2.6 弹塑性的计算实现

本节将介绍使用冯·米塞斯(Von Mises)屈服准则以及各向同性/运动硬化组合模型的弹塑性的计算实现。虽然可以为各种单元类型建立有限元格式，但这里仅通过一个8结点六面体实体单元来作为示例。由于仅考虑材料非线性，因此假设应变和刚体旋转都很小。

在有限元程序的计算机实现中，矩阵向量表示比张量表示更方便。在矩阵向量表示中，二阶对称张量使用向量表示，而四阶对称张量则使用矩阵表示。例如，柯西应力和增量应变向量分别定义为

$$\boldsymbol{\sigma}=[\sigma_{11}\quad\sigma_{22}\quad\sigma_{33}\quad\sigma_{12}\quad\sigma_{23}\quad\sigma_{13}]^{\mathrm{T}}$$

$$\Delta\boldsymbol{\varepsilon}=[\Delta\varepsilon_{11}\quad\Delta\varepsilon_{22}\quad\Delta\varepsilon_{33}\quad2\Delta\varepsilon_{12}\quad2\Delta\varepsilon_{23}\quad2\Delta\varepsilon_{13}]^{\mathrm{T}}$$

在上述定义中，使用了张量的对称性质。

假设单元的每个结点都给出了位移矢量增量$\Delta\boldsymbol{d}_I=[\Delta d_{I1},\ \Delta d_{I2},\ \Delta d_{I3}]^{\mathrm{T}}$，其中下标$I$用于表示单元结点，因此$\boldsymbol{d}_I$是结点$I$的位移向量。在每个单元中，单元结点编号是局部定义的，因此对于六面体单元，$I=1,\ 2,\cdots,\ 8$(见图7－13)。可以使用以下插值方案来计算单元内的位移矢量增量

$$\Delta\boldsymbol{u}=\sum_{I=1}^{8}N_I(\boldsymbol{\xi})\Delta\boldsymbol{d}_I \tag{7-126}$$

其中，$\boldsymbol{\xi}=(\xi,\ \eta,\ \zeta)^{\mathrm{T}}$为单位参考单元处的自然坐标向量，$N_I(\boldsymbol{\xi})$为插值函数或形函数，$\Delta\boldsymbol{d}_I$为结点位移向量增量。由于应力和塑性变量是在积分点处计算的，所以自然坐标值也是在积分点处选择的。

对于给定的位移增量、应变增量的计算方式与线弹性材料类似，因为假定变形是无穷小的。因此，应变增量可以表示为

$$\Delta\boldsymbol{\varepsilon}=\sum_{I=1}^{8}\boldsymbol{B}_I\Delta\boldsymbol{d}_I \tag{7-127}$$

其中

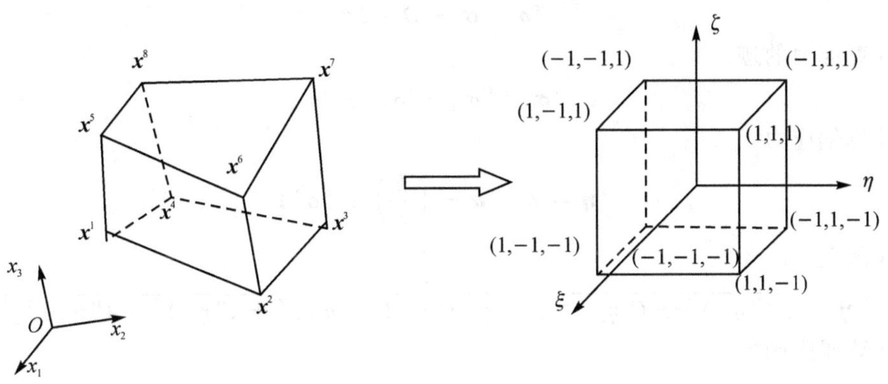

(a) 六面体单元　　(b) 单位立方体

图 7-13　8 节点三维等参实体单元

$$\boldsymbol{B}_I=\begin{bmatrix} N_{I,1} & 0 & 0 \\ 0 & N_{I,2} & 0 \\ 0 & 0 & N_{I,3} \\ N_{I,2} & N_{I,1} & 0 \\ 0 & N_{I,3} & N_{I,2} \\ N_{I,3} & 0 & N_{I,1} \end{bmatrix} \tag{7-128}$$

是实体单元的离散位移-应变矩阵，并且 $N_{I,j}=\dfrac{\partial N_I}{\partial x_j}$是形函数 N_I 相对于物理坐标的导数。

注意：由于形函数是在自然坐标中定义的，因此需要在物理坐标和自然坐标之间使用雅可比关系。

由于小变形假设，则总位移和总应变可以通过分别添加增量位移和应变来获得。因此，载荷增量 t_{n+1} 处的总位移和总应变可以表示为

$$^{n+1}\boldsymbol{u}={}^{n}\boldsymbol{u}+\Delta\boldsymbol{u}$$

$$^{n+1}\boldsymbol{\varepsilon}={}^{n}\boldsymbol{\varepsilon}+\Delta\boldsymbol{\varepsilon}$$

除了应变增量外，还需要前载荷增量 t_n 处的应力和塑性变量。在线性各向同性/运动硬化组合模型的情况下，需要用到变量$^{n}e_{\mathrm{p}}$ 和

$$^{n}\boldsymbol{\sigma}=\left[{}^{n}\sigma_{11}\quad {}^{n}\sigma_{22}\quad {}^{n}\sigma_{33}\quad {}^{n}\sigma_{12}\quad {}^{n}\sigma_{23}\quad {}^{n}\sigma_{13}\right]^{\mathrm{T}}$$

$$^{n}\boldsymbol{\alpha}=\left[{}^{n}\alpha_{11}\quad {}^{n}\alpha_{22}\quad {}^{n}\alpha_{33}\quad {}^{n}\alpha_{12}\quad {}^{n}\alpha_{23}\quad {}^{n}\alpha_{13}\right]^{\mathrm{T}}$$

根据上述应力、塑性变量以及材料参数($\lambda,\ \mu,\ \beta,\ H,\ \sigma_{\mathrm{Y}}^{0}$)，则可使用返回映射算法计算更新的应力和塑性变量。

7.2.6.1　返回映射算法

在单元的每个积分点，应力和塑性变量是使用返回映射算法确定的。在下面的计算步骤中，为了符号简洁没有使用向量的括号：

① 定义单位张量

$$\mathbf{1}=[1\quad 1\quad 1\quad 0\quad 0\quad 0]^{\mathrm{T}}$$

② 计算预测应力

$$ {}^{\mathrm{tr}}\boldsymbol{\sigma} = {}^{n}\boldsymbol{\sigma} + \boldsymbol{D} \cdot \Delta\boldsymbol{\varepsilon} $$

③ 计算应力的迹

$$ \mathrm{tr}({}^{\mathrm{tr}}\boldsymbol{\sigma}) = {}^{\mathrm{tr}}\sigma_{11} + {}^{\mathrm{tr}}\sigma_{22} + {}^{\mathrm{tr}}\sigma_{33} $$

④ 计算偏应力

$$ {}^{\mathrm{tr}}\boldsymbol{\eta} = {}^{\mathrm{tr}}\boldsymbol{\sigma} - {}^{n}\boldsymbol{\alpha} - \left(\frac{1}{3}\right)\mathrm{tr}({}^{\mathrm{tr}}\boldsymbol{\sigma})\mathbf{1} $$

⑤ 求范数

$$ \| {}^{\mathrm{tr}}\boldsymbol{\eta} \| = \sqrt{({}^{\mathrm{tr}}\eta_{11})^2 + ({}^{\mathrm{tr}}\eta_{22})^2 + ({}^{\mathrm{tr}}\eta_{33})^2 + 2[({}^{\mathrm{tr}}\eta_{12})^2 + ({}^{\mathrm{tr}}\eta_{23})^2 + ({}^{\mathrm{tr}}\eta_{13})^2]} $$

⑥ 计算屈服函数

$$ f = \| {}^{\mathrm{tr}}\boldsymbol{\eta} \| - \sqrt{\frac{2}{3}}[\sigma_{\mathrm{Y}}^{0} + (1-\beta)H_{e_{\mathrm{p}}}^{n}] $$

⑦ 检查屈服状态。如果 $f<0$,那么材料是弹性的,则

$$ {}^{n+1}\boldsymbol{\sigma} = {}^{\mathrm{tr}}\boldsymbol{\sigma} $$

$$ \boldsymbol{D}^{\mathrm{alg}} = \boldsymbol{D} = \begin{bmatrix} \lambda+2\mu & \lambda & \lambda & 0 & 0 & 0 \\ \lambda & \lambda+2\mu & \lambda & 0 & 0 & 0 \\ \lambda & \lambda & \lambda+2\mu & 0 & 0 & 0 \\ 0 & 0 & 0 & \mu & 0 & 0 \\ 0 & 0 & 0 & 0 & \mu & 0 \\ 0 & 0 & 0 & 0 & 0 & \mu \end{bmatrix} $$

⑧ 计算一致性参数

$$ \hat{\gamma} = \frac{f}{2\mu + \frac{2}{3}H} $$

⑨ 计算单位偏向量

$$ \mathbf{N} = \frac{{}^{\mathrm{tr}}\boldsymbol{\eta}}{\| {}^{\mathrm{tr}}\boldsymbol{\eta} \|} $$

⑩ 更新应力

$$ {}^{n+1}\boldsymbol{\sigma} = {}^{\mathrm{tr}}\boldsymbol{\sigma} - 2\mu\hat{\gamma}\mathbf{N} $$

⑪ 更新背应力

$$ {}^{n+1}\boldsymbol{\alpha} = {}^{n}\boldsymbol{\alpha} + \left(\frac{2}{3}\right)\beta H\hat{\gamma}\mathbf{N} $$

⑫ 更新等效塑性应变

$$ {}^{n+1}e_{\mathrm{p}} = {}^{n}e_{\mathrm{p}} + \sqrt{\frac{2}{3}}\hat{\gamma} $$

⑬ 计算一致切向刚度

$$ c_1 = \frac{4\mu^2}{2\mu + \left(\frac{2}{3}\right)H}, \quad c_2 = \frac{4\mu^2\hat{\gamma}}{\| {}^{\mathrm{tr}}\boldsymbol{\eta} \|} $$

$$\mathbf{I}^{\text{dev}}=\begin{bmatrix}\frac{2}{3} & -\frac{1}{3} & -\frac{1}{3} & 0 & 0 & 0\\ -\frac{1}{3} & \frac{2}{3} & -\frac{1}{3} & 0 & 0 & 0\\ -\frac{1}{3} & -\frac{1}{3} & \frac{2}{3} & 0 & 0 & 0\\ 0 & 0 & 0 & \frac{1}{2} & 0 & 0\\ 0 & 0 & 0 & 0 & \frac{1}{2} & 0\\ 0 & 0 & 0 & 0 & 0 & \frac{1}{2}\end{bmatrix}$$

$$D_{ij}^{\text{alg}}=D_{ij}-(c_1-c_2)N_iN_j-c_2\times I_{ij}^{\text{dev}}$$

注意： 必须对元素的每个积分点执行上述计算。因此，必须存储和更新每个积分点上的应力和塑性变量，但在非收敛迭代期间无需存储应力和塑性变量。一旦牛顿-拉富生(Newton-Raphson)方法在载荷增量 t_{n+1} 处收敛，则存储它们，然后开始下一个载荷增量。

7.2.6.2 平面应力问题的弹塑性求解

1. 平面应力弹塑性 J_2 流动模型

引入应力和应力偏张量的矢量表示，即

$$\begin{cases}\boldsymbol{\sigma}=[\sigma_{11} \quad \sigma_{22} \quad \sigma_{12}]^{\mathrm{T}}\\ \boldsymbol{s}=[s_{11} \quad s_{22} \quad s_{12}]^{\mathrm{T}}\end{cases} \tag{7-129}$$

引入映射 $\boldsymbol{P}$，建立应力和应力偏张量之间的关系为

$$\boldsymbol{s}=\operatorname{dev}[\boldsymbol{\sigma}]=\bar{\boldsymbol{P}}\boldsymbol{\sigma} \tag{7-130}$$

其中

$$\bar{\boldsymbol{P}}=\frac{1}{3}\begin{bmatrix}2 & -1 & 0\\ -1 & 2 & 0\\ 0 & 0 & 3\end{bmatrix}$$

使用平面应力条件建立基本方程，定义如下关系

$$\boldsymbol{\alpha}=[\alpha_{11} \quad \alpha_{22} \quad \alpha_{12}]^{\mathrm{T}}=\bar{\boldsymbol{P}}\boldsymbol{\alpha},\quad \tilde{\boldsymbol{\alpha}}=[\tilde{\alpha}_{11} \quad \tilde{\alpha}_{22} \quad \tilde{\alpha}_{12}]^{\mathrm{T}} \tag{7-131}$$

其中，$\boldsymbol{\alpha}$ 为背应力。定义应变和塑性应变张量为

$$\begin{cases}\boldsymbol{\varepsilon}=[\varepsilon_{11} \quad \varepsilon_{22} \quad \varepsilon_{12}]^{\mathrm{T}}\\ \boldsymbol{\varepsilon}^{\mathrm{p}}=[\varepsilon_{11}^{\mathrm{p}} \quad \varepsilon_{22}^{\mathrm{p}} \quad \varepsilon_{12}^{\mathrm{p}}]^{\mathrm{T}}\end{cases} \tag{7-132}$$

为了便于用应力偏量表示应变偏量，并考虑剪切应变分量中的两个因子，修改映射 $\bar{\boldsymbol{P}}$ 为

$$\boldsymbol{P}=\frac{1}{3}\begin{bmatrix}2 & -1 & 0\\ -1 & 2 & 0\\ 0 & 0 & 6\end{bmatrix} \tag{7-133}$$

三维 J_2 流动理论的基本方程的平面应力形式可表示为

$$\left\{\begin{aligned}&\boldsymbol{\varepsilon}=\boldsymbol{\varepsilon}^{\mathrm{e}}+\boldsymbol{\varepsilon}^{\mathrm{p}}\\&\boldsymbol{\eta}=\boldsymbol{\sigma}-\tilde{\boldsymbol{\alpha}}\\&\boldsymbol{\sigma}=\boldsymbol{D}\boldsymbol{\varepsilon}^{\mathrm{e}}\\&\dot{\boldsymbol{\varepsilon}}^{\mathrm{p}}=\gamma\boldsymbol{P}\boldsymbol{\eta}\\&\dot{\tilde{\boldsymbol{\alpha}}}=\gamma\frac{2}{3}H_{\alpha}\boldsymbol{\eta}\\&f=\sqrt{\boldsymbol{\eta}^{\mathrm{T}}\boldsymbol{P}\boldsymbol{\eta}}-\sqrt{\frac{2}{3}}\kappa(e_{\mathrm{p}})\leqslant 0\end{aligned}\right. \tag{7-134}$$

其中，$\boldsymbol{D}$ 为平面应力的弹性本构矩阵。

2. 平面应力弹塑性问题的返回映射算法

平面应力弹塑性问题求解的基本思想是使用上述的基本方程直接在约束平面应力子空间中执行返回映射算法。在运动/各向同性硬化条件下，对于平面应力问题，$\boldsymbol{J}_2$ 流动理论解退化为一个非线性方程的迭代求解。

在平面应力情况下，返回映射算法程序步骤为：

① 更新应变张量，计算弹性试应力：

$$\boldsymbol{\varepsilon}^{n+1}=\boldsymbol{\varepsilon}^{n}+\Delta\boldsymbol{\varepsilon}$$

$$\boldsymbol{\sigma}^{\mathrm{tr}}=\boldsymbol{\sigma}^{n}+\boldsymbol{D}\Delta\boldsymbol{\varepsilon}$$

$$\boldsymbol{\eta}^{\mathrm{tr}}=\boldsymbol{\sigma}^{\mathrm{tr}}-\tilde{\boldsymbol{\alpha}}^{n}$$

② 如果 $f(\boldsymbol{\eta}^{\mathrm{tr}},e_{\mathrm{p}}^{\mathrm{tr}})<0$，则退出流程；否则，求解 $f(\hat{\gamma})=0$：

$$f^{2}(\hat{\gamma}):=\frac{1}{2}\bar{f}^{2}(\hat{\gamma})-R^{2}(\hat{\gamma})\equiv 0$$

$$\bar{f}^{2}(\hat{\gamma}):=\frac{1}{2}\frac{\frac{1}{3}(\eta_{11}^{\mathrm{tr}}+\eta_{22}^{\mathrm{tr}})^{2}}{\left\{1+\left(\frac{E}{3(1-\nu)}+\frac{2}{3}H_{\alpha}\right)\hat{\gamma}\right\}^{2}}+\frac{\frac{1}{2}(\eta_{11}^{\mathrm{tr}}-\eta_{22}^{\mathrm{tr}})^{2}+2(\eta_{12}^{\mathrm{tr}})^{2}}{\left\{1+\left(2\mu+\frac{2}{3}H_{\alpha}\right)\hat{\gamma}\right\}^{2}}$$

$$R^{2}(\Delta\gamma):=\frac{1}{3}\kappa^{2}\left[e_{\mathrm{p}}^{n}+\sqrt{\frac{2}{3}}\Delta\gamma\bar{f}(\hat{\gamma})\right]$$

其中，$\bar{f}=\sqrt{\boldsymbol{\eta}\boldsymbol{P}\boldsymbol{\eta}}$，$\mu$ 为剪切弹性模量。

③ 计算修正(算法)切向刚度：

$$\boldsymbol{\Xi}:=\left[\boldsymbol{D}^{-1}+\frac{\hat{\gamma}}{1+\frac{2}{3}\hat{\gamma}H_{\alpha}}\boldsymbol{P}\right]^{-1}$$

④ 更新相关变量：

$$\left\{\begin{aligned}&\boldsymbol{\eta}^{n+1}=\frac{1}{1+\frac{2}{3}\hat{\gamma}H_{\alpha}}\boldsymbol{\Xi}(\hat{\gamma})(\boldsymbol{D}^{-1})\boldsymbol{\eta}^{\mathrm{tr}}\\&\tilde{\boldsymbol{\alpha}}^{n+1}=\tilde{\boldsymbol{\alpha}}^{n}+\hat{\gamma}\frac{2}{3}H_{\alpha}\boldsymbol{\eta}^{n+1}\\&\boldsymbol{\sigma}^{n+1}=\boldsymbol{\eta}^{n+1}+\tilde{\boldsymbol{\alpha}}^{n+1}\\&e_{\mathrm{p}}^{n+1}=e_{\mathrm{p}}^{n}+\sqrt{\frac{2}{3}}\hat{\gamma}\bar{f}(\hat{\gamma})\end{aligned}\right.$$

⑤ 计算一致弹塑性切向刚度：

$$\left.\frac{\mathrm{d}\sigma}{\mathrm{d}\varepsilon}\right|_{n+1}=\boldsymbol{\Xi}-\frac{[\boldsymbol{\Xi P \eta}^{n+1}][\boldsymbol{\Xi P \eta}^{n+1}]^{\mathrm{T}}}{(\boldsymbol{\eta}^{n+1})^{\mathrm{T}}\boldsymbol{P\Xi P}(\boldsymbol{\eta}^{n+1})+\bar{\beta}^{n+1}}$$

$$\bar{\beta}^{n+1}:=\frac{2}{3}\frac{\theta_1}{\theta_2}(\kappa'_{n+1}\theta_1+H_\alpha\theta_2)\eta^{n+1}P\eta^{n+1}$$

其中，$\theta_1:=1+\frac{2}{3}H_\alpha\hat{\gamma}$，$\theta_2:=1-\frac{2}{3}\kappa'_{n+1}\hat{\gamma}$

7.2.6.3 弹塑性有限元计算流程

一旦确定了应力和塑性变量，就可以用它们求解非线性平衡方程。首先，可以使用相同的应变-位移矩阵 $\boldsymbol{B}_I$ 对应变的变分进行插值

$$\boldsymbol{\varepsilon}(\bar{\boldsymbol{u}})=\sum_{I=1}^{8}\boldsymbol{B}_I\bar{\boldsymbol{d}}_I=\boldsymbol{B}\bar{\boldsymbol{d}} \tag{7-135}$$

其中 $\bar{\boldsymbol{d}}_I=[d_{I1}\quad d_{I2}\quad d_{I3}]^{\mathrm{T}}$ 是结点 I 的位移变分，而 $\bar{\boldsymbol{d}}=[d_1\quad d_2\quad \cdots\quad d_8]^{\mathrm{T}}$ 是单元中所有结点的位移变分。类似地，$\boldsymbol{B}=[\boldsymbol{B}_1\quad \boldsymbol{B}_2\quad \cdots\quad \boldsymbol{B}_8]$。

使用方程(7-135)和方程(7-111)中的更新应力，则能量形式的离散格式可以表示为

$$a({}^n\boldsymbol{\xi};{}^{n+1}\boldsymbol{u},\bar{\boldsymbol{u}})\equiv\iint_\Omega\boldsymbol{\varepsilon}(\bar{\boldsymbol{u}})^{\mathrm{T}\,n+1}\boldsymbol{\sigma}\,\mathrm{d}\Omega=\bar{\boldsymbol{d}}^{\mathrm{T}}\iint_\Omega\boldsymbol{B}^{\mathrm{T}\,n+1}\boldsymbol{\sigma}\,\mathrm{d}\Omega\equiv\bar{\boldsymbol{d}}^{\mathrm{T}}\boldsymbol{f}^{\mathrm{int}} \tag{7-136}$$

其中，$\boldsymbol{f}^{\mathrm{int}}$ 是离散的内力向量。当使用数值积分时，$\boldsymbol{f}^{\mathrm{int}}$ 可以表示为

$$\boldsymbol{f}^{\mathrm{int}}=\sum_{K=1}^{NG}(\boldsymbol{B}^{\mathrm{T}\,n+1}\boldsymbol{\sigma}\,|\boldsymbol{J}|)_K\omega_K$$

其中，NG 是积分点的数量，$|\boldsymbol{J}|$ 是实体单元和参考单元之间的雅可比行列式，ω 是积分权系数。

此外，离散外力矢量可以从载荷形式的定义中推导出，即

$$l(\bar{\boldsymbol{u}})\equiv\iint_\Omega\bar{\boldsymbol{u}}^{\mathrm{T}}\boldsymbol{f}^{\mathrm{B}}\mathrm{d}\Omega+\int_{\Gamma^S}\bar{\boldsymbol{u}}^{\mathrm{T}}f^S\mathrm{d}\Gamma=$$

$$\sum_{I=1}^{4}\bar{\boldsymbol{d}}_I^{\mathrm{T}}\left\{\iint_\Omega N_I(\boldsymbol{\xi})\boldsymbol{f}^{\mathrm{B}}\mathrm{d}\Omega+\int_{\Gamma^S}N_I(\boldsymbol{\xi})\boldsymbol{f}^S\mathrm{d}\Gamma\right\}\equiv\bar{\boldsymbol{d}}^{\mathrm{T}}\boldsymbol{f}^{\mathrm{ext}} \tag{7-137}$$

当施加集中结点力时，它们可以直接添加到 $\boldsymbol{f}^{\mathrm{ext}}$ 中的相应位置。由于假定施加的载荷与变形无关，因此外力 $\boldsymbol{f}^{\mathrm{ext}}$ 是一个固定向量。而求解非线性平衡方程的离散形式是找到与外力具有相同值的内力，即

$$\bar{\boldsymbol{d}}^{\mathrm{T}}\boldsymbol{f}^{\mathrm{int}}(\boldsymbol{d})=\bar{\boldsymbol{d}}^{\mathrm{T}}\boldsymbol{f}^{\mathrm{ext}},\quad\forall\bar{\boldsymbol{d}}\in\mathbb{Z}_{\mathrm{h}} \tag{7-138}$$

其中，$\mathbb{Z}_{\mathrm{h}}$ 是空间 $\mathbb{Z}$ 的离散形式。由于在给定位移的结点处位移变分为 0，因此方程(7-138)对于未给定位移的所有结点都满足 $\boldsymbol{f}^{\mathrm{int}}(\boldsymbol{d})=\boldsymbol{f}^{\mathrm{ext}}$。

由于内力是变形的非线性函数，方程(7-138)需要使用迭代方法求解，例如牛顿-拉富生(Newton-Raphson)方法，该方法需要雅可比(Jacobian)矩阵或等效切线刚度矩阵。使用一致切线刚度，线性化的能量形式可以离散为

$$a^*({}^n\boldsymbol{\xi},{}^{n+1}\boldsymbol{u};\delta\boldsymbol{u},\bar{\boldsymbol{u}})=\bar{\boldsymbol{d}}^{\mathrm{T}}\left\{\iint_\Omega[\boldsymbol{B}]^{\mathrm{T}}[\boldsymbol{D}^{\mathrm{alg}}][\boldsymbol{B}]\,\mathrm{d}\Omega\right\}\delta\boldsymbol{d} \tag{7-139}$$

式(7-139)中的积分项被称为切线刚度矩阵。使用数值积分后，变为

$$\boldsymbol{K}_{\mathrm{T}}=\sum_{K=1}^{NG}(\boldsymbol{B}^{\mathrm{T}}\boldsymbol{D}^{\mathrm{alg}}\boldsymbol{B}\,|\boldsymbol{J}|)_K\omega_K \tag{7-140}$$

一般来说,上述积分以及方程(7-136)中的内力积分使用高斯求积法则进行计算。通常一个四边形单元使用2×2个积分点。

方程(7-124)中增量方程的离散形式现在可以写成有限元矩阵方程的形式,即

$$\bar{\boldsymbol{d}}^{\mathrm{T}}\boldsymbol{K}_{\mathrm{T}}\delta\boldsymbol{d}=\bar{\boldsymbol{d}}^{\mathrm{T}}(\boldsymbol{f}^{\mathrm{int}}-\boldsymbol{f}^{\mathrm{ext}}),\qquad \forall\,\bar{\boldsymbol{d}}\in\mathbb{Z}_{\mathrm{h}}\tag{7-141}$$

上述线性方程组需要迭代求解,直到残余力(右侧)消失。可以使用求解非线性方程组的不同方法。例如,在使用修正的牛顿-拉富生(Newton-Raphson)方法的情况下,第一次迭代时的切线刚度矩阵 $\boldsymbol{K}_{\mathrm{T}}$ 被重复使用。在使用载荷增量法的情况下,将外力矢量 $\boldsymbol{f}^{\mathrm{ext}}$ 分为所需增量数,并且在每个载荷增量处采用牛顿-拉富生(Newton-Raphson)法。

注意: 上述算法只在小变形和小转动的假设下有效。当变形变大时,加法分解假设,即 $\Delta\boldsymbol{\varepsilon}=\Delta\boldsymbol{\varepsilon}_{\mathrm{e}}+\Delta\boldsymbol{\varepsilon}_{\mathrm{p}}$ 不再成立。

7.2.6.4 弹塑性计算流程讨论

在前面的讨论中,我们明确了各向同性硬化条件下二维及三维弹塑性问题的基本理论,推导出了相应的数值求解算法。基于第4章中所介绍的升阶谱求积元方法,可以实现对二维及三维弹塑性问题的数值求解。在本节中,我们将结合前面的这两部分内容,通过升阶谱求积元方法,并结合返回映射算法(return-mapping algorithm),给出各向同性硬化条件下二维及三维弹塑性问题的总体求解流程。

弹塑性问题数值求解的整体流程可以分为前期准备和增量迭代两个过程。前期准备的具体流程可表述如下:

① 根据求解的具体问题初始化相关的材料参数信息(弹性模量、泊松比等)以及所使用的升阶谱求积元的阶次和坐标信息。根据单元阶次和坐标信息以及升阶谱求积元的构造方法,可以初始化弹性状态下的单元刚度矩阵并组装成为整体刚度矩阵。

② 施加边界条件并确定增量加载步数。

③ 初始化外力矢量、内力矢量和总位移值为0,然后进入增量迭代过程。

增量迭代的具体流程可表述如下:

① 将外力矢量的值加上一个增量步后,初始化总位移增量值(用来记录本加载步最终的位移增量)为0,由内外力矢量的差值(残差)计算位移增量。

② 将位移增量加到总位移增量中,在每一个积分点处,通过这个更新后的位移增量,结合返回映射算法,计算出该积分点处的真实应力值并导出其弹塑性矩阵,同时更新相关的弹塑性参数。

③ 根据积分点处的真实应力值更新内力矢量值,根据积分点处的弹塑性矩阵通过数值积分方法更新单元的刚度矩阵进而更新整体的刚度矩阵。

重复上述过程,若计算的内外力矢量的差值小于容许值,则此次增量加载的迭代过程结束,将总位移增量加到总位移中,在增量加载次数还未达到给定次数的情况下,进行下一轮的增量迭代计算过程直至最终完成所有增量迭代过程;若内外力矢量的差值大于容许值且迭代次数已经等于容许的最大迭代次数,那么说明本次增量迭代过程没有得到收敛的结果。

上述计算弹塑性问题的整体流程,如图7-14所示。不难看出,流程实现的关键在于每个积分点处返回映射算法的应用。正如前文中所阐述的,返回映射算法主要分为弹性预测和塑性修正两个部分,图7-15给出了非线性各向同性硬化条件下,针对每个积分点,返回映射算

法的具体流程。实际上,可以直观地将返回映射算法的操作理解为:经过多次返回映射操作后,试验应力被投影到新的屈服面上,如图 7-16 所示。

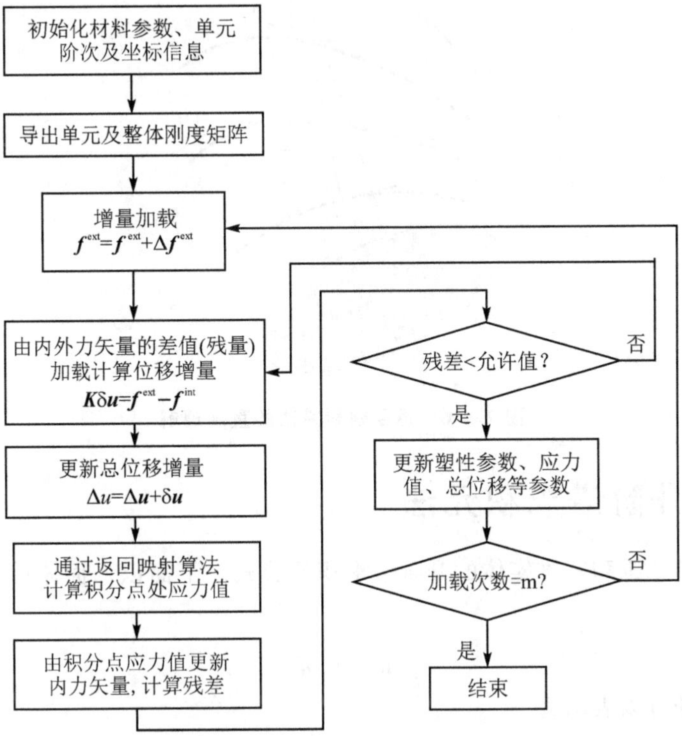

图 7-14　弹塑性整体求解流程

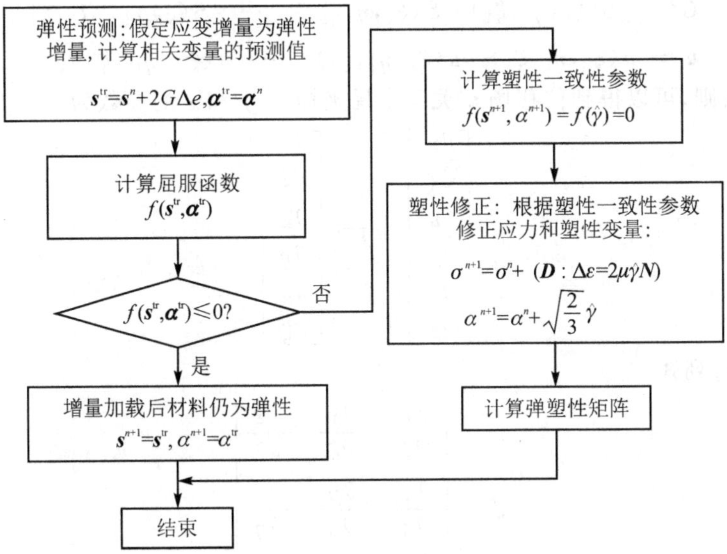

图 7-15　返回映射算法流程

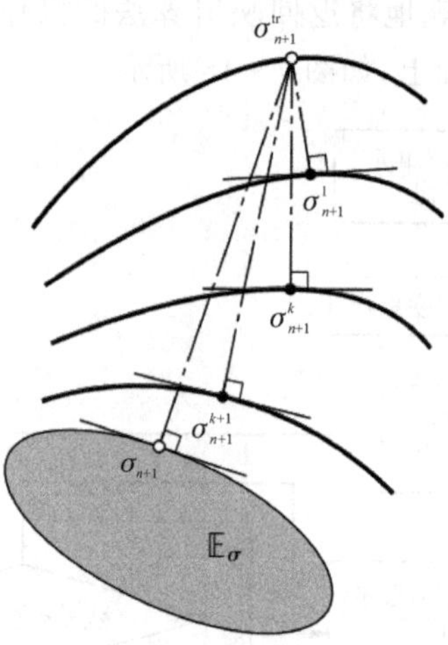

图 7-16 返回映射算法的直观理解

7.2.7 升阶谱求积元法

第 4 章介绍了二维和三维实体的升阶谱求积元公式。下面以六面体单元为例,其位移场可以表示为

$$\boldsymbol{u}=\widetilde{\boldsymbol{S}}^{\mathrm{T}}\bar{\boldsymbol{u}} \tag{7-142}$$

积分点处的位移场可以表示为

$$\hat{\boldsymbol{u}}=\boldsymbol{G}\bar{\boldsymbol{u}} \tag{7-143}$$

其中

$$\begin{aligned}\boldsymbol{G}^{\mathrm{T}}&=[S(\xi_1,\eta_1,\zeta_1)\quad S(\xi_2,\eta_2,\zeta_2)\quad\cdots\quad S(\xi_K,\eta_K,\zeta_K)]\\ \bar{\boldsymbol{u}}&=[u(\xi_1,\eta_1,\zeta_1)\quad u(\xi_2,\eta_2,\zeta_2)\quad\cdots\quad u(\xi_K,\eta_K,\zeta_K)]^{\mathrm{T}}\end{aligned} \tag{7-144}$$

使用以下链式法则,可以得到位移场 $\boldsymbol{u}$ 关于全局坐标 x、y 和 z 的导数为

$$\begin{bmatrix}\dfrac{\partial u}{\partial x}\\ \dfrac{\partial u}{\partial y}\\ \dfrac{\partial u}{\partial z}\end{bmatrix}=\boldsymbol{J}^{-1}\begin{bmatrix}\dfrac{\partial u}{\partial \xi}\\ \dfrac{\partial u}{\partial \eta}\\ \dfrac{\partial u}{\partial \zeta}\end{bmatrix} \tag{7-145}$$

其中,$\boldsymbol{J}$ 雅克比行列式

$$\boldsymbol{J}=\begin{vmatrix}\dfrac{\partial x}{\partial \xi} & \dfrac{\partial y}{\partial \xi} & \dfrac{\partial z}{\partial \xi}\\ \dfrac{\partial x}{\partial \eta} & \dfrac{\partial y}{\partial \eta} & \dfrac{\partial z}{\partial \eta}\\ \dfrac{\partial x}{\partial \zeta} & \dfrac{\partial y}{\partial \zeta} & \dfrac{\partial z}{\partial \zeta}\end{vmatrix} \tag{7-146}$$

则积分点 $x_{ijk}=x(\xi_i,\eta_j,\zeta_k)$,$y_{ijk}=y(\xi_i,\eta_j,\zeta_k)$,$z_{ijk}=z(\xi_i,\eta_j,\zeta_k)$处的导数可表示为

$$\left(\frac{\partial u}{\partial x}\right)_{ijk}=\frac{1}{|\boldsymbol{J}|_{ijk}}\begin{bmatrix}\left(\frac{\partial y}{\partial \eta}\frac{\partial z}{\partial \zeta}-\frac{\partial y}{\partial \zeta}\frac{\partial z}{\partial \eta}\right)_{ijk}\\-\left(\frac{\partial y}{\partial \xi}\frac{\partial z}{\partial \zeta}-\frac{\partial y}{\partial \zeta}\frac{\partial z}{\partial \xi}\right)_{ijk}\\\left(\frac{\partial y}{\partial \xi}\frac{\partial z}{\partial \eta}-\frac{\partial y}{\partial \eta}\frac{\partial z}{\partial \xi}\right)_{ijk}\end{bmatrix}\begin{bmatrix}\boldsymbol{S}_{\xi}^{\mathrm{T}}(\xi_i,\eta_j,\zeta_k)\\\boldsymbol{S}_{\eta}^{\mathrm{T}}(\xi_i,\eta_j,\zeta_k)\\\boldsymbol{S}_{\zeta}^{\mathrm{T}}(\xi_i,\eta_j,\zeta_k)\end{bmatrix}\boldsymbol{u}$$

$$\left(\frac{\partial u}{\partial y}\right)_{ijk}=\frac{1}{|\boldsymbol{J}|_{ijk}}\begin{bmatrix}-\left(\frac{\partial x}{\partial \eta}\frac{\partial z}{\partial \zeta}-\frac{\partial x}{\partial \zeta}\frac{\partial z}{\partial \eta}\right)_{ijk}\\\left(\frac{\partial x}{\partial \xi}\frac{\partial z}{\partial \zeta}-\frac{\partial x}{\partial \zeta}\frac{\partial z}{\partial \xi}\right)_{ijk}\\-\left(\frac{\partial x}{\partial \xi}\frac{\partial z}{\partial \eta}-\frac{\partial x}{\partial \eta}\frac{\partial z}{\partial \xi}\right)_{ijk}\end{bmatrix}\begin{bmatrix}\boldsymbol{S}_{\xi}^{\mathrm{T}}(\xi_i,\eta_j,\zeta_k)\\\boldsymbol{S}_{\eta}^{\mathrm{T}}(\xi_i,\eta_j,\zeta_k)\\\boldsymbol{S}_{\zeta}^{\mathrm{T}}(\xi_i,\eta_j,\zeta_k)\end{bmatrix}\boldsymbol{u} \tag{7-147}$$

$$\left(\frac{\partial u}{\partial z}\right)_{ijk}=\frac{1}{|\boldsymbol{J}|_{ijk}}\begin{bmatrix}-\left(\frac{\partial x}{\partial \eta}\frac{\partial y}{\partial \zeta}-\frac{\partial x}{\partial \zeta}\frac{\partial y}{\partial \eta}\right)_{ijk}\\\left(\frac{\partial x}{\partial \xi}\frac{\partial y}{\partial \zeta}-\frac{\partial x}{\partial \zeta}\frac{\partial y}{\partial \xi}\right)_{ijk}\\-\left(\frac{\partial x}{\partial \xi}\frac{\partial y}{\partial \eta}-\frac{\partial x}{\partial \eta}\frac{\partial y}{\partial \xi}\right)_{ijk}\end{bmatrix}\begin{bmatrix}\boldsymbol{S}_{\xi}^{\mathrm{T}}(\xi_i,\eta_j,\zeta_k)\\\boldsymbol{S}_{\eta}^{\mathrm{T}}(\xi_i,\eta_j,\zeta_k)\\\boldsymbol{S}_{\zeta}^{\mathrm{T}}(\xi_i,\eta_j,\zeta_k)\end{bmatrix}\boldsymbol{u}$$

为了更加清晰，我们将基函数 $\boldsymbol{S}$ 和位移场 $\boldsymbol{u}$ 的偏导数表示为

$$\begin{aligned}&\boldsymbol{S}_{\xi}=\frac{\partial \boldsymbol{S}}{\partial \xi},\quad \boldsymbol{S}_{\eta}=\frac{\partial \boldsymbol{S}}{\partial \eta},\quad \boldsymbol{S}_{\zeta}=\frac{\partial \boldsymbol{S}}{\partial \zeta}\\&\boldsymbol{u}_{x}=\frac{\partial \boldsymbol{u}}{\partial x},\quad \boldsymbol{u}_{y}=\frac{\partial \boldsymbol{u}}{\partial y},\quad \boldsymbol{u}_{z}=\frac{\partial \boldsymbol{u}}{\partial z}\end{aligned} \tag{7-148}$$

则导数方程(7－147)可简化为

$$\bar{\boldsymbol{u}}_{x}=\boldsymbol{G}_{x}\boldsymbol{u},\quad \bar{\boldsymbol{u}}_{y}=\boldsymbol{G}_{y}\boldsymbol{u},\quad \bar{\boldsymbol{u}}_{z}=\boldsymbol{G}_{z}\boldsymbol{u} \tag{7-149}$$

类似地，关于 v，w 的导数可表示为

$$\begin{aligned}&\bar{\boldsymbol{v}}_{x}=\boldsymbol{G}_{x}\boldsymbol{v},\quad \bar{\boldsymbol{v}}_{y}=\boldsymbol{G}_{y}\boldsymbol{v},\quad \bar{\boldsymbol{v}}_{z}=\boldsymbol{G}_{z}\boldsymbol{v}\\&\bar{\boldsymbol{w}}_{x}=\boldsymbol{G}_{x}\boldsymbol{w},\quad \bar{\boldsymbol{w}}_{y}=\boldsymbol{G}_{y}\boldsymbol{w},\quad \bar{\boldsymbol{w}}_{z}=\boldsymbol{G}_{z}\boldsymbol{w}\end{aligned} \tag{7-150}$$

考虑离散几何方程 $\boldsymbol{\varepsilon}=\boldsymbol{B}\boldsymbol{u}$ 或者

$$\begin{bmatrix}\boldsymbol{\varepsilon}_{xx}\\\boldsymbol{\varepsilon}_{yy}\\\boldsymbol{\varepsilon}_{zz}\\\boldsymbol{\gamma}_{yz}\\\boldsymbol{\gamma}_{xz}\\\boldsymbol{\gamma}_{xy}\end{bmatrix}=\begin{bmatrix}\boldsymbol{G}_{x}&\boldsymbol{0}&\boldsymbol{0}\\\boldsymbol{0}&\boldsymbol{G}_{y}&\boldsymbol{0}\\\boldsymbol{0}&\boldsymbol{0}&\boldsymbol{G}_{z}\\\boldsymbol{0}&\boldsymbol{G}_{z}&\boldsymbol{G}_{y}\\\boldsymbol{G}_{z}&\boldsymbol{0}&\boldsymbol{G}_{x}\\\boldsymbol{G}_{y}&\boldsymbol{G}_{x}&\boldsymbol{0}\end{bmatrix}\begin{bmatrix}\boldsymbol{u}\\\boldsymbol{v}\\\boldsymbol{w}\end{bmatrix} \tag{7-151}$$

并结合以下在六面体单元域中的积分权系数矩阵

$$\boldsymbol{C}=\mathrm{diag}\{|\boldsymbol{J}|_{111}C_1^{\xi}C_1^{\eta}C_1^{\zeta},\cdots,|\boldsymbol{J}|_{N_{\xi}11}C_{N_{\xi}}^{\xi}C_1^{\eta}C_1^{\zeta},\cdots,|\boldsymbol{J}|_{N_{\xi}N_{\eta}1}C_{N_{\xi}}^{\xi}C_{N_{\eta}}^{\eta}C_1^{\zeta},\cdots,|\boldsymbol{J}|_{N_{\xi}N_{\eta}N_{\zeta}}C_{N_{\xi}}^{\xi}C_{N_{\eta}}^{\eta}C_{N_{\zeta}}^{\zeta}\} \tag{7-152}$$

对下面的能量泛函离散化

$$\delta\Pi=\int_{\Omega}(\sigma_{xx}\delta\varepsilon_{xx}+\sigma_{yy}\delta\varepsilon_{yy}+\sigma_{zz}\delta\varepsilon_{zz}+\tau_{yz}\delta\gamma_{yz}+\tau_{zx}\delta\gamma_{zx}+\tau_{xy}\delta\gamma_{xy})\mathrm{d}\Omega \tag{7-153}$$

取其值为 0,可让能量泛函取驻立值,得

$$\boldsymbol{K}_{\mathrm{L}}\boldsymbol{U}+\boldsymbol{M}\ddot{\boldsymbol{U}}=\boldsymbol{R} \tag{7-154}$$

其中,线性刚度矩阵 $\boldsymbol{K}_{\mathrm{L}}$ 和质量矩阵 $\boldsymbol{M}$ 可以用变分原理得到,即

$$\boldsymbol{K}_{\mathrm{L}}=\boldsymbol{B}^{\mathrm{T}}\boldsymbol{D}\boldsymbol{B}$$

$$\boldsymbol{M}=\rho\begin{bmatrix}\boldsymbol{G}^{\mathrm{T}}\boldsymbol{C}\boldsymbol{G} & & \\ & \boldsymbol{G}^{\mathrm{T}}\boldsymbol{C}\boldsymbol{G} & \\ & & \boldsymbol{G}^{\mathrm{T}}\boldsymbol{C}\boldsymbol{G}\end{bmatrix} \tag{7-155}$$

当单元处于弹性状态时,$\boldsymbol{D}$ 矩阵为弹性矩阵 $\boldsymbol{D}_{\mathrm{e}}$,其形式为

$$\boldsymbol{D}_{\mathrm{e}}=\frac{E(1-\upsilon)}{(1+\upsilon)(1-2\upsilon)}\times\begin{bmatrix}\boldsymbol{C} & \frac{\upsilon}{1-\upsilon}\boldsymbol{C} & \frac{\upsilon}{1-\upsilon}\boldsymbol{C} & \boldsymbol{0} & \boldsymbol{0} & \boldsymbol{0}\\ \frac{\upsilon}{1-\upsilon}\boldsymbol{C} & \boldsymbol{C} & \frac{\upsilon}{1-\upsilon}\boldsymbol{C} & \boldsymbol{0} & \boldsymbol{0} & \boldsymbol{0}\\ \frac{\upsilon}{1-\upsilon}\boldsymbol{C} & \frac{\upsilon}{1-\upsilon}\boldsymbol{C} & \boldsymbol{C} & \boldsymbol{0} & \boldsymbol{0} & \boldsymbol{0}\\ \boldsymbol{0} & \boldsymbol{0} & \boldsymbol{0} & \frac{1-2\upsilon}{2(1-\upsilon)}\boldsymbol{C} & \boldsymbol{0} & \boldsymbol{0}\\ \boldsymbol{0} & \boldsymbol{0} & \boldsymbol{0} & \boldsymbol{0} & \frac{1-2\upsilon}{2(1-\upsilon)}\boldsymbol{C} & \boldsymbol{0}\\ \boldsymbol{0} & \boldsymbol{0} & \boldsymbol{0} & \boldsymbol{0} & \boldsymbol{0} & \frac{1-2\upsilon}{2(1-\upsilon)}\boldsymbol{C}\end{bmatrix} \tag{7-156}$$

当单元处于弹塑性状态时,$\boldsymbol{D}$ 矩阵为弹塑性矩阵 $\boldsymbol{D}_{\mathrm{ep}}$,由单元各积分点处的切线刚度矩阵和积分权系数组成,可表示为

$$\boldsymbol{D}_{\mathrm{ep}}=\begin{bmatrix}\boldsymbol{D}_{11} & \boldsymbol{D}_{12} & \boldsymbol{D}_{13} & \boldsymbol{D}_{14} & \boldsymbol{D}_{15} & \boldsymbol{D}_{16}\\ \boldsymbol{D}_{21} & \boldsymbol{D}_{22} & \boldsymbol{D}_{23} & \boldsymbol{D}_{24} & \boldsymbol{D}_{25} & \boldsymbol{D}_{23}\\ \boldsymbol{D}_{31} & \boldsymbol{D}_{32} & \boldsymbol{D}_{33} & \boldsymbol{D}_{34} & \boldsymbol{D}_{35} & \boldsymbol{D}_{36}\\ \boldsymbol{D}_{41} & \boldsymbol{D}_{42} & \boldsymbol{D}_{43} & \boldsymbol{D}_{44} & \boldsymbol{D}_{45} & \boldsymbol{D}_{46}\\ \boldsymbol{D}_{51} & \boldsymbol{D}_{52} & \boldsymbol{D}_{53} & \boldsymbol{D}_{54} & \boldsymbol{D}_{55} & \boldsymbol{D}_{56}\\ \boldsymbol{D}_{61} & \boldsymbol{D}_{62} & \boldsymbol{D}_{63} & \boldsymbol{D}_{64} & \boldsymbol{D}_{65} & \boldsymbol{D}_{66}\end{bmatrix} \tag{7-157}$$

其中

$$\boldsymbol{D}_{ij}=\begin{bmatrix}C_{111}d_{ij}^{(111)} & 0 & 0 & \cdots & 0\\ 0 & C_{211}d_{ij}^{(211)} & 0 & \cdots & 0\\ \vdots & \vdots & \vdots & \vdots & \vdots\\ 0 & 0 & 0 & \cdots & C_{N_\xi N_\eta N_\zeta}d_{ij}^{(N_\xi N_\eta N_\zeta)}\end{bmatrix}$$

$$\boldsymbol{D}_{\mathrm{ep}}^{(klm)}=\begin{bmatrix} d_{11}^{(klm)} & d_{12}^{(klm)} & d_{13}^{(klm)} & d_{14}^{(klm)} & d_{15}^{(klm)} & d_{16}^{(klm)} \\ d_{21}^{(klm)} & d_{22}^{(klm)} & d_{23}^{(klm)} & d_{24}^{(klm)} & d_{25}^{(klm)} & d_{26}^{(klm)} \\ d_{31}^{(klm)} & d_{32}^{(klm)} & d_{33}^{(klm)} & d_{34}^{(klm)} & d_{35}^{(klm)} & d_{36}^{(klm)} \\ d_{41}^{(klm)} & d_{42}^{(klm)} & d_{43}^{(klm)} & d_{44}^{(klm)} & d_{45}^{(klm)} & d_{46}^{(klm)} \\ d_{51}^{(klm)} & d_{52}^{(klm)} & d_{53}^{(klm)} & d_{54}^{(klm)} & d_{55}^{(klm)} & d_{56}^{(klm)} \\ d_{61}^{(klm)} & d_{62}^{(klm)} & d_{63}^{(klm)} & d_{64}^{(klm)} & d_{65}^{(klm)} & d_{66}^{(klm)} \end{bmatrix},klm=111,211,\cdots N_{\xi}11,\cdots N_{\xi}N_{\eta}N_{\zeta} \tag{7-158}$$

积分点处的一致切线刚度矩阵源自上一节给出的返回映射算法。

7.2.8 本节小结

相比于弹性材料的历史无关性特点,弹塑性材料的应力应变状态并非一一对应,而是与具体的加载历史相关。本节首先阐述了弹塑性问题的相关基本概念,给出了初始屈服准则和后继屈服准则的具体形式,明确了如何判断材料发生屈服,即进入塑性状态,以及材料发生屈服后如何演化的问题。其次基于小变形和小应变假设,在非线性各向同性硬化条件下,具体讨论了弹塑性问题的基本理论,给出了二维和三维速率形式的弹塑性模型表达式。通过后向隐式欧拉时间积分方法将速率形式的弹塑性模型转换为增量形式,并推导出了弹塑性问题的数值求解算法——返回映射算法(return - mapping algorithm)。该算法包含弹性预测和塑性矫正两个步骤,通过多次迭代后,试验应力被投影到新的屈服面上。在实际的弹塑性问题求解过程中,需要通过对每个积分点处进行弹塑性分析导出其弹塑性矩阵,然后通过数值积分方法得到单元的刚度矩阵,进而组装为整体刚度矩阵进行求解。针对每个积分点,给出了具体的返回映射算法操作流程。最后给出了利用升阶谱求积元方法求解弹塑性问题的整体流程。

7.3 升阶谱求积元法求解弹塑性问题

7.3.1 概 述

上一节介绍了弹塑性问题求解的基本理论和算法,构造出了二维及三维升阶谱求积元,显式给出了二维及三维情况下,弹塑性问题的数值求解算法。本节将根据上一节的基本理论和算法,通过升阶谱求积元方法对两个二维弹塑性算例(包括一个平面应变问题和一个平面应力问题)及一个三维弹塑性算例进行求解,以展示升阶谱求积元方法在求解弹塑性问题时的高精度和高效率。

本节将考虑两组不同的材料参数(见表 7-1):第一组应用于理想弹塑性,而第二组应用非线性各向同性硬化模型;第 7.3.2 节为在平面应变条件下的受内压厚壁圆筒,采用理想弹塑性模型;第 7.3.3 节为在平面应力条件下的带圆孔薄壁板;第 7.3.4 节为带圆孔厚壁板,这是一个三维弹塑性问题。第 7.3.3 和第 7.3.4 节的例子采用了非线性各向同性硬化模型。

在每个算例中将升阶谱求积元方法的计算结果与解析解(如果存在)及其他有限元方法所得结果(主要是通过 ABAQUS 计算得到的 h -型有限元结果)进行了比较。为方便起见,在本节中绘制的不同方法所得结果对比图中,升阶谱求积元方法统一用 HQEM 表示。

表 7-1 材料参数

序 号	材料参数	第1组	第2组
1	体积模量	166.7 MPa	164 206.0 MPa
2	剪切模量	3.36 MPa	80 193.8 MPa
3	初始屈服应力	58.0 kPa	450.0 MPa
4	极限应力	58.0 kPa	715.0 MPa
5	线性硬化参数	0.0 kPa	129.24 MPa
6	硬化指数	0.0	16.93

7.3.2 受内压厚壁圆筒

7.3.2.1 受内压厚壁圆筒封闭解推导

考虑一长圆筒，受到均匀内压 p 作用。根据轴对称条件，在柱坐标系 r、θ、z 中，可以采用以下简化条件

$$\begin{gathered}\tau_{rz}=\tau_{z\theta}=\tau_{\theta r}=0,\quad u_\theta=0\\ \frac{\partial\sigma_r}{\partial\theta}=\frac{\partial\sigma_\theta}{\partial\theta}=\frac{\partial u_r}{\partial\theta}=\frac{\partial u_z}{\partial\theta}=0\\ \frac{\partial\sigma_r}{\partial z}=\frac{\partial\sigma_\theta}{\partial z}=\frac{\partial\sigma_r}{\partial\theta}=\frac{\partial u_r}{\partial z}=0,\quad \frac{\partial u_z}{\partial r}=0\end{gathered} \tag{7-159}$$

在小变形条件下，无论是在弹性状态还是塑性状态下，平衡方程、几何方程及边界条件都是相同的。对于轴对称情况，它们具有以下简单形式：

平衡方程：

$$r\frac{\mathrm{d}\sigma_r}{\mathrm{d}r}=\sigma_\theta-\sigma_r \tag{7-160}$$

几何方程：

$$\varepsilon_r=\frac{\mathrm{d}u}{\mathrm{d}r},\quad \varepsilon_\theta=\frac{u}{r},\quad \varepsilon_z=\varepsilon_0=\mathrm{const} \tag{7-161}$$

边界条件：

$$\begin{gathered}r=a,\quad \sigma_r=p\\ r=b,\quad \sigma_r=0\end{gathered} \tag{7-162}$$

在弹性条件下，本构方程为

$$\begin{cases}\varepsilon_r=\dfrac{1}{E}[\sigma_r-\mu(\sigma_\theta+\sigma_z)]\\ \varepsilon_\theta=\dfrac{1}{E}[\sigma_\theta-\mu(\sigma_z+\sigma_r)]\\ \varepsilon_z=\dfrac{1}{E}[\sigma_z-\mu(\sigma_r+\sigma_\theta)]\end{cases} \tag{7-163}$$

由上述条件，可求得弹性解为

$$\begin{cases}\sigma_r = -p\left(\dfrac{b^2}{r^2}-1\right)\left(\dfrac{b^2}{a^2}-1\right) \\ \sigma_\theta = p\left(\dfrac{b^2}{r^2}+1\right)\left(\dfrac{b^2}{a^2}-1\right) \\ \sigma_z = E\varepsilon_0 + \dfrac{2\mu p a^2}{b^2-a^2} \\ \varepsilon_z = \varepsilon_0 = \dfrac{-2\mu a^2 p}{E(b^2-a^2)} \\ u_r = \dfrac{(1+\mu)pa^2}{E(b^2-a^2)}\left[(1-2\mu)r+\dfrac{b^2}{r}\right]-\mu\varepsilon_0 r \end{cases} \tag{7-164}$$

在考虑平面应变问题时，则 $\varepsilon_z=0$。从而有

$$\begin{cases}\sigma_z = \dfrac{2\mu p a^2}{b^2-a^2} \\ u_r = \dfrac{(1+\mu)pa^2}{E(b^2-a^2)}\left[(1-2\mu)r+\dfrac{b^2}{r}\right]\end{cases} \tag{7-165}$$

设材料服从线性硬化规律，则有

$$\begin{cases}\sigma_e = E\varepsilon_e, & \varepsilon_e \leqslant \varepsilon_s \\ \sigma_e = \sigma_s\left(1-\dfrac{E'}{E}\right)+E'\varepsilon_e, & \varepsilon_e > \varepsilon_s\end{cases} \tag{7-166}$$

在弹性区，应力的表达式为

$$\begin{cases}\sigma_r = -\dfrac{\sigma_s}{\sqrt{3}}\left[\left(1-\dfrac{E'}{E}\right)\left(1+2\ln\dfrac{r_e}{r}\right)-\dfrac{r_e^2}{b^2}\left(1-\dfrac{E'b^2}{Er^2}\right)\right] \\ \sigma_\theta = \dfrac{\sigma_s}{\sqrt{3}}\dfrac{r_e^2}{b^2}\left[\left(1-\dfrac{E'}{E}\right)\left(1-2\ln\dfrac{r_e}{r}\right)+\dfrac{r_e^2}{b^2}\left(1+\dfrac{E'b^2}{Er^2}\right)\right] \\ \sigma_z = \dfrac{\sigma_s}{\sqrt{3}}\left[\dfrac{r_e^2}{b^2}-2\left(1-\dfrac{E'}{E}\right)\ln\dfrac{r_e}{r}\right]\end{cases} \tag{7-167}$$

其中，$a\leqslant r\leqslant r_e$；

在塑性区，应力的表达式为

$$\begin{cases}\sigma_r = -\dfrac{\sigma_s}{\sqrt{3}}\dfrac{r_e^2}{b^2}\left(\dfrac{b^3}{r^2}-1\right) \\ \sigma_\theta = \dfrac{\sigma_s}{\sqrt{3}}\dfrac{r_e^2}{b^2}\left(\dfrac{b^2}{r^2}-1\right) \\ \sigma_z = \dfrac{1}{\sqrt{3}}\dfrac{\sigma_s r_e^2}{b^2}\end{cases} \tag{7-168}$$

其中，$r_e\leqslant r\leqslant b$。位移的表达式在弹塑性区中相同，即

$$u = \frac{c}{r} = \frac{\sqrt{3}\sigma_s r_e^2}{2Er} \tag{7-169}$$

其中，r_e 与 p 的关系取决于边界条件 $r=a$，$\sigma_r=-p$，因此有

$$p=\frac{\sigma_s}{\sqrt{3}}\left[\left(1-\frac{E'}{E}\right)\left(1+2\ln\frac{r_e}{a}\right)-\frac{r_e^2}{b^2}\left(1-\frac{E'b^2}{Ea^2}\right)\right] \tag{7-170}$$

7.3.2.2 受内压厚壁圆筒线性问题求解

在本小节中，选取受内压厚壁圆筒问题，研究二维升阶谱求积元在线性问题求解中的应用。在体积不变假设下，受内压厚壁圆筒存在封闭解，通过将升阶谱求积元方法所求结果与解析解、ABAQUS 仿真结果进行对比，以说明其在线性问题求解中的精确性。在升阶谱求积元法求解过程中，取圆筒内径 $a=1.5$ m，外径 $b=4$ m；内压 $p=10\ 000$ Pa，杨氏模量 $E=2.1\times10^8$ Pa，泊松比 $\upsilon=0.49$。边界条件为：在 $A-B$ 边上 $u_y=0$，$C-D$ 边上 $u_x=0$。由对称性取 $\frac{1}{4}$ 进行分析，通过两个 HQEM 单元进行计算，如图 7-17 所示。

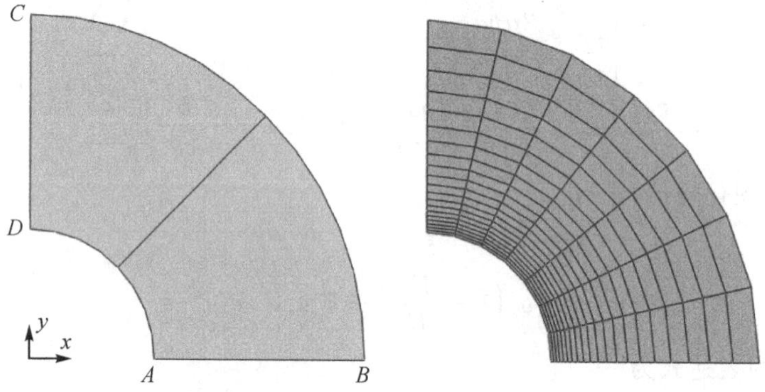

(a) 升阶谱求积单元划分　　(b) h型有限单元划分

图 7-17　受内压厚壁圆筒单元划分

升阶谱求积元法(HQEM)在不同阶次下计算点(1.5，0)处 x 方向位移的结果，并与解析解、ABAQUS 结果进行了对比，如表 7-2 所列。可以看到，升阶谱求积元法可以算得较为精确的结果。值得注意的是，由于受内压厚壁圆筒位移场变化较为平缓(见图 7-18)，因此在其弹性计算中并不能很好的体现出升阶谱求积元法的求解效率，升阶谱求积元法求解效率在下一节中求解带孔矩形板受均布载荷时有较好的体现。

表 7-2　升阶谱求积元法(HQEM)与解析解、ABAQUS 计算受内压厚壁圆筒线性问题结果对比

方　法	结点($m\times n$)	自由度 DOFs	位移 u
解析解			0.000 124 192
ABAQUS		72	0.000 124 187
		98	0.000 124 189
		128	0.000 124 19
HQEM	4×3	76	0.000 123 20
	6×3	104	0.000 124 14
	7×3	118	0.000 124 19
	8×3	132	0.000 124 19

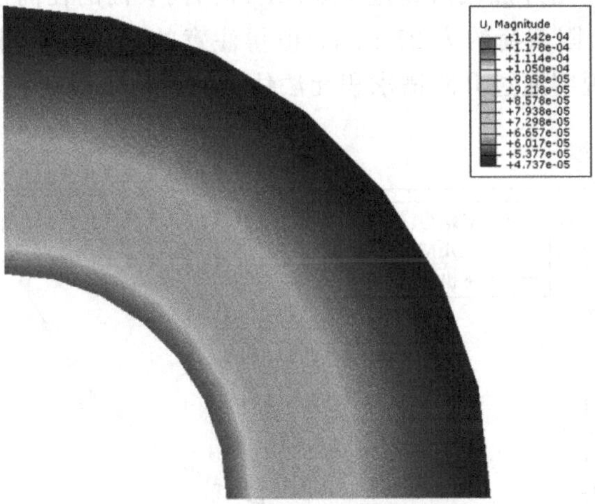

图 7-18 受内压厚壁圆筒弹性问题位移云图

7.3.2.3 受内压厚壁圆筒弹塑性问题求解

在本小节中，研究通过增量法，利用升阶谱求积元法求解受内压厚壁筒弹塑性问题，算例的几何参数及边界条件与第 7.3.2.2 节中相同，选取表 7-1 中的理想弹塑性材料模型参数：

$$\sigma_0 = 58.0\ \text{kPa},\quad \sigma_\infty = 58.0\ \text{kPa},\quad h = 0,\quad \omega = 0$$

取杨氏模量 $E = 1.0 \times 10^7$ Pa，泊松比 $\upsilon = 0.49$，内压 $p = 62$ kPa。为保证求解的精度，根据上节中的分析结果，取升阶谱求积单元阶次为 8×3。h-型有限元法得出的比较结果使用的是 140 个 CPE4R 四结点单元的细网格，总自由度个数为 336(见图 7-17(b))。在本例中，将载荷均匀分为 25 步进行加载。在平面应变和不可压缩条件(泊松比为 0.5)下，通过第 7.3.2.1 节中的相关公式计算可得解析解。尽管本例中升阶谱求积元法计算使用的泊松比为 0.49，但可以证明，弹性区域不可压缩假设不会显著影响实际情况下解析解的有效性。

不同自由度下升阶谱求积元法(HQEM)和 ABAQUS 计算结果如表 7-3 所列。可以看出，采用升阶谱求积元法采用较少的自由度可得到更为精确的结果，升阶谱求积元法的收敛速度明显快于 h 方法(在 104 DOFs 下可实现 2 位数收敛)。

表 7-3 升阶谱求积元法(HQEM)与 ABAQUS 在受内压厚壁管弹塑性计算结果比较

方 法	结点($m \times n$)	DOFs	位移 u
解析解			0.032 201
HQEM	4×3	76	0.030 819
	6×3	90	0.032 028
	8×3	132	0.032 233
	10×3	160	0.032 402
ABAQUS		60	0.030 955
		176	0.031 718
		336	0.032 211
		682	0.032 324

升阶谱求积元法($p = 8 \times 3$)、ABAQUS(140 个单元)与解析解计算所得内表面径向位

移 u_r，如图 7－19 所示。当外加载荷超过 105 MPa 时，内表面的径向位移 u_r 不再是线性增加的，因此可以得出弹性极限载荷约为 27 kPa。值得注意的是，通过解析解估算得到的弹性极限荷载约为 28 kPa，这说明通过升阶谱求积元法估算的弹性极限荷载与解析解所得结果非常一致。

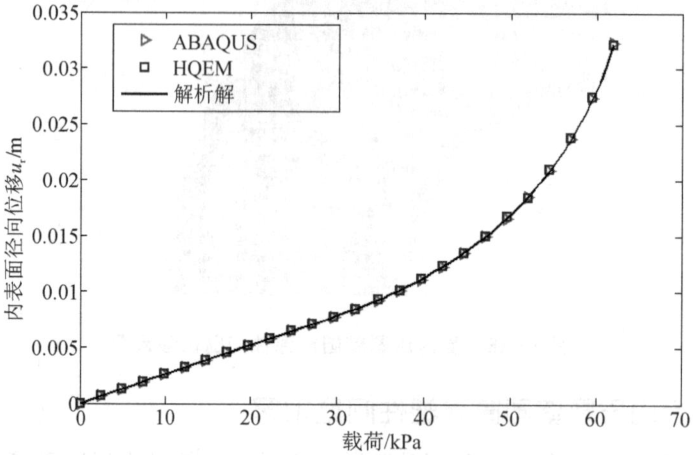

图 7－19　升阶谱求积元法、ABAQUS 与解析解计算所得内表面径向位移比较

由第 7.3.2.1 节中的解析公式可以计算出受内压厚壁圆筒的塑性极限荷载为 65.7 kPa。当厚壁管处于弹塑性状态时，结构由弹性部分和塑性部分组成。弹塑性分界面半径 r_e 可通过解析解公式（7－170）计算，所得结果为 3.101 m。通过升阶谱求积元法计算所得结果约为 3.049 m，如图 7－20 所示，其中的虚线以内部区域表示屈服区。

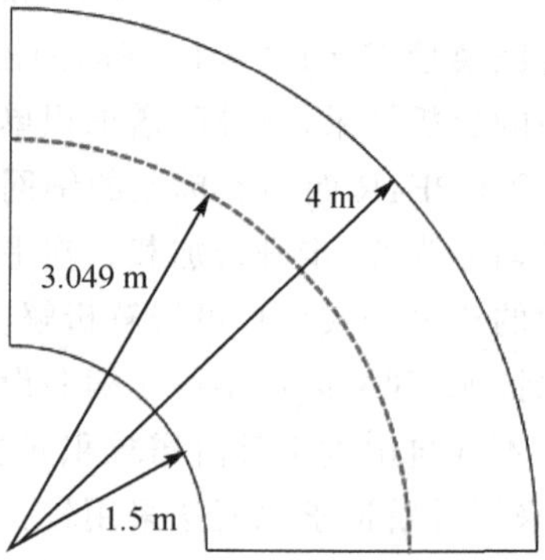

图 7－20　厚壁管屈服区域示意图

在平面应变和不可压缩条件下，通过上文中的分析可以分别求出厚壁筒的弹性部分和塑性部分各个应力分量的解析解和沿厚度方向的径向位移的解析解。升阶谱求积元法（HQEM）、h－型有限元（ABAQUS）和解析解所得的沿厚度方向径向位移的比较，如图 7－21 所示。可以看出，它们计算得到的曲线几乎完全相同，因此这几种方法结果之间的一致性非常好。从图 7－21 中可以看出，径向位移沿厚壁筒的厚度方向逐渐减小。很明显，在内部压力的作用下，厚壁筒内表面的变形大于外表面的变形。

受内压厚壁筒在处于弹塑性情况下径向应力、环向应力和轴向应力的升阶谱求积元法（HQEM）、h 型有限元法（ABAQUS）和解析解结果对比，如图 7－22、图 7－23 和图 7－24 所示。由这些结果可见，升阶谱求积元法计算的应力与解析解吻合较好，比 h－型有限元方法计算结果更为准确。此外，这里还研究了受内压厚壁筒在弹塑性状态下的冯·米塞斯（Von Mises）应力分布情况。升阶谱求积元法和 h－型有限元方法（ABAQUS）所得的冯·米塞斯（Von Mises）应力分布，如图 7－25 所示，可见彼此之间的良好一致性。

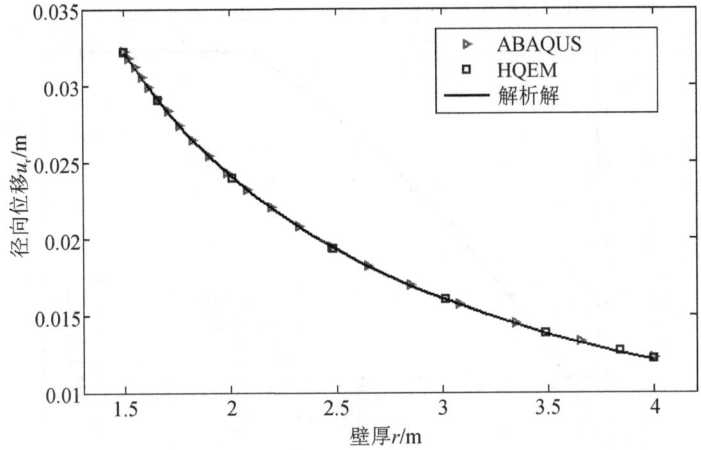

图 7-21 升阶谱求积元法、ABAQUS 与解析解所得沿厚壁筒厚度方向位移比较

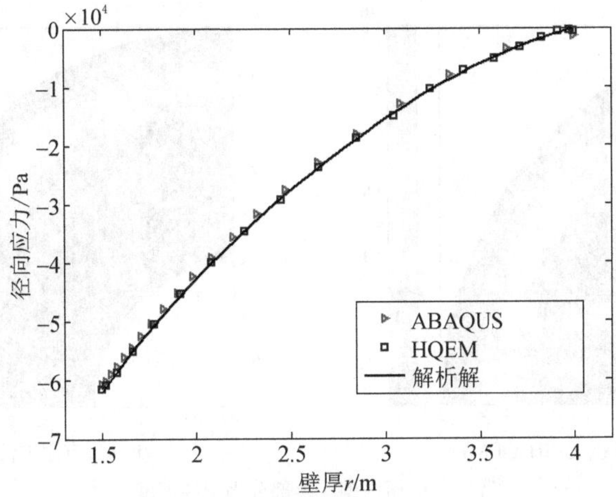

图 7-22 受内压厚壁筒径向应力的升阶谱求积元法、ABAQUS 和解析解计算结果比较

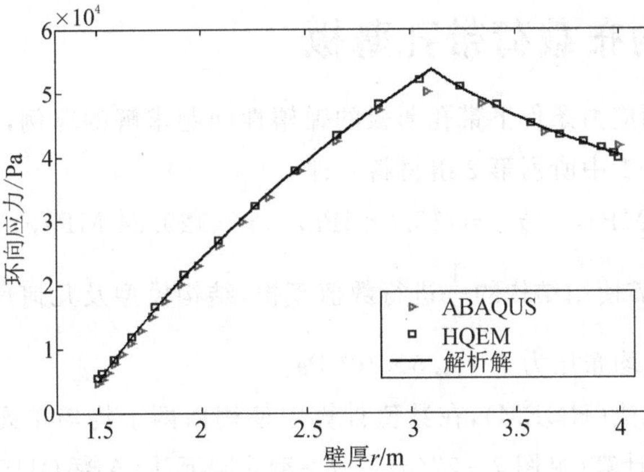

图 7-23 受内压厚壁筒环向应力升阶谱求积元法、ABAQUS 和解析解计算结果比较

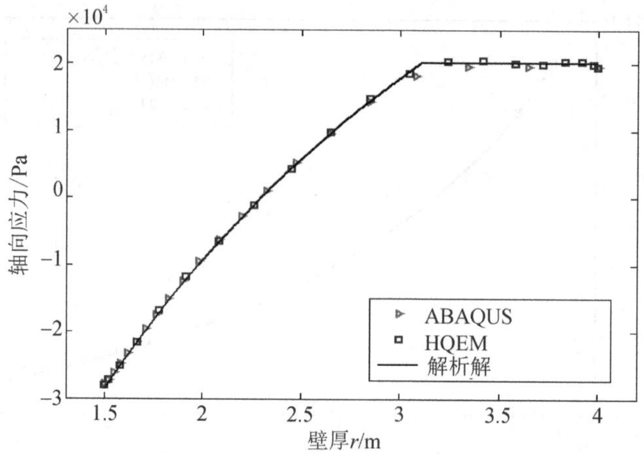

图 7-24　受内压厚壁筒轴向应力升阶谱求积元法、ABAQUS 和解析解计算结果比较

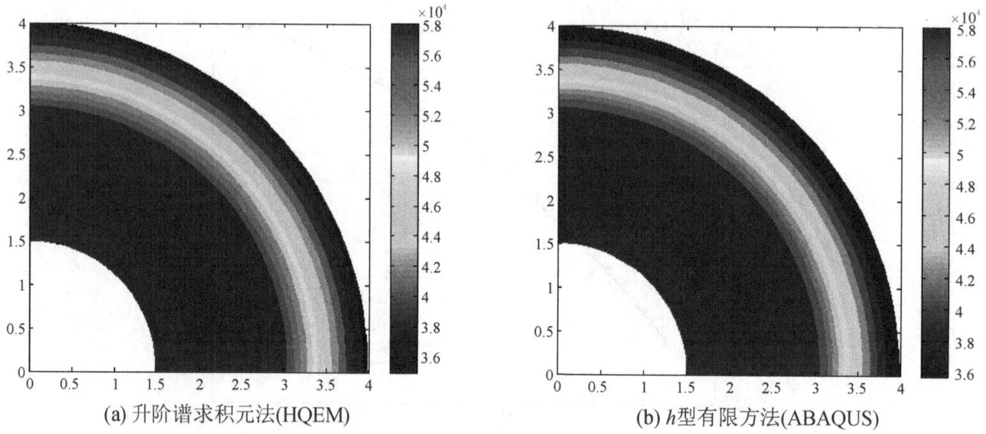
(a) 升阶谱求积元法(HQEM)
(b) h型有限方法(ABAQUS)

注:图中筒内侧深色部分为塑性区域。

图 7-25　受内压厚壁筒冯・米塞斯(Von Mises)应力的结果比较

7.3.3　受均布载荷带孔薄板

本小节研究在平面应力条件下带孔薄板的弹塑性问题求解的算例,采用非线性各向同性硬化模型参数(见表 7-1 中所列第 2 组材料),即

$$\sigma_0 = 450.0\ \text{MPa},\quad \sigma_\infty = 715.0\ \text{MPa},\quad h = 129.24\ \text{MPa},\quad \omega = 16.93$$

由于结构的对称性,只需使用结构的$\frac{1}{4}$进行数值模拟,结构模型及几何尺寸如图 7-26 所示,其中,在边 2-3 上施加均布压力 $P=4.5\times10^8$ Pa。

对于升阶谱求积元法(HQEM),在数值计算中使用由两个均匀单元组成的网格,将单元阶次为 $p=4\sim12$ 进行计算(见图 7-27(a))。h-型有限元法(ABAQUS)采用了由 CPS4R 四结点单元构成的一系列网格划分。图 7-27(b)给出了 h-型有限元法(ABAQUS)分析中使用的网格划分中的一种。在本算例中,载荷被分为 50 个均匀增量步进行加载。

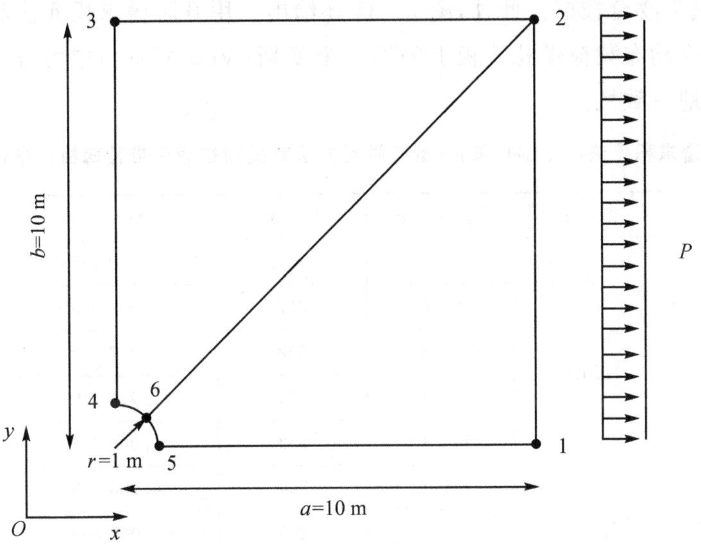

图 7-26 受均布载荷带孔薄板的$\frac{1}{4}$

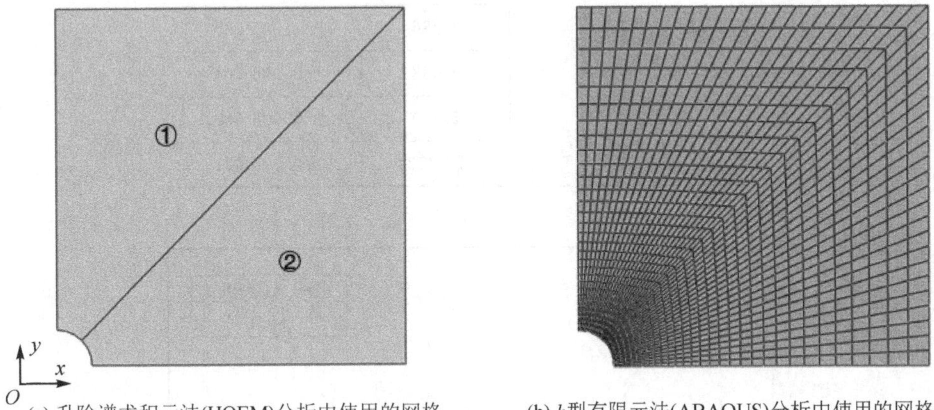

(a) 升阶谱求积元法(HQEM)分析中使用的网格

(b) h型有限元法(ABAQUS)分析中使用的网格之一

图 7-27 受均布载荷带孔薄板的网格划分

升阶谱求积元法(HQEM)和 h -型有限元方法(ABAQUS)在不同自由度下的计算结果见表 7-4 所列。以 h -型有限元方法在 72 782 个自由度下计算所得结果作为参考解,并将两种方法在不同自由度下的计算结果以双对数标度的相对误差形式绘制在图 7-28 中。可以看出,使用升阶谱求积元法可以得到更精确的结果,并且升阶谱求积元法的收敛速度明显快于 h -型有限元法(其在 622 自由度时就可以达到 2 位有效数字收敛)。

由 HQEM($p=12\times12$)和 ABAQUS(72782 个自由度)计算的结点 4 处 y 方向位移,如图 7-29 所示。从图中可以看出,升阶谱求积元法(HQEM)在自由度较少的情况下,仍能与参考解取得很好的一致性。这说明升阶谱求积元方法在计算弹塑性问题时具有很高的效率。

由 HQEM($p=12\times12$)与 ABAQUS(72782 个自由度)计算出的结点 4 处 x 方向上的应力结果比较,如图 7-30 所示。结果表明,通过升阶谱求积元法(HQEM)计算得到的应力与

ABAQUS 计算结果吻合较好。此外，图 7 - 31 还给出了用升阶谱求积元法和 h -型有限元法(参考解)计算的受均布载荷带孔薄板上的冯·米塞斯(Von Mises)应力分布，结果显示了彼此之间具有良好地一致性。

表 7 - 4　升阶谱求积元法(HQEM)和 h -型有限元方法对受均布载荷带孔薄板弹塑性问题计算结果

方　法	结点($m\times n$)	自由度	位移 $u_{4,y}$
HQEM	4×4	104	−0.009 155
	6×6	212	−0.008 546
	8×8	352	−0.007 432
	10×10	524	−0.006 769
	11×11	622	−0.006 692
	12×12	726	−0.006 613
ABAQUS		108	−0.007 801
		374	−0.007 253
		800	−0.006 982
		1 386	−0.006 835
		3 038	−0.006 703
		5 330	−0.006 660
		72 782	−0.006 621

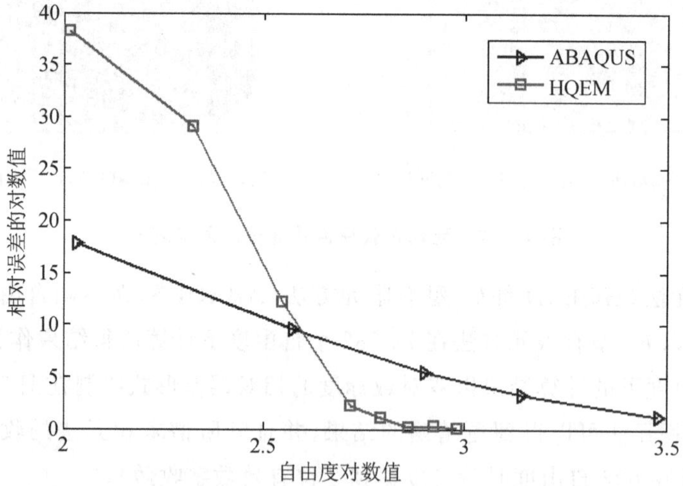

图 7 - 28　在不同自由度下升阶谱求积元法(HQEM)与 h -型有限元法计算结果相对误差比较

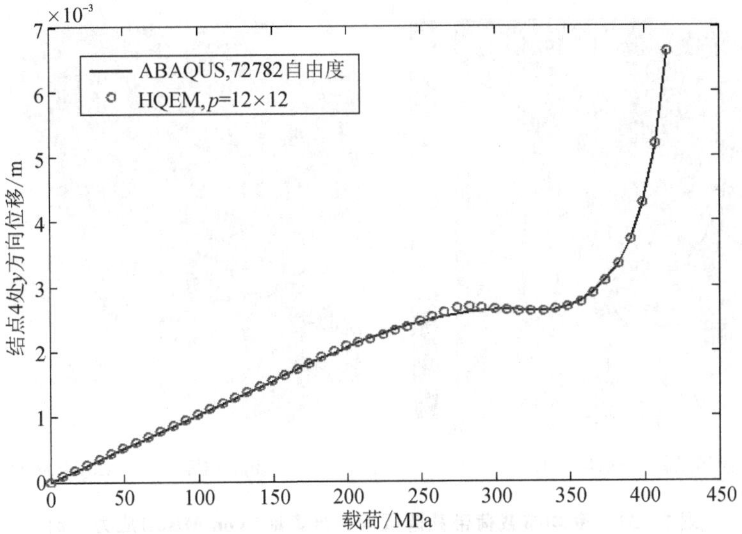

图 7-29 升阶谱求积元法(HQEM)与 h-型有限元法对结点 4 处位移 u_y 的计算结果比较

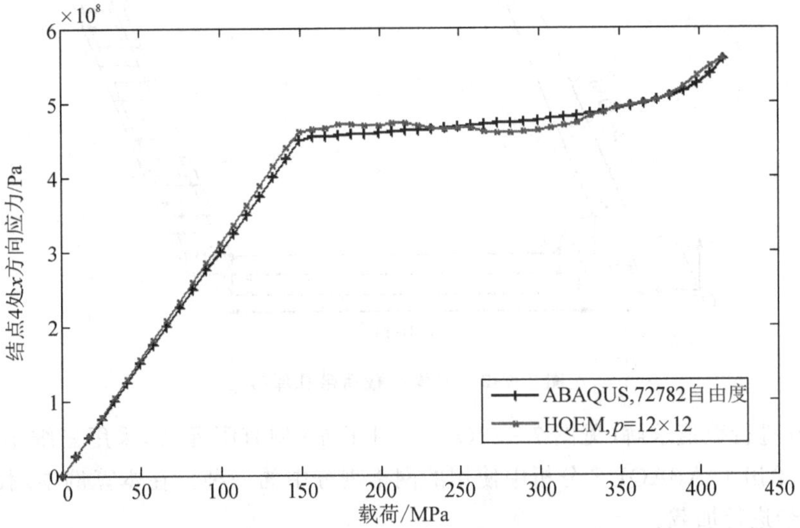

图 7-30 升阶谱求积元法(HQEM)与 h-型有限元法结点 4 处 x 方向应力计算结果比较

7.3.4 受均布载荷带孔厚板

本小节研究采用非线性各向同性硬化模型参数(见表 7-1 中所列第 2 组材料)求解受均布载荷带孔厚板的弹塑性问题的算例。这是一个三维弹塑性算例。由于结构的对称性,在数值模拟中只使用了结构的$\frac{1}{8}$进行计算。结构的具体几何尺寸如图 7-32 所示。其中,在面 2-2′-3-3′上施加的均布压力为 $P=4.5\times10^8$ Pa。

类似地,采用由两个单元组成的网格进行升阶谱求积元法(HQEM)计算,并取单元阶次

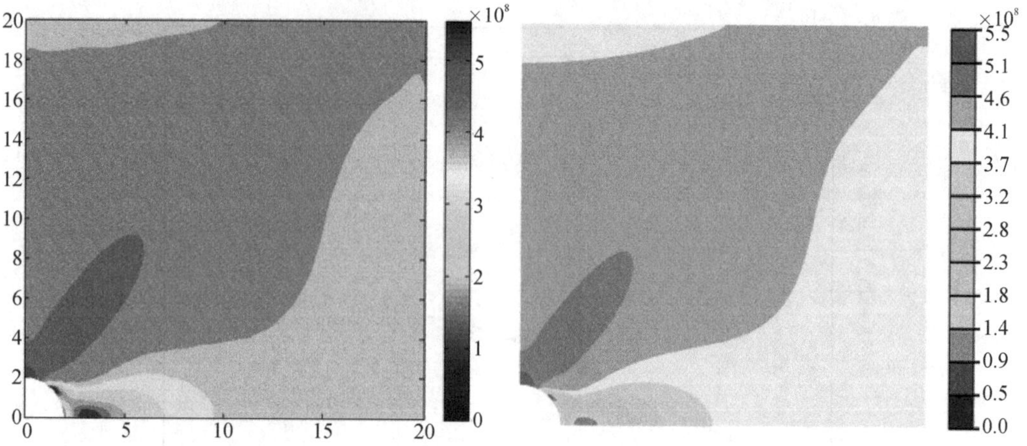

(a) 升阶谱求积元法(HQEM)　　(b) h-型有限元方法(ABAQUS)

图 7－31　受均布载荷带孔薄板冯·米塞斯(Von Mises)应力对比

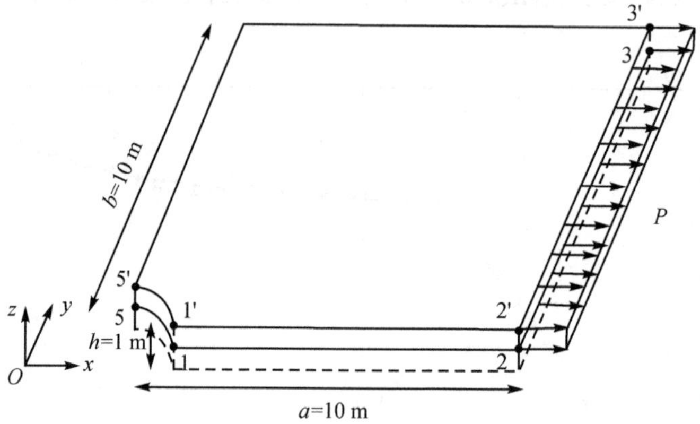

图 7－32　受均布载荷带孔厚板$\frac{1}{8}$

为 $p=4\sim10$ 进行数值求解(见图 7－33(a))。对于 h－型有限元法,采用三维单元进行计算。图 7－33(b)给出了 ABAQUS 分析中使用的网格划分中的一种。在本算例中,载荷被分为 50 个均匀增量步进行加载。

受均布载荷带孔厚板弹塑性问题的升阶谱求积元法(HQEM)和 h－型有限元方法(ABAQUS)在不同自由度下的计算结果,见表 7－5 所列。以 ABAQUS 在 130 174 个自由度下的计算结果为参考解,并将两种方法在不同自由度下的计算结果以双对数标度的相对误差形式绘制在图 7－34 中。可以看出,通过升阶谱求积元法进行三维弹塑性问题求解可以得到更为精确的结果,而且升阶谱求积元法的收敛速度明显快于 h－型有限元法(其在 5 700 个自由度时就可以达到 2 位有效数字收敛)。

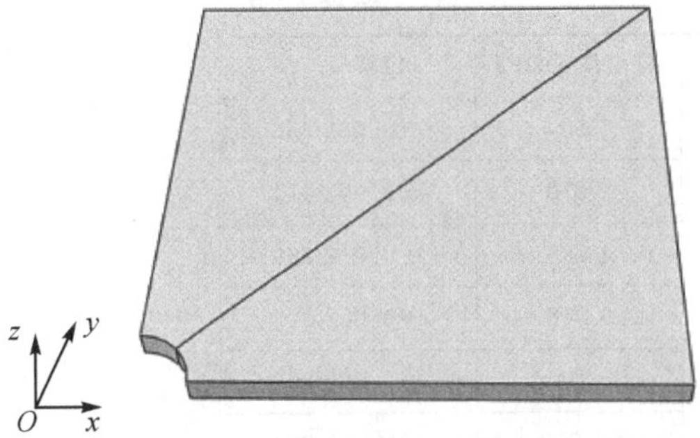

(a) 升阶谱求积元法(HQEM)分析中使用的网格

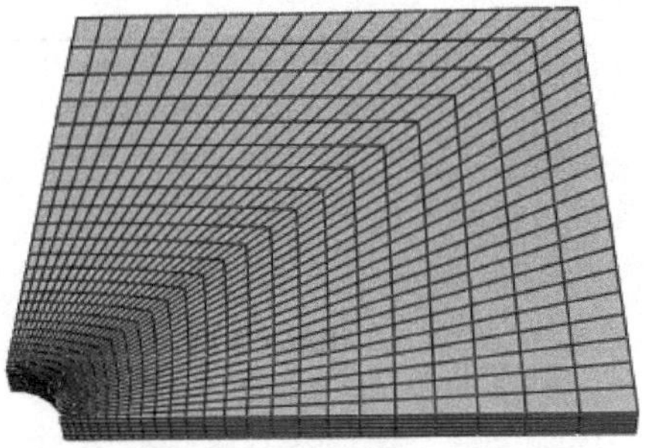

(b) h-型有限元法分析中使用的网格之一

图 7－33 受均布载荷带孔厚板的网格划分

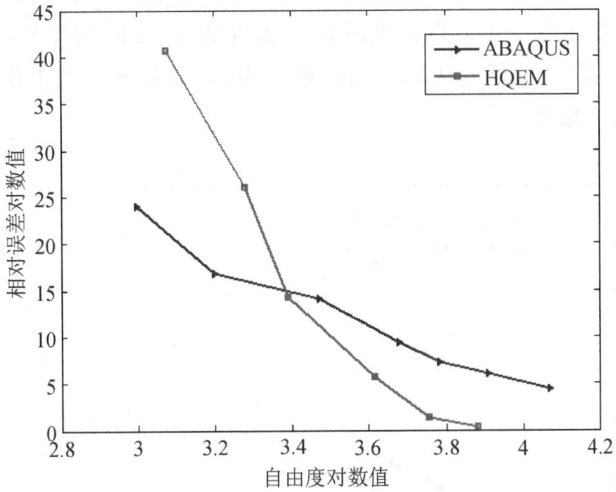

图 7－34 在不同自由度下升阶谱求积元法(HQEM)与 h-型有限元法计算结果相对误差比较

表 7－5 升阶谱求积元法(HQEM)和 h-型有限元方法对带孔厚板弹塑性问题计算结果

方 法	结点($l\times m\times n$)	自由度 DOFs	位移 $u_{5,y}$
HQEM	4×4×4	1 188	−0.003 048
	5×5×5	1 911	−0.002 729
	6×6×6	2 474	−0.002 474
	7×7×7	4 131	−0.002 289
	8×8×8	5 700	−0.002 195
	9×9×9	7 623	−0.002 173
	10×10×8	7 008	−0.002 180

续表 7-5

方法	结点($l\times m\times n$)	自由度 DOFs	位移 $u_{5,y}$
ABAQUS		1 584	−0.002 530
		2 970	−0.002 471
		4 788	−0.002 369
		6 048	−0.002 323
		8 100	−0.002 297
		11 718	−0.002 263
		130 174	−0.002 167

由升阶谱求积元法(HQEM)计算的受均布载荷带孔厚板结点 5 处 y 方向上的位移与参考解(h -型有限元法在 130 174 个自由度时计算所得结果)之间的比较,如图 7-35 所示。从图中可以看出,虽然升阶谱求积元法的自由度数不多,但通过升阶谱求积元法计算得到的位移与参考解具有较好的一致性。

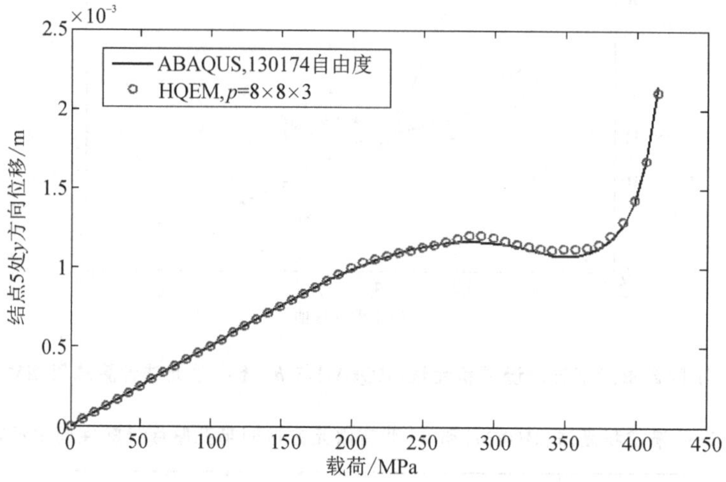

图 7-35　升阶谱求积元法(HQEM)与 h-型有限元法对结点 5 处位移 u_y 的计算结果比较

7.3.5　本节小结

本节在上一节弹塑性数值求解方法的基础上,分别选取了平面应变条件下的受内压厚壁筒、平面应力条件下的带孔薄板以及带孔厚板问题,实现了升阶谱求积元法(HQEM)对二维及三维弹塑性问题的求解,并将数值求解结果与解析解(受内压厚壁筒问题)以及 h -型有限元方法解(通过 ABAQUS 计算)进行了对比。在所有的算例中,升阶谱求积元法表现出了更快的收敛速度,只需较少的自由度便可获得较为精确的结果。由于弹塑性问题迭代求解的计算量较大,而计算量主要取决于自由度数(决定了刚度矩阵等的大小)以及积分点的数目(非线性各向同性硬化情况下需在每个积分点处进行非线性迭代以求解塑性一致性参数),这就决定了升阶谱求积元法所展现出来的这些优点非常有利于弹塑性问题的高效率和高精度求解。

7.4 本章小结

在本章中，讨论了弹塑性问题的有限元分析，它对应于材料非线性。弹塑性问题被认为是强非线性问题，因为它的响应取决于历史并且材料的状态可能会突然变化。对于塑性变形过程中的永久材料位错用内部塑性变量的演化来表示。而对于大变形问题，材料和几何非线性都存在，这使得问题更难求解。

本章中首先介绍了基于线性硬化模型和小变形假设的一维弹塑性问题，讨论了两种不同的硬化模型：各向同性硬化模型和运动硬化模型。前者增加了弹性域的大小，后者保持了弹性域的大小但移动了其中心位置。根据小应变假设，应变被分解为弹性应变和塑性应变，其中只有弹性应变与应力有关。塑性变形取决于加载历史，它存储在塑性应变中。应力状态的确定基于弹性预测和塑性返回映射。在弹性试验状态下，假设应变增量是弹性的，应力相应增加。如果预测应力超出弹性范围(即超出当前屈服应力)，则返回到屈服应力。在这个返回映射过程中识别出塑性应变增量。

在多维应力状态下，对所有可能的应力组合进行测试是不切实际的。使用等效应力，一维拉伸试验数据仍然可用于多维应力状态下的失效分析。由于失效准则应该独立于坐标系，因此可用不变量来定义它们。特雷斯卡(Tresca)准则使用最大剪应力，而冯·米塞斯(Von Mises)准则使用偏应力的第二不变量($\boldsymbol{J}_2$)。与一维情况相同，该算法由弹性预测和塑性返回映射组成。在冯·米塞斯(Von Mises)准则的情况下，返回映射发生在偏应力的径向方向。当应力从试验状态恢复时，屈服面同时变化。最终的返回映射点由塑性一致性条件决定。结果表明，当使用线性硬化时，可以明确找到该返回映射点。否则，需要用局部牛顿-拉富生(Newton－Raphson)方法来找到返回映射点。由于连续切线刚度与时间积分的有限步长不一致，收敛迭代不具备二次收敛。为了保证牛顿-拉富生(Newton－Raphson)迭代的二次收敛性，通过对时间积分算法进行有限步长微分，得到与返回映射算法一致的算法切线刚度。

随后应用基于各向同性硬化的 $\boldsymbol{J}_2$ 流动理论的升阶谱求积元法(HQEM)分析了二维和三维弹塑性问题，将向后欧拉时间积分方法应用于速率形式的经典弹塑性模型，引入了返回映射算法并通过确定塑性一致性参数来处理 J_2 塑性。用于本构方程逐点积分的局部返回映射算法嵌套在全局牛顿-拉富生(Newton－Raphson)迭代中。

在弹塑性数值求解方法的研究基础上，本章选取了三个弹塑性问题算例，分别针对平面应变问题、平面应力问题及三维弹塑性问题，实现了基于升阶谱求积元法的数值求解。通过与解析解、h -型有限元方法所得结果进行对比，展现了升阶谱求积元法收敛速度快的优势。升阶谱求积元法只需很少的自由度就能得到很高精度的结果，这对于降低弹塑性问题(需要进行大量迭代求解)的计算量，实现其高效率和高精度求解，具有显而易见的好处。由于升阶谱求积元法还可以根据实际情况进行局部升阶，这一特点还可使其在求解过程中进一步降低计算量。总之，本章对升阶谱求积元法在弹塑性问题求解中的研究表明，该方法对求解弹塑性问题而言具有独特优势，是一种高效高精度的求解方法。

第 8 章　几何非线性问题的有限元分析

在前面的所有讨论中，我们都假设变形仍然很小，因此可以使用线性关系来表示物体中的应变。事实上，在加载过程中存在变形变大的可能性，因此有必要区分要分析的物体初始形状的已知参考构型和加载后的当前(现时)变形构型。需要注意的是，物体的变形构型在分析开始时是未知的，因此，必须作为求解过程的一部分来确定——这个过程本质上是非线性的。描述固体有限变形行为的关系涉及与参考和变形构型相关的方程。这种关系可以采用指标记法或矩阵形式表示(参见第 1 章)；然而，最后需要回到矩阵形式来构造有限元近似。

本章首先介绍描述固体有限变形使用的基本运动学关系。其次介绍与参考和变形构型相关的不同应力和外力描述的总结、边界和初始条件的描述，以及有限弹性固体材料本构的简要概述，并在参考构型中给出了有限弹性材料的变分伽辽金(Galerkin)形式。然后将问题变分形式的指标或张量表示形式转换为矩阵形式，并给出标准有限元求解过程。到目前为止的过程是基于与参考构型相关的方程。最后将相关方程转换到当前构型相关的形式，结果表明，在当前构形下有限元格式仍然允许分离成用于处理几乎不可压缩情况的形式。

本章构建了一套用于升阶谱求积元法的几何非线性分析方法。在完全拉格朗日描述框架下构造了 3 类非线性单元：二维、三维和民德林(Mindlin)升阶谱求积元单元。基于参考构型下的格林-拉格朗日(Green - Lagrange)应变张量和第二类皮奥拉-基尔霍夫(Piola - Kirchhoff)应力张量构建了虚功方程并在空间域进行了离散。在二维弹性理论下构造了四边形升阶谱求积元单元，主要用于分析平面大变形问题。在三维弹性理论下构造了六面体升阶谱求积元单元，主要用于分析空间曲梁和空间曲壳等复杂空间三维结构的几何非线性问题。在民德林(Mindlin)壳理论下构造了民德林(Mindlin)升阶谱求积元单元，适用于浅壳的几何非线性分析。所有构造的单元均使用非均匀分布的高斯-洛巴托(Gauss - Lobatto)结点。构造的各类单元使用牛顿-拉富生(Newton - Raphson)法和弧长法两种非线性求解技术进行几何非线性准静态分析，所得结果首先与商业软件 ABAQUS 的对应结果进行了对比，以验证本章方法的正确性和准确性，然后进行了收敛性分析，显示出本章方法在计算资源依赖方面的优势。部分数值算例以同时使用单个单元和多个单元组装进行计算以验证本章方法易于组装的特性。与低阶单元相比，升阶谱求积元法在分析同等问题时需要的自由度数目远远少于前者，在需要不断迭代和更新刚度矩阵的非线性有限元分析中具有良好的应用前景。

8.1　应力和应变的度量

在本节中，我们将对大变形情形下的连续介质静力学和运动学进行适当的描述。大变形这个术语看起来可能不够确切，例如，对于如图 8-1 所示中的悬臂梁结构，通过增加梁的刚度 EI，梁内部的应变可以达到任意小的量级。但是，即使一根梁具有极大的刚度 EI(因而具有极小的应变)，只要其长度足够长，同样会产生很大的尖端位移和旋转角度。显然，大应变和大位移(或大位移梯度)描述的并不是一个概念。大应变当且仅当大位移现象发生时才会发生，但反之则不然：可以在很多结构中观察到极大的位移，然而应变仍然非常有限（例如，低于2%）。

实际上，对于工程实践中的大多数材料，应变是比较小的。本节采用了大变形、小应变这一假设，因此没有对大变形连续体的运动学和静力学作近似处理，而通常使用的本构关系（例如，线弹性材料的 Hooke 定律）被认为仍然有效。

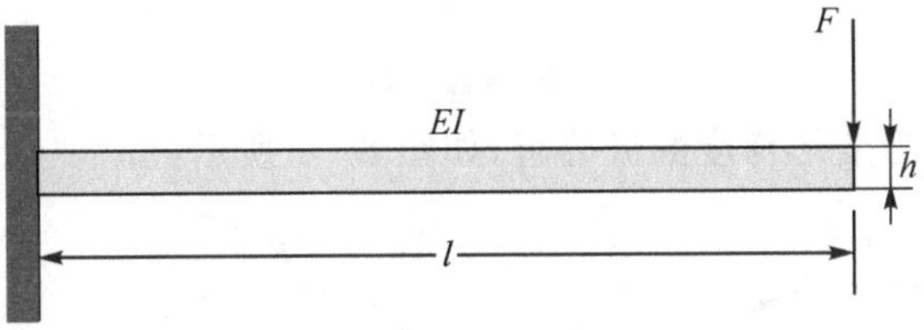

图 8-1 悬臂梁结构

在连续介质中，应力和应变的度量必须以明确且在物理上有意义的方式定义。最直接的方式是将一块方形材料单元的总运动视为平移、刚性转动和纯变形的组合。假设一小块微体在参考构型（通常是未变形时的构型）时在空间中占据的位置为 $\boldsymbol{\xi}$，即所谓的材料坐标（ξ_1，ξ_2，ξ_3）。在笛卡尔坐标中，参考构型中的位置向量可根据其分量表示为

$$\boldsymbol{\xi} = \xi_j \boldsymbol{E}_j,\ j = 1,\ 2,\ 3 \tag{8-1}$$

其中，$\boldsymbol{E}_j$ 为单位正交基向量，求和约定用于类似类型的重复下标（例如 j）。而该小块微体在当前构型（通常是变形后的构型）时在空间中占据的位置为 $\boldsymbol{x}$，即所谓的空间坐标（x_1，x_2，x_3）。在笛卡尔坐标中，现时构型中的位置向量可根据其分量表示为

$$\boldsymbol{x} = x_i \boldsymbol{e}_i,\ i = 1,\ 2,\ 3 \tag{8-2}$$

其中，$\boldsymbol{e}_i$ 是当前时间 t 的单位基向量，并且再次使用求和约定。通常在描述大变形问题时，前一个坐标系统被称为拉格朗日（Lagrange）坐标，而后一个坐标系统被称为欧拉（Euler）坐标。显然两者不独立：$\boldsymbol{x} = \boldsymbol{x}(\boldsymbol{\xi})$，或表示为如下形式

$$x_i = \phi_i(\xi_j, t) \tag{8-3}$$

对于任何求解方法，ϕ_i 的确定都是其中一步，它类似于接下来将介绍的位移矢量。当使用坐标系的共同原点和方向时，可以引入位移矢量作为两个坐标系之间的变化。

在微分运算中，平移运动可以被忽略，使用空间坐标对材料坐标求微分可以获得变形梯度张量

$$\boldsymbol{F} = \frac{\partial \boldsymbol{x}}{\partial \boldsymbol{\xi}} \tag{8-4}$$

或表示为如下形式

$$F_{ij} = \frac{\partial x_i}{\partial \xi_j} = \frac{\partial \phi_i}{\partial \xi_j} \tag{8-5}$$

变形梯度张量是一个二阶张量，它可以完整的描述微元体的运动状态。对如图 8-2 所示的四边形单元，总变形被分解为一个纯变形 $\boldsymbol{U}$（从 A 构型到 B 构型）和一个刚性转动 $\boldsymbol{R}$（从 B 构型到 C 构型）。在参考构型中，两个相距无限小的材料点构成的线元 $\mathrm{d}\boldsymbol{\xi}$，先变形为中间构型的线元 $\mathrm{d}\boldsymbol{\eta}$，最终变形为当前构型中的线元 $\mathrm{d}\boldsymbol{x}$。因此，$\mathrm{d}\boldsymbol{x}$ 和 $\mathrm{d}\boldsymbol{\eta}$ 的关系为

$$\mathrm{d}\boldsymbol{x} = \boldsymbol{R} \cdot \mathrm{d}\boldsymbol{\eta} \tag{8-6}$$

而 $\mathrm{d}\boldsymbol{\eta}$ 和 $\mathrm{d}\boldsymbol{\xi}$ 的关系可表示为

$$d\boldsymbol{\eta}=\boldsymbol{U}\cdot d\boldsymbol{\xi} \tag{8-7}$$

将式(8－6)和式(8－7)组合，可得

$$d\boldsymbol{x}=\boldsymbol{R}\cdot d\boldsymbol{\eta}=\boldsymbol{R}\cdot\boldsymbol{U}\cdot d\boldsymbol{\xi} \tag{8-8}$$

与式(8－4)对比观察后可以发现：变形梯度 $\boldsymbol{F}$ 可以被分解为一个纯转动 $\boldsymbol{R}$ 和一个纯变形 $\boldsymbol{U}$ 相乘，即

$$\boldsymbol{F}=\boldsymbol{R}\cdot\boldsymbol{U} \tag{8-9}$$

这种运动分解通常被称为变形梯度的极分解，如图 8－2 所示。

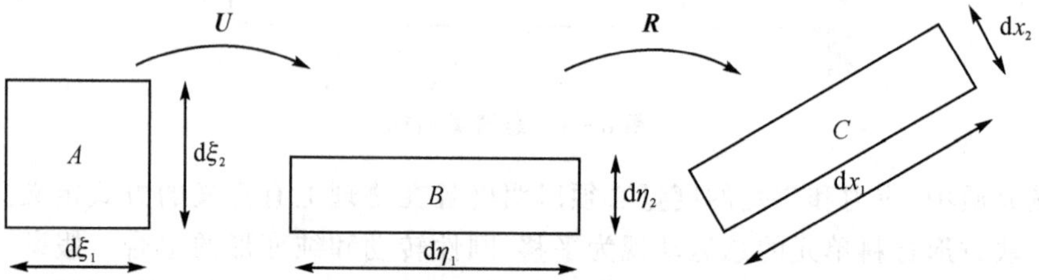

图 8－2　微元体运动变形梯度的极分解

作为一个变形度量，右拉伸张量 $\boldsymbol{U}$ 是不太方便使用的，因为其计算涉及非常耗费计算资源的平方根运算。一个相对容易计算的变形度量是右柯西－格林(Cauchy－Green)变形张量 $\boldsymbol{C}$。其可通过计算 $d\boldsymbol{\xi}$ 和 $d\boldsymbol{x}$ 的平方差得到，即

$$d\boldsymbol{x}\cdot d\boldsymbol{x}-d\boldsymbol{\xi}\cdot d\boldsymbol{\xi}=(\boldsymbol{F}\cdot d\boldsymbol{\xi})\cdot(\boldsymbol{F}\cdot d\boldsymbol{\xi})-d\boldsymbol{\xi}\cdot d\boldsymbol{\xi}=d\boldsymbol{\xi}\cdot(\boldsymbol{F}^{\mathrm{T}}\boldsymbol{F}-\boldsymbol{I})\cdot d\boldsymbol{\xi} \tag{8-10}$$

由于右拉伸张量 $\boldsymbol{U}$ 是纯变形的度量，因此右柯西－格林(Cauchy－Green)变形张量同样可以描述完整的变形状态，并且排除了刚性转动的影响，其可表示为

$$\boldsymbol{C}=\boldsymbol{F}^{\mathrm{T}}\cdot\boldsymbol{F}=\boldsymbol{U}^2 \tag{8-11}$$

于是，格林－拉格朗日(Green－Lagrange)应变张量被定义为

$$\boldsymbol{\gamma}=\frac{1}{2}(\boldsymbol{C}-\boldsymbol{I}) \tag{8-12}$$

式(8－4)、(8－11)和式(8－12)表明，格林－拉格朗日(Green－Lagrange)应变张量 $\boldsymbol{\gamma}$ 被定义在参考构型(未变形的构型)上。这种变形度量基于物体运动的拉格朗日(Lagrange)描述，并且在位移梯度较小时自动退化为欧拉(Euler)应变张量 $\boldsymbol{\varepsilon}$。

在实际应用中，通常在现时构型中使用位移向量 $\boldsymbol{u}$ 而不是包含材料点空间坐标的向量 $\boldsymbol{x}$。不过显然两者具有关系 $\boldsymbol{x}=\boldsymbol{\xi}+\boldsymbol{u}$，于是有

$$\boldsymbol{F}=\boldsymbol{I}+\frac{\partial\boldsymbol{u}}{\partial\boldsymbol{\xi}} \tag{8-13}$$

或表示成分量形式为

$$F_{ij}=\frac{\partial(\xi_i+u_i)}{\partial\xi_j}=\delta_{ij}+\frac{\partial u_i}{\partial\xi_j} \tag{8-14}$$

于是格林－拉格朗日(Green－Lagrange)应变张量的分量可以表示为

$$\gamma_{ij}=\frac{1}{2}(F_{ki}F_{kj}-\delta_{ij}) \tag{8-15}$$

将式(8－14)代入式(8－15)，得

$$\gamma_{ij}=\frac{1}{2}\left(\frac{\partial u_i}{\partial \xi_j}+\frac{\partial u_j}{\partial \xi_i}\right)+\frac{1}{2}\frac{\partial u_k}{\partial \xi_i}\frac{\partial u_k}{\partial \xi_j} \tag{8-16}$$

当位移梯度 $\boldsymbol{F}$ 较小时，应变张量定义式(8－16)中的二次项可以被省略，其退化为经典线性应变张量的表达式。这也是在格林-拉格朗日(Green－Lagrange)应变张量的定义中引入因子1/2的原因：如果不引入该因子，则当省略应变张量的二次项时，将无法退化得到应变张量的线性表达式。为了方便使用，格林-拉格朗日(Green－Lagrange)应变张量的增量形式可表示为

$$\Delta\boldsymbol{\gamma}=\frac{1}{2}(\boldsymbol{F}^{\mathrm{T}}\cdot\nabla_0(\Delta\boldsymbol{u})+\nabla_0(\Delta\boldsymbol{u})^{\mathrm{T}}\cdot\boldsymbol{F})+\frac{1}{2}(\nabla_0(\Delta\boldsymbol{u}))^{\mathrm{T}}\cdot\nabla_0(\Delta\boldsymbol{u}) \tag{8-17}$$

格林-拉格朗日(Green－Lagrange)应变张量的增量形式是通过构造 $\boldsymbol{\gamma}^{t+\Delta t}$ 和 $\boldsymbol{\gamma}^{t}$ 的差获得的。需要指出的是，梯度符号∇_0的下标0代表梯度是对材料坐标 $\boldsymbol{\xi}$ 获得的，而在没有下标时，代表梯度是对空间坐标 $\boldsymbol{x}$ 获得的。

应力的定义为每单位面积承受的载荷。当位移梯度相对于整体比较小时，承受载荷的单位面积是在参考构型还是当前构型上度量的并不重要。但是，在大变形情况下，必须明确应力是在什么构型下定义的。在工程实践中，通常希望知道当前构型中的应力大小，即当前的载荷除以当前的承载面积。这一类应力，或者说是“真实应力”，被称为柯西(Cauchy)应力张量。

在固体力学中，描述大位移情况下的结构静力学和运动学最常见的是拉格朗日(Lagrange)描述：所有运动量和静态量都必须参考某些先前的构型。由于柯西(Cauchy)应力张量是定义在当前未知的现时构型上，因此在拉格朗日(Lagrange)描述中，必须引入一种定义在参考构型上的辅助应力度量。一种经常在非线性分析中使用的辅助应力张量是第二类皮奥拉-基尔霍夫(Piola－Kirchhoff)应力张量 $\boldsymbol{\tau}$，其与柯西(真实)应力张量 $\boldsymbol{\sigma}$ 的关系为

$$\boldsymbol{\sigma}=\frac{\rho}{\rho_0}\boldsymbol{F}\cdot\boldsymbol{\tau}\cdot\boldsymbol{F}^{\mathrm{T}} \tag{8-18}$$

或表示为分量形式

$$\sigma_{ij}=\frac{\rho}{\rho_0}F_{ik}\tau_{kl}F_{jl} \tag{8-19}$$

其中，ρ、ρ_0 分别表示物体在现时构型和参考构型下的质量密度。第二类皮奥拉-基尔霍夫(Piola－Kirchhoff)应力张量没有直接的物理意义。如果非线性分析中需要确定真实应力的大小，柯西(Cauchy)应力必须通过第二类皮奥拉-基尔霍夫(Piola－Kirchhoff)应力计算。对于较小的位移梯度，则 $\rho\approx\rho_0$，$\boldsymbol{F}\approx\boldsymbol{I}$，柯西(Cauchy)应力与第二类皮奥拉-基尔霍夫(Piola－Kirchhoff)应力保持一致。

与非线性有限元列式内使用的应力度量必须定义在参考构型一样，所有在虚功原理中出现的量也必须基于参考构型。然而，通常虚功原理是在现时构型中定义的。因此，需要将虚功方程转换为仅在参考构型上进行积分的表达式。根据微体的质量守恒定律，有

$$\rho\mathrm{d}V=\rho_0\mathrm{d}V_0 \tag{8-20}$$

并且

$$\det\boldsymbol{F}=\frac{\mathrm{d}x\mathrm{d}y\mathrm{d}z}{\mathrm{d}\xi\mathrm{d}\eta\mathrm{d}\zeta}=\frac{\mathrm{d}V}{\mathrm{d}V_0} \tag{8-21}$$

对比式(8－20)和式(8－21)，可得

$$\det \boldsymbol{F}=\frac{\rho_0}{\rho} \tag{8-22}$$

内能或内虚功的变分可表示为

$$\delta W_{\text{int}}=\int_{V_0}\delta\boldsymbol{\varepsilon}:\boldsymbol{\sigma}\,\mathrm{d}V \tag{8-23}$$

利用质量守恒定律(式(8-20)),转换积分域,可得

$$\delta W_{\text{int}}=\int_{V_0}\frac{\rho_0}{\rho}\delta\boldsymbol{\varepsilon}:\boldsymbol{\sigma}\,\mathrm{d}V \tag{8-24}$$

其中,$\delta\boldsymbol{\varepsilon}$ 和 $\boldsymbol{\sigma}$ 是定义在现时构型上的函数。为了将其转化为定义在参考构型上的量,则需要建立虚应变场 $\delta\boldsymbol{\varepsilon}$ 和虚位移场 $\delta\boldsymbol{u}$ 的关系。根据格林-拉格朗日(Green - Lagrange)应变张量的定义,其变分为

$$\delta\boldsymbol{\gamma}=\frac{1}{2}\delta(\boldsymbol{F}^{\mathrm{T}}\cdot\boldsymbol{F}-\boldsymbol{I})=\frac{1}{2}(\delta\boldsymbol{F}^{\mathrm{T}}\cdot\boldsymbol{F}+\boldsymbol{F}^{\mathrm{T}}\cdot\delta\boldsymbol{F}) \tag{8-25}$$

或表示成分量形式为

$$\begin{aligned}\delta\gamma_{ij}&=\frac{1}{2}\left(\frac{\partial\delta u_k}{\partial\xi_i}\frac{\partial x_k}{\partial\xi_j}+\frac{\partial x_k}{\partial\xi_i}\frac{\partial\delta u_k}{\partial\xi_j}\right)\\&=\frac{1}{2}\left(\frac{\partial\delta u_k}{\partial x_l}\frac{\partial x_l}{\partial\xi_i}\frac{\partial x_k}{\partial\xi_j}+\frac{\partial x_k}{\partial\xi_i}\frac{\partial\delta u_k}{\partial x_l}\frac{\partial x_l}{\partial\xi_j}\right)\\&=\frac{1}{2}F_{kj}\left(\frac{\partial\delta u_k}{\partial x_l}+\frac{\partial\delta u_l}{\partial x_k}\right)F_{li}\end{aligned} \tag{8-26}$$

于是

$$\delta\boldsymbol{\gamma}=\boldsymbol{F}^{\mathrm{T}}\delta\boldsymbol{\varepsilon}\boldsymbol{F} \tag{8-27}$$

式(8-27)构建了在参考构型上定义的格林-拉格朗日(Green - Lagrange)应变张量 $\delta\boldsymbol{\gamma}$ 与在当前构型上定义的应变张量 $\delta\boldsymbol{\varepsilon}$ 之间的转换关系,代入格林-拉格朗日(Green - Lagrange)应变张量的定义,可得

$$\delta\boldsymbol{\varepsilon}=\frac{1}{2}(\delta\boldsymbol{F}^{\mathrm{T}}+\delta\boldsymbol{F}) \tag{8-28}$$

或表示成分量形式为

$$\delta\varepsilon_{ij}=\frac{1}{2}\left(\frac{\partial\delta u_j}{\partial x_i}+\frac{\partial\delta u_i}{\partial x_j}\right) \tag{8-29}$$

将式(8-28)代入式(8-24)得

$$\delta W_{\text{int}}=\int_{V_0}\frac{\rho_0}{\rho}\nabla(\delta\boldsymbol{u}):\boldsymbol{\sigma}\,\mathrm{d}V \tag{8-30}$$

将柯西(Cauchy)应变张量和第二类皮奥拉-基尔霍夫(Piola - Kirchhoff)应变张量的关系(式(8-18))代入式(8-30),可得

$$\int_{V_0}\frac{\rho_0}{\rho}\nabla(\delta\boldsymbol{u}):\boldsymbol{\sigma}\,\mathrm{d}V=\int_{V_0}\mathrm{tr}(\nabla(\delta\boldsymbol{u})\cdot\boldsymbol{F}\cdot\boldsymbol{\tau}\cdot\boldsymbol{F}^{\mathrm{T}})\,\mathrm{d}V=\int_{V_0}\mathrm{tr}(\delta\boldsymbol{F}\cdot\boldsymbol{\tau}\cdot\boldsymbol{F}^{\mathrm{T}})\,\mathrm{d}V \tag{8-31}$$

利用参考构型下格林-拉格朗日(Green - Lagrange)应变的变分定义式(8-25)和第二类皮奥拉-基尔霍夫(Piola - Kirchhoff)应变张量的对称性,式(8-31)可以重写为

$$\delta W_{\text{int}}=\int_{V_0}\delta\boldsymbol{\gamma}:\boldsymbol{\tau}\,\mathrm{d}V \tag{8-32}$$

这个结果表明第二类皮奥拉-基尔霍夫(Piola - Kirchhoff)应力张量与格林-拉格朗日(Green - Lagrange)应变张量在能量上共轭,并且前者由于采用先前某一步的构型作为参考构型,自然地成为了拉格朗日(Lagrange)描述框架下更方便的应力度量。

8.2 连续体几何非线性有限元列式

在本节将基于完全拉格朗日(Lagrange)格式推导连续体几何非线性有限元列式。根据式(8-32),使用矩阵和向量描述的参考构型下的虚功表示为

$$\int_{V_0}\delta\boldsymbol{\gamma}^{\mathrm{T}}\boldsymbol{\tau}^{t+\Delta t}\mathrm{d}V=\int_{S_0}\delta\boldsymbol{u}^{\mathrm{T}}\boldsymbol{t}_0\mathrm{d}S+\int_{V_0}\rho_0\delta\boldsymbol{u}^{\mathrm{T}}\boldsymbol{g}\,\mathrm{d}V \tag{8-33}$$

其中,$\boldsymbol{t}_0$ 是名义应力,即未变形构型下外载与表面积的商。将未知应力 $\boldsymbol{\tau}^{t+\Delta t}$ 分解为施加当前加载步前已知的应力 $\boldsymbol{\tau}^t$ 和应力增量 $\Delta\boldsymbol{\tau}$,将该分解代入虚功方程(8-33)(这一方程基于某一个先前的构型,但在当前时刻 $t+\Delta t$ 下仍然有效),即

$$\int_{V_0}\delta\boldsymbol{\gamma}^{\mathrm{T}}\Delta\boldsymbol{\tau}\mathrm{d}V+\int_{V_0}\delta\boldsymbol{\gamma}^{\mathrm{T}}\boldsymbol{\tau}^t\mathrm{d}V=\int_{S_0}\delta\boldsymbol{u}^{\mathrm{T}}\boldsymbol{t}_0\mathrm{d}S+\int_{V_0}\rho_0\delta\boldsymbol{u}^{\mathrm{T}}\boldsymbol{g}\,\mathrm{d}V \tag{8-34}$$

对于小应变,可以假定应力增量 $\Delta\boldsymbol{\tau}$ 和应变增量 $\Delta\boldsymbol{\gamma}$ 之间存在线性关系,即

$$\Delta\boldsymbol{\tau}=\boldsymbol{D}\Delta\boldsymbol{\gamma} \tag{8-35}$$

其中,$\boldsymbol{D}$ 矩阵包含材料模型的瞬时刚度模量。对于线弹性材料,式(8-35)退化为胡克(Hooke)定律,代入式(8-34)得

$$\int_{V_0}\delta\boldsymbol{\gamma}^{\mathrm{T}}\boldsymbol{D}\Delta\boldsymbol{\gamma}\mathrm{d}V+\int_{V_0}\delta\boldsymbol{\gamma}^{\mathrm{T}}\boldsymbol{\tau}^t\mathrm{d}V=\int_{S_0}\delta\boldsymbol{u}^{\mathrm{T}}\boldsymbol{t}_0\mathrm{d}S+\int_{V_0}\rho_0\delta\boldsymbol{u}^{\mathrm{T}}\boldsymbol{g}\,\mathrm{d}V \tag{8-36}$$

不同于线弹性材料本构关系,在大变形问题中应变增量 $\Delta\boldsymbol{\gamma}$ 包括了位移增量 $\Delta\boldsymbol{u}$ 的线性项和二次项(见式(8-17)),可表示为

$$\Delta\boldsymbol{\gamma}=\Delta\boldsymbol{e}+\Delta\boldsymbol{\eta} \tag{8-37}$$

其中,$\Delta\boldsymbol{e}$ 是应变增量 $\Delta\boldsymbol{\gamma}$ 关于位移增量 $\Delta\boldsymbol{u}$ 的线性分量,而 $\Delta\boldsymbol{\eta}$ 是应变增量关于位移增量 $\Delta\boldsymbol{u}$ 的非线性分量。基于变分 $\delta\boldsymbol{\gamma}^{t+\Delta t}=\delta\Delta\boldsymbol{\gamma}$,将上述分解代入虚功方程得

$$\begin{aligned}&\int_{V_0}(\delta\Delta\boldsymbol{e})^{\mathrm{T}}\boldsymbol{D}\Delta\boldsymbol{e}\mathrm{d}V+\int_{V_0}(\delta\Delta\boldsymbol{e})^{\mathrm{T}}\boldsymbol{D}\Delta\boldsymbol{\eta}\mathrm{d}V+\int_{V_0}(\delta\Delta\boldsymbol{\eta})^{\mathrm{T}}\boldsymbol{D}\Delta\boldsymbol{e}\mathrm{d}V+\\&\int_{V_0}(\delta\Delta\boldsymbol{\eta})^{\mathrm{T}}\boldsymbol{D}\Delta\boldsymbol{\eta}\mathrm{d}V+\int_{V_0}\delta\boldsymbol{\eta}^{\mathrm{T}}\boldsymbol{\tau}^t\mathrm{d}V=\int_{S_0}\delta\boldsymbol{u}^{\mathrm{T}}t_0\mathrm{d}S+\int_{V_0}\rho_0\delta\boldsymbol{u}^{\mathrm{T}}\boldsymbol{g}\mathrm{d}V-\int_{V_0}\delta\boldsymbol{e}^{\mathrm{T}}\boldsymbol{\tau}^t\mathrm{d}V\end{aligned} \tag{8-38}$$

其中,$\int_{V_0}\delta\boldsymbol{e}^{\mathrm{T}}\boldsymbol{\tau}^t\mathrm{d}V$ 相对位移增量 $\Delta\boldsymbol{u}$ 为 0 阶,因此移到等式右侧来构成内力矢量。由于只能使用位移增量 $\Delta\boldsymbol{u}$ 呈线性的项推导切线刚度矩阵,因此相对于位移增量 $\Delta\boldsymbol{u}$ 呈非线性的项(等式左侧的第二项、第三项和第四项)需要进行线性化处理,即

$$\int_{V_0}(\delta\Delta\boldsymbol{e})^{\mathrm{T}}\boldsymbol{D}\Delta\boldsymbol{e}\mathrm{d}V+\int_{V_0}\delta\boldsymbol{\eta}^{\mathrm{T}}\boldsymbol{\tau}^t\mathrm{d}V=\int_{S_0}\delta\boldsymbol{u}^{\mathrm{T}}t_0\mathrm{d}S+\int_{V_0}\rho_0\delta\boldsymbol{u}^{\mathrm{T}}\boldsymbol{g}\mathrm{d}V-\int_{V_0}\delta\boldsymbol{e}^{\mathrm{T}}\boldsymbol{\tau}^t\mathrm{d}V \tag{8-39}$$

应变增量的线性部分 Δe 和位移增量 Δu 的线性关系为

$$\Delta \boldsymbol{e} = \boldsymbol{L} \Delta \boldsymbol{u} \tag{8-40}$$

其中，矩阵 $\boldsymbol{L}$ 需要根据不同的应变度量和应变形式进行构造。例如，对于平面构型下的格林-拉格朗日(Green - Lagrange)应变，其定义为

$$\boldsymbol{L} = \begin{bmatrix} F_{11} \dfrac{\partial}{\partial \xi_1} & F_{21} \dfrac{\partial}{\partial \xi_1} \\ F_{12} \dfrac{\partial}{\partial \xi_2} & F_{22} \dfrac{\partial}{\partial \xi_2} \\ F_{11} \dfrac{\partial}{\partial \xi_2} + F_{12} \dfrac{\partial}{\partial \xi_1} & F_{21} \dfrac{\partial}{\partial \xi_2} + F_{22} \dfrac{\partial}{\partial \xi_1} \end{bmatrix} \tag{8-41}$$

其中最后一行说明矩阵 $\boldsymbol{L}$ 中使用的是工程剪应变，它是式(8 - 17)张量形式的两倍。对于三维构型下的格林-拉格朗日(Green - Lagrange)应变，矩阵 $\boldsymbol{L}$ 定义为

$$\boldsymbol{L} = \begin{bmatrix} F_{11} \dfrac{\partial}{\partial \xi_1} & F_{21} \dfrac{\partial}{\partial \xi_1} & F_{31} \dfrac{\partial}{\partial \xi_1} \\ F_{12} \dfrac{\partial}{\partial \xi_2} & F_{22} \dfrac{\partial}{\partial \xi_2} & F_{32} \dfrac{\partial}{\partial \xi_2} \\ F_{13} \dfrac{\partial}{\partial \xi_3} & F_{23} \dfrac{\partial}{\partial \xi_3} & F_{33} \dfrac{\partial}{\partial \xi_3} \\ F_{11} \dfrac{\partial}{\partial \xi_2} + F_{12} \dfrac{\partial}{\partial \xi_1} & F_{21} \dfrac{\partial}{\partial \xi_2} + F_{22} \dfrac{\partial}{\partial \xi_1} & F_{31} \dfrac{\partial}{\partial \xi_2} + F_{32} \dfrac{\partial}{\partial \xi_1} \\ F_{12} \dfrac{\partial}{\partial \xi_3} + F_{13} \dfrac{\partial}{\partial \xi_2} & F_{22} \dfrac{\partial}{\partial \xi_3} + F_{23} \dfrac{\partial}{\partial \xi_2} & F_{32} \dfrac{\partial}{\partial \xi_3} + F_{33} \dfrac{\partial}{\partial \xi_2} \\ F_{13} \dfrac{\partial}{\partial \xi_1} + F_{11} \dfrac{\partial}{\partial \xi_3} & F_{23} \dfrac{\partial}{\partial \xi_1} + F_{21} \dfrac{\partial}{\partial \xi_3} & F_{33} \dfrac{\partial}{\partial \xi_1} + F_{31} \dfrac{\partial}{\partial \xi_3} \end{bmatrix} \tag{8-42}$$

连续体有限元要求对连续位移场进行插值，对于包含插值函数 $h_1, h_2, \cdots, h_n$ 的矩阵 $\boldsymbol{H}$ 定义为

$$\boldsymbol{H} = \begin{bmatrix} h_1 & 0 & 0 & h_2 & 0 & 0 & \cdots & h_n & 0 & 0 \\ 0 & h_1 & 0 & 0 & h_2 & 0 & \cdots & 0 & h_n & 0 \\ 0 & 0 & h_1 & 0 & 0 & h_2 & \cdots & 0 & 0 & h_n \end{bmatrix} \tag{8-43}$$

连续位移场和离散结点位移的关系可以表示为 $\boldsymbol{u} = \boldsymbol{H}\boldsymbol{a}$ 或增量形式 $\Delta \boldsymbol{u} = \boldsymbol{H} \Delta \boldsymbol{a}$。基于 $\boldsymbol{B}_{\mathrm{L}} = \boldsymbol{L}\boldsymbol{H}$，线性应变增量 Δe 和连续位移场 $\boldsymbol{u}$ 之间的关系为

$$\Delta \boldsymbol{e} = \boldsymbol{B}_{\mathrm{L}} \Delta \boldsymbol{a} \tag{8-44}$$

其中，对于平面构型有

$$\boldsymbol{B}_{\mathrm{L}} = \begin{bmatrix} F_{11} \dfrac{\partial h_1}{\partial \xi_1} & F_{21} \dfrac{\partial h_1}{\partial \xi_1} & \cdots & \cdots \\ F_{12} \dfrac{\partial h_1}{\partial \xi_2} & F_{22} \dfrac{\partial h_1}{\partial \xi_2} & \cdots & \cdots \\ F_{11} \dfrac{\partial h_1}{\partial \xi_2} + F_{12} \dfrac{\partial h_1}{\partial \xi_1} & F_{21} \dfrac{\partial h_1}{\partial \xi_2} + F_{22} \dfrac{\partial h_1}{\partial \xi_1} & \cdots & \cdots \end{bmatrix} \tag{8-45}$$

对于三维构型有

$$\boldsymbol{B}_{\mathrm{L}}=\begin{bmatrix} F_{11}\dfrac{\partial h_1}{\partial \xi_1} & F_{21}\dfrac{\partial h_1}{\partial \xi_1} & F_{31}\dfrac{\partial h_1}{\partial \xi_1} & \cdots & \cdots \\ F_{12}\dfrac{\partial h_1}{\partial \xi_2} & F_{22}\dfrac{\partial h_1}{\partial \xi_2} & F_{32}\dfrac{\partial h_1}{\partial \xi_2} & \cdots & \cdots \\ F_{13}\dfrac{\partial h_1}{\partial \xi_3} & F_{23}\dfrac{\partial h_1}{\partial \xi_3} & F_{33}\dfrac{\partial h_1}{\partial \xi_3} & \cdots & \cdots \\ F_{11}\dfrac{\partial h_1}{\partial \xi_2}+F_{12}\dfrac{\partial h_1}{\partial \xi_1} & F_{21}\dfrac{\partial h_1}{\partial \xi_2}+F_{22}\dfrac{\partial h_1}{\partial \xi_1} & F_{31}\dfrac{\partial h_1}{\partial \xi_2}+F_{32}\dfrac{\partial h_1}{\partial \xi_1} & \cdots & \cdots \\ F_{12}\dfrac{\partial h_1}{\partial \xi_3}+F_{13}\dfrac{\partial h_1}{\partial \xi_2} & F_{22}\dfrac{\partial h_1}{\partial \xi_3}+F_{23}\dfrac{\partial h_1}{\partial \xi_2} & F_{32}\dfrac{\partial h_1}{\partial \xi_3}+F_{33}\dfrac{\partial h_1}{\partial \xi_2} & \cdots & \cdots \\ F_{13}\dfrac{\partial h_1}{\partial \xi_1}+F_{11}\dfrac{\partial h_1}{\partial \xi_3} & F_{23}\dfrac{\partial h_1}{\partial \xi_1}+F_{21}\dfrac{\partial h_1}{\partial \xi_3} & F_{33}\dfrac{\partial h_1}{\partial \xi_1}+F_{31}\dfrac{\partial h_1}{\partial \xi_3} & \cdots & \cdots \end{bmatrix} \tag{8-46}$$

切线刚度矩阵的第一项定义为

$$\boldsymbol{K}_{\mathrm{L}}=\int_{V_0}\boldsymbol{B}_{\mathrm{L}}^{\mathrm{T}}\boldsymbol{D}\boldsymbol{B}_{\mathrm{L}}\,\mathrm{d}V \tag{8-47}$$

其构造基于

$$\int_{V_0}(\delta\Delta\boldsymbol{e})^{\mathrm{T}}\boldsymbol{D}\,\Delta\boldsymbol{e}\,\mathrm{d}V=(\delta\Delta\boldsymbol{a})^{\mathrm{T}}K_{\mathrm{L}}\Delta\boldsymbol{a} \tag{8-48}$$

而切线刚度矩阵(式(8－39))的第二项贡献量可以表示为

$$\int_{V_0}(\delta\Delta\boldsymbol{\eta})^{\mathrm{T}}\boldsymbol{\tau}^{t}\,\mathrm{d}V=(\delta\Delta\boldsymbol{a})^{\mathrm{T}}\boldsymbol{K}_{\mathrm{NL}}\Delta\boldsymbol{a} \tag{8-49}$$

于是可以构造切线刚度矩阵的几何贡献量为

$$\boldsymbol{K}_{\mathrm{NL}}=\int_{V_0}\boldsymbol{B}_{\mathrm{NL}}^{\mathrm{T}}\boldsymbol{T}^{t}\boldsymbol{B}_{\mathrm{NL}}\,\mathrm{d}V \tag{8-50}$$

其中,第二类皮奥拉-基尔霍夫(Piola－Kirchhoff)应力被写为矩阵形式,对于平面构型有

$$\boldsymbol{T}=\begin{bmatrix}\tau_{xx} & \tau_{xy} & 0 & 0\\ \tau_{xy} & \tau_{yy} & 0 & 0\\ 0 & 0 & \tau_{xx} & \tau_{xy}\\ 0 & 0 & \tau_{xy} & \tau_{yy}\end{bmatrix} \tag{8-51}$$

$$\boldsymbol{B}_{\mathrm{NL}}=\begin{bmatrix}\dfrac{\partial h_1}{\partial \xi_1} & 0 & \dfrac{\partial h_2}{\partial \xi_1} & 0 & \cdots & \cdots\\ \dfrac{\partial h_1}{\partial \xi_2} & 0 & \dfrac{\partial h_2}{\partial \xi_2} & 0 & \cdots & \cdots\\ 0 & \dfrac{\partial h_1}{\partial \xi_1} & 0 & \dfrac{\partial h_2}{\partial \xi_1} & \cdots & \cdots\\ 0 & \dfrac{\partial h_1}{\partial \xi_2} & 0 & \dfrac{\partial h_2}{\partial \xi_2} & \cdots & \cdots\end{bmatrix} \tag{8-52}$$

对于三维构型有

$$
\boldsymbol{T}=\begin{bmatrix}
\tau_{xx} & \tau_{xy} & \tau_{zx} & 0 & 0 & 0 & 0 & 0 & 0 \\
\tau_{xy} & \tau_{yy} & \tau_{yz} & 0 & 0 & 0 & 0 & 0 & 0 \\
\tau_{zx} & \tau_{yz} & \tau_{zz} & 0 & 0 & 0 & 0 & 0 & 0 \\
0 & 0 & 0 & \tau_{xx} & \tau_{xy} & \tau_{zx} & 0 & 0 & 0 \\
0 & 0 & 0 & \tau_{xy} & \tau_{yy} & \tau_{yz} & 0 & 0 & 0 \\
0 & 0 & 0 & \tau_{zx} & \tau_{yz} & \tau_{zz} & 0 & 0 & 0 \\
0 & 0 & 0 & 0 & 0 & 0 & \tau_{xx} & \tau_{xy} & \tau_{zx} \\
0 & 0 & 0 & 0 & 0 & 0 & \tau_{xy} & \tau_{yy} & \tau_{yz} \\
0 & 0 & 0 & 0 & 0 & 0 & \tau_{zx} & \tau_{yz} & \tau_{zz}
\end{bmatrix} \tag{8-53}
$$

$$
\boldsymbol{B}_{\mathrm{NL}}=\begin{bmatrix}
\frac{\partial h_1}{\partial \xi_1} & 0 & 0 & \frac{\partial h_2}{\partial \xi_1} & 0 & 0 & \cdots & \cdots \\
\frac{\partial h_1}{\partial \xi_2} & 0 & 0 & \frac{\partial h_2}{\partial \xi_2} & 0 & 0 & \cdots & \cdots \\
\frac{\partial h_1}{\partial \xi_3} & 0 & 0 & \frac{\partial h_2}{\partial \xi_3} & 0 & 0 & \cdots & \cdots \\
0 & \frac{\partial h_1}{\partial \xi_1} & 0 & 0 & \frac{\partial h_2}{\partial \xi_1} & 0 & \cdots & \cdots \\
0 & \frac{\partial h_1}{\partial \xi_2} & 0 & 0 & \frac{\partial h_2}{\partial \xi_2} & 0 & \cdots & \cdots \\
0 & \frac{\partial h_1}{\partial \xi_3} & 0 & 0 & \frac{\partial h_2}{\partial \xi_3} & 0 & \cdots & \cdots \\
0 & 0 & \frac{\partial h_1}{\partial \xi_1} & 0 & 0 & \frac{\partial h_2}{\partial \xi_1} & \cdots & \cdots \\
0 & 0 & \frac{\partial h_1}{\partial \xi_2} & 0 & 0 & \frac{\partial h_2}{\partial \xi_2} & \cdots & \cdots \\
0 & 0 & \frac{\partial h_1}{\partial \xi_3} & 0 & 0 & \frac{\partial h_2}{\partial \xi_3} & \cdots & \cdots
\end{bmatrix} \tag{8-54}
$$

将式(8－48)和式(8－49)代入式(8－39),可得

$$
(\delta\Delta\boldsymbol{a})^{\mathrm{T}}(\boldsymbol{K}_{\mathrm{L}}+\boldsymbol{K}_{\mathrm{NL}})\Delta\boldsymbol{a}=(\delta\Delta\boldsymbol{a})^{\mathrm{T}}(\boldsymbol{f}_{\mathrm{ext}}^{t+\Delta t}-\boldsymbol{f}_{\mathrm{int}}^{t}) \tag{8-55}
$$

其中,载荷列向量和内力列向量分别定义为

$$
\begin{cases}
\boldsymbol{f}_{\mathrm{ext}}^{t+\Delta t}=\int_{S_0}\boldsymbol{H}^{\mathrm{T}}\boldsymbol{t}_0\,\mathrm{d}S+\int_{V_0}\rho_0\boldsymbol{H}^{\mathrm{T}}\boldsymbol{g}\,\mathrm{d}V \\
\boldsymbol{f}_{\mathrm{int}}^{t}=\int_{V_0}\boldsymbol{B}_{\mathrm{L}}^{\mathrm{T}}\boldsymbol{\tau}^{t}\,\mathrm{d}V
\end{cases} \tag{8-56}
$$

式(8－55)对任何虚位移增量 $\delta\Delta\boldsymbol{a}$ 都保持成立,因此

$$
(\boldsymbol{K}_{\mathrm{L}}+\boldsymbol{K}_{\mathrm{NL}})\Delta\boldsymbol{a}=\boldsymbol{f}_{\mathrm{ext}}^{t+\Delta t}-\boldsymbol{f}_{\mathrm{int}}^{t} \tag{8-57}
$$

注意:以上推导适用于二维和三维连续体单元。由于推导基于完全拉格朗日(Lagrange)格式,因此初始的、未变形的构型被选取为参考构型。

8.3 明德林(Mindlin)浅壳升阶谱求积元分析

8.3.1 明德林(Mindlin)浅壳理论

明德林(Mindlin)浅壳理论最初被提出并用于考虑横向剪切变形的中厚度板，由于其考虑剪切变形的特性，故中面的转角与法线的转角不再相等，如图 8-3 所示。

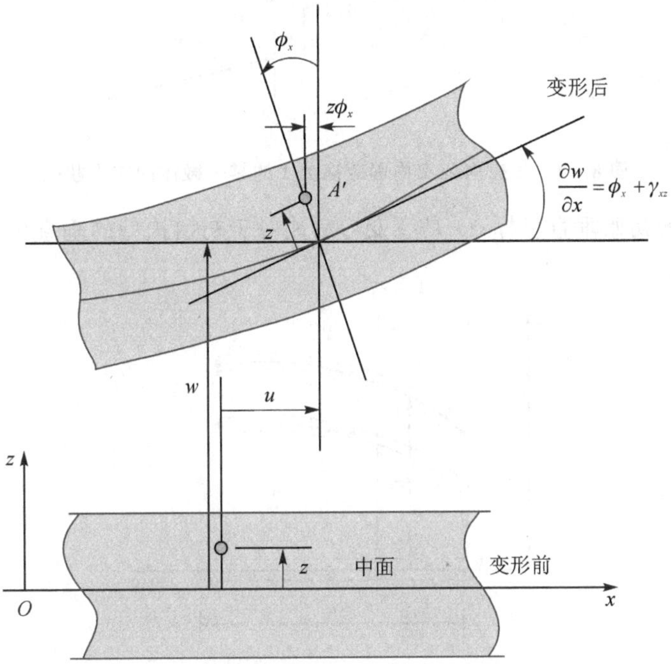

图 8-3 明德林(Mindlin)浅壳理论中面的转角与法线的转角不相等

假设截面依然保持平面，浅壳结构内距中面距离为 l 的某一微体的应力状态如图 8-4 所示。

该微体的面内应变 $\boldsymbol{\varepsilon}^{\mathrm{T}}=[\varepsilon_{xx}\quad \varepsilon_{yy}\quad \varepsilon_{xy}]$ 可以表示为

$$\boldsymbol{\varepsilon}=\boldsymbol{\varepsilon}_l+Z_l\boldsymbol{\chi} \tag{8-58}$$

其中，下标 l 代指参考平面(在这里取壳体中面，但这不是必要的)。

假设面内应变足够小$\left(即\left(\dfrac{\partial u}{\partial x}\right)^2\leqslant\left(\dfrac{\partial w}{\partial x}\right)^2\right)$，并且面外法向应变 ε_{zz} 为 0，于是中面处的面内应变为

$$\boldsymbol{\varepsilon}_l=\begin{bmatrix}\dfrac{\partial u_l}{\partial x}\\[2mm] \dfrac{\partial u_l}{\partial y}\\[2mm] \dfrac{\partial u_l}{\partial y}+\dfrac{\partial u_l}{\partial x}\end{bmatrix}+\begin{bmatrix}\dfrac{1}{2}\left(\dfrac{\partial w'}{\partial x}\right)^2-\dfrac{1}{2}\left(\dfrac{\partial z}{\partial x}\right)^2\\[2mm] \dfrac{1}{2}\left(\dfrac{\partial w'}{\partial y}\right)^2-\dfrac{1}{2}\left(\dfrac{\partial z}{\partial x}\right)^2\\[2mm] \dfrac{\partial w'}{\partial x}\dfrac{\partial w'}{\partial y}-\dfrac{\partial z}{\partial x}\dfrac{\partial z}{\partial y}\end{bmatrix} \tag{8-59}$$

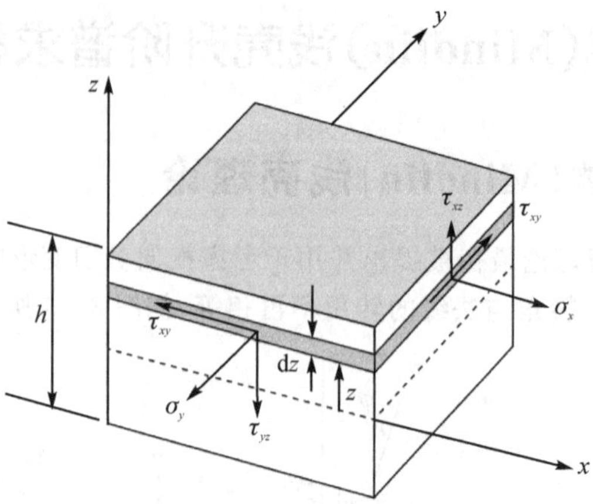

图 8－4　浅壳内距离中面距离为 l 的某一微体的应力状态

其中，z 是壳中面的初始垂直坐标；w 是壳变形后相对于初始构型的垂直位移，且有 $w'=w+z$，如图 8－5 所示。

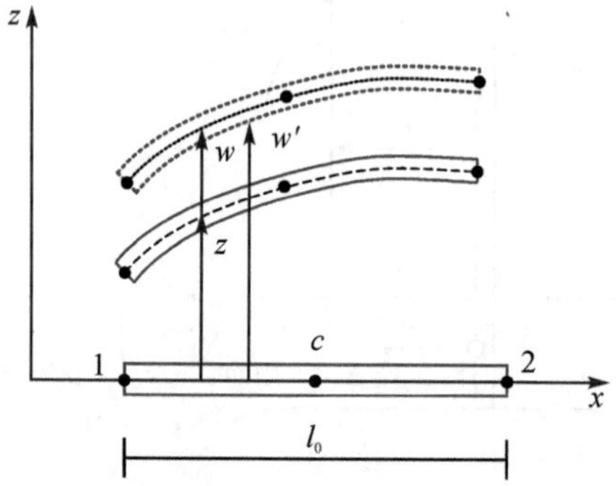

图 8－5　浅壳的几何构型的定义

在明德林(Mindlin)浅壳理论中，弯曲变形 $\boldsymbol{\chi}$ 为

$$\boldsymbol{\chi}=\begin{bmatrix}\chi_x\\\chi_y\\\chi_z\end{bmatrix}=\begin{bmatrix}\dfrac{\partial\theta_x}{\partial x}\\\dfrac{\partial\theta_y}{\partial y}\\\dfrac{\partial\theta_x}{\partial y}+\dfrac{\partial\theta_y}{\partial x}\end{bmatrix}\tag{8-60}$$

其中，θ_x 和 θ_y 是壳中面法线的转角，其方向如图 8－6 所示。

由于假设壳变形后截面依然保持平面状态，则面外剪应变 $\boldsymbol{\gamma}$ 可表示为

$$\boldsymbol{\gamma}=\begin{bmatrix}\gamma_{xz}\\\gamma_{yz}\end{bmatrix}=\begin{bmatrix}\theta_x\\\theta_y\end{bmatrix}+\begin{bmatrix}\dfrac{\partial w}{\partial x}\\\dfrac{\partial w}{\partial y}\end{bmatrix}\tag{8-61}$$

式(8－58)和式(8－61)说明了壳体内任意一个微体的应力状态可以由壳中面的应力状态完全确定，这极大地方便了壳结构问题的分析。

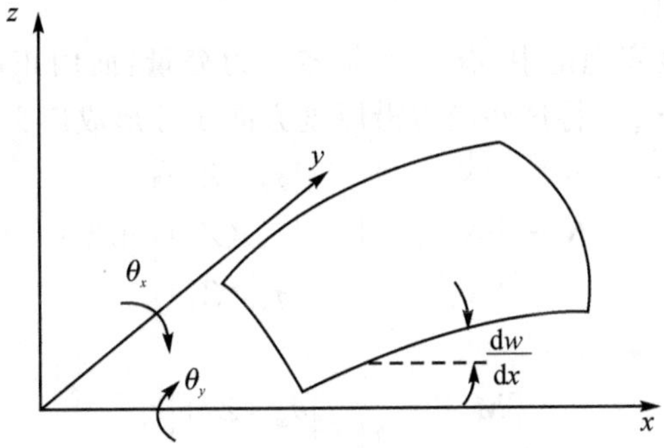

图 8-6 壳中面法线转角方向

上述应变的变分可按变分原理进行计算，其中面内应变 $\boldsymbol{\varepsilon}$ 的变分为

$$\delta\boldsymbol{\varepsilon}=\delta\boldsymbol{\varepsilon}_l+Z_l\delta\boldsymbol{\chi} \tag{8-62}$$

其中

$$\delta\boldsymbol{\varepsilon}_l=\begin{bmatrix}\dfrac{\partial\delta u_l}{\partial x}\\ \dfrac{\partial\delta u_l}{\partial y}\\ \dfrac{\partial\delta u_l}{\partial y}+\dfrac{\partial\delta u_l}{\partial x}\end{bmatrix}+\begin{bmatrix}\dfrac{\partial w'}{\partial x}\dfrac{\partial\delta w'}{\partial x}\\ \dfrac{\partial w'}{\partial y}\dfrac{\partial\delta w'}{\partial y}\\ \dfrac{\partial w'}{\partial x}\dfrac{\partial\delta w'}{\partial y}-\dfrac{\partial w'}{\partial y}\dfrac{\partial\delta w'}{\partial x}\end{bmatrix} \tag{8-63}$$

$$\delta\boldsymbol{\chi}=\begin{bmatrix}\dfrac{\partial\delta\theta_x}{\partial x}\\ \dfrac{\partial\delta\theta_y}{\partial y}\\ \dfrac{\partial\delta\theta_x}{\partial y}+\dfrac{\partial\delta\theta_y}{\partial x}\end{bmatrix} \tag{8-64}$$

而面内应变 $\boldsymbol{\varepsilon}$ 的增量形式为

$$\Delta\boldsymbol{\varepsilon}=\Delta\boldsymbol{\varepsilon}_l+Z_l\Delta\boldsymbol{\chi} \tag{8-65}$$

其中

$$\Delta\boldsymbol{\varepsilon}_l=\begin{bmatrix}\dfrac{\partial\Delta u_l}{\partial x}\\ \dfrac{\partial\Delta u_l}{\partial y}\\ \dfrac{\partial\Delta u_l}{\partial y}+\dfrac{\partial\Delta u_l}{\partial x}\end{bmatrix}+\begin{bmatrix}\dfrac{\partial w'}{\partial x}\dfrac{\partial\Delta w'}{\partial x}+\dfrac{1}{2}\left(\dfrac{\partial\Delta w}{\partial x}\right)^2\\ \dfrac{\partial w'}{\partial y}\dfrac{\partial\Delta w'}{\partial y}+\dfrac{1}{2}\left(\dfrac{\partial\Delta w}{\partial y}\right)^2\\ \dfrac{\partial w'}{\partial x}\dfrac{\partial\Delta w'}{\partial y}+\dfrac{\partial w'}{\partial y}\dfrac{\partial\Delta w'}{\partial x}-\dfrac{\partial\Delta w}{\partial x}\dfrac{\partial\Delta w}{\partial y}\end{bmatrix} \tag{8-66}$$

这里 $\Delta\boldsymbol{\chi}$ 的格式与 $\delta\boldsymbol{\chi}$ 相同。

面外剪应变 $\boldsymbol{\gamma}$ 的变分为

$$\delta\boldsymbol{\gamma}=\begin{bmatrix}\delta\theta_x\\ \delta\theta_y\end{bmatrix}+\begin{bmatrix}\dfrac{\partial\delta w}{\partial x}\\ \dfrac{\partial\delta w}{\partial y}\end{bmatrix} \tag{8-67}$$

这里 $\Delta\boldsymbol{\gamma}$ 的格式与 $\delta\boldsymbol{\gamma}$ 相同。

在明德林(Mindlin)浅壳理论中，有 5 个非零应力分量：面内正应力 σ_{xx}、σ_{yy}，面内切应力 σ_{xy}，以及面外剪应力 σ_{xz}、σ_{yz}。将这些应力沿厚度方向积分形成广义应力，可得法向力

$$\boldsymbol{N}=\begin{bmatrix}N_x\\N_y\\N_{xy}\end{bmatrix}=\int_{-\frac{h}{2}}^{\frac{h}{2}}\begin{bmatrix}\sigma_{xx}(Z_l)\\\sigma_{yy}(Z_l)\\\sigma_{xy}(Z_l)\end{bmatrix}\mathrm{d}Z_l \tag{8-68}$$

弯矩

$$\boldsymbol{M}=\begin{bmatrix}M_x\\M_y\\M_{xy}\end{bmatrix}=\int_{-\frac{h}{2}}^{\frac{h}{2}}\begin{bmatrix}\sigma_{xx}(Z_l)\\\sigma_{yy}(Z_l)\\\sigma_{xy}(Z_l)\end{bmatrix}Z_l\mathrm{d}Z_l \tag{8-69}$$

剪力

$$\boldsymbol{Q}=\begin{bmatrix}Q_x\\Q_y\end{bmatrix}=\int_{-\frac{h}{2}}^{\frac{h}{2}}\begin{bmatrix}\sigma_{xz}(Z_l)\\\sigma_{yz}(Z_l)\end{bmatrix}\mathrm{d}Z_l \tag{8-70}$$

法向力 $\boldsymbol{N}$ 和弯矩 $\boldsymbol{M}$ 的方向如图 8-7 所示。

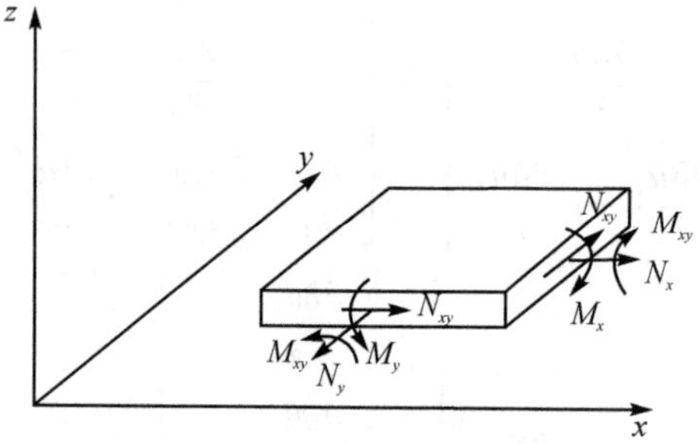

图 8-7　广义应力的方向

基于应变仍然保持较小的假设，可以使用胡克(Hooke)定律将面内应变增量(可以认为是格林-拉格朗日(Green - Lagrange)应变的退化形式，详见第 8.1 节)和面内应力增量联系起来，即

$$\begin{bmatrix}\dot{\sigma}_{xx}\\\dot{\sigma}_{yy}\\\dot{\sigma}_{xy}\end{bmatrix}=\boldsymbol{D}\begin{bmatrix}\dot{\varepsilon}_{xx}\\\dot{\varepsilon}_{yy}\\\dot{\varepsilon}_{xy}\end{bmatrix} \tag{8-71}$$

由于此处的非线性分析不涉及材料非线性，因此

$$\boldsymbol{D}=\frac{E}{1-\upsilon^2}\begin{bmatrix}1&\upsilon&0\\\upsilon&1&0\\0&0&(1-\upsilon)/2\end{bmatrix} \tag{8-72}$$

其中，E 为弹性模量，υ 是泊松比。

于是，面内广义力 $\boldsymbol{M}$ 和 $\boldsymbol{N}$ 以及面外剪应力 $\boldsymbol{Q}$ 的增量(或变化率)可表示为

$$\dot{\boldsymbol{N}}=\int_{-\frac{h}{2}}^{\frac{h}{2}}\boldsymbol{D}\boldsymbol{\varepsilon}_l\mathrm{d}Z_l=\boldsymbol{D}h\varepsilon_l=\boldsymbol{D}_{\mathrm{m}}\boldsymbol{\varepsilon}_l \tag{8-73}$$

$$\dot{\boldsymbol{M}}=\int_{-\frac{h}{2}}^{\frac{h}{2}}\boldsymbol{D}\dot{\boldsymbol{\chi}}Z_l^2\mathrm{d}Z_l=\boldsymbol{D}\frac{h^3}{12}\dot{\boldsymbol{\chi}}=\boldsymbol{D}_{\mathrm{b}}\dot{\boldsymbol{\chi}} \tag{8-74}$$

$$\dot{\boldsymbol{Q}}=\int_{-\frac{h}{2}}^{\frac{h}{2}}\boldsymbol{G}\dot{\boldsymbol{\gamma}}\mathrm{d}Z_l=\boldsymbol{G}h\dot{\boldsymbol{\gamma}}=\boldsymbol{D}_{\mathrm{s}}\dot{\boldsymbol{\gamma}} \tag{8-75}$$

其中

$$\boldsymbol{G}=\frac{5}{6}\begin{bmatrix}u & 0\\0 & u\end{bmatrix} \tag{8-76}$$

式中 u 是材料的剪切模量，$\boldsymbol{D}_{\mathrm{m}}$ 和 $\boldsymbol{D}_{\mathrm{b}}$ 分别是材料对薄膜和弯曲响应的切线本构矩阵，$\boldsymbol{D}_{\mathrm{s}}$ 是材料对剪切响应的切线本构矩阵。

因此，组合以上广义应力可以得到全部分量的应力应变关系为

$$\begin{bmatrix}\dot{\boldsymbol{N}}\\\dot{\boldsymbol{M}}\\\dot{\boldsymbol{Q}}\end{bmatrix}=\begin{bmatrix}\boldsymbol{D}_{\mathrm{m}} & \mathbf{0} & \mathbf{0}\\\mathbf{0} & \boldsymbol{D}_{\mathrm{b}} & \mathbf{0}\\\mathbf{0} & \mathbf{0} & \boldsymbol{D}_{\mathrm{s}}\end{bmatrix}\begin{bmatrix}\dot{\boldsymbol{\varepsilon}}_l\\\dot{\boldsymbol{\chi}}\\\dot{\boldsymbol{\gamma}}\end{bmatrix} \tag{8-77}$$

8.3.2 明德林(Mindlin)浅壳升阶谱求积元列式

明德林(Mindlin)浅壳理论将三维壳结构退化至某个参考面进行分析，因此其完全可以使用第 4 章中介绍的二维升阶谱求积单元形函数作为自己的形函数。定义下列形函数矩阵

$$\boldsymbol{H}=\begin{bmatrix}h_1 & 0 & h_2 & 0 & \cdots & \cdots & h_n & 0\\0 & h_1 & 0 & h_2 & \cdots & \cdots & 0 & h_n\end{bmatrix} \tag{8-78}$$

$$\boldsymbol{h}=\begin{bmatrix}h_1 & h_2 & \cdots & h_n\end{bmatrix}^{\mathrm{T}} \tag{8-79}$$

上述形函数可以是边界插值(Serendipity)或拉格朗日(Lagrange)插值形函数，也可以是升阶谱形函数。使用升阶谱形函数可以有效的减弱剪切闭锁的影响。

在明德林(Mindlin)浅壳理论中，基本未知量有 u_l、v_l、w、θ_x、θ_y，结点位移向量和结点转角向量定义如下

$$\boldsymbol{a}=\begin{bmatrix}(u_l)_1\\(v_l)_1\\\vdots\\\vdots\\(u_l)_n\\(v_l)_n\end{bmatrix},\ \boldsymbol{w}=\begin{bmatrix}w_1\\w_2\\\vdots\\w_n\end{bmatrix},\ \boldsymbol{\theta}=\begin{bmatrix}(\theta_x)_1\\(\theta_y)_1\\\vdots\\\vdots\\(\theta_x)_n\\(\theta_y)_n\end{bmatrix} \tag{8-80}$$

于是位移场的离散化形式为

$$\begin{bmatrix}\boldsymbol{u}_l\\\boldsymbol{v}_l\end{bmatrix}=\boldsymbol{Ha},\ w=\boldsymbol{h}^{\mathrm{T}}\boldsymbol{w},\ \begin{bmatrix}\boldsymbol{\theta}_x\\\boldsymbol{\theta}_y\end{bmatrix}=\boldsymbol{H\theta} \tag{8-81}$$

对应变的变分式(8-62)进行离散化处理，可得

$$\delta\boldsymbol{\varepsilon}_l=\boldsymbol{B}\delta\boldsymbol{a}+(\boldsymbol{B}\boldsymbol{w}')\boldsymbol{B}_w\delta\boldsymbol{w} \tag{8-82}$$

其中

$$\boldsymbol{B}=\begin{bmatrix}\dfrac{\partial h_1}{\partial x} & 0 & \cdots & \cdots & \dfrac{\partial h_n}{\partial x} & 0\\ 0 & \dfrac{\partial h_1}{\partial y} & \cdots & \cdots & 0 & \dfrac{\partial h_n}{\partial y}\\ \dfrac{\partial h_1}{\partial y} & \dfrac{\partial h_1}{\partial x} & \cdots & \cdots & \dfrac{\partial h_n}{\partial y} & \dfrac{\partial h_n}{\partial x}\end{bmatrix} \tag{8-83}$$

$$\boldsymbol{w}'=\begin{bmatrix}w'_1 & 0\\ 0 & w'_1\\ \cdots & \cdots\\ \cdots & \cdots\\ w'_n & 0\\ 0 & w'_n\end{bmatrix} \tag{8-84}$$

$$\boldsymbol{B}_w=\begin{bmatrix}\dfrac{\partial h_1}{\partial x} & \cdots & \dfrac{\partial h_n}{\partial x}\\ \dfrac{\partial h_1}{\partial y} & \cdots & \dfrac{\partial h_n}{\partial y}\end{bmatrix} \tag{8-85}$$

对转动的变分 $\delta\boldsymbol{\chi}$ 与面外剪应变的变分 $\delta\boldsymbol{\gamma}$ 进行离散化处理，可得

$$\delta\boldsymbol{\chi}=\boldsymbol{B}\delta\boldsymbol{\theta} \tag{8-86}$$

$$\delta\boldsymbol{\gamma}=\boldsymbol{H}\delta\boldsymbol{\theta}+\boldsymbol{B}_w\delta w \tag{8-87}$$

下面我们进行切线刚度矩阵与内力列向量的推导。对于浅壳构型，在 $t+\Delta t$ 时刻的虚功方程为

$$\int_{V_0}(\delta\boldsymbol{\varepsilon}^{t+\Delta t})^{\mathrm{T}}\boldsymbol{\sigma}^{t+\Delta t}\mathrm{d}V=(\delta\boldsymbol{u}^{t+\Delta t})^{\mathrm{T}}\boldsymbol{f}_{\mathrm{ext}}^{t+\Delta t} \tag{8-88}$$

假设壳的表面积在变形前后保持不变 $A=A_0$，并沿厚度方向积分，得

$$\int_A((\delta\boldsymbol{\varepsilon}_l^{t+\Delta t})^{\mathrm{T}}\boldsymbol{N}^{t+\Delta t}+(\delta\boldsymbol{\chi}_l^{t+\Delta t})^{\mathrm{T}}\boldsymbol{M}^{t+\Delta t}+(\delta\boldsymbol{\gamma}_l^{t+\Delta t})^{\mathrm{T}}\boldsymbol{Q}^{t+\Delta t})\,\mathrm{d}A=(\delta\boldsymbol{u}^{t+\Delta t})^{\mathrm{T}}\boldsymbol{f}_{\mathrm{ext}}^{t+\Delta t} \tag{8-89}$$

代入离散化处理的应变变分式(8－82)，式(8－86)和式(8－87)得

$$\int_A[\delta\boldsymbol{a}^{\mathrm{T}}\boldsymbol{B}^{\mathrm{T}}\mathrm{d}\boldsymbol{N}+\delta\boldsymbol{\theta}^{\mathrm{T}}\boldsymbol{B}^{\mathrm{T}}\mathrm{d}\boldsymbol{M}+(\delta\boldsymbol{\theta}^{\mathrm{T}}\boldsymbol{H}^{\mathrm{T}}+\delta\boldsymbol{w}^{\mathrm{T}}\boldsymbol{B}_w^{\mathrm{T}})\mathrm{d}\boldsymbol{Q}+\delta\boldsymbol{w}^{\mathrm{T}}\boldsymbol{B}_w^{\mathrm{T}}(\boldsymbol{B}\mathrm{d}\boldsymbol{w}')^{\mathrm{T}}\boldsymbol{N}]\,\mathrm{d}\boldsymbol{A}=$$

$$\delta\boldsymbol{a}^{\mathrm{T}}(\boldsymbol{f}_{\mathrm{ext}}^a-\boldsymbol{f}_{\mathrm{int}}^a)+\delta\boldsymbol{w}^{\mathrm{T}}(\boldsymbol{f}_{\mathrm{ext}}^w-\boldsymbol{f}_{\mathrm{int}}^w)+\delta\boldsymbol{\theta}^{\mathrm{T}}(\boldsymbol{f}_{\mathrm{ext}}^\theta-\boldsymbol{f}_{\mathrm{int}}^\theta) \tag{8-90}$$

其中，内力列向量被定义为

$$\boldsymbol{f}_{\mathrm{int}}^a=\int_A\boldsymbol{B}^{\mathrm{T}}\boldsymbol{N}\mathrm{d}A \tag{8-91}$$

$$\boldsymbol{f}_{\mathrm{int}}^w=\int_A\boldsymbol{B}_w^{\mathrm{T}}((\boldsymbol{B}\boldsymbol{w}')^{\mathrm{T}}\boldsymbol{N}+\boldsymbol{Q})\,\mathrm{d}A \tag{8-92}$$

$$\boldsymbol{f}_{\mathrm{int}}^\theta=\int_A(\boldsymbol{B}^{\mathrm{T}}\boldsymbol{M}+\boldsymbol{H}^{\mathrm{T}}\boldsymbol{Q})\mathrm{d}A \tag{8-93}$$

将明德林(Mindlin)板壳的本构关系式(8－77)代入式(8－90)，并且由于式(8－90)对任意虚位移($\delta\boldsymbol{a},\delta\boldsymbol{w},\delta\boldsymbol{\theta}$)保持成立，则有

$$\begin{bmatrix}\boldsymbol{K}_{aa} & \boldsymbol{K}_{aw} & \boldsymbol{K}_{a\theta}\\ \boldsymbol{K}_{aw}^{\mathrm{T}} & \boldsymbol{K}_{ww} & \boldsymbol{K}_{w\theta}\\ \boldsymbol{K}_{a\theta}^{\mathrm{T}} & \boldsymbol{K}_{w\theta}^{\mathrm{T}} & \boldsymbol{K}_{\theta\theta}\end{bmatrix}\begin{bmatrix}\mathrm{d}\boldsymbol{a}\\ \mathrm{d}\boldsymbol{w}\\ \mathrm{d}\boldsymbol{\theta}\end{bmatrix}=\begin{bmatrix}\boldsymbol{f}_{\mathrm{ext}}^a-\boldsymbol{f}_{\mathrm{int}}^a\\ \boldsymbol{f}_{\mathrm{ext}}^w-\boldsymbol{f}_{\mathrm{int}}^w\\ \boldsymbol{f}_{\mathrm{ext}}^\theta-\boldsymbol{f}_{\mathrm{int}}^\theta\end{bmatrix} \tag{8-94}$$

其中，切线刚度矩阵的各个子项为

$$
\left\{
\begin{aligned}
&\boldsymbol{K}_{aa} = \int_A \boldsymbol{B}^{\mathrm{T}} \boldsymbol{D}_{\mathrm{m}} \boldsymbol{B} \,\mathrm{d}A \\
&\boldsymbol{K}_{aw} = \int_A \boldsymbol{B}^{\mathrm{T}} \boldsymbol{D}_{\mathrm{m}} (\boldsymbol{B}\boldsymbol{w}') \boldsymbol{B}_w \,\mathrm{d}A \\
&\boldsymbol{K}_{a\theta} = \boldsymbol{0} \\
&\boldsymbol{K}_{ww} = \int_A \boldsymbol{B}_w^{\mathrm{T}} \boldsymbol{D}_{\mathrm{s}} \boldsymbol{B}_w \,\mathrm{d}A + \int_A \boldsymbol{B}_w^{\mathrm{T}} (\boldsymbol{B}\boldsymbol{w}')^{\mathrm{T}} \boldsymbol{D}_{\mathrm{m}} (\boldsymbol{B}\boldsymbol{w}') \boldsymbol{B}_w \,\mathrm{d}A + \int_A \boldsymbol{B}_w^{\mathrm{T}} \boldsymbol{N} \boldsymbol{B}_w \,\mathrm{d}A \\
&\boldsymbol{K}_{w\theta} = \int_A \boldsymbol{B}_w^{\mathrm{T}} \boldsymbol{D}_{\mathrm{s}} \boldsymbol{H} \,\mathrm{d}A + \int_A \boldsymbol{B}_w^{\mathrm{T}} (\boldsymbol{B}\boldsymbol{w}')^{\mathrm{T}} \boldsymbol{D}_{\mathrm{c}} \boldsymbol{B} \,\mathrm{d}A \\
&\boldsymbol{K}_{\theta\theta} = \int_A \boldsymbol{B}^{\mathrm{T}} \boldsymbol{D}_{\mathrm{b}} \boldsymbol{B} \,\mathrm{d}A + \int_A \boldsymbol{H}^{\mathrm{T}} \boldsymbol{D}_{\mathrm{s}} \boldsymbol{H} \,\mathrm{d}A
\end{aligned}
\right.
\tag{8-95}
$$

其中，$\boldsymbol{K}_{ww}$ 的第三项被认为是几何非线性的贡献，$\boldsymbol{N}$ 是由法向力 $\boldsymbol{N}$ 构成的矩阵

$$
\boldsymbol{N} = \begin{bmatrix} N_x & N_{xy} \\ N_{xy} & N_y \end{bmatrix} \tag{8-96}
$$

8.4 几何非线性分析的数值算例

本章前面部分已经给出了几何非线性有限元分析的详细理论以及操作流程，结合升阶谱求积元法，本节将给出微分求积二维平面单元、三维单元和基于明德林(Mindlin)浅壳理论的壳单元在几何非线性问题中的应用。本章编写的程序基于 C++平台和 Eigen 矩阵库[①]，可以对各类平面结构、复杂三维空间结构实现准静态几何非线性分析，并基于 ParaView(5.2.2)实现可视化后处理。

8.4.1 二维悬臂梁结构升阶谱求积元几何非线性分析

固支大变形悬臂梁问题是一个经典的几何非线性问题，对如图 8-1 所示的悬臂梁结构，指定其几何参数为：长度 $l=8.0$ mm，高度 $h=0.5$ mm，宽度 $w=1$ mm。指定材料参数杨氏模量 $E=100$ N/mm^2，泊松比 $\upsilon=0.3$。在悬臂梁结构的自由端施加集中载荷 $F=0.2$ N，并分 20 个加载步施加：$\Delta F=0.01$ N。

为了验证本章方法的正确性和有效性，使用本章 C++代码计算的结果将与商业软件 ABAQUS/CAE 2018 分析同样结构获得的结果进行对比，后者在非线性分析领域享有盛名。首先分析本章使用的二维升阶谱求积单元和 ABAQUS(CPS4)单元的收敛特性。从图 8-8 中可以看出，在收敛标准为尖端位移变化小于 0.01 时，二维升阶谱求积单元在数十个自由度下(64 个自由度)就已经获得收敛的结果，而 ABAQUS(CPS4)单元需要数百个自由度(800 个自由度)才可以获得收敛结果。结果表明，二维升阶谱求积单元在较小自由度数目下给出的解具有良好的精度，使其非常适合于不断迭代和更新刚度矩阵的非线性分析方法，因为二维升阶谱求积元法构造的单元矩阵规模远远小于其他低阶有限元方法。

在非线性求解方法方面，分别采用了牛顿-拉富生(Newton-Raphson)方法和弧长法对该

---

① 来源于 http://eigen.tuxfamily.org。

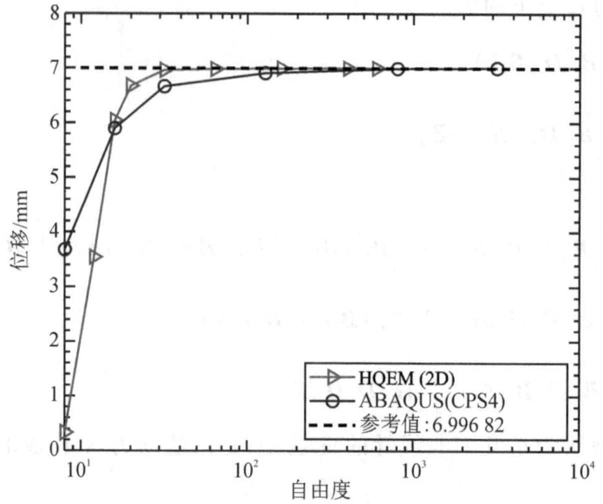

图 8-8 二维升阶谱求积单元与 ABAQUS(CPS4)单元收敛速度对比

问题进行了求解。二维升阶谱求积单元和 ABAQUS(CPS4)单元分别使用牛顿-拉富生(Newton - Raphson)方法和弧长法对悬臂梁结构进行几何非线性分析得到的载荷-位移曲线,如图 8-9 所示,可以看出,无论使用何种单元或者使用何种方法,计算获得的载荷-位移曲线均相互良好的吻合。其中,二维升阶谱求积单元使用弧长法仅有 6 个数据点(即 5 次加载就达到平衡状态),因此二维升阶谱求积元法配合弧长法有着极高的计算效率和计算精度。

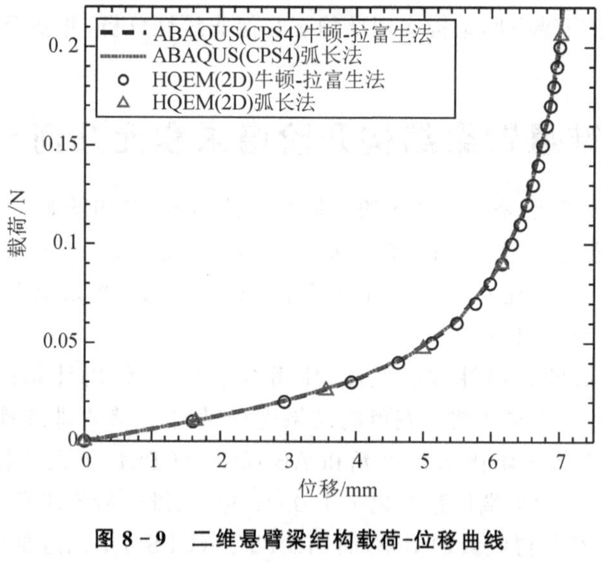

图 8-9 二维悬臂梁结构载荷-位移曲线

将使用二维升阶谱求积单元计算获得的积分点位移输出至 ParaView(5.5.2),可得到如图 8-10 所示的二维悬臂梁结构变形后位移云图。

本节使用的二维升阶谱求积单元法具有 C^0 连续性,并且在构造过程中使用了插值转换,因此可以比较方便进行单元组装操作。为了验证这一点,我们进行了一次单元组装数值测试:悬臂梁结构被沿着轴向划分为两个二维升阶谱求积单元(见图 8-11),其结果与上文中使用单个二维升阶谱求积单元和 ABAQUS(CPS4)单元计算的结果如表 8-1 所列,可见无论是单个单元还是两个单元组装，二维升阶谱求积单元都可以在较少自由度下获得与 ABAQUS (CPS4)单元吻合的结果，而后者达到收敛结果所需自由度数目往往比前者高 1～2 个数量级。使用两个升阶谱求积单元组装后计算得到的悬臂梁结构变形模式以及其位移云图如图 8-12 所示，其中位移云图的数据范围被设置为 0～6.996 7，可见两个升阶谱求积单元之间具有良好的位移连续性。

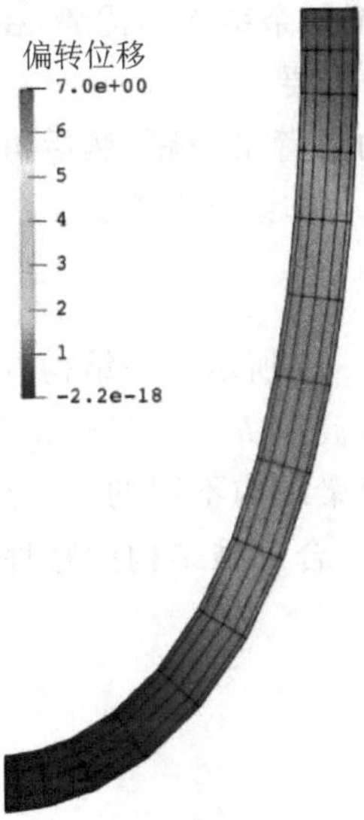

图 8-10 二维悬臂梁结构变形后的位移云图

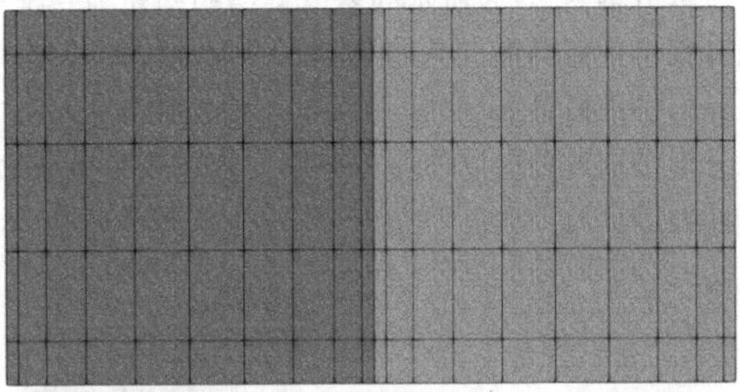

图 8-11 两个二维升阶谱求积单元的组装模式

表 8-1 二维升阶谱求积元法(HQEM)和 ABAQUS(CPS4)单元结果对比(二维悬臂梁结构)

方 法	HQEM (2D)	HQEM (2D,双单元)	ABAQUS(CPS4)
位移/mm	6.996 82	6.996 7	6.993

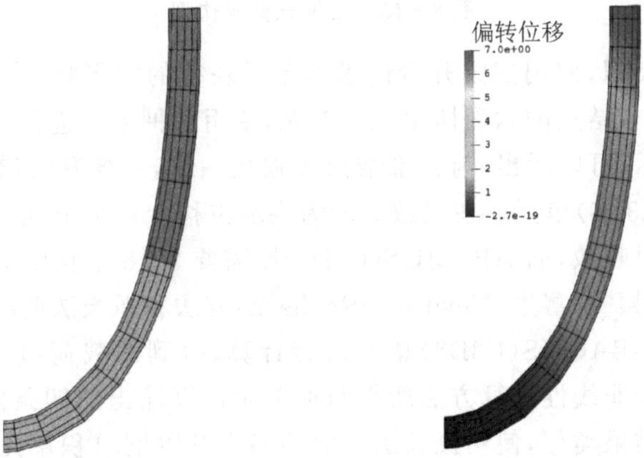

(a) 变形图　　(b) 位移云图

图 8-12 两个二维升阶谱求积单元悬臂梁结构变形及位移云图

8.4.2 三维结构升阶谱求积元几何非线性分析

三维结构有限单元一直是有限元分析中十分重要的一部分，其具有高精度、结点信息保存完整以及容易模拟复杂空间结构等特点。尽管由于自由度数目庞大使其极其依赖计算资源，但是随着近年来计算机计算能力的跨越式提升，现代计算机的计算资源十分充裕。三维单元的缺点似乎逐渐被计算能力的提升弥补，而其高精度和易于模拟复杂结构的优势，在当今工程实践愈加重视非线性以及工程结构愈加复杂的环境下显得十分重要。

本小节首先将三维结构升阶谱求积元应用于上一小节中的悬臂梁问题，然后再将其应用于一些复杂空间结构以检验其是否可以良好地进行复杂结构几何非线性分析。

8.4.2.1 三维悬臂梁结构

本节将图 8-8 所示的悬臂梁结构构建为三维构型，如图 8-13 所示。该结构具有和二维悬臂梁结构相同的几何参数与材料参数，即长度 $l=8.0$ mm，高度 $h=0.5$ mm，宽度 $w=1$ mm，杨氏模量 $E=100$ N/mm^2，泊松比 $\upsilon=0.3$。与二维悬臂梁结构不同的是，自由端载荷在三维结构构型中以均匀分布面力施加在自由端面，以更好地符合三维结构的特性。均匀分布面力的合力 $F=0.2$ N，并分 20 个加载步施加：$\Delta F=0.01$ N。

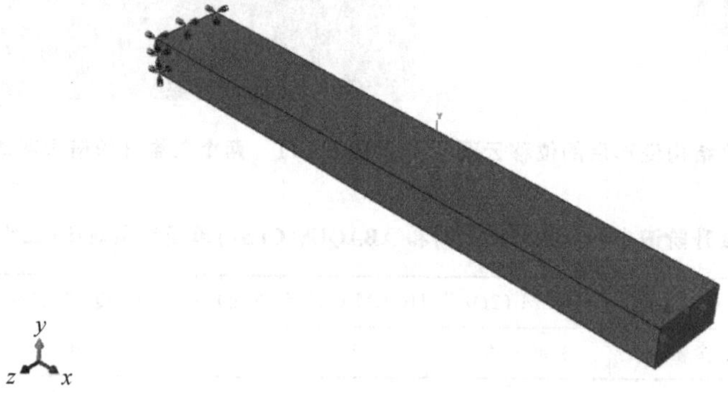

图 8-13 三维悬臂梁构型

与上一节的过程类似，使用三维升阶谱求积单元获得的结果将与 ABAQUS(C3D8)单元进行对比，后者为 1 个 8 结点的六面体单元。首先，使用两种单元进行计算的结果进行收敛性对比。如图 8-14 所示，可以看出，与二维结构收敛性一致，三维升阶谱求积单元的收敛速度明显快于 ABAQUS(C3D8)单元。在收敛标准为尖端位移变化小于 0.01 时，三维升阶谱求积单元在 540 个自由度时收敛，而 ABAQUS(C3D8)则需要 3528 个自由度才达到收敛。

其次，分别使用牛顿-拉富生(Newton-Raphson)方法和弧长法两种非线性求解方法对三维升阶谱求积单元和 ABAQUS(C3D8)单元进行计算，得到的载荷-位移曲线如图 8-15 所示，可以看出，使用两种非线性计算方法所得两种单元计算输出的四条曲线相互吻合，与二维升阶谱求积元的计算结果类似，使用弧长法求解的三维升阶谱求积单元仅加载 4 次就达到平衡。这说明三维升阶谱求积元法配合弧长法可以使用更少的自由度以更快的收敛速度得到结构几何非线性大变形的计算结果。

对三维升阶谱求积单元和 ABAQUS(C3D8)单元的计算结果进行后处理并绘制位移云图进行对比，如图 8-16 所示。两个云图均被设置为 Rainbow 样式并将数据范围设置为 0～6.913，三

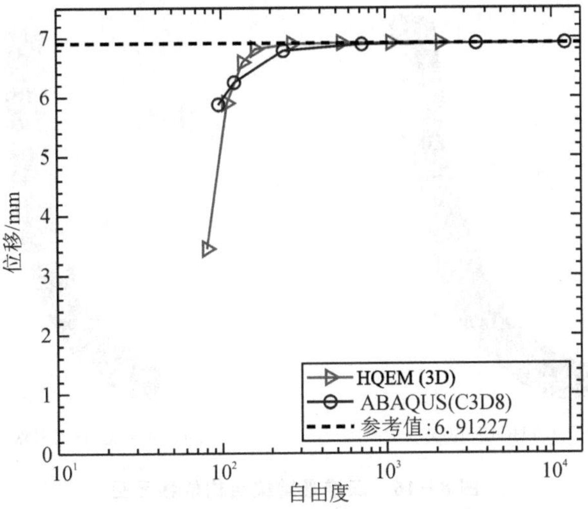

图 8-14 三维升阶谱求积单元与 ABAQUS(C3D8)单元的收敛速度对比

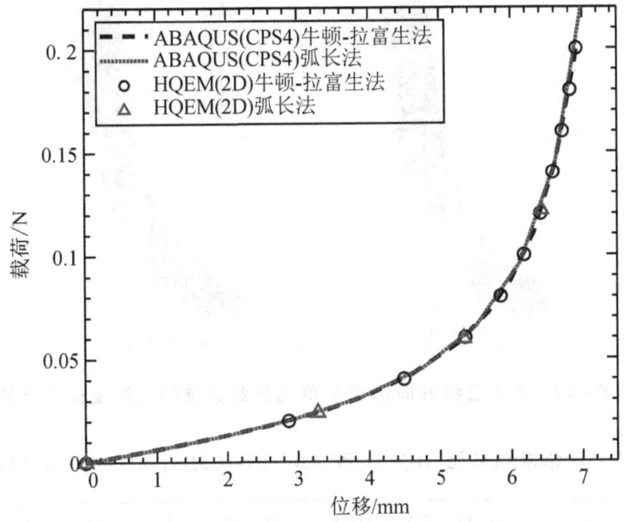

图 8-15 三维悬臂梁结构载荷-位移曲线

维升阶谱求积单元计算所得到的结果输出至 ParaView(5.5.2)显示，而 ABAQUS(C3D8)单元计算所得的结果可视化后处理由 ABAQUS CAE / 2018 直接输出。

三维结构升阶谱求积单元也可以方便地进行组装，例如，沿着梁的轴线方向组装 3 个三维升阶谱求积单元，组装单元计算结果输出得到的变形图以及位移云图如图 8-17 所示，同样可以看到在单元边界处的位移具有连续性。

1 个三维升阶谱求积单元、3 个三维升阶谱求积单元以及 ABAQUS(C3D8)单元的计算结果，见表 8-2 所列，可以看出，三维升阶谱求积元法无论是使用单个单元直接计算还是进行组装计算，都与 ABAQUS(C3D8)单元获得的结果吻合良好。

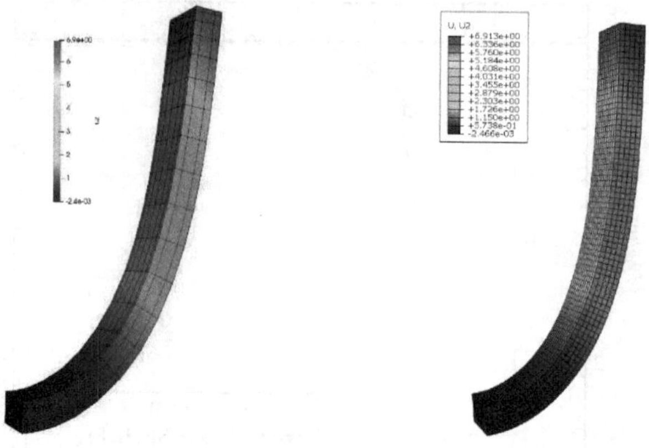

(a) HQEM(3D)　　(b) ABAQUS(C3D8)

图 8-16　三维悬臂梁结构位移云图

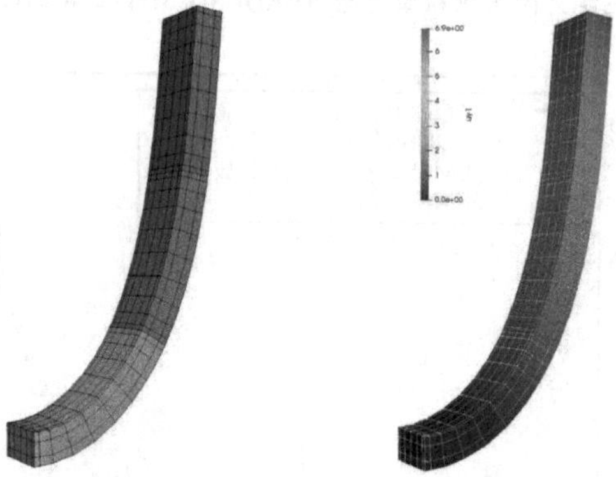

(a) 变形图　　(b) 位移云图

图 8-17　3 个三维升阶谱求积单元悬臂梁结构变形及位移云图

表 8-2　三维升阶谱求积单元(HQEM)和 ABAQUS(C3D8)单元结果对比(三维悬臂梁)

方　法	HQEM (3D)	HQEM (3D,三单元)	ABAQUS(C3D8)
位移/mm	6.912 27	6.914 06	6.913

8.4.2.2　三维拉伸弹簧结构

由于三维结构升阶谱求积单元可以方便地模拟各类复杂空间结构,本小节使用该单元模拟弹簧的拉伸过程。该拉伸弹簧的几何形状如图 8-18 所示,几何参数为弹簧线径 $d=1$ mm,中心径 $D=10$ mm,绕圈数 $N_t=2$ 以及高度 $h=10$ mm;材料参数为杨氏模量 $E=100$ N/mm^2,泊松比 $\upsilon=0.3$。如图 8-18(b)所示,在该弹簧的底部截面施加固支约束,在弹簧的顶部截面施加大小为 0.01 N/mm^2、沿 z 轴方向向上的均布载荷。

分别使用三维升阶谱求积单元和 ABAQUS(C3D8)单元分析该几何非线性问题,弹簧的拉伸位移见表 8-3 所列,可见两者得到了吻合的数值结果。分别将三维升阶谱求积单元和 ABAQUS(C3D8)单元计算所得结果输出为位移云图,如图 8-19 所示,两者均使用 Rainbow

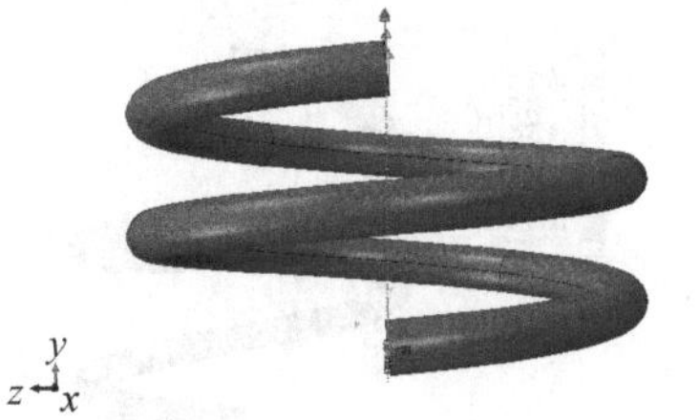

(a) 正视图

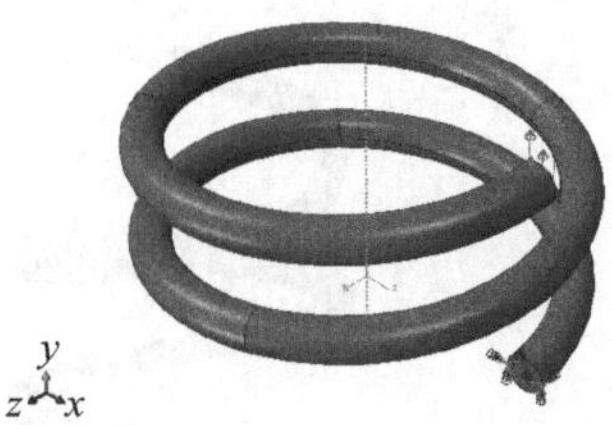

(b) 透视图

图 8-18 弹簧的几何形状

样式且数据范围设置为 0～10.65。

表 8-3 三维升阶谱求积单元(HQEM)与 ABAQUS(C3D8)单元结果对比(三维拉伸弹簧)

方 法	HQEM (3D)	ABAQUS(C3D8)
位移/mm	10.613 9	10.65

8.4.2.3 三维柱壳结构

如图 8-20 所示的柱壳,其几何参数为长度 $a=3$ mm,半径 $R=1$ mm 和厚度 $h=0.1$ mm。在其中一条直边施加固支约束,在另一条直边上施加均布载荷 $p=0.05$ N/mm^2。

与上节类似,分别使用三维升阶谱求积单元和 ABAQUS(C3D8)单元计算端面位移,结果见表 8-4 所列,可以看出两者的结果吻合良好。三维升阶谱求积单元的快速收敛性被再次证明:表 8-4 中三维升阶谱求积单元的结果是在结点布置为 $[N_x, N_y, N_z]=[7,7,3]$ 下获得的,而 ABAQUS(C3D8)单元的结果则需要将单元尺寸缩小到 $h=0.05$(结点数目为 11 712)才能获得。

表 8-4 三维升阶谱求积单元(HQEM)与 ABAQUS(C3D8)单元结果对比(三维柱壳)

方 法	HQEM (3D)	ABAQUS(C3D8)
端面位移/mm	2.624 7	2.614

分别使用三维升阶谱求积单元和 ABAQUS(C3D8)单元计算所得结果输出的位移云图,如图 8-21 所示,两者的样式均被设置为 Rainbow 且数据范围被设置为 0～2.6 247。

8.4.2.4 三维扇形板结构

如图 8-22 所示的三维扇形板,其几何参数为内径 $r=5$ mm,外径 $R=10$ mm,厚度 $h=0.2$ mm。在扇形板内端面处施加有固支约束,在顶面处施加大小为 $p=0.01$ N/mm^2、反向竖直向下的均布载荷。

分别使用三维升阶谱求积单元和 ABAQUS(C3D8)单元计算得到外端面挠度见表 8-5 所列。两者的计算结果吻合良好,其中三维升阶谱求积单元的结点布置为 $[N_x, N_y, N_z]=[8,16,2]$,而 ABAQUS(C3D8)单元的尺寸 $h=0.1$ mm(结点数目为 18 207)。

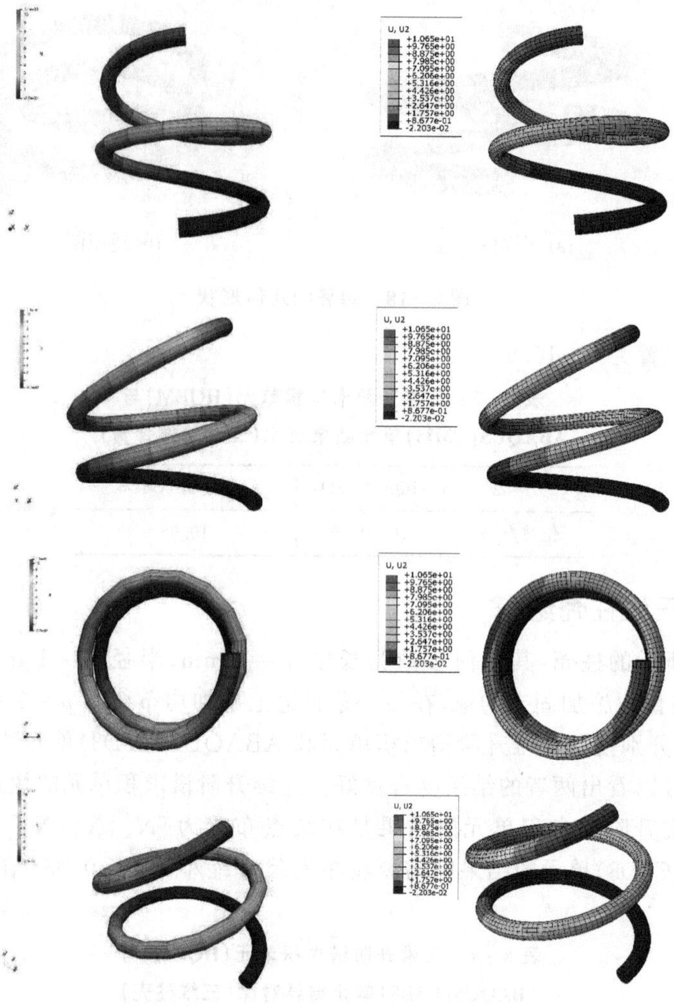

(a) HQEM(3D)　　　(b) ABAQUS(C3D8)

图 8-19　三维拉伸弹簧结构位移云图

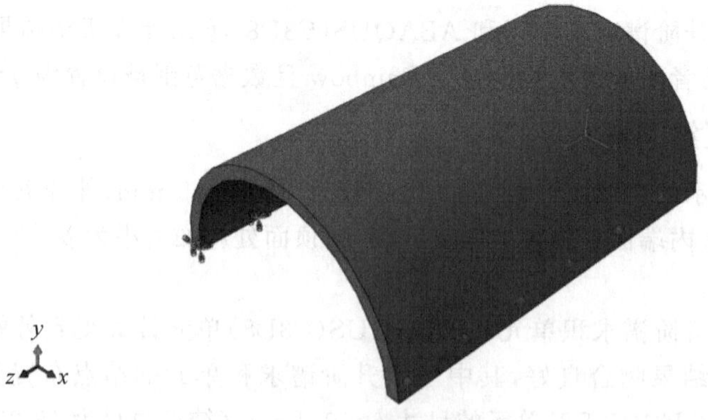

图 8-20　柱壳的几何形状

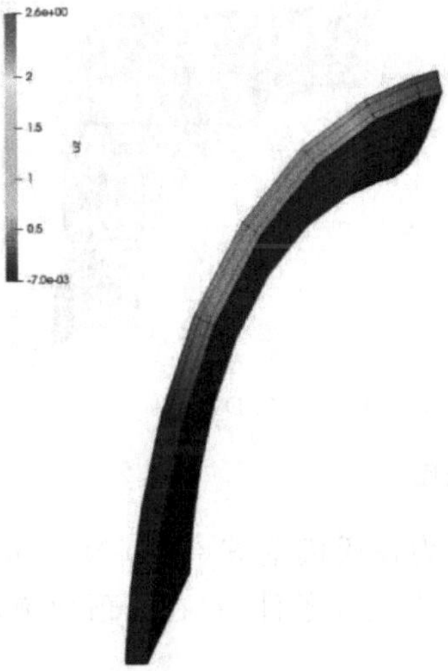

(a) HQEM(3D)

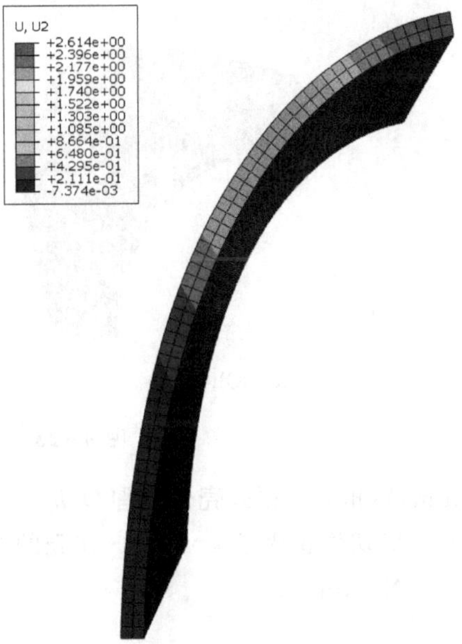

(b) ABAQUS(C3D8)

图 8-21　三维柱壳位移云图

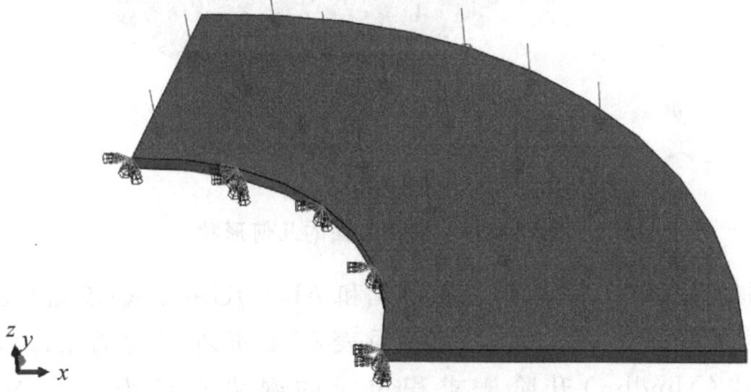

图 8-22　扇形板的几何形状

表 8-5　三维升阶谱求积单元(HQEM)与 ABAQUS(C3D8)单元结果对比(三维扇形板)

方　法	HQEM (3D)	ABAQUS(C3D8)
外端面挠度/mm	4.232 52	4.260

分别使用三维升阶谱求积单元和 ABAQUS(C3D8)单元计算所得结果输出的位移云图，如图 8-23 所示。

8.4.3　明德林(Mindlin)浅壳结构升阶谱求积元几何非线性分析

如图 8-24 所示的柱壳中面构型，其几何参数为直边边长 $l=10$ mm，曲边的曲率半径

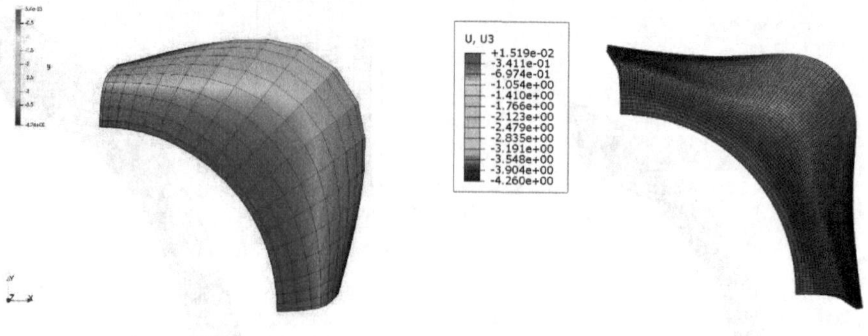

(a) HQEM(3D)　　　　(b) ABAQUS(C3D8)

图 8-23　三维扇形板位移云图

$r=10$ mm，转角 $\theta=\pi/3$，壳体的厚度 $h=1$ mm；材料参数为杨氏模量 $E=100$ N/mm^2，泊松比 $\upsilon=0.3$，剪切修正因子 $\kappa=5/6$。在壳的四条边上施加固支边界条件，并在壳顶面施加均布载荷 $p=1$ N/mm^2。

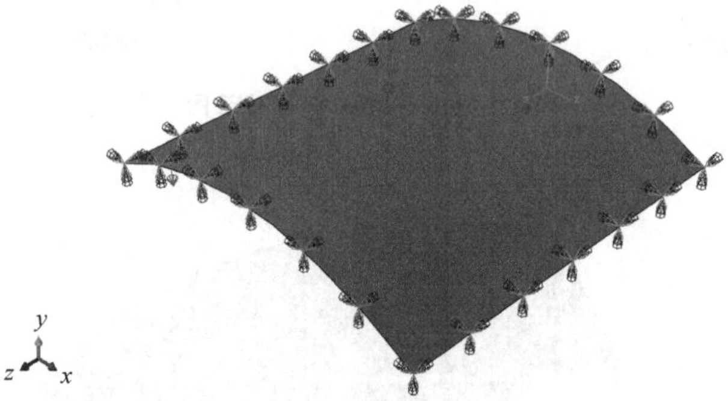

图 8-24　柱壳中面的几何形状

分别使用明德林(Mindlin)升阶谱求积单元和 ABAQUS(S8R)单元对此结构进行几何非线性有限元分析，得到壳结构中心最大挠度值见表 8-6 所列，可见看出，两者给出的结果吻合良好。其中明德林(Mindlin)升阶谱求积单元的网格布置为 $[N_x, N_y]=[10,10]$，而 ABAQUS(S8R)的单元尺寸 $h=0.5$ mm(结点数目为 462)。

表 8-6　明德林(Mindlin)升阶谱求积单元(HQEM)与 ABAQUS(S8R)单元计算结果对比

方　法	HQEM (Mindlin)	ABAQUS(S8R)
最大挠度/mm	1.326 89	1.327

分别使用明德林(Mindlin)升阶谱求积单元和 ABAQUS(S8R)单元计算所得结果输出的位移云图，如图 8-25 所示。在图 8-25 中，分别使用两种单元计算得到的 u_z、u_x 以及 θ_x，可以看出，使用两种单元进行几何非线性分析得到的结果吻合良好。

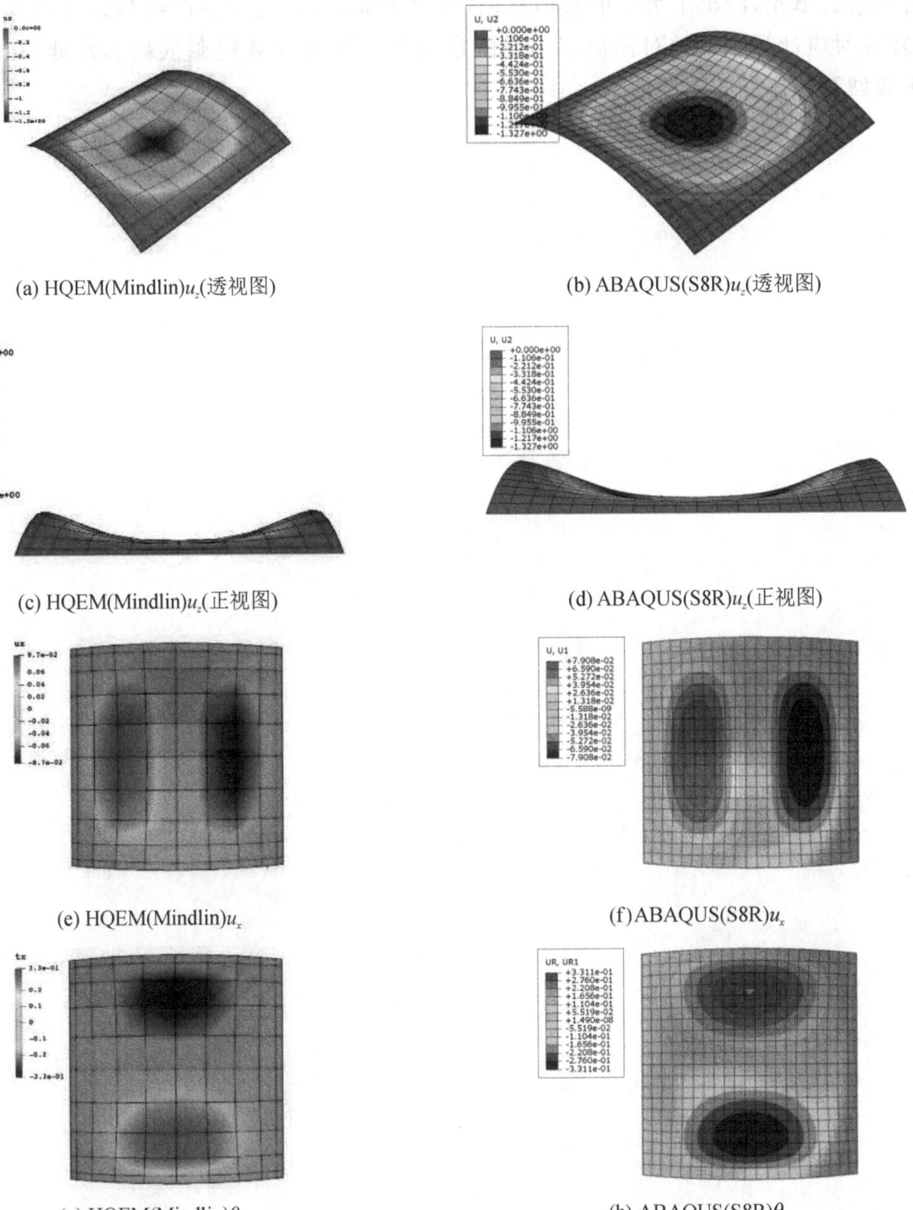

(a) HQEM(Mindlin)u_z(透视图)

(b) ABAQUS(S8R)u_z(透视图)

(c) HQEM(Mindlin)u_z(正视图)

(d) ABAQUS(S8R)u_z(正视图)

(e) HQEM(Mindlin)u_x

(f) ABAQUS(S8R)u_x

(g) HQEM(Mindlin)θ_x

(h) ABAQUS(S8R)θ_x

图 8-25 明德林(Mindlin)升阶谱求积单元(HQEM)与 ABAQUS(S8R)单元输出的位移云图

8.5 本章小结

本章详细介绍了在完全拉格朗日描述下,应力和应变在参考构型的度量,并基于这些应力和应变的度量,给出了参考构型下的虚功方程以及推导出了升阶谱求积二维单元、三维单元的几何非线性有限元列式。基于明德林(Mindlin)理论,给出了升阶谱求积浅壳单元的几何非线性有限元列式。求解所得到的非线性代数系统的各种程序遵循第 2 章中介绍的流程。最后，基于所构造的单元，给出了大量的数值算例，包含平面结构、复杂空间结构以及浅壳结构。与 ABAQUS 对应计算结果的对比显示出升阶谱求积元法对计算资源依赖非常低，在几何非线性分析领域具有良好的应用前景。

参考文献

[1] ZIENKIEWICZ O C, TAYLOR R L, ZHU J Z. The Finite Element Method: Its Basis and Fundamentals[M]. 7th ed. New York: Elsevier, 2013.

[2] ZIENKIEWICZ O C, TAYLOR R L, FOX D. The Finite Element Method for Solid and Structural Mechanics[M]. 7th ed. Oxford: Butterworth-Heinemann, 2014.

[3] LIU G R, QUEK S S. The Finite Element Method: A Practical Course[M]. Oxford: Elsevier Science Ltd, 2003.

[4] SIMO J C, HUGHES T J R. Computational Inelasticity[M]. New York: Springer, 1998.

[5] PETYT M. Introduction to Finite Element Vibration Analysis[M]. 2nd ed. NewYork: Cambridge University Press, 2010.

[6] SOLIN P, SEGETH K, DOLEZEL I. Higher-Order Finite Element Methods[M]. Boca Raton: Chapman and Hall/CRC, 2003.

[7] OÑATE E. Structural Analysis with the Finite Element Method: Volume 2 Beams, Plates and Shells[M]. Barcelona: Springer, 2013.

[8] SOEDEL W. Vibrations of Shells and Plates[M]. 3rd ed. New York: Marcel Dekker Inc, 2004.

[9] QATU M S. Vibration of Laminated Shells and Plates[M]. Oxford: Academic Press, 2004.

[10] KATSIKADELIS J T. The Boundary Element Method for Engineers and Scientists: Theory and Applications[M]. London: Elsevier, 2016.

[11] PEPPER D W, KASSAB A J, DIVO E A. An Introduction to Finite Element, Boundary Element, and Meshless Methods: with Applications to Heat Transfer and Fluid Flow[M]. New York: ASME Press, 2014.

[12] Stein E, Borst R D, Hughes T J R. The Encyclopedia of Computational Mechanics [M]. New York: John Wiley & Sons Ltd, 2004.

[13] ZIENKIEWICZ O C, TAYLOR R L, ZHU J Z. The Finite Element Method: Its Basis and Fundamentals[M]. 6th ed. New York: Elsevier, 2005.

[14] SHIMA H, NAKAYAMA T. Higher Mathematics for Physics and Engineering[M]. New York: Springer, 2010.

[15] KIM N - H. Introduction to Nonlinear Finite Element Analysis[M]. New York: Springer, 2015.

[16] BORST R D, et al. Non-linear Finite Element Analysis of Solids and Structures[M]. 2nd ed. New York: John Wiley & Sons Ltd, 2012.

[17] PIEGL L, TILLER W. The NURBS Book[M]. 2nd ed. Berlin: Springer, 1997.

[18] Liu B, et al. Non-uniform rational Lagrange functions and its applications to isogeometric analysis of in-plane and flexural vibration of thin plates[J]. Computer Methods

in Applied Mechanics and Engineering, 2017, 321:173-208.

[19] LIU B. NURL toolbox:Non-Uniform Rational Lagrange(NURL) function toolbox[J/OL]. (2017-04-27). https://sourceforge.net/projects/nurl/.

[20] LIU B, et al. Thickness-shear vibration analysis of circular quartz crystal plates by a differential quadrature hierarchical finite element method[J]. Composite Structures, 2015, 131: 1073-1080.